三峡工程正常蓄水位175米试验性蓄水运行十年论文集

中国工程院
水利部长江水利委员会
中国长江三峡集团有限公司
长江勘测规划设计研究有限责任公司
编

图书在版编目(CIP)数据

三峡工程正常蓄水位175米试验性蓄水运行十年论文集 / 中国工程院等编. —武汉 ：长江出版社，2019.9
ISBN 978-7-5492-6713-2

Ⅰ. ①三… Ⅱ. ①中… Ⅲ. ①三峡水利工程－文集
Ⅳ. ①TV632-53

中国版本图书馆CIP数据核字(2019)第215742号

三峡工程正常蓄水位175米试验性蓄水运行十年论文集　　中国工程院 等编

责任编辑：郭利娜
装帧设计：王聪
出版发行：长江出版社
地　　址：武汉市解放大道1863号　　邮　　编：430010
网　　址：http://www.cjpress.com.cn
电　　话：(027)82926557(总编室)
　　　　　(027)82926806(市场营销部)
经　　销：各地新华书店
印　　刷：武汉市首壹印务有限公司
规　　格：787mm×1092mm　　1/16　　72.25印张　　1520千字
版　　次：2019年9月第1版　　2019年10月第1次印刷
ISBN 978-7-5492-6713-2
定　　价：260.00元(上、下)

三峡工程正常蓄水位175米试验性蓄水运行十年论文集

前言

三峡工程是治理开发和保护长江的关键性骨干工程，在党中央、国务院的坚强领导下，工程建设于2008年完成初步设计任务，2008年汛末开始实施正常蓄水位175m试验性蓄水，十年来在防洪、发电、航运、节能减排与水资源利用等方面全面发挥综合效益，促进了长江流域经济社会发展。

2018年11月，适值三峡工程正常蓄水位175m试验性蓄水运行十年，为给三峡工程正常运行提供强力的技术支撑，促进其综合效益的全面发挥，由中国工程院、水利部长江水利委员会和中国长江三峡集团有限公司等联合发起，在湖北宜昌三峡坝区召开了三峡工程正常蓄水位175米试验性蓄水运行十年学术研讨咨询会。19位中国工程院和中国科学院院士、33名专家学者到会交流和指导，三峡工程参建单位、行业学会和高等院校的领导和代表共计120余人参加会议。与会院士专家及代表在现场考察、听取专题报告、查阅会议资料的基础上，就枢纽、水文、泥沙、防洪、水库移民、地质灾害、地震、环境保护等专题分组进行了讨论咨询。

与会专家一致认为：三峡工程自2008年175米试验性蓄水以来已安全运行十余年，并连续9年完成了175米蓄水目标。为充分发挥初步设计的各项功能，并兼顾各方面对三峡水库调度提出的更高需求，在新的运行条件下三峡水库在试验性蓄水期不断优化水库调度方案，采取了汛期水位浮动、城陵矶补偿调度、中小洪水调度、提前蓄水、水库群联合调度等一系列优化调度措施，三峡工程初步设计的防洪、发电、航运、水资源利用等综合效益得以实现并显著提升，并创新性地拓展了消落期库尾减淤调度、汛期沙峰排沙调度、生态调度手段，为长江经济带的发展提供了基础保障作用。试验性蓄水运行以来，枢纽建筑物性态正常，运行安全可靠，机电系统及设备、金属结构设备运行安全稳定。

与会专家高度评价：三峡工程设计和建设过程中提出并运用了一系列新的设计理论和方法，攻克了高水头超大泄量泄水重力坝、巨型机组电站建筑物、高水头大型连续多级船闸等重要水工建筑物的多项关键技术难题。三峡工程的成功实践，极大地提高了我国水利水电建设的整体技术水平，对推动世界水利水电行业技术进步起到巨大作用。

同时，大会征集到三峡工程的相关论文104篇，对三峡工程进行了全方位的回顾和总结，现汇编成集，供水利水电行业技术人员参阅。

会议及征文过程中得到了有关设计、施工、建设、科研、工程管理单位、学术团体与专家的大力支持，在此一并表示感谢！

编　者

2019年10月

上

•—— 下 ——•

三峡工程在长江生态环境保护中的地位与作用

郑守仁[①]

(水利部长江水利委员会,武汉　430010)

摘　要:三峡工程是治理开发和保护长江的关键工程,在保护长江生态环境中具有关键地位。党中央、国务院高度重视三峡工程建设对生态环境的影响,并要求研究降低工程对生态环境不利影响的对策措施。在工程决策前,相关单位分别就不同蓄水位方案对生态环境的影响进行了反复论证,使得提交的《长江三峡水利枢纽环境影响报告书》顺利获批。在初步设计阶段,对有关生态环境影响进行了复核,对环评中指出的主要不利影响提出了相应措施。在工程正式建设过程中,编制了《三峡库区及上游污染防治规划》,并敦促库区各级政府认真贯彻落实;建立了长江三峡生态环境监测系统,对各环境因子开展系统而全面的监测跟踪,验证环境影响评价结论及相关对策实施的效果。同时我们应该认识到,在三峡水库库区建设三峡水库生态屏障区,发挥三峡工程在长江生态环境保护体系中的重要作用,是保障长江流域环境安全的重要举措。

关键词:生态环境保护;环境因子;监测系统;三峡工程;长江

1　综述

长江是中华民族的母亲河,流域面积180万km^2。长江流经我国腹地,横贯西南、华中和华东三大经济区,流域内有重庆、武汉、南京和上海等重要工业城市以及成都、洞庭湖、江汉、鄱阳湖和太湖平原等重要农业或商品粮基地。流域年平均降雨量1100mm,多年平均入海水量9190亿m^3(不含淮河入江水量),多年平均水资源总量9958亿m^3,约占全国水资源总量的35%。水能资源理论蕴藏量3.05亿kW,年均发电量2.67万亿kW·h,约占全国的40%,其中技术可开发装机容量2.81亿kW,年均发电量1.30万亿kW·h,分别占全国相应总量的47%和48%。长江水系通航河流3600多条,总计通航里程约7.1万km,占全国内河通航里程的56%。

---

① 作者简介:郑守仁,男,原总工程师、三峡工程设计总工程师,中国工程院院士,主要从事水利水电工程设计和施工技术研究工作。

兴建三峡工程，开发利用长江三峡水力资源，是多少代中国人的梦想。早在1919年孙中山先生首先提出在三峡河段修建闸坝改善航运，并利用水力发电的设想。此后30年的民国时期，也开展了三峡工程的前期研究工作，但进展不大。1949年10月，中华人民共和国建立，开创了长江治理新纪元。1952年2月，负责长江治理开发工作的长江水利委员会在武汉成立，林一山担任主任。1953年2月，中国共产党中央委员会主席毛泽东视察长江，听取了林一山主任关于长江洪水问题和治江方案汇报后，明确指出在三峡修建大坝解决长江中下游防洪问题的构想。1956年6月，毛泽东主席赋诗描绘“高峡出平湖”宏图。1956年10月，国务院批准长江水利委员会改名为长江流域规划办公室（简称长办）。1958年3月，中共中央成都会议通过了《中共中央关于三峡水利枢纽和长江流域规划的意见》，指出：“从国家长远的经济发展和技术条件两方面考虑，三峡水利枢纽是需要修建，而且可能修建的……现在应当采取积极准备和充分可靠的方针，进行各项准备工作。”长办在有关部门协作下，1959年编制完成了《长江流域综合利用规划简要报告》。1990年国务院审查批准修编了《长江流域综合利用规划简要报告（1990年修订）》，该报告对1959年的规划内容进行了修改与补充，再次明确了三峡工程在治理开发和保护长江中的关键地位[1]。

1992年4月3日，第七届全国人民代表大会第五次会议通过了《关于兴建长江三峡工程的决议》。至此，兴建长江三峡工程问题已由全国人民代表大会作出最后的决策。1993年1月，国务院成立国务院三峡工程建设委员会（简称三峡建委）。1993年7月，三峡建委审查批准《长江三峡水利枢纽初步设计报告（枢纽工程）》。三峡工程坝址位于湖北省宜昌市三斗坪，枢纽建筑物由大坝及茅坪溪防护坝、电站厂房、船闸及升船机组成。大坝为混凝土重力坝，轴线全长2309.5m，坝顶高程185m，最大坝高181m。茅坪溪防护坝为沥青混凝土心墙土石坝，位于大坝右岸上游1km的茅坪溪出口处。电站厂房采用坝后式，在泄流坝段两侧坝后分设左岸及右岸厂房，分别安装14台及12台水轮发电机组，在右岸地下电站厂房安装6台机组，单机容量均为70万kW；并在左岸厂房与升船机之间的下游设电源电站地下厂房，安装2台5万kW水轮发电机组，电站总装机容量2250万kW，年平均发电量882亿kW·h。通航建筑物包括船闸和升船机，均布置在左岸。船闸为双线五级连续船闸，闸室有效尺寸长280m、宽34m、坎上水深5m，可通过万吨级船队，年单向通过能力为5000万t；升船机采用齿轮齿条爬升平衡重式垂直升船机，承船厢有效尺寸长120m、宽18m、水深3.5m，1次可通过1艘3000吨级客货轮或1500吨级船队。三峡工程大坝按千年一遇洪水流量98800m^3/s设计，设计洪水位175.0m，相应库容393亿m^3；按万年一遇洪水流量（113000m^3/s）加大10%的洪水流量124300m^3/s校核，相应校核洪水位180.4m，水库总库容450.4亿m^3。汛期防洪限制水位145.0m，防洪库容221.5亿m^3。三峡工程于1993年施工准备，1994年12月开工，1997年11月6日大江截流；1998年开始施工河床左侧大坝和电站厂房，2002年10月大坝泄洪坝段导流底孔过流,11 月 6 日导流明渠截流;河床右侧上游碾压混凝土围堰与河床左侧已修建的大坝共同挡水;2003 年 6 月,蓄水至 135.0m 水位,7 月左岸电站首批机组发电,双线五级连续船闸通航,进入围堰挡水发电期。2004 年河床右侧大坝及电站厂房开始施工,2005 年左岸电站 14 台机组全部投产;2006 年 6 月,河床右侧大坝混凝土施工至坝顶高程 185.0m,上游碾压混凝土围堰爆破拆除,大坝全线挡水,10 月蓄水至 156.0m 水位,提前一年进入初期运行期。2007 年右岸电站 7 台机组投产;2008 年 8 月,大坝及电站厂房(右岸电站 12 台机组全部投产)和双线五级连续船闸全部完建,具备蓄水至正常蓄水位 175.0m 的条件;移民工程县城和集镇迁建完成,移民安置、库区清理、地质灾害防治、水污染防治、生态环境保护、文物保护等专项,经主管部门组织验收,可满足水库蓄水至 175.0m 的要求。三峡建委批准三峡工程 2008 年汛末实施 175.0m 试验性蓄水,标志着三峡工程由初期蓄水位 156.0m 运行转入正常蓄水位 175.0m 试验性运行。

2 三峡工程是治理开发和保护长江的关键性工程,在保护长江生态环境中具有关键地位重要作用

2.1 1959 年和 1990 年《长江流域综合利用规划简要报告(1990 年修订)》,明确三峡工程是治理开发和保护长江的关键性工程

1959 年,长办在有关部门协作下,编制完成了《长江流域综合利用规划简要报告》。长办通过对长江流域综合利用规划要点进行深入的研究,论证了三峡工程在防洪、发电、航运等方面的作用,是长江开发治理的关键性工程。国务院在 1983 年根据长江流域经济社会发展的要求,决定对 1959 年编制的《长江流域综合利用规划要点报告》进行修改和补充。1989 年 6 月,长江流域规划办公室恢复原名长江水利委员会(简称长江委),长江委与有关部门和省市密切配合,于 1990 年编制完成《长江流域综合利用规划简要报告(1990 年修订)》,并经国务院审查批准。治理开发长江的主要任务包括防洪、发电、灌溉、航运和水土保持等方面。治理开发的目标包括社会、经济、生态环境等多项目标。为实现治理开发任务和目标需采取综合措施。长江中下游地区的洪水灾害是流域经济社会发展中突出的环境问题之一。三峡工程位于宜昌的西陵峡口,能对上游洪水进行有效的控制与调节,解除荆江河段洪水的严重威胁和减轻长江中下游平原的洪水灾害。报告明确三峡工程是长江防洪体系中的骨干工程,具有关键地位。三峡工程未建前,防洪主要靠加固堤防和分蓄洪措施。长江干堤的防洪标准一般为 10 年至 20 年一遇,荆江河段为 10 年一遇,超过上述标准,即需采用分洪措施。每年汛期数十万人上堤巡防、抢险;遭遇大洪水时,数千万人承受着惧怕洪灾的心理压力。一旦堤防溃决或采用分蓄洪措施,将严重影响当地人民的生活和生产。洪灾之后人畜伤亡,瘟疫流行,钉螺蔓延,血吸虫病扩散,生活及生产设施损坏,对生态环境造成破坏。三峡工程建成运行后,对防止灾难性洪

水起很大作用。发生100年一遇以下的洪水，可不使用荆江分洪区，并减少其他分洪区的使用频率和分洪量。超过100年至1000年一遇的大洪水，或类似1860年及1870年特大洪水，可避免荆江地区发生毁灭性灾害[1]。所以，三峡工程是治理开发和保护长江的关键性工程，在保护长江生态环境中具有重要的作用。

2.2 2012年《长江流域综合规划(2012—2030年)》明确将三峡水库列为国家水环境保护的重点区域，在保护长江生态环境中具有关键地位

2007年8月，水利部批复长江委于2007年6月上报的《长江流域综合规划修编任务书》。长江委根据《中共中央 国务院关于加快水利改革发展的决定》(中发〔2011〕1号)和2011年7月中央水利工作会议精神，对《长江流域综合规划》再次进行了修改完善，于2011年7月形成了《长江流域综合规划(2012—2030年)》(简称《规划》)。2012年12月，长江委呈报的《规划》中明确"三峡水库是国家重要战略淡水资源库，已被列为国家水环境保护的重点区域"。2012年12月26日，《国务院关于长江流域综合规划(2012—2030年)批复》(国函〔2012〕220号)中指出："《规划》实施要认真贯彻落实《中共中央国务院关于加快水利改革发展的决定》(中发〔2011〕1号)精神，以完善流域防洪减灾、水资源综合利用、水资源与水生态环境保护、流域综合管理体系为目标，坚持全面规划、统筹兼顾、标本兼治、综合治理，注重科学治水、依法治水，处理好兴利与除害、开发与保护、上下游、左右岸、干支流等关系，充分发挥长江的多种功能和综合利用效益，为实现经济持续发展和社会和谐稳定提供有力支撑。"该批复明确提出"加强水资源与水生态环境保护，加大洞庭湖、鄱阳湖、丹江口库区及上游、三峡库区及长江口地区水资源保护力度，加强巢湖、滇池等重要湖泊和沿江城市河段水污染防治"。《规划》明确三峡水库已被列为国家水环境保护的重点区域，在保护长江生态环境中具有关键地位[2]。要求加大三峡库区水资源与水生态环境保护力度；加强三峡库区水污染防治及饮用水水源地保护；加大支流沿岸城镇污水处理力度；实现污染物排放总量控制，优化调整库区及其上游地区农业产业结构，加快生态农业建设。《规划》指出，三峡水库运行后，库区及上游相关区域生态环境质量总体良好，与蓄水前相比基本保持稳定[2]。

3 三峡工程对生态环境影响研究的历程

3.1 三峡工程决策前对生态环境影响的研究

3.1.1 三峡工程对生态环境影响的前期研究

党中央、国务院历届领导都高度重视三峡工程对生态环境的影响问题，并要求研究降低生态环境不利影响的对策措施，将其不利影响降到最小。1957年，长办在编制《三峡水利枢纽初步设计要点报告》时，会同中国科学院、有关高等院校、科研单位对三峡工程

引起的一些环境因素,如回水影响、人类活动对径流的影响、库岸稳定、地震、泥沙、水生生物、水库淹没与移民、自然疫源性疾病及地方病等进行了调查研究,提出大量初步成果,并编入《长江流域综合利用规划简要报告》[1]。1958 年 6 月,三峡工程第一次科研会议研究的课题中,也有与环境有关的地质、地貌、水文、水库泥沙淤积、人群健康等方面的课题。为了解三峡建坝对人群健康和生活环境的影响,在国家科委组织领导下,对三峡库区自然疫源和疟疾流行病学等进行了调查研究。1958 年 10 月,中国科学院水生生物研究所在三峡库区对浮游生物和底栖生物等的组成及生物量进行了较系统的调查。1959—1960 年,湖北省三峡自然疫源调查队、宜昌地区卫生防疫站和秭归县卫生防疫站分别对坝区蚊虫和鼠类进行了调查。长办和南京大学气象系合作对三峡库区的小气候变异作了初步探索。在水质监测方面,20 世纪 50 年代以来一直保持观测,特别是物理指标和常规水化学指标。上述工作为三峡工程环境影响评价与研究提供了有价值的基础资料。

1976 年,长办成立长江水资源保护局(现长江流域水资源保护局,简称长江水保局),随后又成立了长江水资源保护科学研究所和长江流域水环境监测中心。长江水保局与有关大专院校和科研单位协作,从事三峡工程对环境影响的科研和评价工作。1978 年 3 月,长江水保局受国务院环境保护领导小组办公室委托,在武汉召开了长江水资源保护科研规划会议。会议拟定了《长江水资源保护科研规划纲要(初稿)》,其中将“大型水利工程对环境影响研究”列为重点课题,由长江水保局组织实施[1]。

1979 年,长江水保局制订了“长江水资源保护科研计划”。同年 10 月,牵头召开长江水资源保护科研计划会议,确定三峡工程环境影响评价的研究由长江水保局承担,从 1979 年起,长江水保局开始收集国内外有关工程,特别是水利工程环境影响研究与评价的资料,进行了多学科的综合研究。通过影响机制类比、数学模式类比、生境条件类比和生态习性类比等方法进行了全面分析研究。先后以丹江口、葛洲坝水利枢纽为类比工程,进行了水库下泄流量水温对农业的影响、水库兴建后土壤环境变化、水质变化等方面的研究,并提出了科研报告[1]。

3.1.2 蓄水位 150m 方案对生态环境影响的研究

1982 年 2 月,水利部正式颁布《关于水利工程环境影响评价的若干规定(试行)》,并将“三峡水利枢纽对环境影响”列为附件。3 月,长办编制完成《长江三峡水利枢纽 150m 方案可行性研究报告》。其中第八章为三峡建坝对环境的影响,由长江水保局在广泛开展环境调查和各专题研究成果基础上编制完成。

1983 年 5 月,国家计委在北京主持召开了长江三峡水利枢纽可行性报告审查会,将环境影响的评价作为重要讨论问题之一,会议认为:长办提出的可行性研究报告基本可行,建议国务院原则批准。1984 年 4 月,国务院下发《国务院关于长江三峡工程可行性研究报告的批复》,要求“三峡工程按正常蓄水位 150m、坝顶高程 175m 设计”,请水电部于

1984 年底前完成初步设计报审。长办据此进行三峡工程初步设计，长江水保局开展重点专题研究并完成了《三峡工程对水质影响的研究》《三峡工程对土壤环境的影响研究》《三峡工程对森林植被、珍稀植物及经济林的影响研究》《三峡工程对库区野生动物及珍稀动物的影响研究》《长江三峡水利枢纽兴建对人群健康的影响研究》《长江三峡工程对血吸虫流行的影响研究》等专题报告，为编制《三峡水利枢纽环境影响报告书》奠定了基础。长江水保局于 1985 年 7 月提出《三峡水利枢纽环境影响报告书(150m 方案)》。

3.1.3 不同蓄水位的生态与环境影响论证研究

三峡工程正常蓄水位研究过 200m、150m、180m、175m 等。1980 年 12 月，长江水保局根据初步研究成果，编制了《三峡建坝的环境生态问题》(200m 方案)。这是第一个对三峡工程环境影响进行全面评价的报告[1]。

1984 年 11 月，国家科委在成都市召开"三峡工程科研工作会议"，决定生态与环境影响研究项目由城乡建设环境保护部和中国科学院负责。1985 年 5 月，受国家科委委托，国家环境保护局和中国科学院在成都召开了长江三峡工程对生态与环境的影响论证会，对三峡工程不同蓄水位(150m 和 180m 方案)对生态与环境的影响进行了初步论证。国家科委于 1985 年 6—7 月在北京市和 1986 年 1 月 26—27 日在上海市主持召开会议，国家环境保护局和中国科学院及所属有关单位参加，聘请并成立长江三峡工程生态与环境专题专家组，组长马世骏。在分析有关资料成果的基础上，编制了《三峡工程对生态与环境影响的初步论证报告》(正常蓄水位 150m 和 180m 方案)。该报告是在"三峡工程对环境的影响"(正常蓄水位 150m 方案)的基础上，对 180m 方案的环境影响进行补充论证编写而成的[1]。

3.1.4 重新论证阶段对生态环境影响及对策论证

1984 年国务院批准三峡工程 150m 方案后，有些社会人士对兴建三峡工程提出不同意见，重庆市对正常蓄水位方案提出意见。为了充分研究三峡工程建设对生态环境的影响，1986 年 6 月，党中央、国务院决定对三峡工程重新论证。根据三峡工程论证领导小组的安排，由全国科研院所、大专院校及其他单位的生态、环境、环境水利等各方面的 55 位专家组成了"长江三峡工程生态与环境专题论证专家组"，在以往有关课题研究成果的基础上，经过专家现场考察和多次讨论，修改提出了论证报告，经第七次论证领导小组(扩大)会议审议通过后，又召开了专门会议，进一步讨论了三峡工程对中游平原区和河口的生态环境影响，基本取得了一致的认识。专家组于 1988 年 1 月提出《长江三峡工程生态与环境影响及对策论证报告》，内容包括：流域与库区的环境状况、工程生态与环境的影响、移民环境容量分析、综合分析和对策等建议[1]。

3.1.5 国家环境保护局审查批复《长江三峡水利枢纽环境影响报告书》

1991 年 8 月 30 日，国务委员宋健主持研究并落实国务院三峡工程审查委员会审查报告中提出补报《长江三峡水利枢纽环境影响报告书》(简称《环境影响报告书》)的问题。

根据有关规定，长江水利委员会和中国科学院将编制《环境影响报告书》的任务，分别交由具有甲级环境影响评价资格证书的长江水资源保护科学研究所和中国科学院环境评价部共同完成。中国科学院环境评价部和长江水资源保护科研所在多年研究和专家论证的基础上，12 月编制完成《环境影响报告书》(送审稿)。

1992 年 1 月，水利部召开了《环境影响报告书》预审会。2 月，国家环保局召开了《环境报告书》终审会。最后提出了《关于长江三峡水利枢纽环境影响报告书审批意见的复函》。国家环境保护局的主要批复意见是：原则同意《环境影响报告书》预审专家委员会的评审意见。《环境影响报告书》着眼长江流域、采取多层次的系统分析和综合评价方法，全面分析了三峡工程对生态与环境的有利影响和不利影响，提出了减免不利影响的对策，为工程决策提供了重要依据。只要对不利影响从政策上、从工程措施上、从监督管理上以及从科研和投资等方面采取得力措施，使其减小到最低限度，生态与环境问题不致影响三峡工程的可行性[3]，为 1992 年 4 月全国人民代表大会关于三峡工程议案作出最后决策提供了重要依据。

3.2 初步设计阶段对生态环境影响的研究

长江委在初步设计阶段，对有关环境影响进行了复核，对环评中就主要不利影响提出措施。1992 年，编制完成了《长江三峡水利枢纽初步设计报告(枢纽工程)》第十一篇环境保护。1993 年 5 月，根据国务院三峡工程建设委员会第一次会议的决定，由其聘请专家组，在北京召开三峡工程初步设计审查会议，对长江委编制的《长江三峡水利枢纽初步设计报告(枢纽工程)》(以下简称《初设报告》)进行初审。同时，环境保护专家组在北京对《长江三峡水利枢纽初步设计报告(枢纽工程)》中的环境保护篇进行审查。专家组建议予以审查通过，并建议在近期必须抓紧做好下列几项工作：①加强环境管理是落实环境保护设计的关键。②建立三峡工程生态与环境监测系统已刻不容缓。③施工区的环境保护是当前另一项紧迫任务。④必要的资金是搞好环境保护的重要保证。⑤库区移民和城镇搬迁的环境问题，应根据《长江三峡水利枢纽环境影响报告书》所列有关内容逐项进行设计，并同步实施。

4 三峡工程建设过程中对长江生态环境保护采取的对策措施及综合评价

4.1 工程建设过程中对坝区和库区的生态与环境保护

4.1.1 国务院要求国家环保总局牵头负责编制《三峡库区及其上游水污染防治规划》

三峡工程建设期间，党中央、国务院高度重视三峡工程生态环境保护。2001 年 7 月，国务院要求国家环保总局牵头会同国家计委、建设部、三峡建委办公室和移民开发局、长江委以及有关省市政府组织编制《三峡库区及其上游水污染防治规划(2001—2010年)》。同年11月,国务院批复实施。此后,国家相关部委、三峡建委办公室、库区各级政府和中国长江三峡工程开发总公司(现中国长江三峡集团有限公司,简称三峡集团公司)重点围绕三峡水库水环境质量评价及预测、水环境容量、水体富营养化成因演变及防控、污染源控制等方面开展了一系列的科学试验研究,为库区水环境保护管理提供了技术支撑。三峡工程建设及运行过程中,三峡建委办公室和库区地方政府组织实施了一系列库区工业废水处理厂和城镇生活污水处理厂及垃圾处理场的建设,对库区生活污染源的治污减污起到了很大作用;在农村实施"一池(沼气池)三改(改厨、改圈、改厕)"、养殖场污染治理和农村截污处理工程等一系列面源污染控制工程,减少了污染物排放,又带来了清洁能源和绿色有机肥,实现养殖业和种植业结合,对改善区域环境和保护库区水质起到了示范作用。2008年1月,国家环保总局颁发《三峡库区及其上游水污染防治规划(修订本)》。

4.1.2 库区各级政府认真贯彻落实《三峡库区及其上游水污染防治规划》

库区各级政府认真贯彻落实《三峡库区及其上游水污染防治规划》,为保护三峡水库水质,从以下四个方面采取了水污染防治措施:

(1)生活污水处理

三峡库区20个区、县、市,已建成并运行污水处理厂169座,总处理能力达262.08万t/d。

(2)生活垃圾处理

三峡库区已建成并运行垃圾处理项目106个。2015年库区产生生活垃圾397.42万t,总处理垃圾356.24万t,占89.6%。

(3)工业废水和固体废物处理

在2003年之前,三峡库区已彻底关闭所有规模以下的造纸(年制草浆3.4万t以下、年制木浆5万t以下)、制革(年产皮革10万张以下)、农药、染料等污染严重的企业,关闭年产5万t以下的小啤酒厂、年产1万t以下的小白酒厂。小氮肥企业已通过技术改造和进步,实现污水零排放。按照《规划》规定,所有工业企业,工业废水都要实现达标排放,固体废物都要按规定处理和堆存。

(4)船舶油污水和垃圾处理

三峡库区船舶按要求安置油水分离装置,库区船舶油污水处理率达90%以上,达标排放率达82%以上。设置了船舶废弃物接收装置,并设立库区船舶垃圾接收点、垃圾接收船及油污水接收船,油污水和垃圾接收单位。

4.1.3 三峡工程建设阶段坝区与库区生态环境保护

(1)坝区生态与环境保护

1994年12月,三峡工程开工建设。为加强施工区环境保护,根据三峡建委办公室召

开专题会议要求，三峡集团公司委托长江委长江水保局负责组织编制《长江三峡工程施工区环境保护实施规划》。1994 年 8 月，提出《长江三峡工程施工区环境保护实施规划》，1995 年三峡建委办公室批复实施。

(2)库区生态与环境保护

长江委在 1991—1992 年完成三峡库区 21 县(市)淹没实物调查的基础上，于 1995 年 5 月编制完成了三峡库区湖北省 4 县淹没处理及移民安置规划报告和移民安置区环境保护规划报告。1997 年编制完成重庆市 16 县(区)淹没处理及移民安置规划报告和移民安置区环境保护规划，其成果均纳入分县(区)移民安置规划总报告。三峡集团公司于 1996 年组织建立了长江三峡工程生态与环境监测系统，对与三峡工程建设及三峡水库运行相关的各环境因子开展系统而全面的监测和跟踪，以了解各环境因子的时空变化规律，验证环境影响评价结论及对策实施的效果。

1996 年 3 月，国家计委发布《关于三峡地区经济发展规划纲要》。其中“生态环境的保护与治理”包括生态环境特点及面临的问题，生态环境保护与治理的要点。重庆市地处三峡水库库尾，对三峡地区的环境影响重大，必须切实搞好环境保护规划，加强治理和管理，库周沿岸城镇要结合迁建、新建项目，建设污水处理工程，保护三峡水库腹地的水质。库首区要重点保护好坝前环境。环境污染防治要与产业结构调整、技术改造相结合，新建、改扩建项目严格把好“三同时”(同时设计、同时施工、同时投产使用)关，库区农村开展了“一池(沼气池)三改(改厨、改圈、改厕)”，环境保护配套设施要达到相应的行业要求。库区各地加强防护林建设，截至 2016 年防护林面积达 2556.67 万亩，防护林蓄积为 9836.89 万 m^3，分别占库区森林面积和蓄积的 64.91%和 62.87%，以保护生态环境为主的防护林成为库区森林资源的主体林种。在积极发展旅游业的同时，要加强旅游景观资源的开发与保护，防止旅游污染。

4.2 建设珍稀植物保护工程，对特有珍稀植物实施抢救性保护

4.2.1 建设珍稀植物保护工程

三峡水库蓄水后，库区内直接受淹没影响的陆生植物物种有 120 科、358 属、560 种，除荷叶铁线蕨和疏花水柏枝外，其他均为淹没区外分布比较广泛的物种，不会因水库蓄水的影响而灭绝。在三峡库区先后建设湖北宜昌大老岭国家森林公园植物多样性保护建设工程、湖北省兴山龙门河亚热带常绿阔叶林自然保护工程，主要保护亚热带山地天然森林生态系统、珍稀物种和古大树种；保护三峡库区业已保存比较完整的亚热带常绿阔叶林群落及其生态系统、物种多样性和珍稀植物。同时，对库区涉及的古大树种 199 株实行单株保护工程[3]。

4.2.2 对特有珍稀植物实施抢救性保护

珍稀植物疏花水柏枝和荷叶铁线蕨是特有种类，具有重要的研究和保护价值。该保

护工程通过迁地保护、设施保存、引种回归大自然等多种措施对其进行抢救性保护，确保三峡工程蓄水后两种植物的长期安全生存与繁衍。采取了4种保护措施。

(1)设置设施保存

利用低温冷藏技术保存植物种子，确保物种安全。科研单位已分别在湖北省和重庆市库区多处建立了三峡库区珍稀植物繁育基地，这两种珍稀植物均在该基地成功繁殖和栽培。

(2)植物园保存

将物种迁栽至植物园内进行保护。

(3)原产地保护

对物种未被淹没的种群在原产地进行保护。荷叶铁线蕨已在万州区新乡三道河村建立一个2km^{2}的物种保护点，保护点内禁止采挖，同时采用分枝或孢子繁殖，进行人工栽培。疏花水柏枝已在秭归县一处集中200多株树木的产地设立保护点，研究采用多种繁殖手段扩大种群数量。

(4)回归自然保护

对物种进行人工繁殖后，移栽回自然环境区域。自2007年以来，又陆续在葛洲坝下游胭脂坝、关洲等多处江心小岛发现有10万余株疏花水柏枝野生种群。

4.3 采取措施保护珍稀水生动物

4.3.1 建立国家级自然保护区

在长江上游、中游、下游及河口先后建立了长江上游珍稀特有鱼类国家级自然保护区、长江湖北宜昌中华鲟省级自然保护区、长江天鹅洲白鳖豚国家级自然保护区、长江新螺段白鳖豚国家级保护区、长江口中华鲟省级自然保护区，保护对象为中华鲟、白鲟、达氏鲟、胭脂鱼等和珍稀水生动物白鳖豚、江豚，此外还包括一部分长江上游特有鱼类，主要包括圆口铜鱼、长鳍吻鮈、圆筒吻鮈、长薄鳅、厚颌鲂、异鳔鳅鮀、岩原鲤、中华间吸鳅等[3]。

4.3.2 实施人工增殖放流

2005年正式启动三峡工程珍稀鱼类保护生态补偿项目“三峡工程珍稀特有鱼类增殖放流”；2006年珍稀鱼类中华鲟、达氏鲟和胭脂鱼放流量超过20万尾，重要经济鱼类放流量达4.5亿尾，以保护长江上游的珍稀特有鱼类和维护三峡水库水域生态系统的完整性。2016年11月24日，在葛洲坝大江电厂下游约300m江段范围内采集中华鲟鱼卵，这是时隔三年(2013—2015年)之后，在葛洲坝下游江段再次监测到中华鲟产卵活动[4]。

4.4 三峡工程对生态环境影响的综合评价

任何水利水电工程对生态与环境的影响都是有利有弊的。综合分析，三峡工程除水库淹没以外,影响生态与环境的基本因素是建坝引起河流水文、水力情势的变化。三峡水库是典型的河道型水库,全长 660km,平均宽度 1.1km,比天然河道宽度只增加一倍,与武汉江段的河道宽度相近。正常蓄水位相应库容与坝址多年平均年径流量的比值很小,仅有 0.09。而埃及阿斯旺水库和我国新安江水库为 2.0,丹江口水库为 0.55,三门峡水库为 0.39。因此,三峡水库对河流天然径流的调节有限,水库各月平均下泄流量仅在枯水季节比天然情况有变化,而且均在天然流量变化幅度的范围之内。三峡工程对生态环境的影响和对策应充分重视并认真对待,但不致成为工程决策的制约因素。经过多年的规划设计过程中的反复论证,工程建设期和 2003 年 6 月水库蓄水以来的严密观测,可以得出这样的结论:三峡工程对生态与环境的影响有利有弊,且影响的时空分布不均匀,总体来看利大于弊。其影响自工程准备期开始,会持续很长时间。有些影响如施工的影响只在一定时期内发生作用,而有些影响如泥沙淤积等则长期存在,并具有累积性。不同时段受影响的因子和强度不同,年内各月影响变化与水库水位调控密切关联。在空间分布上,有利影响主要在中游,而不利影响主要在库区,但主要的不利影响大多数在采取对策和措施后可得到减免。为了把不利影响降到最低限度,国家采取了多种有效措施。比如,水库外迁了 19.6 万农村移民,依法破产关闭了 1102 户污染严重的受淹企业,每个城市、县城、集镇都建设了污水处理厂和垃圾填埋场,实施了工矿企业准入制度,工矿企业生产废水必须达标排放,水库内(包括支流)严禁网箱养鱼;水库蓄水前进行了严格的库底清理,因此从未发现鼠疫、霍乱病例和血吸虫宿主钉螺的存在;对濒危生物(包括植物和水生生物)采取了效果显著的抢救措施,建立了生态环境监测网。监测成果显示:三峡库区及相关区域的生态环境质量总体良好。水库水质基本稳定在Ⅱ～Ⅲ类水平(经过自来水厂的处理可供饮用),目前出现的生态与环境现象未超出环境影响预测的范围。但应该认识到:三峡工程对库区的不利影响及其防治,是一项长期而艰巨的任务。需要针对库区特殊的生态与环境保护要求,制定相应的发展和考核目标,建立生态补偿机制,走出一条生态环境保护与经济社会发展的双赢道路。

5　三峡工程在长江生态环境保护中的重要作用

5.1　建设库区生态屏障区,发挥在长江生态环境保护体系中的作用

长江流域山水林田湖浑然一体,是我国重要的生态宝库,具有重要的水土保持、强大的洪水调蓄、净化环境能力,是生态安全屏障区。三峡工程坝址位于长江上游与中游相接处,水库具有“对上游洪水可以调蓄,对下游枯水可以补偿”的独特作用。由于三峡水库的调节功能,在最容易发生水污染的枯水期,水库下泄流量增大,可提高大坝下游干流的污水稀释比而使水质得到改善。同时,枯水期是长江口咸潮入侵影响最大的季节,由于三峡水库下泄流量增加,冲潮能力增强,使咸潮入侵减轻,有利于降低河口区盐度,提高上海市供水的水质。三峡水库回水末端紧邻长江上游珍稀特有鱼类国家级自然保护

区，下接长江中下游江湖复合生态系统，是流域生态环境保护和修复的主控节点，对于流域生态环境变化和江湖关系演变具有重要的调控作用[2]。三峡工程自2008年汛末实施175m水位试验性蓄水运行十年来，库区各级政府高度重视生态环境保护工作，在三峡库区及其上游干支流实施天然林保护工程，共营造林地15284.55万亩，综合治理石漠化面积达5357.27万亩，累计治理水土流失面积47.29km^2。三峡库区多级环境监测网的监测成果表明，三峡工程自2003年投入运行以来，枢纽工程施工区和移民工程移民安置区环境质量总体良好，水土流失逐步得到了治理；库区长江干流水质总体稳定，以Ⅱ～Ⅲ类为主；生物多样性保护取得一定成效。枢纽工程对下泄流量的调节和控制，大幅度减少洞庭湖泥沙淤积，延长洞庭湖寿命；枯水期坝下游河道流量增大，在一定程度上降低长江口咸潮期盐度，冲淡河口咸潮。在三峡水库建设库区生态屏障区，发挥三峡工程在长江生态环境保护体系中的重要作用，是保障长江流域生态环境安全的重大举措。

5.2 严格控制库区及上游干支流入江污染源，保障水库水质优良，发挥国家重要战略淡水资源库的作用

三峡库区2016年工业污染源废水排放量为1.36亿t，较2015年减少36%；城镇生活污水排放量为12.12亿t；库区共产生生活垃圾401.3万t，处置384.95万t，占95.9%，散排量16.35万t，占4.1%[4]。库区周边入库污染总量中，面源污染占71%。农业农药化肥、畜禽养殖、农村生活污水垃圾是库区面源污染防治的重点。三峡库区周边入库污染负荷虽然只占水库污染负荷总量的18%，但会导致水库局部水质恶化和发生水华。必须采取有效措施，控制畜禽养殖和农田径流引起的面源污染；实施高效生态农业模式，推广绿色化肥和有机肥料，高效、低毒、低残留农药，提高农药化肥使用效率。三峡水库周边区域人口密集，既是面源污染的源头，又是库周入库污染的必经之地，需要划定合适的区域，建设生态屏障区，在减少面源污染负荷的同时，恢复和完善库区生态系统结构，提高库区生态环境承载力，形成库区污染入库前的最后一道生态防线。遏制水库局部库湾和支流水体水华的发生，保障水库水质优良，发挥国家战略性淡水资源库的作用。据调查分析，水库支流来水受干流顶托，多滞留在支流河口或库湾，交换周期长，局部水域水质恶化、水华发生，是严重影响水库整体水质的主要原因。近些年监测结果表明，三峡水库部分支流或库湾易在3—7月出现短时水华现象，总体尚不严重，且其产生及消失都比较突然，与水动力条件关系密切。控制库区支流及库湾水体营养盐水平、切断藻类营养物质供应、生物治理等多项措施，是三峡水库正在积极采取的水华防治措施。三峡集团公司委托中国科学院在库区高岚河进行了生物操纵控藻研究试验，2010年至今，试验河段未再发生水华。通过生态调度试验，在水华易发时段降低坝前蓄水位，加大支流水体流速，破坏水华形成条件，抑制支流水华暴发。但水华防治是世界性难题，今后还要继续加强研究，采取更有效的综合防治措施，构建长期有效的防治机制。

2008年汛末实施175m水位试验性蓄水运行以来，三峡水库水质保持在Ⅱ～Ⅲ类。

2016年库区长江干流8个水质监测断面,5个断面水质为Ⅱ类[4],水库水质保持良好状况,说明三峡水库水环境保护效果显著,保障了库区和大坝下游居民生活、生产及生态用水的供水安全。

5.3 优化库区产业结构布局,建设生态环境优良、绿水青山美丽的三峡库区,发挥重要生态功能区作用

三峡水库是全国重要的生态功能区之一,对保障国家生态安全具有重要意义。对三峡库区已建的化工园区要强化风险防控,确保生产安全和化工产品运输安全,杜绝有毒危害液气外漏事故发生;三峡库区要优先发展绿色产业,进一步淘汰落后产业,采用先进技术和清洁生产工艺,加快产品升级换代;提高产业进入库区环境准入门槛,限制化工行业发展,推动生态工业园区建设,促进库区就业转移和人口减载。尽快完善库区污水及垃圾处理等环境保护设施建设,提升运营管理水平。发挥全国重要的生态功能区示范作用,建设生态环境优良、绿水青山美丽的三峡库区。

5.4 促进长江绿色航运发展,为国家提供清洁能源,发挥节能减排、保护生态环境作用

三峡工程是长江航运发展规划的重要组成部分,川江河段滩多水急,航道狭窄,是长江航运中的险段。三峡工程建设提高了长江航运重庆至宜昌段的运输能力,降低了船舶单位能耗,宜渝航线单位运输成本下降37%左右,提升了运输质量和安全状况,改善了西南地区对外交通条件,使川江变为真正的“黄金水道”,对推动西南腹地与东南沿海地区的经济交流,促进西南地区经济社会发展发挥重要作用。自2003年6月船闸通航以来,截至2017年底累计运行13.74万闸次,通过船舶76.8万艘次,旅客1220.3万人次,通过货物11.1亿t,2011年货运量突破1亿t,提前19年达到并超过设计水平年2030年单向5000万t的通过能力指标。[5]航运是天然水运系统,与陆地运输系统相比,运输成本低,少占土地或不占地,动力燃料消耗低,污染小,噪音低,航运适宜于大宗笨重货物运输,可称之为绿色航运。2008年汛末实施175m水位试验性蓄水运行以来,三峡库区水流流速减缓、流态稳定、比降减小,船舶载运能力明显提高,油耗明显下降。据测算,库区船舶单位千瓦拖带能力由建库前的1.5t提高到4t～7t,每千吨公里的平均油耗由2002年的7.6kg下降到2013年的2.0kg左右。三峡工程建成投运促进了长江绿色航运发展,发挥了节能减排、保护环境的作用。

水电是清洁能源,三峡水电站2017年发电量976.05亿kW·h。[5]2003年7月至2017年12月,累计发电1.09万亿kW·h,相当于节约标准煤3.64亿t,减排二氧化碳约8.12亿t、二氧化硫约997.68万t、氮氧化物479.57万t,减少了大量废水、废渣,增强了我国清洁能源的供应能力,减排污染物相当于5594万亩阔叶林;节能减排、保护生态环境效益显著。

6 结语

2016 年 1 月 5 日，习近平总书记在重庆主持召开推动长江经济带发展座谈会上强调："当前和今后相当一个时期，要把恢复长江生态环境摆在压倒性位置，共抓大保护，不搞大开发。"[6] 2018 年 4 月 26 日，习近平总书记在武汉主持召开深入推动长江经济带发展座谈会上指出："正确把握生态环境保护和经济发展的关系，探索协同推进生态优先和绿色发展新路子。"[6] 构建三峡工程库区生态环境保护体系，保障三峡水库水质优良，建设绿水青山、生态环境优良美丽的三峡库区，是认真落实习近平总书记保护长江生态环境重要指示的具体举措，直接关系国家战略淡水资源库的水生态环境安全、三峡工程长期运行安全，也关系三峡库区、长江中下游干流及通江湖泊、长江口水生态安全和长江经济带的可持续发展。2008 年汛末实施 175m 水位试验性蓄水运行十年来，库区及上游相关区域生态环境质量总体良好，与蓄水前相比基本保持稳定。但许多影响还有一个逐步显现的过程。三峡工程规模巨大、效益显著，对长江生态环境的影响"利"多"弊"少。三峡工程运行中发现影响工程安全运行和对长江生态环境造成不利影响的问题，都要认真负责地逐个研究，及时防范治理，将三峡工程的"利"拓展到最大，而"弊"控制到最小，使工程长治久安，全面发挥综合效益，为长江流域经济社会发展作贡献，成为千秋万代造福长江流域人民的工程。三峡库区及长江流域要把进一步加强生态环境保护工作，摆在压倒性的位置，确保三峡水库和长江水质优良，给子孙后代留下一条生态环境优良、清洁美丽的长江！

参考文献

[1]长江水利委员会.三峡工程技术研究概论[M].武汉：湖北科学技术出版社，1997.

[2]长江水利委员会.长江流域综合规划(2012—2030 年)[R].2012.

[3]中国科学院环境评价部，长江水资源保护科学研究所.长江三峡水利枢纽环境影响报告书[R].1991.

[4]中华人民共和国环境保护部.长江三峡工程生态与环境监测公报 2017[R].2017.

[5]中国长江三峡集团有限公司.长江三峡工程运行实录 2017[M].北京：中国三峡出版社，2017.

[6]中国长江三峡集团有限公司.习近平总书记视察三峡工程新闻报道集[R].2018.

三峡工程为长江经济带提供安全保障与环境保护

郑守仁[①]

(水利部长江水利委员会,武汉 430010)

摘 要:推动长江经济带发展是国家的一项重大区域发展战略。三峡工程为长江经济带的发展提供了防洪、供水、航运和电力安全保障。安全方面,三峡工程有效地调控长江洪水,使长江中下游防洪标准有了较大的提高;供水方面,三峡水库是我国最大的淡水资源战略性水库,库区干流水质总体稳定在Ⅱ～Ⅲ类,保障了长江中下游城市和乡村供水安全;航运方面,三峡工程是长江航运发展中的关键性工程,使川江和荆江河段成为真正的"黄金水道",促进了长江航运优质快速地发展;电力方面,三峡工程在我国能源中具有重要的战略地位,为华中、华东地区及广东省提供优质电力,促进了经济社会可持续发展。此外,三峡工程在保护长江中下游地区生态环境,减少大气与环境污染,促进长江绿色航运发展,改善大坝下游河道水质,建设生态文明、环境优良、绿水青山的新型库区等方面发挥了巨大作用。

关键词:安全保障;节能减排;生态环境保护;长江经济带发展;三峡工程

1 概述

长江是中华民族的母亲河,流域面积180万km^2。长江流经我国腹地,横贯西南、华中和华东三大经济区,流域内有重庆、武汉、南京和上海等重要工业城市以及成都、洞庭湖、江汉、鄱阳湖和太湖平原等重要农业或商品粮基地。流域年平均降雨量1100mm,多年平均入海水量9190亿m^3(不含淮河入江水量),多年平均水资源总量9958亿m^3,约占全国水资源总量的35%。水能资源理论蕴藏量3.05亿kW,年均发电量2.67万亿kW·h,约占全国的40%,其中技术可开发装机容量2.81亿kW,年均发电量1.30万亿kW·h,分别占全国相应总量的47%和48%。长江水系通航河流3600多条,总计通航里程约7.1万km,占全国内河通航里程的56%。

① 作者简介:郑守仁,男,原总工程师、三峡工程设计总工程师,中国工程院院士,主要从事水利水电工程设计和施工技术研究工作。

长江经济带覆盖上海、浙江、江苏、安徽、江西、湖北、湖南、重庆、四川、贵州、云南等11个省市(直辖市),面积约205万km^2,人口和生产总值GDP均占全国的40%,是我国经济重心所在、活力所在,也是中华民族永续发展的重要支撑。随着长江经济带发展战略全面实施和生态文明建设加快推进,要把生态环境保护摆在优先地位,用改革创新的办法抓长江生态环境保护,确保一江清水绵延后世[1]。长江经济带拥有最广阔的腹地和发展空间,是我国今后较长时期内经济增长潜力最大的地区。实施长江经济带经济开发战略,加大开发力度,形成以上海为中心的长江三角洲核心圈、以武汉为中心的长江中游经济区和以重庆及成都为中心的上游经济区,是我国第三战略目标的重要组成部分,对于支撑我国21世纪经济发展、加快中西部内陆地区开发、深入推动我国工业化和现代化进程都具有重要意义。根据长江流域内经济社会发展相关规划,预计到2020年,长江流域将建成具有便利的交通网络、完善的基础设施、良好的生态环境、全方位的开发格局,布局合理、结构优化、市场活跃、经济发达、中西部内陆地区与沿海发达地区并驾齐驱的综合型经济带。

2016年1月,中共中央总书记习近平在重庆推动长江经济带发展座谈会上指出:“推动长江经济带发展是国家一项重大区域发展战略。”[2]2018年4月,习近平总书记在武汉深入推动长江经济带发展座谈会上强调:“推动长江经济带发展是党中央作出的重大决策,是关系国家发展全局的重大战略。”[2]三峡工程可为长江经济带发展提高防洪、供水、航运、电力安全保障,在长江经济带发展中发挥节能减排、保护生态环境的作用。

2 三峡工程为长江经济带发展提高安全保障

2.1 为长江经济带发展提高防洪安全保障

2.1.1 三峡工程对长江洪水有特殊的控制作用

长江暴雨洪水频繁。长江流域的洪水主要由暴雨形成,洪水出现时间与暴雨一致,干流为5—10月,以7—8两个月最为集中。各支流集中程度不同,汛期各有差异,但一般汛期基本也在5—10月。长江中下游平原地区的洪灾频繁而严重,两岸受堤防保护的11.85万km^2平原区,以荆江河段最为险要。因此,长江中下游平原地区是防洪的重点,洪灾一直是中华民族的心腹之患。

长江洪水主要由上游的金沙江、岷江、嘉陵江和中下游的汉江与洞庭湖及鄱阳湖两湖水系洪水组成。长江上游干流和支流汛期洪水的洪量一般占宜昌以上洪量的1/3,洪水来量较稳定,是组成宜昌洪水的基底,也是长江中下游洪水洪量的主要组成部分。1931年、1935年、1949年和1954年几个大洪水年,宜昌60天洪量分别占荆江洪量的95%、城陵矶洪量的61%~80%、汉口洪量的55%~76%、大通洪量的45.5%~68%。

因此,宜昌以上洪水是长江中下游洪水的主要来源,控制上游洪水对长江中下游防洪至关重要。三峡工程位于宜昌的西陵峡口,能对上游洪水进行有效的控制与调节。只有修建三峡工程,才能有效控制洪峰高、洪量大而集中的上游洪水,解除荆江河段洪水威胁,减轻长江中下游平原的洪水灾害。

2.1.2 三峡工程提高了长江中下游防洪标准

三峡工程初步设计大坝校核洪水是按万年一遇洪水流量 113000m³/s 加大 10%确定的,则洪水流量为 124300m³/s,校核洪水位 180.4m,水库总库容 450.4 亿 m³;设计洪水按千年一遇洪水流量 98800m³/s,设计洪水位 175.0m,坝顶高程 185.0m,汛期防洪限制水位 145.0m,防洪库容 221.5 亿 m³。三峡工程建成运行后,长江中下游防洪能力有较大的提高,特别是荆江河段防洪形势有了根本性的改善。长江干支流主要河段现有防洪能力:荆江地区堤防可防御 10 年一遇洪水,通过三峡水库调蓄,遇 100 年一遇及以下洪水可使沙市水位不超过 44.50m,不需要启用荆江地区蓄滞洪区;遇 1000 年一遇或类似 1870 年特大洪水,可控制枝城泄量不超过 80000m³/s,配合荆江地区蓄滞洪区的运用,可控制沙市水位不超过 45.0m,保证荆江河段行洪安全。城陵矶河段堤防可防御 10～20 年一遇洪水,考虑本地区蓄滞洪区的运用,可防御 1954 年型洪水;遇 1931 年、1935 年、1954 年型大洪水,通过三峡水库的调节,可减少分蓄洪量和土地淹没,一般年份基本上可不分洪(各支流尾闾除外)。武汉河段堤防可防御 20～30 年一遇洪水,考虑河段上游及本地区蓄滞洪区的运用,可防御 1954 年型洪水(其最大 30 天洪量约 200 年一遇);由于上游洪水有三峡工程的控制,可以避免荆江大堤溃决后洪水对武汉的威胁;因三峡水库的调蓄、城陵矶附近地区洪水调控能力的增强,提高了长江干流洪水调度的灵活性,配合丹江口水库和武汉市附近地区的蓄滞洪区运用,可避免武汉水位失控[3]。湖口河段堤防可防御 20 年一遇洪水,考虑河段上游及本地区蓄滞洪区运用,可满足防御 1954 年型洪水的需要。汉江中下游依靠综合措施可防御 1935 年型大洪水,约相当于 100 年一遇;赣江可防御20～50 年一遇洪水,其他支流大部分可防御 10～20 年一遇洪水;长江上游各主要支流依靠堤防和水库一般可防御 10 年一遇洪水。

2.1.3 三峡工程实施 175.0m 水位试验性蓄水运行以来发挥了防洪功能

三峡工程首要任务是防洪,2008 年汛末实施 175.0m 水位试验性蓄水运行以来,国家防汛抗旱总指挥部(简称国家防总)和长江防汛抗旱总指挥部(简称长江防总)对三峡工程防洪调度以国务院批准的《三峡水库优化调度方案》等法规文件为依据,三峡水库实施对城陵矶河段防洪补偿调度,为中下游拦洪削峰发挥了核心作用。根据中下游防洪需求,三峡集团公司执行国家防总和长江防总的调度令,实施防洪调度,三峡水库至 2018 年 8 月共累计拦洪运用 37 次,总拦蓄洪量 11113 亿 m³,有效保障了长江中下游防洪安全,减轻了下游干支流地区的防洪压力。2008 年汛末实施 175m 水位试验性蓄水运行以来，汛期长江干流堤防没有发生一处重大险情，安定了长江中下游沿江的民心，产生了巨大的社会效益。三峡工程按荆江补偿调度方案，多年平均减少淹没耕地 30.07 万亩，减少城镇受淹人口数 2.8 万，多年平均年防洪效益为 88 亿元，工程防洪效益显著。

（1）长江上游发生大洪水，水库拦蓄洪量，减轻中下游防洪压力

2010 年和 2012 年汛期，长江上游发生大洪水，三峡入库最大洪峰流量均超过了 70000m^3/s，其中 2012 年 7 月出现的洪峰流量 71200m^3/s，为三峡建库以来最大洪峰，三峡水库拦蓄控泄流量分别为 40000m^3/s 和 45000m^3/s。通过拦洪削峰，避免了下游荆南四河超过保证水位，控制下游沙市站水位未超警戒水位，城陵矶站水位未超保证水位，保证了长江中下游的防洪安全，同时也大大减少了下游江段上堤查险的时间和频次，降低了中下游防汛成本。据初步分析，2012 年三峡水库的防洪效益为 640 亿元[4]。三峡工程 2008 年汛末实施 175m 水位试验性蓄水运行以来，汛期长江干流堤防没有发生一处重大险情，安定了长江中下游沿江的民心，产生了巨大的社会效益。

2018 年 7 月上、中旬，长江连续出现 1 号洪水和 2 号洪水。三峡集团公司遵照国家防总和长江防总的调度令进行调度，在 7 月 4—8 日长江 1 号洪水期间，三峡水库最大入库洪峰流量 53000m^3/s，最大出库流量 41100m^3/s，拦蓄洪量约 20 亿 m^3，库水位由 145.06m 升至 149.05m；在 7 月 11—16 日长江 2 号洪水期间，三峡水库最大入库洪峰流量 60000m^3/s，为 2012 年以来最大入库洪水，最大出库流量 43300m^3/s，削峰率达 27.8%，拦蓄洪量 47.3 亿 m^3，库水位由 146.2m 升至 154.5m，分别降低长江中下游干流沙市、莲花塘站洪峰水位 2.2m、0.9m，避免了荆江河段超警戒水位，大大减轻了其防洪压力。

（2）长江中下游发生大洪水，三峡水库控制下泄流量，减轻中下游防洪压力

2016 年汛期，长江中下游地区发生 1998 年以来的最大洪水，国家防总和长江防总实施三峡水库对城陵矶河段防洪补偿调度，为中下游拦洪削峰，共拦蓄洪量 72 亿 m^3，调洪最高水位 158.18m。同时与长江上游及中游控制性水库防洪库容联合运用，通过科学调度，总共拦蓄洪水 227 亿 m^3，分别降低荆江河段、城陵矶附近河段和武汉以下河段水位 0.8～1.7m、0.7～1.3m、0.2～0.4m，有效减轻了长江中游城陵矶河段和洞庭湖区防汛抗洪压力，避免了荆江河段超警戒水位和城陵矶地区分洪。若三峡水库和溪洛渡、向家坝、五强溪等上中游水库群不拦蓄洪水，长江中游城陵矶莲花塘水文站水位将突破保证水位 34.4m，洪水最高水位可达 35.0m，超保证水位时长将达 7 天左右，超额洪量30 亿 m^3，需要安排钱粮湖和大通湖两个蓄滞洪区分洪，将淹没耕地 52.5 万亩、转移人口 38 万。2016 年汛期，三峡水库与干支流水库拦蓄洪水，显著发挥了防洪效益[4]。

2017 年汛期，6 月 22 日至 7 月 2 日，长江流域中游地区先后发生两次强降雨过程，“洞庭四水（湘江、资水、沅江、澧水）”“鄱阳五河（赣江、抚河、信江、饶河、修水）”来水 6 月下旬快速上涨，莲花塘站 7 月 1 日 8 时水位超警戒水位，2017 年“长江第 1 号洪水”形成，

7月1日12时至7月2日22时,长江防总先后向三峡集团公司发出5次调度令,将三峡水库出库流量由27300m³/s逐步减小至8000m³/s,成为三峡水库7月最小下泄流量。三峡水库拦蓄洪水率达60%以上,有效地减小了城陵矶地区水位上涨速率和幅度。长江防总安排长江上游干流金沙江梯级水库和支流雅砻江梯级水库同步拦蓄洪水,累计拦蓄水量25.38亿m³,减少进入三峡水库的水量,控制三峡水库水位上涨速率。长江防总同时指导洞庭湖水系控制性水库联合拦蓄长江中游支流洪水,减少进入洞庭湖的洪水量。截至7月6日,三峡水库及长江上、中游水库群共拦蓄洪水量102.39亿m³,相当于拦截了2个荆江分蓄洪区的分蓄洪水量,其中三峡水库拦蓄49.68亿m³,显著减轻了洞庭湖区和长江中下游的防洪压力,使干流洞庭湖城陵矶站超保证水位时间缩短6天,避免了莲花塘站超过分洪保证水位;降低长江干流汉口河段洪峰水位0.6~1.0m,九江至大通江段水位0.3~0.5m,洞庭湖区及长江干流城陵矶河段水位1.0~1.5m;降低洞庭湖水系湘江常德站水位2.0m,沅江下游桃源站水位2.5m。避免资水下游桃江、益阳等地溃堤灾害,确保了长江中游干流不超保证水位,为中下游各省防汛工作赢得了时机,大大减轻了长江中下游地区防洪抢险压力[4]。

2016年和2017年长江中下游发生了大洪水,长江防总实施以三峡水库为核心,中下游干支流水库群防洪库容联合运用,科学调度拦蓄洪水,显著减轻了洞庭湖区和长江中下游的防洪压力,进一步拓展了三峡水库对长江中下游发生大洪水的防洪功能,为长江经济带发展提高了防洪安全保障。

2.1.4 长江经济带发展仍应高度重视防洪安全问题

三峡工程建成投运后,虽然长江流域的防洪能力有了很大的提高,但长江防洪仍面临着下列主要问题:①长江中下游河道安全泄量与长江洪水峰高量大的矛盾仍然突出,三峡工程虽有防洪库容221.5亿m³,但相对于长江中下游巨大的超额洪量,防洪库容仍然不足,遇1954年型大洪水,中下游干流还有约400亿m³的超额洪量需要妥善安排;②长江上游、中下游支流及湖泊防洪能力偏低,山洪灾害防治还处于起步阶段,防洪非工程措施建设滞后;③三峡及上游其他控制性水利水电工程建成后,长江中下游长河段长时期的冲淤调整,对中下游河势、江湖关系带来较大影响,尚需加强观测,并研究采取相应的对策措施;④近些年来,受全球气候变暖影响,长江流域部分地区极端水文气候事件发生频次增加、暴雨强度加大,一些地区洪灾严重;⑤流域经济社会快速发展与城市化进程加快,人口与财富集中,一旦发生洪灾,损失将越来越大[5]。因此,长江经济带发展仍应高度重视防洪安全问题,制定防御超标准洪水预案,减轻洪灾损失。在长三角地区和两湖(鄱阳湖及洞庭湖)地区要预防台风强降雨造成的洪水灾害;在长江上中游山区需预防强降雨引发山洪灾害和导致山体崩塌、滑坡、泥石流等地质灾害,确保城市和乡村居民生命财产安全。

2.2 为长江经济带发展提高供水安全保障

2.2.1 三峡水库是我国最大的淡水资源战略性水库

我国人均水资源为2100m^3，只有世界人均水平的1/4，南方水多、北方水少，黄淮海流域人均水资源量仅为全国平均水平的21%，水资源短缺且时空分布不均是制约我国可持续发展的重要因素，水安全是我国未来重大的国家安全问题之一。三峡水库地处我国腹心地带，水量充沛，水质清洁，高程相对适宜，是我国最大的淡水资源库，具有重大的国家水安全战略意义。三峡坝址多年(1878—1990年)平均径流量4510亿m^3，正常蓄水位175m，相应库容393.0亿m^3。水库库容大，能较好地调节长江上游来水，提高库区和长江中下游居民饮水安全保障能力，并可优化我国跨流域水资源配置，建设南水北调工程，对缓解北方干旱缺水状况发挥重要作用[5]。

2.2.2 三峡库区干流水质总体稳定在Ⅱ～Ⅲ类，保障了长江中下游城市和乡村供水安全

长江流域山水林田湖浑然一体，是我国重要的生态宝库，具有重要的水土保持、强大的洪水调蓄、净化环境能力，是生态安全屏障区。三峡水库是全国重要的生态功能区之一，对保障国家生态安全具有重要意义。三峡水库回水末端紧邻长江上游珍稀特有鱼类国家自然保护区，下接长江中下游江湖复合生态系统，是流域生态环境保护和修复的主要控制节点，对于流域生态环境变化和江湖关系演变具有重要的调控作用。国家在三峡库区实施退耕还林还草工程、天然林保护工程、长江上中游水土流失重点防治工程、长江防护林工程等，促进了库区生态环境建设，逐步恢复了森林植被，在一定程度上控制了水土流失。在三峡水库建设库区生态屏障区，是完善生态环境保护体系、保障长江生态环境安全的重大举措[5]。

三峡工程2008年汛末实施175m水位试验性蓄水运行十年来，库区各级政府高度重视生态环境保护工作，在三峡库区及其上游干支流实施天然林保护工程，共营造林15284.55万亩，综合治理石漠化面积达5357.27万亩，累计治理水土流失面积47.29km^2。三峡库区干流水质总体稳定在Ⅱ～Ⅲ类，保障了长江中下游城市和乡村生活、生产、生态供水安全，为长江经济带发展提高了供水安全保障。

2.3 为长江经济带发展提高航运安全保障

2.3.1 三峡工程是长江航运发展中的关键性工程

三峡工程和葛洲坝工程是长江航运工程的组成部分。三峡工程建成投入运行后，宜昌至重庆660km的河道，重庆以下的川江航道全部渠化，河道上众多险滩被淹没，通航条件得到根本改善，航道通过能力由建库前的1000万t提高至6000万t以上，万吨船队可

由上海、武汉直达重庆。三峡水库库区的万州、涪陵等港口成为深水港,重庆港水域条件大为改善。三峡水库通过水资源调配,枯水期控制下泄流量不小于 6000m^3/s,增加河道流量 2000m^3/s 左右,可使宜昌以下航道水深增加 0.6~1.0m,结合河势控制,使长江中游枯水期部分浅滩河段的航运条件得到改善,提升了航道通过能力和标准,提高了船舶运输的安全性,三峡工程已成为长江航运发展中关键性工程。通过船型标准化、翻坝运输、改善库区干支流河段航运条件、建设物流基地、发展集装箱运输,优化铁路水路、陆路水路联运等综合运输体系,可进一步拓展三峡工程航运发展空间,增强其在长江航运发展中的关键性工程地位,发挥在黄金水道东西部交通大动脉中的枢纽作用,将有力地促进西南地区经济社会快速发展。

2.3.2 三峡工程使川江和荆江河段变为真正的"黄金水道",促进了长江航运优质快速发展

三峡船闸 2003 年 7 月投入运行,截至 2017 年底,累计过闸货物 12.6 亿 t,是三峡工程蓄水前葛洲坝船闸投入运行后 22 年(1981 年 6 月至 2003 年 6 月)过闸货运量 2.1 亿 t 的 6 倍。其中实施 175m 水位试验性蓄水运行的 2009—2017 年累计过闸货物8.93 亿 t。2011 年通过船闸货运量突破 1 亿 t,提前 19 年达到并超过设计水平年 2030 年单向 5000 万 t的通过能力指标。2017 年三峡船闸过闸船舶货运量约 1.3 亿 t,再创历史新高[6]。三峡工程使川江和荆江河段变为真正的"黄金水道",在促进西南腹地与沿海地区的物资交流方面发挥经济纽带的重要作用,为长江经济带发展提高了航运安全保障。

2.4 为长江经济带发展提高电力安全保障

2.4.1 三峡工程在我国能源中具有重要的战略地位

三峡工程电站总装机容量达 2250 万 kW,多年平均发电量 882 亿 kW·h,相当于每年 5000 万 t 原煤的发电量,也相当于每年 2500 万 t 原油的能量,是我国重要的清洁能源基地。三峡水库由于坝址控制流域面积大,地域之间相互补偿使入库水量变化较小,因此,年发电量的波动在 10%以内。三峡水电站的稳定性和持续性能优于一般水电站,且地理位置适中,作为"西电东送"和"南北互供"的骨干电源,在促进全国各区电网形成联合电力系统和长江上游干支流水电开发中发挥着重要作用。三峡水电站可将华中、华东、华南和西南电网联成跨地区的电力系统,再与华北、西北、东北联网,形成全国联合电力系统,取得巨大的电力联网效益,这是其他电站难以达到的。我国丰富的水能资源主要集中在西南地区,长江上游干流金沙江,支流雅砻江、岷江的大渡河、乌江都是我国重要的水电基地,距经济发达的华东、华南、华中地区较远,输送电力除功率、电能损失较大外,电压损耗也较大,送端电压与受端电压相差大,增加了远距离输送电力的难度。三峡水电站正位于"西电东送"的中间地带,可以起到电压支撑作用,为西南地区的水电开发

及大规模的“西电东送”创造了有利条件，对电网的稳定运行起到很大作用，在我国水电可持续发展中具有重要的战略地位，为长江经济带发展提高了电力安全保障。

2.4.2 三峡工程为华中、华东地区及广东省提供优质电力，促进了经济社会持续发展

2003年6月，三峡水库蓄水投入运行，至2017年已运行15年，坝址实测年平均径流量为4003亿m^3，较初步设计减少507亿m^3，按4m^3水发电1kW·h计算，每年平均将减少发电量100多亿kW·h。三峡水电站在来水流量减少的不利工况下，通过科学调度和优化运行，仍超过初步设计的年均发电量。2009—2017年，175.0m水位试验性蓄水运行以来，累计发电量6901亿kW·h。2012—2017年，三峡电厂32台700MW机组全部投产，坝址年均径流量4103亿m^3，较初步设计年均径流量减少407亿m^3，年均发电量达929.8亿kW·h，超过初步设计年均发电量。三峡工程发电扩大了国家电网的规模和供电能力，向华中、华东和南方电网送电，缓解了主要受电区的供电紧张局面，带动了这些地区经济社会的可持续发展，联网、调峰、调频效益显著。三峡工程的建设提升了我国机电设备制造业的自主创新能力，国产大型水电设备达到了国际先进水平。

3 在长江经济带发展中发挥节能减排、保护生态环境的作用

3.1 减轻洪灾威胁，保护中下游地区生态环境

长江中下游地区的洪水灾害是长江经济带发展中突出的环境问题之一。三峡工程未建前，主要靠加固堤防和分蓄洪措施。长江干堤的防洪标准一般为10年至20年一遇，荆江河段为10年一遇，超过上述标准，即需要采用分洪措施。每年汛期数十万人上堤巡防、抢险；遭遇大洪水时，数千万人承受着惧怕洪灾的心理压力。一旦堤防溃决或采用分蓄洪措施，将严重影响当地人民的生活和生产。洪灾之后人畜伤亡，瘟疫流行，钉螺蔓延，血吸虫病扩散，生活及生产设施损坏，对生态环境造成破坏。三峡工程建成运行后，对消减长江中下游地区灾难性洪水起到了很大作用，发生100年一遇以下的洪水，可不使用荆江分洪区，并减少其他分洪区的使用频率和分洪量。超过100年至1000年一遇的大洪水，或类似1860年及1870年特大洪水，可避免荆江地区发生毁灭性灾害。因此，三峡工程防洪具有保护生态环境的作用。

3.2 提供清洁能源，减少大气与环境污染

水电是清洁能源，三峡水电站总装机容量达2250万kW，2017年发电量976.05亿kW·h。[6] 2003年7月至2017年12月，三峡水电站累计发电量1.09万亿kW·h，相当于节约标准煤3.64亿t，减排二氧化碳约8.12亿t、二氧化硫997.68万t、氮氧化物479.57万t，减少了大量废水、废渣，增强了我国清洁能源的供应能

力,减排污染物相当于增加5594万亩阔叶林,节能减排及保护环境效益显著。

3.3 节能减排,促进长江绿色航运发展

三峡工程是长江航运发展规划的重要组成部分,川江河段滩多水急,航道狭窄,是长江航运中的险段,三峡工程的建设提高了长江航运重庆至宜昌段的运输能力,降低了船舶单位能耗,宜渝航线单位运输成本下降37%左右,提升了运输质量和安全状况,改善了西南地区对外交通条件,使川江变为真正的“黄金水道”,对推动西南腹地与东南沿海地区的经济交流、促进西南地区经济社会发展发挥重要作用[3]。航运是天然水运系统,与陆地运输系统相比,运输成本低,少占土地或不占地,动力燃料消耗低,污染小,噪音低,航运适宜于大宗笨重货物运输,可称之为绿色航运。2008年汛末实施175m水位试验性蓄水运行以来,三峡库区水流流速减缓、流态稳定、比降减小,船舶载运能力明显提高,油耗明显下降。据测算,库区船舶单位千瓦拖带能力由建库前的1.5t提高到4~7t,每千吨公里的平均油耗由2002年的7.6kg下降到2013年的2.0kg左右。三峡工程建成投入运行后,促进了长江绿色航运发展,发挥了节能减排、保护环境的作用。

3.4 调节枯季流量,改善大坝下游河道水质

三峡工程坝址位于长江上游与中游相接处,水库具有“对上游洪水可以调蓄,对下游枯水可以补偿”的独特作用。由于三峡水库的调节功能,在最容易发生水污染的枯水季节,水库下泄流量增大,可提高大坝下游干流的污水稀释比,从而使水质得到改善。同时,枯水季节是长江口咸潮入侵影响最大的时期,由于三峡水库下泄流量增加,冲潮能力增强,使咸潮入侵减轻,有利于降低河口区盐度,提高上海市供水水质。2014年2月,受同期降水偏少、长江中下游水位下降和潮汐活动等因素影响,上海长江口水源地遭遇历史上持续时间最长的咸潮入侵,入侵时间超过22天,长江口青草沙、陈行水库等水源地的正常运行和群众生产生活用水受到较大影响。为保障上海市供水安全,应上海市政府要求,增加大通站流量至15000~16000m^3/s,三峡水库按照长江防总调度令,启动了建成以来的首次“压咸潮”调度。2014年2月21日至3月3日“压咸潮”调度期间,三峡平均入库流量5040m^3/s,平均出库流量7060m^3/s,向下游累计补水17.3亿m^3,抑制了长江口咸潮入侵的严重程度,同时缓解了长江中下游地区的缺水情况。

3.5 建设生态文明、环境优良、绿水青山的新型库区

三峡水库建成后,水位抬高100多米,水库蓄水对峡谷段“雄”的景观特征未产生大的影响。蓄水使得长江干流水位上升,激流险滩消失,削弱了“险”的景观特征和游览体验;支流水位上升,扩大了游览范围,增加了新的景观景点,丰富了“奇”“秀”的景观内涵。蓄水后淹没景点4处,但蓄水为风景资源开发提供了便利条件,库区形成了许多新的景点,新增库区和坝区旅游景点共17处。同时改善了旅游基础设施和水陆交通条件,加强

了长江干流南北两岸的纵深联系，游览线路和游览范围得到进一步扩展。宏伟壮观的三峡工程本身为秀丽的三峡风光增姿添色，库水位的抬高有利于开发一些原来难于涉足的新景区，为三峡库区旅游业发展创造了条件。正常蓄水位 175m 水库水面积 1084km^2，扩大和改善了三峡库区一些鱼类和水生生物的生境；库区新建城镇和居民点，建设了污水处理厂和垃圾处理场，改善了库区移民的卫生条件和生活环境，创建了生态文明、环境优良、绿水青山的新型库区。

4 结语

2016 年 1 月 5 日，习近平总书记在重庆召开的推动长江经济带发展座谈会上强调："当前和今后相当一个时期，要把恢复长江生态环境摆在压倒性位置，共抓大保护，不搞大开发。"[2] 2018 年 4 月 26 日，在武汉召开的推动长江经济带发展座谈会上，针对生态环境保护和经济发展的关系，习近平总书记指出："不搞大开发不是不要开发，而是不搞破坏性开发，要走生态优先、绿色发展之路。""要坚持在发展中保护、在保护中发展，不能把生态环境保护和经济发展割裂开来，更不能对立起来。"[2] 新时代的长江经济带应当成为中国经济高质量发展的样板，成为实现"绿水青山就是金山银山"的试验田，成为构建现代化经济体系的一个新引擎。推动长江经济带绿色发展，关键要处理好绿水青山和金山银山的关系，保护三峡水库生态环境是认真落实习近平总书记保护长江生态环境、推动长江经济带高质量发展重要指示的具体举措，直接关系国家战略性淡水资源库的水生态环境安全、三峡工程长期运行安全，也关系三峡库区、长江中下游干流及通江湖泊、长江口水生态安全和长江经济带的可持续发展。三峡库区及长江流域要进一步加强生态环境保护工作，应将其摆在压倒性位置，确保三峡水库和长江水质优良，给子孙后代留下一条生态环境优良、清洁美丽的长江！

参考文献

[1]环境保护部，发展改革委，水利部.长江经济带生态环境保护规划[M].北京：中国环境出版社，2017.

[2]中国长江三峡集团有限公司.习近平总书记视察三峡工程新闻报道集[R].2018.

[3]长江水利委员会.三峡工程技术研究概论[M].武汉：湖北科学技术出版社，1997.

[4]长江防汛抗旱总指挥部办公室.2014 年、2015 年、2016 年、2017 年长江防汛抗旱工作总结[R].

[5]长江水利委员会.长江流域综合规划(2012—2030 年)[R].2012.

[6]中国长江三峡集团有限公司.三峡工程运行实录 2017[M].北京：中国三峡出版社，2017.

三峡工程175m水位试验性蓄水运行十年监测与专项试验成果分析

郑守仁[①]

(水利部长江水利委员会,武汉　430010)

摘　要:三峡工程自2008年175m试验性蓄水以来已安全运行十余年,并连续9年完成175m蓄水目标。为在新的运行条件下充分发挥工程的综合利用效益,满足各方面对三峡水库调度提出的更高要求,三峡水库在试验性蓄水期间开展了大量的水文、泥沙、枢纽建筑物运行、库区地震地质灾害、水环境等监测和研究工作,开展了兼顾对城陵矶防洪补偿调度、汛期中小洪水滞洪调度、汛末提前蓄水调度、沙峰排沙调度、生态调度等多种科学调度优化运行试验,并在此基础上不断优化水库调度方案,工程的防洪、发电、航运和水资源利用等综合效益充分发挥并显著提升。各项监测成果表明:三峡水库入库泥沙大幅减少,泥沙问题及其影响未超出设计预期;工程枢纽建筑物变形、渗压渗流、应力应变等均在设计允许范围内,机电系统及设备、金属结构设备运行安全稳定;水库地震最大震级低于预期并渐趋平稳,库区地质灾害发生频次趋缓且防治有效;移民安置规划任务全面完成,库区和移民安置区社会总体稳定,库区及相关区域生态环境状况总体良好。

关键词:三峡工程;试验性蓄水;科学调度;安全运行;生态环境保护

1　概述

三峡工程坝址位于湖北省宜昌市三斗坪,控制流域面积100万km^2。枢纽建筑物由大坝及茅坪溪防护坝、电站厂房、船闸及升船机组成(图1)。大坝为混凝土重力坝,轴线全长2309.5m,坝顶高程185.0m,最大坝高181.0m。泄流坝段位于河床中部,设置泄流深孔和表孔,与排沙孔、排漂孔和厂房机组联合运行,总泄流量达116000m^3/s。茅坪溪防护坝为沥青混凝土心墙土石坝,位于大坝右岸上游1km的茅坪溪出口处。电站厂房采用坝后式,在泄流坝段两侧坝后分设左岸及右岸厂房,分别安装14台及12台水轮发电机组,另外在右岸布设地下电站安装6台机组,单机容量均为70万kW,并在左岸厂房与升

---

① 作者简介:郑守仁,男,原总工程师、三峡工程设计总工程师,中国工程院院士,主要从事水利水电工程设计和施工技术研究工作。

船机之间的下游布置电源电站地下厂房，安装2台5万kW水轮发电机组，电站总装机容量2250万kW，年平均发电量882亿kW·h。通航建筑物包括船闸和升船机，均布置在左岸。船闸为双线五级连续船闸，闸室有效尺寸长280m、宽34m、坎上水深5m，可通过万吨级船队，按2030年设计水平年单向通过能力为5000万t；升船机采用齿轮齿条爬升平衡重式垂直升船机，承船厢有效尺寸长120m、宽18m、水深3.5m，总重15500t，1次可通过1艘3000吨级客货轮或1500吨级船队。三峡工程大坝按千年一遇洪水流量98800m^3/s设计，设计洪水位175.0m，相应库容393亿m^3；按万年一遇洪水流量(113000m^3/s)加大10%的流量124300m^3/s校核，相应校核洪水位180.4m，水库总库容450.4亿m^3。汛期防洪限制水位145.0m，防洪库容221.5亿m^3。

三峡工程为超大型工程，采用"一级开发，一次建成，分期蓄水，连续移民"的建设方案。初步设计分期蓄水分为：围堰挡水发电期、初期运行期和正常运行期。2003年水库蓄水至135.0m水位，进入围堰挡水发电期；2007年蓄水至156.0m水位，进入初期运行期；2009年枢纽工程完建，具备蓄水至正常蓄水位175.0m的条件，仍按初期蓄水位试验性运行。初期156.0m水位运行的历时，要根据库区移民安置情况，库尾泥沙淤积实测观测成果以及重庆港泥沙淤积影响等情况，暂定为6年，即2013年水库蓄水至正常蓄水位175.0m，进入正常运行期。

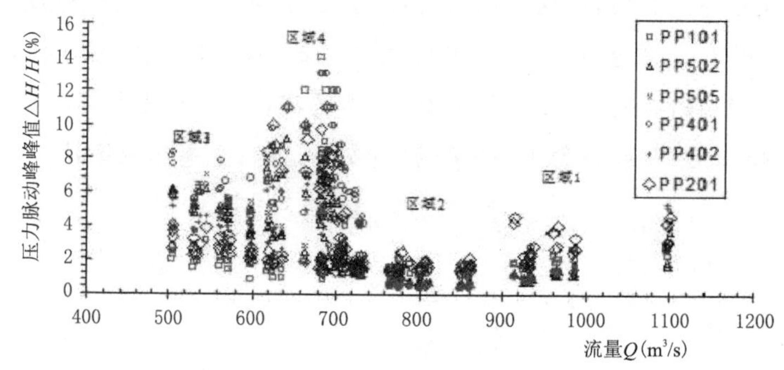

图1　三峡水利枢纽建筑物总体布置图

1—大坝；2—左岸坝后电站厂房；3—右岸坝后电站厂房；4—双线五级船闸；
5—升船机；6—茅坪溪防护坝；7—右岸地下电站厂房；8—左岸地下电源电站厂房

三峡工程于1993年施工准备，1994年12月开工，1997年11月6日大江截流，导流明渠泄流；1998年开始施工河床左侧大坝和电站厂房，2002年11月6日导流明渠截流，河床右侧上游碾压混凝土围堰与河床左侧已修建的大坝共同挡水，江水从已建大坝泄流孔下泄；2003年6月，蓄水至135.0m水位，7月左岸电站首批机组发电，双线五级连续船闸通航，进入围堰挡水发电期。2004年河床右侧大坝及电站厂房开始施工，2005年左岸电站14台机组全部投产；2006年6月，河床右侧大坝混凝土施工至坝顶高程185.0m，上

游碾压混凝土围堰爆破拆除,大坝全线挡水,10 月蓄水至 156.0m 水位,提前一年进入初期运行期。2007 年右岸电站 7 台机组投产,2008 年 8 月大坝及电站厂房(右岸电站 12 台机组全部投产)和双线五级连续船闸全部完建,具备蓄水至正常蓄水位 175.0m 的条件;移民工程县城和集镇迁建完成,移民安置、库区清理、地质灾害防治、水污染防治、生态环境保护、文物保护等专项,经主管部门组织验收,可满足水库蓄水至 175.0m 的要求。国务院三峡工程建设委员会(以下简称三峡建委)于 9 月 26 日批准三峡工程实施 175.0m 水位试验性蓄水,标志着三峡工程由初期蓄水位 156.0m 运行转入正常蓄水位 175.0m 试验性运行。三峡建委确定试验性蓄水遵循"安全、科学、稳妥、渐进"的原则。2008 年 9 月 28 日开始试验性蓄水,11 月 5 日最高蓄水位达 172.80m。2009 年 9 月 15 日开始试验性蓄水,因长江中下游地区发生旱灾,为支援抗旱,11 月 24 日库水位蓄至 171.43m 停止蓄水。2010—2018 年汛末试验性蓄水,连续 9 年蓄水至 175m 水位运行。三峡工程 175m 水位运行前,在试验性蓄水运用期间,根据主管部门审批的《长江三峡工程 175m 水位试验性蓄水监测及试验要求》,对枢纽各建筑物及金属结构加强监测,水轮发电机组等机电设备进行各种运行工况试验;对库区移民工程设施、地质灾害防治、生态环境保护、水库泥沙淤积及坝下游河道冲淤变化等专项进行跟踪监测及分析,为工程转入正常运行期提供技术支撑。

2　三峡水库蓄水运行以来泥沙观测资料分析

2.1　长江上游水文情势变化,来沙明显减少

20 世纪 90 年代以来,长江上游径流量减小较少;受降水条件变化、干支流修建水库、实施水土保持、封山育林及防治石漠化措施,以及河道采砂等综合影响,上游来沙明显减少。三峡工程初步设计水文资料采用坝址下游 30km 的宜昌站实测资料,多年(1878—1990 年)平均年径流量为 4510 亿 m^3,平均年输沙量为 5.21 亿 t。入库水沙资料采用寸滩站(距坝址 605.7km,见图 2)与乌江出口武隆站(距乌江出口 71km,见图 2)1990 年以前实测资料叠加,平均年径流量 4015 亿 m^3,平均年输沙量 4.914 亿 t。三峡水库蓄水运行以来,2003—2017 年实测入库水文站(寸滩站和武隆站之和,下同)年平均径流量和悬移质输沙量分别为 3701 亿 m^3 和 1.48 亿 t,较初步设计采用值分别减小 8%和 70%;2008 年汛末实施 175m 试验性蓄水运行,至 2017 年入库年平均径流量和悬移质输沙量分别为 3721 亿 m^3 和 1.21 亿 t,较初步设计采用值分别减小 7%和 75%(表 1)。2003—2017 年出库宜昌站年平均径流量 4049 亿 m^3,较初步设计采用值减少 10.2%;2008 年汛末试验性蓄水运行至 2017 年,宜昌站年平均径流量 4105 亿 m^3,较初步设计采用值减少 9.0%。三峡水库入库泥沙减少,有利于实施优化运行、科学调度,全面发挥工程的综合效益。

图 2　三峡水库入库水文站及主要县城位置图

表 1　　三峡工程上游主要水文站径流量及输沙量与多年平均值对比表

指标	河流	金沙江	岷江	沱江	长江	嘉陵江	长江	乌江	三峡入库	
	水文站	向家坝	高场	富顺	朱沱	北碚	寸滩	武隆	朱沱＋北碚＋武隆	寸滩＋武隆
	集水面积（万 km^2）	48.88	13.5378	2.3283	69.4275	15.6736	86.6559	8.3035	93.4496	94.9594
径流量（亿 m^3）	1990 年前（初设采用值）	1440	882	129	2659	704	3520	495	3858	4015
	1991—2002 年	1506	815	108	2672	529	3339	532	3733	3871
	与初设比较变化率(%)	5	−8	−16	1	−25	−5	7	−3	−4
	2003—2017 年	1367	732	109	2530	633	3262	439	3602	3701
	与初设比较变化率(%)	−5	−17	−16	−5	−10	−7	−11	−7	−8
	2008—2017 年	1337	783	120.3	2529	643.9	3277	443.5	3616	3721
	与初设比较变化率(%)	−7	−11	−7	−5	−9	−7	−10	−6	−7

续表

指标	河流	金沙江	岷江	沱江	长江	嘉陵江	长江	乌江	三峡入库	
	水文站	向家坝	高场	富顺	朱沱	北碚	寸滩	武隆	朱沱＋北碚＋武隆	寸滩＋武隆
	集水面积(万 km^2)	48.88	13.5378	2.3283	69.4275	15.6736	86.6559	8.3035	93.4496	94.9594
输沙量(万 t)	1990 年前	24600	5260	1170	31600	13400	46100	3040	48000	49140
	1991—2002 年	28100	3450	372	29300	3720	33700	2040	35100	35740
	与初设比较变化率(%)	14	−34	−68	−7	−72	−27	−33	−27	−27
	2003—2017 年	9523	2370	418	12462	2535	14353	468	15473	14801
	与初设比较变化率(%)	−61	−55	−64	−61	−81	−69	−85	−68	−70
	2008—2017 年	6920	1650	593	9680	2590	11800	269	12500	12100
	与初设比较变化率(%)	−72	−69	−49	−69	−81	−74	−91	−74	−75
含沙量(kg/m^3)	1990 年前	1.71	0.596	0.907	1.19	1.90	1.31	0.614	1.25	1.22
	1991—2002 年	1.87	0.423	0.345	1.10	0.703	1.01	0.384	0.939	0.923
	与初设比较变化率(%)	9	−29	−62	−8	−63	−23	−37	−25	−24
	2003—2017 年	0.684	0.300	0.315	0.495	0.384	0.439	0.1074	0.4303	0.405
	与初设比较变化率(%)	−60	−50	−65	−58	−80	−66	−83	−66	−67
	2008—2017 年	0.518	0.211	0.493	0.383	0.402	0.36	0.0607	0.346	0.325
	与初设比较变化率(%)	−70	−65	−46	−68	−79	−73	−90	−72	−73

在三峡工程论证和初步设计阶段，寸滩站实测年平均砾卵石推移质输沙量为27.7 万 t(沙质推移质无实测资料)。自 20 世纪 90 年代以来，进入三峡水库的砾卵石推移质和沙质推移质泥沙数量总体呈减少趋势，寸滩站 1991—2002 年实测卵石推移质和沙质推移质的年平均输沙量分别为 15.4 万 t 和 25.83 万 t，推移质总量约为同期悬移质输沙量的 0.13%；水库蓄水运用后，推移质输沙量大幅减少，2003—2017 年寸滩站实测年平均砾卵石推移质和沙质推移质输沙量分别为 3.67 万 t 和 1.14 万 t，推移质总量较 2002 年前平均值减少 88%，约为同期悬移质输沙量的 0.034%。水库上游来沙量(悬移质和推移质总和)大幅减少，进入重庆河段的砾卵石推移质数量极少，尚未出现一些专家担忧的三

峡库尾推移质严重淤积的局面。随着上游干支流水电站的建设与运用，预期三峡入库沙量将进一步减少，并在相当长时期内维持较低水平。

2.2 水库实测泥沙淤积资料分析

三峡水库2003年蓄水运用至2017年底，库区干流共淤积泥沙16.69亿t，多年平均淤积量为1.15亿t，约为论证阶段预测值的35%；按体积法计算，175m高程以下干支流库区总淤积泥沙约16.71亿m^3，占总库容的4.3%，水库泥沙淤积主要发生在奉节至大坝的宽河段和深槽中；淤积在145m高程以下的泥沙为15.46亿m^3，占总淤积量的92.5%，占145m高程以下水库库容的9.0%；145m高程以上水库防洪库容内淤积的泥沙为1.25亿m^3，占水库防洪库容的0.56%。但是，试验性蓄水以来，由于汛期水位抬高，提高了水库淤积的比例，水库排沙比降低，2008—2017年实测水库平均排沙比为16.5%，2003年6月至2017年12月平均为23.9%，低于论证及初步设计预测值(表2)，致使水库有效库容淤积占同期淤积量的比例有所增加。

2008年汛末175m水位试验性蓄水运行以来，重庆主城区河段的冲淤规律发生了变化，天然情况下是汛后10月开始走沙，试验性蓄水后主要以库水位消落期走沙为主。由于入库悬移质和推移质泥沙大幅减少及河道大量采砂等因素的影响，重庆主城区河段总体表现为冲刷，2008年10月至2017年12月重庆主城区河段累积冲刷量为1789万m^3(含河道采砂量)，未出现论证阶段部分专家担忧的重庆主城区河段泥沙严重淤积的局面，也未出现砾卵石的累积性淤积。寸滩站实测资料表明，三峡水库蓄水运用后汛期水位流量关系没有出现明显变化，说明水库泥沙淤积尚未对重庆洪水位和航运产生影响。

2.3 坝区实测泥沙资料分析

三峡水库蓄水运行以来，2003年至2017年10月坝前段累积淤积泥沙1.594亿m^3，深泓平均淤积厚度为33.5m，局部最大淤积厚度达63.7m；主要淤积在主槽内，电厂前淤积面高程较低，但地下电站前泥沙淤积发展较快，取水口前淤积面高程已达104.6m，高于地下电站排沙洞进口底板高程约2.1m。船闸与升船机共享上游引航道及下游引航道右侧各设一座防淤隔流堤，对保障通航水流条件是有效的。上游引航道泥沙淤积较少，目前对航运尚未造成影响；下游引航道存在一定的泥沙淤积，经疏浚保持了航道畅通。泄洪坝下近坝段河床发生的局部冲刷，未危及枢纽建筑物安全。

三峡工程船闸运用15年来，坝区泥沙淤积、河势情况和引航道的水流条件与论证阶段和初步设计预测结果基本一致，坝前泥沙淤积尚未影响枢纽建筑物正常运用。

表 2 三峡水库进出库泥沙与水库淤积量实测值

分项	入库					出库（黄陵庙站）					水库淤积				排沙比（出库/入库）（%）
	水量（亿 m^3）	各粒径级沙量（亿 t）				水量（亿 m^3）	各粒径级沙量（亿 t）				各粒径级沙量（亿 t）				
		$d \leqslant 0.062$	$0.062 < d \leqslant 0.125$	$d > 0.125$	小计		$d \leqslant 0.062$	$0.062 < d \leqslant 0.125$	$d > 0.125$	小计	$d \leqslant 0.062$	$0.062 < d \leqslant 0.125$	$d > 0.125$	小计	
工程建设期 2003—2007 年	17888	8.451	0.539	0.514	9.504	18931	2.925	0.049	0.134	3.135	5.526	0.490	0.380	6.396	30.2
工程建设期年平均	3578	1.901									1.28				
初步设计采用值	4015	4.914									3.30				
工程建设期运行五年与初步设计对比（%）	−11	−61									−61				
试验性蓄水期年平均	3721	1.210				4062					1.03				16.5
试验性蓄水运行十年与初步设计对比（%）	−7	−75									−69				
水库蓄水运行 2003 年 6 月至 2017 年 12 月年平均	3701	1.441									1.113				23.9
水库蓄水运行 2003 年 6 月至 2017 年 12 月与论证及初设阶段预估值对比	−7.8%	−71%									−66%				−12.4

2.4 大坝下游河道冲淤资料分析

(1)三峡工程投运以来，长江中下游河道冲刷分析

三峡工程投运后，改变了长江中下游的水沙条件，水库下泄水流挟沙能力处于不饱和状态，致使大坝下游河道(图 3)产生长时间、长距离的冲淤变化。2003 年 6 月三峡水库投运以来，至 2017 年 11 月，宜昌至枝城河段冲刷 1.67 亿 m^3，枝城至城陵矶(荆江河段)冲刷 10.51 亿 m^3，城陵矶至汉口河段冲刷 3.92 亿 m^3，汉口至湖口河段冲刷 5.15 亿 m^3。2008 年 9 月 175m 水位试验性蓄水运行至 2017 年 11 月，宜昌至枝城河段冲刷 0.63 亿 m^3，枝城至城陵矶河段冲刷 6.87 亿 m^3，城陵矶至汉口河段冲刷 3.34 亿 m^3，汉口至湖口河段冲刷 4.14 亿 m^3。宜昌至城陵矶河段河床各年均为冲刷，城陵矶至武汉河段和武汉至湖口河段各年冲淤交替，但总体为冲刷。汉口至湖口河段 2002—2017 年单位长度的冲刷量为城陵矶至汉口河段同期值的 1.4 倍，2008—2017 年单位长度的冲刷量为城陵矶至汉口河段同期值的 1.05 倍，两河段河床组成差别不大，是否与实施河道整治工程及砂石开采等因素有关，尚需进一步分析。坝下游河道冲刷沿时程变化表现为水库蓄水运行后的前 3 年(2003—2005 年)最为剧烈，以后有所减弱。宜昌至城陵矶河段前 3 年平滩河槽冲刷量占该河段 10 年冲刷总量的 50%，其中宜昌至枝城河段为 59.1%，枝城至藕池口河段为 37.3%，藕池口至城陵矶河段为 27%。宜昌至枝城河段深泓线与根据地质钻探资料绘制的基岩高程线比较，说明红花套以上河段冲刷已达基岩顶面，继续冲深的余地不大。上荆江(枝城至藕池口)河段河床由中细沙组成，卵石层顶板较高，河床冲深，床沙粗化。荆江河段目前的基本河势稳定，河道演变规律不会出现大的变化，局部河段将发生河势调整，护岸工程的基础可能受到淘刷，对其稳定有一定影响。下荆江(藕池口至城陵矶)河床由中细沙组成，卵石层深埋床面以下，河床冲深，泄流能力增大，对防洪有利；但可能将引起尚未做控导工程的河段河势变化，加剧演变强度，凹岸崩坍、撇弯切滩亦将比较剧烈，局部河段堤防及护岸工程因河床冲深、基础淘刷，将出现新的险工险段，需进行加固处理，以确保堤防安全。

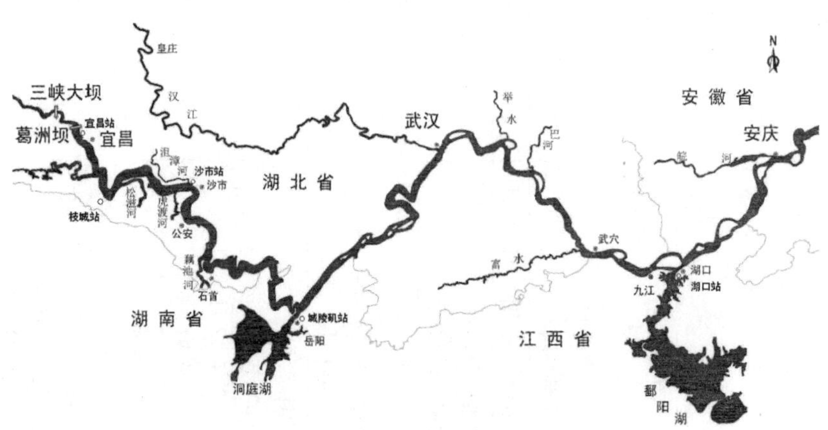

图 3　三峡大坝下游长江干流与洞庭湖及鄱阳湖位置图

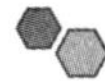

(2)三峡工程投运以来,对洞庭湖水文情势影响分析

三峡工程投运后,荆江三口(松滋口、太平口、藕池口)向洞庭湖分流(图4)、分沙量减少,洞庭湖湖区洪水位将降低,泥沙淤积量减少,湖区泄流排沙能力增加,湖容缩小速度减缓,有利于改善江湖关系。实测资料表明,受流域来水偏枯、三峡水库蓄水运用等综合影响,长江荆江三口分流入洞庭湖的多年平均年水量由蓄水前1991—2002年的622亿m^3减少为蓄水后2003—2017年的480亿m^3;三口分流比从14%减至12%,但在枝城同流量条件下的三口分流比变化不大。三口入洞庭湖的多年平均年输沙量由蓄水前1991—2002年的6627万t,减少为蓄水后2003—2017年的867万t;2003—2017年三口分沙比为20%,略大于蓄水前1981—2002年的18.7%。三峡水库蓄水运用后荆江与三口河道都发生了冲刷,三口分流量减少,枯水期断流天数增加。

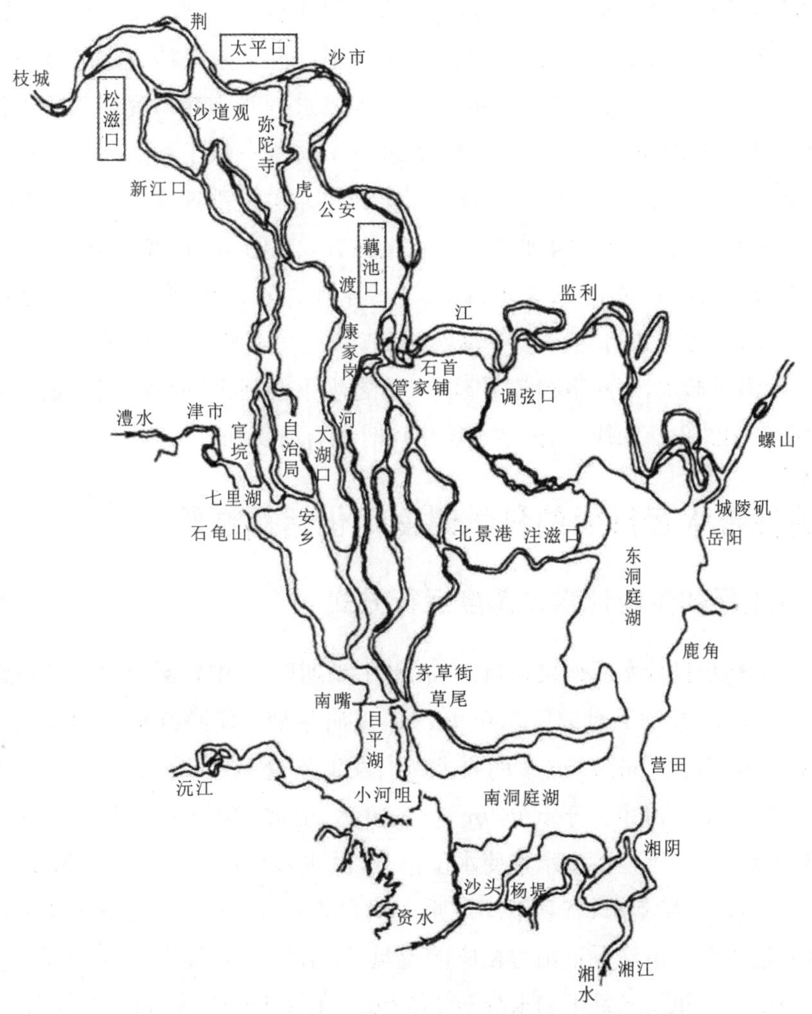

图4　长江荆江河段南岸三口与洞庭湖关系图

由于荆江河段三口和四水(湘江、资水、沅江、澧水)进入洞庭湖的水沙量减少,城陵

矶出洞庭湖的水沙量也减少，2003—2017 年三口和四水进入洞庭湖的水沙量年均分别为 2110 亿 m^3 和 0.173 亿 t，比 1991—2002 年分别减少约 15％和 80％。2003—2017 年城陵矶出洞庭湖的年平均水沙量分别为 2427 亿 m^3 和 0.194 亿 t，比 1991—2002 年分别减少约 15％和 20％。三口河道和洞庭湖湖区年平均淤积量由蓄水前 1991—2002 年的 6276 万 t减少为蓄水后 2003—2017 年的 210 万 t。三峡水库蓄水运用后，城陵矶同流量的枯水位有所下降，螺山站枯水流量 10000m^3/s 水位下降了 1.48m。

(3)三峡工程投运以来，对鄱阳湖水文情势影响分析

鄱阳湖五河(赣江、抚河、信江、饶河、修河)多年平均年入湖沙量从三峡水库蓄水前 1956—2002 年的 1465 万 t 减少至蓄水后 2003—2017 年的 582 万 t，湖口站年平均出湖沙量从蓄水前 1956—2002 年的 938 万 t 增加为蓄水后 2003—2017 年的 1170 万 t，湖区年沙冲淤量由蓄水前的淤积 527 万 t 转为蓄水后的冲刷 589 万 t，入江水道段湖口站断面深槽平均下切约 2m。由于入江水道冲淤变化与鄱阳湖来水来沙、长江干流水位变化和采砂活动等有关，入江水道冲刷下切的具体原因需进一步观测研究。三峡工程运用后，2003—2008 年鄱阳湖湖口年平均倒灌水量 29 亿 m^3，与三峡工程运用前接近；三峡水库 2009 年实施“中小洪水”滞洪调度后，减小了干流洪水的上涨速度，使鄱阳湖倒灌水沙量大幅减小，2009—2017 年期间年平均倒灌水量只有 5.5 亿 m^3，减少了 81％。

三峡工程运行以来，受流域来水偏枯、三峡水库蓄水运用、湖区社会经济用水、采砂等因素的影响，荆江三口分流分沙量继续减少，减缓了洞庭湖泥沙淤积，与论证预测一致；三峡水库汛末蓄水，水库下泄流量减小，加之坝下游河道冲刷后同流量下水位下降，使洞庭湖和鄱阳湖出流加快，两湖枯水位出现时间有所提前。

3　试验性蓄水运行期的科学调度优化运行试验

3.1　三峡工程初步设计水库调度运行方式

三峡工程初步设计水库调度运行方式：每年汛期(6 月中旬至 9 月下旬)按防洪限制水位 145.0m 运用，控制下泄流量 55000m^3/s，以满足坝下游荆江河段起始枝城站(距大坝 105km)流量不超过 56700m^3/s 的要求。当发生流量小于 55000m^3/s 洪水时，按水位 145.0m 敞泄；当发生流量大于 55000m^3/s 的洪水，需要对下游防洪调度运用，水库拦蓄洪水，控制下泄流量，因拦蓄洪水将使水位抬升，洪水过后需复降至 145.0m，以防下次洪水。汛后 10 月初开始蓄水，有利于库尾重庆河段走沙，并考虑下游航运要求，蓄水期间最小下泄流量不低于电站保证出力相应的流量，库水位逐步上升至 175.0m。枯水期，一般按高水位运行。汛前 6 月上旬末降至 145.0m。上述调度称为“蓄清排浑”运行方式，可保障三峡水库长期使用。汛期的防洪调度以对荆江河段进行防洪补偿的方式，使荆江防洪标准由 10 年一遇提高至 100 年一遇，即长江上游发生 100 年一遇洪水流量

83700m³/s，通过三峡水库调控，可使沙市站（距大坝190km）水位低于44.5m；遭遇100年以上至1000年一遇洪水，控制枝城站流量不大于80000m³/s，配合蓄洪区运用，保证荆江河段行洪安全，沙市站水位不超过45.0m，避免两岸干堤溃决发生毁灭性灾害。

3.2 试验性蓄水运用期的优化防洪调度与蓄水调度试验

（1）三峡水库防洪调度兼顾对城陵矶防洪补偿调度

通过对近20年长江上游洪水资料分析，最大洪水为1998年宜昌站洪峰流量63300m³/s，尚不到10年一遇。三峡工程如遇类似1998年洪水，按对荆江河段防洪补偿调度，水库拦蓄洪量30亿m³，尚有大部分防洪库容未运用，而下游城陵矶（距大坝450km）地区防洪紧张，显然没有充分发挥三峡水库的防洪作用。因此，在三峡工程试验性蓄水运用期间，2009年10月水利部颁发经国务院批准的《三峡水库优化调度方案》，明确三峡水库防洪调度兼顾对城陵矶防洪补偿调度。

（2）汛期中小洪水滞洪调度试验

长江中下游约有30000km堤防，其中长江干堤约3900km，均修建在第四纪冲积平原上，堤身土质结合不良，挡高水位时堤内易出现渗漏、堤基出现管涌等险情。汛期河道水位达到警戒水位时，需要耗费大量的人力物力上堤查险。据统计，荆江河段每10年就有3年以上河道水位超过警戒水位，三峡水库利用防洪库容拦蓄55000m³/s以下的中小洪水，可以减轻长江中下游防洪压力。在2009年汛期，长江防汛抗旱总指挥部应湖北省防汛抗旱总指挥部请求，对8月6日三峡水库最大入库洪峰流量55000m³/s实施拦洪调度，以减轻荆江河段防洪压力，通过对中小洪水拦洪调度的初步实践，认为根据水文预报资料，在确保防洪安全的前提下，利用三峡水库适度地对中小洪水进行拦蓄是可行的。2010年5月，国家防汛抗旱总指挥部在《关于三峡—葛洲坝水利枢纽2010年汛期调度运用方案的批复》中明确："当长江上游发生中小洪水，根据实时雨水情和预测预报，在三峡水库尚不需要实施对荆江或城陵矶河段进行防洪补偿调度，且有充分把握保障防洪安全时，三峡水库可以相机进行调洪运用。"鉴于三峡水库洪水组成较复杂，实施中小洪水滞洪调度，超过防洪限制水位的概率增大，增加了防洪风险。因此，中小洪水滞洪调度原则为：以不降低三峡工程防洪标准，基本不增加下游防洪压力为前提；以大洪水入库之前将库水位预泄至汛限水位为条件，根据防洪形势、实际来水以及预测预报情况进行相机控制。当三峡水库不需要为荆江和城陵矶进行防洪补偿调度时，可启用中小洪水滞洪调度，并设定了启用条件。2009—2018年汛期，实施了中小洪水滞洪调度（表3），2012年7月出现最大入库洪峰流量71200m³/s的大洪水，控制最大下泄流量不超过45000m³/s，沙市水位未超过警戒水位43.0m，减轻了荆江河段和城陵矶地区的防洪压力；同时利用部分洪水资源，增加了发电效益；避免因长时间的大流量泄洪，导致过船闸船舶限航积压造成经济损失，取得了良好的社会效益和经济效益。鉴于中小洪水滞洪调度，每年汛期下泄流量在 45000m³/s 以下，可能导致中下游洪水河道萎缩退化，为此采取间隔几年在条件具备的情况下，下泄 55000m³/s 左右的流量，全面检验荆江河段堤防和河道泄洪能力，防止河道萎缩。

表 3　　三峡工程 175.0m 水位试验性蓄水运行水库防洪调度资料汇总表

年份	最大洪峰（m^3/s）	出现时间	最大下泄流量（m^3/s）	最大削峰量（m^3/s）	蓄洪次数	总蓄洪量（亿 m^3）	6 月 10 日至蓄水前最高调洪水位(m)	备注
2009	55000	8 月 6 日	39600	16300	2	56.5	152.89	
2010	70000	7 月 20 日	40900	30000	7	264.3	161.02	
2011	46500	9 月 21 日	29100	25500	5	187.6	153.84	
2012	71200	7 月 24 日	45000	28200	4	228.4	163.11	
2013	49000	7 月 21 日	35300	14000	5	118.37	156.04	
2014	55000	9 月 20 日	45000	22900	10	175.12	164.63	
2015	39000	7 月 1 日	31000	8000	3	75.42	156.01	
2016	50000	7 月 1 日	31000	19000	3	97.76	158.50	7 月 1—2 日，下泄流量由 28000m³/s 减小至 8000m³/s
2017	38000		38000	20000		103.61	157.1	
2018	60000	7 月 14 日	43300	16700	2	67.3	154.50	

(3)汛末提前蓄水调度试验

宜昌近 20 年来，9 月月平均流量为 23100m³/s，10 月份月平均流量为 14600m³/s，与初步设计相比，分别偏枯 11.2%及 22.3%。三峡水库为季调节水库，若仍按初步设计规定的汛后 10 月初开始蓄水，大部分年份水库蓄水位达不到 175.0m，严重影响三峡工程发挥其综合效益。为此，在 2008 年试验性蓄水时将蓄水时间提前至汛末 9 月下旬，起蓄水位 145.3m，此后各年蓄水时间提前至 9 月 10—15 日，起蓄水位承接前期防洪调度实际水位，9 月底蓄水位 162m 左右，9 月份下泄流量不小于 8000～10000m³/s；10 月份下泄流量不小于 6500～8000m³/s，10 月底或 11 月初蓄水至水位 175.0m。蓄水期间，长江上游发生较大洪水，入库流量超过 30000m³/s，暂停蓄水，按防洪要求调度。三峡水库 175.0m 水位试验性蓄水运行期各年的蓄水情况见表 4。

表 4　　三峡工程 175.0m 水位试验性蓄水运行期各年蓄水资料汇总表

年份	年径流量(亿 m^3)	开始蓄水时间及起蓄水位			最高蓄水位及时间		备注
		开始蓄水时间	起蓄水位(m)	9 月 30 日蓄水位(m)	最高蓄水位(m)	时间	
2008	4290	9 月 28 日	145.27	150.23	172.80	11 月 4 日	
2009	3881	9 月 15 日	145.87	157.50	171.43	11 月 24 日	因坝下游抗旱供水停止蓄水
2010	4067	9 月 10 日	160.20	162.84	175.00	10 月 26 日	
2011	3395	9 月 10 日	152.24	166.16	175.00	10 月 30 日	
2012	4481	9 月 10 日	158.92	169.40	175.00	10 月 30 日	
2013	3678	9 月 10 日	156.69	167.02	175.00	11 月 11 日	
2014	4380	9 月 15 日	164.63	168.58	175.00	10 月 31 日	
2015	3777	9 月 10 日	156.01	166.41	175.00	10 月 28 日	
2016	4086	9 月 10 日	145.96	161.97	175.00	11 月 1 日	
2017	4214	9 月 10 日	153.50	166.80	175.00	10 月 21 日	
2018		9 月 10 日	152.63	165.93	175.00	10 月 31 日	

(4)实施中小洪水滞洪调度和汛末提高蓄水与减少水库泥沙淤积的措施试验

三峡水库汛期实施中小洪水滞洪调度,库水位抬高致使排沙比降低,水库泥沙淤积量相对增多;水库蓄水提前至汛末 9 月 10 日开始蓄水,影响库尾变动回水区河道走(冲)沙,造成该河段泥沙淤积量有所增加。鉴于入库泥沙大量减少,根据实测资料,2003 年 6 月至 2017 年 12 月,水库淤积泥沙 16.69 亿 t,年均淤积泥沙 1.145 亿 t,仅为预测成果的 35%。2003—2017 年排沙比为 23.9%,低于初步设计预测值 33.3%。长江水利委员会水文局实测水文资料发现,发生大洪水时,洪峰从寸滩站到达大坝前 12～30h,坝前水位越高传播时间越短;沙峰传播时间则为 3～7d。为减少水库泥沙淤积,2012 年 7 月,通过实时监测和预报,在进行洪水削峰调度的同时,利用洪峰与沙峰传播时间的差异,采用“涨水控泄拦蓄削峰,退水加大泄量排沙”的沙峰排沙调度方式进行了首次沙峰排沙调度试验,使 7 月份的排沙比提高到 28%,取得了较好的排沙效果,突破了常规的水库“排浑”运行方式。为解决库尾重庆市主城区河段走沙问题,2012 年 5 月 7—24 日和 2013 年 5 月 13—20 日进行了两次库尾泥沙冲淤试验,库水位分别从 161.92m 消落至 154.50m 和从 160.16m 消落至 155.97m,消落幅度分别为 7.87m 和 4.19m,日均降幅分别为 0.46m 和 0.52m,水库回水末端从重庆的大渡口附近(距大坝 625km)逐步下移至长寿附近(距大坝 535km)。库水位消落期间,库尾河段沿程冲刷。重庆大渡口至涪陵河段(含嘉陵江段长 169km)冲刷量分别为 241.0 万 m^3 和 441.3 万 m^3。库尾冲淤调度实践表明,在每年 5 月结合库水位消落实施库尾冲淤调度,可将库尾河段淤积的泥沙冲至水库水位 145.0m 以下河槽内，解决了水库提前至汛末蓄水而影响重庆主城区河段走(冲)沙问题，并在汛期实施沙峰排沙调度，为三峡水库“蓄清排浑”运行探索出一条新模式。试验性蓄水运行期间遵循“保证长江防洪安全，控制水库泥沙冲淤、减小生态环境影响”的水库调度运行理念，在确保防洪安全的前提下，利用一部分洪水资料，全面发挥了防洪、发电、航运、供水和生态环境保护等综合效益。

3.3 试验性蓄水运行期间的水资源调度与生态调度试验

(1)水资源调度试验

三峡工程试验性蓄水期间，为应对中下游干流以及洞庭湖和鄱阳湖两湖地区水位下降较快的局面，优先保障中下游地区城乡居民生活用水，统筹考虑生活、生产、生态用水需求。2009年中下游地区出现干旱灾害，为缓解旱情，水库蓄水至171.43m，停止蓄水，加大下泄流量。2011年汛前，长江中下游部分地区遭遇百年一遇的大面积干旱，三峡水库水位已接近枯水期消落水位155.0m，且在入库流量持续偏小情况下，实施了应急抗旱调度，抗旱补水54.7亿m^3，日均向下游增加抗旱补水1500m^3/s，为缓解特大旱情发挥了重要作用。每年水库水位消落期，根据中下游地区供水、航运、生态环境以及发电等方面的要求调节下泄流量，按不低于6000m^3/s控制。

(2)生态调度试验

三峡工程于2011年开始针对“四大家鱼”(青鱼、草鱼、鲢鱼、鳙鱼)繁殖的生态调度试验。在“四大家鱼”繁殖期间的5月下旬至6月中旬，大坝下游河道水温达到18℃以上。结合汛前腾空库容的需要，根据上游来水情况，利用调度形成1～2次持续时间10d左右的涨水过程，将宜昌站流量11000m^3/s作为起始流量，在6d内增加8000m^3/s，最终达到19000m^3/s，水位平均日涨幅不低于0.4m。2011—2018年共开展了12次生态调度试验。监测结果表明，对“四大家鱼”的繁殖产生了促进作用，使得其在调度期间的产卵量显著增加，坝下游宜都、沙市、监利河段总卵苗数为47.235亿粒，产生了良好的生态效应。

三峡工程在2014年2月21日至3月3日实施对长江口“压咸潮”调度，日均出库流量由6000m^3/s增加至7000m^3/s，累计增加下泄水量10.07亿m^3，在一定程度上压制了长江口咸潮上溯的严重影响，同时缓解了长江中下游地区的缺水情况。

4 枢纽建筑物运行监测资料及电站水轮发电机组试验成果分析

4.1 枢纽建筑物运行情况

(1)大坝

大坝在2008年汛末实施175m水位试验性蓄水过程中和水位蓄至175m后检查无

异常变化,坝内各类引排水设施运行正常,大坝挡水设施、泄洪孔口流道、电站机组引水进水口、坝内各高程廊道和基础廊道均未出现异常情况,原有渗水点渗水量无明显增大,各类设施运行状况良好。2008 年汛后至 2017 年泄洪深孔开启 23 孔运行,启闭扇次 267 次,累计运行 15760.5h;泄洪表孔开启 22 孔运行,启闭扇次 154 次,累计运行 3351.5h;排漂孔启闭扇次 65 次,累计运行 1360.8h;排沙孔启闭扇次 24 次,累计运行 363h(表 5)。

表 5　175m 水位试验性蓄水运行期间枢纽泄洪建筑物泄水运行汇总表

泄水设施	运行情况	2008年汛后	2009年	2010年	2011年	2012年	2013年	2014年	2015年	2016年	2017年	合计
泄洪深孔	弧门启闭(扇次)	21	37	36	6	88	4.	58	/	1	16	267
	过流时间(h)	3496	2515.5	3861.8	12.2	4044.2	171.7	1592.3	/	4	62.8	15760.5
泄洪表孔	工作门启闭(扇次)	34	1	57	/	40	/	/	/	/	22	154
	过流时间(h)	1578	0.6	369.1	/	1038.4	/	/	/	/	365.4	3351.5
排漂孔	弧门启闭(扇次)		38	16	/	6	5	/	/	/		65
	过流时间(h)		789.5	435.4	/	104.7	31.2	/	/	/		1360.8
排沙孔	工作门启闭(扇次)		4	2	1	2	15	/	/	/		24
	过流时间(h)		2.2	0.7	4.2	33.5	322.4	/	/	/		363

(2)茅坪溪防护坝

在试验性蓄水过程坝前水位变化时外观检查无异常变化,沥青混凝土防渗心墙基座廊道分缝处渗水点渗水量无明显变化。茅坪溪防护坝及附属设施运行总体正常。三峡电厂按相关规程要求,对茅坪溪防护坝和泄水建筑物进行了巡查和维护,防护坝坝面、护坡及排水、坝基廊道等设施检查未见异常;每年汛前对泄水建筑物及消力池淤积进行清理。

(3)电站

左、右岸坝后电站和右岸地下电站及左岸电源电站的水工建筑物与各类引排水设施运行正常,2017 年发电量 976 亿 kW·h。三峡电厂按相关规程要求对水工建筑物金属结构及机电设备巡查和维护,各电站水工建筑物,进水口拦污栅、检修门及门机、快速门及液压启闭机、尾水检修门及工作门与门机等金属结构及其机电设备运行正常。175.0m 试验性蓄水运行期间历年发电情况见表 6。2003 年至 2017 年底,三峡电站累计发电量 1.09 万亿 kW·h,相当于替代火电燃标煤 2.65 亿 t,减少 5.89 亿 t 二氧化碳、729 万 t 二氧化硫、351 万 t 氮氧化合物，以及其他废水废渣的排放，节能减排效益显著。

表 6　　三峡电站 175.0m 试验性蓄水运行期间历年发电情况统计表

年份	机组运行台数（除电源电站）	年发电量（亿(kW·h)）	水能利用提高率（%）	节水增发电量（亿 kW·h）	中小洪水调度蓄洪效益（亿 kW·h）	年均耗水率（m^3/(kW·h)）	平均调峰量（MW）	最大调峰量（MW）
2008	21～26	808.1		37.8			889	3830
2009	26	798.5	5.23	39.6	4.40	4.61	1004	5240
2010	26	843.7	5.09	40.8	41.00	4.40	905	4520
2011	26～30	782.9	5.17	37.9	30.00	4.31	1642	5500
2012	30—32	981.1	6.97	65.3	64.70	4.27	1910	7080
2013	32	828.3	5.45	44.3	47.00	4.40	2006	5400
2014	32	988.2	5.47	51.1	37.50	4.31	1940	5990
2015	32	870.1	6.00	50.2	11.95	4.29	2210	7680
2016	32	935.3	5.56	48.6	26.54	4.36	2577	8377
2017	32	976.05	5.88	53.6	15.98	4.26	2835	13184
合计		8812.3		469.2	279.07	4.36	2781	17014

（4）船闸

2008 年汛末实施 175.0m 试验性蓄水，2009 年至 2017 年底船闸共运 91335 闸次，通过船舶 43 万艘次，通过货物 8.68 亿 t，通过旅客 418.2 万人次（表 7）。2017 年平均每天运行 31.15 闸次，通过船舶 145.90 艘次，全年过闸船舶实载货运量达到 1.2972 亿 t，是三峡水库蓄水前 2002 年葛洲坝船闸通过量 1803 万 t 的 7.19 倍。自 2011 年船闸年货运量突破 1 亿 t，提前 19 年超过设计单向过闸货运量 5000 万 t，已连续 8 年保持单向过闸货运量超过 5000 万 t，2017 年上行货运量超设计能力 46%。

表 7　　175.0m 水位试验性蓄水运行期间船闸通航数据统计表

年份	2009	2010	2011	2012	2013	2014	2015	2016	2017	累计
运行闸次（次）	8082	9407	10347	9713	10770	10794	10734	11063	10425	91335
通过船舶（万艘）	5.2	5.8	5.6	4.4	4.6	4.4	4.4	4.3	4.3	43.0
通过货物（万 t）	6089	7880	10033	8611	9707	10898	11507	11983	12972	8968
通过旅客（万人次）	74	50.8	40	24.4	43.2	52.1	47.6	47.2	38.9	418.2

（5）升船机

三峡升船机于 2016 年 9 月 18 日开始试通航，截至 2018 年 3 月底，设备运行时间：上行为 21 分 43 秒，下行为 19 分 34 秒（上游水位 162m，下游水位 64m，运行高度 98m）。船舶过坝平均历时为 1 小时 1 分 27 秒。影响船舶过坝历时的主要因素之一是船舶进出升

船机的时间。

2016 年 9 月 18 日至 2018 年 3 月底，三峡升船机共运行 6054 厢次，其中有载运行 3750 厢次，空载运行 2304 厢次。共通过船舶 3776 艘次，通过旅客 6.6 万人次，货物通过量 99.4 万 t。三峡升船机试通航运行安全有序。

4.2 枢纽建筑物监测资料分析

4.2.1 大坝

4.2.1.1 变形

坝基水平位移一般在 2.0mm 以内，个别坝段达 4.0mm。蓄水前后坝基位移变化多在 1.0mm 以内。2018 年 2 月实测坝基水平位移为－0.14(右非 7 号坝段)～4.45mm(升右 2 号坝段)。坝顶水平位移随水位升高而增大，与气温呈周期性变化，一般每年 1—2 月向下游位移最大，8 月向上游位移最大，表明大坝为弹性变形。175m 水位蓄水前后泄 2 号坝顶水平位移增量为 17.32mm，增量大小与蓄水前起始水位有关。2018 年 2 月实测坝顶水平位移为－1.81(升左 1 号坝段)～25.90mm(泄 2 号坝段)。大坝坝基最大沉降为 30.02mm(泄 5 号坝段)，垂直位移和水平位移分布均为河床中间大，两岸逐渐减小的趋势，符合重力坝变形规律。大坝泄 2 号坝段坝基和坝顶水平位移过程线见图 5。

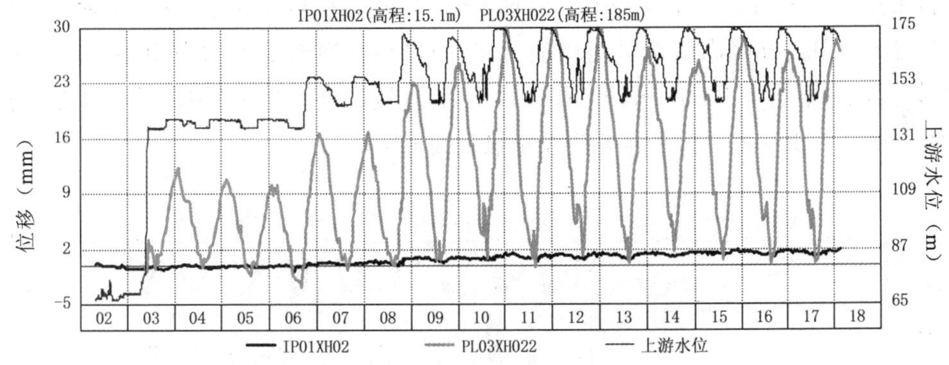

图 5　大坝泄 2 号坝段坝基和坝顶水平位移过程线

4.2.1.2 渗压渗流

上游基础灌浆廊道排水幕处扬压力系数均在设计允许值 0.25 以内；下游基础灌浆廊道排水幕处扬压力系数均在设计允许值 0.5 以内。实测最大值为 0.16。实测坝基扬压力为设计扬压力的 45.26%～86.0%，平均为 62.14%，实测扬压力小于设计扬压力，有利于大坝稳定。坝基渗流量呈逐年减小趋势，2008 年 11 月实测坝基渗流量为 750L/min，2018 年 2 月实测渗流量 289L/min，远小于设计允许值。每年蓄水前后渗流量均随水位升高而有所增加，但增量不大。

4.2.1.3　应力应变

(1)坝踵坝趾应力

大坝坝踵铅直向压应力随水位升高而减小，而坝趾压应力则随水位升高而增大，测值变化符合重力坝正常规律。蓄水后坝踵应力在－5.70(泄2号坝段)～－0.55MPa(右厂26号－1坝段)，坝趾应力在－3.76(左导坝段)～－0.68MPa(左厂9号坝段)。175m蓄水前后，坝踵应力变化为－0.15～0.63MPa，坝趾应力变化为－0.43～0.03MPa。

(2)纵缝变化

大坝蓄水前后泄洪坝段纵缝Ⅰ高程70.0m缝面开合度无变化，高程70.0～135.0m缝面开合度变化在0.59mm以内。

4.2.2　茅坪溪防护坝

4.2.2.1　坝体变形

蓄水前后，坝基垂直位移多在1.0mm以内变化，2018年2月实测坝基沉降为24.30～30.47mm。坝顶水平位移受水压和时效影响，试验性蓄水前后，水平位移变化为8.48～13.16mm。2018年2月实测坝顶最大累计水平位移95.69mm，最大沉降为233.44mm。

4.2.2.2　渗压渗流

蓄水至水位175m后，防渗墙上下游水头约71.6m，说明防渗墙防渗效果显著。坝基渗流量随库水升高和降雨量增大而增加，135m水位时，渗流量平均为500L/min；156m水位时，渗流量平均为1000L/min；175m水位后，渗流量平均为1500L/min，渗流量小于设计允许值4000L/min。防护坝基渗流量过程线见图6。

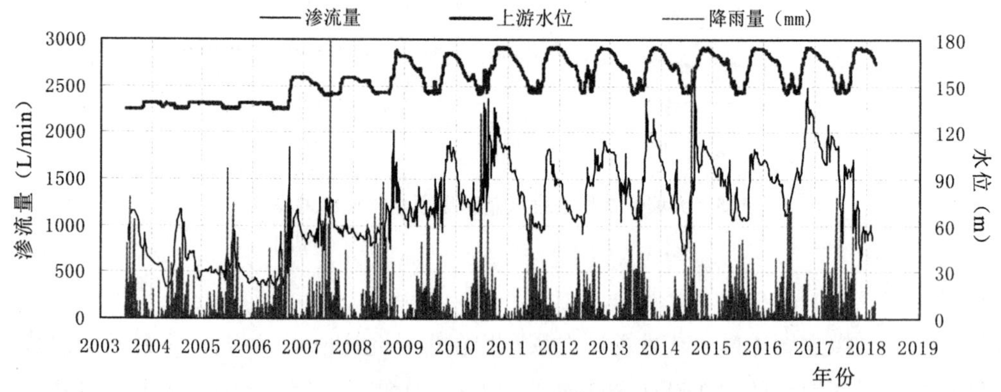

图6　防护坝基渗流量过程线

4.2.2.3　应力应变

2018年2月实测防渗墙基座应力为－1.29～－1.52MPa；防渗墙应变为－2.75kμε～

$-59.48k\mu\varepsilon$,上下游面均受压,上下游面平均应变分别为$-32.39k\mu\varepsilon$和$-21.73k\mu\varepsilon$。

4.2.3 船闸

4.2.3.1 变形

(1)高边坡

船闸高边坡的位移主要受边坡开挖和时效影响,1999年4月开挖结束后,变形速率减缓,并逐渐趋于稳定。截至2018年2月,南北高边坡向临空面(*Y*向)最大累计位移分别为77.61mm(南坡15+850高程215m)和59.31mm(北坡15+851高程185m),中隔墩向临空面最大累计位移为27.71mm(北侧15+570高程160m)。沉降变形为−15.62(南坡15+850高程215m)~16.67mm(北坡15+851高程185m)。南北坡及中隔墩最大变形测点过程线见图7至图9。

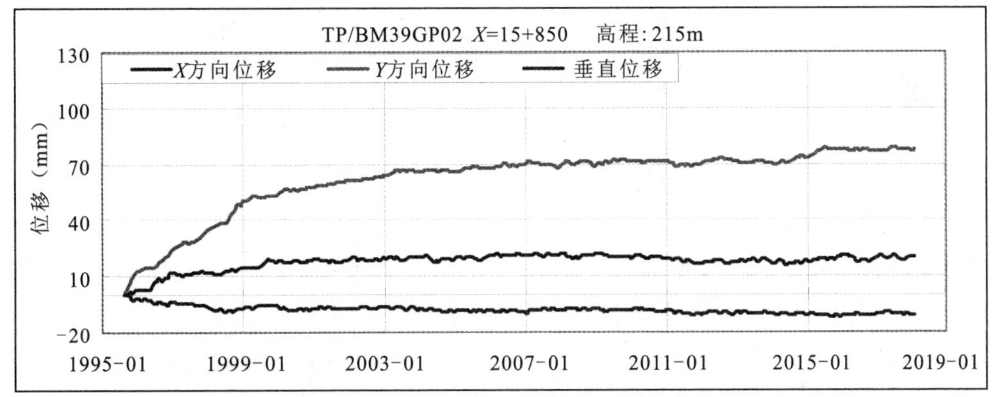

图7 船闸南坡最大变形测点过程线

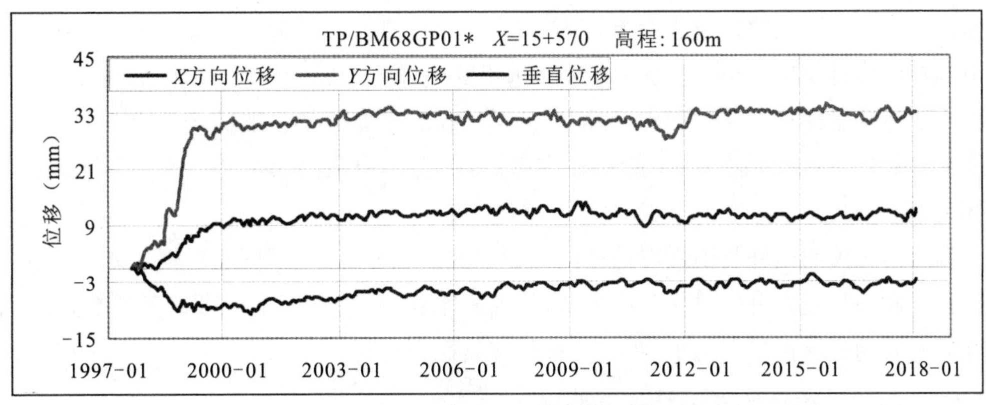

图8 船闸北坡最大变形测点过程线

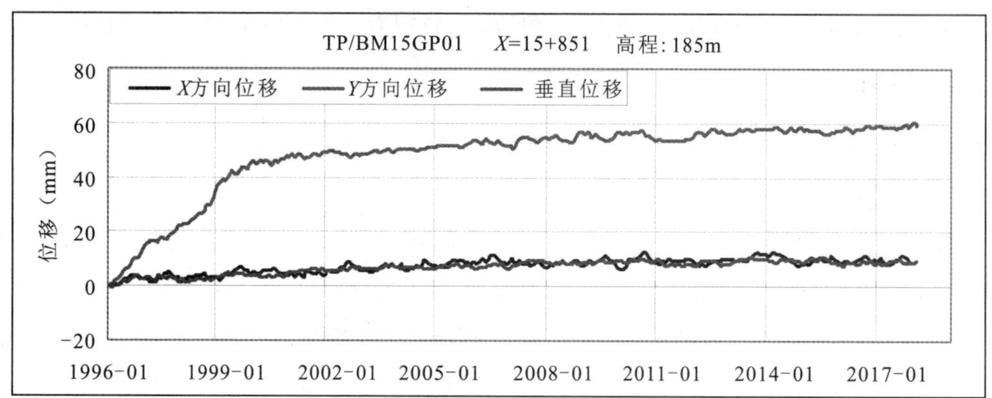

图9 中隔墩最大变形测点过程线

(2)船闸建筑物

船闸闸首和闸室边墙顶部水平位移受气温影响呈周期性变化。2018年2月实测1～6闸首顶向闸室中心线水平位移为0.30(2闸首中北2)～7.62mm(4闸首中南2),水流向水平位移为－2.29(6闸首中南2)～4.18mm(5闸首中北3);实测一闸首地基累计沉降为5.89～7.91mm。

4.2.3.2 船闸边坡预应力锚索锚固力及锚杆应力

1)实测锚索锁定预应力损失为－0.6%～6.42%,平均2.76%。2013年12月实测锁定后预应力损失平均为12.07%,包括直立坡块体上的锚索预应力损失变化符合一般规律,锚索安装一年后,锁定后平均损失为7.72%;锁定两年后预应力变化很小,基本稳定,并略受气温影响呈现出年变化,平均年变幅约为3%,在设计控制范围内。

2)高边坡锚杆应力大部分在50MPa以下。锚杆应力变化的主要影响因素是温度,库水位抬高对高边坡锚杆应力影响较小;直立坡锁口锚杆应力为－36.6～164.27MPa,大部分锚杆应力计拉应力小于50MPa,近一年年变化量为－31.8～25.1MPa。直立坡上的不稳定块体锚索在近一年时间内,锚固力的平均损失率变化量一般为－0.4%～0.5%,岩体未见异常现象;锚索锚固力一般在夏季提高,低温季节锚固力减小。水库蓄水对边坡锚固力影响不大。

船闸高边坡的锚杆及锚索对边坡的支护加固效果较好,对不同年份同一水位下锚固力损失率和锚杆应力进行对比分析可知,量值基本相当,受上游水位影响变化不大,锚索实施后边坡的变形扩展得到了控制,边坡整体是稳定的。

4.2.3.3 船闸衬砌墙高强锚杆应力监测

1)高强锚杆实测应力2014年12月,48支锚杆应力计中两支实测最大拉应力超过100MPa(最大227.5MPa),其余最大拉应力均在100MPa以内,远小于高强结构锚杆强度的设计值,船闸衬砌式结构是安全的。锚杆应力主要与温度变化相关,结构锚杆应力变化受闸室充泄水的影响不明显。直立坡衬砌墙布设的高强锚杆应力在－93.89～

194.3MPa，71%的仪器实测锚杆应力在 50MPa 以下，近一年年变化量为－16.1～36.5MPa，大部分锚杆应力随温度呈周期性变化。

2）闸首衬砌墙混凝土应力在－2.76～0.12MPa，混凝土温度随气温变化，温度为13.1～22.4℃。

4.2.3.4　渗压渗流

挡水前沿基础灌浆廊道排水幕处扬压力系数最大值为 0.18，均在设计允许值范围内。一闸首地基扬压力为设计扬压力的 36%～66%，有利于闸首地基稳定。挡水前沿渗流量最大时为 13.2L/min，2018 年 2 月实测为 5.64L/min。基础排水廊道渗水量随水库水位升高而增大，与气温呈周期性变化，每年 1—2 月低温时渗流量最大，8 月高温时渗流量最小。南线基础排水廊道排干前后渗流量分别为 610.33L/min 和 121.31L/min，排干前后渗流量减小 489.02L/min；北线同期前后渗流量分别为 359.75L/min 和 462.16L/min，增加 102.41L/min。充水前后，南线增加 799.55L/min，北线减小 11.67L/min。充水后南线渗流量为 920.86L/min，北线渗流量为 450.48L/min。船闸基础排水廊道渗流量过程线见图 10。高边坡地下水位多在排水洞底板以下，南北边坡排水洞渗流量随降雨有所变化，2018 年 2 月实测渗流量为 685.78L/min。

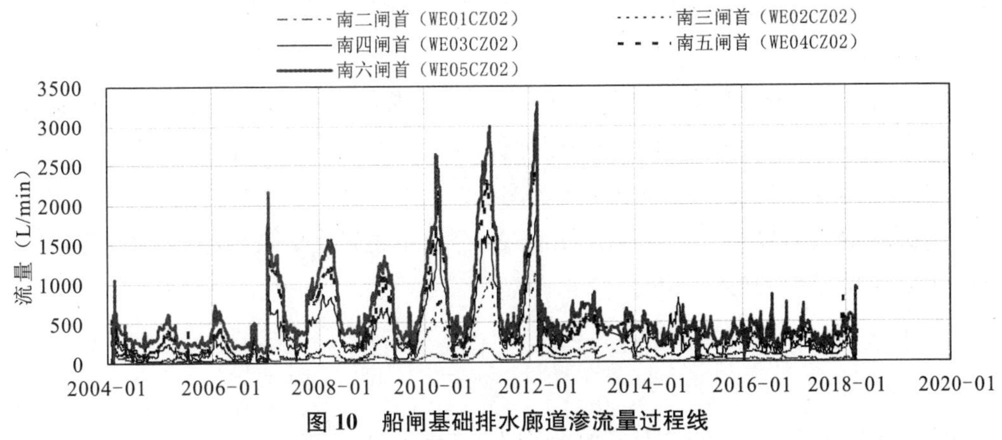

图 10　船闸基础排水廊道渗流量过程线

4.2.4　右岸地下厂房

4.2.4.1　围岩变形

地下厂房围岩变形受开挖影响，其变形随开挖高程的下降而增大，开挖结束后，围岩变形基本稳定。拱顶围岩变形为－1.61～0.97mm，在设计允许值±10mm 范围内。2018 年 2 月实测下游边墙最大变形为 23.65mm。上下游边墙位移均在设计允许值 30mm 范围内。

4.2.4.2　渗压渗流

厂房周围排水洞测压管水位一般低于廊道底板高程，个别测点水位高出底板 2.32m。

排水洞地下水位与排水洞高程位置有关，排水洞高程较高，其地下水位也较高，反之排水洞高程较低，其地下水位也较低，这说明花岗岩体具有非饱和孔隙流的特点，即岩体裂隙连通性差，其水位为 60.10～129.25m。排水洞渗流量受大气降雨影响，雨季时水位较高，反之较小，最大渗流量 218.92L/min，2018 年 2 月渗流量为 55.26L/min。

4.2.4.3 应力应变

(1)锚杆应力

主厂房拱顶 14 个块体安装 45 支锚杆应力计，最大拉应力为 104.58MPa，各锚杆应力均在控制标准范围内。45 支仪器中超过 50MPa 有 8 支。9 套(19 支)砂浆锚杆最大应力为 39.85MPa，张拉锚杆 26 支，最大拉应力为 104.58MPa。

(2)预应力锚索

主厂房上下游边墙安装 34 台锚索测力计，预应力平均总损失率为 10.1%；拱顶安装 10 台锚索测力计，预应力平均总损失率为 12.8%。2018 年 2 月，主厂房实测预应力为 1840.5～3033.0kN，总损失率大多在 20%以内，平均总损失率为 10.90%，锚索预应力基本稳定。

尾水洞安装 9 台锚索测力计，预应力为 1748.4～2334.2kN，预应力总损失率为 −9.2%～11.8%，平均总损失率为 4.1%，2018 年 2 月锚索预应力基本稳定。

(3)岩锚梁监测

主厂房 27～32 号机和安Ⅱ段上下游岩锚梁上安装的 31 支锚杆测力计，蓄水前后变化为−0.5～1.3kN，2018 年 2 月实测预应力为 172.3～293.5kN，锚杆应力基本稳定。主厂房上下游岩锚梁上应力计均处于受压状态，2018 年 2 月最大压应力为−0.31MPa；岩锚梁与边墙岩体开合度在−0.05～1.07mm(31 号机下游岩锚梁)。岩锚梁内安装 8 支钢筋计，其应力为 5.52～16.41MPa。

4.2.5 升船机

(1)变形

上闸首地基位移 2018 年 3 月实测分别为 0.35mm 和 3.96mm，累计沉降为 15.33～23.53mm。塔柱水平位移受温度影响呈周期性变化，无趋势性变形，高程 175m 和 196m 处变形相对较大。降温阶段，上、下游或左、右岸两侧塔柱相互靠近。升温阶段，上、下游或左、右岸两侧塔柱相互背离。2018 年 3 月 10 日塔柱 1～4 号高程 175～196m 处 X 方向位移测值为−5.18～3.89mm，高程 175～196m 处 Y 方向位移测值为−3.05～7.30mm。船厢室高程 50m 底板各测点垂直位移累计为 5.02～5.96mm。各测点垂直位移累计值基本一致，底板没有不均匀沉降现象。

(2)渗流

地基渗流量为 0。175m 水位时上游基础廊道排水幕处扬压力系数为 0.05，在设计允许值范围内。底板渗压为 1.83～5.60m 水柱，蓄水前后变化量为−0.81～0.12m。

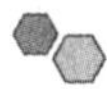

(3)应力应变

底板钢筋应力多受压,主要受气温影响呈周期性变化,且上层钢筋应力受气温影响变化较下层钢筋大。应力为-70.73~22.95MPa。

2018年3月,实测纵横梁应力为-52.09~95.08MPa,大部分钢筋拉应力在50MPa以内,实测塔柱一、二期混凝土间开度为-0.53~0.48mm,除个别测点外,绝大部分测点开度测值在0.3mm以内。

上述成果表明:三峡枢纽建筑物变形、渗流、应力应变监测成果变化规律合理,测值均在设计允许范围内,各建筑物工作性态正常,运行安全可靠。

4.3 电站水轮发电机组试验成果分析

4.3.1 稳定性和相对效率试验

在2008年汛末175m水位试验性蓄水过程中,对5台试验机组在各种水头工况进行了相应的稳定性和相对效率等试验,针对试验情况划分了机组稳定运行区域。试验表明,机组在高负荷段具有较好的稳定性和较高的效率。同时对所有机组进行了756MW试运行,运行数据表明机组机械、电气部件经受住了考验,各项指标正常稳定,机组运行正常。2010年10月至2017年10月,水库连续8年蓄水至175.0m水位,32台机组完成了全部高水头试验。2010年7—8月,左岸及右岸电站26台700MW水轮发电机组第一次进行了全厂18200MW(不包括尚未投产的地下电站)满负荷发电。2012年汛期,全厂32台700MW水轮发电机组加上2台50MW电源电站机组,总共2250MW装机容量满负荷发电。至此,三峡水利枢纽全部机组及配套机电设备完成了145~175m运行水头范围内的按设计要求完成的试验项目,经受了全电站满出力(2250MW)运行考核。

(1)能量特性

从5台试验机组水轮机相对效率试验结果可总结如下:①真机实测效率曲线与厂家预期的效率曲线变化趋势基本一致,说明真机的能量指标与模型的能量指标比较接近;②实测水轮机最优出力值与厂家提出的预期最优出力值基本一致;③水轮机出力随导叶开度增大而增加,试验至最大导叶开度,出力均未减小;④70%预想出力试验至最大出力,5台试验机组水轮机均有较高的水轮机效率。

(2)稳定性能

当试验数据分析可知:5台试验机组的压力脉动随负荷变化趋势基本一致,压力脉动幅值在小负荷区和涡带区相对较大,大负荷区相对较小。总体上看,5台试验机组压力脉动水平基本相当,在70%~100%出力范围,未发现水力共振、卡门涡共振和异常压力脉动,压力脉动相对混频幅值基本满足合同保证值。在70%~100%出力范围,哈电26号略优于其他机型;在高水头运行范围,ALSTOM 21号略优于其他机型。在70%~100%出力范围,右岸电站机组总体上略优于左岸机组。

4.3.2 甩负荷试验

(1)6 号机组甩负荷试验

在 172.5m 上游水位下进行了 6 号机组甩负荷试验，甩负荷试验分别为甩额定负荷的 25%、100%和 108%。在 172.5m 上游水位下进行了 25%、100%和 108%甩额定负荷的试验。根据试验结果可知，甩 756MW 时，最大转速为 103.7rpm，转速上升率为 38.26%，蜗壳进口最大压力为 1296kPa，压力上升率为 16.05%。满足调保计算要求。

(2)8 号机组甩负荷试验

在 172.5m 上游水位下进行了 25%和 108%甩负荷的试验。根据试验结果可知，甩 175MW 时，最大转速为 78.11rpm，转速上升率为 4.1%，蜗壳进口最大压力为1282.9kPa，压力上升率为 12.4%；甩 756MW 时，最大转速为 101.25rpm，转速上升率为 36.5%，蜗壳进口最大压力为 1352kPa，压力上升率为 20.07%。满足调保计算要求。

根据试验结果可知，在甩 25%负荷时机组各测点变化相对较小，甩 108%负荷时机组各测点变化相对较大。甩 25%与 108%负荷机组转速上升率分别为 4.7%与 41.5%。

4.3.3 试验结果分析

(1)水轮机性能

经过多年的探索和科技攻关，三峡电站机组由左岸电站的以国外为主，国内分包，到右岸电站的自主设计制造，完全实现国产化，走出了一条引进、消化吸收、再创新的成功之路。现场试验和运行实践证明，三峡右岸电站机组在能量特性和稳定性能等方面都达到了国际同等水平，700MW 级大型水轮发电机全空冷技术达到了国际先进水平，成功实现了 700MW 级水轮发电机组的国产化，三峡右岸电站机组总体性能优于左岸电站机组。

(2)发电机性能

通过稳定性试验、效率试验、形式试验，表明机组振动和摆度、温升、电气参数、效率等指标达到或超过合同指标要求。东电 16 号机组经过优化设计定子绕组接线方式，与 VGS 机组比较电磁振动有明显改善。经过优化推力轴承及其冷却器的设计，推力瓦温度有明显下降。哈电发电机采用全空冷方式，具有结构简单，维护方便，各部温度及轴向温差优于设计要求，填补了巨型机组全空冷的空白。

历年 175m 水位试验性蓄水过程中，电站水轮发电机组进行了机组性能与相对效率、调速系统扰动试验、甩 756MW 负荷试验、厂房振动、840MVA 连续 24h 运行等相关试验。此外，还对大机组设备设施的重要参数如机组各部瓦温、机组电气主回路温度、机组供水等辅助设备的状态进行了实时跟踪分析。试验成果表明，水轮发电机组运行安全稳定。能量、空蚀和电气等性能良好，主要性能指标达到或优于合同要求，机组在容量 840MVA，运行安全稳定，运行过程中按单机最大容量 840MVA 控制调度有利于扩大机组稳定运行范围；地下电站机电设备设施在 145～175m 水位下运行状态良好。

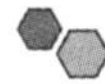

5 库区地震地质灾害监测资料分析

5.1 库区地震

三峡工程坝址处在黄陵背斜核部的结晶基底区,为一相对稳定地块。地震活动水平不高,是弱震环境。三峡坝区及库区和邻近10余个县市历史上无破坏性地震记载。位于坝址上游17～30km及50～110km的两个断裂带,有引发较强水库地震的可能,预估最高震级为5.5级左右。从最不利的假定情况进行分析,取天然地震危险性概率分析中的上限6级作为水库诱发地震的最大可能震级,即使发生在距坝趾最近的仙女山—九畹溪断裂(距坝址17km)处,影响到坝区的地震烈度也不超过Ⅵ度。

2003年6月1日至2017年12月31日,三峡工程库区重点监测区共记录到M0.0级以上7117次(表8),其中小于M3.0级的微震和极微震,占地震总数的99.85%,说明地震活动以微震和极微震为主,主要分布于库区两岸10km范围内,其分布地区大部分都在采矿区和灰岩区。虽然发生了频次较高的水库诱发地震,但主要是外成因非构造型的微震和极微震,地震强度不大,最大为M5.1级,最高震中烈度为Ⅶ度。由于强度较低,迄今为止,尚未引发库区各类次生地质灾害。水库蓄水后,坝区遭受的地震最高影响烈度为Ⅳ度,远低于三峡大坝抗震设防烈度Ⅶ度,对三峡工程及其设施的正常安全运行未造成影响。

表8　三峡水库蓄水前后重点监测区监测记录地震汇总表

时段		Ms 0.0～0.9(次)	Ms 1.0～1.9(次)	Ms 2.0～2.9(次)	Ms 3.0～3.9(次)	Ms 4.0～5.9(次)	最大震级Ms
三峡水库蓄水前	1997年1月1日至2003年5月31日	37	39	2	2	0	3.6
围堰挡水发电期水位135m(2.5年)	2003年6月1日至2005年12月31日	443	63	5	1	0	3.2
初期运行期水位156m(2年)	2006年1月1日至2007年12月31日	791	105	10	0	0	2.3
试验性蓄水运行水位175.0m(10年)	2008年1月1日至2017年12月31日	4868	738	83	5	5	5.1
水库蓄水运行15年合计		6102	906	98	6	5	5.1

5.2 库区地质灾害

三峡工程库区历史上就是我国地质灾害多发区之一，三峡工程开工后，国家设立专项经费对库区地质灾害实施分期治理和防护工程措施。经对428处滑坡、302段不稳定库岸和2900余处人工高切坡的工程治理，解除了崩塌滑坡对移民迁建城镇和农村移民迁建点构成的危害；减轻了滑坡下滑入江成灾的隐患，避免了地质灾害对港口、码头和道路的危害，增加了航运安全。库区设置地质灾害监测3049处，实施地质灾害搬迁避让项目525处，极大改善了库区地质环境，提高了库区人民生命财产安全和长江航运安全保障。2003年6月水库蓄水运行以来，滑坡高发时段随着时间推移呈递减态势，说明因水库蓄水引发的地质灾害已由高发向低风险水平的平稳期过渡。通过建立覆盖全库区的地质灾害监测预警网络，提高了早期预警能力，经受了2007年和2014年百年罕遇暴雨诱发地质灾害的袭击，成功预警和应急处置了400多处地质灾害，有效地避免了地质灾害造成的人员伤亡。2008年9月实施175m试验性蓄水运行以来，截至2017年底，三峡工程库区共发生变形加剧和新生的地质灾害灾险情453处（表9），其中，湖北库区129处，重庆库区324处。库区滑坡崩塌总体积5亿～6亿m^3，塌岸约600多段总长约100km。紧急转移群众12200多人，其中湖北转移5200人，重庆转移7000人。应急避让群众4.8万人，其中湖北1.3万人，重庆3.5万人。

表9　　三峡工程175m试验性蓄水库区新生地质灾害次数统计

地段	2008年	2009年	2010年	2011年	2012年	2013年	2014年	2015年	2016年	2017年	合计
重庆库区	243	16	12	11	11	5	3	6	13	4	324
湖北库区	90	5	12	1	4	2	2	6	5	2	129
全库区	333	21	24	12	15	7	5	12	18	6	453

注：库区新生地质灾害统计时间为2008年9月1日至2017年12月31日。

三峡库区地质灾害防治，保障了库区迁建城镇、农村移民迁建点的安全和长江航运的安全，验证了“预防为主，监测必要、避险搬迁为先，工程治理以城镇及农村居民点为重点”地质灾害防治思路的正确性。

6 库区移民安置与生态环境保护

6.1 库区移民安置

三峡工程移民安置规划任务全面完成，累计完成城乡移民搬迁安置129.64万人，为规划任务的104.09%。其中重庆库区111.96万人，湖北库区17.68万人；复建各类移民房屋5054.76万m^2。移民安置规划确定的农村移民安置、城（集）镇迁建、工矿企业处理、专项设施迁(复)建、文物古迹保护、环境保护、防护工程、滑坡处理等任务全部完成。移民安置区公路、桥梁、港口、码头、水利及电力设施、电信线路、广播电视等专项设施迁(复)建任务全部完成。移民搬迁后的居住条件,基础设施和公共服务设施明显改善;移民生产安置措施得到落实,生产扶持措施已见成效,移民生活水平逐步提高,充分体现了"以人为本、关注民生、保护环境、持续发展"的库区移民安置规划理念,促进了库区经济发展与环境保护的良性循环,保障移民搬迁安置和库区经济社会发展需要,并经受了175m水位运行的检验,库区社会总体和谐稳定。2016年库区生产总值7761.47亿元,同比增长10.5%。湖北库区生产总值860.30亿元,同比增长9.3%;重庆库区生产总值6901.17亿元,同比增长10.7%。第一、二、三产业分别实现增加值751.54亿元、3816.06亿元和3193.8亿元,分别比2015年增长4.6%、11.1%和11.2%。库区人均生产总值达到5.25万元,比2015年增加0.47万元,增长9.9%。湖北库区人均生产总值为5.8万元,增长9.5%;重庆库区人均生产总值为5.18万元,增长10.0%。2016年库区常住居民人均可支配收入21401元,比2015年增长10.8%。库区产业非农化和人口向城镇集聚进程进一步加快,城市功能和辐射能力持续增强,城镇化率逐步提高。2016年库区城镇化率达56.52%,较2015年提高1.84个百分点。

(1)农村移民安置

完成农村移民搬迁安置55.07万人,复建房屋1813.93万m^2,分别为规划任务的100%和104.27%;完成生产安置55.52万人,是规划任务的100%。农村移民搬迁安置采取县内安置和外迁安置相结合,以县内安置为主的方式,其中县内安置35.45万人,外迁安置19.62万人。农村移民搬迁后的居住条件、基础设施和公共服务设施明显改善,生产安置得到落实,生产扶持措施已见成效,生活水平逐步提高。2016年库区农村常住居民人均可支配收入11584元,较2015年增长10.3%。

(2)城(集)镇迁建

完成城(集)镇迁建118座,其中城市2座,县城10座、集镇106座。共完成迁建区面积7238.42hm^2,是规划任务的115.89%。共搬迁人口73.84万,是规划任务的107.41%;复建房屋2473.26万m^2,是规划任务的130.25%。城(集)镇迁建不仅恢复了原有功能,而且实现了跨越式发展,整体面貌焕然一新。2016年城镇常住居民人均可支配收入29673元,较2015年增长9.2%。

(3)工矿企业处理

需要迁(改)建的1632家工矿企业已全部按国家有关规定得到妥善处理。其中,搬迁改造388家,破产关闭924家,一次补偿销号320家;复建或补偿房屋面积767.57万m^2;搬迁户口在厂企业7299人(仅包括中央直属企业、香溪河矿务局,其他企业人口已统计在城(集)镇人口中)。工矿企业处理结合库区产业结构调整取得了较好的效果。

(4)专项设施迁(复)建

移民安置规划确定的移民安置区公路、桥梁、港口、码头、水利工程、电力设施、电信线路、广播电视等专项设施迁(复)建任务全部完成,不仅全面恢复了原有功能,布局更加合理,而且规模和等级也得到了提高,功能和作用已较淹没前有了较大程度的改善,有力保障了移民搬迁安置和库区经济社会发展需要。

(5)文物古迹保护

完成文物保护项目1128处,占规划任务的103.77%,其中地面文物保护项目364处、地下文物保护项目764处,完成发掘面积178.85万m^2。一批国家级重点文物得到恢复和保护,保存了大量实物资料,推动了库区文化事业与文化产业的发展。

(6)滑坡处理

移民搬迁安置实施过程中,用移民安置规划内的资金完成库区崩滑体处理13个、边坡防护项目62个。结合《三峡库区地质灾害防治总体规划》实施,在移民迁建区实施了近3000处高切坡治理。2008年至2013年年底,因水库试验性蓄水影响,完成搬迁安置坍岸滑坡影响人员9463人,保障了人民群众生命财产安全和水库安全运行。

(7)环境保护

移民安置规划确定的库区及移民安置区水土保持、城(集)镇迁建环境保护、人群健康保护、生态建设、生态环境监测与管理等,结合国家专项规划实施,取得了积极的效果。

(8)库底清理

完成卫生清理45.21万处,各类房屋面积清理3755.2万m^2,成片林木清理1729.53万m^2,零星林木清理645.84万株,均超额完成规划任务。

6.2 库区生态环境保护

三峡工程自开工以来,国家高度重视库区的生态建设与保护,相继制定并实施了《长江上游水污染整治规划》《三峡工程施工区环境保护实施规划》《三峡水库库周绿化带建设规划》等。2001年11月,国务院批复实施《三峡库区及其上游水污染防治规划(2001—2010年)》,将环境保护范围由三峡库区扩展到三峡地区(库区、影响区、上游区),总面积79万km^2,涉及重庆、湖北、四川、贵州和云南等5省(直辖市),进一步强化了三峡地区的生态建设和水污染防治工作,妥善处理了库区移民安稳致富与生态环境保护之间的关系。2008年1月,国家环保总局颁发《三峡库区及其上游水污染防治规划(修订本)》。

库区各级政府认真贯彻落实《三峡库区及其上游水污染防治规划》,为保护三峡水库水质,从以下四个方面采取了水污染防治措施:

(1)生活污水处理

三峡库区20个区、县、市,2015年已建成并运行污水处理厂169座,总处理能力达

262.08 万 t/d。

(2)生活垃圾处理

三峡库区已建成并运行垃圾处理项目 106 个,2015 年库区产生生活垃圾397.42 万 t,总处理垃圾 356.24 万 t,占 89.6%。

(3)工业废水和固体废物处理

在 2003 年之前,三峡库区已彻底关闭所有规模以下的造纸(年制草浆 3.4 万 t 以下、年制木浆 5 万 t 以下)、制革(年产皮革 10 万张以下)、农药、染料等污染严重的企业,关闭年产 5 万 t 以下的小啤酒厂、年产 1 万 t 以下的小白酒厂;小氮肥企业已通过技术改造和进步,实现污水零排放;按照《规划》规定,所有工业企业,工业废水都要实现达标排放,固体废物都要按规定处理和堆存。

(4)船舶油污水和垃圾处理

三峡库区船舶按要求安置油水分离装置,库区船舶油污水处理率达 90%以上,达标排放率达 82%以上;设置了船舶废弃物接收装置,并设立库区船舶垃圾接收点、垃圾接收船及油污水接收船,油污水和垃圾接收单位。

三峡工程对生态与环境的影响和对策应充分重视并认真对待,但不致成为工程决策的制约因素。经过多年的规划设计过程中的反复论证,工程建设期和 2003 年 6 月水库蓄水以来的严密观测,可以得出这样的结论:三峡工程对生态与环境的影响有利有弊,且影响的时空分布不均匀,总体来看利大于弊。其影响自工程准备期开始,会持续很长时间。有些影响如施工的影响只在一定时期内发生作用,而有些影响如泥沙淤积等则长期存在,并具有累积性。不同时段受影响的因子和强度不同,年内各月影响变化与水库水位调控密切关联。在空间分布上,有利影响主要在中游,而不利影响主要在库区,但主要的不利影响大多数在采取对策和措施后可得到减免。为了把不利影响降到最低限度,国家采取了多种有效措施。比如,水库外迁了 19.6 万农村移民,依法破产关闭了 1102 户污染严重的受淹企业,每个城市、县城、集镇都建设了污水处理厂和垃圾填埋场,实施了工矿企业准入制度,工矿企业生产废水必须达标排放,水库内(包括支流)严禁网箱养鱼;水库蓄水前进行了严格的库底清理,因此从未发现鼠疫、霍乱病例和血吸虫宿主钉螺的存在;对濒危生物(包括植物和水生生物)采取了效果显著的抢救措施,建立了生态环境监测网。监测成果显示:三峡库区及相关区域的生态环境质量总体良好。三峡工程 175m 水位试验性蓄水运行库区干流各年度水质状况见表 10,水库水质基本稳定在Ⅱ～Ⅲ类水平(经过自来水厂的处理可供饮用)。

从表 10 可看出,2016—2017 年水库干流监测断面Ⅱ类水增多,Ⅲ类水减少,说明水质趋于Ⅱ类水为主。目前出现的生态与环境现象未超出环境影响预测的范围。但应该认识到:三峡工程对库区的不利影响及其防治,是一项长期而艰巨的任务。

表 10　　三峡工程 175m 水位试验性蓄水运行库区干流各年度水质状况

年度	断面									
	朱沱	铜罐驿	江津大桥	重庆寸滩	涪陵清溪场	万州沱口	万州晒网坝	巴东官渡口	巴东培石	南津关
2008	Ⅲ			Ⅱ	Ⅱ		Ⅰ		Ⅱ	
2009	Ⅱ			Ⅲ	Ⅲ		Ⅲ		Ⅲ	
2010	Ⅲ			Ⅲ	Ⅲ		Ⅲ		Ⅲ	
2011	Ⅲ			Ⅲ	Ⅲ		Ⅲ		Ⅲ	
2012	Ⅲ			Ⅲ	Ⅲ		Ⅲ		Ⅲ	
2013	Ⅲ		Ⅲ	Ⅲ	Ⅳ		Ⅲ		Ⅲ	
2014	Ⅲ		Ⅲ	Ⅲ	Ⅲ		Ⅲ			Ⅲ
2015	Ⅲ		Ⅲ	Ⅲ	Ⅲ		Ⅲ			Ⅲ
2016	Ⅲ	Ⅱ	Ⅲ	Ⅱ	Ⅱ	Ⅱ	Ⅲ	Ⅱ		Ⅱ
2017	Ⅱ	Ⅱ	Ⅱ	Ⅱ	Ⅱ	Ⅱ	Ⅱ	Ⅲ		Ⅲ

注：1.自 2009 年起，参与水质评价的项目由 9 项增加到 21 项，水质变化的原因是总磷参与评价造成的。

2.2013 年库区增加江津大桥，2014 年起巴东培石改在宜昌南津关为三峡水库出库站，2014 年、2015 年为Ⅲ类水，2016 年为Ⅱ类水，2017 年为Ⅲ类水。

7　结语

三峡工程自 2003 年 6 月投运以来，尤其是 2008 年汛末实施正常蓄水位 175m 试验性蓄水运行，已经连续 9 年 175m 水位的运行检验。各项监测资料表明：三峡枢纽各建筑物变形、渗流、应力应变测值均在设计允许范围内，各建筑物性态正常，安全可靠。电站水轮发电机组及机电设备在各种水头工况进行了相应稳定性和相对效率等试验，全部机组及配套机电设备完成了 145～175m 运行水头范围内的按设计要求完成的试验项目，经受了全电站满出力（2250MW）运行考核，试验和运行表明，水轮发电机组运行安全稳定，能量、空蚀和电气等性能良好，主要性能指标达到或优于合同要求。库区滑坡、崩塌等地质灾害经过治理，并建立了监测预报预警，做到了科学防治，取得了良好的减灾防灾效果；库区各级政府重视生态环境保护，干流及一级支流水质良好，稳定在Ⅱ～Ⅲ类。今后仍应进一步加强三峡枢纽建筑物和库区地质地震监测及地质灾害防治的常态化管理，确保枢纽工程和移民工程安全。三峡工程移民安稳致富和库区经济社会发展直接关系到库区长治久安和三峡工程安全运行与综合效益的发挥，是一项长期艰巨而繁重的任务，应继续做好移民安稳致富工作，大力推进库区经济社会发展，加强水库和移民管理工作。三峡水库的水质，由于加强了水污染防治工作，库区干流及一级支流水质保持良好，部分支流入库的库湾回水区由于流速变缓而出现富营养化现象，导致有的支流发生水华。由于长江的径流量大，稀释能力强，三峡枢纽以下的长江中下游干流整体水质在蓄水前后无明显变化，总体保持稳定在Ⅱ～Ⅲ类。但必须看到水污染防治仍面临严峻的形势，持续加大环境治理和保护力度，加强长江水系的生态环境管理，进一步改善三峡水库特别是支流库湾的水质，遏制水华暴发现象，保护长江优质水源。加强库区和坝下游生态系统的长期监测，定期开展生态环境影响阶段性评估，及时处置出现的问题，确保生态环境安全。当前，三峡工程以及长江上游干支流已形成梯级水库群，并在进一步建设中，这为最大限度地利用长江水资源奠定了基础。对长江流域水资源进行科学调控，最大限度减轻长江流域洪旱灾害，改善生态环境和充分利用水资源，对保障我国水安全、支撑长江经济带可持续发展和实现中华民族伟大复兴的“中国梦”具有重要的作用，建立完善统一的调度机制，加强三峡水库与长江中上游干支流水库群调节库容联合运用、科学调度，实现三峡工程效益最大化。

2015 年 9 月，国务院三峡工程整体竣工验收委员会枢纽工程验收组通过了三峡工程枢纽工程竣工验收。枢纽工程验收组对三峡工程枢纽工程验收结论：“三峡枢纽工程已按批准的设计内容（不含批准缓建的升船机续建工程）提前一年建设完成，无工程尾工；水工建筑物、金属结构、机电设备及安全监测设施的施工、制造、安装质量符合国家、行业有关技术标准和设计要求，工程质量合格。三峡枢纽工程相关的环境保护、水土保持、消防、劳动安全与工业卫生、工程档案、网络安全等专项验收已通过，工程竣工财务决算审计已完成，遗留问题已处理或已落实。三峡枢纽工程自 2003 年蓄水以来，经受了 2010—2014 年连续 5 年正常蓄水位 175m 的考验，运行正常；枢纽工程运行以来按有关规程和调度方案开展了防洪、发电、航运和水资源调度，发挥了显著的综合效益。枢纽工程验收组同意通过长江三峡工程整体竣工验收枢纽工程验收。”2015 年 9 月，国务院三峡工程整体竣工验收委员会移民工程验收组通过了三峡工程移民工程竣工验收。移民工程验收组对三峡移民工程验收结论是“移民规划任务全面完成。搬迁安置城乡移民 129.64 万人，移民安置符合规划要求，移民生产生活总体达到或超过库区和外迁移民安置地平均水平，库区基础设施、公共服务设施建设实现跨越式发展，城乡面貌焕然一新，经济协调快速发展，社会事业全面进步，社会总体和谐稳定。控制在国家批准的概算以内，移民安置补偿补助资金已按规定兑付到位，移民资金管理总体规范。移民工程建设质量良好。移民工程项目均达到设计和规范要求，项目竣工验收合格，运行使用正常。试验性蓄水安全平稳，库区群众安居乐业，长江航运安全畅通。移民迁建区地质环境总体安全。移民迁建选址总体合理，地质灾害防治和高切坡防护成效显著，监测预警体系有效运行，人民群众生命财产安全和水库运行安全得到有效保障。生态环境质量总体良好。库区干流水质蓄水前后无明显变化，总体满足《地表水环境质量标准》（GB 3838—2002）规定的Ⅲ类水质，森林覆盖率大幅提升，濒危珍稀物种保护措施得到有效落实，水土流失控制有效，人们健康状况良好。文物保护成果丰硕。库区文物得到有效保护，历史文化序列基本构建，文博事业蓬勃发展。移民档案管理规范。档案收集齐全，整理规范，保管安全，开发利用成效显著。长江三峡工程整体竣工验收移民工程验收合格。”

三峡工程175m水位试验性蓄水运行结束转入正常运行期后，仍应进一步研究科学调度优化运行方案，全面地发挥三峡工程的综合效益，为我国经济社会发展做出更大贡献。要加强各建筑物的安全监测，认真分析监测资料，以检验各建筑物设计，为保障工程安全运行提供可靠的技术支撑。对各建筑物及金属结构和机电设备应加强检查维修保护工作，防止老化失效，延长工程使用寿命，使三峡工程长期使用。三峡工程规模巨大、效益显著，“利”多“弊”少。对于三峡工程运行中出现的问题，都要认真负责地逐个研究治理，三峡工程运行对上下游带来的生态环境问题要认真负责地逐个研究，并进行及时治理以防患于未然，将三峡工程的“利”拓展到最大，而“弊”控制到最小，使工程长治久安，全面发挥综合效益，成为千秋万代造福长江流域人民的工程，促进长江经济带和流域经济社会的持续发展。确保三峡水库和长江水质优良，给子孙后代留下一条生态环境优良、清洁美丽的长江！

参考文献

[1]中国长江三峡集团公司。2010年度三峡枢纽工程建设质量及枢纽运行报告[R].2011.

[2]中国工程院三峡工程试验性蓄水阶段评估项目组.三峡工程试验性蓄水阶段评估报告[M].北京：中国水利水电出版社，2014.

[3]中国长江三峡集团公司。2017年度三峡枢纽工程建设质量及枢纽运行报告[R].2018.

[4]中华人民共和国生态环境部.长江三峡工程生态与环境监测公报[R].2018.

三峡工程水工建筑物关键技术与实践

钮新强[①]

(长江勘测规划设计研究院,武汉 430010)

摘 要:三峡工程在工程规模、综合利用效益和技术水平等许多方面都位居世界前列,枢纽水工建筑物设计面临诸多重大挑战,设计难度超出了国内外已建水利水电工程,在工程设计研究过程中提出并运用了一系列新的设计理论和方法,攻克了高水头超大泄量泄水重力坝、巨型机组水电站、高水头大型连续多级船闸等重要水工建筑物多项关键技术。正常蓄水位175m试验性蓄水运行十年的监测数据表明,枢纽各建筑物的应力变形、基础渗流、水力学等监测数据规律正常,测值在设计允许范围内,各建筑物处于安全运行状态。

关键词:三峡工程;重力坝;巨型机组水电站;全衬砌船闸

1 前言

三峡工程是治理和开发长江的关键性骨干工程,是当今世界最大的水利枢纽工程。其工程规模和综合效益巨大,工程技术复杂,设计难度超出了世界已建水利水电工程,在工程设计研究过程中提出并运用了一系列新的设计理论和方法,攻克了高水头超大泄量泄水重力坝、巨型机组水电站、高水头大型连续多级船闸等重要水工建筑物多项关键技术难题。同时,在三峡工程建设时期和投入运行以后,对各建筑物变形、应力应变、渗流、水力学等进行了全面的监测,掌握了结构真实的工作性态,积累了大量监测数据,为指导施工、验证设计和工程安全评价等提供了科学依据。本文选取大坝、坝后电站、地下电站和五级船闸等水工建筑物,阐述在三峡工程设计中所研究提出的关键技术及实践情况。

---

① 作者简介:钮新强(1962—),长江勘测规划设计研究院院长,教授级高级工程师,中国工程院院士,主要从事大型水工结构、高坝通航等研究工作,E-mail:niuxinqiang@cjwsjy.com.cn。

2 高水头超大泄量泄水重力坝设计与实践

2.1 高水头超大泄量泄洪消能技术

2.1.1 泄洪消能设计技术

三峡大坝设计流量 98800m^3/s、校核流量 124300m^3/s；三期截流流量 10300m^3/s，三期围堰挡水发电期设计流量 72300m^3/s、校核流量 83700m^3/s。泄洪建筑物具有泄洪流量大、运行水头高、目标任务多等特点，泄洪规模和复杂程度远超当今世界已建水利水电工程。同时因水电站装机容量大，机组台数多，能够布置泄洪坝段的长度极其有限[1]。

经多年研究论证，创新提出三层泄洪大孔口的立体交错布置方案，确定泄洪坝段前缘长度 483m，分为 23 个坝段，23 个深孔布置在坝段中间，进口底高程 90m，孔口尺寸 7m×9m；22 个表孔跨横缝布置，堰顶高程 158m，孔宽 8m；22 个底孔跨横缝布置在表孔正下方，进口底高程 56m 或 57m，孔口尺寸 6.0m×8.5m，三层孔口的布置如图 1 所示。应用该创新布置，不仅很好地满足了三期截流、围堰挡水发电期度汛以及永久运行期泄洪排沙和降低库水位等多目标运行的要求，并且大大缩短泄洪坝段长度，减小两岸岸坡开挖，节省了工程投资。

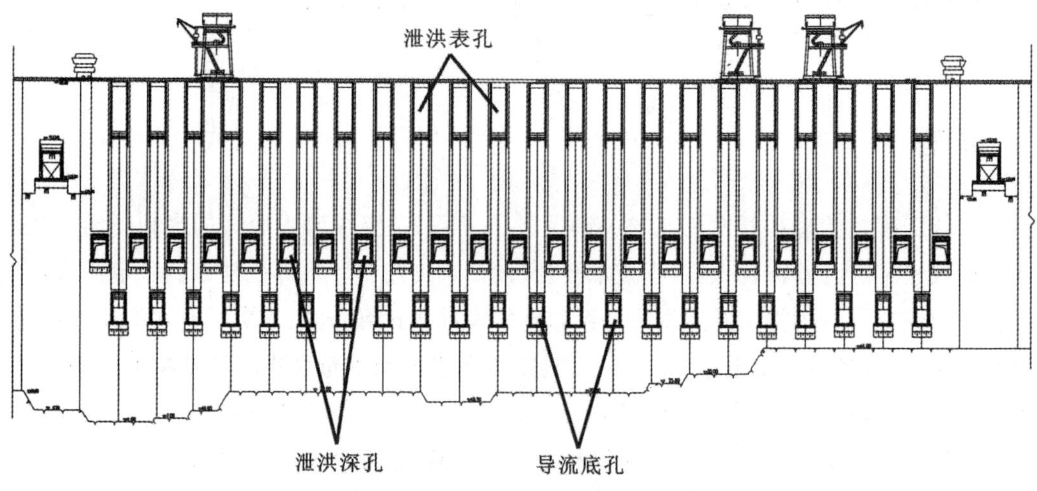

图 1　泄洪坝段三层孔口布置示意图

泄洪深孔运行水头高(90.4m)、水位变幅大(35m)、运用时间长。由于泄洪流速大、水中挟带泥沙，孔口过流面的空蚀空化、磨损问题突出。深孔水力学问题作为“七五”国家重点科技攻关项目，开展了有压短管和有压长管两种布置形式，以及明流段斜槽方案、跌坎掺气方案和突扩掺气方案等科研攻关，从孔口体型、闸门布置、高压止水设计、工程实践经验和运行安全等方面综合比较，首次提出坝身泄洪深孔采用有压短管跌坎掺气方案[2]。跌坎掺气方案的设计难点在于运行水位变幅大，坝身明流泄槽短，既要保证低水

位运行时形成稳定空腔,又要避免高水位运行时水流直接挑入反弧段。通过一系列试验研究,掺气跌坎布置在距有压出口约 11m,跌坎形式采用跌坎高度 1.5m 与坎后底坡1∶4的组合,该创新技术为泄洪深孔长期安全运行提供了重要保障。

导流底孔高程低、运行水头高(85m)、孔口跨缝布置。由于泄洪流速大、过孔泥沙量大,孔口过流面的泥沙磨损和空蚀空化问题突出。通过大量的科学研究,首次提出有压长管、跨缝布置、设控制闸门的布置方案;首次提出减小孔内流速、设置跨缝板、预留拦沙槽等减小泥沙磨损的综合措施[3]。

三峡泄洪建筑物泄量大,水头高,泄洪功率巨大。针对三层泄洪大孔口立体交错布置的特点,结合坝下消能区实际情况,表孔和深孔采用挑流消能,挑流鼻坎大差动布置,水舌落点前后错开,有效减小了下游冲刷深度。导流底孔运行水位变幅近 70m,采用挑面流消能,22 个底孔采用不同的进口高程与鼻坎体型的最优组合,并在消能区右侧设置隔流墩。三峡泄洪坝段孔口体型剖面如图 2 所示。

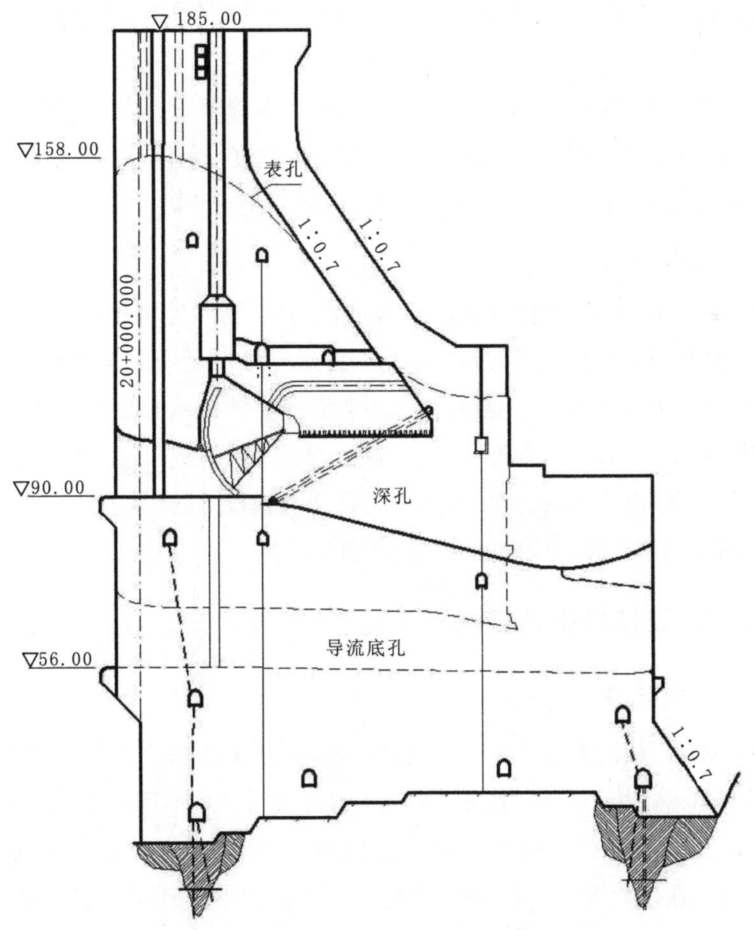

图 2　三峡泄洪坝段孔口体型剖面

2.1.2 监测资料分析

三峡泄洪设施自 2003 年投入运用，至今已运行十多年，其中经受了 2012 年最大入库洪峰流量 71200m^3/s(约相当于 20 年一遇洪水)的考验，泄洪建筑物运行调度正常。围堰挡水发电期及正常蓄水位 175m 试验性蓄水期对泄洪设施进行了监测和汛后检查。

深孔水力学监测资料表明，深孔泄洪时，水流流态平顺，掺气充分，消能效果好；过流面动水压力特性正常，压力短管段高频噪声谱级小于 5dB，满足设计要求；深孔泄槽跌坎下游能形成稳定的底空腔，空腔负压约 -0.5×9.81kPa，泄槽底部水流最低掺气浓度达 2.2%，满足减蚀要求。汛后检查表明，闸门区和过流面均未发现空蚀破坏。

表孔泄洪时监测资料表明，表孔进口水流流态平顺，过流面水力特性正常。

导流底孔从 2002 年 11 月开始运用，到 2007 年初全部封堵，成功完成了三期导截流和围堰挡水发电期的度汛任务。底孔水力学监测资料表明，在库水位 135m 运行时，底孔有压段和明流段的水力特性正常；底孔出口水流流态良好，出坎水流一般以面流或挑面流方式与下游水流衔接。汛后检查表明，底孔过流面除工作闸门底板附近出现少量磨损麻面外，无空蚀破坏。

2009 年、2010 年和 2012 年泄洪坝段下游消能区实测的水下冲淤地形资料分析表明，河床中部冲坑最低高程 23.5m，折算冲坑至坝址坡度均缓于 1∶5；消能区左右两侧的冲坑高程均高于导墙的基础高程，泄洪坝段下游冲刷是安全的。

2.1.3 运行效果评价

正常蓄水位 175m 试验性蓄水运行十年实践表明，泄洪建筑物运行调度正常，泄洪布置合理，孔口体型设计和消能形式是合适的。针对三峡泄洪设施规模大、运行水头高、水位变幅大、目标任务多等特点，创新采用三层泄洪孔立体交错布置方案，坝身泄洪深孔采用有压短管跌坎掺气的形式，导流底孔采用有压长管、跨缝板、设控制闸门的布置方案及综合工程措施，三峡高水头、大泄量泄洪消能设计创新技术的成功运用，保证了三峡工程防洪、发电、航运和水资源调度等巨大综合效益的发挥。

2.2 多层大孔口结构设计技术

2.2.1 大孔口结构设计方法

如图 3 所示，三峡泄洪坝段在同一坝段布置表孔、深孔和导流底孔三层孔口，坝体开孔率高(平面 33%，立面 32%，体积 31%)、孔口尺寸大、作用水头高(深孔设计水头 85m)、运用频繁、运用水位变化大、结构形式复杂，大坝孔口应力大、配筋多、施工困难等问题极为突出。在三峡多层大孔口结构设计中，在国内率先开展了钢筋混凝土非线性有限元裂缝分析和非线性配筋设计方法研究，系统分析了孔口配筋与裂缝性状的关系，并据此提出了减小孔口应力和裂缝宽度的有效综合措施。

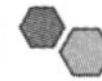

图3　重力坝泄洪坝段三维示意图

传统孔口配筋一般采用应力图形法,无法了解孔口裂缝分布与宽度,而孔口配置钢筋的目的除保证其承载力满足要求外,更主要的是限制裂缝宽度。对于承受水压力大、孔周结构单薄、应力状态复杂的三峡大坝多层大型孔口结构,仅运用应力图形法配筋是不够的,为此对深孔孔口设计率先引入钢筋混凝土非线性有限元进行孔口裂缝分析,以探求配筋设计的优化及掌握孔周裂缝发展的规律。混凝土的本构关系采用正交各向异性非线性模型,受拉应力—应变曲线不考虑下降段,受压时弹性模量按式(1)计算:

$$E_i = \frac{d\sigma_i}{d\varepsilon_i} = \frac{E_0[1-(\varepsilon_{iu}/\varepsilon_{ic})^2]}{[1+(E_0/E_S-2)(\varepsilon_{iu}/\varepsilon_{ic})+(\varepsilon_{iu}/\varepsilon_{ic})^2]^2} \tag{1}$$

式中:σ_i 为 i 方向的主应力;ε_{iu} 为等效单轴应变;ε_{ic} 为相应于最大应力 σ_{ic} 的等效单轴应变;E_0 为原点切线弹性模量;E_S 为相应于最大应力 σ_{ic} 的割线模量,$E_S=\sigma_{ic}/\varepsilon_{ic}$。

混凝土裂缝采用片状裂缝模型,在某一增量荷载作用时,若主拉应力大于抗拉强度,则该方向混凝土开裂,同时采用最大拉应力单元开裂判断准则和改进非线性迭代流程,获得较真实的裂缝宽度。三峡大坝的非线性分析中,钢筋的本构关系采用带硬化段的弹塑性模型,钢筋与混凝土之间的黏结滑移关系采用双弹簧单元模拟。

根据计算结果,大坝深孔有压段拉应力达 2~3MPa,拉应力深度最大达 8.5m,即使配置 4~5 层直径 40mm 的钢筋,裂缝宽度也不能满足要求。依据孔口拉应力的形成机理,创新提出大坝横缝止水后移、利用缝间外水压力来平衡孔口内水压力,提高大坝横缝灌浆高程、增强侧向刚度减小孔口应力[4]等综合措施。采用上述措施后,深孔有压段的孔口应力明显减小,孔周一般只需布置 3 排钢筋就能满足允许最大裂缝宽度 0.20mm 的裂缝控制要求。

2.2.2　监测资料分析

在坝高最大的泄 2 坝段深孔有压段事故门槽前后及深孔明流段孔口周围布置了 52 支钢筋计。根据水库试验蓄水期对深孔孔口钢筋应力的监测资料,截至 2014 年,实测泄

2号坝段深孔事故门槽前和反弧段泄槽的钢筋应力过程线见图4和图5。从实测孔口钢筋应力监测值的过程线可见，深孔各部位钢筋应力均较小，应力测值在－65～50MPa，钢筋的应力主要受库水位变化影响。

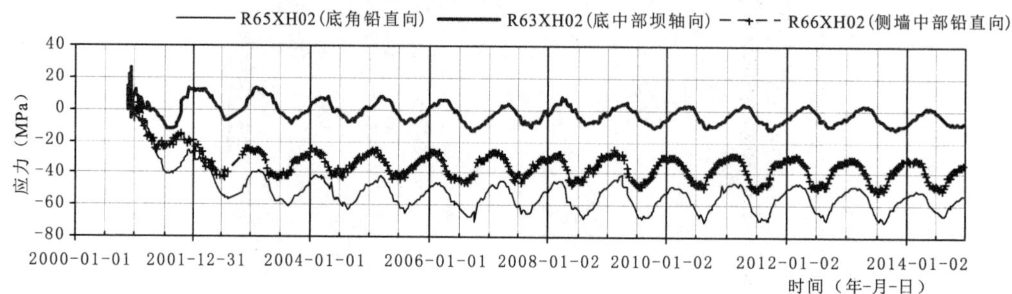

图4　泄2号坝段深孔事故门槽前钢筋应力过程线

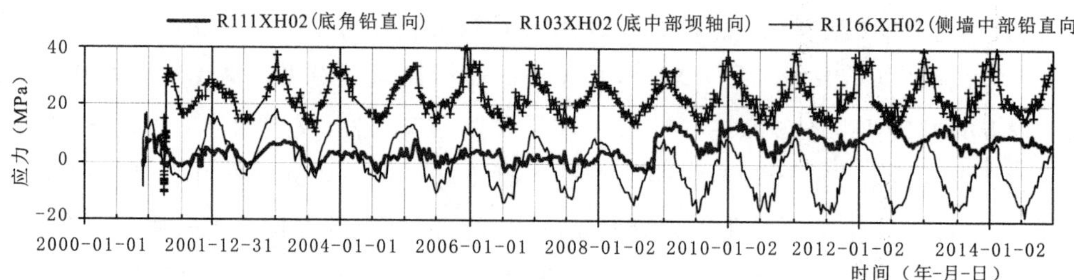

图5　泄2号坝段深孔反弧段泄槽20＋086m处钢筋应力过程线

2.2.3　运行效果评价

三峡重力坝多层大孔口结构设计中所提出的"以钢筋混凝土非线性有限元求得裂缝宽度满足设计要求的非线性配筋设计方法"得到了成功应用，目前该方法已被《水工混凝土结构设计规范》(SL191—2008)[5]采用。

正常蓄水位175m试验性蓄水运行十年实践表明，泄洪孔口的结构设计合理，创新提出横缝止水后移、横缝灌浆等综合措施，有效减小了孔口应力，泄洪孔口应力和变形指标均在设计控制范围内，且有一定的安全裕度，泄洪设施运行期的结构安全可以得到有效保证。

3　巨型机组电站建筑物设计与实践

3.1　巨型水轮机蜗壳组合埋设技术

3.1.1　蜗壳组合埋设设计理论与工艺

三峡水电站包括左、右岸坝后电站，地下电站和电源电站等四部分，分别安装14台、12台和6台700MW水轮发电机组，以及2台50MW水轮发电机组，总装机容量22500MW。700MW水轮机蜗壳平面最大宽度为34.325m，钢蜗壳进口压力管道直径达

12.4m,HD 值达 1730m^2,均为世界同期最大。金属蜗壳的埋设方式一般分为保压、垫层和直埋等三种埋设方式。三峡工程之前,世界上已建单机容量 700MW 级的电站仅大古力Ⅱ和伊泰普,其蜗壳埋设均采用保压方式。该方法具有工艺复杂、工期长、投资大,以及在地下电站难以应用的技术缺陷。

为突破传统保压方式的技术缺陷,围绕蜗壳外围混凝土整体刚度、变形、厂房振动、下机架基础不均匀变形等影响厂房结构安全及机组稳定运行的主要技术指标,通过大量力学理论研究、三维非线性数值模拟和 1∶12 大比尺仿真材料结构模型试验,提出机组蜗壳"组合埋设"新技术,并成功应用于三峡坝后电站 15 号机组和地下电站 27 号机组[6]。

1)蜗壳与外围混凝土联合结构"整体刚度控制"结构设计理论。

结合大量工程实践,通过系统研究,提出机组运行中不发生危害性振动(机组自身因素除外)主要取决于联合结构整体刚度是否满足振动控制要求的设计理论,并给出了振动安全判据,见式(2)。

$$f_0(M,K) > 1.3f_i \tag{2}$$

式中:f_0为结构自振频率;f_i为机组可能振源的激励频率;M 为联合结构质量;K 为联合结构整体刚度。

2)蜗壳"组合埋设"的设计方法、施工工艺及技术标准。

基于"整体刚度控制"结构设计理论,提出取消工序复杂、施工困难的"保压"工艺,采用钢蜗壳大部分直接埋入外围混凝土中,仅在蜗壳进口段应力较大的小部分范围,先敷设弹性垫层再浇筑外围混凝土的施工工艺。外围混凝土配筋设计由控制裂缝宽度变革为控制裂缝分布及避免出现贯穿性裂缝的设计方法。

3)依托三峡水电站,对蜗壳采用"保压""垫层"及"组合"等埋设方式下,有关机组与厂房耦合振动、机组摆度、机组下机架基础不均匀变形、蜗壳外围混凝土开裂等关键技术问题进行了系统研究,获得了不同埋设方式下机组运行参数、结构力学特性及对比分析成果。建立了巨型机组蜗壳埋设完整的技术标准体系,填补了行业技术空白,为制定行业规范提供了依据。

3.1.2 监测资料分析

右岸坝后电站 15 号机组蜗壳监测资料分析的数据样本为整个施工期截至 2014 年底的全部观测资料,重点是 2008 年之后的水库试验蓄水期监测资料。以下主要从蜗壳应力、蜗壳与混凝土间间隙开度、外包混凝土钢筋应力、外包混凝土应力等方面进行分析。

(1)蜗壳应力

15 号机组蜗壳进口 0°断面顶部 120°处环向蜗壳应力过程线见图 6。调试运行前后,蜗壳应力变化最大,水流向部分蜗壳测点产生压应力增量,环向应力变化比水流向变化明显,应力变化最大的部位一般在蜗壳腰部及以上部位。175m 库水位运行时 15 号机组蜗壳应力最大约130MPa，小于设计允许值。

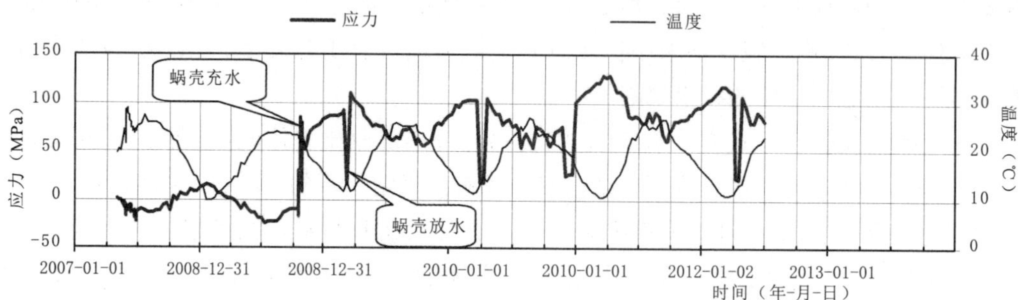

图6　15号机组蜗壳进口0°断面顶部120°处环向蜗壳应力过程线

（2）蜗壳与混凝土间间隙开度

15号机组蜗壳进口0°断面顶部蜗壳与混凝土之间，充水前各测点开度－0.15～0.24mm，开度均较小；库水位175m运行时，垫层部位0°断面、45°断面处开度在－2.00～－1.05mm，垫层均有所压缩，其他直埋部位测点开度在－0.11～0.10mm，均无明显间隙。

（3）蜗壳外包混凝土实测钢筋应力

实测结果表明，该机组蜗壳外包混凝土钢筋应力受机组调试及运行的影响较小，钢筋应力主要随温度变化，较大的钢筋应力均是在施工期就产生的温度应力。除少数测点外，实测钢筋应力在80MPa以内，绝大部分钢筋应力在50MPa以内。

（4）蜗壳外包混凝土实测应力

15号机在紧靠蜗壳表面处的混凝土内布设有环向和水流向的应变计，蜗壳尾部270°断面45°处环向混凝土应力过程线见图7。充水调试前，外包混凝土环向应力为－2.8～－0.4MPa，水流向应力为－2.9～－0.5MPa，均以压应力为主。库水位175m运行时，环向应力为－1.9～1.7MPa；水流向应力为－1.8～0.4MPa。

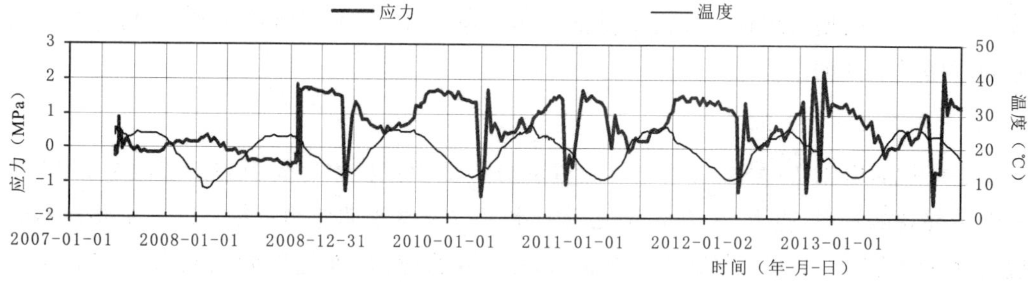

图7　15号机组270°断面45°处环向混凝土应力过程线

3.1.3　运行效果评价

175m库水位运行时，坝后电站15号机组蜗壳钢板应力、钢筋应力、混凝土应力和下机架基础板上抬量的实测值与计算值规律一致，数值接近。与蜗壳保压埋设方式相比，

组合埋设方式的蜗壳应力相对较小，钢筋和混凝土的应力相差不大，且目前监测到的数值都不大。蜗壳组合埋设方式施工工艺简单，施工方便，工期缩短。

右岸坝后电站15号机组和地下电站27号机组已安全稳定运行10年和6年，其数值计算成果与现场实测资料研究成果基本吻合，组合埋设技术的巨型蜗壳结构的各项控制指标均在设计控制范围内，且均有较大的安全裕度，结构运行期的安全可以得到保证。融合垫层和直埋优势的巨型水力发电机组蜗壳组合埋设方式，已推广应用至溪洛渡水电站和向家坝水电站，极大地推动了行业技术进步。

3.2 浅埋超大地下洞室围岩稳定控制理论与设计方法

3.2.1 围岩稳定拱理论

受枢纽布置和地形地质条件的限制，三峡工程地下厂房布置于右岸白岩尖山体中，该山体为伸入河道的孤山，三面环水，平面范围为500m×450m，地面高程为120～180m，山体单薄。三峡地下厂房机组蜗壳垂直水流向平面尺寸达34.105～34.429m、顺水流向尺寸达29.448～30.449m。为满足机电设备安装、布置及必要的运行通道要求，主厂房长度为311.3m、高度为87.3m、跨度为32.6m/31.0m。主厂房跨度达同期最高水平，而上覆岩体一般埋深50～75m，最薄处仅为32.0m，不足厂房跨度的1倍，远小于规范规定应大于2倍的设计要求，浅埋超大型地下厂房洞室围岩整体稳定面临极大挑战。

对于浅埋大跨度高边墙地下洞室，围岩顶拱设计尚无成熟的理论和方法可循。三峡地下厂房设计通过对地下洞室围岩稳定拱形成条件和力学机制、大型洞室围岩稳定性的主控因素及影响规律等开展系统研究，提出了浅埋超大地下洞室围岩稳定拱设计方法，并在三峡地下电站中进行了成功应用[7]。

在传统拱理论的基础上，对浅埋地下洞室岩体的拱效应及稳定性进行了深入研究，揭示了地下洞室围岩顶拱承载的力学机制。①通过顶拱一定范围内岩体形成具有拱效应的主压应力区，支撑和转移洞室围岩开挖不平衡载荷；②当洞室埋深不足，顶拱围岩主压应力等值线不闭合时，拱效应将消失，顶拱易失稳，将出现坍塌和隆起破坏。

因此，浅埋地下洞室的顶拱稳定，取决于顶拱岩体内能否形成稳定的拱形承载区，将其定义为“围岩稳定拱”，内涵是一种同时满足结构稳定和材料强度要求的围岩承载拱。其形成需要满足两个力学条件：①结构稳定条件，也即顶拱岩体中能形成等值线闭合的主压应力区，拱座岩体能够提供稳定的支撑；②材料强度条件，也即同时满足抗压及抗剪强度控制标准，见式(3)。对于稳定拱的确定方法，可根据围岩二次应力场中主应力方位变化特征确定，如图8。

$$\sigma \leqslant K_v[R_C] \text{和} \sigma \leqslant \left[\frac{2c_m\cos\phi_m}{1-\sin\phi_m}\right] \tag{3}$$

式中：σ 为拱形内岩体的主压应力；K_v 为岩体的完整性系数；R_C 为岩石的饱和单轴抗压

强度；c_m、ϕ_m 分别为岩体的黏聚力和内摩擦角。

地下洞室上覆岩体厚度对顶拱区域围岩的稳定有着重要的影响，直接关系到顶拱围岩稳定拱的形成。如图 9 所示，在地质环境和水平应力一定的条件下，洞室埋深与稳定拱的形成密切相关，存在形成稳定拱的最小埋深。通过对不同埋深对洞室围岩稳定拱的影响规律研究，根据洞室顶拱围岩中能否形成稳定的主压应力拱圈，建立了洞室顶拱最小上覆岩体厚度的判别准则，在此基础上提出了根据“岩体稳定拱”来确定大型地下洞室最小埋置深度的设计方法。

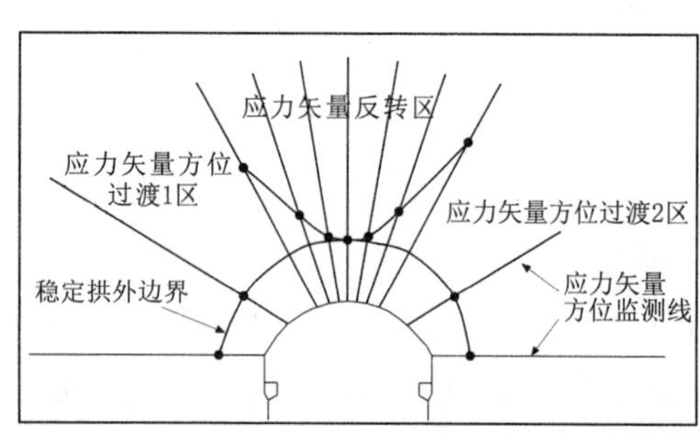

图 8 地下洞室顶拱围岩稳定拱形状确定方法

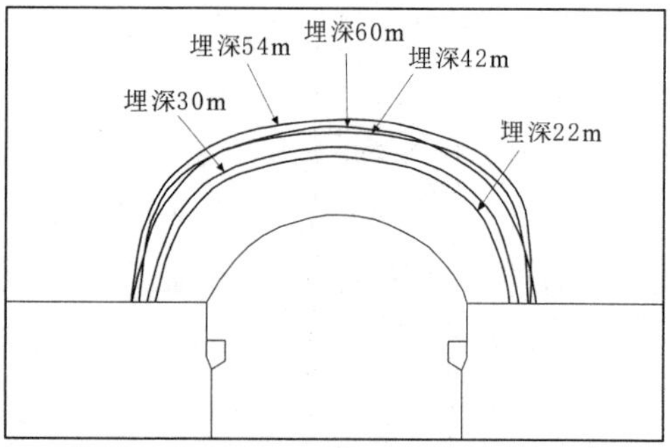

埋深54m
埋深60m
埋深42m
埋深30m
埋深22m

图 9 地下洞室不同埋深顶拱主压应力等值线图

将所提出的浅埋超大地下洞室围岩稳定拱设计方法应用于三峡右岸地下电站建设中，经数值分析论证和精细的控制爆破施工实践，三峡右岸地下厂房围岩形成稳定拱的最小埋深约为 2/3 倍洞跨，地下厂房顶拱围岩具备形成稳定拱的埋深条件和地应力等条件，突破了规范中“主洞室上覆岩体厚度不宜小于 2 倍洞宽”的限制，建成了国内外开挖断面尺寸最大且埋深不足 1 倍的大型浅埋式地下厂房。

3.2.2 监测资料分析

地下电站洞室典型部位多点位移计变形过程线如图 10 所示。由监测资料分析可知：各多点位移计实测最大位移在 26.2mm 以内，其中顶拱最大位移 2.2mm，拱座最大位移 8.1mm，上游边墙最大位移 16.3mm，下游边墙最大位移 26.2mm。45 个测点中，最大位移在 5mm 以内的测孔 31 个，约占 69％；5～17mm 的测孔 13 个，约占 30％；仅 1 个孔的位移超过 17mm。地下厂房洞室变形主要发生在 2008 年 7 月前，之后围岩变形和支护应力测值已趋稳定。

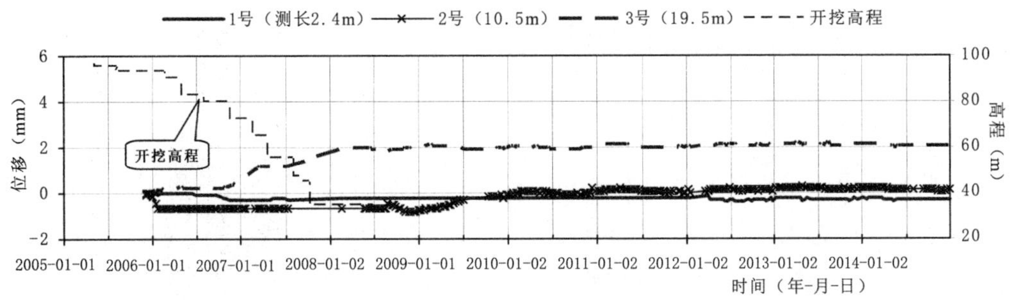

(a)拱顶变形监测成果

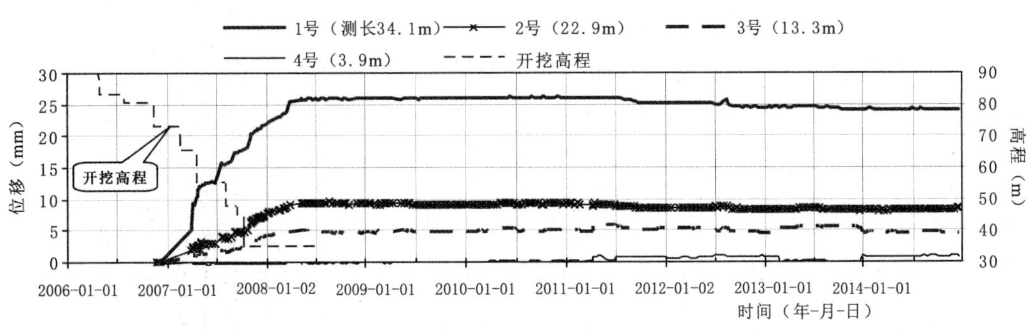

(b)下游拱座变形监测成果

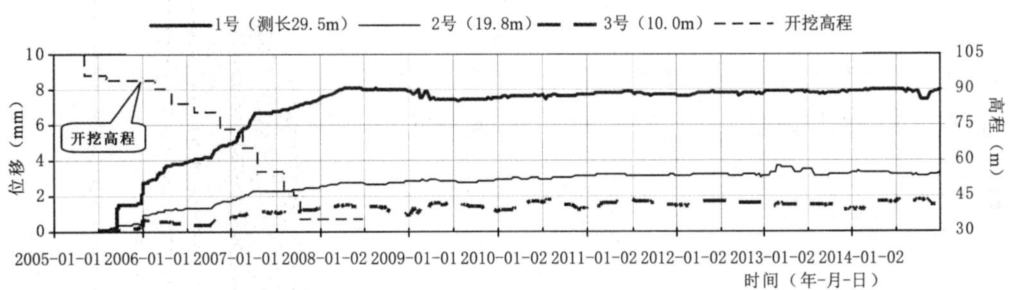

(c)上游拱座变形监测成果

图10 主厂房典型部位多点位移计变形过程线

3.2.3 运行效果评价

根据安全监测成果分析可知，三峡地下厂房顶拱围岩是稳定安全的，表明地下厂房顶拱在既定的岩体强度、岩体结构以及初始地应力等条件下，采用上述的浅埋超大洞室围岩稳定拱设计方法作为三峡地下厂房的设计依据是合适的、可靠的，能够保障洞室围岩稳定，满足工程安全的要求，为解决浅埋超大地下洞室围岩稳定控制难题提供了设计理论和方法。

3.3 地下电站变顶高尾水系统设计理论

3.3.1 变顶高尾水洞设计理论

三峡地下电站单机最大引用流量 991.80m³/s，额定水头 85.0m，输水系统水流惯性时间较长，T_w 值为 4.7～5.4s。按照传统设计方法，需要设置大规模的下游调压室（单室稳定面积约 1200m²），但地下电站所在的白岩尖山体单薄、块体发育，高挖空率导致洞室群围岩稳定问题非常突出。为此，采用理论分析、数值仿真和模型试验等手段，对水轮机安装高程、尾水有压段长度及下游水位三者之间的关系进行深入研究，突破电站尾水洞传统的有压洞或无压洞设计理论，提出一种明满流混合流动的新型尾水洞——变顶高尾水洞，并建立了相应设计理论和设计方法。采用变顶高尾水洞，可取消尾水调压室，简化地下洞室群布置，提高围岩稳定性[8]。

变顶高尾水洞旨在解决尾水管进口真空度过高的问题，如图 11 所示，利用下游水位的变化与尾水洞有压段长度的相互关系，来满足水轮机在不同淹没水深时甩负荷过渡过程中尾水管进口真空度的要求。当下游水位较低时，水轮机的淹没水深较小，此时无压明流段长，有压满流段短，过渡过程中负水击压力小，尾水管进口真空度满足规范要求。随着下游水位的升高，尽管无压明流段的长度逐渐缩短，有压满流段的长度逐渐增长，负水击压力越来越大，但水轮机的淹没水深也逐渐增大，正负两方面的作用相抵，使尾水管进口真空度仍能控制在规范要求范围内，从而起到尾水调压室的作用。

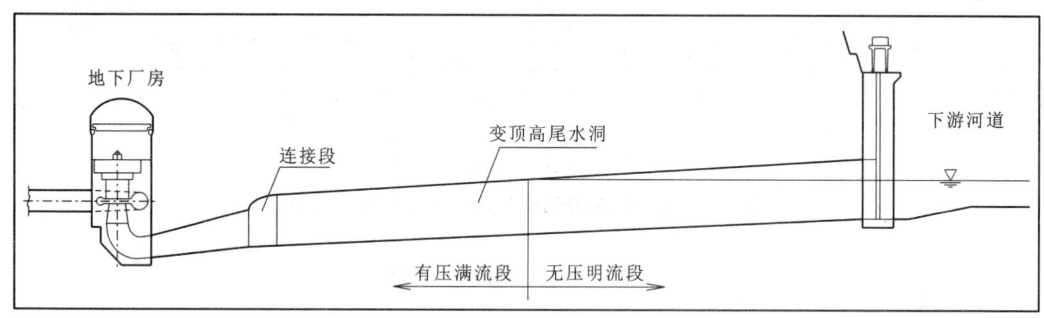

图 11　变顶高尾水洞示意图

在变顶高尾水洞的体型设计中，首先根据下游最低尾水位，确定此工况下有压满流段的最大长度，视为变顶高的起点；再根据尾水位变化情况、出口流速及地形地质条件，确定尾水洞出口底板高程和底宽；最后选择出口断面的顶部高程和尾水洞顶部面曲线。在变顶高尾水洞顶部纵剖面线的拟定中，可在水击压力用刚性水锤计算公式，并且假定水锤压力的极值和瞬时波高同时发生的前提下，按照式(4)给出的微分方程积分，得到有压满流段长度 L 与分界面断面积 $F(L)$，或者 L 与洞顶高程 Z 之间的关系[9]。按照该式

计算所得变顶高尾水洞顶部纵剖面线为抛物线。在实际工程设计中,为方便施工,绝大部分采用斜直线,且洞底采用略缓于或等于顶坡的斜直线,以减小隧洞的高度。

$$\mathrm{d}L = \frac{g}{Q_0(\mathrm{d}q/\mathrm{d}t)} F(L)\mathrm{d}(H_2 + \Delta Z) \tag{4}$$

式中:q 是水轮机流量 $Q(t)$ 与基准流量 Q_0 之比;$(H_2+\Delta Z)$ 为下游淹没水深与无压明流段水位波动的叠加;L 和 $F(L)$ 分别为有压满流段的长度和分界面断面积。

应用上述设计方法,三峡地下电站沿输水系统纵剖面如图 12 所示。

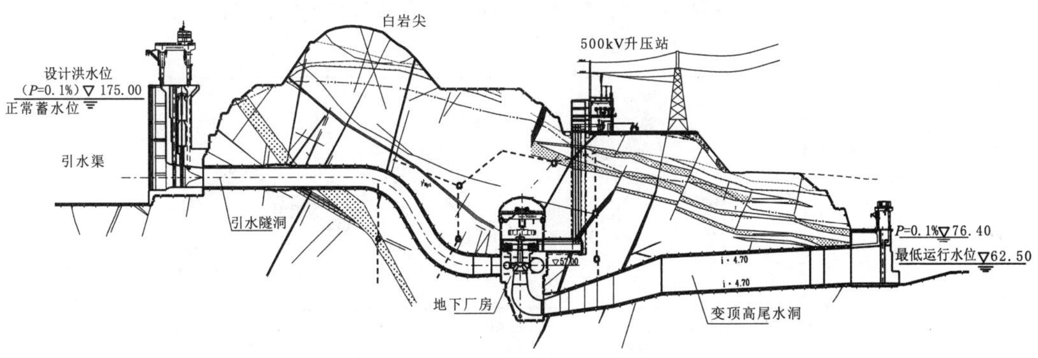

图 12 三峡地下电站沿输水系统纵剖面图

3.3.2 监测资料分析

2011 年 5 月在 31 号机组启动运行期,及 2011 年 11 月三峡地下电站首次在上游水位 175m 运行期,结合 31 号机组现场甩负荷试验,对机组调节保证参数和尾水洞水力学参数进行监测。根据试验工况,通过数值仿真过渡过程计算,与试验值进行对比研究。

两次试验一共取得了 8 组不同工况下的实测结果和计算结果,其中工况四(上游水位 152.30m 时甩 700MW 负荷)部分调保参数变化过程线的对比见图 13。

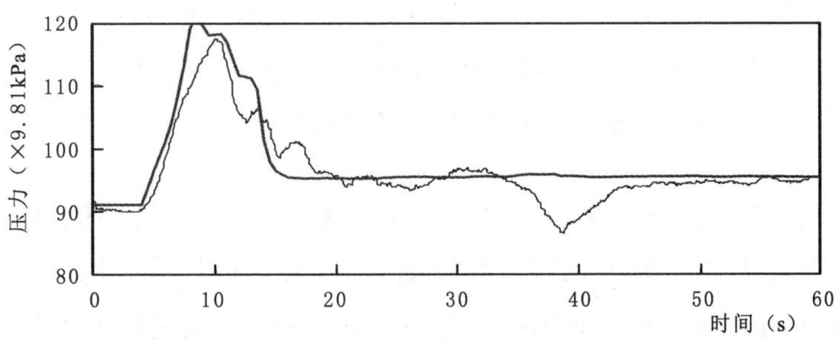

(a)甩 700MW 负荷时蜗壳进口压力过程线测量与计算对比

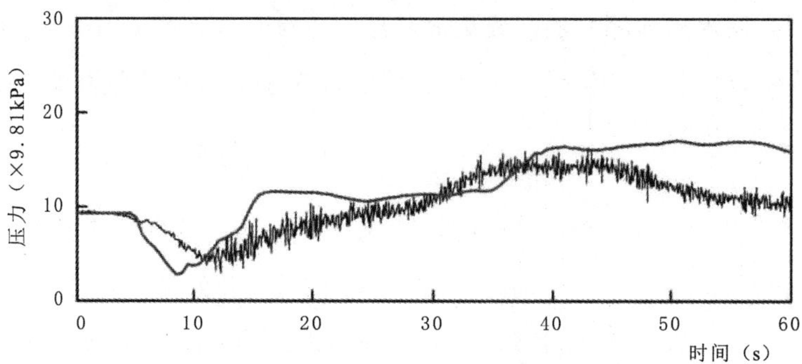

(b)甩 700MW 负荷时尾水管进口压力过程线测量与计算对比

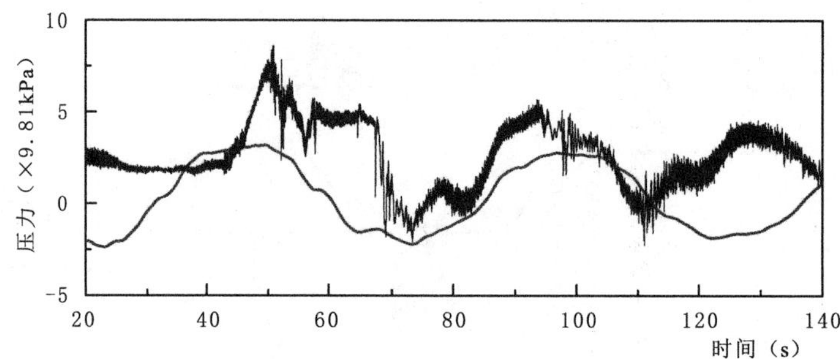

(c)甩 750MW 负荷时尾水洞变顶高顶板压力过程线测量与计算对比

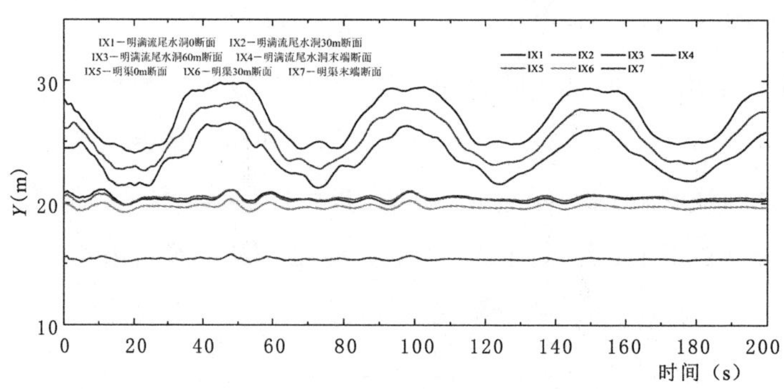

(d)甩 700MW 负荷时明满流尾水洞压力(水深)过程线

图 13　甩 700MW 负荷工况四对比图

从计算结果与试验结果对比分析可知，各机组在不同水位、甩不同负荷的工况下，调节保证参数变化规律与趋势吻合较好，极值及其发生的时间比较接近，且均满足“蜗壳末端最大水压(包括压力上升值在内)不超过 160.0m 水柱，水轮机转速上升不超过额定转速的 58%，尾水管进口处真空度不超过 7.5m”的设计要求，变顶高尾水洞内压力变化规律一致，最大、最小压力均在结构承压范围内。

3.3.3　运行效果评价

三峡地下电站机组已经过 6 年多的真机运行考验，数值计算和运行监测资料表明：

机组压力上升保证值、转速上升保证值和尾水管进口真空度均满足规范和设计要求。三峡地下电站引水发电系统布置和调节保证设计是合理的。变顶高尾水洞技术的成功实践,将调压设施的体型由竖向布置的调压室变为横向布置的尾水洞,相同之处是均利用自由水面形成水击波的反射,不同之处是前者的水位波动是质量波,后者为重力波,实现了尾水调压方式的创新。

4 高水头大型连续多级船闸设计与实践

4.1 全衬砌船闸结构设计理论

三峡双线连续五级船闸布置在坝址左岸,每线船闸有 6 个闸首,5 个闸室,长 1.6km 的主体建筑沿山体深挖(最深 170m)后建造。基于三峡船闸地质条件,研究提出了"全衬砌船闸"新形式,将闸首和闸室墙全部采用钢筋混凝土薄衬砌结构,通过拉剪型高强锚杆将衬砌体与岩体形成联合受力体,共同承受人字门、水压力和船舶等荷载。相对于传统的重力式结构,减少岩石开挖 840 万 m^3,节省混凝土 600 万 m^3,缩短工期 9 个月。三峡船闸闸室典型断面剖面见图 14。

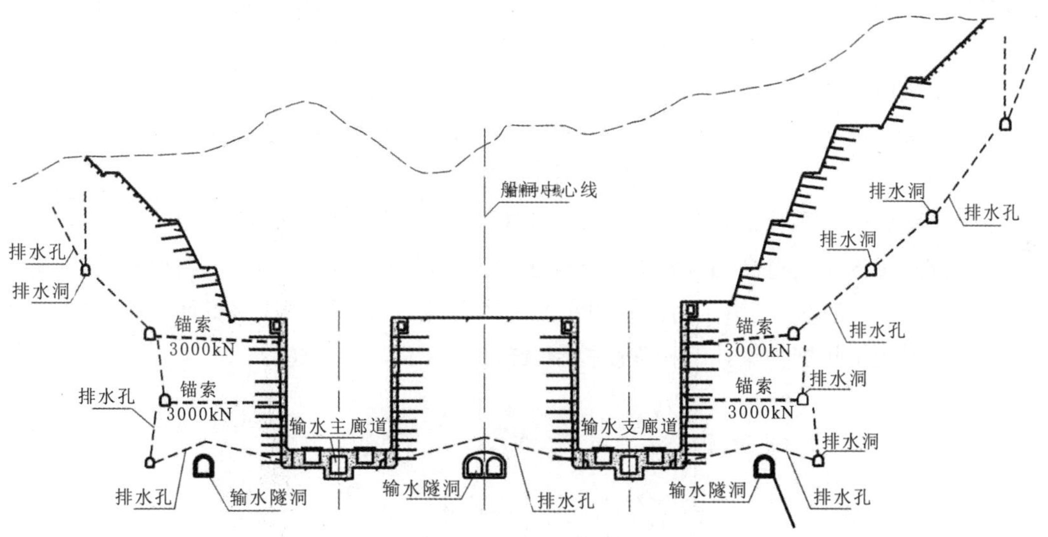

图 14　三峡船闸闸室典型剖面图

4.1.1 结构设计理论

全衬砌船闸的结构受力需要考虑混凝土、岩体、锚杆三者的共同协调工作,结构分析和设计比一般船闸复杂得多。结合三峡船闸建设,研究建立了全衬砌船闸全套的设计理论、方法和技术标准[10]。

全衬砌船闸结构分析的关键是解决衬砌结构与岩体接触关系的准确模拟,传统的接触面本构假定接触面闭合时,界面能承担不超过剪切强度的切向力,界面张开时则无切向刚度和切向力。事实上，由于开挖后岩体表面不是绝对平整，和混凝土之间会形成咬合力，即使岩体与混凝土衬砌之间有一定的张开，切向咬合力仍然存在，若采用传统界面本构关系，就大大低估了岩体与衬砌界面实际的切向咬合力。为此，提出了能考虑岩体与衬砌界面切向咬合力的衬砌结构与岩体接触面的本构关系。假设接触面初始法向间隙为 d，两个切向的初始间隙为 d'_t 和 d'_s，在荷载增量作用下产生的缝面两侧法向、切向的相对位移增量分别为 Δw_n、ΔV_t 和 ΔV_s，则衬砌结构与岩体接触面的物理方程见式(5)：

$$\sigma_n = K\left(\sum W_n + d\right),\quad K = \begin{cases} K_n & \left(\sum \Delta W_n + d\right) \leqslant 0 \\ 0 & \left(\sum \Delta W_n + d\right) > 0 \end{cases} \tag{5a}$$

$$\tau_t = K'_t\left(\sum \Delta V_t - d'_t\right)\operatorname{sgn}(\Delta V_t),\quad K' = \begin{cases} K_t & \left(\sum \Delta V_t - d'_t\right) \geqslant 0 \\ 0 & \left(\sum \Delta V_t - d'_t\right) < 0 \end{cases} \tag{5b}$$

$$\tau_s = K'_s\left(\sum \Delta V_s - d'_s\right)\operatorname{sgn}\left(\sum \Delta V_s\right), K'_s = \begin{cases} K_s & \left(\sum \Delta V_s - d'_s\right) \geqslant 0 \\ 0 & \left(\sum \Delta V_s - d'_s\right) < 0 \end{cases} \tag{5c}$$

式中：σ_n 为接触面法向应力；τ_t、τ_s 为接触面切向应力；K_n 为缝面单位面积的法向刚度；K_t、K_s 为缝面单位面积的切向刚度；$\operatorname{sgn}(\sum\Delta V_t)$为相对位移差$\sum\Delta V_t$ 的符号。

由于墙后岩体作用，衬砌墙厚度对墙体的受力条件不起主要作用，闸室薄衬砌墙厚度主要取决于锚杆在墙中的结构布置及施工要求，衬砌墙最小厚度根据式(6)拟定：

$$\delta_{\min} = \delta_R + \delta_D + \delta_C \tag{6}$$

式中：δ_R 为锚杆抗拔出最小厚度；δ_D 为锚头厚度；δ_C 为保护层厚度。

衬砌式结构需通过高强锚杆保证混凝土与岩体的联合受力，锚杆不但要承受渗透水压产生的拉力，还要承受由于衬砌结构变形所产生的剪力。锚杆在衬砌墙混凝土中的承载力由混凝土抗拔剪力锥或锚杆强度控制，锚杆的强度应满足式(7)：

$$\left(\frac{V_1 P_u}{\varphi_2 P_c}\right)^{\frac{4}{3}} + \left(\frac{V_1 V_u}{\varphi_2 V_c}\right)^{\frac{4}{3}} \leqslant 1 \tag{7a}$$

$$\left(\frac{V_1 {P_u}^2}{\varphi_1 P_s}\right) + \left(\frac{V_1 V_u}{\varphi_1 V_s}\right)^2 \leqslant 1 \tag{7b}$$

式中：P_u为锚杆承受的拉力；V_u为锚杆承受的剪力；P_c为混凝土拉拔锥达到屈服破坏时受到的拉力；V_c为混凝土拉拔锥达到屈服破坏时受到的剪力；P_s为锚杆达到屈服强度时承受的拉力；V_s为锚杆达到屈服强度时承受的剪力；V_1为锚杆强度安全系数取 1.9；φ_1 为系数取 1；φ_2 为系数取 0.85。

4.1.2 监测资料分析

至 2017 年底，三峡船闸已通航运行 14 年，并历经 7 年的正常蓄水位运行，主要监测成果如下：

(1)闸首和闸室墙变形

闸首底部的位移较小,绝大部分测值为－1.5～1.5mm;闸顶向闸室中心线水平位移为－0.8～7.6mm,向下游的位移为－3.9～5.2mm;闸首顶部与底部向闸室的相对位移在5mm以内;南、北坡各闸室顶部向闸室方向的最大水平位移为6.9mm。

(2)边坡地下水:绝大多数排水洞处测压管水位低于相应洞底高程,边坡地下水位已降至设计水位以下。南坡总渗漏量为175～935L/min,北坡总渗漏量为136～590L/min,南、北坡全部排水洞的总渗漏量为360～1356L/min。

(3)直立墙墙背渗压

闸墙背后渗压一般变化在0.2m水头以下,蓄水后个别测点最大渗压为－25.8kPa;闸室底板渗压变化一般为±0.5m,蓄水后个别测点最大渗压为－82.9kPa。

(4)直立坡锁口锚杆最大拉应力

直立坡66支锁口应力计,应力值为－28.44～164.65MPa,年变化量为－13.14～16.53MPa,除个别受温度影响明显的变化稍大外,多数锚杆应力年变化量为±5MPa之内,拉应力超过100MPa的有17支,50～100MPa的锚杆应力有20支。

(5)直立坡高强结构锚杆应力

直立坡56支高强锚杆,应力值为－29.06～237.28MPa,年变化量为－16.41～26.68MPa,其中拉应力大于100MPa的有9支,50～100MPa的有9支。

4.1.3 运行效果评价

将设计指标与监测数据进行对比分析可知:

1)边坡岩体变形主要受开挖卸荷影响,开挖结束之后所有实测变形速率下降,目前边坡变形已收敛,水库蓄水及船闸通航后对边坡变形没有明显影响。

2)实测墙背最大渗压－25.8kPa,基底最大渗压－82.9kPa,小于设计值。

3)实测闸首底部位移绝大部分测值为－1.5～1.5mm,闸首顶部与底部向闸室相对位移在5mm以内,闸室衬砌墙顶部向闸室方向最大水平位移6.9mm,满足人字门运行和结构变形控制要求。

4)高强结构锚杆拉应力最大值为237.28MPa,小于设计值,墙背降水措施十分有效,墙背渗压等荷载值小于设计值。

综上所述,对截至2017年底船闸的各项监测进行分析表明,船闸边坡变形是稳定的,边坡地下水及墙背渗压、闸首及闸室墙变形、高强结构锚杆应力等均在设计允许范围内。三峡全衬砌船闸所采用的技术先进、合理、可靠,使世界船闸技术取得了突破性的新发展。

4.2 高水头大流量船闸输水技术

4.2.1 输水技术

三峡双线连续五级船闸设计总水头113m,级间最大工作水头45.2m,闸室有效尺寸

280.0m×34.0m×5.0m，设计输水时间 12min，一次输水水体达 23.7 万 m^3，其综合水力指标居世界最高水平。如何在满足输水时间要求的前提下保障闸室停泊条件和输水廊道及阀门设备运行安全，是水力设计需要解决的关键技术问题[11]。三峡船闸输水系统采用在闸室两侧对称布置输水主廊道，闸室底部采用 4 区段 8 分支廊道等惯性分散出水加盖板消能的形式，其优良的动力平衡特性保证了闸室输水的快速、平稳。三峡船闸输水系统布置如图 15 所示。

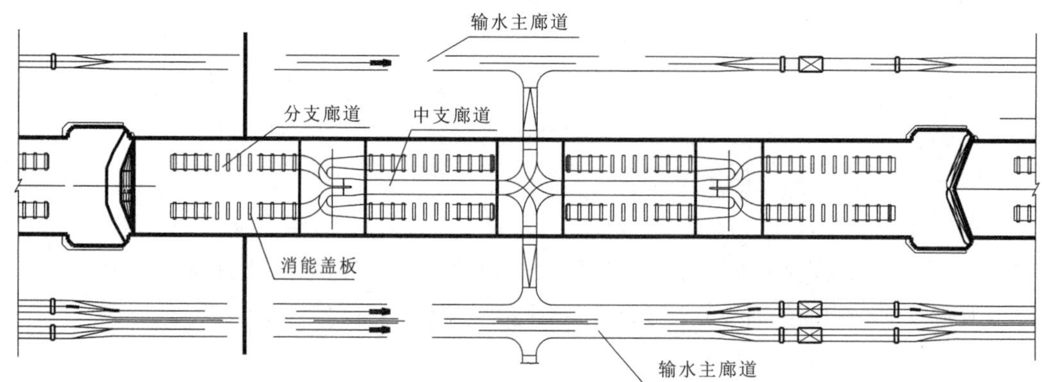

图 15　三峡船闸输水系统布置图

防止阀门段廊道和阀门发生空蚀和声振是高水头船闸输水系统设计的关键技术问题。提高阀门底缘工作空化数 σ，可以减少空化。阀门底缘工作空化数与工作水头、输水流量、阀门形式、埋深、启闭方式、廊道体型、输水廊道阻力与惯性长度大小及其分布等诸多因素有关，见式(8)：

$$\sigma = f(H_T, L_{np}, H_n, a, u_n, \xi_2, \xi_n) \tag{8}$$

式中：σ 为阀门底缘工作空化数；H_T 为输水系统闸室水位与阀门后廊道顶高程的相差值；L_{np} 为收缩断面后的廊道惯性换算长度；H_n 为阀门开度为 n 时的水头；a 为廊道扩大前后的面积比；u_n 为阀门开度为 n 时的流量系数；ξ_2 为输水阀门后廊道段阻力系数；ξ_n 为开度为 n 时考虑阀门后廊扩大的阀门段阻力系数。

三峡船闸围绕提高阀门工作空化数这一核心技术问题，提出了“高空化数输水廊道＋阀门快速开启＋底扩廊道体型＋门楣自然通气”的防空化综合技术，具体为：

1)利用降低阀门段廊道高程对船闸工程量影响甚微的特点，加大阀门段廊道埋深提高阀门工作空化数。

2)采用快速开阀措施，增加阀门开启过程的惯性水头，大大提高门后水流压力及空化数。

3)阀门廊道采用结构简单、受力明确的底扩廊道体型，明显提高门后压力和空化数。

4)采用扩散型的门楣体型，阀门开启过程中通气通畅，基本消除阀门正常运行条件下的水流空化。

4.2.2 监测资料分析

在设计水力指标下对船闸输水系统的水力特性和阀门空化情况进行了全面观测,主要成果为:

(1)闸室输水水力特性

在中间级输水阀门最大设计水头 45.2m、首末级输水阀门最大工作水头 22.6m、双侧阀门匀速开启、开启时间 $t_v=2\text{min}$ 的设计条件下,中间级闸室输水系统最大流量 700m^3/s、闸室输水时间不超过 10min;首末级闸室输水系统最大流量分别为 623m^3/s 和 609m^3/s、闸室输水时间分别为 11.2min 和 13.08min。除第 5 闸室泄水工况外,输水时间与设计要求的 12min 相比,还有较大富裕,输水系统输水效率较优。

为了减小中间级闸室输水的最大流量,对中间级闸首阀门采用间歇开启时的输水特性,也进行了观测。阀门采用间歇开启时,输水时间仍然满足要求,输水流量小于 630m^3/s,较阀门连续开启时减小约 14%。

(2)闸室水面流态

观测结果表明,无论哪种阀门运行方式,各闸室输水系统运行正常,上(下)闸室整个泄(灌)水过程水面流态都较为平稳,各区段出水均匀,无明显的纵横向水流流动趋势,水面波动不大。

(3)闸室停泊条件

在试通航期,船闸采用 4 级补水运行,4 闸首初始作用水头约 39m,进行了船队(588kW+4×8000kN)由北线船闸上行试验。船舶系缆力合力的最大值小于 45kN,船舶纵向和横向系缆力小于设计的 50kN 和 30kN 的容许值。

(4)阀门工作条件

在级间最大水头 45.2m、以 2min 速率连续开启阀门的设计条件下,对中间级各闸首阀门进行了门楣通气特性及空化特性等方面监测。以下为北线第 4 闸首的观测成果。

1)门楣通气特性。

门楣通气管在开门后 5s 左右开始进气,如图 16 所示,单侧廊道最大通气量可达 0.28m^3/s,在 10~60s 时段门楣通气量均在 0.25m^3/s 以上。门楣通气量超过模型试验值,说明门楣体型合理,门楣通气措施是成功的。

2)输水廊道空化特性。

在 45.2m 设计水头条件下,阀门开启之初(约 15s)有短暂空化,系顶止水脱离门楣所形成的止水头部空化,这一现象在国内外已建船闸是普遍存在的,由于持续时段较短,其对结构物不致产生破坏作用。在开启过程中,位于底扩廊道出口附近的下游检修门井及升坎处的水听器均未监测到明显空化噪声,说明阀门底缘及升坎无空化;门井处水听器在中小开度也未监测到空化噪声,说明门楣通气充分抑制了门楣缝隙空化;阀门处水听器在 60~80s 时段监测到间歇性空化噪声,初步判断跌坎处可能存在较短时段空化,由于其溃灭区位于钢板衬砌范围，其危害较小。从实测资料来看，跌坎空化不强，在船闸排干检查中未发现跌坎下游廊道底板有空蚀破坏的迹象。

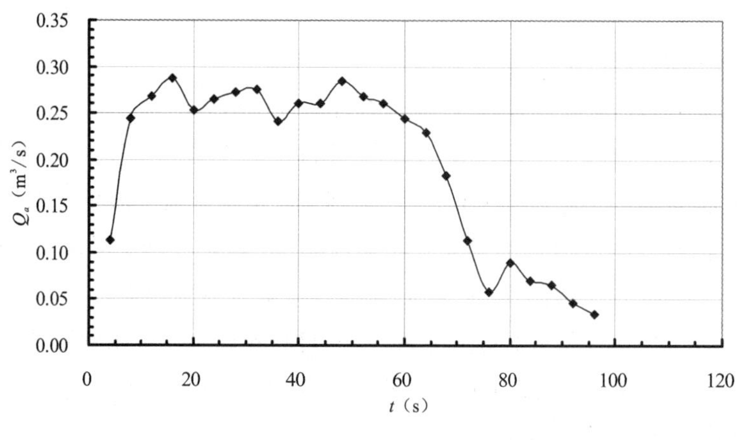

图 16　门楣通气量

4.2.3　运行效果评价

三峡工程正常蓄水位 175m 试验性蓄水运行十年以来的船闸运行实践表明，三峡船闸输水系统总体性能较优，输水系统设计是成功的。以“高空化数输水廊道”为核心的高水头大流量船闸输水技术体系的成功应用，是世界大型高水头船闸防空化技术的重大突破。

4.3　“显隐交互式”新型隔流堤

4.3.1　新型上游隔流堤设计

为保证通航安全，船闸引航道口门区的水流条件应满足式(9)的要求。

$$V_{纵} \leqslant 2.0\text{m/s} \tag{9a}$$

$$V_{横} \leqslant 0.3\text{m/s} \tag{9b}$$

$$V_{回} \leqslant 0.4\text{m/s} \tag{9c}$$

式中：$V_{纵}$为纵向流速；$V_{横}$为横向流速；$V_{回}$为回流流速。

为满足上述水流条件的要求，三峡船闸对上游隔流堤的布置进行了大量的研究工作。模型试验表明，三峡水库运行的前 30 年，上游引航道通航水流条件较好；水库运行超过 30 年后，由于泥沙的淤积，上游引航道通航水流条件有所恶化：枯水期由于库水位较高，水面开阔，引航道流速较小，通航水流条件仍能满足要求，但汛期库水位较低，引航道存在斜流大、回流强的问题。

针对以上特点，三峡船闸研究提出“显隐交互式”隔流堤，堤顶高程 150.0m，枯水期隔

流堤淹没在水库中,汛期当库水位消落时,隔流堤露出水面起拦淤隔流的作用,相对传统的隔流堤,大大降低了工程投资。

4.3.2 观测资料分析

(1)上游引航道通航水流条件

在船闸试通航及正式通航期间,进行了135m水位及大流量实船试验。135m水位实船试验结果表明,上游引航道口门至靠船墩处水流平稳;口门以外连接段在流量40000m^3/s时水流基本平稳,最大纵向流速为0.82m/s,最大横向流速为0.15m/s,航道水流条件好。大流量实船试验成果表明,当入库流量超过45000m^3/s时,坝上航道水流条件良好;当入库流量小于56700m^3/s、下泄流量小于45000m^3/s时,船闸能正常运行,上游口门区水流条件满足船舶安全航行要求。

(2)上游引航道泥沙淤积情况

2010年3月15日,上游引航道内有明显的泥沙淤积,从上口门向航道内约250m长的引航道内区域,底部高程范围在131.5~132.5m,平均高程约为131.8m,相对2008年11月底板平均淤高0.4m。

2012年水下地形测量显示,船闸上游引航道底部高程大多在132.6~133.9m,比2010年3月最大淤高1.4m左右。上游航道最高点高程约为135.30m,远小于上游最低通航水位145.00m,泥沙淤积量少,未影响到正常通航。

4.3.3 运行效果评价

实船试验验证,当入库流量小于56700m^3/s、下泄流量小于45000m^3/s时,上游引航道及口门区水流条件满足要求,代表性船舶操纵性能良好,船舶可以安全航行。水下地形测量显示,船闸自运行以来,上游引航道泥沙淤积量少,未影响到正常通航,不需要进行清淤。

船闸运行以来的观测资料表明,“显隐交互式”的新型隔流堤设计是成功的,既减轻了上游引航道的泥沙淤泥,又避免了汛期上游引航道口门区复杂水流条件对船舶安全航行的不利影响。

5 结语

在设计和建设中面对诸多重大技术挑战,三峡工程建设始终走科技创新之路,坚持跨行业科技协同创新,坚持原始创新与引进、消化、吸收再创新,坚持面向解决工程建设重大问题的技术创新,取得了世界领先的水工建筑物科技创新成果。三峡工程正常蓄水位175m试验性蓄水运行十年,全面发挥防洪、发电、航运、供水等综合效益,经历了最大入库洪峰流量71200m^3/s的考验。枢纽各建筑物的应力变形、基础渗流、过流系统水力学等监测数据均是正常的,测值在设计允许范围内,各建筑物的运行状态均是安全的。

三峡工程的成功实践，极大地提高了我国水利水电建设的整体技术水平，在三峡工程中研发的大量创新技术，已在世界上的后续水利水电项目中广泛推广应用，对推动世界水利水电行业技术进步起到巨大作用。

参考文献

[1]钮新强，王小毛，陈鸿丽.三峡工程枢纽布置设计[J].水力发电学报，2009，28(6)：13-18.

[2]廖仁强，孔繁涛，吴效红.三峡工程泄洪消能设计研究[J].人民长江，1997，28(10)：13-15.

[3]郑守仁，刘宁.三峡工程大坝及电站厂房设计中的主要技术问题[J].人民长江，1997，28(10)：3-6.

[4]杜俊慧，胡进华.三峡工程深孔孔口应力分析与配筋设计研究[J].大坝与安全，2004(4).

[5]水工混凝土结构设计规范：SL 191—2008[S].北京：中国水利水电出版社，2009.

[6]钮新强，谢红兵，刘志明.三峡右岸电站蜗壳直埋方案研究[J].人民长江，2008，39(1)：15-1811：26

[7]钮新强，丁秀丽.地下洞室围岩顶拱承载力学机制及稳定拱设计方法[J].岩石力学与工程学报，2013，32(4)：775-786.

[8]谢红兵，周述达，胡进华.三峡工程电站建筑物若干技术问题研究[J].人民长江，2010，41(4)：81-83.

[9]钮新强，杨建东，谢红兵，等.三峡地下电站变顶高尾水洞技术研究与应用[J].人民长江，2009，40(23)：1-4.

[10]钮新强.全衬砌船闸设计[M].武汉：长江出版社，2011.

[11]蒋筱民，姚云俐.三峡船闸水力学关键技术研究与实践检验[J].湖北水力发电，2007(5)：55-59，78.

三峡工程175m试验性蓄水运行十年防洪调度及效益

金兴平①

(水利部长江水利委员会,武汉 430010)

摘　要:本文阐述了三峡工程在长江流域防洪中的地位、防洪调度方式研究及优化过程,选取2010年、2012年长江上中游区域性大洪水和2016年、2017年长江中下游区域性大洪水为典型,总结分析了三峡水库试验性蓄水近10年来防洪调度实践及取得的防洪效益。

关键词:三峡水库;防洪地位;防洪调度;防洪效益

1　引言

三峡工程是长江保护与治理的关键性骨干工程,2003年6月开始蓄水运用,2006年9月进入初期运行期,2008年开始进行175m试验性蓄水,2010年首次蓄水至正常高水位175m,至今年已连续9年蓄水至正常蓄水位。175m试验性蓄水十年来,三峡工程在防洪、供水、生态、发电、航运等方面发挥了显著的综合效益,特别是改善了长江中下游和两湖地区紧张的防洪形势,将荆江河段的防洪标准由原来的约10年一遇提高到100年一遇之上,同时大幅减少遇大洪水时长江中下游地区蓄滞洪区的运用概率和分蓄洪量。实践证明,三峡工程已成为长江流域重要的防洪工程、供水工程、能源工程、交通工程、生态工程,在长江经济带建设中发挥着越来越重要的作用。

2　三峡工程在长江流域防洪中的地位

2.1　长江的防洪体系

由于长江中游巨大的洪水来量超出河湖的泄、蓄能力,尤其是荆江河道安全泄洪能力远小于可能发生的洪峰流量,遭遇特大洪水,不仅经济损失巨大,还将不可避免地造成

---

① 作者简介:金兴平,男,水利部长江水利委员会副主任,教授级高级工程师,主要从事流域管理及防汛抗旱方面的工作。

大量人口的伤亡,威胁最为严重。因此,长江中下游平原区是长江防洪的重点。

长江安澜,历来被视为治国安邦的大事,新中国成立后,党和政府高度重视长江防洪。长江水利委员会(以下简称长江委)于1959年编制完成的《长江流域综合利用规划要点》报告,就确定防洪是长江流域治理开发的首要任务。1998年长江大洪水后,党中央、国务院对长江的防洪建设作出了全面部署,加大了长江防洪工程建设的投入,对中下游主要堤防进行了加高加固,特别是加强了堤防隐蔽工程(基础处理、护岸工程、穿堤建筑物)的建设,3900km长江干堤达到了规划的防洪标准,对部分主要支流堤防和洞庭湖、鄱阳湖区的重要圩堤也进行了达标建设,为长江中下游防洪打下了重要基础。

1994年12月三峡工程开工兴建,2009年汛期开始发挥防洪作用。此后,向家坝、溪洛渡、锦屏、亭子口等一批水库相继发挥防洪作用,为调节洪水提供了重要手段。

为了妥善处置不能通过河道安全宣泄的超额洪水,保障主要堤防、重要城市和重要基础设施的安全,在长江流域还规划了42处蓄滞洪区,蓄洪容积约500亿m^3。

随着三峡工程2008年汛后开始175m试验性蓄水,2009年汛期开始发挥防洪作用,长江流域基本形成了以堤防为基础、三峡水库为骨干,其他干支流水库、蓄滞洪区、河道整治工程及防洪非工程措施相配套的综合防洪体系。通过河道宣泄、水库拦蓄和必要时运用蓄滞洪区,长江中下游干流可以实现防御新中国成立以来发生的最大洪水(即1954年洪水)的规划目标。

2.2 三峡工程是长江流域防洪工程体系的骨干

长江上游洪水与中下游洪水遭遇是形成中下游大洪水的主要成因,如1931年、1949年、1954年、1998年等大洪水年,宜昌站60天洪量分别占荆江河段洪量的95%、城陵矶河段洪量的61%~80%、武汉河段洪量的55%~71%。因此,控制长江上游洪水对中下游防洪至关重要。三峡工程位于长江上游与中下游交界处,紧邻长江防洪形势最为严峻的荆江河段,可以控制荆江河段95%的洪水来量。

目前,长江流域已建大型水库285座,总调节库容1800余亿m^3,防洪库容约770亿m^3,其中长江上游(宜昌以上)大型水库102座,总调节库容800余亿m^3,防洪库容396亿m^3;中游(宜昌—湖口)大型水库164座,总调节库容945余亿m^3,防洪库容约330亿m^3。其中三峡水库汛期预留防洪库容221.5亿m^3,占长江上游防洪库容的56%,承担了长江中下游的主要防洪任务。

因此,三峡水库控制调节长江上游洪水,是减轻中下游洪水威胁、防止长江发生特大洪水时可能出现毁灭性灾害最有效的措施,在长江防洪中处于关键骨干地位。

2.3 三峡工程的防洪作用与能力

批准的初步设计确定的三峡工程在长江防洪中的主要作用有4个方面。

(1)将荆江河段防洪标准从约10年一遇提高到100年一遇

遇100年一遇洪水流量83700m^3/s时，通过水库调蓄控制荆江枝城站的最大流量不超过56700m^3/s，控制沙市站水位不超过44.50m，在不需要采取荆江分洪的情况下让洪水安全通过荆江河段。再遇1931年、1935年、1954年洪水，通过三峡水库调蓄，均可实现上述目标。

(2)在遭遇特大洪水时避免荆江河段发生毁灭性灾害

遇100年一遇以上洪水至1000年一遇洪水，或1870年型特大洪水，经三峡水库调蓄后，可以使枝城站最大流量不超过80000m^3/s。再配合分蓄洪区运用，可以使沙市水位不超过45.00m，为保障荆江河段两岸堤防安全提供条件，从而避免堤防漫溃或决口造成江汉平原和洞庭湖区大量人口伤亡的毁灭性灾害。

(3)减轻洞庭湖湖区的洪水威胁和减少湖内泥沙淤积

三峡水库有效控制长江上游洪水来量，减少分流入洞庭湖区的水沙，既可以减轻湖区洪水的威胁，又可以减缓湖区河湖的淤积速度。

(4)提高武汉市的抗御洪水能力

三峡水库使长江上游洪水得到有效控制，荆江大堤的安全得到保障，减轻洪水对武汉市的威胁，提高武汉市防洪设施的可靠性和调度运用的灵活性，使武汉市防洪更有保障。

3 三峡水库防洪调度方式研究与优化

随着长江上游水库群相继投入运行，对上游洪水的调节能力不断增强，上游水库群配合三峡水库承担长江中下游防洪的能力不断增强，长江中下游干流堤防按照规划完成达标建设，需要我们不断优化三峡水库的防洪调度方式。

3.1 初步设计确定的防洪调度方式

在三峡工程的可行性研究及初步设计中，对防洪调度进行了广泛和深入研究。在充分论证和协调防洪、发电、航运、泥沙和水环境水生态对水库调度需求的基础上，确定了三峡工程防洪调度的主要目标：遭遇特大洪水时也要保证大坝的绝对安全；使荆江河段的防洪标准达到100年一遇洪水；保证荆江河段在遭遇特大洪水时的行洪安全；在满足以上条件的前提下，应尽量使城陵矶附近地区的分蓄洪量减少。为此，我们对荆江河段进行防洪补偿调度和对城陵矶附近地区进行防洪补偿调度都进行了研究。

考虑到三峡水库对城陵矶补偿调度方式虽能获得较大的多年平均防洪效益，但也有不足之处，为稳妥可靠起见，初设阶段仍主要采用对荆江河段的补偿调度方式作为三峡水库的设计防洪调度方式。即三峡工程正常蓄水位175m，防洪限制水位145m，每年汛期6月中旬至9月底水库按防洪限制水位145m运用，预留防洪库容221.5亿m^3。遇千年一遇或类事1870年特大洪水，经三峡水库调蓄，控制枝城站相应流量不超过71700～77000m^3/s，配合荆江分洪工程和其他分蓄洪措施的运用，控制沙市水位不超过45.0m，为避免荆江南北两岸的洞庭湖平原和江汉平原发生毁灭性灾害提供必要的条件；遇不大于100一遇的洪水，经三峡水库调蓄，控制枝城站相应流量不超过56700m^3/s，不启用分洪工程，沙市水文站不超过44.5m；每次洪水过后，在保障下游防洪安全的情况下，尽快将水位回降至145m。三峡水库10月初开始蓄水，库水位逐步上升至175m水位；为防洪需要，来年6月上旬降至145m。

三峡水库为季调节水库，防洪库容相对较小，当时上游水库调节能力也不强，中下游堤防还没有完全达标的情况下，三峡工程初步设计确定防洪重点为荆江河段是合适的，也是正确的。

3.2 三峡水库优化调度方案

2003年三峡水库开始蓄水运用之后，各方面从维护生态环境和对中下游供水安全、提高三峡综合利用效益等方面，对三峡水库调度运用提出了更高要求。国务院三峡工程建设委员会第16次会议安排由水利部组织有关单位研究三峡水库优化调度方案。在水利部的领导下，长江委组织有关单位重点对防洪补偿调度方式、蓄水期和枯期水资源（水量）调度方式、汛期水位运行控制方式、汛末提前蓄水方式等进行了深入研究，提出了如下主要成果。

1)将三峡工程的防洪库容221.5亿m^3自下而上划分为三部分。第一部分库容56.5亿m^3（相应水位145～155m）用作城陵矶附近地区防洪补偿；第二部分库容125.8亿m^3（相应水位155～171m）仅用作对荆江防洪补偿；第三部分库容留39.2亿m^3（相应水位171～175m）用作对荆江特大洪水进行调节。

2)提出了兼顾对城陵矶地区进行防洪补偿的调度方式。在三峡水库尚不需为荆江河段防洪大量蓄水，而城陵矶莲花塘站水位将超过长江干流堤防设计水位，需要三峡水库拦蓄洪水以减轻该地区分蓄洪压力时，启用兼顾对城陵矶地区进行防洪补偿。如水库水位不高于155.0m，则按控制城陵矶水位34.4m进行补偿调节；当水库水位高于155.0m之后，按对荆江河段进行防洪补偿调度。

3)加大汛期水库运行水位浮动范围。在加强对水库上下游水雨情的监测和水文气象预报，密切关注洪水变化和水利枢纽运行状态的前提下，有条件地将水库汛期运行水位浮动范围扩大到144.9～146.5m。

4)有条件地将水库开始兴利蓄水的时间提前到不早于9月15日。

5)第一次提出了三峡水库水资源（水量）调度的目标及其调度方式，明确了提前蓄水期间、10月蓄水期间以及枯季补水期间的最小下泄流量。

这些研究成果都纳入2009年国务院同意的《三峡水库优化调度方案》中,成为三峡水库试验性蓄水调度运行的主要依据。

3.3 中小洪水调度

2010年之后,根据三峡水库调度实践,在水利部的领导和三峡集团的支持下,长江委继续组织有关单位在《三峡水库优化调度方案》的基础上,对中小洪水调度、汛末蓄水调度、泥沙减淤调度以及水库群蓄水对长江中下游干流和两湖水位的影响等方面继续开展深入研究。

按照三峡水库防洪调度方式,当宜昌站流量小于55000m^3/s时,三峡水库按照来水下泄;发生流量大于55000m^3/s的洪水时,水库拦蓄洪水,下泄流量不超过55000m^3/s,加上三峡水库至枝城区间来水,控制枝城水文站不超过56700m^3/s。尽管长江中下游干流堤防经过加高加固达到规划标准,但仍有不少重要支流和湖泊堤防尚未加固,一些连江支堤与长江干堤没有形成封闭保护圈,大多数中小河流防洪能力仍较低。当枝城站流量达到56700m^3/s时,荆江河道水位会超过警戒水位,中下游部分河道和洞庭湖、鄱阳湖等地区可能发生局部洪水灾害。三峡水库建成后,长江中下游地方防汛部门要求三峡水库对这类中小洪水进行拦洪。

随着水文预报水平逐渐提高,预报和调度方案不断完善,三峡水库入库流量有3～5天的预见期,结合中期降水预报,可提供5～7天趋势预报,短期预报精度较为可靠。科学的气象和水文预报为中小洪水实时预报调度提供可能。

在实时调度过程中,为规避可能的防洪风险,我们明确了中小洪水滞洪调度的原则:①长江中下游需要三峡水库拦蓄中小洪水以减灾解困;②保证枢纽安全且不降低三峡水库对荆江河段和城陵矶附近地区的既定防洪作用;③根据实时雨水情和预报,三峡水库尚不需要实施对荆江或城陵矶附近地区进行防洪补偿调度;④滞洪调度不至于造成三峡水库库尾大量的泥沙淤积。

为此,2010年5月国家防汛抗旱总指挥部在《关于三峡—葛洲坝水利枢纽2010年汛期调度运用方案的批复》(国汛〔2010〕6号)中明确:“当长江上游发生中小洪水,根据实时雨水情和预测预报,在三峡水库尚不需要实施对荆江或城陵矶河段进行防洪补偿调度,且有充分把握保障防洪安全时,三峡水库可以相机进行调度运用。”三峡水库在之后的175m试验性蓄水运行期间,对中小洪水进行了试验性防洪调度运用。

3.4 泥沙减淤调度

水库泥沙淤积是我们在调度实践中最为关注的问题之一。实测成果和研究表明,三峡工程自2003年6月开始蓄水运用以来,入库泥沙明显减少,年均入库泥沙由原来的5亿t减小至目前的不足2亿t,金沙江中下游梯级水库建成后,三峡入库泥沙更是减少至

0.5 亿 t，仅为原设计值的 10%左右。怎样在新的水沙条件下贯彻实施三峡水库"蓄清排浑"，我们在近年调度实践中进行了一些探索。

我们抓住水库群联合调度中的汛期防洪、汛末蓄水和汛前消落三个关键时期，贯彻水沙联调思想，塑造协调的水沙关系，实现水沙合理配置，以达到减少水库泥沙淤积、调整优化水库泥沙淤积形态的目的。我们相继开展了"涨水控泄拦洪削峰，退水加大泄量排沙"的沙峰排沙调度和汛前消落期库尾减淤调度实践，取得了较好的排沙和冲沙效果，为在新的水沙条件下三峡水库精细化"蓄清排浑"提供了一条新途径。

由于上游来沙量大幅减少以及河道采砂、航道疏浚等综合因素，重庆主城区河段自三峡水库 175m 试验性蓄水以来河道冲淤表现为冲刷 1789 万 m^3，未出现论证时担忧的泥沙严重淤积的局面，也未出现砾卵石的累积性淤积。寸滩站汛期水位流量关系也没有出现明显变化，水库泥沙淤积尚未对重庆洪水位产生影响。

3.5 长江上游水库群联合调度

长江上游水库群相继投入运行之后，在水利部的领导和三峡集团公司的支持下，我们连续开展了上游水库群配合三峡水库的防洪调度方式研究，一方面通过上游水库群同步拦蓄洪量（水量），减少进入三峡水库的洪量，降低三峡水库的调洪水位，进一步加大三峡水库的防洪作用；另一方面通过上游水库削减进入三峡水库的洪峰流量，降低动库容效应引起的库尾水位，进一步增加三峡水库对城陵矶附近地区的防洪补偿库容，减少城陵矶附近地区的超额洪量。

三峡水库单独运用时，安排 56.5 亿 m^3 库容用于既对城陵矶防洪补偿也对荆江防洪补偿。根据长江设计院的分析计算，遇 1954 年型洪水，在此安排下城陵矶附近地区的超额洪量还有 306 亿 m^3。将会出现三峡水库还留有富裕的库容，而城陵矶附近地区需要采取分蓄洪措施的不合理局面。进一步研究还发现，荆江河段发生 100 年一遇洪水时，三峡水库并不需要拦蓄 125 亿 m^3 的洪量，当初确定分配给城陵矶附近地区的补偿调节库容只用到 155m 的原因是当库水位超过这个水位之后，汛期遭遇 20 年一遇的入库洪峰时，由于三峡水库动库容影响，库尾部分河段的水位可能超过移民迁移线。动库容影响下库尾河段水位主要受入库洪峰流量和坝前水位的影响，通过联合调度上游水库削峰、错峰，减小进入三峡水库的入库洪峰，可以降低库尾河段水位，从而释放更多的库容承担城陵矶附近地区的防洪任务，并且削峰、错峰所需要动用的库容往往会小于拦蓄洪量。经过多方案的分析比较，在联合调度上游 21 座水库的条件下，三峡水库用于城陵矶附近地区防洪补偿的库容提高到 76.8 亿 m^3（对应库水位 158m）是安全的。当三峡水库为城陵矶附近地区防洪补偿运用到 158m 之后，再遇荆江 100 年一遇洪水，多个典型洪水计算表明三峡水库的调洪高水位都不超过 171m，既可以确保荆江河段防洪安全，也不会影响防御特大洪水。

以同样遭遇1954年洪水来计算,通过21座水库的联合防洪调度相较于三峡水库单独调度运用,可以将长江中下游地区的超额洪量从400亿m^3减少到335亿m^3,其中城陵矶附近地区和武汉及以下河段分别减少超额洪量43亿m^3和22亿m^3,从而减少蓄滞洪区运用的数量和概率。

2012年国家防总批复了《2012年度长江上游水库群联合调度方案》,将长江上游已建成或具备运用条件,并预留防洪库容的10座控制性水库纳入联合调度。2018年国家防总批复了《2018年度长江上中游水库群联合调度方案》,纳入联合调度的水库达到40座,总防洪库容574亿m^3。

4 10年防洪调度实践及其效益

三峡水库于2008年试验性蓄水以来,先后经历了2010年、2012年长江上中游区域性较大洪水和2016年、2017年长江中下游区域性大洪水,在国家防总、水利部领导下,在三峡集团公司的支持和配合下,长江防总、长江委加强预测预报,强化会商研判,适时调度三峡水库拦洪削峰错峰,拦蓄50000m^3/s以上洪水是12次,累计拦蓄洪量530亿m^3,有效降低长江中下游干流和洞庭湖地区水位,取得了显著的防洪效益。

4.1 2010年洪水调度

2010年7月,长江上游干流寸滩江段及主要支流发生严重洪水,部分支流洪水恶劣遭遇,发生超保证或历史纪录洪水。干流寸滩站出现了1987年以来的最大洪峰流量,洪峰水位超过保证水位,三峡水库最大入库流量70000m^3/s。

长江防总调度三峡水库在洪水到来之前加大出库腾出库容,当7月20日三峡水库出现最大入库流量70000m^3/s,控制最大出库流量41400m^3/s,削峰率达41%,拦蓄洪量76亿m^3,水库最高洪水位158.86m。7月28日再次出现最大入库流量56000m^3/s,三峡最大出库流量40500m^3/s,削峰率达28%,水库最高洪水位161.01m,拦蓄洪量30亿m^3。

三峡水库的拦蓄,降低荆江河段水位2～3m,城陵矶～螺山河段约0.9m,下游河段0.1～0.4m。否则,长江中下游干流将全线超警,其中沙市最高水位将达44.4m(接近保证水位45m),城陵矶将达34.2m(接近保证水位34.4m),防汛压力将明显增大。

4.2 2012年洪水调度

2012年7月,长江流域发生了4次编号洪水,上游朱沱江段水位超历史实测最高纪录,寸滩江段发生自1981年以来最大洪水,三峡水库于7月24日出现建库以来最大入库洪峰71200m^3/s,长江上游宜宾至寸滩江段全线超保证水位。

针对长江上游出现的3次编号洪水,三峡入库洪峰流量分别为56000m^3/s(7日2

时）、55500m^3/s（12日20时）和71200m^3/s（24日20时）。长江防总先后向三峡集团公司发布11次调度令，分别削峰28%、25%和38%，分别拦蓄洪量31亿m^3、24亿m^3和52亿m^3。降低荆江河段水位1.5～2.0m，城陵矶河段0.9～1.5m，九江河段0.3～0.9m，避免了长江中游尤其是城陵矶河段出现超保证水位，缩短了超警江段240多km，大大减轻了长江中下游河段的防洪压力。

4.3 2016年洪水调度

受超强厄尔尼诺事件影响，2016年主汛期长江流域降雨集中、强度大，暴雨洪水遭遇恶劣，长江中下游地区发生区域性大洪水，部分支流发生特大洪水。中下游干流监利以下江段全线超警戒水位，城陵矶以下江段和洞庭湖、鄱阳湖湖区主要站水位列有水文纪录以来第5～6位。

长江防总汛前调度流域水库群加快消落，提前腾空660亿m^3库容。主汛期，三峡水库出现1次50000m^3/s（7月1日14时）量级的入库洪水，其他时段来水较为平稳。7月上旬，长江中下游干流监利以下全线超警，6日城陵矶莲花塘水位涨至34.20m，逼近保证水位34.40m。为避免莲花塘站超过保证水位，同时缩短长江中下游超警时间，减轻防洪压力，根据预报，调度三峡水库于6、7日相继减小出库流量按25000m^3/s、20000m^3/s控制，直至15日三峡水库持续控制出库流量在20000m^3/s以下。同时，联合调度长江上中游30余座大型水库，共拦蓄洪水227亿m^3，分别降低荆江河段、城陵矶附近区、武汉以下河段水位0.8～1.7m、0.7～1.3m、0.2～0.4m，减少超警堤段长度250km，有效减轻了长江中游城陵矶河段和洞庭湖区防汛压力，避免了荆江河段超警和城陵矶地区分洪。

4.4 2017年洪水调度

2017年7月，长江上游来水基本平稳，洞庭湖水系发生特大洪水，长江中下游多条支流洪水并发，遭遇异常恶劣，洞庭湖水系来水集中，河湖水位涨势迅猛，洞庭湖七里山站水位超保证水位。

长江防总有序实施长江上中游水库群联合调度，安排金沙江梯级、雅砻江梯级水库同步拦蓄洪水，减少进入三峡水库的洪量，控制三峡水库水位上涨速率。紧急调度三峡水库，将出库流量由27300m^3/s减至历史同期罕见的8000m^3/s，同时指导五强溪、风滩、柘溪等水库适当拦蓄。长江上中游水库群合计拦蓄洪量102.4亿m^3，其中三峡拦蓄49.7亿m^3。成功实施了对城陵矶地区的补偿调度，降低洞庭湖区及长江干流城陵矶河段洪峰水位1.0～1.5m、武汉河段洪峰水位0.6～1.0m、九江至大通河段洪峰水位0.3～0.5m，确保了长江干流莲花塘站水位不超分洪水位，缩短洞庭湖七里山站超保时间6d左右，避免启用洞庭湖蓄滞洪区。

5 结论

10 年的调度实践表明，在国家防总、水利部的领导和三峡集团公司的支持配合下，三峡工程发挥了重要的防洪作用，取得了巨大的防洪减灾效益，三峡工程初步设计确定的防洪目标和任务得到有效贯彻落实，三峡工程不愧为长江流域防洪体系的关键骨干工程。

10 年的调度实践还表明，以三峡工程初步设计确定的防洪调度目标任务和原则及其调度方式为基础，为满足长江保护与治理的新要求，适应长江上游水库群运行后的新水沙系列，对三峡水库调度方式进行优化是必要的，以《三峡水库优化调度方案》《长江上中游水库群联合调度方案》等确定的三峡水库调度方式是合适的，可以作为三峡水库正常运行期调度依据的基础。

为了更好地支持和服务于长江经济带发展，以长江保护与治理为己任，进一步拓展三峡工程的效益是必要的。为此，需要我们继续共同努力，根据新时代、新要求和新任务，不断深化研究，不断优化三峡水库及其上中游水库群联合调度方案。

参考文献

[1]郑守仁.三峡工程与长江防洪体系[J].人民长江，2016，7.

[2]水利部长江水利委员会.长江三峡水利枢纽初步设计报告(枢纽工程)[R].1992.

[3]水利部.三峡水库优化调度方案[R].2009.

[4]郑守仁.三峡水库实施中小洪水调度风险分析及对策探讨[J].2015，46(5)：7-12.

[5]郑守仁.水库群防洪库容联合运用　科学调度是发挥防洪兴利综合效益的关键[EB/OL].(2018-05-23).Http：// www.cjw.gov.cn/hdpt/zjjd/jdsy/fxkh/32479.html.

[6]金兴平.长江上游水库群联合调度中的泥沙问题[J].人民长江，2018，49(3)：1-8.

[7]金兴平.长江上游水库群 2016 年洪水联合防洪调度研究[J].人民长江，2017，48(4)：22-27.

[8]郑守仁.三峡工程利用洪水资源与发挥综合效益问题探讨[J].人民长江，2013，44(5).

[9]魏山忠.2017 年长江 1 号洪水防御工作实践与启示[J].中国水利，2017(14)：1-5.

[10]周新春，杨文发.2010 年长江流域暴雨洪水初步分析[J].人民长江，2011，42(6)：6-10.

[11]邹红梅，陈新国.2010 年与 1998 年长江流域洪水对比分析[J].水利水电快报，2011，32(5)：15-17.

[12]沈浒英，匡奕煜，訾丽.2010 年长江暴雨洪水成因及与 1998 年洪水比较[J].人民长江，2011，42(6)：11-14.

[13]尹志杰，刘晓音，张海燕.长江流域“2012·07”暴雨洪水分析[J].水文，2014，34(5)：81-87.

[14]陈桂亚，冯宝飞，李鹏.长江流域水库群的联合调度有效缓解了中下游地区防洪压力[J].中国水利，2016(14)：7-9.

[15]王俊.2016年长江洪水特点与启示[J].人民长江，2017，48(4)：54-57.

[16]黄先龙，褚明华，左吉昌，等.“2016·7”长江中下游洪水防御工作及启示[J].中国防汛抗旱，2016，26(6)：76-80.

[17]张俊，陈力.2016年长江第1号洪水预报及调度影响分析[J].人民长江，2017，48(4)：13-15.

[18]陈敏.长江防洪工程体系建设及在2017年1号洪水中发挥的作用[J].中国水利，2017(14)：5-7.

三峡工程175m试验性蓄水运行十年枢纽运行管理及综合效益分析

张曙光①

(中国长江三峡集团有限公司,宜昌　443133)

摘　要:三峡工程是举世瞩目的特大型工程,凝结了无数人的心血和智慧,三峡工程的成功建成和运行,给社会带来了巨大的综合效益。自2008年三峡水库175m试验性蓄水以来,三峡枢纽运行管理体制机制逐步建立和完善,三峡水库优化调度管理水平不断提高,本文重点对三峡工程175m试验性蓄水运行十年防洪及水库调度、发电运行、船闸运行、枢纽建筑物安全监测等枢纽运行管理情况进行了介绍,并对工程的防洪、发电、航运、水资源利用等综合效益作了分析和总结。

关键词:三峡工程;175m试验性蓄水运行十年;枢纽运行;综合效益

2008年9月28日,三峡水库开始175m试验性蓄水,进入试验蓄水期。2010年10月26日,三峡水库首次蓄水至175m。2018年是三峡水库175m试验性蓄水的第11年,也是自2010年以来连续蓄满的第9年。这十年来,三峡水利枢纽运行管理体制机制逐步建立和完善,三峡水库优化调度管理水平不断提高,工程初步设计的综合效益得到了提升和进一步拓展。

1　枢纽运行管理体制

1.1　政府层面

1992年4月,全国人民代表大会通过兴建三峡工程的决议后,国家逐步建立完善了政府层面的管理体制。1993年1月,国务院成立国务院三峡工程建设委员会(以下简称三峡建委),作为三峡工程高层次的决策机构。

---

① 作者简介:张曙光,男,教授级高级工程师,主要从事流域梯级水利枢纽建设与运行管理。E-mail:zhang_shuguang@ctg.com.cn。

1.1.1 三峡水库管理

2004 年 4 月，国务院办公厅发文明确三峡水库管理体制。包括三峡水库综合管理与协调、水库调度、水环境管理、生态保护和建设、消落区土地使用管理、水库资源开发利用和管理、生态环境监测和科学研究、及时妥善处置突发事件等事项的管理要求。

其中，三峡水库的综合管理与协调实行“中央统一领导，国务院有关部门监督指导，湖北省、重庆市具体负责”的体制；三峡水库调度由国家防汛抗旱总指挥部、水利部、交通运输部、国家电力调度通信中心、中国长江三峡开发总公司(1993 年成立，2009 年更名为中国长江三峡集团公司，2017 年变更为中国长江三峡集团有限公司，以下简称三峡集团)，依据调度规程和相关规定、法律、法规，分别对三峡水利枢纽进行防洪、发电、航运调度和水上交通安全管理。目前，依据 2015 年 10 月水利部批准的三峡正常期调度规程，国家防汛抗旱总指挥部和长江防汛抗旱总指挥部负责防洪及水资源调度，国家电力调度控制中心负责发电调度，长江航务管理局和三峡通航管理局负责航运调度，三峡集团负责梯级枢纽的运行管理。

1.1.2 通航建筑物管理体制

2002 年 11 月，国务院办公厅发文明确三峡水利枢纽通航建筑物管理体制：由三峡集团负责对三峡枢纽工程实行统一管理；船闸(含待闸锚地)运行维护、检修、安全监测、上下游引航道以及连接段的疏浚等工作由三峡集团负责，三峡通航管理局负责组建三峡船闸管理队伍，三峡集团委托其承担船闸(含待闸锚地)的日常运行维护。

1.1.3 枢纽安全保卫管理

2013 年 9 月，国务院发布《长江三峡水利枢纽安全保卫条例》，明确国家统一领导三峡枢纽安全保卫工作，国务院公安、交通运输、水行政等部门和三峡枢纽运行管理单位依照职责分工负责三峡枢纽安全保卫有关工作，湖北省人民政府、宜昌市人民政府对三峡枢纽安全保卫工作实行属地管理。

1.2 企业层面

1993 年 7 月，三峡集团成立，依据国家授权全面负责三峡工程建设和运营。2002 年，国家授权三峡集团负责金沙江下游梯级电站开发，建设和运营对象从三峡—葛洲坝拓展至金沙江下游梯级电站。2015 年底，湖北能源并入三峡集团，在长江干支流的水电运行管理对象由 6 座进一步拓展至 9 座。在精心组织工程建设的同时，三峡集团内部适时开展枢纽运行管理筹备，逐步建立和完善了枢纽运行管理组织机构。

1996 年 1 月，三峡集团启动枢纽运行管理筹备工作，成立电力生产组，负责三峡电厂运行管理的规划及生产准备，负责三峡库区及下游水文、气象、泥沙有关事宜的管理。

1998 年 4 月，撤销电力生产组，成立电力生产部。

2000 年 2 月,成立三峡电厂筹建处、梯调中心筹建处,归口电力生产部。

2003 年 2 月,撤销电力生产部,成立枢纽管理部,总体负责三峡枢纽及葛洲坝枢纽工程的运行管理,参与水库调度决策、协调有关行业关系,负责三峡水库泥沙监测研究、地质地震监测管理。

2007 年 5 月,将工程建设部、枢纽管理部合并,成立三峡枢纽建设运行管理局,全面负责三峡工程的建设运行管理,实现了建管结合。

2016 年,成立流域枢纽运行管理局,与三峡枢纽建设运行管理局合署办公,负责长江流域梯级枢纽运行管理,实现了枢纽运行从管理单座枢纽向管理流域枢纽拓展。

同时,逐步建立和完善了电力生产管理组织机构:2002 年 4 月,成立三峡梯调中心;2002 年 9 月,成立中国长江电力股份有限公司,三峡梯调中心、三峡电厂为其下属单位;2002 年 10 月,成立三峡水力发电厂。

2 防洪及水库调度管理

2003 年三峡水库蓄水运用以来,水库运行环境较初步设计发生了较大变化。如何在新的运行条件下,实现并提升三峡工程的综合效益是调度管理需要解决的问题。通过对运行条件的分析,三峡集团和水利部组织国内科研院所和高校开展了三峡水库优化调度研究,并通过建立综合沟通协调机制,将优化调度研究成果应用于调度实践,逐步形成了“技术先行、沟通协调、运行实践、总结完善”的三峡水库优化调度管理模式。在该模式下,采取了汛期水位浮动、中小洪水调度、提前蓄水、泥沙减淤调度、生态调度等优化调度措施,使三峡工程初步设计的综合效益得到了提升和进一步拓展。随着金沙江下游梯级电站建成投运,三峡水库优化调度管理模式将由单库向以三峡为核心的流域水库群联合优化调度管理进一步拓展。

2.1 初步设计调度方式

三峡工程建设工期长达 17 年,为使工程在建设期发挥效益,采取“一级开发、一次建成、分期蓄水、连续移民”的建设方案。按照初步设计安排,2003 年蓄水至 135m,进入围堰发电期;2007 年蓄水位升至 156m,进入初期运行期;蓄水位从 156m 升至 175m 正常蓄水位的时间,根据移民安置情况、库尾泥沙淤积实际观测成果以及重庆港泥沙淤积影响处理方面等相机确定,初步设计暂定为 6 年。水库蓄水至 175m 后,为实现初步设计的综合效益,并考虑水库排沙需要,拟定的调度方式为[1]:汛期 6 月中旬至 9 月底水库按汛限水位 145m 运用,在发生较大洪水需要对下游防洪调度运用期间,因拦蓄洪水允许库水位超过 145m,洪水过后须复降至 145m 水位;水库采取“蓄清排浑”的调度原则,为有利于走沙,汛末 10 月初开始蓄水,蓄水期间最小下泄流量不低于通航保证水位(庙嘴站 39m)和保证出力对应的发电流量，库水位于10月底或11月初逐步上升至175m水位；11月至12月，一般维持高水位运行。枯水期1—4月根据发电、航运需求，库水位逐步消落，其间最小下泄流量不低于通航保证水位(庙嘴站39m)，5月底消落至155m；为满足防洪需要，汛前6月上旬末库水位降至145m。

2.2 蓄水以来运行条件的变化

2.2.1 长江上游水库群陆续建成投运

20世纪90年代以来，长江上游陆续建成了一大批水库群。这些水库群的建成投运改变了三峡年内径流分配，主要表现在消落期增加三峡入库径流，汛期和蓄水期则减少，同时也起到了重要的拦沙作用。2012年以来，考虑工程规模、防洪能力、调节库容、控制作用、运行情况等因素，国家防总逐步将长江流域已建水库群纳入联合调度范围。2018年，三峡以上纳入联合调度范围的水库包括金沙江中游梨园、阿海、金安桥、龙开口、鲁地拉、观音岩，金沙江下游溪洛渡、向家坝，雅砻江锦屏一级、二滩，岷江紫坪铺、瀑布沟水库，嘉陵江碧口、宝珠寺、亭子口、草街，乌江构皮滩、思林、沙沱、彭水等20座。20座水库群总库容647亿m^3，调节库容294亿m^3，防洪库容137亿m^3。以上20座水库群8—10月，减少三峡水量分别为46亿m^3、79亿m^3、15亿m^3。除了以上20座水库群，目前三峡以上在建的大型水库群主要有金沙江下游乌东德、白鹤滩，雅砻江两河口和岷江双江口，规划预留防洪库容130亿m^3左右。

2.2.2 三峡来水来沙总体呈减少趋势

2003—2017年，三峡水库年平均来水4000亿m^3，较初步设计多年均值减少了510亿m^3，偏少11.3%，见表1。从年内分配看，受上游水库蓄放水等影响，三峡水库蓄水以来1—4月来水偏多，5—11月偏少1成以上，12月略偏少。其中，8月、10月分别偏少20.5%和24.5%，相应减少水量155亿m^3、130亿m^3。

受水利工程拦沙、降雨时空分布变化、水土保持、河道采砂等因素的综合影响，2003—2017年，三峡年均入库沙量1.55亿t，仅为初步设计论证值(采用长江干流寸滩站+乌江武隆站资料，年均5.09亿t)的约30%。尤其在向家坝、溪洛渡投产运行后，金沙江进入三峡水库的泥沙量大幅减少，2013—2017年三峡水库入库沙量仅为0.58亿t，较初步设计阶段论证值减少90%左右。

2.2.3 预报水平有了较大提高

初步设计调度方式以历史水文径流资料为基础，通过水能计算得到水库调度图，没有考虑预报因素。2002年以来，三峡集团开始陆续在金沙江中游石鼓至下游大通区间，自建或共享水雨情遥测站网，并委托地方水文部门对重要站点的水雨情信息进行补充，形成了较为完善的水雨情自动测报系统。以可靠的水雨情自动测报系统为基础，采用具

有一定精度水平的水文气象预报模型软件，三峡水库短、中、长期入库流量预报水平有了显著提高。2003—2017年，三峡水库入库流量预见期1～3天的预报精度达到了93%以上，4～7天流量预报精度达到了87%以上，为三峡水库实时优化调度创造了有利条件。

表1　三峡建库以来来水与初步设计比较　(单位：m^3/s)

系列	1	2	3	4	5	6	7	8	9	10	11	12	年均水量(亿m^3)
建库系列(2003—2017年)	5060	4610	5450	7510	10700	16800	26600	22400	22600	14900	9120	5930	4000
初设系列(1877—1990年)	4350	4000	4500	6720	12000	18600	30000	28200	26600	19800	10700	6030	4510
比较(%)	16.2	15.3	21.2	11.7	−11.2	−9.9	−11.5	−20.5	−14.9	−24.5	−14.7	−1.7	−11.3

2.2.4　各方面对水库调度提出了更高的需求

(1)防洪需求

三峡水库初步设计主要针对入库流量55000m^3/s以上的洪水，对荆江河段实施防洪补偿调度。2009年，为兼顾减轻城陵矶附近地区的防洪压力，国务院批准的《三峡水库优化调度方案》明确提出了利用155m以下库容对城陵矶进行补偿的防洪调度方式。相比较荆江防洪补偿调度方式，城陵矶调度方式提高了三峡水库对一般洪水(入库流量55000m^3/s以下)的防洪作用。除了这两种防洪补偿调度方式，随着长江中下游社会经济的发展，长江中下游尤其是荆南四河迫切希望三峡水库在有条件的情况下尽量拦蓄洪水，以减轻中下游干支流的防洪压力，为经济社会的发展提供安澜的环境。

(2)发电需求

三峡水电站总装机容量2250万kW，多年平均发电量882亿kW·h，巨大的发电效益可为我国国民经济和长江经济带发展提供基础保障。除了直接发电效益外，三峡电站可以产生替代火电的巨大环境效益，大大节约了一次能源消耗，极大地减少了碳、硫化物气体的排放，促进了我国能源结构改革。同时，三峡水电站发电调度不仅关系到电网安全稳定运行，也关系到华中、华东以及南方各电网电力电量平衡。因此，应在满足防洪要求的前提下，尽可能维持高水位运行以提高发电效益，并充分考虑电网运行在不同时期电力电量平衡的特点，提高发电调度的灵活性。

(3)航运需求

三峡船闸通航条件为入库流量小于56700m^3/s且下泄流量小于45000m^3/s，三峡—葛洲坝两坝间船舶则在三峡水库下泄流量25000～45000m^3/s区间实施限制性通航。为保障航运安全并提高航运效益，总体上汛期要求减小下泄流量；枯水期要求增加下泄流量，提高通航水深。目前，枯水期以满足葛洲坝下游庙嘴水位39m为标准进行航运补偿，同时库水位要尽可能维持高水位运行，以进一步渠化库区航道里程。此外，水位和下泄流量还应平稳变化，以兼顾航运安全。

(4)水资源利用需求

三峡水库作为我国重要的淡水资源库，汛期在保障防洪安全的前提下，应充分利用洪水资源，以适应洪水资源化管理转变的需求；枯水期则应利用水库的调节库容，满足正常向下游补水的需求，以及压咸潮等应急补水需求，而蓄水期蓄满水库是满足枯水期水资源利用需求的保障。

(5)泥沙减淤需求

三峡水库蓄水以来年均淤积泥沙 1.15 亿 t，仅为论证阶段的 35%，其中变动回水区总体以冲刷为主，水库泥沙淤积情况好于初步设计预期。为使水库更长时间保持有效库容、避免局部泥沙淤积可能引起的碍航等问题，需要在掌握泥沙冲淤规律的基础上，进一步研究减少库区泥沙淤积以及有利于中下游河道正常发育的水库调度方式，以优化泥沙淤积分布，减少水库总淤积量，尽量多排沙。

(6)生态环保等需求

为了减轻或弥补三峡工程对长江水生生物的不利影响，1992 年国家环境保护局正式批准的《长江三峡水利枢纽环境影响报告书》就提出了运用水库调度产生人造洪峰，促使家鱼繁殖、鱼类产卵场的保护等鱼类繁殖环境的保障措施。2011 年以来，综合考虑水温及来水条件，通过调节水库下泄流量，人工创造了有利于“四大家鱼”繁殖所需的水流条件。

此外，为有利于库岸稳定，地灾方面也对三峡水库调度提出了水位变幅控制指标。如三峡地质灾害防治办公室根据《三峡库区三期地质灾害防治工程设计技术要求》，提出三峡库区已治理和未治理库岸对蓄水最大速率要求不超过 3m/d；水位下降速率要求汛期不超过 2m/d，枯水期为 0.6m/d。

2.3 三峡水库单库优化调度

2003 年 6 月，三峡水库蓄水至 135m。分期蓄水过程中，为了使工程在围堰发电期发挥更大的综合效益，三峡水库于 2003 年 11 月蓄水至 139m。2006 年 10 月，通过加快工程建设、移民、地质灾害治理进度，三峡水库较初步设计提前 1 年蓄水至 156m，进入初期运行期。水库蓄水至 156m 以后，为进一步检验工程蓄水对重庆河段泥沙冲淤的影响，以及验证初步设计对泥沙问题的结论，尽早发挥工程最终规模的综合效益，在对蓄水至 175m 的工程建设、泥沙观测、移民迁建、地灾治理、环境保护等各方面进行全面分析、充分论证的基础上，经三峡建委批准，三峡水库于 2008 年 9 月 28 日，按照“安全、科学、稳妥、渐进”的原则，以试验性蓄水的方式开始 175m 蓄水。

三峡水库 175m 试验性蓄水以后，针对水库运行条件的变化，以三峡水库优化调度一

系列研究成果为基础[2]，三峡水库实施了汛期水位浮动、中小洪水调度、汛末提前蓄水、泥沙减淤和生态调度等优化调度措施，提升了三峡工程的防洪、发电、航运效益，拓展了水资源利用、泥沙减淤和生态等效益。

2.3.1 汛期水位变幅

汛期在不需要防洪运用时，水库一般情况下维持汛限水位145m运行。实际调度中，考虑泄水设施的启闭时效、水情预报误差及电站日调节需要，库水位难以稳定维持在汛限水位。因此，不同时期的调度规程允许汛限水位在一定范围内变动，增加了调度的灵活性。其中，初期运行期规程中汛期水位浮动范围为以下0.1m和以上1.0m(144.9～146m)。

随着预报水平的提高，为进一步提高水库调度的灵活性，改善机组出力受阻问题，并利用部分洪水资源，研究提出了在上下游来水不大、下游防洪主要控制站水位较低时，采取预报预泄的方式进一步提高汛期水位上浮空间。当预报将发生较大洪水、需要三峡水库拦洪之前，库水位及时预泄至汛限水位，预泄流量不使下游主要控制站沙市、城陵矶站水位超设防水位，不改变下游的防洪态势。

2009年国务院批复的《三峡水库优化调度方案》，考虑1天的预见期，首次提出了三峡水库汛期水位可最高上浮至146.5m。上浮条件为：沙市水位在41.0m以下、城陵矶站水位在30.5m以下，且三峡水库来水流量小于25000m^3/s。2012年随着三峡水电站34台机组全部投运，机组满发流量由过去的25000m^3/s提高至30000m^3/s左右。为此，2015年水利部批准的《三峡(正常运行期)—葛洲坝水利枢纽梯级调度规程》，进一步将运用的流量条件提高至30000m^3/s。2009年汛期以来，三峡水库均按汛期水位最高上浮至146.5m控制。在一定程度上改善了机组出力受阻情况，优化了机组运行工况，提高了发电效益，同时利用了部分洪水资源。随着预报水平的进一步提高和上游大型水库群联合调度，汛期水位浮动的灵活性还可进一步提高[3]。

2.3.2 城陵矶补偿调度

初步设计审查结论意见中，三峡工程主要采用对荆江河段防洪补偿的调度方式，并指出要继续研究城陵矶补偿调度方式。

三峡大坝下游至城陵矶区间面积约30万km^2。由洞庭湖水系以及由松滋、太平、藕池荆江三口分流入洞庭湖的洪水经洞庭湖调蓄后均由城陵矶汇入长江，加上下荆江的来水，往往在城陵矶附近形成巨大洪峰。三峡工程建成后，遇1954年洪水，长江中下游超额洪量约400亿m^3，其中城陵矶附近的分洪量就达305亿m^3。考虑蓄滞洪区运用较为困难，分洪的代价很大，三峡工程建成后城陵矶附近地区的防洪形势仍然严峻。试验蓄水期，研究在保证荆江地区百年一遇防洪标准和不影响库区淹没的前提下，提出了利用155m以下库容为城陵矶防洪补偿的调度方式。溪洛渡、向家坝投运后，进一步研究了溪洛渡、向家坝配合下，三峡对城陵矶补偿控制水位进一步提高的问题[6]。经研究，在不影响上下游防洪安全的前提下，三峡水库在溪洛渡、向家坝配合下，对城陵矶补偿水位在155m的基础上可进一步提高至158m。

2016年和2017年汛期，三峡水库即针对长江中下游型洪水(三峡水库最大洪峰流量分别为50000和38000m^3/s)实施了典型的城陵矶调度，对避免城陵矶地区分洪发挥了关键性作用，最高蓄洪水位分别为158.5m和157.1m。

2.3.3 中小洪水调度

按照初步设计的防洪调度方式，一般情况下三峡水库对55000m^3/s以下的洪水不拦蓄。实际调度过程中，防洪、航运、水资源利用等方面对三峡水库防洪调度提出了更高的需求：一是若对55000m^3/s以下的中小洪水一概不拦蓄，可能会出现长江中下游干、支流地区防洪压力和防汛成本过大，而上游水库群防洪库容使用率不高、洪水资源利用不充分的问题；二是汛期大洪水期间，三峡一葛洲坝两坝间船舶实行分级流量通行，长时间大流量会出现船舶尤其是中小船舶滞留的情况，造成社会问题；三是当汛期三峡水库下游突发公共事件，三峡水库也有必要及时控制水库的蓄泄进行应急调度。因此，三峡水库实施中小洪水调度是一个现实需求，尤其对发挥社会效益有益[4,5]。

在大量研究和实践的基础上，研究提出了中小洪水调度的原则：当长江上游发生中小洪水，根据实时雨水情和预测预报，三峡水库尚不需要对荆江或城陵矶河段实施防洪补偿调度，且有充分把握保障防洪安全时，三峡水库可相机实施中小洪水调度。2009年汛期以来，三峡水库对中小洪水的拦蓄次数达到了38次，占总蓄洪次数的84.4%，蓄洪量1035亿m^3，占总蓄洪量的72%，有效减轻了长江中下游的防洪压力。

2.3.4 提前蓄水调度

三峡水库蓄水以来，10月份多年平均水量较初设系列减少了约130亿m^3。而经济社会的发展又对蓄水期间下泄流量提出了更高的需求。若仍按初步设计的蓄水方式，一方面水库蓄满率低，次年枯水期长江中下游水资源安全将难以保障；另一方面也难以兼顾蓄水期间中下游的供水需求(表2)。

基于9月洪水特性与7、8月份的差异，2009年以来，三峡水库将10月蓄水任务调整一部分到9月汛末完成。具体措施为开始蓄水时间提前、通过汛期防洪运用与汛末蓄水相结合抬高起蓄水位、抬高9月底蓄水位，同时增加10月最小下泄流量的蓄水优化调度方式。其中，2009年《三峡水库优化调度方案》提出的蓄水时间是9月15日，起蓄水位为145m，9月底水位为156～158m，9月最小下泄流量为8000～10000m^3/s，10月上、中、下旬分别为8000m^3/s、7000m^3/s和6500m^3/s。2009年，由于来水偏枯，水库仅蓄水至171.43m。2010年以后，通过进一步协调水库蓄水与下游用水需求，蓄水调度方式持续优化。三峡正常运行期规程和国家防总批复的年度蓄水方案进一步将水库蓄水时间提前至9月10日，起蓄水位按150～155m控制，9月30日蓄水位按162～165m控制。9月份蓄水期间，三峡水库下泄流量不小于10000m^3/s；10月下泄流量不小于8000m^3/s。

2010年,三峡水库首次实现175m蓄水目标。至2018年,三峡水库已连续9年蓄满。

表2　　三峡水库175m试验性蓄水情况

年份	起蓄时间	起蓄水位(m)	9月底水位(m)	蓄满时间	9月平均下泄流量(m^3/s)	10月平均下泄流量(m^3/s)
2008	9月28日	145.27	150.23	最高172.80	25800	11600
2009	9月15日	145.87	157.50	最高171.43	16800	8500
2010	9月10日	160.20	162.84	10月26日	21600	9950
2011	9月10日	152.24	166.16	10月30日	12600	8200
2012	9月10日	158.92	169.40	10月30日	20500	14400
2013	9月10日	156.69	167.02	11月11日	14300	7990
2014	9月15日	164.63	168.58	10月31日	29400	13900
2015	9月10日	156.01	166.41	10月28日	19800	13000
2016	9月10日	145.96	161.97	11月1日	10900	9350
2017	9月10日	153.50	166.79	10月21日	18300	19800
2018	9月10日	152.63	165.93	10月31日	15300	14900

2.3.5　泥沙减淤调度

175m试验性蓄水期,三峡水库实施了防洪和蓄水优化调度,6—9月水库平均运行水位较初步设计有所抬高,与不优化相比增加了水库泥沙淤积。但由于入库泥沙减少,即使在实施优化调度措施以后,三峡水库泥沙淤积量仍大幅小于论证阶段的预测值,仅为预测值的40%。为进一步协调解决三峡水库优化调度与泥沙淤积的关系,在研究水库调度与泥沙冲淤响应关系的基础上,结合水文和泥沙预测预报,实施了泥沙减淤调度[7],建立了高含沙量时"排浑",低含沙量时拦蓄洪水的新"蓄清排浑"模式。

消落期库尾减淤调度:三峡水库试验性蓄水后,重庆主城区的主要走沙期从当年的9—10月份逐步过渡到次年的4—6月。为提高重庆主城区河段乃至整个变动回水区的走沙能力,避免库尾重庆港产生局部碍航淤积,2012年、2013年和2015年消落期,三峡水库在水文条件满足时,实施了库尾减淤调度试验,即当三峡库水位为160~162m、寸滩流量为5000~7000m^3/s时,通过持续降低水位尽量将变动回水区泥沙拉到常年回水区。实测资料表明,2012年、2013年和2015年,库尾大渡河至涪陵(含嘉陵江井口至朝天门)分别冲刷泥沙241.1万m^3、441.3万m^3和199.1万m^3。其中,重庆主城区河段泥沙冲刷量分别为101.1万m^3、33.3万m^3和70.1万m^3,减淤效果较好(表3)。

表3　　三峡水库库尾减淤调度情况

年份	调度时间(月.日至月.日)	水位变化(m)	日降幅(m)	寸滩平均流量(m^3/s)	冲刷量(万m^3)	
					重庆主城区	铜锣峡—涪陵
2012	5.7至5.18	161.97~156.76	0.43	6850	101.1	140
2013	5.13至5.20	160.17~155.74	0.59	6210	33.3	408
2015	5.4至5.13	160.4~155.65	0.48	6320	70.1	129

汛期沙峰排沙调度：2012—2013 年汛期，利用沙峰滞后于洪峰 3～7 天的特点，基于洪峰、沙峰预报，实施了沙峰排沙调度。即在洪峰过坝时，拦蓄部分洪水，沙峰到达坝前时，加大下泄流量以加大排沙量，达到减少水库泥沙淤积的目的。2012 年 7 月，通过实施 2 次沙峰调度试验，在坝前平均水位高于 2008—2011 年同期的情况下，水库排沙比仍达到了 28%，高于前几年同期水平。2013 年 7 月，三峡水库再次实施沙峰调度试验，水库排沙比为 27%，有效减少了水库泥沙淤积（表 4）。

表 4　7 月三峡入、出库沙量及排沙比与同期对比

时间（年.月）	入库沙量（万 t）	出库沙量（万 t）	水库淤积（万 t）	坝前平均水位（m）	水库排沙比（%）
2009.7	5540	720	4820	145.86	13
2010.7	11370	1930	9440	151.03	17
2011.7	3500	260	3240	146.25	7
2012.7	10833	3024	7809	155.26	28
2013.7	10313	2812	7501	150.08	27

2.3.6　生态调度

青鱼、草鱼、鲢鱼、鳙鱼（简称“四大家鱼”）作为长江中下游江湖复合生态系统的典型物种，是衡量长江水生态系统健康的重要指标。四大家鱼产卵场一般位于急流弯道、江面狭窄、江心有沙洲的江段，自然繁殖期为 4—7 月，当水温达到 18℃后（最适宜的繁殖水温为 21～24℃），遇水位上涨、流量增大、流速增加，将刺激家鱼产卵，产卵规模与涨水过程的流量增加量和持续时间有关（表 5）。

表 5　三峡水库历年生态调度情况

年份	调度期间（月.日至月.日）	调度前一日日均下泄流量（m^3/s）	流量涨幅均值（m^3/s）	宜都（亿粒）
2011	6.16 至 6.19	12000	1650	0.25
2012	5.25 至 5.31	18300	590	0.11
	6.20 至 6.27	12600	750	
2013	5.7 至 5.14	6230	1130	0
2014	6.4 至 6.6	14600	1370	0.47
2015	6.7 至 6.10	6530	3140	3.6
	6.25 至 7.2	14800	1930	2.1
2016	6.8 至 6.12	14600	2065	1.1
2017	5.20 至 5.25	11250	1340	0.8
	6.5 至 6.10	11450	1220	10
2018	5.19 至 5.25	14100	1759	6
	6.17 至 6.25	10900	1145	7.3

2011 年以来,三峡水库通过调节下泄流量,创造了适合“四大家鱼”繁殖所需的水文、水力学条件。即当宜昌站水温达到 18℃以上时,根据流量预报调度三峡水库下泄流量维持 3 天以上的上涨过程。2011—2018 年,三峡水库连续 8 年开展了 12 次生态调度试验,并且每年安排了“四大家鱼”产卵同步监测。监测结果表明促进“四大家鱼”繁殖效果明显,拓展了三峡水库生态效益。2011—2018 年生态调度期间宜都江段“四大家鱼”繁殖总量为 31.8 亿粒,沙市江段四大家鱼繁殖总量为 9.3 亿粒。其中,2017 年,三峡生态调度经验进一步拓展应用至溪洛渡、向家坝,为长江流域促进鱼类繁殖的生态调度提供了重要借鉴。

2.3.7 应急调度

三峡水库蓄水至 175m 后,兴利调节库容达到 165 亿 m^3,巨大的淡水资源库为枯水期长江中下游水资源安全提供了保障。2010 年以来,枯水期 1—4 月日均下泄流量不小于 6000m^3/s,较初步设计的 5500m^3/s 有所提高。除正常年份向长江中下游正常补水外,受极端天气或事件影响,三峡水库实施了抗旱补水、压咸潮、救援等应急调度。

2.4 水库群联合优化调度

2013 年、2014 年,金沙江下游向家坝、溪洛渡水库相继实现正常蓄水位目标,可正常发挥发电、防洪、抗旱、供水、航运等各项功能。至此,三峡集团已投运的水库群由三峡—葛洲坝梯级扩展为溪洛渡—向家坝—三峡—葛洲坝四库。2015 年底,湖北能源并入三峡集团后,形成了溪洛渡—向家坝—三峡—葛洲坝—水布垭—隔河岩—高坝洲七库联合调度的格局。面对新的水库群格局,以及多方面对水库群联合调度的需求,三峡集团组织开展了以溪洛渡、向家坝、三峡、葛洲坝以及清江梯级为对象的水库群联合调度研究与实践,同时理顺了内部联合调度管理关系,取得了良好效果。2014 年汛期,三峡集团首次编制溪洛渡、向家坝、三峡、葛洲坝四库度汛方案,2016 年进一步拓展至清江梯级。2016 年,三峡集团首次编制溪洛渡、向家坝、三峡联合蓄水方案。2017 年,首次编制和组织实施溪洛渡、向家坝、三峡水库联合生态调度,逐步实现了已投运水库的联合调度管理。

2.4.1 联合防洪调度

溪洛渡、向家坝合计防洪库容 55.5 亿 m^3,单独或配合三峡可对川渝河段及长江中下游防洪发挥重要作用。当长江中下游发生洪水,溪洛渡、向家坝水库在留足川渝河段所需防洪库容的前提下,可配合三峡水库承担长江中下游防洪任务。从目前已有的研究成果来看,实施三库联合调度后,最大的防洪效益就是提高对城陵矶防洪补偿库容。溪洛渡、向家坝配合三峡水库防洪运用,对城陵矶补偿水位可从单库调度的 155m 提高至 158m。2016 年和 2017 年汛期,典型的城陵矶补偿调度即是溪洛渡、向家坝、三峡水库联合防洪调度的成果。

2.4.2 联合蓄水调度

溪洛渡、向家坝、三峡水库汛后蓄水时间安排较为接近,9月集中蓄水量大。为合理安排三库蓄水,避免争水的不利局面,经研究,目前溪洛渡安排在9月初开始蓄水,向家坝9月上旬开始蓄水,三峡水库9月10日开始蓄水。同时,在蓄水过程中通过三库联合调度,减少了三峡库尾淹没的风险,合理利用了水资源。近几年,三库均完成了蓄水目标。尤其是2016年,蓄水过程中统筹兼顾水库蓄水与下游供水、上游防洪需求,在面临严峻的蓄水形势下,最大限度地减少了水库蓄水对下游的影响,圆满完成三库蓄水目标,为保障枯水期水资源和生态安全提供了保障。

2.4.3 联合消落调度

三库蓄满水库后,次年需合理安排消落进程,对长江中下游进行补水。联合消落次序为三峡水库优先消落,上游水库后消落,并视来水情况动态调整。近两年,由于上游溪洛渡、向家坝及其他水库的同步消落,三峡枯期来水有所加大,对下游补水标准在现有的$6000m^3/s$基础上可进一步增加,达到$7000m^3/s$左右,有助于更好地满足枯水期长江中下游的生产生活和生态用水。2017年和2018年消落期间,在有条件的情况下,适时组织了溪洛渡、向家坝、三峡水库联合生态调度。

3 发电运行管理

3.1 三峡电站情况介绍

三峡电站总装机容量2250万kW,多年平均发电量882亿kW·h,是我国西电东送和南北互供的骨干电源点,为华中、华东和南方等十省市(包括湖北、湖南、河南、江西、上海、江苏、浙江、安徽、广东、重庆等)的经济发展提供优质的清洁能源,在电网调峰稳定中发挥着重要作用。

三峡电站32台70万kW水轮发电机组中,左岸电站14台机组的设计制造以国外企业为主,国内企业参与联合设计、合作制造,国产化率达50%;右岸电站12台机组以国内企业为主设计制造,有8台是拥有自主知识产权的国产化机组;地下电站6台机组全部在国内设计制造,其中4台是拥有完全自主知识产权的国产化机组。三峡右岸电站机组总体性能优于左岸电站机组。国产三峡机组设计制造水平达到了国际同等水平,并在巨型水轮发电机组水力设计、电磁设计、冷却方式等关键技术方面取得突破。

3.2 三峡电站运行

三峡工程的运行管理,必须发挥好防洪功能,保障长江中下游1500万人民群众生命财产的安全,同时也要为社会提供优质清洁的电能、为国家电力系统和三峡通航的安全

运行提供保障。为运行好、管理好三峡电站,三峡集团确立了以“管理先进、指标领先、环境友好、运行和谐”为基本特征的国际一流水电厂管理目标,着力培育“精益、和谐、安全、卓越”的价值观,不断强化安全管理、技术管理、设备管理,建立并不断完善以诊断运行、状态检修为核心的精益生产管理方式,打造管理大型电站和巨型水轮发电机组的核心能力,努力将三峡电站建设成为本质安全型、资源节约型、环境友好型与智能化的“三型一化”电站,致力于成为世界水电运行管理的引领者。

三峡电站机组发电水头随着蓄水位的抬升逐步增加,自 2006 年水库蓄至 156m,三峡单机出力实现了 70 万 kW 的设计要求。2010 年汛期,三峡电站实现设计 28 台(含电源电站 2 台)机组 1830 万 kW 安全满发约 1233 小时;地下电站投产后,三峡全厂 34 台机组(含电源电站 2 台)于 2012 年 7 月全厂出力首次达到 2250 万 kW,累计满发 711 小时。2013 年是三峡电站机组全部投运的第二年,7 月三峡电站 34 台机组(含电源电站 2 台)第二次实现全部开机并网运行;同月实现 2250 万 kW 满发运行,汛期累计满出力运行 62 小时。2014 年三峡电站第三次实现 2250 万 kW 满发运行,汛期累计满出力运行 706 小时,全年发电量达到 988 亿 kW·h 时。截至 2018 年 10 月,三峡电站历年累计发电 11787 亿 kW·h,实现连续安全生产 4459 天,创国内 70 万 kW 水轮发电机组电站连续安全运行天数的新纪录。

三峡电站机组自投产以来,在额定水头时能够达到额定出力,在高水头时具有一定的超负荷能力,机组效率满足合同要求;机组运行噪声、定子、转子温度均处于设计允许范围以内;组合轴承和水导轴承温升符合规范要求;调速器特性、励磁系统特性均能达到设计要求;机组运行平稳,机组振动、摆度正常。机组运行稳定性、可靠性、安全性满足规范和设计要求。

4 船闸运行管理

4.1 三峡船闸运行

4.1.1 通航情况

三峡船闸为双线连续五级船闸,是世界上规模最大和水头最高的内河船闸。三峡船闸沿航线方向从上游引航道口门至下游引航道口门总长 6442m,其中主体段长 1621m、上游引航道长 2113m、下游引航道长 2708m,设计总水头为 113m,可通过万吨级船队,设计水平年 2030 年下水运量为 5000 万 t。正常情况下,三峡船闸采取单向连续过闸的运行方式,一线上行、一线下行,当一线船闸检修时,另一线采用单向连续过闸、定时换向的方式运行。

自 2003 年 6 月 18 日向社会船舶开放以来,截至 2017 年底,三峡船闸已连续 14 年实现了“安全、高效、畅通”的通航目标，促进了长江航运和沿江经济的快速协调发展。2011年过闸货运量首次突破1亿t，自2016年以来三峡船闸双向过闸货运量连续两年超过5000万t的设计指标，2017年三峡船闸年货运量达1.297亿t，第5次突破亿吨且再创历史新高，其中上行运量达7316万吨。日均运行闸次数从通航初期的最高20个提高到当前的35个闸次，年平均通航率达到94.4%。其中，2008—2012年试验性蓄水期间的年均通航率为96.25%，高于84.13%的设计指标，相当于每年多运行了900多小时。

4.1.2 运行管理情况

三峡集团通过加强设备设施的运行维护管理、检修、更新改造，有力促进了长江“黄金水道”航运效益的发挥。运行14年来，三峡集团充分发挥其技术管理、安全管理、枢纽工程综合运用、人力资源和坝区综合管理等方面的优势，加强三峡船闸的运行管理、检修、更新改造，实施科技和管理创新，制订了国内首部大型船闸运行与管理手册，采取了多种技术创新和管理手段，研制和完善了大量快速检修工装、快速修补材料和工艺，创造性地提出了“大修小修化、小修日常化”的检修指导思想，仅用20天时间就完成五级船闸的岁修，突破了大型船闸检修的传统模式，提高了船闸的检修效率和通航保证率。采取多种措施，先后采取了156m水位下船闸四级运行、过闸船舶一闸室待闸以及增设上下游待闸趸船等提高船闸通过能力的措施，船闸运行效率和通过能力不断提高。

4.2 升船机运行

4.2.1 通航情况

三峡升船机是三峡枢纽工程的永久通航设施之一，三峡升船机设计过船规模为排水量3000t，船厢及其设备(含水)总质量约15500t，船厢有效水域120m×18m×3.5m(长×宽×水深)，最大提升高度113m，上游通航水位变幅30m，下游通航水位变幅11.8m，升船机运行设计下游水位变率条件为±0.50m/h。具有提升高度大、提升重量大、上游通航水位变幅大和下游水位变化速率快的特点，是目前世界上技术难度和规模最大的升船机。

2016年5月13日，三峡升船机通过试通航前验收。

2016年7月15—22日，完成了试通航前必要的实船试航，具备试通航条件。

2016年9月18日，进入试通航。目前，三峡升船机已通过正式通航前技术预验收，具备正式通航条件。

4.2.2 运行管理情况

自2016年9月18号试通航以来，截止到2018年10月，三峡升船机累计安全运行9834厢次，其中有载运行6203厢次，通过各类船舶6238艘次，通过旅客18.6万人次，过机船舶货运量184.3万t。

三峡升船机作为世界上技术难度和规模最大的升船机，运行管理的难度大，可供借鉴的经验少。三峡集团以创一流管理为目标，发挥建管结合优势，大力实施科技和管理创新，积极实施升船机的完善达标工作，在行业主管部门的密切配合、共同努力下，通过试运行过程中设备的磨合和集中完善，设备设施运行正常，通过流程优化，设备设施运行时间逐渐减少，接近或达到设计时间。三峡升船机由试通航初期只白天运行转为24小时通航运行，通过船舶船型逐渐增多，由试通航初期单日运行10个厢次到目前的34个厢次，过机时间不断接近或达到设计运行时间。随着时间的推进，船员对过升船机的流程逐渐熟悉，通过升船机的船舶将还会增加，升船机将充分发挥其作为重点物资快速通道的作用，与双线五级船闸联合运行，加大枢纽的航运通过能力和保障枢纽通航的质量。

5 枢纽建筑物安全监测管理

自三峡工程建设之初，三峡集团即依托主体工程设计单位组建了一支具备专业背景的专业化管理与监理队伍，并建立了三峡枢纽工程安全监测系统，开展仪器埋设安装、系统建设完善，时间跨度近20年。截止到2017年，枢纽工程安全监测仪器总体完好率仍达90%以上，安全监测系统运行正常，能够及时、高效、全面、准确地提供三峡枢纽工程工作性态信息，为枢纽工程长期安全运行服务。

5.1 大坝及电站

5.1.1 监测资料分析

枢纽建筑物的监测数据表明：2003年三峡水库蓄水以来，三峡枢纽建筑物、基础及工程边坡变形、渗流渗压、应力应变等相关指标各年监测值均在设计允许值范围内，工程运行正常。

5.1.2 运行情况

大坝在历次蓄水过程中外观检查无异常变化，各项监测指标满足设计要求，各类引排水设施运行正常，挡水设施、泄洪设施、机组进水口、大坝基础、各高程廊道均无异常情况出现。目前大坝水工建筑物运行状况良好。

电站引水建筑物包括机组进水口拦污栅、快速门、检修门及液压启闭机、坝顶门机、引水压力管道及机组进水口过流面等，均运行正常。

主要泄水建筑物包括22个导流底孔（2005年1月至2007年3月全部封堵），23个泄洪深孔，22个表孔，3个排漂孔和8个排沙孔，运行情况良好，各项运行技术指标满足设计要求。每年汛后对泄洪深孔、排漂孔过流面进行全面检查，对过流面进行有针对性的维护检修，同时对金属结构及机电设备进行检查检修，以确保泄洪设施的安全运行。

5.2 船闸及垂直升船机

5.2.1 监测资料分析

三峡双线五级船闸边坡最大坡高达170m，闸室边墙直立坡高达70m。监测表明，船闸边坡变形主要发生在开挖过程中，开挖结束后绝大部分测点变形已收敛。边坡表面向闸室最大位移约为77mm，包括直立坡块体在内的各部位边坡均是稳定的，闸首顶部向闸室的位移在8mm以内，闸首变形较小。

三峡升船机实测升船机塔柱变形和应力应变主要受气温影响呈年变化，铅直向荷载变化对塔柱变形和应力应变影响较小，各项测值均正常且在设计允许范围内。塔柱水平位移主要随气温呈年变化，降温时塔柱4个垂线部位均向船厢室中心位移，升温时则相反。塔柱底板无不均匀沉降。实测相邻塔柱间水流向相对水平位移最大变幅约在28mm以内，坝轴向相对水平位移最大变幅约在18mm以内。塔柱变形均在升船机机械正常运行的允许范围内。

5.2.2 运行情况

三峡水库蓄水运行以来，三峡船闸(含待闸锚地)工作性态正常，水工建筑物经受了135～139m、156m、175m等不同时期蓄水的检验，各项运行技术指标满足设计要求，运行保持平稳。高边坡及船闸建筑物整体稳定，上下游引航道及连接段适航性能良好，船闸(含待闸锚地)工作性态正常，持续保持安全、高效运行。三峡升船机于2016年5月13日通过试通航前验收，2016年9月18日开始试通航，目前运行情况良好。

5.3 茅坪溪防护坝

5.3.1 监测资料分析

茅坪溪防护坝实测坝体变形、心墙应变、心墙基底铅直向应力、心墙与过渡层间相对变形等主要随坝体填筑高度的增加而增大，2003年蓄水以后这些测值变化不大。实际坝基及坝体的水库渗漏水量约在1850L/min以内，水库试验蓄水后渗漏量没有增大趋势，实测渗漏量小于设计计算值。库水位为175m时，心墙上下游水位差有约70m，沥青混凝土心墙防渗效果良好。沥青混凝土心墙经综合分析与监测，认为不会产生水力劈裂。

5.3.2 运行情况

茅坪溪防护坝采用分区填筑的断面结构以及大坝和坝基渗控设计，其安全性满足规范要求。施工中沥青混凝土心墙三轴试验力学参数偏低，通过对茅坪防护坝实测资料的反演分析，研究成果表明茅坪溪防护坝运行状态是安全的。试验性蓄水以来茅坪溪防护工程经历了175m高水位和几年来汛期洪水的考验，监测结果表明：茅坪溪防护坝变形、渗流、应力应变变化规律合理，沥青混凝土心墙和防渗墙的防渗效果良好。此外，茅坪溪泄洪建筑物防洪标准符合规范和库区防护要求，泄流能力满足设计及茅坪溪防护大坝的安全要求。泄洪洞进、出口边坡稳定，排水、照明、通风设备各项技术指标满足合同和设计要求，满足规程规范要求，现状态良好，运行正常。

6 三峡枢纽区管理

三峡枢纽区包括枢纽工程管理区、对外专用公路和下岸溪砂石料场，总面积为33km^2，其中陆地23km^2、水域10km^2。三峡枢纽区的管理，主要包括安全保卫、消防、交通、土地、社会事务管理等。枢纽区管理成功实施了“业主为主、地方配合”的管理模式，区内实行企业和政府“统一协调、执法独立”的管理体系，取得了良好的效果。

6.1 安全保卫

安全保卫工作包括治安保卫、反恐防范和突发事件应急处置等，通过建立健全“防范、整治、管控、处置”四位一体的工作体系，强化安全保卫设施、力量建设，完善管理体制和机制，有效管控核心区域和重点目标，保证了三峡枢纽区“安全、和谐、有序、稳定”。2013年10月1日，国务院颁布的《长江三峡水利枢纽安全保卫条例》正式实施，为科学划分安全保卫区域、加强安全保卫管理体制建设、运行机制建设、保卫力量建设和应急处置建设提供了法律依据。

6.2 其他管理

(1)消防安全管理

贯彻“预防为主、防消结合”的工作方针，通过强化责任、夯实基础、规范管理、依法监督、打造铁军等举措，确保十年运行期间未发生较大以上火灾事故，为枢纽安全运行创造了良好的外部环境。

(2)交通管理

采用“业主为主、地方配合”的模式，以服务三峡工程运行为主，兼顾地方经济发展需求。

(3)土地管理

按照“土地权属统一管理、依据规划合理利用、明确责任有效管护”的原则，各单位、部门负责维护各自使用的土地权益，委托宜昌市国土资源执法监察支队维护公共区域土地权益。

(4)社会事务综合管理

主要包括社会管理综合治理及维护稳定、劳动管理、安全生产管理、工商管理、人口与计划生育管理等工作。

7 工程的综合效益

7.1 防洪效益

截至2018年底，三峡水库历年累计拦洪运用47次，总蓄洪量1460亿 m^3（表6），干流堤防未发生一起重大险情，保证了中下游的社会稳定。其中，成功应对2010年、2012年两次洪峰流量超70000m^3/s的洪水过程，以及面对2016年、2017年长江中下游区域性大洪水，有效控制了下游沙市站水位未超过警戒水位、城陵矶站水位未超过保证水位，保证了长江中下游的防洪安全，减轻了下游干、支流地区的防洪压力，降低了防汛成本。据中国工程院2014年关于三峡工程试验性蓄水阶段评估的估算，三峡工程多年平均年防洪效益为88亿元，工程防洪减灾效益显著[8]。

表6　　2003—2018年三峡水库防洪调度统计

年份	最大洪峰（m^3/s）	出现时间	最大下泄流量（m^3/s）	最大削峰流量（m^3/s）	蓄洪次数	总蓄洪量（亿 m^3）	6月10日至蓄水前最高调洪水位（m）
2004	60500	9月8日	56800	3700	1	4.95	137.77
2007	52500	7月30日	47400	5100	1	10.43	146.10
2009	55000	8月6日	39600	16300	2	56.5	152.89
2010	70000	7月20日	40900	30000	7	264.4	161.02
2011	46500	9月21日	29100	25500	5	187.6	153.84
2012	71200	7月24日	45800	28200	4	228.4	163.11
2013	49000	7月21日	35300	14000	5	118.37	156.04
2014	55000	9月20日	45000	22900	10	175.12	164.63
2015	39000	7月1日	31000	8000	3	75.42	156.11
2016	50000	7月1日	31000	19000	3	97.76	158.50
2017	38000	9月10日	/	/	3	103.57	157.10
2018	60000	7月14日	42000	18000	3	137.48	156.83
合计	/				47	1460	/

7.1.1 设计防洪效益稳步实现

三峡水库防洪运用至今，洪峰流量超过55000m^3/s的洪水过程共出现8次，其中，达到70000m^3/s的洪水出现2次，分别为2010年最大洪峰流量70000m^3/s和2012年最大洪峰流量71200m^3/s。

2010年7月20日，三峡水库入库洪峰流量70000m^3/s，最大控泄流量40000m^3/s，最大削减洪峰流量30000m^3/s，削减洪峰达到40%多，拦蓄洪水水量76亿 m^3，约占本次入库洪水总量的 24.5%，最大日拦蓄洪水水量 24.68 亿 m^3，三峡坝前最高蓄洪水位 158.86m。三峡水库此次洪水拦蓄过程中，降低荆江河段沙市站洪水位约 2.5m，洪湖江段 1m，使得长江中下游河段特别是沙市水位站和武汉汉口水位站没有超过警戒水位，为下游防洪节约了大量的人力和物力。据估算，2010 年汛期三峡工程产生的防洪经济效益为 266.3 亿元。

2012 年 7 月 24 日，三峡水库遭遇成库以来的最大洪峰流量 71200m^3/s。本次洪水调度过程，三峡水库最大控泄流量 45000m^3/s，最大削减洪峰 26200m^3/s，削峰率 37%。三峡坝前水位最高蓄至 163.11m，拦蓄洪水 58.4 亿 m^3，避免了荆南四河超过保证水位，控制下游沙市站水位未超过警戒水位，城陵矶站水位未超过保证水位，保证了长江中下游的防洪安全，同时也大大减少了下游江段上堤查险的时间和频次，节约了中下游防洪成本。

类比长江中下游 1998 年特大洪水，在洪峰流量尚未超过 70000m^3/s 情况下，导致 1526 人死亡、造成 1345 亿元的直接经济损失，2010 年和 2012 年防洪效益巨大。

7.1.2 防洪效益不断提升

(1)中小洪水调度

2009 年 8 月 6 日 8 时，三峡水库遭遇洪峰流量为 55000m^3/s 的入库洪水过程，若不进行拦洪调度，荆江干流河段将超过警戒水位。应湖北省防办要求，三峡水库首次对中小洪水进行了滞洪调度尝试。本次拦洪调度，三峡水库最大出库流量 40000m^3/s，取得了显著的防洪效益：一是避免了荆江河段高洪水位，如三峡水库不拦蓄，湖北长江宜昌至监利段和荆南四河水位将全线超警戒，共有 1500 多 km 堤段要按照警戒水位布防巡查，三峡水库控泄后，仅长江干流监利段 20.7km 和荆南四河 649.8km 水位超设防；二是降低了响应级别，按照防汛抗旱应急预案要求，如三峡水库不拦蓄，湖北长江和荆南四河出现超警戒水位的洪水，应启动防汛三级应急响应，经三峡水库控泄后，长江监利段和荆南四河实际仅超出现设防水位洪水，只需启动防汛四级应急响应；三是避免了紧张态势，如果出现超警戒水位的洪水，尚未达标的荆江大堤难免出险，尤其是堤基差、标准低的荆南四河更难免险情多发，抗洪抢险紧张的态势在所难免，三峡水库实施控泄调度后，湖北长江和荆南四河在设防水位期间，未发生一处险情；四是减少了防汛成本，与警戒水位以上防洪相比，上防干部群众减少 5.5 万人，仅布防劳力补助费一项就减少了防汛成本 1294 万元。

2010 年以后，三峡水库多次对 55000m^3/s 以下的洪水进行滞洪调度。2009—2018 年汛期，三峡水库对中小洪水的拦蓄次数达到了 38 次，占总蓄洪次数的 84.4%，蓄洪量 1035 亿 m^3，占总蓄洪量的 72%，有效减轻了长江中下游的防洪压力。

(2)城陵矶补偿调度

2016 年和 2017 年长江上游来水不大，长江中下游发生了区域性大洪水。三峡水库在上游水库群的配合下，连续两年实施了典型的城陵矶调度，为避免城陵矶附近地区分洪、减轻中下游干支流防洪压力发挥了关键性作用。

2016年汛期，三峡水库最大入库洪峰流量为50000m^3/s，出现在7月1日，为长江“1号洪峰”。三峡控制出库流量31000m^3/s，削减洪峰流量19000m^3/s，削峰率38%，拦蓄洪水。7月3日，长江“2号洪峰”在中下游形成，长江干流监利以下全线超警，城陵矶水位直逼保证水位。为避免城陵矶超保证水位，减轻长江中下游的防洪压力，三峡水库在上游水库的配合下首次实施了典型的城陵矶防洪补偿调度，出库流量从31000m^3/s进一步减少至25000、20000m^3/s，分别降低荆江河段、城陵矶附近地区、武汉以下河段水位0.8～1.7m、0.7～1.3m、0.2～0.4m，减少超警戒水位堤段长度250km。如果没有以三峡为核心的水库群联合调度，长江“1号洪峰”将与长江中下游形成的“2号洪峰”遭遇叠加，长江中下游干流枝城以下江段水位将全线超警并延长超警时间，城陵矶河段水位将两次超过保证水位，最高水位达到约35m，城陵矶地区将不可避免地分洪。

2017年7—8月，长江中下游继2016年之后再次发生区域性大洪水，洞庭湖、鄱阳湖水系部分支流发生特大洪水。溪洛渡、向家坝、三峡水库联合实施城陵矶防洪补偿调度，三峡最高蓄洪水位157.10m。调度期间，三峡水库下泄流量两日内由28000m^3/s分五次逐步减小至8000m^3/s，最大削减出库流量超七成，创三峡水库运行以来7月最小下泄流量。梯级水库此次联合防洪调度总拦蓄洪量91.6亿m^3，降低洞庭湖区及长江干流莲花塘江段洪峰水位1.0～1.5m、汉口江段洪峰水位0.6～1.0m、九江至大通江段洪峰水位0.3～0.5m，确保了长江干流莲花塘站水位不超分洪水位，缩短洞庭湖七里山站超保时间6天左右，显著减轻了洞庭湖区及长江中下游干流的防洪压力。

2016年和2017年汛期调度实践表明，三峡水库在保证遇特大洪水时荆江河段防洪安全前提下，实施对城陵矶防洪补偿调度，提高了对一般洪水的防洪作用，对减轻长江中下游防洪压力，尤其是减少城陵矶附近区的分洪量、提高防洪经济效益、确保人民群众生命财产及长江干堤和重要基础设施的安全大有益处。

7.2 发电效益

2003年至2018年10月，三峡电站（含电源电站）累计发电量11787亿kW·h（见表7）。其中，2014年发电量达到了988亿kW·h，有效缓解了华中、华东地区及广东省的用电紧张局面，为电网的安全稳定运行发挥了重要作用，同时为节能减排做出了贡献。

7.2.1 增发效益

通过加强分析预报来水，向国调、华中网调提供及时准确的梯级电站出力预报，合理控制水库水位，及时清除拦污栅前漂浮物，重复利用库容，及时调整电站出力，使电站机组弃水期处于出力最大状态，枯水期处于效率最高状态等措施，梯级电站相比设计调度方式增发效益显著，2003～2017年累计增发电量554亿kW·h，其中汛期蓄洪增发效益260亿kW·h。

7.2.2 调峰效益

三峡电站具有的快速启停机组、迅速自动调整负荷的良好调节性能,为电力系统的安全稳定运行提供了可靠的保障。2003—2017 年,三峡电站结合自身能力积极参与电网系统调峰运行,平均最大调峰容量为 475 万 kW,有效缓解了电力市场供需矛盾,改善了调峰容量紧张局面,促进了电网安全稳定运行。

此外,三峡电站地处华中腹地,电力系统覆盖了长江经济带,在全国互联电网格局中处于中心位置,对全国电网互联互通起到关键性作用,成为“西电东送”的中通道,实现了华中与华东、南方电网直流联网,与华北电网交流联网,形成了水火互济运行的新格局。截至 2017 年底,三峡电站累计送华中电网电量 4824 亿 kW·h,送华东电网 4133 亿 kW·h,送南方电网 1984 亿 kW·h。

7.2.3 节能减排效益

按照中电联每年发布的标准煤耗估算,2003—2017 年累计发电量相当于替代燃烧标准煤 3.6 亿 t,有效节约了一次能源消耗,同时减少 8 亿 t 二氧化碳、990 万 t 二氧化硫、8 万 t一氧化碳及 476 万 t 氮氧化合物的排放,以及大量废水、废渣,节能减排效果明显,为当前雾霾减轻做出了贡献。据中国工程院 2014 年关于三峡工程建设第三方独立评估按照碳排放交易价格估算,二氧化碳减排效益达 539 亿元。

表 7　　2003—2017 年三峡电站发电情况统计

年份	机组运行台数	年来水量（亿 m^3）	年发电量（亿 kW·h）	水能利用提高率（%）	增发电量（亿 kW·h）	蓄洪效益（亿 kW·h）	年均耗水率（m^3/（kW·h））	平均调峰量（MW）	最大调峰量（MW）
2003	1～6	4044	86.1	\	0.8	\	5.90	188	1577
2004	6～11	4147	391.6	4.60	17.2	\	5.86	245	807
2005	11～14	4565	490.9	4.00	18.7	\	5.80	468	1900
2006	14	2986	492.5	4.30	20.3	\	5.39	589	2040
2007	14～21	4054	616.0	4.50	26.8	\	4.99	472	3162
2008	21～26	4290	808.1	4.96	37.8	0.0	4.80	889	3830
2009	26	3881	798.5	5.23	39.6	4.4	4.61	1004	5240
2010	26	4067	843.7	5.09	40.8	41.0	4.40	905	4520
2011	26～30	3395	782.9	5.17	37.9	30.0	4.31	1642	5500
2012	30～32	4481	981.1	6.97	65.3	64.7	4.27	1910	7080
2013	32	3678	828.3	5.45	44.3	47.0	4.40	2006	5400
2014	32	4380	988.2	5.47	51.1	37.5	4.31	1640	5990
2015	32	3777	870.1	6.00	50.2	11.6	4.34	2211	6188
2016	32	4086	935.3	5.56	48.6	9.0	4.36	2577	8377
2017	32	4214	976.1	5.88	53.63	14.5	4.26	2854	9591
合计			10889.4		553.03	259.7			

7.3 通航效益

2010年10月26日，三峡水库蓄水至175m运行，库区长江干流回水可至江津猫儿沱，“高峡出平湖”盛景呈现，长江航运面貌焕然一新，航运效益逐步显现。

7.3.1 改善库区及下游航运条件

三峡水库枢纽蓄水后，渠化重庆以下川江航道里程600多公里，结合实施库区碍航礁石炸除工程，消除了坝址至重庆间139处滩险、46处单行控制河段和25处重载货轮需牵引段，三峡库区干流航道等级由建库前的Ⅲ级航道提高为Ⅰ级航道，重庆至宜昌航道维护水深由2.9m提高到3.5～4.5m，库区航道年通过能力由建库前的1000万t提高到5000万t，实现了全年全线昼夜通航。重庆朝天门至坝址河段，在一年中有半年以上时间具备行使万吨级船队和5000吨级单船的通航条件。同时，葛洲坝枯水期出库最小通航流量由2700m^3/s提高到6000m^3/s以上，比天然情况下增加2500～3000m^3/s，葛洲坝下游最低通航水位提高到39m。枯水期航道维护水深达到了3.5m，比蓄水前提高了0.7m。

7.3.2 提高船舶航行和作业安全度

三峡水库蓄水后(2003年6月至2013年12月)与蓄水前(1999年1月至2003年5月)相比，年均事故件数、死亡人数、沉船数和直接经济损失与建库前相比分别下降了72%、81%、65%和20%。近6年(2011—2017年)更是实现了零死亡、零沉船事故发生。

7.3.3 降低航运成本

由于库区水流流速减缓、流态稳定、比降减小，船舶载运能力明显提高，油耗明显下降。据测算，库区船舶单位千瓦拖带能力由建库前的1.5t提高到目前的4～7t，每千吨公里的平均油耗由2002年的7.6kg下降到2013年的2.0kg左右，宜渝航线单位运输成本下降了37%左右。几十年来，我国物价普遍显著上涨，但水运运价一直维持在低位，甚至下降，目前三峡过闸大宗散货水运运价仅约0.02元/(t·km)，是铁路运价的1/8，公路运价的二三十分之一。

7.3.4 推进船舶标准化进程

三峡水库蓄水后，库区通航条件明显改善，促进了长江航运尤其是上游通航船舶的大型化、专业化、标准化进程，过闸船舶每艘次平均面积、大船吨位比例、单船载货量明显提高，船舶大型化和单船化趋势明显，3000吨以上船舶成为过坝主流船型。在水库175m试验性蓄水后，库区已经出现了7000吨级货船、10000吨级船队和6000吨级自航船，从宜昌直达重庆港。

7.3.5 促进库区航运相关产业发展

目前，重庆地区水运直接从业人员达15万人，其中近8万人来自三峡库区，依赖水运业的三峡库区煤炭、旅游、公路货运等产业的从业人员达50万人以上，水运业及其关联产业吸纳了库区200多万剩余劳动力[9]。此外,三峡工程直接和间接创造的经济效益为重庆的GDP做出了重要贡献,为库区经济社会发展发挥了重要的支撑作用。三峡库区大部分码头作业条件得到根本改变,一批现代化的新码头陆续兴建,改善了库区港口货物运转环境,为构建现代化的库区水运体系创造了基础条件。

三峡船闸自2003年6月投入运行以来,通过三峡河段的货运量持续高速增长。截至2018年10月,三峡船闸累计过闸货物12.3亿t,加上翻坝转运的货物,通过三峡枢纽断面的货运总量达13.8亿t,是三峡水库蓄水前葛洲坝船闸投运后22年过闸货运量2.1亿t的6倍(表8),历年通过货运量如图1。2017年过闸货运量创新高,达到1.3亿t,有力促进了长江航运的快速发展和沿江经济的协调发展。据中国工程院2015年关于三峡工程建设第三方独立评估的初步估算,2003—2013年,三峡工程累计产生约85.92亿元(含区间运量)的航运效益。

表8　　2003—2018年三峡区段通航数据统计

年份	2003年(6月18日至12月31日)	2004年	2005年	2006年	2007年	2008年	2009年	2010年	2011年	2012年	2013年	2014年	2015年	2016年	2017年	2018年1—10月	总计
运行闸次(次)	4386	8719	8336	8050	8087	8661	8082	9407	10347	9713	10770	10794	10734	11095	10425	8323	145929
通过船舶(万艘)	3.5	7.5	6.4	5.6	5.3	5.5	5.2	5.8	5.6	4.4	4.6	4.4	4.4	4.3	4.3	3.5	80.3
通过货物(万吨)	1377	3431	3291	3939	4686	5370	6089	7880	10033	8611	9707	10898	11057	11993	12972	11500	122834
通过旅客(万人次)	108	173	188	162	85	85.5	74	50.8	40	24.4	43.2	52.1	47.6	47.2	38.9	1.3	1221
翻坝转运旅客(万人次)	7.0	22	17	71.3	109	—	2.7	—	—	22.5	16.3	—	17.0	—	8.0	—	—
翻坝转运货物(万t)	98	879	1103	1085	1371	1477	1337	914	964	878	1016	1143	1143	744.8	674.6	678.9	15506.3
三峡枢纽通过旅客(万人次)	115	195	205	233.3	194	85.5	76.7	50.8	40	46.9	59.5	52.1	64.6	47.2	46.9	1.3	1513.8
三峡枢纽通过货物(万t)	1475	4309	4394	5024	6057	6847	7426	8794	10997	9489	10722	12041	12200	12738	13647	12179	138339

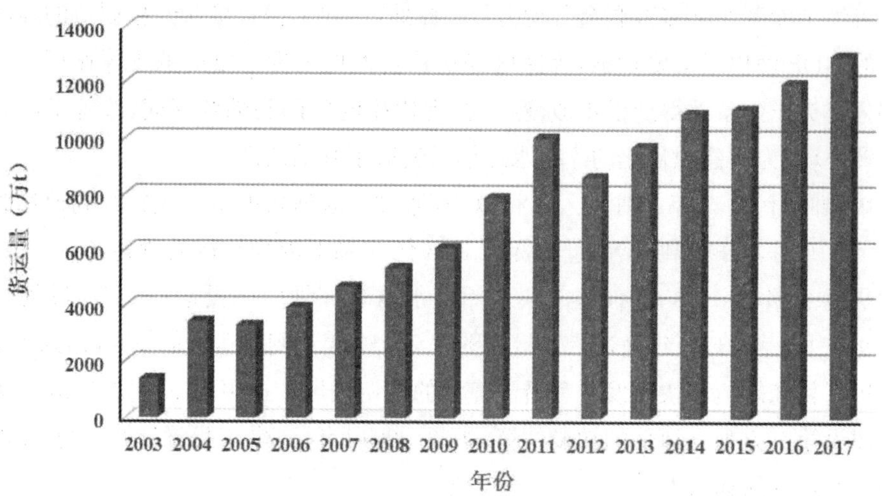

图1 三峡船闸历年通过货运量

三峡升船机于2016年9月18日正式启动试通航，进一步增强了三峡工程的通航调度灵活性和通航保障能力。截止到2018年10月，三峡升船机累计安全运行9834厢次，其中有载运行6203厢次，通过各类船舶6238艘次，通过旅客18.6万人次，过机船舶货运量184.3万t。

7.4 水资源利用

长江上游来水年内分配不均，6—10月多年平均径流量占全年的70%以上，12月至次年4月多年平均来水仅4000～6000m³/s。三峡水库建成后，具有调节库容165亿m³，防洪库容221.5亿m³，凭借良好的“拦洪补枯”的季调节性能，可有效利用洪水资源、增加枯水期长江中下游下泄流量，是我国重要的淡水资源库和生态环境调节器。

7.4.1 补水效益

初步设计三峡水库枯水期下泄流量应满足不低于电站保证出力及葛洲坝下游庙嘴最低通航水位39m对应的流量（约5500m³/s）。2009年以来，随着下游沿江经济社会的发展，为满足越来越高的供水需求，三峡水库将枯水期1—4月水库最小下泄流量提高至6000m³/s。与2003—2017年年最小入库流量仅2990m³/s相比，现状调度方式下，三峡水库可有效满足长江中下游沿江生产生活和生态用水需求。截至2018汛前，三峡水库枯水期累计为下游补水1950天，补水总量2172.13亿m³（表9），较好满足了下游航道畅通及沿江两岸生产生活等用水需求。

表 9　　2003—2018 年三峡水库补水情况

时间	补水天数(天)	补水总量(亿 m³)	备注
2003—2004	11	8.79	135～139m 围堰发电期
2004—2005	枯期来水较丰,没有实施补偿调度		
2005—2006	枯期来水较丰,没有实施补偿调度		
2006—2007	80	35.8	156m 初期运行期
2007—2008	63	22.5	
2008—2009	190	216	175m 试验蓄水期
2009—2010	181	200.2	
2010—2011	194	243.31	
2011—2012	181	261.43	
2012—2013	178	254.1	
2013—2014	182	252.8	
2014—2015	171	259.8	
2015—2016	170	217.6	
2016—2017	177	232.9	
2017—2018	172	226.7	
合计	1950	2172.13	

7.4.2　生态效益

20 世纪 60 年代以来,过度捕捞、水环境恶化、河道采砂等改变了“四大家鱼”繁殖需要的水温和水力学条件,导致“四大家鱼”产卵规模呈下降趋势。为促进“四大家鱼”繁殖,2011 年以来,三峡水库采取了持续加大下泄流量的调度方式,创造促进“四大家鱼”繁殖的水力学条件。2011 年起,连续 8 年开展了 12 次生态调度试验。监测情况表明,在水温条件满足“四大家鱼”产卵的情况下,三峡水库实施生态调度期间,宜都断面均监测到“四大家鱼”产卵现象。2011—2018 年生态调度期间宜都江段“四大家鱼”繁殖总量为 31.8 亿粒,沙市江段“四大家鱼”繁殖总量为 9.3 亿粒,凸显了三峡水库的生态效益。

7.4.3　应急调度

除了每年枯水期进行常规补水调度外,当长江中下游发生较重干旱或出现供水困难需要实施水资源应急调度时,三峡水库凭借巨大的库容和灵活的调节性能,实施了船舶应急救援调度、抗旱补水调度、压咸潮调度等,成功应对了多起突发事件:

(1)船舶应急救援

2011 年 2 月 12 日,一艘载油 990t 的船舶在葛洲坝下游枝江市水陆洲尾水域搁浅,因搁浅地为鹅卵石河床,实施常规拖带或过驳脱险操作困难,三峡水库应通航部门需求及时实施了应急抢险调度,先后两次增加下泄流量 1800m³/s 和 2000m³/s,补水

1.64 亿 m^3，有效抬升了遇险船舶所在水域水位，确保了施救工作顺利完成。

2015 年 6 月 1 日，“东方之星”号客轮在长江中下游监利段发生翻沉事故。为给“东方之星”沉船事件救援创造有利条件，三峡水库实施了应急调度。6 月 2 日上午，三峡水库出库流量从 6 月 2 日 8 时 15000m^3/s 逐步减少，至 6 月 2 日 14 时减少至 7000m^3/s，最大减少下泄流量 8000m^3/s。三峡水库减小出库流量后，库水位停止消落被动回蓄至 154.12m。救援结束之后加快消落进程，于 6 月 19 日推迟 9 天消落至汛限水位。通过科学调度，各方面积极配合，三峡水库应急调度有效地降低了沉船江段的水位，减小了水流流速，为“东方之星”沉船的营救工作提供了有利条件，宜昌至监利河段水位全线下降，充分发挥了社会效益。

(2)抗旱补水

2011 年，北半球多个国家和地区发生罕见旱情，我国长江中下游部分地区遭遇了百年一遇的大面积干旱，三峡库水位在已经接近枯季消落水位 155m 且入库流量持续偏小的情况下，从满足生态、航运、电网供电为目标的运行方式调整为全力抗旱为目标的应急抗旱调度方式。5 月 7 日 10 时，三峡水库开始加大下泄流量，库水位从 155.35m 下降至 6 月 10 日 24 时的 145.82m，抗旱补水总量 54.7 亿 m^3，日均向下游补水 1500m^3/s，有效改善了中下游生活、生产、生态用水和通航条件，为缓解特大旱情发挥了重要作用。

(3)压咸潮

2014 年 2 月，上海长江口水源地遭遇历史上持续时间最长的咸潮入侵，长江口青草沙、陈行等水源地的正常运行和群众生产生活用水受到较大影响。应上海市政府要求，三峡水库启动了建成以来的首个“压咸潮”调度。2 月 21 日至 3 月 3 日“压咸潮”调度期间，三峡向下游累计补水 17.3 亿 m^3，平均出库流量 7060m^3/s。与正常消落按 6000m^3/s 控泄相比，增加补水约 9.6 亿 m^3，缓解了咸潮入侵的不利影响。

参考文献

[1]水利部长江水利委员会.长江三峡水利枢纽初步设计报告[R].1992.

[2]张曙光，周曼.三峡枢纽水库运行调度[J].中国工程科学，2011，13(7)：61-65.

[3]丁伟，周惠成.水库汛限水位动态控制研究最新进展与发展趋势[J].中国防汛抗旱，2008，28(6)：1-5.

[4]胡挺，周曼，王海，等.三峡水库中小洪水分级调度规则研究[J].水力发电学报，2015(34)：1-7.

[5]陈桂亚，郭生练.水库汛期中小洪水动态调度方法与实践[J].水力发电学报，2012，31(4)：22-27.

[6]长江勘测规划设计研究有限责任公司,三峡水库防洪调度补偿方式研究[R],2009.

[7]周建军,林秉南,张仁.三峡水库减淤增容调度方式研究——多汛限水位调度方案[J].水利学报,2002(3):12-19.

[8]中国工程院.三峡工程试验性蓄水阶段性经济和社会效益评估报告[R].2014.

[9]中国长江三峡集团公司.长江三峡工程运行实录(2003—2012年)[M].北京:中国三峡出版社,2013.

三峡工程175m试验性蓄水运行十年巨型水轮发电机组运行试验分析

王良友[①]

（中国长江三峡集团有限公司，北京　10038）

摘　要：自2003年三峡电站首批机组投产以来，三峡电站机组经历了135m、156m、172.8m、175m不同阶段蓄水位的试验和运行考验。本文介绍了各阶段机组试验情况，以及机组运行初期发现的问题和解决措施，全面分析了三峡机组175m试验性蓄水运行十年来的机组运行性能，回顾了三峡重大水电装备国产化的经验和成果。十余年的实践证明：三峡机组运行安全稳定，运行性能良好，主要性能指标达到或优于合同要求，国产机组的设计水平和制造能力实现了跨越式提高，总体性能达到了国际先进水平。

关键词：三峡电站；700MW水轮发电机组；真机试验；稳定运行区域；水电重大装备；国产化

1　前言

三峡工程是当今世界上最大的水利枢纽工程，具有防洪、发电、航运、水资源利用等巨大的综合效益。三峡电站共安装32台单机容量700MW和2台单机容量50MW的混流式水轮发电机组，总装机容量为22500MW，也是当今世界上装机容量最大的水电站。三峡电站由左岸电站、右岸电站、地下电站和电源电站组成。左岸电站安装14台机组，于2005年9月全部投产发电；右岸电站安装12台机组，于2008年10月全部投产发电；地下电站安装6台机组，于2012年7月全部投产发电；电源电站安装2台具有黑启动功能的50MW机组，于2007年投产发电。

左岸电站首批机组自2003年7月投产以来，三峡水轮发电机组相继经历了135m、156m、172.8m、175m等不同阶段蓄水位的运行考验。截至2018年10月底，三峡电站累计发电11787亿kW·h，为我国的经济发展和节能减排做出了重大贡献。十多年来的运

① 王良友：男，教授级高级工程师，博士，电力系统及其自动化专业。从事电力企业经营管理、生产运行与科研管理工作，主持并参与完成多项科研项目。

行考核表明，三峡巨型水轮发电机组运行安全稳定，能量、空蚀和电气等性能良好，主要性能指标达到或优于合同要求。电站输变电设备、综合自动化系统、各种金属结构设施、附属设备及公用系统设备等运行性能优良，能长期可靠、稳定运行。我国巨型水轮发电机组主、辅机设备等的自主研发、设计、制造、安装、调试能力实现了跨越式发展，总体性能达到了国际先进水平。

2　175m 蓄水三峡电站机组运行试验分析

2.1　三峡机组参数

三峡左岸电站 14 台水轮发电机组中，1～3 号机和 7～9 号机共计 6 台由 VGS 三峡联营体供货，东电接受技术转让并分包制造；4～6 号机和 10～14 号机共计 8 台由 ALSTOM 集团供货，哈电接受技术转让并分包制造。三峡右岸电站 12 台水轮发电机组中，东电、法国 ALSTOM 公司和哈电各生产 4 台，其中 15～18 号机由东电供货，19～22 号机由 ALSTOM 公司供货，23～26 号机由哈电供货。右岸地下电站 6 台水轮发电机组中，东电、ALSTOM 公司和哈电各供货 2 台，其中 27～28 号机由东电供货，29～30 号机由法国 ALSTOM 公司供货，31～32 号机由哈电供货。电源电站 2 台水轮发电机组由哈电供货。三峡左岸电站、右岸电站和地下电站机组参数如表 1、表 2 所示。

表 1　　三峡电站水轮机基本参数

项　目		左岸电站		右岸电站		右岸地下电站			
机组号		1～3 号，7～9 号	4～6 号，10～14 号	15～18 号	19～22 号	23～26 号	27 号，28 号	29 号，30 号	31 号，32 号
台数(台)		6	8	4	4	4	2	2	2
形式		立轴混流式		立轴混流式		立轴混流式			
额定出力(MW)		710		710		710			
额定转速(r/min)		75	75	75	71.43	75	75	71.43	75
额定流量(m^3/s)		995.6	991.8	947.105	913.556	985.994	947.105	913.556	985.994
运行水头	最大水头(m)	113.0		113.0		113.0			
	额定水头(m)	80.6	80.6	85.0	85.0	85.0	85.0	85.0	85.0
	最小水头(m)	61.0		61.0		71.0			
转轮名义直径(出口直径)(mm)		9525	9800	9880	9600	10248	9880	9600	10248
最大连续运行出力(MW)		767		767		767			
发电机 $\cos\Phi=1$ 时水轮机最大出力(MW)		852		852		852			
比速系数		2349	2349	2257.5	2150	2257.9	2257.5	2150	2257.9
吸出高度(m)		－5		－5		－5			
装机高程(m)		57		57		57			
旋转方向		俯视顺时针		俯视顺时针		俯视顺时针			
供货商		VGS	ALSTOM	东电	ALSTOM	哈电	东电	ALSTOM	哈电

表 2　　三峡电站发电机基本参数

项　目		左岸电站		右岸电站		右岸地下电站			
		1～3号，7～9号	4～6号，10～14号	15～18号	19～22号	23～26号	27号，28号	29号，30号	31号，32号
形式		立轴半伞式、凸机同步发电机							
冷却方式		半水内冷		半水内冷	半水内冷	全空冷	蒸发冷却	半水内冷	全空冷
机组额定功率(MW)		700		700		700			
额定容量(MVA)		777.8		777.8		777.8			
机组最大功率(MW		756		756		756			
最大容量(MVA)		840		840		840			
最大容量时进相容量(Mvar)		366		366		366			
额定电压(kV)		20		20		20			
最大容量时功率因数		0.9		0.9		0.9			
额定转速(rpm)	75	75		71.43	75	75	71.43	75	
飞逸转速(rpm)	150	150		143	150	150	143	150	
GD^2(t·m^2)	450000			450000			450000		
定子铁芯温升(K)		60	60	60	60	70	60	60	60
最大容量时效率(%)		98.74	98.76	98.74	98.83	98.74	98.74	98.83	98.74
加权平均效率(%)		98.75	98.76	98.75	98.82	98.69	98.72	98.81	98.68
直轴同步电抗 X_d(不饱和值)		1.05	1.015	1.05	1.030	1.02	1.05	1.030	1.02
直轴瞬态电抗 X_d'(不饱和值)		0.35	0.340	0.35	0.350	0.335	0.35	0.350	0.325
直轴超瞬态电抗 X_d''(饱和值)		0.21	0.216	0.216	0.220	0.221	0.216	0.220	0.221
转子质量(t)		1710	1777.5	1735	1850	1851	1735	1850	1784
供货商		VGS	ALSTOM	东电	ALSTOM	哈电	东电	ALSTOM	哈电

2.2　三峡机组分期蓄水及机组试验总体情况

三峡电站蓄水发电以来，运行期根据蓄水水位可分为三个时期：围堰发电期、初期运行期、175m试验性蓄水期。2003年6月10日，三峡工程如期实现135m初期蓄水目标，为按期实现通航、发电目标奠定了基础。2006年10月27日，三峡工程成功实现了156m蓄水目标，完成了三峡工程从围堰发电期到初期运行期的转变。2008年9月28日三峡175m试验性蓄水标志着三峡水利工程由初期运行期正式转入试验蓄水期。2010年以来三峡工程连续9年实现175m试验性蓄水目标，标志着三峡水利枢纽可全面发挥防洪、航运、发电、水资源利用等综合效益。

由于三峡电站总装机容量和单机额定容量巨大，三峡水库水位变幅较大，其水轮发

电机组能否在如此复杂的工况下稳定运行倍受国内外关注。自2003年首台机组投产以来,三峡机组经历了2003年135m、139m(左岸机组),2006年156m(左岸机组),2008年172m(左、右岸机组),2010年175m(左右岸机组),2011—2013年175m(地下电站机组)等几个试验性蓄水过程,机组运行毛水头也经历了由63.4～110m大幅度变动的考验。为掌握三峡电站机组在不同水位下的特性和运行规律、确定机组安全稳定运行范围,三峡集团公司在几次蓄水过程中均精心编制预案和试验方案,实施了各水位下的机组稳定性试验、机组能量特性试验、调速器扰动试验、甩负荷试验、过速试验、厂房振动试验、756MW运行试验、840MVA运行试验等项目。通过上述试验,初步掌握了机组等设备设施的运行规律,利用试验成果编制了机组稳定运行区,从技术上保证了机组的安全可靠运行;通过试验数据与机组模型试验数据的比对分析,为今后国产机组的优化设计提供了宝贵的技术支持。

2.3 三峡机组低水头(蓄水位135～156m)试验情况

2.3.1 135m水位三峡左岸机组稳定性试验

三峡左岸电站首批机组于2003年8月投产运行,2003年9月至10月,对三峡左岸电站首批发电机组进行了全面的机组稳定性、能量性能和转轮叶片动应力现场试验,根据有关测试结果,对真机初期低水头稳定性状况进行了分析,并根据模型稳定性试验结果,对真机高水头稳定性进行了分析和预测。试验选择三峡左岸电站3号机组(VGS)和6号机组(ALSTOM)进行试验,试验水头68～69m。稳定性试验主要结果见图1至图4。

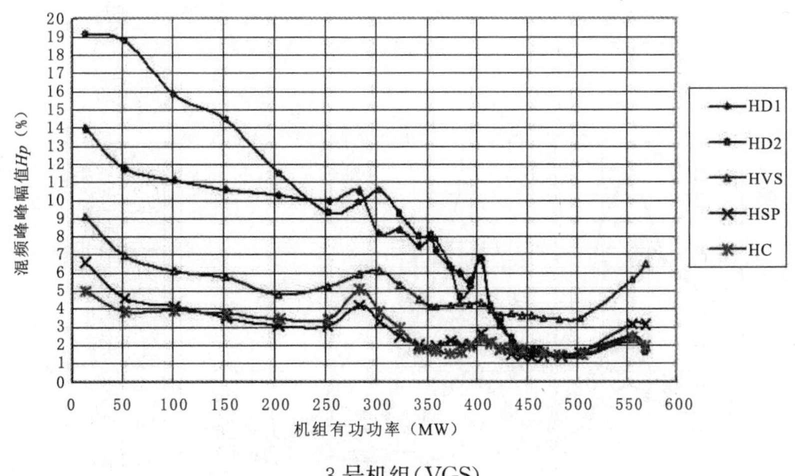

3号机组(VGS)

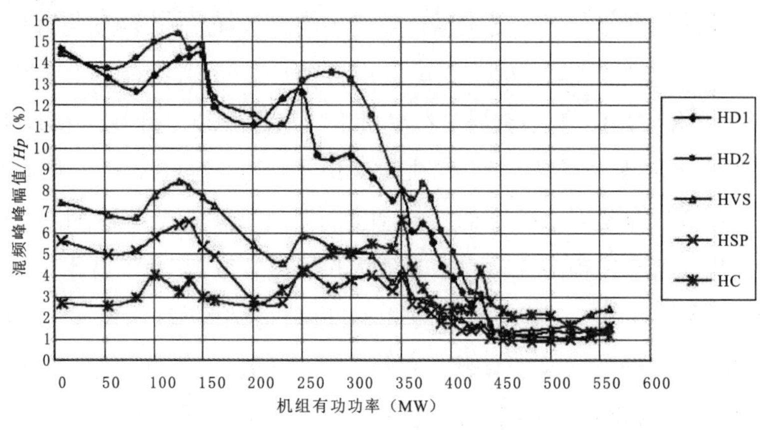

6 号机组(ALSTOM)

图 1　压力脉动混频幅值与机组有功功率关系曲线

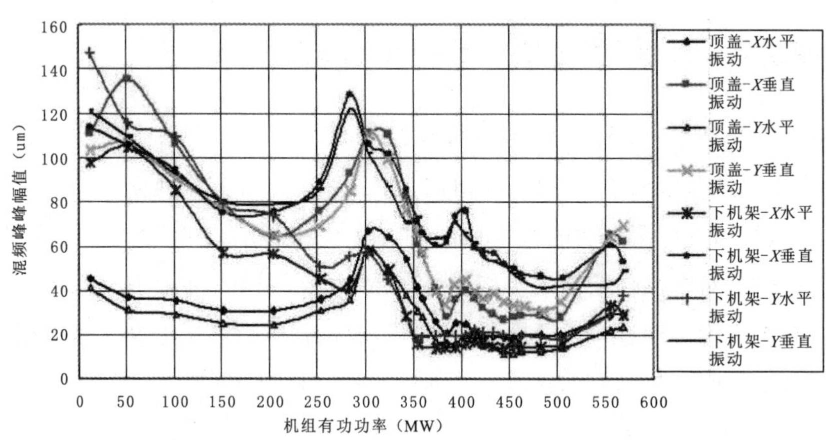

3 号机组(VGS)

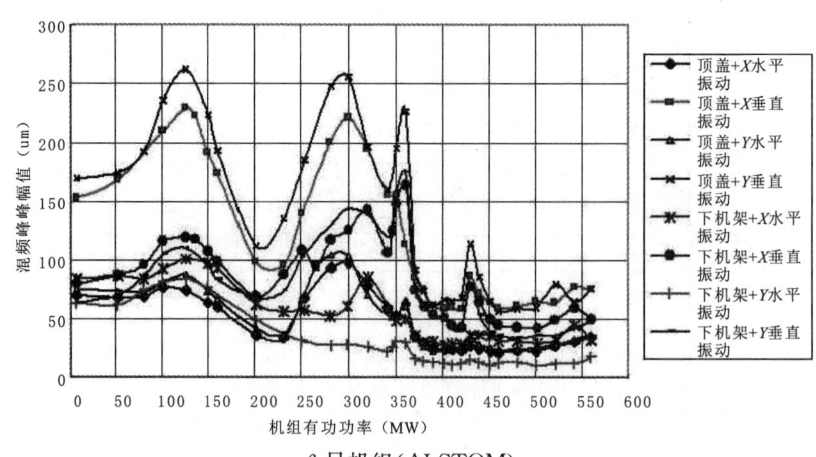

6 号机组(ALSTOM)

图 2　机组振动混频幅值与机组有功功率的关系曲线

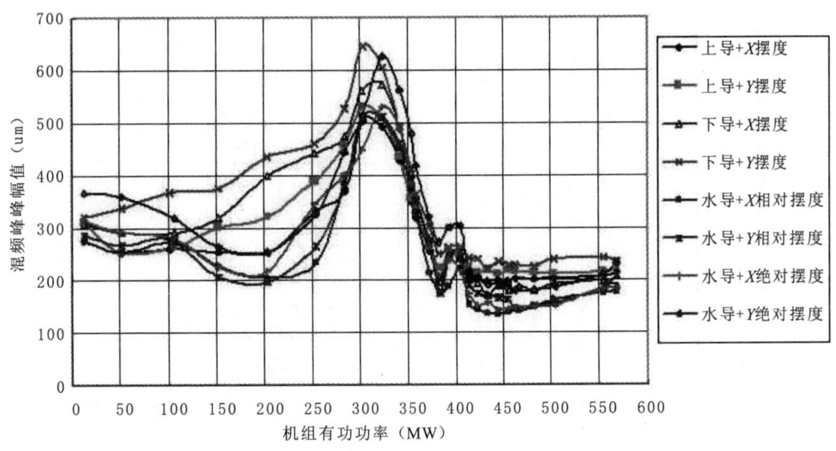

3号机组(VGS)

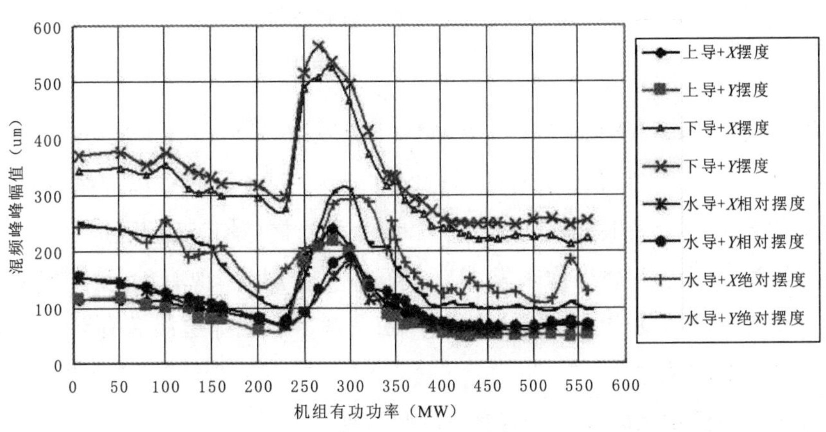

6号机组(ALSTOM)

图3　主轴摆度混频幅值与机组有功功率的关系曲线

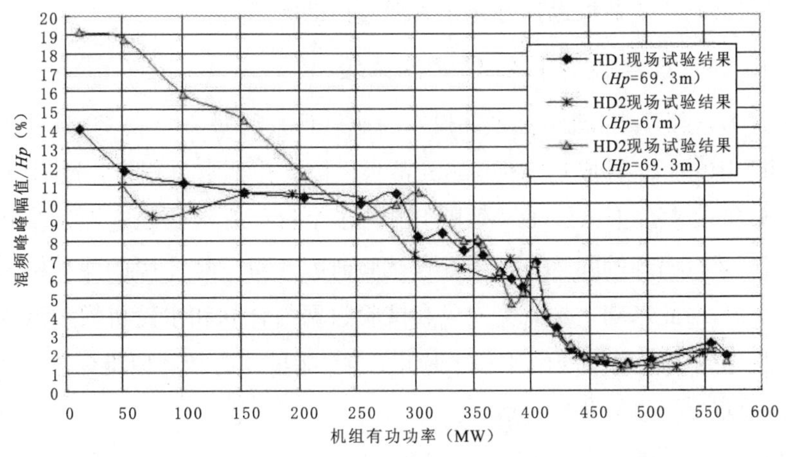

3号机组(VGS)

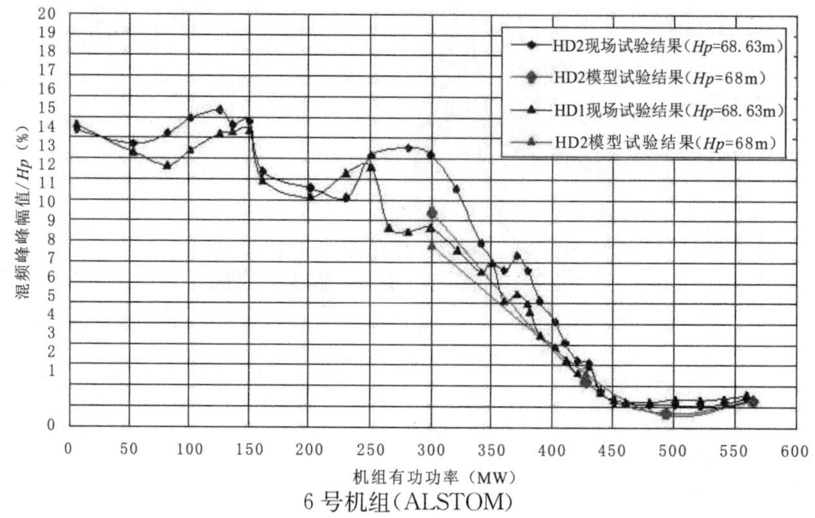

6号机组(ALSTOM)

图4 真机与模型压力脉动混频幅值的比较

主要结论:

1)根据三峡左岸电站VGS 3号机组和ALSTOM 6号机组在68～69m低水头时的试验结果,建议可将机组在低水头时的运行区划分为三个区:即可以连续运行的稳定运行区,允许短期运行的运行区(限制运行区)和不宜运行区(禁止运行区)。

2)两种机型在开停机过程均未发现有共振等不良现象,现有的开停机方式是合适的。从真机水压脉动与动应力等测试结果看,未发现因出现叶道涡后有异常的水压脉动或动应力等突变的现象。

3)两种机型与模型试验结果均有良好的吻合性。

4)顶盖和底环强迫补气对水轮机水压脉动、叶片动应力和机组振动只在小负荷区有所改善,对减弱强度较大的尾水管涡带效果不明显。因此,建议电站选择合理的机组运行范围,宜尽量避开小负荷振动区和尾水管涡带振动区运行。

2.3.2 156m水位三峡左岸机组稳定性试验

2005年7月左岸14台机组已全部投入商业运行。2006年9月20日开始三峡工程三期蓄水,并于10月27日成功实现156m蓄水目标。在蓄水过程中,分别选取了左岸8号机组(VGS)和6号机组(ALSTOM)机组进行了全过程升水位稳定性试验和厂房振动试验,并对初期运行出现的问题进行了专题试验研究。对三峡左岸的两种机型机组有了一个充分的认识,在此基础上把研究成果和试验数据与合同和水轮机模型试验结果进行比较,认为三峡左岸机组在156m水位下稳定性能、能量性能和其他指标总体达到了合同的规定,在目前水位下可安全稳定运行。

(1)初期试运行问题研究

ALSTOM机组关机过程中小开度异常振动问题:针对三峡左岸ALSTOM机组调

试过程中出现的小开度异常振动问题,各参建单位和相关科研机构进行了模型试验、仿真分析和真机试验研究,综合分析原因,采取优化导叶关闭规律,延长第三段关闭的时间,避免异常振动。这次 156m 升水位真机试验结果表明,采用优化的导叶关闭规律 6 号机组在 154m 水位作过速试验及甩负荷试验阶段中,没有出现导叶在小开度情况下剧烈振动的现象,各种监测的数据都在允许的范围。优化后的关闭规律是能够满足过速停机要求及调保计算要求,过速关机过程中不会出现小开度振动现象。

ALSTOM 机组导流板撕裂问题:通过对 ALSTOM 机组蜗壳导流板的分析计算和现场试验,表明原导流板结构不合理,存在局部应力集中导致撕裂的现象。对 ALSTOM 的 8 台机组的导流板均进行了环向筋板的加固,经过一年的运行,尚未发现裂纹和撕裂现象。试验表明:加固后运行情况尚好,在水位 156m 下可以满足安全运行,预计 175m 水位运行也是安全的。

(2)稳定性试验研究

通过对 ALSTOM 机组和 VGS 机组稳定性试验,主要结论如下:

1)可将机组的运行区划分为三个区,即可以连续运行的稳定运行区,允许短期运行的限制运行区和不宜运行的禁止运行区。

2)机组在开停机及甩负荷过程均未发现有共振等不良现象,现有的开停机方式是合适的。

3)真机与模型的压力脉动随负荷变化的总趋势基本一致,有较高的符合性,两者的能量特性(出力、相对效率等)相吻合。机组振动摆度满足合同要求。

4)测试结果表明,无论是 145m 水位还是 156m 水位,厂房结构振动的幅值都比较小。参照目前国内外已有的振动标准,两种水位下的振动对于厂房结构本身、仪器设备和运行人员都是安全的。

(3)756MW 运行试验

2006 年 10 月 10—12 日 6 号、8 号机组完成了 756MW 连续 8 小时运行。10 月 22 日至 11 月 4 日,全部机组完成了 756MW 连续 8 小时考核运行;10 月 26—29 日完成了全厂机组满负荷 9800MW 连续 72 小时考核运行。2006 年 11 月 13 日至 12 月 13 日,6 号机组完成了 756MW 连续 30 天运行,2006 年 12 月 16 日至 2007 年 1 月 15 日,8 号机组完成了 756MW 连续 30 天运行。

监测数据表明,机组三部轴承温度、振动摆度、技术供水压力等运行数据均在正常范围以内,发电机定子绕组、转子绕组、发电机纯水系统、主变压器、离相封闭母线、励磁变压器、GIS、出线避雷器、出线电压互感器、制动开关等设备运行正常,主回路温升情况良好,设备温度随负荷上升有所升高,但未出现温度异常。

2.4 175m 试验性蓄水三峡机组运行试验研究

三峡电站 175m 试验性蓄水的机组性能及运行试验研究分为三次:第一次是 2008 年

9月三峡首次175m试验性蓄水，蓄水起始水位145m，蓄水最高水位172.8m。第二次是2010年9月，三峡电站上游水位首次到达175m。在这两次175m试验性蓄水期间，分别在三峡左右岸电站5种机型中各选1台试验机组（左岸ALSTOM 6号机组、左岸VGS 8号机组、右岸东电16号机组、右岸ALSTOM 21号机组、右岸哈电26号机组）进行机组稳定性试验和能量特性试验、调速器扰动试验、甩负荷试验、过速试验、厂房振动试验等。同时，对所有26台机组陆续进行756MW的大负荷试验。第三次是在2011—2013年175m蓄水期间，对三峡地下电站选取3台不同类型试验机组：28号机组（东电）、30号机组（天津ALSTOM）、31号机组（哈电），利用8—11月升水位期间，完成了机组稳定性及相对效率试验。2011年11月10日，地下电站31号机组和32号机组分别进行了连续8小时的756MW大负荷运行。在3次蓄水试验期间，也对三峡机组初期运行出现的问题进行了专题试验研究。

2.4.1 初期试运行问题研究

（1）三峡右岸电站东电机组100Hz电磁振动

三峡右岸电站东电18号机组机于2007年投运，投运后发现发电机定子铁芯100Hz振动偏大，经研究发现100Hz的产生与发电机定子绕组槽路数、接线方式有关，其铁芯100Hz电磁振动主要是定子50对极磁动势次谐波与基波相互作用引起的。经过多方案的比较，在无法改变分数槽绕组的情况下，采用改动原方案定子绕组接线方式，由“10+7”大小相带布置改为“12+5”的大小相带布置的方案，经理论计算和真机测量，采取该优化方案将引起电磁振动的50对极谐波幅值削弱87%，从根源上基本消除了100Hz高频振动和相应噪音（表3）。

表3　三峡18号机定子铁芯100Hz振动值测试结果对比　（单位：μm）

项目	负载	测点1	测点2	测点3	测点4	测点5	平均值
改进前	700MW	47.9	41.9	21.6	47.7	78.9	47.6
改进后	703MW	6.2	5.7	4.1	6.1	7.8	6.0

（2）三峡地下电站ALSTOM机组700Hz振动

2011年7月三峡地下电站30号机组启动试验时发现定子铁芯700Hz异常电磁振动，振动幅值随负荷的增加而加大，在最大试验负荷600MW时峰值达到4.5g。研究发现，30号机组齿谐波引起的力波激振频率与定子铁芯固有频率十分接近（小于10%），激振力波引发定子铁芯共振，是导致铁芯700Hz高频振动的根源。经全面分析，采用降低定子的固有频率来避免共振。处理过程中采用：①将定子铁芯压紧力由1.7MPa提高到了1.8MPa。调整后定子固有频率从694～697Hz降低至682～687Hz；600MW下的振动峰峰值由4.7g降至3.35g；②在下挡风板与定子机座下环板之间增加支撑，加固下挡风板。调整后定子固有频率降至 676～680Hz;600MW 下的振动峰峰值降至 2.5g;③在定子铁芯鸽尾筋上增加配重块,共计 40t,降低定子固有频率至约 660Hz,600MW 下的振动峰峰值降至 1.6g(热态)。通过以上三种处理手段,经现场试验验证,降低了定子固有频率约 40Hz,解决了三峡 30 号机组的 700Hz 高频振动的问题。

2.4.2 三峡机组运行性能试验研究

2.4.2.1 能量特性

三峡左右岸电站 5 种机型水轮机出力特性见表 4。由表可见,5 种机型真机出力均超过了合同保证值要求的出力值。

表 4　　三峡左右岸电站 5 种机型水轮机出力特性

6 号(左岸 ALSTOM)		净水头 H(m)	78.5	80.6	89.4
	合同保证值	水轮机出力(MW)	681.8	710	834.1
		导叶开度(%)	100	100	73.8
	真机实测值	水轮机出力(MW)	718.7	737.2	833
		导叶开度(%)	99.8	99.3	72.8
8 号(左岸 VGS)		净水头 H(m)	78.5	80.6	89.4
	合同保证值	水轮机出力(MW)	683.7	710	823
		导叶开度(%)	100	100	100
	真机实测值	水轮机出力(MW)	722	741.7	828.5
		导叶开度(%)	97.1	98.0	96.8
16 号(右岸东电)		净水头 H(m)	78.5	85	90
	合同保证值	水轮机出力(MW)	644.17	710	780.30
		导叶开度(%)	105.6	100	102.2
	真机实测值	水轮机出力(MW)	684	761	821
		导叶开度(%)	98.9	96	94.7
21 号(右岸 ALSTOM)		净水头 H(m)	78.5	85	90
	合同保证值	水轮机出力(MW)	694.7	763.3	814.0
		导叶开度(%)	100	94	90
	真机实测值	水轮机出力(MW)	724.6	786.2	837
		导叶开度(%)	95.25	87.74	84.4
26 号(右岸哈电)		净水头 H(m)	78.5	84	90
	合同保证值	水轮机出力(MW)	634	710	767
		导叶开度(%)	101	100	99
	真机实测值	水轮机出力(MW)	647	719	803
		导叶开度(%)	95.7	95	95.1

从三峡左右岸电站5种机型、三峡地下电站3种机型的能量试验结果来看：真机实测效率曲线与厂家预期的效率曲线变化趋势基本一致，说明真机的能量指标与模型的能量指标比较接近；实测水轮机最优出力与厂家提出的预期最优出力值基本一致，水轮机出力均超过了合同保证值出力值。

2.4.2.2 稳定性能

通过实测压力脉动与模型试验结果的比较：真机实测曲线与模型试验曲线变化趋势基本一致，真机实测压力脉动与模型试验结果基本吻合。

三峡左右岸5种机型上游水位145.5m和175m下压力脉动对比见图5和图6。

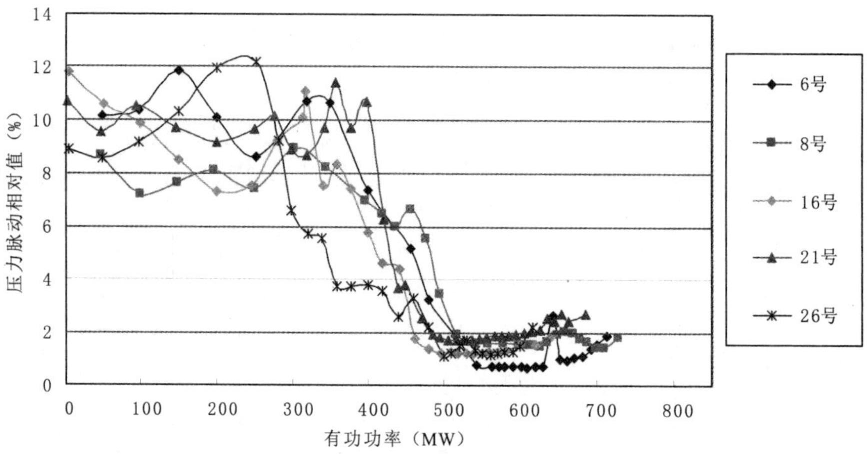

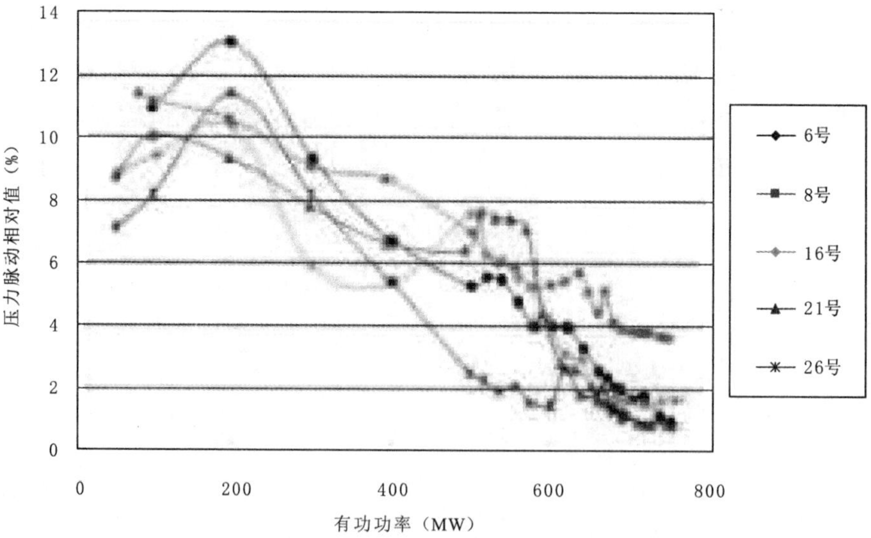

图5 ▽上=145.5m和175m尾水上游压力脉动相对幅值对比图

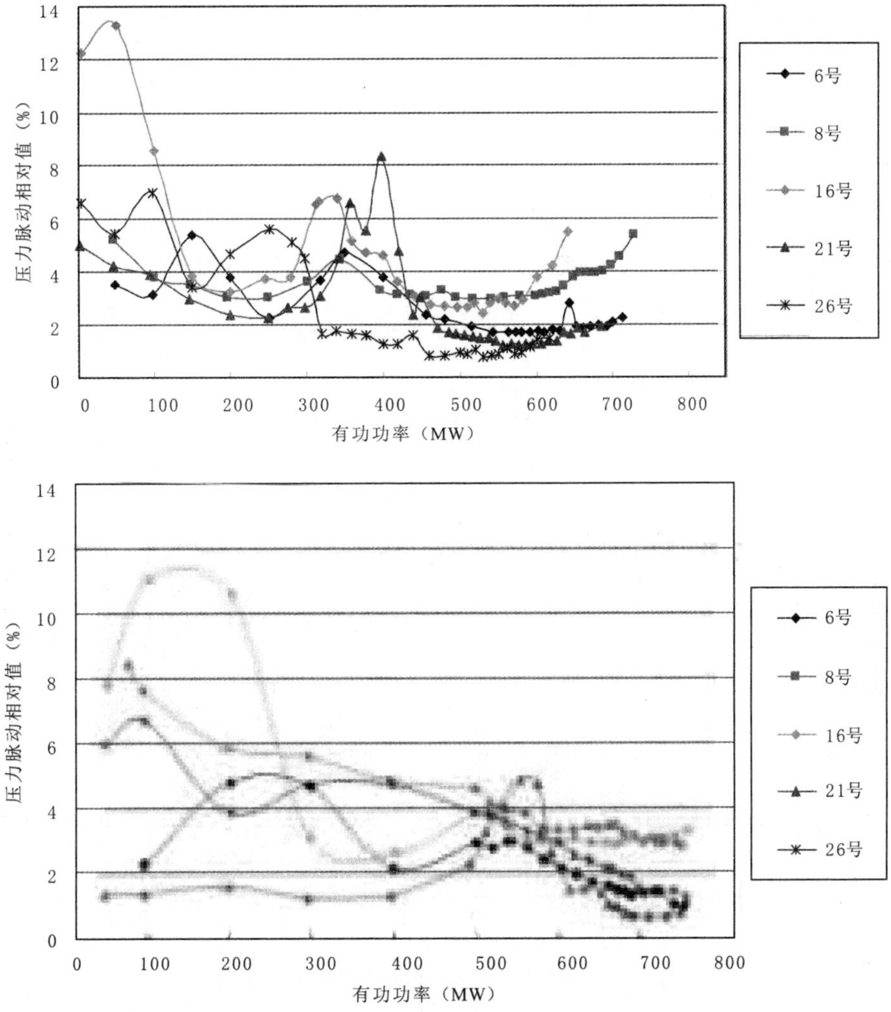

图6　▽上＝145.5m和175m无叶区压力脉动相对幅值对比图

试验表明：三峡左右岸电站5种机型、地下电站3种机型的压力脉动随负荷变化趋势基本一致，压力脉动幅值在小负荷区和涡带区相对较大，大负荷区相对较小。总体上看，5种机型压力脉动水平基本相当，在70％～100％出力范围，未发现水力共振、卡门涡共振和异常压力脉动，压力脉动相对混频幅值基本满足合同保证值。在70％～100％出力范围，右岸电站机组总体上略优于左岸机组。此外，在与左岸模型试验中发现的高部分负荷压力脉动区(SPPZ)相对应的负荷区域，在升水位真机试验中表现不明显。

三峡左右岸电站5种机型上游水位145.5m和175m下的振动摆度对比见图7至图9。

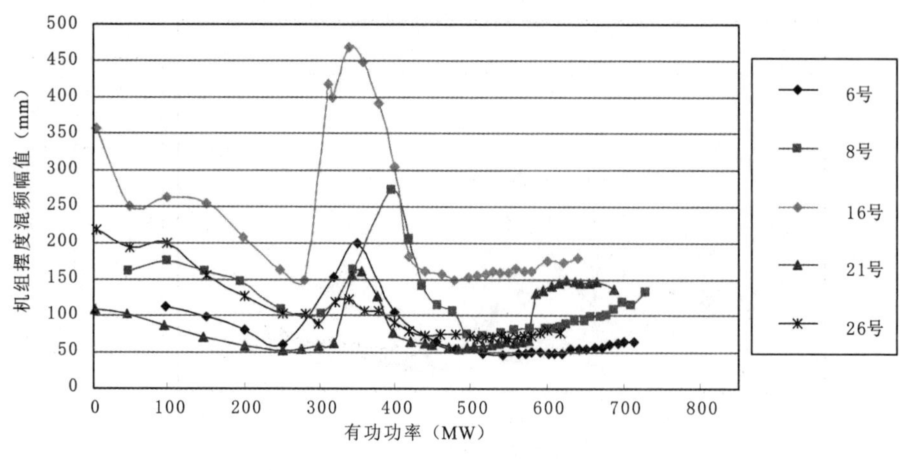

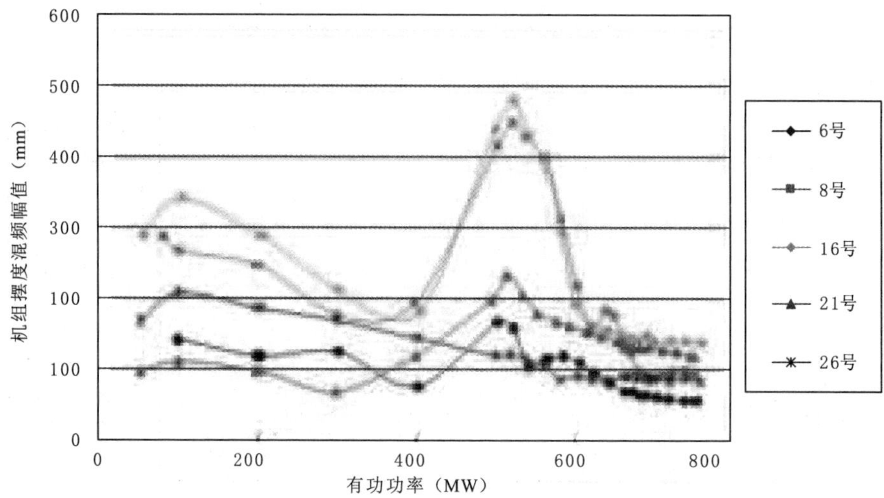

图7 ▽上＝145.5m和175m水导摆度对比图

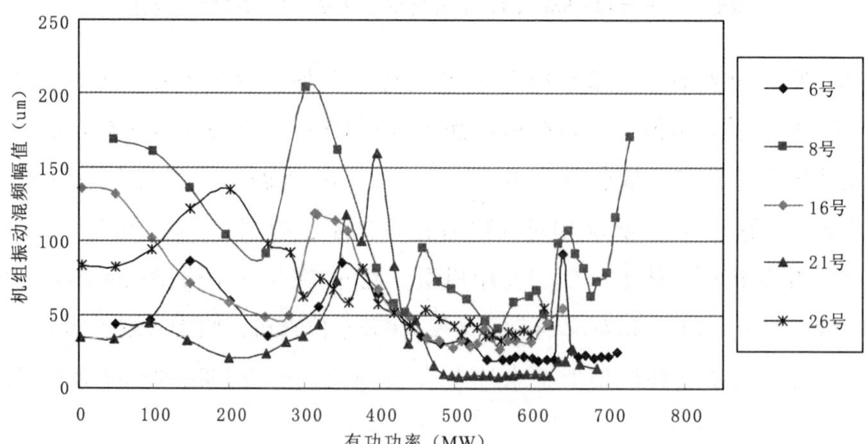

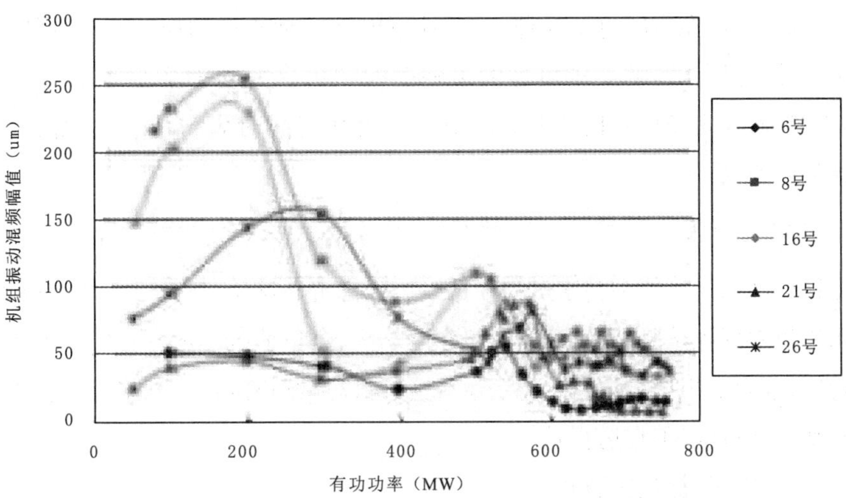

图 8　▽上=145.5m 和 175m 下机架垂直振动对比图

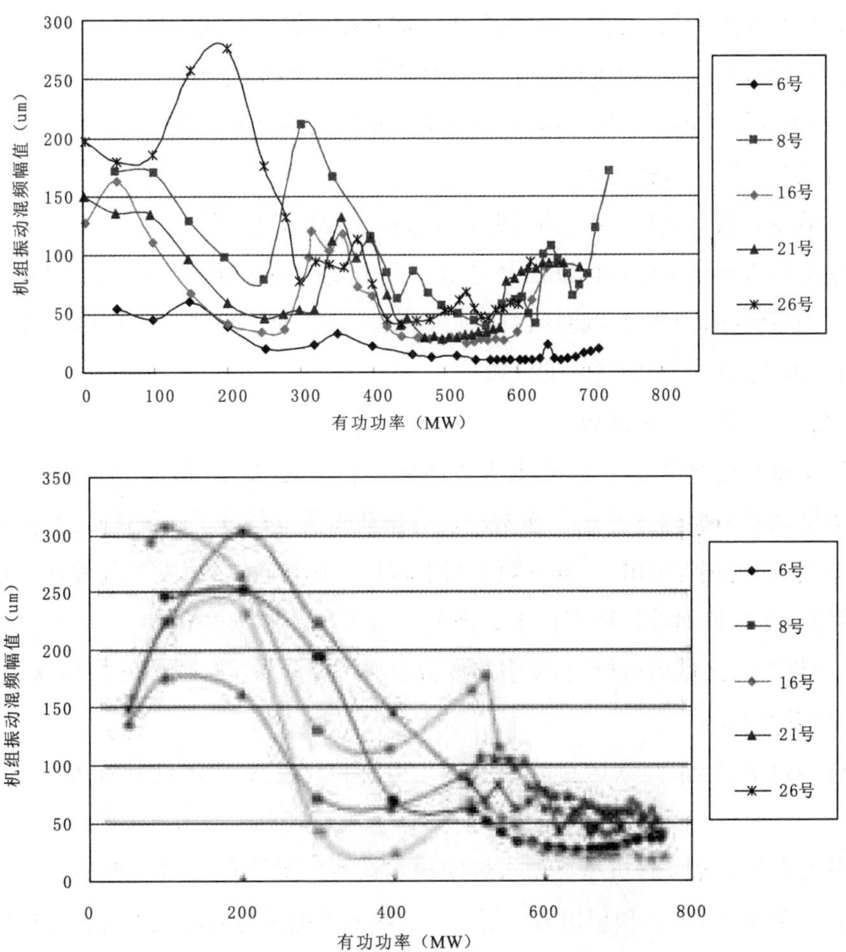

图 9　▽上=145.5m 和 175m 顶盖垂直振动对比图

试验表明：三峡左右岸电站 5 种机型、地下电站 3 种机型的振动和摆度随负荷变化趋势基本一致。总体上看，5 种机型的主轴摆度和机组振动水平基本相当，在 70%～100%出力范围，未发现异常振动现象，主轴摆度和机组振动基本满足合同保证值或有关国标允许值的要求。

2.4.2.3 稳定运行区

据运行标准的允许值和蓄水过程中机组运行稳定性试验，综合考虑压力脉动、振动、摆度和水轮机效率等试验结果，建议机组在全水头、全负荷范围内划分成以下 4 个区域：空载运行区（仅限机组调试运行）、稳定运行区（可以连续稳定运行）、限制运行区（允许限时运行）、禁止运行区（不宜运行）。

（1）稳定运行区（绿色区域）

本区是机组在全部负荷范围内压力脉动和振动最小的区域。从真机试验看机组在此区内运行时最为平稳，没有水力共振、卡门涡共振和异常振动现象，压力脉动小于 6%，机组振动幅值满足运行标准的允许值。该区内水轮机的水力条件最为良好，机组在此区内运行时，不仅能满足安全稳定运行，而且能获得最大的经济效益。

（2）限制运行区（黄色区域）

该区域没有水力共振、卡门涡共振和异常振动现象，压力脉动为 4%～6%，部分测点的机组振动幅值略超过运行标准的允许值。由于该区域的脉动和振动主频为频率较低的尾水管涡带频率，因此建议将该区列为限制运行区，允许机组短时间内可在此负荷范围内运行，但不宜作为长期运行的区域。

（3）禁止运行区（红色区域）

该区是水轮机效率最低、转轮水力条件最差的区域，是全部运行范围内最差的。该区域压力脉动基本都超过了 6%，多数测点的振动幅值也超过了运行标准的允许值，而且频率较为复杂，主频不突出，大部分频率高于转频。在转轮区，将发生各种进口水流的撞击、脱流与产生叶道涡等各种不良水力现象。由于压力脉动和振动大，动应力也必然较大，机组长期在此区域内运行，容易引起疲劳而缩短寿命，故建议将其列为不宜运行区。

（4）空载运行区

该区为机组启动、调试运行时的区域。由于该区主要稳定性指标差，不可长时间运行。

三峡左右岸电站 5 种机型典型水位的稳定运行区见表 5，5 种机型稳定性运行区基本满足合同 70%～100%预想出力的要求。三峡地下电站与右岸电站各机型稳定运行区对比见表 6。

表 5　　左右岸 5 种机型典型水位的稳定运行区(水轮机出力)

机型	6 号	8 号	16 号	21 号	26 号
毛水头约 110m(上游水位 175m)					
禁止运行区(MW)	0～440	0～560	0～550	0～570	0～530
限制运行区(MW)	420～610	560～620	550～600	570～600	530～590
稳定运行区间(MW)	610～756	620～756	600～756	600～756	590～756
毛水头约 77.5m(上游水位 145.5m)					
禁止运行区(MW)	0～400	0～425	0～390	0～450	0～340
限制运行区(MW)	400～460	425～485	390～430	450～470	340～400
稳定运行区间(MW)	460～670	485～670	430～640	470～670	400～610

表 6　　三峡地下电站与右岸电站各机型稳定运行区对比

毛水头(m)	右岸电站东电机组	地下电站东电机组	右岸电站ALSTOM机组	地下电站ALSTOM机组	右岸电站哈电机组	地下电站哈电机组	毛水头(m)
	稳定运行区(MW)	稳定运行区(MW)	稳定运行区(MW)	稳定运行区(MW)	稳定运行区(MW)	稳定运行区(MW)	
80	420～675	455～665	460～700	470～700	415～650	450～655	80
86	455～700	485～700	490～700	485～756	455～700	475～725	86
90	480～700	510～700	510～700	495～756	480～700	495～756	90
95	510～700	540～700	535～700	520～756	510～700	520～756	95
100	540～700	565～700	560～700	555～756	540～700	540～756	100
105	570～700	595～700	585～700	575～756	570～700	565～756	105
110	600～700	625～700	610～700	590～756	600～700	585～756	110

图 10 至图 17 是一些代表性机组的运行区域图。

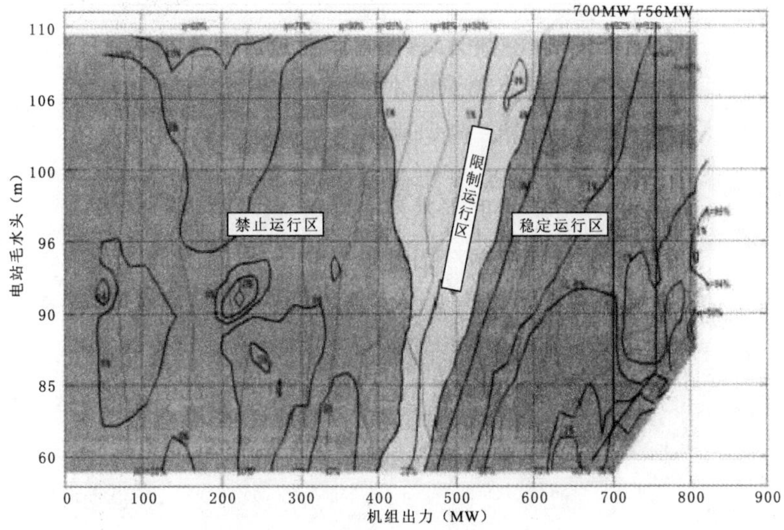

图 10　6 号机组运行区域图

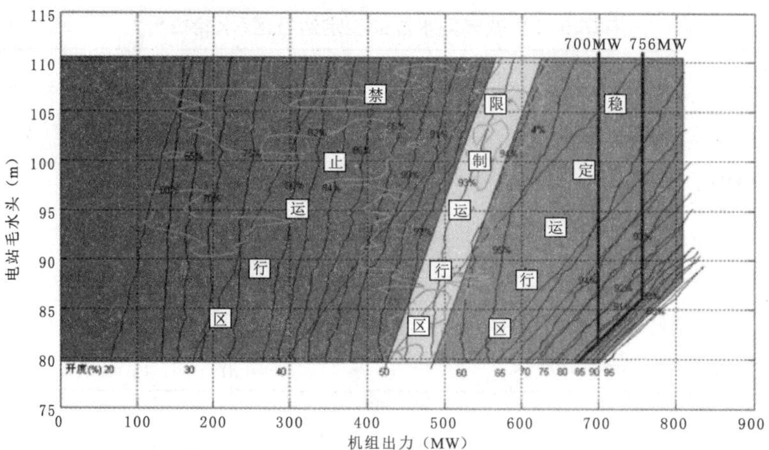

图 11　8 号机组运行区域图

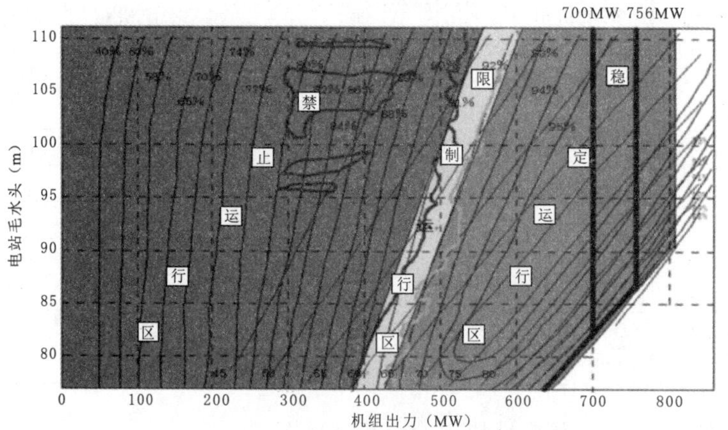

图 12　16 号机组运行区域图

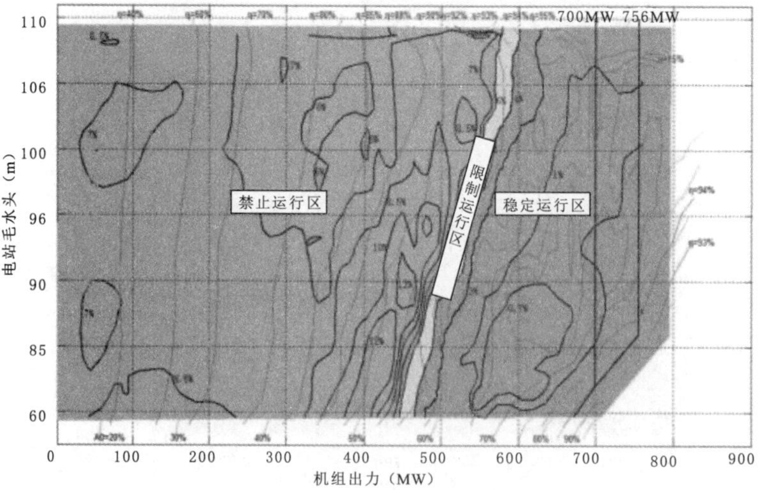

图 13　21 号机组运行区域图

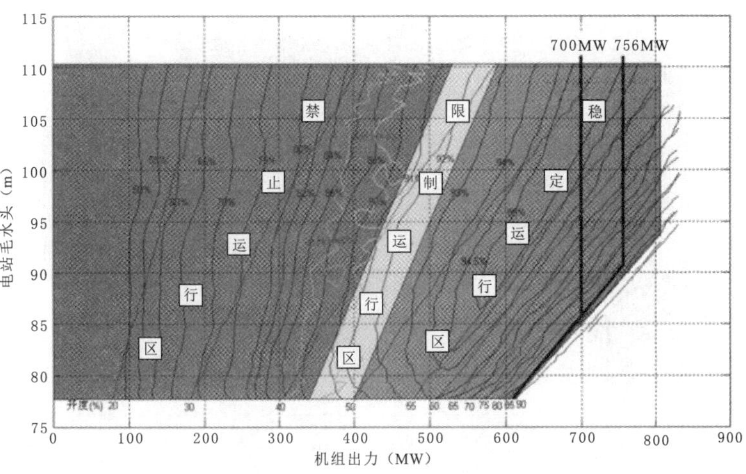

图 14　26 号机组运行区域图

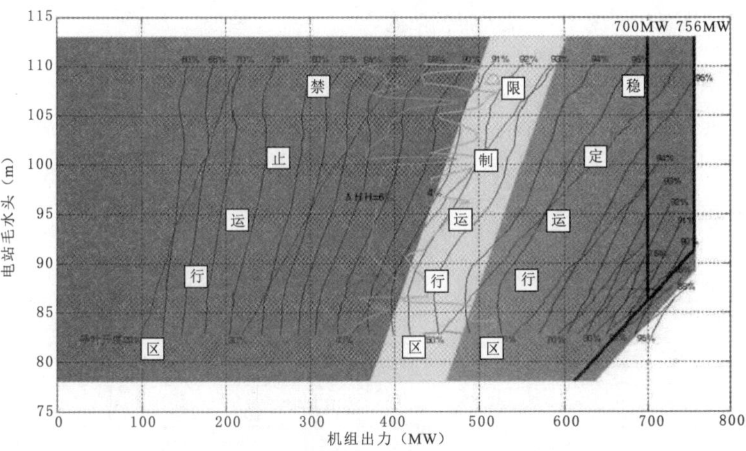

图 15　31 号机组运行区域图

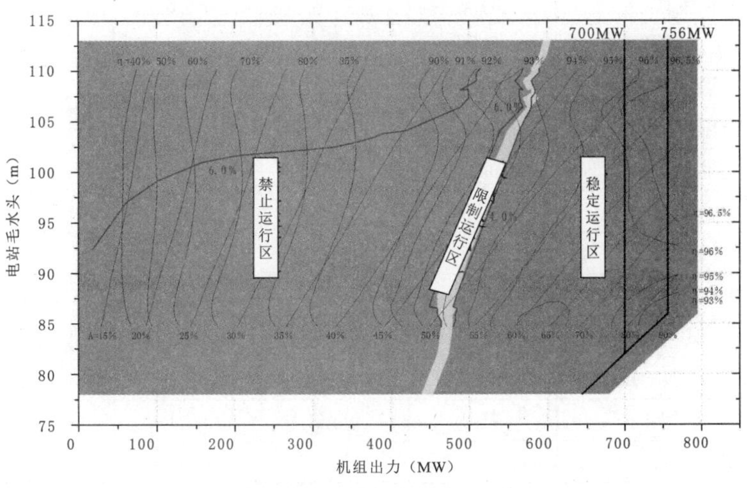

图 16　30 号机组运行区域

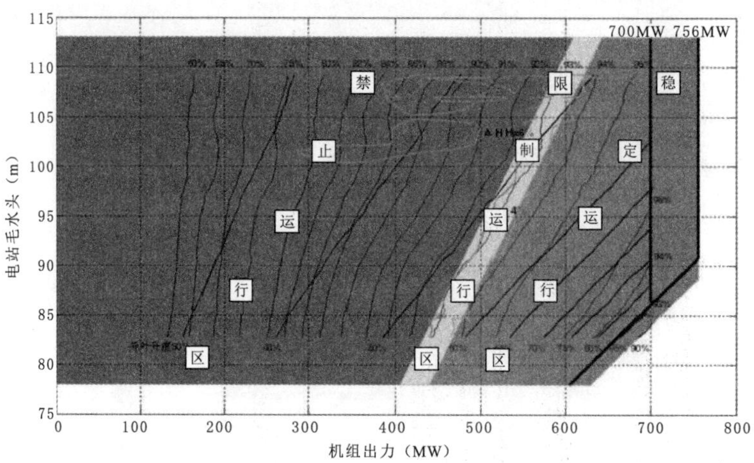

图 17　28 号机组运行区域图

2.4.2.4　756MW 机组稳定性试运行情况

三峡水库水位 175m 水位后，组织进行了三峡左、右岸电站 5 种机型的发电机最大容量 840MVA 24 小时考核运行试验，并对机组设备运行特征量进行了监测，同时也对三峡地下电站哈电 31 号和 32 号机组在与电网协调后进行了有功 756MW(840MVA)的连续运行试验，结果见表 7 至表 10。

表 7　　175m 水位下 840MVA 最大容量下运行机组设备运行温度

项目		2 号	6 号	16 号	20 号	26 号
运行出力		756MW+366MVar				
定子电流(A)		23220	23690	23500	23400	23500
转子电流(A)		3933	4251	3975	4171	4370
定子线槽(绕组)温度(℃)		56.7	63.6	61.9	64.2	88.9
定子铁芯温度(℃)		64.5	72.4	68.6	72.0	71.8
铁芯齿压板温度(℃)		61	71.3	—	77.0	71.6
纯水进水温度(℃)		46.9	55.7	59.1	53.1	—
主变绕组温度(℃)		58	58	67	64	67
主变上层油温(℃)		49	42	44	38	46
励磁变温度(℃)	A 相－b	93.3	98	89.2	96.1	104.6
	A 相－r	90.6	102.1	90.1	95.7	101.9
	B 相－b	93.5	100	93.2	97.7	97.6
	B 相－r	87.4	99.9	93.4	94.7	99.4
	C 相－b	88.8	93.1	95.2	99.2	101.9
	C 相－r	91.2	95.9	97.1	95.4	103.1
技术供水温度(℃)		21.6				

表 8　　175m 水位下 840MVA 最大容量下运行机组各部轴承温度

项目	2号	6号	16号	20号	26号
运行出力(℃)	756MW+366MVar				
上导瓦温(℃)	38.1	45.3	34	40.1	37.6
上导油温(℃)	32.9	39.6	30.1	36.2	34.8
下导瓦温(℃)	55.5	40.8	52.2	39.7	39.2
推力瓦温(℃)	79.1	76.5	75.8	70.9	76.2
推导油温(℃)	36.1	31.6	36.3	30.9	38.4
水导瓦温(℃)	47.8	54.4	40.1	56.4	56.5
水导油温(℃)	38.7	45.1	38.7	47.5	42.2

表 9　　175m 水位下 840MVA 最大容量下运行各部位噪音情况

项目		2FB	6FB	16FB	20FB	26FB
运行出力		756MW+366MVar				
主变压器(分贝)		79.8	79.4	89.2	93.5	90.5
蜗壳进人门(分贝)		91.4	89.3	94.9	94.3	93.2
锥管进人门(分贝)	上游侧	93	93	101	100.3	105.4
	下游侧	92	91.8	100.7	100.8	101.7

表 10　　三峡机组 756MW 下运行稳定性对比表

序号	项目	6号	8号	16号	21号	26号	31号	32号
1	负荷(MW)	757	756	760.7	754.2	755.6	756.4	756.7
2	上游水位(m)	170.4	170.8	171.5	171.1	170.9	170.4	170.4
3	下游水位(m)	65.8	65.8	65.551	65.6	65.37	65.4	65.4
4	上导摆度(μm)	60	208	178	46	209	159	107
5	下导摆度(μm)	286	228	100	118	93	146	247
6	水导摆度(μm)	44	80	140	74.6	61	75	92
7	上机架水平振动(μm)	8.2	17	10	34.5	21	14	17
8	上机架垂直振动(μm)	7.2	30	16	7	36	12	26
9	下机架水平振动(μm)	9.9	14	9	/	8	5	7
10	下机架垂直振动(μm)	9.5	23	22	/	31	36	49
11	定子机座水平振动(μm)	38.5	/	36	46	38	94	113
12	定子机座垂直振动(μm)	3.8	/	11	66	37	10	7
13	定子铁芯水平振动(μm)	/	/	42	14	8	106	156
14	定子铁芯垂直振动(μm)	/	/	10	12	3	16	20
15	顶盖水平振动(μm)	17	22	15	38	27	20	17
16	顶盖垂直振动(μm)	15	26	27	72	56	39	50

注:1.21 号振动数据单位为 mm/s;2."/"表示未安装此测点传感器。

机组 840MVA 运行试验期间,设备运行平稳,机组及相关设备经受住了 840MV 连续 24 小时运行的考验。

1)各种机型发电机组在最大容量运行工况下,发电机组电气主回路(包括封闭母线、励磁变压器等)温度正常,机组二次设备运行稳定;机组三部轴承运行温度、机组各部位振动摆度正常,机组满足安全稳定运行要求。

2)主变压器 840MVA 运行时,变压器绕组温度、变压器油温及噪音情况正常,满足安全稳定运行要求。

2.4.2.5 不同冷却方式机组运行情况

三峡电站运行的 32 台 700MW 机组共有三种冷却方式,其中水冷机组共 24 台,全空冷机组共 6 台(23～26 号,31～32 号),蒸发冷却机组共 2 台(27～28 号)。对比情况见表 11。

表 11　　三峡电站各发电机额定运行时温升统计

	左岸电站				右岸电站				地下电站							
	VGS（定子水内冷）		ALSTOM（定子水内冷）		东电（定子水内冷）		哈电（全空冷）		ALSTOM（定子水内冷）		东电（定子蒸发冷却）		哈电（全空冷）		ALSTOM（定子水内冷）	
机组号	1～3 号、7～9 号		4～6 号、10～14 号		15～18 号		23～26 号		19～22 号		27～28 号		31～32 号		29～30 号	
	最高	平均	最高	平均	最高	平均	最高	平均	最高	平均	最高	平均	最高	平均	最高	平均
定子绕组温度(℃)	56.6	55.1	63.3	58.6	60.8	56.1	71.0	61.7	60.0	55.9	65.9	62.4	79.1	74.4	60.4	57.2
定子铁芯温度(℃)	60.1	58.3	75.4	73.3	69.4	65.8	57.0	51.5	69.5	65.1	70.5	62.6	70.1	67.5	69.3	66.4

通过表 11 数据可知,发电机组采用不同冷却方式下定子线棒和铁芯的温度略有差异,但都符合设计、有关规程要求,在允许值范围内,目前,三峡电站各台机组的冷却系统运行正常,机组运行状态良好。

三峡地下电站东电机组首次在 700MW 水电机组发电机上采用具有完全自主知识产权的蒸发冷却技术。通过长时间的机组运行考验,蒸发冷却机组性能满足设计、合同要求及有关规程要求。

2.5 机组性能评价

2007 年 4 月、2008 年 12 月、2010 年 11 月和 2014 年 9 月,三峡集团分别对 156m、172.8m 和 175m 不同蓄水位下的三峡机组运行性能及试验研究召开了专家评审会,主要评审意见如下:

1)自左岸电站首批机组 2003 年 7 月投产,三峡机组相继经历了 135m、156m、172.8m、175m 等不同阶段蓄水位的运行考验。蓄水过程中,三峡集团组织有关单位对三峡机组进行了运行性能测试试验。试验数据覆盖了三峡左、右岸电站的 5 种机型,三峡地下电站 3 种机组,从低水头至高水头的不同运行工况。性能试验遵循了 IEC、ISO 国际

标准以及我国现行相关规程规范,试验项目较全面,方法正确,结果真实可信,数据较完整,为机组的性能评价提供了科学的依据。

2)现场试验表明,三峡水轮机的真机性能与模型试验结果的符合性较好。水轮发电机组运行安全稳定,能量、空蚀和电气等性能良好,主要性能指标达到或优于合同要求。运行试验表明,工程设计对机组提出的总体技术要求,以及机组在设计、制造、安装调试过程中所采取的技术措施是先进合理的,满足了三峡电站运行条件的要求。

3)能量性能:实测的真机相对效率及变化趋势和最优效率与厂家的预测基本一致,各种水轮机均有较高的效率,水轮发电机组出力均大于合同保证值。

4)稳定性能。

压力脉动:测试的各种机组压力脉动水平相当,在70%~100%出力范围,未发现水力共振、卡门涡共振和异常压力脉动,压力脉动混频相对幅值总体满足合同保证值。在70%~100%出力范围,右岸电站机组的稳定性能优于左岸电站机组。

振动和摆度:机组的振动和摆度随负荷变化趋势基本一致,主轴摆度和机组振动水平相当,总体满足合同保证值或有关国标允许值的要求。在70%~100%出力范围,未发现异常振动现象。

稳定运行范围:直至运行到高水头段(最高水头达到110m),机组70%~100%出力范围内稳定性能满足合同要求。总体上,三峡地下电站哈电和ALSTOM机组稳定运行范围与三峡右岸电站机组稳定运行范围相当,东电机组稳定运行范围比三峡右岸电站东电机组稍窄。机组设计均满足长期稳定运行的要求。

5)甩负荷试验结果表明:机组在甩负荷工况中,机组转速上升和蜗壳压力上升值满足合同要求。

6)在蓄水位145m、156m和175m条件下的厂房振动测试表明,由各种因素引起的厂房振动在允许的范围内。

7)根据现场测试结果,三峡电站机组各种机型运行区按压力脉动、振动、摆度综合考虑划分为稳定运行区、限制运行区和禁止运行区,符合三峡机组的安全稳定运行需要,可用于指导三峡机组运行。

8)在175m水位下,进行了机组840MVA(有功756MW,无功366MVar)运行试验。试验情况表明,机组运行稳定,各部位轴承温度正常,发电机定子绕组、定子铁芯和齿压板等部位温度低于设计值,机组在容量840MVA工况下运行是安全稳定的。

9)三峡水轮发电机组按有功功率756MW设计、额定功率因数0.9、最大容量840MVA,经试验和运行验证,三峡机组具备756MW长期安全稳定运行的能力。专家认为,运行过程中按单机最大容量840MVA控制调度有利于扩大机组稳定运行范围。

10)机组在初期运行出现的问题主要有:ALSTOM机组过速关机过程出现小开度异

常振动、蜗壳导流板撕裂、东电机组 100Hz 电磁振动、地下电站 ALSTOM 机组在运行初期的 700Hz 振动和噪声问题等。三峡集团组织了专题研究和相应处理，通过全厂满出力及单机功率 756MW 考核运行证明所进行的研究和相关处理正确有效，保证了机组的稳定运行。

11）三峡右岸电站哈电自主研制的目前世界上单机容量最大的 840MVA 水轮发电机全空冷技术达到了国际先进水平。三峡地下电站东电机组首次在 700MW 水电机组发电机上采用具有完全自主知识产权的蒸发冷却技术。通过长时间的机组运行考验，全空冷、蒸发冷却机组性能满足设计、合同要求及有关规程要求。

3 三峡电站机组运行现状

三峡电站 32 台 700MW 水轮发电机组及 2 台 50MW 水轮发电机组自投产以来，先后共经过了 2003 年汛末 135m、2006 年汛末 156m、2008 年汛末 172m、2010 年汛末 175m 4 个蓄水位以及 756MW 大负荷运行考验，历年机组等效可用系数均在 93%以上，机组强迫停运率除在投产初期较高外，其余时间均较低，可靠性指标始终保持在较高水平，为电力行业的先进水平。地下电站投产后，三峡全厂 34 台机组（含电源电站 2 台）于 2012 年 7 月全厂出力首次达到 2250 万 kW，累计满发 711h。2014 年三峡电站第三次实现 2250 万 kW 满发运行，汛期累计满出力运行 706h，全年发电量 988 亿 kW・h，创下当时单座水电站年发电量的世界纪录。2010 年以后三峡电站机组满发情况如表 12。

表 12　　2010 年以来三峡电站满发统计

年度	发电量(亿 kW・h)	2250 万 kW 满发时间(h)
2010 年	843.7	—
2011 年	782.93	—
2012 年	981.07	711
2013 年	828.27	145
2014 年	988.19	704
2015 年	870.07	0
2016 年	935.33	212
2017 年	976.05	313
2018 年	831.97	352

注：2018 年数据截至 10 月 11 日 24 时。

2018 年 10 月，对三峡电站各种机型的运行数据进行了统计，见表 13、表 14。

表 13　　三峡电站各台机组水轮机运行情况(时间:2018 年 10 月 23 日)

项目		左岸电站		右岸电站			地下电站		
		VGS 3 号机(定子水冷)	ALSTOM 3 号号机(定子水冷)	东电 15 号机(定子水冷)	哈电 24 号机(空冷)	ALSTOM 20 号机(定子水冷)	东电 28 号机(蒸发冷却)	哈电 31 号机(空冷)	ALSTOM 30 号机(定子水冷)
机组运行									
机组出力(MW+MVar)		670+80	700+190	700+65	700+90	685+70	700+65	675+55	700+45
机组运行水头(m)		109.02	109.02	109.4	109.4	109.4	109.4	109.4	109.4
蜗壳进口压力脉动($\Delta H/H$)		1.2%	1.6%	2.1%	1.4%	2.0%	0.7%	1.2%	1.9%
无叶区压力脉动($\Delta H/H$)		2.0%	3.5%	2.8%	1.8%	2.2%	2.2%	4.4%	2.0%
尾水管压力脉动($\Delta H/H$)		1.6%	4.3%	1.8%	2.3%	2.2%	1.2%	0.4%	1.3%
顶盖水平振动(μm)	+X	17	18	11	30	28	15	19	28
	+Y	/	24	30	34	29	21	22	31
顶盖垂直振动(μm)		0	16	31	46	40	26	46	52
水导轴承摆度(μm)	+X	219	104	186	78	133	146	109	105
	+Y	216	91	186	78	133	118	102	79
水导轴承瓦温(℃)		/	/	42	53.8	58.5	43.9	51	52.7
机组检修情况									
水轮机空蚀情况		无	无	无	无	无	无	无	无
水轮机磨损痕迹		无	无	无	无	无	无	无	无
承压螺栓把合情况		正常	正常	正常	正常	正常	正常	正常	正常
转轮裂纹情况		无	无	无	无	无	无	无	无

表 14　　三峡电站各台机组发电机运行情况(时间:2018 年 10 月 23 日)

项目		左岸电站		右岸电站			地下电站		
		VGS 3 号机(定子水冷)	ALSTOM 3 号号机(定子水冷)	东电 15 号机(定子水冷)	哈电 24 号机(空冷)	ALSTOM 20 号机(定子水冷)	东电 28 号机(蒸发冷却)	哈电 31 号机(空冷)	ALSTOM 30 号机(定子水冷)
机组出力(MW+MVar)		670+80	700+190	700+65	700+90	685+70	700+65	675+55	700+45
机组运行水头(m)		109.02	109.02	109.4	109.4	109.4	109.4	109.4	109.4
上导摆度(μm)	+X	110	27	133	64	109	159	236	94
	+Y	136	28	107	71	97	167	268	91
水导摆度(μm)	+X	235	104	186	78	133	146	109	105
	+Y	222	91	186	78	133	118	102	79
顶盖振动(μm)	垂直	0	16	31	46	40	26	46	52
	水平	15	24	19	34	34	21	22	31
上机架振动(μm)	垂直	8	32	11	33	15	15	22	20
	水平	24	28	10	35	17	19	28	22

续表

项目		左岸电站				右岸电站						地下电站					
		VGS 3号机（定子水冷）		ALSTOM 3号号机（定子水冷）		东电 15号机（定子水冷）		哈电 24号机（空冷）		ALSTOM 20号机（定子水冷）		东电 28号机（蒸发冷却）		哈电 31号机（空冷）		ALSTOM 30号机（定子水冷）	
下机架振动(μm)	垂直	43		30		28		36		21		29		38		11	
	水平	8		16		5		10		38		5		8		14	
定子振动(μm)	垂直	12		16		10		13		22		/		/		/	
	水平	77		47		50		53		34		/		/		/	
不同冷却方式发电机运行数据																	
		最高	平均	最高	平均	最高	平均	最高	平均	最高	平均	最高	平均	最高	平均	最高	平均
定子绕组温度(℃)		54	51	51.1	49.7	57.3	52.4	78.6	75	59.9	56	64.8	62	72.5	69.8	59.8	56.1
定子铁心温度(℃)		56	53.7	73.2	66	62.8	60.5	67.1	66.2	63.6	61.5	69.7	65	63.4	62.9	64.3	63.1
不同机型推力轴承轴瓦温度数据																	
		最高	平均	最高	平均	最高	平均	最高	平均	最高	平均	最高	平均	最高	平均	最高	平均
上导瓦温(℃)		40.3	34	40.7	39	41	36.3	40.6	39	37.2	36.1	50.2	45.7	36.9	36.1	40.5	38.1
下导瓦温(℃)		52.1	44.2	40.6	39.5	48.9	44.9	40.3	39.4	47.5	42.5	49.5	46.8	44.3	43.3	46.1	44.5
推力瓦温(℃)		76.3	74.5	76	74.5	74.7	73.4	77.6	74.7	71.3	70.2	77.3	75.3	79.1	77.7	78.8	77.7

截至2018年10月底，三峡电站累计发电11787亿kW·h。多年运行实践表明，三峡机组运行稳定，能量、空蚀和电气等性能良好，主要性能指标达到或优于合同要求，国产机组的设计水平和制造能力实现了跨越式提高，总体性能达到了国际先进水平。机组相关附属设备、公用系统设备及输变电设备等运行性能优良，能长期可靠、稳定运行。

4　三峡工程重大水电装备国产化

4.1　成功实现技术引进、消化吸收、再创新国产化的道路

三峡集团将推进机电设备国产化作为自己的责任。回顾三峡机电设备国产化历程，采用的是“引进技术—消化吸收—自主创新”的模式。

（1）技术引进吸收阶段

左岸电站机电设备采购中，采取了“技贸结合，技术转让，联合设计，合作生产”的方式。通过国外企业与中国企业联合设计、合作制造，向中国企业全面转让核心技术，培训中方技术人员。国内企业完整地引进、消化吸收了核心技术，大大提高了设计制造能力，掌握了700MW特大型水轮发电机组的水轮机水力设计与模型试验、发电机电磁设计、大部件强度刚度计算、推力轴承计算与试验、轴承稳定性计算、发电机通风冷却计算、专项关键制造工艺等技术，具备了自主创新能力，为自主设计制造700MW特大型水轮发电机组奠定了基础。

(2)自主创新阶段

在三峡右岸电站和地下电站机电工程建设中,为了进一步促进国内企业提高自主创新能力,三峡集团促进哈电、东电在左岸电站机组的基础上加大研发力度,继续开展科研攻关,通过反复研究和试验,哈电、东电在水轮机水力设计、定子绕组绝缘、全空冷700MW发电机、发电机蒸发冷却等技术方面均取得了突破性进展,哈电、东电用7年的时间顺利完成了从左岸机组分包商到右岸机组独立承包商的重大角色转变,并拥有了自主知识产权的核心技术,具备了700MW水轮发电机组设计制造的核心能力,标志着国内水电技术已达到世界先进水平,我国自主设计、制造、安装特大型水轮发电机组的时代已经开始,水电重大装备实现了30年的跨越。这种转变,使三峡工程右岸机组的整体价格大幅下降,与完全引进国外产品相比,成本节约了10%以上,平均每台比进口要节省投资4450万元,12台共计节省投资5.34亿元。同时,此外,三峡右岸电站、地下电站的主变压器、GIS、励磁调速系统及计算机监控系统等重大装备通过左岸机组的引进、消化吸收,国内厂家的设计制造能力和技术水平都提升了一个高度,拥有了具有自主知识产权的关键技术。

4.2 促进水电重大装备设计、制造、管理、运行等方面的技术进步

通过三峡工程,我国从20世纪90年代初300MW级水电机组研制水平迅速跃升至21世纪初700MW级水电机组自主研制水平,迈入世界巨型水电机组自主研制行列,在大型水电机电设备研制、基础材料、安装运行等方面均取得了跨越式的发展,实现机电设备整个产业的技术进步与突破。

首先实现大型水电机电设备研制的重大突破。自三峡右岸开始国内企业实现了700MW混流式机组的自主研制,并通过消化、吸收和不断优化创新陆续实现了溪洛渡770MW、向家坝800MW单机容量大型混流式机组的自主研制和工程应用,乌东德850MW、白鹤滩1000MW单机容量的混流式机组也已全面进入工程建设阶段。通过对引进技术的消化吸收和加强自主创新与工程应用、优化、推广,我国在大型混流式水电机组、大型抽水蓄能机组、大型贯流式机组、大型轴流式机组等方面取得重大技术突破。其次机组辅助设备如调速、励磁系统、计算机监控系统等实现了自主研制,多项关键技术填补了国内空白,并在国内外电站得到推广应用;高压电气设备包括主变压器、GIS等完全实现自主化设计与制造,取得多项关键技术的自主创新成果,达到国际先进水平,创造了良好的社会效益和经济效益,具有广阔的推广应用前景。

实现了大型机电设备基础材料研制的重大突破。国内企业、科研院所通过联合技术攻关,突破机电设备基础材料研制的关键技术,在地下电站建设阶段实现了大型机组用铸件、高强度钢板、水轮机发电机镜板锻件、大型水电机组厚钢板、大型变压器发电机硅钢片等基础材料自主供货,并且产品质量指标达到国际同类产品最高等级,结束了我国

机电设备基础材料依赖进口的历史。为巩固国产化成果，三峡集团牵头编制了一系列水电装备基础材料的技术规范和标准。基础材料的突破，为我国后续电站的建设打下坚实的基础，并创造了巨大的社会效益和经济效益。

促进我国大型水电机组的安装、运行、管理水平的提升。为做好三峡700MW机组的安装、调试、运行和管理，三峡集团制定了《三峡水轮发电机组安装标准》，填补了700MW机组安装标准空白，制定了"精品机组"评价标准，并创造性地提出了"建管结合、无缝交接""首稳百日"等投产管理和考核指标；为指导三峡机组在各种水头下安全、高效运行，制定了《三峡机组运行区划分标准》，并结合相关国标确定了稳定运行区的各项指标。这些措施有效地保证了三峡机组安装质量和运行的可靠性，促进了我国大型水电机组的安装、运行、管理水平的提升，为我国乃至世界大型水电机组的安装、运行、管理提供宝贵了经验。

5　总结及展望

2015年，中国工程院开展了三峡工程建设机电设备第三方独立评估，机电设备评估课题组评估认为：自左岸电站首批机组于2003年7月投产以来，三峡水轮发电机组相继经历了135m、156m、172.8m、175m等不同阶段蓄水位的运行考验。十余年来的运行考核表明，三峡水轮发电机组运行安全稳定，能量、空蚀和电气等性能良好，主要性能指标达到或优于合同要求。电站输变电设备、综合自动化系统、各种金属结构设施、附属设备及公用系统设备等运行性能优良，能长期可靠、稳定运行。我国巨型水轮发电机组主、辅机设备等的自主研发、设计、制造、安装、调试能力实现了跨越式发展，与世界先进企业并驾齐驱，总体性能达到了国际先进水平。

2018年4月24日下午，习近平总书记来到三峡，详细了解三峡工程建设、发电、水利、通航、生态保护等方面的情况。他对工程技术人员说：我们要靠自己的努力，大国重器必须掌握在自己手里。要通过自力更生，倒逼自主创新能力的提升。这也是对三峡建设者付出的智慧和汗水的肯定，也是对我们铸造"大国重器"提出了新的要求。

通过三峡工程建设平台，实现了水电重大装备业跨越式发展。继三峡电站机组实现国产化后，自主创新的脚步并没有停止，在溪洛渡、向家坝电站，三峡集团继续坚持技术引进、消化吸收、再创新的路线，国产化的推进仍在继续，促进重大装备国产化工作向广度和深度方向稳步推进，关键机电设备全部实现中国企业自主设计制造，大大提升了电站的国产化水平，有效地促进了整个水电行业机电设备制造质量水平的提升。

经过金沙江溪洛渡、向家坝水电站的建设，机组单机容量又成功提高到800MW级，我国水电机组的设计制造能力得到进一步提升。乌东德电站安装12台单机容量850MW水轮发电机组，白鹤滩水电站将安装16台单机容量为1000MW的水轮发电机组,单机容量为世界第一。这将进一步提升中国水电机组及配套装备的设计制造能力,稳固中国水电的世界引领地位,助力中国水电又好又快地“走出去”,为打造中国制造升级版,实现中华民族伟大复兴的“中国梦”做出重要贡献。

乌东德电站于2020年7月首批机组投产发电,白鹤滩电站与长龙山电站于2021年7月1日前投产发电,分别与全面建成小康社会和党的百年诞辰的重大时间节点高度契合。作为世界水电史上具有里程碑意义的重大工程,是关系国计民生的国之重器、党和国家的伟大事业,特别是白鹤滩电站开创了世界水电“百万单机”的新时代。建成这些巨型水电站,必将在世界水电建设史上留下浓墨重彩的一笔,必将在中华民族复兴之路的宏伟巨著中谱写“中国水电”的不朽诗篇!

参考文献

[1]中国工程院三峡工程阶段性评估项目组.三峡工程阶段性评估报告[M].北京:中国水利水电出版社,2010.

[2]中国工程院.三峡工程试验性蓄水阶段评估综合报告[R].2013.

[3]中国长江三峡集团公司.长江三峡枢纽工程竣工验收安全鉴定机电工程建设报告[R].2014.

[4]刘利人,程永权,张成平,等.三峡电站700MW水轮发电机组国产化实践[J].水力发电,2009,35(12):12.

三峡工程175m试验性蓄水十周年生态与环境保护

孙志禹[①] 王殿常 陈永柏

（中国长江三峡集团有限公司，北京 100038）

摘 要：本文回顾了长江三峡工程环境影响评价结论，介绍了三峡工程建设运行过程中实施的主要生态与环境保护措施，基于长序列生态与环境监测成果，对比分析了三峡水库蓄水后水文泥沙、水环境、水生生物、局地气候、地震等生态环境变化情况。分析结果表明，蓄水运行以来，三峡库区及相关区域的生态环境质量总体良好，与蓄水前相比基本保持稳定。除部分支流局部水域出现阶段性“水华”、大坝下游“清水”冲刷情况超出预期外，工程对相关区域生态环境的影响基本没有超出预测范围。

关键词：三峡工程；生态环境；影响评价

1 引言

三峡工程是中华民族的百年梦想，经过50余年的研究论证，17年的施工建设，十年175m试验性蓄水运行，三峡工程发挥了巨大的防洪、发电、航运和供水等功能。三峡工程论证、决策、建设和运行的过程，恰逢我国改革开放和经济社会快速发展、生态环境认识逐步加深和保护事业起步发展的时期，生态与环境一直是备受各方关注的重点。

1.1 环境影响评价结论回顾[1、2]

在三峡工程论证阶段，国家系统性地组织开展了三峡工程的环境影响评价工作。根据工程的功能、特点及其引起长江水文情势变化和所在地区的环境差异，确定三峡工程环境影响的评价范围为三峡库区、中下游河段及附近地区、河口区，并适当扩展到水库上游区及近海区。评价的层次系统是环境总体、环境子系统、环境组成和环境因子等4个层次。

（1）三峡工程的有利影响

可有效地控制上游洪水，提高长江中下游特别是荆江河段的防洪能力，有效地减免

---

① 孙志禹（1968— ），男，汉族，吉林梨树人，中共党员，博士研究生学历，教授级高级工程师。现任中国长江三峡集团有限公司党组成员、副总经理。

洪涝灾害带来的生态与环境的破坏,减缓洞庭湖的淤积和萎缩;能增加长江中下游枯水期流量,有利于改善枯水期水质,并可为南水北调提供水源条件;利用水能资源发电,与燃煤发电相比,可大量减少污染物的排放。

(2)三峡工程的不利影响

水库淹没耕地、移民和城镇迁建,会加剧本来就已十分突出的人地矛盾;建库前库区工业和生活废水年排放量已超 10 亿 t,沿江城镇的局部江段已形成了较严重的污染带,若不加强污染源治理,将加重局部水域污染;三峡工程将改变库区及长江中下游水生生态系统的结构和功能,一些珍稀、濒危物种的生存条件进一步恶化;对"四大家鱼"的自然繁殖可能会带来不利影响;三峡水库运行后,对长江中游平原湖区低洼农田土壤潜育化、沼泽化有一定影响;三峡建坝后,库区沿江部分文物古迹将被淹没,部分自然景观也会受到影响;三峡工程对局地地质灾害和人群健康等也有一定影响。

总体来说,三峡工程会对生态与环境产生广泛而深远的影响,涉及的因素众多,地域广阔,时间长久。所涉及的问题相互渗透,关系复杂,利弊交织。三峡工程对生态与环境的影响有利有弊,必须予以高度重视,只要对不利影响从政策上、工程措施上、监督管理上以及科研和投资等方面采取得力措施,使其减小到最低限度,生态与环境问题不至于影响三峡工程的可行性。

1.2 生态环境保护管理

为切实落实三峡工程环境影响评价及其批复意见,三峡工程建设各方在工程建设初期分别制定了相应的生态与环境保护设计或规划,并得到国家相关主管部门审批。

考虑到三峡库区环境治理历史上底子差、投入少,国家有关部委在结合三峡工程生态与环境治理规划的基础上,相继配套出台相应的规划和政策,并给予必要的补充资金投入。

为加强三峡工程环境保护工作的领导,在原国务院三峡工程建设委员会领导下,成立了三峡工程生态与环境保护协调领导小组,并对三峡工程建设期间的环境保护工作进行了分工,分别由三峡办、国务院有关部委、重庆市和湖北省地方政府与三峡集团组织实施。

2 主要生态环境保护措施

2.1 水环境保护措施

三峡工程建设以来,开展了库区产业结构调整、库底清理、农村和城镇污水防治、生活垃圾处理、漂浮物清理、水华防治等一系列水环境保护工作。

2.1.1 产业结构调整和库区水污染防治

在对受淹没影响工业企业搬迁过程中，淘汰不符合区域环境保护要求的落后企业1345家(占搬迁企业总数的82.4%)，以优化库区工业布局、减少工业排污。结合《三峡库区及其上游水污染防治规划》等国家专项，建成城集镇生活污水处理厂60座，总处理规模69.41万t/d；建成生活垃圾填埋场36座，总处理规模3871.8t/d；建成危险废物处置场5座，处置能力58万t/a。实施农村"一池三改"、养殖场污染治理和农村截污处理工程；库区船舶安装油水分离器和生活污水处理装置，实施垃圾接收处理。库区工业及生活污染物排放量削减较明显，农业面源污染防治取得一定成效。

2.1.2 水库清漂

自2004年开始，三峡集团会同库区沿江地方政府对水库干支流漂浮物进行清理。同时，组织力量对坝前漂浮物进行清理。其间，三峡集团不断探索、创新清漂模式，陆续研制了四艘世界上技术最先进的机械化清漂船，建成了专用清漂码头、卸载浮吊、货运缆车及拦漂排等设备设施，清漂能力从每天数百立方米上升到5000m^3/天，坝前漂浮物实现了以导排为主向全部打捞并实施无害化处理(水泥窑协同高温焚烧处理，二噁英等主要污染物的排放大大低于国家标准)的高效、环保清漂模式的转变。2003年至今已累计清理三峡坝前漂浮物217.6万m^3。

2.1.3 水华防治

针对蓄水后出现的支流库湾水华问题，原国务院三峡办组织开展了水华发生机制、富营养化成因、控制技术对策等方面的科学研究，实施了控制技术试点项目。"十一五""十二五"国家水污染控制技术研究重大专项，将三峡水库水华控制作为重要内容，相继安排项目和课题开展了较为系统的研究工作。

三峡集团逐步建立了覆盖坝前水域及库区12个重点支流(香溪河、童庄河、青干河、袁水河、神农溪、大宁河、草堂河、梅溪河、汤溪河、磨刀溪、小江、苎溪河)的水华应急监测网络，并开展了相关方面科学研究，实施了处置技术试点项目。

上述研究和试验成果对三峡库区富营养化和水华状况的评价、预测及防控具有积极的意义。

2.2 水生生物保护措施

2.2.1 珍稀特有物种保护

根据三峡工程环境影响评价文件的要求，地方政府先后建立了长江天鹅洲白鳖豚自然保护区、长江新螺段白鳖豚国家级自然保护区、湖北宜昌中华鲟自然保护区、长江口中华鲟自然保护区、长江上游珍稀特有鱼类自然保护区。原国务院三峡办组织实施了长江上游珍稀特有鱼类自然保护区救护中心、长江湖北宜昌中华鲟自然保护工程和上海市长江口中华鲟自然保护工程等。三峡集团协助农业部实施了长江上游珍稀特有鱼类保护工程、长江何王庙江豚保护工程，编制并实施了中华鲟、江豚、长江鲟(达氏鲟)保护行动计划。

中华鲟保护始于20世纪80年代，在兴建葛洲坝工程的同时，成立了中华鲟研究所。中华鲟研究所成立以来，80年代率先突破子一代人工繁殖技术和激素类似物代替脑垂体催产技术，90年代突破了大规格苗种培育技术；2009年率先突破了中华鲟子二代全人工繁殖技术并连续多年取得成功，建设了最为完备的人工种群梯队，使得中华鲟种群不依靠野生资源而实现永续繁衍成为可能；2013以来中华鲟雌核发育技术连续取得成功，精子超低温保存及受精技术取得了重大突破，在系统开展中华鲟人工保护技术研究、种群质量及遗传多样性等方面的探索均取得了重要成果。蓄养储备有繁殖亲鱼的子一代、子二代人工种群，具备持续实施增殖放流补充野生种群资源的能力。同时，先后完成了胭脂鱼、达氏鲟等的人工繁殖技术，每年放流一定数量的幼鱼进入长江。自1984年在葛洲坝下捕捞中华鲟人工繁殖成功至今，中华鲟研究所30多年实施了60次中华鲟人工增殖放流，持续向长江放流各种规格幼鱼至成体中华鲟超过500万尾。

农业部长江水产所等有关科研单位也同步开展了中华鲟保护的研究和人工繁殖放流工作，仅2005年至2009年，通过农业部统一组织，使用三峡工程概算资金还放流了中华鲟48万尾、达氏鲟2.8万尾，胭脂鱼165万尾。

持续开展长江珍稀特有鱼类保护技术研究，2014年和2015年连续两年先后突破长江上游两种代表性物种长鳍吻鮈和圆口铜鱼的人工繁殖技术，并首次实现了这两种鱼的人工增殖放流；同时，裂腹鱼、厚颌鲂等其他7种特有鱼类的人工繁殖技术相继取得成功。2008年以来三峡集团已累计放流圆口铜鱼、长鳍吻鮈等长江上游特有鱼类超过800万尾。

2.2.2 渔业资源保护

为合理利用三峡水库水域资源、确保库区水质和生态安全、保障优质水产品供给、拓展库区群众增收渠道，2008年、2010年三峡集团公司先后与湖北省和重庆市政府就共建葛洲坝、三峡库区生态渔业等问题达成共识，实施了三峡库区生态渔业试验工作。2010—2012年，实施了长江三峡—葛洲坝两坝间水域经济鱼类增殖放流项目；从2011年起实施了重庆市三峡库区天然生态渔场大宁河流域增殖放流项目，目前大宁河流域水质总体维持良好状态，浮游生物得到了有效控制，渔业增收效果较为明显。三峡集团公司从2012年起，委托中科院水生所等科研机构，开展“三峡水库生态渔业关键技术研究与工程示范”研究，为三峡水库水生态系统健康管理提供基础数据、技术规范和决策支持。

通过践行“以鱼净水、以鱼护水”的生态设计理念，有效保护了三峡水库水生生态环境，发挥其生态服务功能。

“四大家鱼”是长江的重要经济鱼类，在前期有关研究的基础上，自2011年三峡水库首次实施针对长江中下游四大家鱼自然繁殖的生态调度以来，截至2017年，已连续7年实施生态调度，在水温达到适宜四大家鱼繁殖的时段，通过3～8天增加下泄流量的方式，人工创造适合四大家鱼繁殖所需的洪水过程。2011—2017年生态调度期间四大家鱼繁殖总量为18.49亿颗，占监测期间四大家鱼繁殖总量的38%，调度实施效果明显。与此同时，生态调度不仅对四大家鱼自然繁殖具有重要促进作用，对其他产漂流性卵鱼类（鳡、鳊、翘嘴鲌、鳅、蛇鮈、银鮈、鳜等多种鱼类）繁殖响应同样具有积极作用，生态调度的实施对长江鱼类资源量的恢复具有较大贡献，以2015年生态调度为例，调度期间产卵量占整个监测期间产卵总量的92%，调度效果显著。三峡工程生态调度为大型水利工程生态调度的实施提供了宝贵的实践经验。2017年，三峡集团首次实施了向家坝－三峡梯级水库联合生态调度试验，调度期间宜都江段四大家鱼产卵总量共计约10.8亿粒，为历年之最。

此外，2005年至2009年，通过农业部统一组织，使用三峡工程概算资金还在长江放流了重要经济鱼类约32亿尾。

2.3 陆生生态保护措施

通过实施天然林保护、退耕还林、“长防”“长治”工程，以及湖北宜昌大老岭国家森林公园（天宝山）植物多样性保护工程、兴山龙门河常绿阔叶林自然保护工程、丰都世坪植物多样性保护、巫山县小三峡风景区生态景观保护工程、宜昌市泗溪生态风景区建设和库区周边绿化带等工程，库区植被覆盖度明显提高，生物多样性得到有效保护，三峡库区水土流失得到初步遏制。

对疏花水柏枝、荷叶铁线蕨、丰都车前、宜昌黄杨、鄂西鼠李等珍稀特有植物采取了就地保护和迁地保护，并保存了一定数量的种子和遗传资源。疏花水柏枝和荷叶铁线蕨扦条繁殖与孢子繁殖已获成功。开展了宜昌黄杨有性繁殖及野外生境适应性研究和鄂西鼠李组织培养繁育技术相关研究工作。

对库区古大树采取了排查、建档、围栏保护和迁地保护等措施，就地保护和移栽的古大树存活状况总体较好。针对三峡水库蓄水后形成的消落区，开展了消落区治理研究与试点示范工作，积累了一定经验。

截至2017年，长江珍稀植物研究所共引种珙桐、红豆杉、篦子三尖杉、伯乐树、红花玉兰、连香树、水青树等94科214属436种1.8万余株。采用传统方法繁育的三峡特有、珍稀植物幼苗已达3.3万余株。选择具有高研究价值和经济价值的三峡特有、珍稀植物

进行组织培养试验近万余次,取得了30种植物的研究进展,并培育出一批苗木。已人工培育疏花水柏枝幼苗达2万余株;成功实现了疏花水柏枝自然繁殖,数量达到100余株。

三峡集团已将自己培育的三峡珍稀特有植物如三峡槭、红豆杉、珙桐等10000余株苗木用于葛洲坝防淤堤、三峡右岸84平台和鸡公岭生态修复等工程,同时开展三峡特有植物疏花水柏枝、荷叶铁线蕨等迹地回归工作,使珍稀植物通过人工手段回归到其原始分布区域,扩充其种群数量,达到生态保护的目的。

2.4 生态环境监测

为长期、系统地观察三峡工程对生态与环境的影响,1996年,组建了由环保、水利、农业、林业、气象、卫生、国土、地震、交通、中国科学院、三峡集团、湖北省、重庆市的有关部门和单位组成的跨地区、跨部门、多学科、多层次的三峡工程生态与环境监测系统。1996年开始,监测系统对三峡水库的生态与环境进行了全过程跟踪监测,原国家环境保护局(现生态环境部)每年6月5日向国内外发布《长江三峡工程生态与环境监测公报》,系统反映监测系统的前一年度的监测成果和三峡工程生态与环境状况。

3 蓄水以来主要生态环境状况[3,4]

基于《长江三峡工程生态与环境监测公报》和水利部长江水利委员会发布的《长江泥沙公报》中的相关数据,本文采用统计分析等方法,对三峡水库蓄水以来在泥沙淤积和坝下游冲刷、水质、水生生物、局地气候等方面的生态环境变化情况进行了分析讨论。

3.1 泥沙淤积和坝下游冲刷

水文泥沙观测资料表明,20世纪90年代以来,三峡大坝坝址以上来沙量呈阶段性减少趋势,输沙量减少约1/3,主要原因是上游水库的拦沙作用、水土保持措施的减沙作用、河道人工采砂等。2003年6月(蓄水开始)至2017年12月,总入库悬移质泥沙21.93亿t,出库悬移质泥沙5.23亿t,水库淤积泥沙16.69亿t,近似年均淤积泥沙1.15亿t,水库排沙比(排沙量占入库沙量的比例)为24%。

论证和设计阶段通过数学模型计算,预测三峡水库运行第一个10年,年均库内淤积泥沙3.55亿t,排沙比30%。蓄水后观测资料与预测相比,蓄水第一个10年水库实际淤积量为1.45亿t,为原预测值的1/3,说明水库泥沙淤积情况好于预期。蓄水15年来的泥沙淤积总量低于预测的第一个10年的淤积总量,这与来沙情况有关,但也说明三峡工程采取的"蓄清排浑"调度运行方式排沙效果明显。

三峡水库蓄水运用以来,坝下游宜昌至湖口河段河道平滩河槽冲刷总量为

21.24 亿 m^3，冲刷主要集中在枯水河槽。从冲淤量沿程分布来看，宜昌至城陵矶河段河床冲刷较为剧烈，城陵矶至汉口、汉口至湖口河段平滩河槽冲刷量占总冲刷量的 19%、24%。据采砂调查估算，2003—2017 年，宜昌至沙市河段采砂量约为 1.21 亿 t(约为 0.83 亿 m^3)，约占该河段同期平滩河槽冲刷总量的 15%。

总体分析，三峡水库蓄水后面临的形势和条件与论证和设计阶段相比发生了较大变化，现阶段以上边界条件即入库泥沙量锐减为主要特征，使得原来水库泥沙淤积的主要矛盾转化为大坝下游冲刷问题。

3.2 水质

三峡水库蓄水以来，库区干流水质基本保持Ⅱ、Ⅲ类的良好状态，Ⅱ类水质断面所占比例呈逐年增大趋势，水质逐渐好转。三峡水库蓄水前，支流水质两极分化严重。蓄水后，库区支流水质主要为Ⅱ类，且Ⅱ、Ⅲ类水质断面比例呈逐年增长趋势，支流水质逐步好转。干、支流水质情况比较符合环境影响报告书预测的结论(表 1)。

表 1　库区干流和主要支流水质类别

年份	1996	1997	1998	1999	2000	2001	2002	2003	2004	2005	2006
干流	Ⅱ～Ⅲ	Ⅲ	Ⅱ～Ⅴ	Ⅱ～Ⅲ	Ⅱ～Ⅴ	Ⅱ	Ⅱ～Ⅳ	Ⅱ～Ⅲ	Ⅱ～Ⅲ	Ⅲ	Ⅱ～Ⅳ
支流	Ⅱ和超Ⅲ	Ⅱ和Ⅳ	Ⅱ和Ⅳ	Ⅱ	Ⅱ	Ⅱ	—	—	Ⅲ	Ⅲ	Ⅲ和Ⅳ
年份	2007	2008	2009	2010	2011	2012	2013	2014	2015	2016	2017
干流	Ⅱ～Ⅲ	Ⅱ～Ⅳ	Ⅱ～Ⅲ	Ⅰ～Ⅲ	Ⅲ	Ⅱ～Ⅲ	Ⅲ	Ⅲ	Ⅲ	Ⅱ～Ⅲ	Ⅱ～Ⅲ
支流	Ⅲ	Ⅲ	Ⅱ和Ⅰ	Ⅱ和Ⅰ	Ⅱ和劣Ⅴ	Ⅱ和劣Ⅴ	Ⅱ和劣Ⅴ	Ⅱ和Ⅴ	Ⅱ和Ⅳ	Ⅱ和Ⅲ	Ⅱ和Ⅳ

过去十几年库区经济社会持续发展，污染源排放压力不断加大，对以水质为主的生态环境带来持续压力。尽管如此，蓄水后水库干流水质仍与蓄水前持平，由此证明，工程建设以来所采取的库区产业结构调整、库底清理、农村和城镇污水防治等措施是十分有效的。

三峡水库蓄水后，水体流速减缓，营养物质容易滞留，部分支流的局部区段在部分时段出现富营养化和水华现象。水库蓄水初期，据不完全统计，135m 蓄水后(2003—2005 年)平均每年发生水华 14 起，156m 蓄水后(2006—2007 年)平均每年发生水华 26 起。水华主要发生在春季和秋季，春季水华的优势种为硅藻和隐藻，秋季水华的优势种为硅藻、隐藻、甲藻和蓝藻，175m 试验性蓄水以来没有明显年际差异。从水华覆盖范围、持续时间等对水体产生影响方面来看，典型水华(持续时间 1 周以上，覆盖范围 2km 以上河段)发生的频次近几年维持在较低水平，每年基本在 7 次左右；苎溪河、小江、神农溪和香溪河为水华发生较为敏感的区域(图 1)。

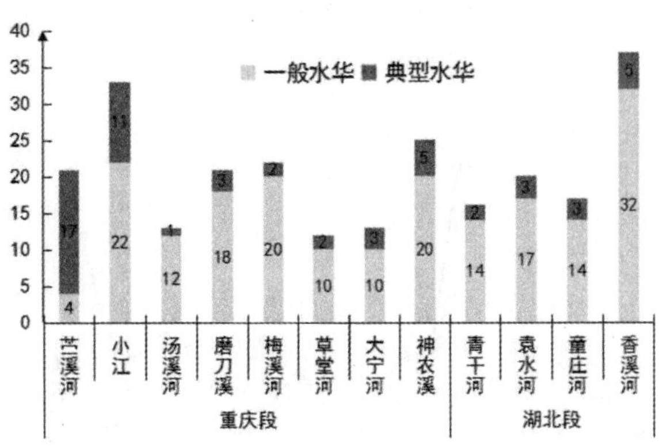

图 1　库区重点支流 2010—2017 年水华发生总频次

3.3　水生生物

1996—2017 年,包括库区、坝下、洞庭湖和鄱阳湖在内的渔业天然捕捞总产量前期(除 1998 年外)呈逐渐下降趋势,2001 年下降趋势放缓,2011 年下降到最低点,自 2012 年开始逐步回升。库区、坝下、洞庭湖和鄱阳湖产量也具有相似趋势(图 2)。

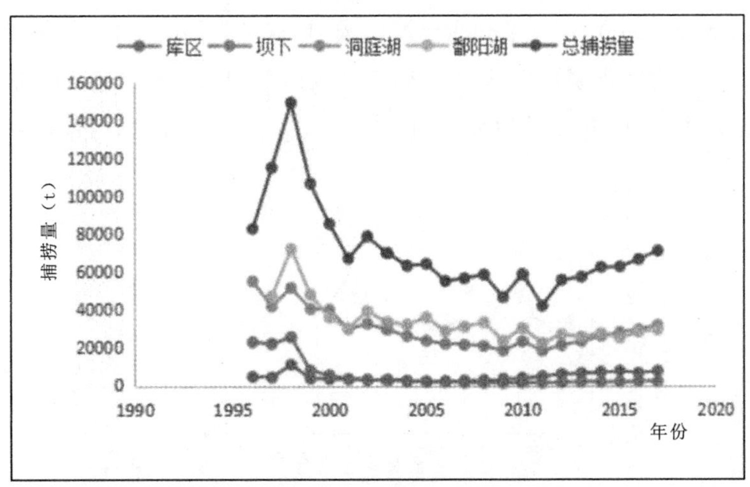

图 2　渔业天然捕捞产量

三峡工程建设前,由于人类活动的影响,"四大家鱼"资源呈现衰退现象,长江干流繁殖的鱼苗数量,20 世纪 80 年代仅相当于 60 年代的 1/5～1/3,繁殖种类规模显著减小,支流尤甚。1996 年以来,如图 3 所示,监利断面"四大家鱼"鱼苗径流量急剧下降,2003 年以后逐渐趋于稳定,2009 年后开始逐步回升并稳定到 4 亿尾左右,这可能与 2011 年开始的三峡工程生态调度有关。

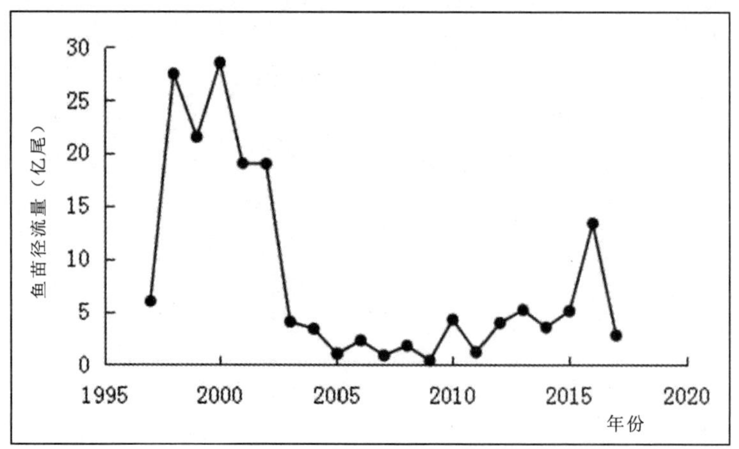

图 3 “四大家鱼”鱼苗量

上述情况与环境影响报告书的预测比较一致。长江流域渔业资源下降主要是人类活动的影响，特别是“四大家鱼”的锐减，主要是实行禁渔期制度前的过度捕捞、水体污染和水利工程建设造成的结果。

3.4 局地气候

三峡库区地处中纬度，属中亚热带湿润气候，具有冬暖、夏热、伏旱、湿度大、云雾多、风力小以及气候垂直变化明显等特点。库区 500m 高程以下地带年平均气温 17～19℃（图 4）。库区降水充沛，年平均降水量在 1100mm 左右，但时空分布不均，年平均雾日 30～40 天。

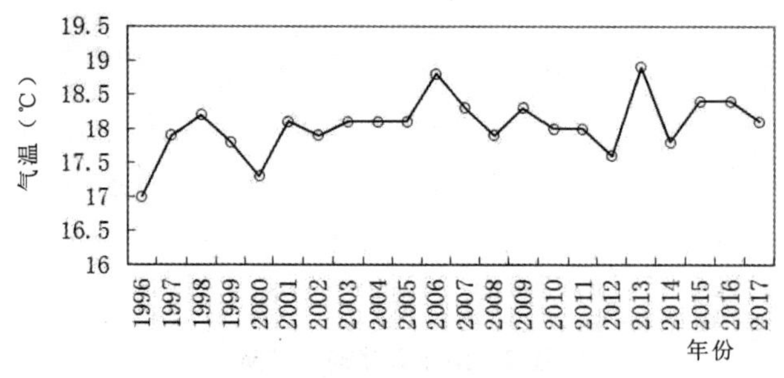

图 4 平均气温年度变化

2003 年以来，库区局地气候正常，气温在全球气候变暖影响下较常年略偏高；库区年降水量在 769～1500mm，与正常年份基本持平；1996—2002 年库区雾日在 28.5 天至 37 天之间，2003—2013 年雾日在 11～30 天，2014 年以后，库区雾日呈现显著的局部性特征，不同区域雾日从 1～190 天不等。考虑到雾可能对水陆交通及航运安全带来的影响，今后还要继续加强观测，更加侧重雾的分布、强度以及持续时间等。

4 结论

目前,三峡库区及相关区域生态环境状况总体良好,生态环境变化总体上在论证和可行性研究阶段预测的范围之内。

三峡工程的生态环境影响具有复杂性、艰巨性和长期性特点。蓄水以来也发现了超出预期的问题,如库区部分支流局部水域阶段性"水华"现象、大坝下游"清水"冲刷影响等,已采取了相关措施,相关影响已得到较好的控制。与工程相关联的生态环境因子的变化,其原因是多方面的,包括自然过程本身的变化和各种人类活动的影响。

正如三峡工程环境影响评价指出的:三峡工程会对生态与环境产生广泛而深远的影响,涉及的因素众多,地域广阔,时间长久;所涉及的问题相互渗透,关系复杂,利弊交织。也正如竣工环境保护验收调查所指出的:长江三峡水利枢纽工程环境影响因素多、关系复杂,工程建设和运行对库区和下游区域的影响范围广、持续时间长,影响的累积性和长期性特点突出;目前的生态与环境影响分析成果,尚不能全面和系统反映长江三峡水利枢纽工程影响江段及相关区域今后长期与动态的变化趋势,需要持续开展有针对性和深入的观测、调查与研究。

因此,三峡工程生态环境保护将伴随工程运行长期存在,作为共抓长江大保护的重要组成部分管理好三峡工程,持续、系统地开展生态与环境保护工作,是三峡集团的长期使命。

参考文献

[1]中国科学院环境评价部,长江水资源保护科学研究所.长江三峡水利枢纽环境影响报告书(简写本)[M].北京:科学出版社,1996.

[2]中国科学院环境评价部,长江水资源保护科学研究所.长江三峡水利枢纽环境影响报告书[R].1991.

[3]国家环境保护总局.长江三峡工程生态与环境监测公报(1997—2018)[R].

[4]水利部长江水利委员会.长江泥沙公报(2003—2017)[R].

长江三峡工程助力长江经济带可持续发展

樊启祥[①] 张曙光 胡兴娥 赵风声 文小浩 李果

（中国长江三峡集团有限公司，北京 100038）

摘　要：长江三峡工程是当今世界上最大的水利枢纽工程，具有巨大的防洪、发电、航运、水资源利用等综合效益。三峡工程于1919年由孙中山提出、1993年全国人大决策兴建、2008年提前一年基本建成，至今已安全高效运行十余年，促进了中国经济社会的可持续发展。本文重点论述了三峡船闸及三峡升船机等三峡通航建筑物的建设关键技术，从提升航运效率出发，研究试验实施了三峡船闸运行以及三峡、葛洲坝两坝航运联调运行的技术和管理措施，讨论了三峡蓄水以来长江泥沙与河道的演变情况。长江上游干流金沙江下游河段向家坝水电工程运行期水库航运情况，验证了三峡水库蓄水运行以来航运发展的规律，揭示了水电工程与航运发展的相互促进关系。面对未来峡谷河段高水头通航建筑物的发展需求，分析了建设环保节约型及本质安全型通航设施的技术可行性。三峡蓄水运行以来的通航统计数据和监测资料表明：三峡工程建成运行使长江黄金水道名副其实，并将在以共抓大保护、不搞大开发为导向的长江经济带发展中发挥更加关键的作用。

关键词：水利工程；长江三峡工程；通航建筑物；黄金水道；长江经济带

长江三峡水利枢纽位于长江三峡西陵峡中段的湖北省宜昌市三斗坪镇，电站总装机22500MW，是当今世界上最大的水利枢纽工程，具有防洪、发电、航运、水资源利用等巨大的综合效益。

1919年，中国民主革命先行者孙中山先生在《建国方略》中最早提出了兴建三峡工程的设想。20世纪三四十年代，国民政府利用中外技术力量，对三峡水力资源进行了初步勘测、设计和研究，其中最著名的是抗战后期提出的“萨凡奇计划”[1]。

新中国成立后，鉴于长江防洪的严峻形势和经济发展的迫切需求，迅速着手开展长江流域规划和综合治理，三峡工程被提上了议事日程。1956年，开国领袖毛泽东写下《水调歌头·游泳》一词，描绘出“更立西江石壁，截断巫山云雨，高峡出平湖”的壮丽宏图。

---

① 作者简介：樊启祥，男，教授级高级工程师，博士，主要从事水利水电工程建设管理研究。E-mail：fan_qixiang@ctg.com.cn。

因为三峡工程规模巨大,社会效益、经济效益显著,对国民经济和生态环境影响深远,国家对三峡工程决策始终抱着审慎、科学的态度。在邓小平等领导人的关注下,三峡工程进行了反复论证、严格审查。1986—1988年,原水利电力部组织412位各方面专家,对三峡工程的可行性进行了重新论证。与此同时,政府还聘请加拿大扬子江联合咨询公司,按照国际通行标准,与国内平行编制可行性研究报告[2]。

1992年4月3日,第七届全国人大五次会议表决通过《关于兴建长江三峡工程的决议》。

1 长江三峡工程建设运行总体情况

1.1 三峡工程建设历程

三峡集团因三峡工程兴建于1993年正式成立,肩负着国家赋予的"建设三峡、开发长江"的历史使命,本着对国家、对人民、对历史高度负责的态度,坚持以高标准建设好、运行好、管理好三峡工程。

三峡工程于1993年开始大规模筹建,1994年12月14日正式开工建设。2003年如期实现135m初期蓄水发电通航阶段性控制目标,2008年右岸电站提前一年全面竣工。2010年10月,三峡工程试验性蓄水首次成功达到175m正常运行水位。2012年7月,地下电站6台机组全部投产发电。2015年9月,三峡枢纽工程顺利通过整体竣工验收。2016年9月,三峡升船机正式进入试通航阶段。

1.2 三峡工程运行以来的总体情况

长江尤其是长江中下游地区是严重洪水灾害频发区,据历史记载,自汉初到清末2000多年间,长江发生了214次洪灾,平均10年一次。三峡工程建成后,江汉平原最薄弱的荆江河段防洪标准从十年一遇提高到百年一遇,可有效保护1400万人口和2300万亩耕地[3]。截至2017年底,三峡工程多次进行防洪调度,累计拦洪运用44次,总蓄洪量1322亿m^3,两次拦蓄超过70000m^3/s的特大洪峰,成功发挥了拦洪错峰作用,为长江中下游人民群众生产生活提供了坚强的安全屏障。2012年汛期最大入库洪峰流量71200m^3/s,经水库削峰后下泄4万m^3/s,三峡枢纽经受了建成后长江有水文记载以来第三大洪峰的考验,确保了长江中下游防洪安全。

三峡水库蓄水后,改善了长江川江河道通航条件,万吨级船队可从上海直达重庆,船舶运输成本降低1/3以上,长江成为名副其实的黄金水道[4]。三峡船闸连续14年实现安全、高效运行,三峡升船机自试通航以来,持续保持安全平稳运行,极大地促进了沿江航运和经济社会的发展。

三峡电站总装机容量达2250万千瓦,约占2017年全国发电装机容量和水电装机容量的1.3%和6.6%；多年平均发电量882亿kW·h，分别约占2017年全国总发电量和水电发电量的1.4%和7.4%[5]。截至2017年，三峡水电站历年发电累计超过10000亿kW·h，相当于替代燃烧原煤6亿t，减少排放二氧化碳12亿t、二氧化硫1200万t、氮氧化合物400万t，其中2014年发电988亿kW·h。三峡电分送华东、华中及南方电网，为国民经济发展注入了强大动力。三峡水电站的建成促进了全国电力联网，对取得地区之间的错峰效益、水电站群之间的电力补偿调节效益和水电火电容量交换效益，保证电力的可靠性和稳定性将发挥积极的作用。

三峡水库历年为下游补水累计达到1972亿m^3，有效缓解了长江中下游生产生活生态用水紧张局面。2011年，北半球多个国家和地区发生罕见旱情，中国长江中下游部分地区遭遇了百年一遇的大面积干旱，三峡水库累计向下游供水220亿m^3，有效改善了中下游生活、生产、生态用水和通航条件，为缓解特大旱情发挥了重要作用[6]。

三峡水库蓄水后，库区及上游经济鱼类资源增加，2010年开始实施水库生态调度，明显促进了经济鱼类繁殖，为发展渔业、改善环境、增加就业和提高民众生活质量带来有利影响[7,8]。三峡水库蓄水后，高峡平湖、风景如画，三峡坝区成为中外游客重要的旅游目的地，游客数量连年攀升，2017年达到245万人次。三峡工程旅游正发挥其工业旅游典范的效应，带动长江三峡旅游，进而促进长江黄金旅游带形成，支持沿江旅游服务业发展，增加就业、促进产业结构调整。

三峡工程为库区经济社会发展和移民生活生产条件改善带来了重大机遇。三峡库区130万移民搬离故土，克服对生活习惯等的不适应，在他乡重建家园；全国19个省市、10个大中城市和40个国家部委对口支持三峡库区，11个省市接收安置19万三峡外迁移民。三峡工程建设后，库区产业结构不断调整优化，基础设施明显改善，社会事业不断发展；城乡移民人均收入大幅增加，生活水平明显提高，教育、卫生、文化事业有了长足进步。

三峡工程是中华民族伟大复兴的标志性工程。它的成功建设，凝聚了中华民族的智慧和力量，展现了科学民主、团结协作、精益求精、自强不息的民族精神。三峡工程对保障流域防洪安全、航运安全、供水安全、生态安全以及我国能源安全、促进长江经济带发展发挥着越来越重要的作用。

2　通航建筑物建设运行及效益

三峡工程永久通航建筑物由两线船闸和一线升船机组成。三峡工程通航论证主要结论中2000年下水过坝运量取为1550万t，2030年下水过坝运量预测值定为5000万t，实现万吨级船队从重庆直达武汉是必要的，其保证率应不低于50%。

2.1 三峡船闸

三峡船闸为双线五级连续船闸，是目前世界上已建成船闸中连续级数最多，总水头(113m)和级间输水水头(45.2m)最高的内河船闸。三峡船闸闸室有效尺寸为 280m×34m×5.0m，能够通过由 3000 吨级单船组成的万吨级船队，年单向设计通过能力 5000 万 t。

三峡船闸集水工、航运、岩土、金结、机电、控制等专业于一体，是长江干流上建设的世界上通航水头最高、工艺最复杂、工程建设管理最具挑战的内河通航建筑物。三峡船闸建设成功解决了特大型船闸总体布置、高大人字门设计制造与安装、超大船闸设计水头输水水力学技术、高边坡及直立墙开挖稳定、薄壁混凝土结构与基础岩体联合受力闸墙结构及温控防裂、大型人字门卧式液压启闭机及人字门自润滑、复杂地下输水系统多专业协同施工、大型人字门与反弧门安装、连续梯级船闸联合调试等关键技术和复杂工程建设管理问题[9,10,11]。

为指导施工和验证设计，针对船闸主要技术特点，布设了各类监测仪器近 3000 支(点)。监测成果表明：闸首底部的位移较小，绝大部分测值为－1.5～1.5mm。各闸首顶部向闸室的位移在－0.83～6.64mm，向下游的位移在－3.93～5.21mm。船闸南北高边坡及中隔墩直立坡的变形逐渐收敛并趋于稳定，向临空面最大累计位移分别为 76mm 和 58mm。南北高边坡 1～7 层排水洞在蓄水前后总渗流量均为 800～1000L/min，受降雨影响呈周期性变化。边坡变形已收敛，边坡整体稳定[12]。实测边坡预应力锚索锁定预应力损失在－0.60%～6.42%，平均为 2.76%。块体上锚索预应力损失量与非块体部位基本相当，预应力变化规律也基本一致。水库蓄水及船闸通航运用对锚索锚固力没有明显影响，锚索预应力没有明显变化。

三峡船闸运行以来，项目业主会同航运部门及设计科研单位部门一直致力于提升其通航能力[13,14]。在船闸配套设施建设和运行调度方面，2003 年开始先后实施了 156m 水位下船闸四级运行和下行船舶一闸室待闸，极大缩短船舶过闸时间；通过技术和管理创新，利用一闸首人字门整体一次液压顶升技术，高效施工一、二闸首底板混凝土加高工程，精心组织船闸五级运行金结、液控、机电的现地控制与集中控制系统，联合调试及验收工作，大幅度缩短了船闸完建工期，满足正常高水位 175m 船闸运行要求；延长上下游引航道待闸设施，缩短过闸船舶待闸距离，可提高三峡船闸日单向运行 1～2 个闸次；采用上游一闸首事故门节间充水，仅用 3h 就完成闸室充水，效率提高 70%。在检修方面，突破国内外大型船闸检修的传统模式，创造性地提出“大修小修化、小修日常化”的检修指导思想。为提高船闸检修效率，研制了快速检修工装、检修修补材料，完善了检修工艺，船闸专用载人升降车、人字门同步顶升系统等，获得十余项发明专利。在三峡船闸运行管理各方共同努力下，三峡船闸年均通航率达 95.9%，高于设计的 84.1%。

自 2003 年投入运行以来，三峡船闸持续保持安全、高效、稳定运行，极大促进了长江航运事业和沿江经济的快速发展。2017年，三峡船闸货运量达1.3亿t，是三峡蓄水前该河段年最高货运量1800万t的7.2倍。截至2017年底，三峡船闸安全运行15余年，累计过闸货运量11.13亿t。

2.2 三峡升船机

三峡升船机是三峡水利枢纽的永久通航设施之一，与三峡船闸联合运行。升船机承船厢有效尺寸为120m×18m×3.5m，主要适应3000吨级大型客轮、旅游船及部分鲜活物质运送货船直上直下快速过坝，将船舶过坝时间由通过三峡船闸的3.5h缩短为约40min。

三峡升船机是国内第一座齿轮齿条爬升式升船机，具有提升高度大、提升重量重、上游通航水位变幅大和下游水位变化速率快等特点，为当今世界上规模最大、技术难度最高、运行条件最为复杂、施工难度最高的升船机[15]。升船机允许过机船舶最大重量3000t，承船厢加水总重15500t、提升高度113m，这些指标都是世界之最。上游水位变幅30m，下游水位变幅11.8m，枢纽泄洪运行及电站调节运行在航道内形成的往复流对承船厢误载水深的影响要及时监测并严格控制。

三峡升船机驱动机构齿条、安全机构螺母柱等关键部件为国内外首次研制，技术指标和工艺要求远远超出相关规范。船厢结构外形尺寸长132m，宽23m，高10m，重约4200t，共分为51个分段，在船厢室现场焊接成整体，总长度偏差不大于10mm，总宽度偏差不大于7mm，齿条、螺母柱横梁位置度偏差不大于2mm；混凝土塔柱结构和设备安装施工精度高，变形协调要综合控制，施工程序和工艺复杂；船厢室段的塔柱为超高层混凝土薄壁结构，因船厢与结构变形协调性要求高，为提高刚度，塔柱承载结构顶部用2个平台和7根横梁将左右两侧塔柱连接成为一个整体，该横向联系结构在140m的高空完成整体浇筑，满足了塔柱结构整体性和高度的设计要求；船厢结构及其设备以及升船机系统集成调试技术复杂。升船机在任何事故工况，如船厢水漏空、沉船及地震工况等条件下，不能发生船厢坠落等设备和人员伤亡事故，工程安全可靠性要求高。

三峡升船机是三峡工程的收官之作，其成功建成填补了我国超大型齿轮齿条爬升式垂直升船机建造技术标准的空白，为金沙江下游的向家坝升船机及建设、运用这类升船机提供了宝贵借鉴，同时也对世界升船机工程建设技术的发展做出了有里程碑意义的贡献。

三峡升船机自2016年9月18日试通航以来，截至2017年底，累计安全运行3975厢次，通过旅客57326人次，船舶2547艘次，实载货物56.43万t。三峡升船机投入试通航后，与三峡船闸联合运行，为部分客船、货船和工作船提供快速过坝通道，提高了三峡枢纽工程的通航调度灵活性和通航保障能力。

3 三峡、葛洲坝两坝间航运联调及航运与防洪、发电之间的关系处理

三峡水库调度原则是兴利调度服从防洪调度,发电调度与航运调度相互协调并服从水资源调度。三峡—葛洲坝水利枢纽通航设施采取“统一调度、联合运行”的原则。一是正常通航条件下联合运行方式,包括汛期、枯水期及中水期等 3 个时期;二是特殊通航条件下联合运行方式,主要包括恶劣气象条件和通航建筑物检修等 2 种状态。

3.1 三峡、葛洲坝两坝间航运联调

开展三峡、葛洲坝两坝间通航大流量试航试验。从原型观测、船舶等实际运行情况及相关试验研究,将通航流量标准由 2003 年入库和下泄流量不大于 45000m^3/s,在 2011 年提高到三峡入库流量小于等于 56700m^3/s,且三峡水利枢纽出库流量小于等于 45000m^3/s,两坝间的通航限制流量已从 25000m^3/s 提高至 30000m^3/s。按照现有船型,30000m^3/s 以下流量基本可以保证航行安全,但应注意电力调峰影响造成的个别时段及局部河段流态问题[16]。同时,完善葛洲坝 1 号船闸下游导航堤,葛洲坝 1 号船闸及大江引航道最大通航流量为 35000m^3/s,葛洲坝 2 号、3 号船闸及三江引航道最大通航流量 60000m^3/s 或黄柏河流量 7000m^3/s,提高了船闸的通航条件和通过量。

根据两坝间相关水流条件原型观测、实船试验及相关研究,按船型、主机功率和上下行制定了两坝间船舶通航分流量级、分载货量的安全与应急管理的体制。当三峡下泄流量 25000m^3/s 及以上、出现陡涨水及其他情况时,交通部三峡通航管理局负责应急交通组织和水上交通管制;当三峡下泄流量在 25000～45000m^3/s 时,船舶通航管理措施及相关标准按国务院交通运输主管部门的有关规定执行;当三峡下泄流量超过 45000m^3/s 时,禁止船舶航行。

从 2009 年 1 月 1 日开始实施长江三峡大坝—葛洲坝水域船舶洪水期和非洪水期分道航行,在洪水期(6 月 1 日 18 时至 9 月 30 日 18 时)船舶实行双向通航并设置横驶区,在非洪水期(9 月 30 日 18 时至次年 6 月 1 日 18 时),船舶实行各自靠右航行。

三峡水库蓄水后受两坝间水位波动、电站调峰的影响,两坝间河道边界条件尤其是“四滩一弯一关”(水田角、喜滩、大沙坝、偏脑及石牌弯和南津关)河段的凸嘴、急弯等特性导致河段的水流条件更加复杂。相关研究成果表明,改善两坝间通航条件主要是局部碍航河段的河道整治、优化葛洲坝反调节运用[17],这两种方式是改善两坝间通航条件具有可行性的有效措施。从乐天溪及莲沱河道整治工程来看,有效地改善通航水流条件,增大了航道航行水域尺度,满足了分边航行的行宽要求,船舶通行的安全性也得以提升,其他河段相关工程整治措施也在研究之中。

针对大风、大雾及雷电等恶劣天气条件对两坝间通航大量船舶滞留，甚至出现安全事故的情况，考虑技术手段有限及恶劣天气造成延迟时段较短的特点，可采取预报预警及遇不利通航天气则停止通航等有效管理措施，减小安全事故的发生[18]。

3.2 两坝间航运、防洪、发电之间的关系处理

汛期大流量期间，在保证防洪安全的前提下，为缓解两坝间中小船舶通航压力，择机实施疏散船舶调度，缓解通航压力；枯水期通过补水调度，控制下泄流量不低于葛洲坝下游庙嘴最低通航水位对应的流量，以及消落期前期尽量维持高水位运行等方式，满足上下游航运需求；日常调度中，三峡发电调峰调度通过控制葛洲坝水位日变幅和小时变幅，满足两坝间航运条件；遇船舶搁浅等情况，三峡水库在保证防洪、发电安全的前提下，兼顾实施应急调度等。

据初步统计，三峡水库蓄水至今，出库流量大于 30000m^3/s 的时段总计约有 283 天，占航道运行时间(按船闸设计运行时间 320 天计算，下同)的 5.8%左右，平均每年约有 18 天的出库流量超过 30000m^3/s，且主要分布于各年的 7 月、8 月、9 月；三峡船闸断航的时段总计约有 22 天，仅占航道运行时间的 0.45%，主要分布在 2010 年、2012 年的 7 月和 2004 年、2014 年的 9 月，分别为 3 天、7 天、4 天和 5 天。由此可见，三峡汛期大流量条件下复杂的水流条件对航运安全有一定的影响，但影响的时段较短。

4 关于三峡水库泥沙问题

4.1 三峡工程上游来沙大幅减少

三峡水库蓄水以来，受上游降水及径流变化、水土保持、河道采砂尤其是水库拦沙的综合影响，三峡水库来沙呈现出减小趋势，相较于论证阶段的多年平均年来沙量 5.09 亿 t，2003—2016 年年均来沙量为 1.64 亿 t；2013 年金沙江向家坝和溪洛渡两个水电工程投入运行后，2014—2016 年三峡年均入库泥沙仅为 0.46 亿 t，相当于论证阶段的 9%[19,20]。

4.2 水库淤积大幅减少，水库库容可以长期保持

2003 年 6 月至 2016 年 12 月，三峡入库泥沙累计为 21.58 亿 t，出库(黄陵庙站)悬移质泥沙 5.20 亿 t，不考虑三峡库区区间来沙(下同)，水库淤积泥沙 16.38 亿 t，近似年均淤积泥沙 1.206 亿 t，仅为论证阶段(数学模型采用 1961—1970 系列年预测成果)的 40%左右。其中累计淤积在水库防洪库容内的泥沙为 1.15 亿 t，仅占水库有效库容221.5 亿 m^3 的 0.52%，水库有效库容损失很小。初步设计提出的结论："水库采用蓄清排浑的运用方式，水库的大部分有效库容，包括防洪库容和调节库容，均可长期保留""水库运行 100 年

后,静态防洪库容还能保留86%,调节库容保留92%”是可以实现的。

4.3 重庆主城区河段未发生累积性泥沙淤积

三峡水库蓄水运用以来,2003年3月至2016年10月库区干流变动回水区(江津至涪陵段)累计冲刷泥沙0.678亿m^3。三峡水库围堰发电期和初期运行期,重庆主城区河段不受三峡水库壅水影响,2008年水库175m试验性蓄水以来,实测总体冲刷1653万m^3,全河段对通航未造成影响。既未出现论证时担忧的重庆主城区河段严重淤积问题,也未出现卵砾石的累积性淤积。观测资料表明,三峡水库蓄水运用后寸滩站汛期水位流量关系没有出现明显变化,说明水库泥沙淤积尚未对重庆洪水位产生影响。

4.4 坝区泥沙问题关系到枢纽的安全运行

三峡水库坝前河段为庙河至坝址(S40－1～S30＋1),全长15.1km。2003年3月至2016年12月,坝前河段累积淤积泥沙1.532亿m^3,其中:90m高程以下河床淤积量占总淤积量的74%,110m高程以下河床淤积量占总淤积量的82%。坝前河段深泓平均淤厚33.2m,最大淤厚63.0m,目前坝前泥沙淤积体低于电厂进水口的底高程108m,而且淤积物颗粒很细,对发电取水未造成影响。

右岸地下电站前沿引水区域,2006年3月至2016年11月总计淤积量达到341万m^3,年均淤积量为32万m^3,目前底板平均高程为104.6m,高出地下电站排沙洞口底板高程2.1m。从淤积时段来看,地下电站运行前,2006年3月至2011年4月引水区域淤积泥沙为197.3万m^3,年均淤积泥沙39.3万m^3;地下电站运行后,2011年4月至2016年11月引水区域淤积泥沙143.3万m^3,年均淤积泥沙26.1万m^3。

从泥沙淤积量空间分布上看,关门洞以上区域的泥沙淤积量较为明显,而靠近大坝的区域(即关门洞以下的河段)淤积幅度相对较轻。

4.5 坝下游河道冲刷继续向下游发展,目前总体河势基本稳定

三峡水库蓄水运用以来,坝下游宜昌至湖口河段河道平滩河槽冲刷总量为20.94亿m^3,年均冲刷量1.45亿m^3,冲刷主要集中在枯水河槽,占总冲刷量的92%。从冲淤量沿程分布来看,宜昌至城陵矶河段河床冲刷较为剧烈,平滩河槽冲刷量为11.02亿m^3,占总冲刷量的53%;城陵矶至汉口、汉口至湖口河段平滩河槽冲刷量分别为4.68亿m^3、5.24亿m^3,分别占总冲刷量的22%、25%。

试验性蓄水期以来,宜昌至城陵矶河段河床冲刷强度有所下降,城陵矶至汉口河段的冲刷强度则显著增大,冲刷强度向下游发展的现象较为明显。主要是由于三峡入、出库沙量比原预测值显著减少,加之受河道采砂的影响等,导致坝下游冲刷发展较快。长江中下游河道河型没有发生变化,河势总体稳定,局部河势仍在原基础上继续调整,需要

根据三峡水利枢纽以及长江干支流水库群建成运行后的来水来沙情况进行试验分析，采取因地制宜的工程措施。

蓄水以来三峡工程的泥沙问题及其影响没有超出原先的预计，局部问题经精心应对，处于可控之中。

5 三峡工程在长江黄金水道中发挥的作用

三峡工程建设之前，长江这条世界第三大河流年货运量远低于世界同类河流，主要是航道条件制约着长江航运事业的发展。宜昌至重庆河段长 660km，流经丘陵和高山峡谷，地势陡峻，水流湍急，滩礁接踵，共有滩险 139 处，单行控制航段 46 处。三峡水库蓄水后库区呈现新面貌，三峡通航建筑物运行对长江中下游航道提级、安全保障及航运能力提升起到了关键性、基础性作用。三峡工程的成功建设、有效运行与合理调度，从根本上改善、提高、保证了长江中下游的航运条件，彻底改变了三峡水库到重庆的川江段通航条件与安全，使长江黄金水道名副其实，名至实归[21,22]。

5.1 航运条件大幅改善

三峡工程蓄水至 175m 以后，根本改善了重庆到宜昌 660km 的川江通航条件，库区江面宽度由蓄水前 150～250m 变为 400～2000m；水深平均增加约 40m，100 多处主要滩险被淹没，涪陵以下“窄、弯、浅、险”的自然航行条件得到根本改善。重庆至宜昌航道维护水深从 2.9m 提高到 3.5～4.5m，船舶吨位从 1000 吨级提高到 3000～5000 吨级，川江全线实现全年昼夜通航，结束了川江自古不夜航的历史，长江成为名副其实的黄金水道。对宜昌以下中下游航道将最小通航流量由 3000m^3/s 提高到了6000m^3/s，整体提高了长江中下游通航条件和航道能力。

5.2 运输成本明显降低

库区船舶单位千瓦拖带能力由建库前的 1.5t 提高到目前的 4～7t，每千吨公里平均油耗由蓄水前的 7.6kg 下降到 2.3kg(每吨公里公路运费 0.50～1.10 元、铁路0.25～0.30 元、三峡水路 0.015 元)。

5.3 运输安全显著提高

库区船舶航行的安全性也得到大幅提高，库区长江干线水上交通事故数平均较蓄水前减少了约 2/3，重大交通事故数约是蓄水前的 1/17。对库区地质灾害与通航安全的关系，根据地灾监测和预警，由航道管理部门做出响应的限行、禁行通告。2003 年三峡 135m 蓄水后，三峡大坝上游(航道里程 49.1km)至忠县长江大桥(上游航道里程 418.

8km)自2004年1月1日全面实现分道航行,2008年175m蓄水后,三峡大坝上游(航道里程49.1km)至李渡长江大桥(上游航道里程547.8km)实现分道航行。长江三峡库区船舶定线制规定实施以来,三峡库区水上安全形势明显改善,通航秩序得到根本好转,取得了明显的社会效益和经济效益。

5.4 促进船舶标准化、大型化

库区船舶的标准化、大型化进程加快,提高了三峡船闸、升船机的利用率和通过能力[23]。船闸的通过能力,不只与通航建筑物的规模有关,而且与航道条件、过闸船型、运输组织等密切相关。三峡船闸运行以来,上行船舶年均装载系数在0.3~0.76,下行船舶年均装载系数在0.45~0.79(初步设计船舶平均装载系数为0.9)。闸室面积利用率在70.69%~76.94%,且近三年连续下降,反映了在小型船舶减少的同时,过闸船舶尺度没有很好地适应船闸闸室尺度,导致闸室面积利用率较低。交通主管部门已经采取专项措施,一是在控制运力总量的前提下,加快推进适应船闸尺度的三峡船型,淘汰非标准船型,提高闸室空间的利用率,采取措施提高船舶装载率等;二是进一步优化过闸调度,提高过闸效率,同时船舶标准化程度提高后,有利于增加过闸次数,提高三峡船闸通过量。

根据批准的初步设计报告,三峡升船机主要是提供客货轮快速过坝通道。原设计通过的船型为长航沪渝客货轮(江汉57号、汉渝14号等)、883kW推轮顶推1500t甲板驳船队等。现行三峡河段在航客船能通过升船机的较少,货船基本为单船,且额定吨位超过3000t的船舶超过70%。为充分发挥升船机的航运效能,交通主管部门正积极引导,加大升船机船型的研究和推广力度。

5.5 带动金沙江航运体系建设

金沙江是长江上游干流河段,金沙下游河段从攀枝花到宜宾,长782km,落差729m,坡陡流急,水量丰沛且稳定,落差大且集中,水能资源丰富。三峡集团在建设好、运行好、管理好三峡工程的基础上,负责金沙江下游河段乌东德、白鹤滩、溪洛渡、向家坝4座梯级电站的开发建设与运营。这些电站都是世界级的大型工程,4个梯级防洪库容154.93亿m^3,占三峡工程以上防洪总库容的2/3,是长江上中游枢纽调控和安全运行的核心。梯级电站建成后,常年回水区河段长约612km,根本改善了库区航运条件。按照国家发改委的要求,正在开展金沙江下游综合交通运输体系的专题研究,以适应长江经济带的持续发展。

向家坝水电站是金沙江下游河段4个梯级电站的最末一级,位于云南昭通水富县到四川宜宾新市镇的通航河段上。向家坝建坝前,坝址处实际统计通航年货运量约5万~41万t,施工期通航设计水平年2010年的设计货运量为60万t。实际建设期,采取社会分流及翻坝转运相结合的施工期货运方案,翻坝转运的磷矿及煤矿2011年达到168万t,

基本上是下行货物。向家坝建成后,设计年货运通过能力 112 万 t 及人流 40 万人次。2012 年向家坝蓄水,翻坝转运的物流在蓄水头两年基本与蓄水前持平;2014 年以来翻坝转运量突增,2016 年达到 309 万 t,这个期间翻坝转运码头为社会化货物提供市场化运行服务;2016 年及 2017 年的总过坝货运量达到 366.59 万 t 及 443.62 万 t,主要是下行,货物种类主要是砂石、玄武岩、磷渣等。蓄水后实际货运量是建坝前的 10 倍。向家坝电站的建成,提升了原通航河道新市镇到水富 78km 河段的级别,有效改善了向家坝下游枯水期航运条件。电站建设带来当地基础设施条件及社会经济发展水平的改善,促进了航运发展。

5.6 助推长江经济带快速发展

三峡水库蓄水增加 2000km 支流航道,使长江干流及几大支流的航运事业都得到进一步发展,不仅取得了明显的直接航运效益,而且加快了长江流域综合运输体系的优化调整,吸引了产业布局加快向长江沿江地带和中上游地区集聚,水运业及水运业关联产业直接和间接拉动了沿江地区经济增长,增强了长江流域经济社会可持续发展能力[24]。通过继续高度重视并持续开展三峡水利枢纽运行、长江中下游河道河势及通航能力的实际监测和系统分析,在保障安全畅通的基础上,通过工程措施和非工程措施,可进一步提高中下游通航能力。

6 研究解决长江通航设施面临的关键问题

水电工程建设极大地促进了长江航运发展,比如葛洲坝水利枢纽的兴建改善了西陵峡局部河段的航运条件,三峡水利枢纽运行使重庆以下长江上中下游的航运发生了彻底变化,金沙江水电开发也改善了局部水库江段的航运条件,为西南少数民族贫困地区脱贫、基础设施条件改善及经济社会发展后发优势的发挥起到了重要作用。江河上不同水电枢纽工程的不同项目特性,对航运的影响深远程度不一。三峡水库及金沙江水电开发会形成西南腹地各省市经济社会发展中物质和产品向三峡水库河段聚集的效应,构建了将西部开发、中部崛起、东部领先的三大战略紧密联系在一起的航运大通道。三峡通航建筑物运行以来历年通过能力与通过货种的统计分析,验证了这样的发展规律。

这些水电工程在带来经济、安全、便利的通航条件的同时,也给长江航道发展及三峡水利枢纽自身发展提出了新的要求。钮新强院士指出,长江黄金水道建设面临亟待解决的六大关键问题:航运技术体系、中游"荆江梗阻"、三峡枢纽"过坝瓶颈"、上游高山峡谷"高坝阻隔"、主要支流通畅和集疏运体系建设[25]。其中三峡过坝瓶颈、上游高坝阻隔均与重大水利枢纽通航设施建设密切相关,亟须解决系列关键技术问题[26]。

6.1 探索三峡工程通航能力挖潜增效

航运设施通过能力必须以通航安全为前提，枢纽防洪、发电等复杂运行环境下通航水流条件的改善和通航标准的保证是基础。三峡水利枢纽显著改善了长江上中游航道条件，极大提升了库区通航能力。在长江航运发展过程中，三峡工程起到了关键性和基础性作用；市场经济和改革开放形成的市场选择活力，以及政府的引导调控也发挥着重要的作用。但随着三峡过闸运量的爆发式增长，受船闸通过能力限制，近年来船舶平均待闸时间逐渐加长，船闸长期超负荷运行，通航压力日益增大，三峡水利枢纽成为制约长江航运进一步发展的关键节点。

三峡通航建筑物在规划设计、建设实施、运行维护的全过程中，来自不同方面履行不同职责的各方，为了安全增效、提高通过能力、减少待闸时间和船只数量，精心管理、不断创新，开展了提升通航能力的大量试验研究，在安全稳妥的原则下开展实船试验，取得了通航能力提高的实际效果，也承受了很多社会和舆论压力。三峡通航设施的通过能力是否已达到了极限，是大家共同关注的问题，也是三峡航运人一直探索的目标。在挖潜提质增效方面还有一些工作可以做。一个基本出发点就是把三峡通航设施作为骨干枢纽与长江上下游码头、与物流配送形成一个系统，从新时代高质量发展要求出发，做整体性、协调性、协同性的研究，并让市场发挥基础性作用，这是高质量发展的内在要求。

在三峡船型和船舶装载能力方面，要大力推广适应三峡通航建筑物尺度的三峡船型，来进一步提高船闸闸室有效利用率和装载率；从世界上看，加拿大连通五大洲的运河、德国运河、巴拿马运河的标准化、规模化的定型船舶，适应了当时世界先进船闸的通航要求，促进了区域经济发展。三峡船型标准化是基础，势在必行。

在物流流向及智能管理方面，上行、下行货运有一定的不平衡性，要分析大宗物资物质和产品流向，合理引导市场；航运物流全过程上下游联动的数字化、智能化调度管理研究，应聚焦到提高三峡通航设施的通过能力上来，从物源源头管理、沿江码头配送管理抓起，有效减少坝前待闸时间。适应三峡通航设施的船舶标准化硬件及航运管理智能化系统的集成与统一，必将带来长江航运管理的革命性变化。

在三峡过坝新模式探索方面，人流和物流对过坝有不同的需求，船闸和升船机有不同的尺度和过坝时间、过坝能力，带来不同的过坝效率。人流要探索挖掘融入三峡枢纽旅游的模式，三峡枢纽集自然景观、水电景观、人文景观、科技景观及历史文化景观于一体，发挥三峡枢纽社会资源的优势和价值，这也是长江黄金水道的要义之一；研究三峡船闸及三峡升船机的协同调度，以及三峡与葛洲坝的通航协同，可以有效提升过坝能力和提高效率。

6.2 研究环保型本质安全型通航设施

研究未来的通航设施，应立足于新时代新发展理念和高质量发展的要求。首先是国家发展规划及综合运输体系下的航运需求，西南内陆腹地的水上通道的能力，要考虑“一带一路"倡议出海通道建设及重庆等内陆铁路跨境运输带来的发展机遇，也要注重航运设施的技术经济性带来的市场配置效率。

随着金沙江下游乌东德、白鹤滩、溪洛渡和向家坝等4座巨型水电站的建设，库区常年回水区形成了深水航道，为发展水运创造了有利条件，地方经济发展对廉价便捷的航运需求也越来越迫切。但由于这些电站处于高山峡谷地区，特别是乌东德、白鹤滩、溪洛渡3座大坝均为300m级的世界特高拱坝，"阻隔"了黄金水道向上游进一步延伸。金沙江高山峡谷复杂条件下的高坝通航，面临着狭窄河谷通航建筑物布置、高地震烈度区通航建筑物形式、200m级大型垂直升船机、超大跨度地下洞室群围岩稳定、长距离通航隧洞运行安全、高陡边坡开挖卸荷变形控制等系列关键技术问题。

技术上，在西南水电工程河段建设类似三峡船闸规模的通航设施是可行的。西南已建大型水电工程提供了很好的工程实例，例如：金沙江下游4个梯级电站坝址区河谷狭窄、岸坡陡峻，枢纽布置一般采用高坝、岸边泄洪洞、两岸地下发电系统方案。因地形、地质、地震、地灾背景和水文泥沙环境，金沙江下游梯级电站一般具有300m级高拱坝、500～1000m级高边坡、校核和设计地震加速度达534gal及451gal的高地震烈度、50m级高流速、5万m^3/s级大泄洪流量、百万千瓦级大单机容量、高集中度的巨型地下厂房洞室群等特点。

从土建结构的尺度上看，目前金沙江下游4个梯级电站建设的地下工程有7座大型地下厂房，跨度30m左右、高80m左右、长250～440m，单机容量77万～100万kW；其中乌东德最大高度达89.8m，白鹤滩最大跨度达34m，溪洛渡最大长度443m。在这4个世界级水电站的建设过程中，解决了高陡边坡及复杂地质环境下大跨度、高边墙、大规模洞室群的建设，相关混凝土施工技术及防渗系统可以满足通航设施结构和水力学要求。

从金属结构的尺度上看，闸门及升船机的尺度主要与分级水头相关，目前具备成熟稳妥的先进技术可以移植；结合中国装备制造能力和水工输水系统抗空化空蚀技术的提升，来分析设计提高分级水头；同时要做好金结、液压、机电控制系统与调度运行系统的协同。

在通航设施的安全环保方面。一是要把消防安全始终放在设计建设运行全生命期的首要位置，防患于未然。从过坝种类、流向管理、消防技术和设备、应急演练等方面，全方位做到万无一失、应急有效；在消防设施硬件到位的基础上，消防安全措施的强制性检查与到位更为重要。二是特别注重有限空间范围内，通航设施进出口条件及其布置与枢纽的安全协同。三是高坝大库坝前水位变化及水库变动回水河段的航运问题。葛洲坝枢纽作为航运反调节工程，对三峡枢纽通航能力的保障和扩展作用不可替代。对于金沙江梯级电站，要做好水库运行坝前水位变动和坝后水位变动区的通航设施的系统研究和配套设计。四是必须探索清洁环保高效的船舶过坝技术。长江经济带以共抓大保护为核心，要考虑过闸全过程尤其是地下结构系统运行中的清洁化、无排放、节水型的过闸技术，积极推进电气化过闸、电动船舶、电动引导、定位导航等技术应用，建设环保型船闸。提高单闸室多艘船舶组合在上下级闸室间自主移动效率，也是当前可优化的主要方向，应研究进闸、出闸及闸室间不同的移动方式。

7 结语

三峡工程极大地促进了长江航运事业快速发展和沿江经济社会协调发展,使长江"黄金水道"实至名归,有力地支持了长江经济带战略的实施。自三峡水库2003年初期蓄水运行以来,三峡集团继续开发长江上游金沙江下游河段的溪洛渡水电站(装机容量13860MW)、向家坝水电站(装机容量6400MW)及乌东德水电站(装机容量10200MW)、白鹤滩水电站(装机容量16000MW),规模相当于两个三峡工程,都是关系国家经济命脉和国家安全的重大基础性工程,是建设长江经济带和全面建成小康社会的重要战略支撑。目前,溪洛渡与向家坝水电站已建成运行,乌东德和白鹤滩正在进行大坝混凝土等主体工程建设,将于2020年和2021年蓄水运行。

党的十九大报告在总结过去五年的工作和历史性变革中指出,长江经济带发展成效显著,并要求以共抓大保护、不搞大开发为导向推动长江经济带发展。精心建设好、运行好三峡工程和长江流域梯级电站,要坚持生态优先、绿色发展之路,充分发挥长江流域骨干电站在流域防洪、航运、发电、供水、环保、生态系统修复以及长江经济带发展中的基础保障作用,进一步提升长江航运能力,助力长江经济带可持续发展,为实现国家战略做出应有的新贡献。

参考文献

[1]陆佑楣.对三峡工程建设几个问题的再认识[J].水力发电,2003,29(12):1-5.

[2]王儒述.三峡工程论证回顾[J].三峡大学学报(自然科学版),2009,31(6):1-5.

[3]仲志余.长江三峡工程防洪规划与防洪作用[J].人民长江,2003,34(8):37-39.

[4]朱智明.长江三峡工程建设对航运的影响及其对策研究[J].交通科技,1994(1):1-3.

[5]中电联行业发展与环境资源部.2017年全国电力工业统计快报数据一览表[EB/OL]. http://www.cec.org.cn/guihuayutongji/tongjxinxi/niandushuju/2018-02-05/177726.html, 2018-02-05.

[6]万海斌.三峡工程防洪抗旱减灾效益显著[J].中国水利,2011(12):15-15.

[7]孙志禹,陈永柏,蔡治国.三峡工程的生态适应性管理研究与实践[C].三峡工程与长江水资源开发利用及保护国际研讨会,2008.

[8]陈进,李清清.三峡水库试验性运行期生态调度效果评价[J].长江科学院院报,2015(4):1-6.

[9]郑守仁.长江三峡水利枢纽工程设计重大技术问题综述[J].人民长江,2003,34(8):4-11.

[10]Fan Qixiang.Key Technical Issues of TGP Permanent Shiplock[J].Engineering Sciences,2003(1):57-61.

[11]Fan Qixiang,Yang Zongli,Liu Gang,et al.The practice of project construction and management of Three Gorges ship-lock[J].Engineering Sciences,2011,9(3):82-87.

[12]Qixiang Fan,Hongbing Zhu,Xuchun Chen,et al.Key issues in rock mechanics of the Three Gorges Project in China[J].Journal of Rock Mechanics and Geotechnical Engineering,2011,3(4):329-342.

[13]齐俊麟,罗宁,王东.三峡船闸运行管理创新与实践[J].交通企业管理,2013,28(5):17-19.

[14]丁益,程细得,冯小检,等.提高三峡船闸运行效率的船舶过闸方式研究[J].人民长江,2015(4):63-66.

[15]赵锡锦.三峡升船机工程建设综述[J].中国工程科学,2013,15(9):9-14.

[16]严伟,周若,程子兵,等.三峡—葛洲坝两坝间现行船队通航流量适应能力研究[J].长江科学院院报,2013,30(1):29-33.

[17]孙尔雨,舒茂修.三峡电站调峰期间下游河道通航条件研究[J].三峡大学学报(自然科学版),1997(4):57-61.

[18]张义军.恶劣气况条件下三峡河段通航管理对策[J].中国水运,2011(11):18-19.

[19]潘庆燊,陈济生,黄悦,等.三峡工程泥沙问题研究进展[M].北京:中国水利水电出版社,2014.

[20]潘庆燊.三峡工程泥沙问题研究60年回顾[J].人民长江,2017,48(21):18-22.

[21]郭涛.三峡工程的航运效益分析[J].水运工程,2010(7):104-106.

[22]许传洲.三峡航运助推中国经济发展[J].水电与新能源,2016(2):39-42.

[23]沈新民.关于长江上游船舶大型标准化的探讨[J].武汉航海:武汉航海职业技术学院学报,2008,21(4):39-40.

[24]尹维清,戴昌军,钱俊.长江流域航运发展规划方案研究[J].人民长江,2013,44(10):76-79.

[25]钮新强.长江黄金水道建设关键问题与对策[J].中国水运,2015(6):10-12.

[26]钮新强.重大水利枢纽通航建筑物建设与提升技术[J].中国环境管理,2017,9(6):110-111.

智慧梯调研究思路探讨

赵云发[①] 刘志武

(中国长江电力股份有限公司,宜昌 443002)

摘 要:随着梯级水电站的流域化、市场化、综合化的不断发展,具有智慧特征的梯级水电站调度业务新形态——智慧梯调,成为未来水电站调度发展的必然趋势。目前,智慧梯调的概念和建设模式仍处于探索阶段。本文在分析传统梯调和智慧梯调的基础上,阐述了智慧梯调的内涵、基本特征、总体架构和组成模块,探索了智慧梯调的研究思路,提出了建设智慧梯调需要研究和解决的部分关键技术,最后讨论了智慧梯调的理想适用条件以及对技术人员和现有工作模式的影响。

关键词:智慧梯调;感知;预报;调度;评价;展示

水资源系统是一个由水资源、生态环境、生物、人类生产活动所构成的复杂非线性系统,从空间上看,涉及范围从天上到地下、从全球到局地、从远处到近处;从时间上看,涉及范围从过去到未来;从功能上看,要在满足系统安全的前提下,充分发挥防洪、发电、生态、灌溉、航运、供水等综合效益(图1)。

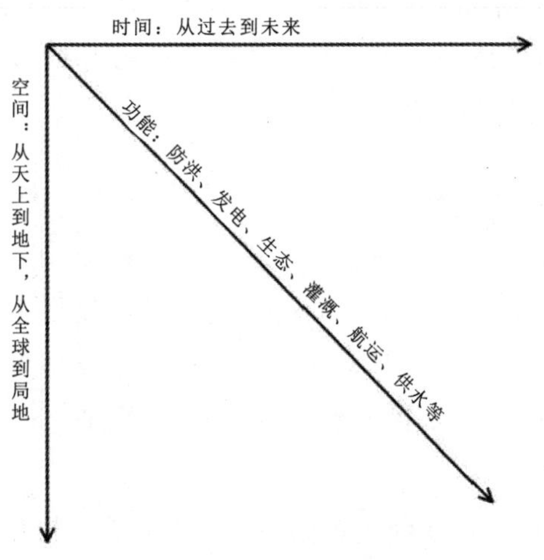

图1 水资源系统维度示意

① 作者简介:赵云发,男,教授级高级工程师,主要从事水文预报水库调度工作。

作为水资源系统开发利用的核心工程单元和发挥效益的重要手段,水电站的运行调度要求越来越高,依靠经验和传统自动化系统的调度技术已经无法驾驭,需要提出效率更高、精度更高、界面更友好、运行更智能的调度新技术。

大数据、物联网、人工智能、高速大容量通信扩、区块链、虚拟现实等新一代技术为水电站智慧调度提供了新的途径[1]。

1 智慧梯调的内涵及特征

传统的水电站调度自动化系统是以“时间”为驱动的控制方法,是一种固定的机械思维,是无意识的。

具有智慧特征的梯级水电站调度运行——智慧梯调,是以流域水资源安全、高效、可持续利用为目标,以人的智能机制为指导,基于物/互联网、大数据、云计算、移动通信、人工智能等新一代技术建设的具有自学习、自控制、自适应、自进化能力的全新调度业务形态,能够对水资源系统的海量信息进行智能感知、判断和分析,对枢纽安全保障、社会和经济效益发挥等需求作出智能响应、决策和评价。智慧梯调是以“事件”或“数据”为驱动的控制方法,是一种理性思维,具有一定的意识。

智慧梯调可以概括为透明感知、泛在互联、集成应用、自我进化 4 个基本特征。一是透明感知,全方位监测和感知水电站调度运行的各方面[2]。二是泛在互联,实现水电站调度运行相关的人和人、人和物、物和物的全面互联、互通和互动,数据可以实时传输和充分共享,信息可以实时处理和及时反馈,服务可以实时提供和持续完善。三是集成应用,突破现有的以专业为界、各自为政的多系统并存的混乱局面,实现业务、服务和管理活动之间的无缝隙连接、无障碍协同和无偏差运转。四是自我进化,这是智慧梯调有别于传统自动化梯调最本质的特征,即从海量数据中学习和挖掘新知识或更新已有知识,发现海量数据间的关系并提取应用。

2 智慧梯调的总体架构

智慧梯调的建设就是紧扣“气流—水流—价值流”的发展主线,围绕预报和调度两大核心技术,开展物/互联网、大数据、区块链等组成的基础支撑体系建设和透明智慧感知、集合智慧预报、和谐智慧调度、全景智慧展示、定量智慧评价等组成的功能支撑体系建设,其总体架构见图 2。

基础支撑体系中,由物/互联网实现雨量、水位、流量、出力、卫星云图、地形地貌、工业视频、调度指令、调度方案的感知;由大数据实现海量数据的统一、快速存取、管理和分析;由移动通信实现水文要素、气象要素、机组、闸门、调度人员与管理人员之间的泛在互联;由区块链去中心化数据安全技术及随时提取、不可伪造、不可撤销和可验证的特点,

推动组织智能化发展;由云计算和超级计算解决梯级水电站高维度、大规模、约束条件多的"维数灾"问题;由空间信息和虚拟现实等技术将各种工况呈现在用户面前;由人工智能提高运行调度的应变能力。

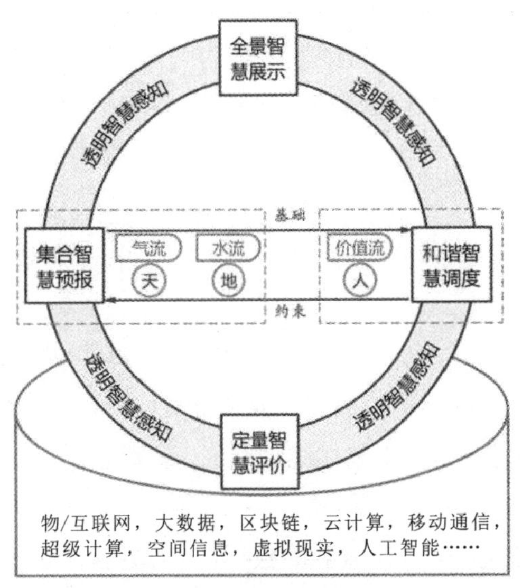

图 2　智慧梯调总体架构

功能支撑体系中,透明智慧感知是连接各模块的纽带,负责为各模块提供初始输入和模块间反馈传递;智慧预报负责气温、降水、流量等要素的分析和预报,制作确定性预报和制作带有概率信息的预报集合,为调度提供基础信息和更多的参考依据;和谐智慧调度在确保安全的前提下,通过水电站群的联合优化调度,实现系统综合最优;智慧评价对人员、模型、流域结构、调度规则、综合需求等因素进行多维度定量评价,事前对预报成果和调度方案进行评价给出可信度,事后对结果进行评价、分析原因并反馈给预报和调度模块,促进模型的自我完善,对预报和调度带来的效益给出定量评价结果;全景智慧展示通过图表和视觉、听觉、触觉等技术,全方位实时展示远方正在发生的场景,重现过去已经发生的和未来可能发生的情景,帮助用户做出正确的分析和决策。其中,集合智慧预报实现了数据到气流、气流到水流的迁移,和谐智慧调度实现了水流到发电、防洪、生态、航运等社会和经济价值的迁移,从而构建了"气流—水流—价值流"的完整链条。此外,气流和水流分别与天和地对应,价值流则与人对应,即通过预报和调度实现了"天地人"的和谐统一,这也是中华民族几千年以来"天地人和"核心文化思想的具体体现和实践。

3　智慧梯调建设的关键技术

"智慧+"在城市、交通、医疗等方面得到较为成熟的应用,但是在水电站调度领域仍处于探索阶段。智慧梯调所依赖的物/互联网、大数据、人工智能等基础支撑体系,主要是以学习、吸收和应用为主，本文讨论功能支持体系的五个模块，对相关的关键技术进行讨论、总结和提炼。

3.1 透明智慧感知

透明智慧感知负责采集和处理数据，使之达到全信源覆盖、全过程可溯、全数据清洗、全信息透明的要求，让用户无障碍使用数据，不用关心也不会注意到数据的来源、格式、是否准确和完备等问题。

(1)数据采集技术

对监测站网进行优化论证，在卫星、无人机、无人船、超声波等监测技术中选择最适合的数据获取方式。

(2)数据存取技术

基于 Hadoop 架构、云存储等的数据存取和检索技术，实现多源海量数据存储和高效利用，采用类似区块链的技术，实现集体维护监督、确保数据实时热备、不可伪造功能。

(3)数据清洗技术

检测并处理缺失、重复、噪声和离群等数据，自动更新河道地形、水位流量关系等动态数据，形成“干净完整”的数据集合，提高知识发现的准确性、有效性和实用性。

(4)数据融合技术

对多源数据所含的信息进行互补处理，获得更准确、更可靠、更完整的信息，确保同一对象的同一属性在同一时间、同一空间存在且唯一，在不同时间尺度、空间尺度上则具有一致性。

3.2 集合智慧预报

集合预报提供了同一有效预报时间的一组预报结果，以概率等形式提供预报各个环节的不确定性信息，在理论上更加科学合理，在生产实践中也提高了对暴雨、洪水、干旱等极端事件的认知、预防和处置能力。

(1)基于数据驱动的预报唤醒机制

根据数据情况唤醒相应的模块，分析受影响的预报断面并自动计算更新。

(2)数据同化技术

根据实测数据，滚动更新模型参数、预报的状态变量初值，解除人工试错的工作量和对作业人员经验的依赖。

(3)模式/模型的智能选择

气象与水文预报有多种数值模式。根据定量智慧评价模块的反馈结果，推荐最适合的模式/模型。

(4)基于图像识别和深度学习的短临降水预报[3]

通过对天气雷达实时回波图、地面天气观测实况、卫星遥感云图以及数值天气预报、

系统外推以及深度学习等,快速和智能化地监测预警未来小时甚至分钟级别、公里级别的强对流天气。

(5)基于深度学习的延伸期概率预报[3]

依靠海量的气象历史数据和千亿次计算建立气候模式,参考数值预报结果,与实际气候实测结果进行比较,预测未来 15 天以上的天气情况。

(6)气象集合预报[4][5]

分析初值和天气物理过程预报的误差分布范围,根据这一范围给出一组初值和一组预报成果,这就是集合预报。集合预报可给出带有概率信息的预报集合,而不是一个单值。

(7)水文集合预报[6][7]

将集合预报的降雨过程输入水文模型生成预报径流过程。水文模型预报结果可相互对照修正,从而提高预报精度。

(8)气象水文模型双向耦合技术[5]

通过数值天气预报模式与水文模型的双向耦合,延长水文预报预见期,提高水文预报过程的精度。

(9)超长期径流演变趋势分析

模拟历史长系列生态水文变化过程,揭示径流变化的趋势和原因。依据典型温室气体排放情景和典型 GCM 模型对未来全球气候变化的预测结果,预估未来若干年的径流变化。

集合智慧预报将预报的不确定性转移给了决策者,除了技术层面需要攻克的难点外,还要面临管理层面能否接受的困境。

3.3 和谐智慧调度

梯级水电站承担的各项开发利用任务往往是相互矛盾的。如防洪与发电、兴利的矛盾,调峰、调频与航运、减振、维持库岸稳定的矛盾,灌溉与发电的矛盾,生态环境保护与发电的矛盾等。和谐智慧调度就是通过科学、智能化的技术支撑,提高运行规律的掌控能力、辨识风险的预判能力和多目标调度的协调能力,实现参与各方的和谐共赢。

(1)基于数据驱动的调度唤醒机制

根据数据变化唤醒调度计算模块,滚动更新预测趋势,对可能出现的冲突或风险给出警示及相应的建议方案。

(2)电力市场需求分析及预测

通过网络、卫星遥感等技术获取受电区的社会和经济运行数据,采取回归、支持向量机、神经网络等数据挖掘模型,分析和预测电力市场需求。

(3)大坝及机组闸门的运行诊断

经过持续的自学习,判断大坝及机组闸门的安全状况并预测不同调度方案下的安全度，形成优化调度的约束条件和发布安全警示的参考依据。

(4)调度影响因素定量分析及风险分级体系建立

防洪、航运、生态、调峰调频、减振、地灾等对水电站调度提出了很多约束条件，有些约束条件是相互冲突的，这就需要对调度影响因素进行全面识别，给出各因素的定量风险评价，找到主要矛盾，解除非关键的约束条件。

(5)发电最优联合调度研究

在约束均可满足的正常运行情况下，构建适应电力市场的、长中短期和实时嵌套的发电效益最大的优化模型。

(6)适应柔性需求的风险调度研究

针对约束无法全部满足的应急调度情况，对可变的柔性调度需求进行组合和排序，按照给定的目标，给出推荐的一组调度方案和相应的风险率及可能出现的后果。

3.4 定量智慧评价

对预报和调度成果进行定量评价，客观评价技术人员、模型的水平和预报调度产生的效益或带来的风险，为技术人员和模型的持续改进提供依据。

(1)误差产生机理和传播规律研究

数据观测、数据处理、气象预报、水文预报、调度等各个环节均会产生误差，需要对误差大小、对后续环节影响程度作出定量分析。这是所有评价工作的基础。

(2)技术人员评价

通过技术人员之间的比较，分析各自擅长的工作情景，并对需要改进的领域提出建议；评价技术人员在具体工作场景中是否存在系统偏差、业务水平是否稳定等。

(3)预报模型评价

事前根据已经明确的边界条件、初始值推荐预报模型；事后根据实测值评价模型的有效性。通过持续的反馈自学习，不断提高模型选择的精度。

(4)调度模型评价

从计算速度、稳定性、准确度、扩展性等方面对调度模型进行定量评价。

(5)预报效益评价

分析预报成果与社会/经济效益的定量关系，比如天气与用电量、降水与防洪和滑坡、降水/气温与航运、降水/气温/大风/雷暴等与施工进度的关系，建立预报评价模型，能够在一场过程预报完成后，迅速给出效益值。

(6)调度效益评价

对调度所产生的防洪、发电、航运、生态等效益进行计算，并分析各电站对梯级总效益的贡献。

3.5 全景智慧展示

全景展示给调度决策者以身临其境的感受,以便全面掌握预报调度信息和相互交流,并帮助用户根据图表和影像发现新知识和新价值,做出更加全面、准确的决策。

(1)基于 WEB 的可视化图表技术

采用 B/S 架构直接读取多种数据格式,实现海量数据的实时前端展现,对数据进行筛取,对图形进行缩放、展示细节等。

(2)三维建模技术

利用卫星遥感影像、GIS、DTM 等建立流域的三维模型,利用无人机、航拍等建立重点区域的精细化三维模型,利用软件和图纸建立大坝、机组等的仿真三维模型,以及与之相适应的气象、水文、地质等专业模型。

(3)虚拟现实技术

利用虚拟现实技术生成三维动态视景,让运行调度人员身临其境地掌握流域、枢纽及机组的实际运行情况,把预报和调度可能产生的效果以图形方式呈现给调度人员;开展虚拟情景的应急推演。

4 思考和认识

目前,智慧梯调的研究和建设总体上仍处于各自表述、概念多于实践的探索起步阶段。

1)由于智慧梯调依赖于海量数据,如果缺乏足够的数据作训练,效果可能不理想。

2)智慧系统通过学习、拓展得到的知识,不追求绝对精确,但应具有人一样的灵活性。

3)“智慧+”的理想适用条件。一是集合封闭,不能存在未知元素;二是规则完备,不能随便更改;三是约束有限,在约束条件下不可以递归。如果不能满足这三个条件,“智慧+”就不能完全替代人[8]。

4)智慧梯调短期内不会颠覆现有业务流程。因为水资源系统是一个耗散的、具有多个不稳定源的高阶非线性系统,其初值、边界值、输入、输出、物理机理等都不是完全确定的;目前的预报和调度数据远远不能满足深度学习需要的样本数量;气象、水文和调度的时空分辨率差异很大。但智慧梯调可以把技术人员从繁重的资料分析和简单重复的业务流程中解脱出来,并利用智慧梯调的综合能力提高决策效率[3]。

参考文献

[1]宋刚,邬伦.创新 2.0 视野下的智慧城市[J].北京邮电大学学报(社会科学版),2012,14

(4):1-8.

[2]张尧学.透明计算:概念、结构和示例[J].电子学报,2004(S1):169-174.

[3]唐伟,周勇,王喆,等.气象预报应用人工智能的现状分析和影响初探[J].中国信息化,2017(11):69-72.

[4]杜钧.集合预报的现状和前景[J].应用气象学报,2002,13(1):16-28.

[5]赵琳娜,包红军,田付友,等.水文气象研究进展[J].气象,2012,38(2):147-154.

[6]雷晓辉,王浩,廖卫红,等.变化环境下气象水文预报研究进展[J].水利学报,2018,49(1):9-18.

[7]徐静,叶爱中,毛玉娜,等.水文集合预报研究与应用综述[J].南水北调与水利科技,2014,12(1):82-87.

[8]高文.从大数据科学到人工智能的迁移过程.http://www.sohu.com/a/220324688_465947.

三峡工程综合利用效益综述

邹强① 鲁军

(长江勘测规划设计研究院,武汉 430010)

摘 要:三峡工程是治理和开发长江的关键性骨干工程,具有防洪、发电、航运、水资源利用等综合功能。本文针对2008年试验性蓄水以来的三峡工程综合利用效益作全面梳理,从防洪、发电、航运、水资源综合利用、生态环境保护等多方面调度效果进行凝炼和总结,并对新形势下三峡水库综合利用调度发展趋势进行了展望,分析存在的问题和提出对策建议,从而为更好地全面发挥三峡工程综合利用效益,积累宝贵经验。

关键词:三峡工程;试验性蓄水;综合利用效益;总结;展望

1 前言

三峡工程是治理长江和开发利用长江水资源的关键性骨干工程,在长江流域乃至全国经济社会发展中具有重要地位,是当今世界最大的清洁能源基地和稳定电网安全的支撑电源点,是发展长江航运和发挥长江黄金水道作用的重要枢纽,是我国重要的淡水资源战略储备库,具有防洪、发电、航运和水资源利用等巨大综合效益。坝址位于湖北省宜昌市三斗坪镇,下距葛洲坝水利枢纽38km,控制流域面积100万km^2,多年平均径流量4510亿m^3[1];正常蓄水位175.0m,相应库容393.0亿m^3;汛期防洪限制水位145.0m,防洪库容221.5亿m^3;枯水期最低消落水位155.0m,兴利库容165亿m^3;电站总装机容量为22500MW,设计多年平均发电量882亿kW·h[2]。

三峡工程于1993年开始施工准备,1994年12月主体工程开工,2008年建成。2008年汛后,具备了蓄水175m条件,即开始进行175m水位试验性蓄水。2010年10月水库首次成功蓄水至175m,至2018年汛后,已连续9年实现了175m蓄水目标。经过十几年的建设,三峡工程进入了正常运行期,开始全面发挥其巨大的综合效益。

① 作者简介:邹强,男,高级工程师,主要从事水库调度研究。E-mail:zouqiang@cjwsjy.com.cn。

2　三峡工程的作用和效益

近年来，三峡工程按照有关规程规范及行政主管部门批准的调度方案实施科学调度，防洪、发电、航运和水资源利用等综合效益显著，在长江治理、开发和保护中发挥着越来越重要的作用[3,4]。

2.1　防洪

2.1.1　防洪作用

三峡工程的建成使长江中下游防洪能力大大提高，特别是荆江地区防洪形势发生了根本性改变。三峡工程防洪作用显著，具体体现在[4]：

(1)对荆江地区

遇百年一遇及以下洪水，控制沙市水位不超过 44.5m，可不用荆江分洪区；遇 1931 年、1935 年、1954 年、1998 年洪水，可使沙市水位不超过 44.5m，均可不用荆江分洪区；遇百年一遇以上至千年一遇洪水，包括类似 1870 年历史最大洪水，经三峡水库调节后，可以使枝城河段最大泄量不超过 80000m^3/s，再配合分蓄洪区的运用，使沙市水位不超过 45.0m，可避免荆江两岸发生毁灭性灾害。

(2)对城陵矶附近地区

一般年份可以基本上不分洪(各支流尾闾除外)；对 1954 年洪水和一般大洪水年，可减少本地区(包括洞庭湖区和洪湖区)的分洪量和土地淹没。

(3)对武汉附近区

由于长江上游洪水得到有效控制，从而可避免荆江大堤溃决后洪水直趋武汉的威胁；此外，三峡工程建成后，武汉以上控制洪水的能力除了原有的蓄滞洪区容量外，还增加了三峡水库的防洪库容 221.5 亿 m^3，大大提高了武汉防洪调度的灵活性。

2.1.2　防洪调度方案

三峡工程初步设计阶段以对荆江防洪补偿为基本调度方式。对荆江补偿调度方式，重点是防御上游特大洪水，三峡水库防洪库容的利用效率明显不够高，难以适应中下游地区的现实要求，如再遇 1998 年大洪水，三峡水库不兼顾对城陵矶防洪调度显然是不现实的。在初步设计阶段的初步研究基础上，结合江湖关系变化，通过对补偿流量、区间洪水、补偿库容分配、防洪减灾作用、水库淹没、水库泥沙淤积影响等的分析研究，在保证枢纽大坝安全和不降低荆江防洪标准前提下，提出了合理可行的兼顾对城陵矶防洪补偿调度方式。即在遇到三峡上游来水不是很大而城陵矶附近(主要是洞庭湖)来水较大，迫切需要三峡水库拦洪以减轻下游分洪压力的情况下，三峡水库运用预留的 56.5 亿 m^3 防洪库容(库水位 145～155m)对城陵矶进行防洪补偿调度。

优化的防洪调度方案,进一步提高了三峡水库的防洪效益,可减少城陵矶附近地区的分蓄洪量和分洪概率。相对于单纯对荆江补偿调度方式,对于百年一遇洪水,可减少城陵矶附近地区超额洪量约40亿m^3,可减少淹没耕地约58万亩,减少约40万人的临时转移和安置。

2.1.3 防洪调度运用与效益

三峡水库蓄水运用以来,开始逐步发挥防洪效益。2008年试验性蓄水以来,先后已经历了多次洪水的考验,经过三峡水库拦洪削峰后,有效降低了长江中下游干流的水位,确保了长江中下游防洪安全。

2010年汛期,三峡水库最大入库洪峰流量为70000m^3/s,经调蓄,最大削峰30000m^3/s,下泄流量为40000m^3/s,削峰率约40%,当年汛期三峡水库5次“削峰滞洪”,共滞蓄洪水264.3亿m^3,有效降低了中下游水位。

2012年汛期,三峡水库最大入库洪峰流量为71200m^3/s,经调蓄,下泄流量为45000m^3/s,累计拦蓄洪水228.4亿m^3。三峡水库拦洪,有效缓解了中下游地区的防洪压力,降低沙市、城陵矶水位,实现了沙市水位不超过警戒水位、与中游河段洪水错峰等多项调度目标,取得了明显的防洪减灾效益。

2016年汛期,长江中下游遭遇了1999年以来最大洪水,此次暴雨降水总量多、暴雨强度大、分布广,形成的洪水涨势猛、洪峰水位高、区间来水大,洪水造成多条河流水位超警戒线,甚至有多条河流超保证水位和历史高水位。三峡水库联合上游水库进行拦洪蓄洪、削峰错峰,有效地减低了中下游河段的洪水位,降低了城陵矶附近地区洪峰水位1.0m,实现莲花塘水位不超保证水位,避免了50多万亩耕地被淹、38万多人转移,降低了武汉市洪峰水位0.4m。

2017年长江中游发生区域性大洪水,7月1日长江干流莲花塘站水位超过警戒水位,同时洞庭湖入江流量快速增加,干流莲花塘站将突破分洪水位,防汛形势十分严峻。长江1号洪水防洪调度期间,三峡水库联合上游水库实施对城陵矶防洪补偿调度,共拦蓄洪量约150亿m^3,其中三峡水库拦蓄水量约69亿m^3,有效降低洞庭湖区及长江干流城陵矶河段洪峰水位1.0~1.5m、汉口河段洪峰水位0.6~1.0m、九江至大通江段洪峰水位0.3~0.5m,实现了莲花塘站不超保证水位,缩短干流各站超警时间5~9d,显著减轻长江中下游防洪压力。

2.2 发电

三峡水电站装机总容量2250万kW,是迄今为止世界上装机容量最大的水电站,是我国最大的清洁能源基地,在我国能源布局中具有极其重要的战略地位。其发电能力巨大,技术经济指标优越,供电区主要是能源资源缺乏,且经济发达、负荷增长迅速的华中、华东地区和广东省。

(1)增加电能供应

三峡水电站设计多年平均发电量 882 亿 kW·h。2008—2017 年累计发电量达 8812 亿 kW·h,有效缓解了华中、华东地区及广东省的用电紧张局面,供电区域覆盖中国国土面积的 20%;受益人口 6.7 亿,约占中国人口的 50%。

三峡水电站承担电力系统的调峰、调频、事故备用任务,通过和葛洲坝水电站的联合运用,参与了电力系统调峰运行,实际最大调峰容量达 708 万 kW,改善了调峰容量紧张的局面,为电力系统的安全稳定运行提供了可靠保障。

(2)促进全国联网,优化能源结构

三峡输变电工程的建成和电力系统规模的扩大,使电网动态调节性能得到改善,抵御事故冲击的能力得到提高,降低了不可预见故障的安全风险,也为大容量、高效率机组推广应用创造了有利条件,充分发挥了电网互联的安全、规模效益和互为备用效益,对全国电网联网格局的形成起到了示范作用。同时,通过三峡输变电工程建设初步形成了更大范围内能源资源交易平台,为推动全国范围的电力市场建设和电力交易,取得更大能源与市场资源优化配置的综合效益创造了有利条件。

三峡水电站发电量巨大,对改善我国的能源结构有着重要作用。如 2017 年发电量为976 亿 kW·h,对应的替代标煤总量,占当年全国能源消费总量(42.6 亿 t 标准煤)的 0.74%。

2.3 航运

长江素有“黄金水道”之称,是沟通中国东南沿海和西南腹地的交通大动脉。三峡工程建成前,重庆至宜昌的川江河道航行条件极为复杂,年单向通过能力只有 1000 万 t。三峡工程建成后,使三峡上游 660km 的航道成为深水航道,同时,枯季调节流量,增加了下游航道水深,改善了航运条件,万吨级船队一年中有半年以上时间可从武汉直达重庆,使这一航道年单向通过能力由 1000 万 t 提高到 5000 万 t。运输成本较三峡水库蓄水前降低了 37%,大大提高了船舶运输的安全性。三峡水库形成的“水上高速公路”缩短了库区的航行时间,在巨大的三峡船闸配合运行下,长江航运事业得到高速发展。

(1)库区航道条件得到根本性改善

三峡水库蓄水后,消除了三峡坝址至重庆之间的 109 处滩险、34 处单行控制河段、12 处需绞滩通行的航段,实现了全线夜航,“自古川江不夜航”成为历史,常年库区航道尺度达到Ⅰ级航道标准,在水库高水位运行期,三峡大坝至重庆的川江航道具备通行万吨级船队和 5000 吨级单船的航道条件。

(2)显著改善长江中游航道航行条件

三峡工程通过枯水季节流量调节,将葛洲坝以下的最小流量由不到 3000m^3/s 提高至 5500m^3/s 以上,结合航道整治和维护,增加了航道水深,有效改善了长江中游航道航

行条件。

(3)显著提高航运安全性

三峡水库蓄水成库后,库区运输船舶海损事故大大减少,蓄水后平均每年水上交通事故数下降了2/3。中游航道因枯水期下泄流量的加大,增加了碍航河段的航道水深,避免船舶搁浅事故的发生。

(4)大幅提升航运功能

三峡工程改善航道和水域条件,库区船舶载运能力和营运效率显著提高,单位千瓦的拖带能力较成库前提高3倍以上,每千吨公里的平均油耗下降60%以上。船舶运输效率提高,运输成本降低,提高了水运的经济性和竞争力。

2.4 水资源利用

三峡水库蓄水至175m后,具有兴利调节库容165亿m^3,成为我国重要的淡水资源战略储备库,可发挥保障长江流域供水安全、改善中下游枯水期水质、有利于南水北调工程的水资源配置等作用。当下游河段遇干旱灾害、重大水污染事件、船舶搁浅、重大海损事件时,还可发挥应急调度作用。

三峡水库初步设计阶段针对下游用水需求合理调度三峡兴利库容研究较少[1]。《三峡水库优化调度方案》中,针对枯水期下游供水、抗旱、压咸等进行了枯水期的调度方式优化研究,提出了三峡水库的水资源(水量)调度方式。即针对每年最枯时段(年初)河口压咸、下游供水等需求,采取设置最小下泄流量或水库降至一定水位的补偿调度方式;遇特枯水年份动用库水位155m以下库容,适当加大下泄流量的调度方式,以及三峡库区及下游河段发生干旱灾害、发生重大水污染事件的应急调度措施。其中设置最小下泄流量调度方式为:在每年1—2月下游最需用水时段,水库在满足发电、航运需求下泄流量的基础上,再增加下泄流量400～600m^3/s,使1—2月下泄流量基本可达6000m^3/s。与初设拟定的调度方案比较,加大了枯期对下游的补偿力度。

(1)为枯水期长江中下游生产生活供水

三峡水库利用巨大的调节库容“蓄丰补枯”,平均可增加下游枯水期流量2000m^3/s左右,截至2017年底,三峡水库枯水期累计为下游补水1710天,补水总量2055亿m^3,改善了枯水期中下游沿江地区的生产、生活和航运条件。

(2)为长江中下游抗旱补水

2011年长江中下游地区出现秋冬春夏四季连旱,旱情范围广、持续时间长,自5月7日至6月10日,为中下游抗旱补水54.7亿m^3,日均向下游补水1500m^3/s,对缓解长江中下游旱情发挥了重要作用。

(3)为长江中游航道浅滩水深不足补水

三峡水库蓄水至175m后,通过流量调节,显著增加长江中游枯水期航道水深,有效改善航道条件,缓解航道浅滩对船舶航行的影响。

(4)应急调控

2014年2月,长江口水源地遭遇历史上持续时间最长的咸潮入侵,长江口青草沙、陈行等水源地的正常运行和群众生产生活用水受到较大影响。应上海市政府要求,三峡水库启动了"压咸潮"调度,出库流量由6000m^3/s提高到7000m^3/s,使大通站流量增至11000m^3/s以上,压咸效果明显。

2015年集中消落期调度过程中,为了给"东方之星"沉船时间的救援创造有利条件,三峡水库实施应急调度,6月2日将三峡水库出库流量由17200m^3/s逐步减至7000m^3/s,紧急减少水库出库流量以减缓水位上涨趋势。

2.5 生态环境保护

三峡工程是一项全国最大的防灾减灾工程,也是一项最大的节能减排工程。根据2016年批复的三峡工程调度规程以及多年来三峡工程调度实践,在实时调度中"满足生态需求"贯穿了三峡工程全年调度各个时期,其中:1—2月三峡工程按不小于6000m^3/s控制下泄流量,保障了供水、航运等需求;3—5月三峡工程按庙嘴水位不低于39m控制下泄流量保障航运,同时还为长江口咸潮入侵开展应急补水调度;5—6月在实施消落调度过程中,择机开展了针对"四大家鱼"繁殖的专项生态调度;6月下旬至9月初,在防汛过程中兼顾下游河道安全,开展了库尾减淤和冲沙调度;9—10月在蓄水过程中,兼顾了下游河道及两湖地区、河口地区的综合用水需求;11—12月结合发电调度为下游补水。

三峡工程的生态与环境保护作用主要体现在防灾减灾、生态调度、绿色能源、生态补水等方面,取得了明显的成效。

(1)防灾减灾,有效避免洪水对生态环境的破坏

"万里长江险在荆江",三峡工程运行后可有效避免洪水泛滥,对保障荆江两岸1500多万人民生命财产安全具有十分重要的作用,为荆江两岸人民提供了安居乐业的生产生活环境;可减少洪水淹没对生态与环境的破坏;可减缓洪灾带来的一系列社会问题;有效减少钉螺蔓延与血吸虫病传播,有利于中下游血吸虫病防治;减少汛期分流入洞庭湖的洪水和泥沙,减缓洞庭湖的淤积和萎缩。

(2)减少碳排放,为减缓温室效应做出重要贡献

三峡水电站设计多年平均发电量882亿kW·h,2008—2017年底的累计上网电量相当于节约了2.88亿t标煤,减少二氧化碳排放约7.5亿t,减少二氧化硫排放约174万t,减少氮氧化物排放约217万t,并减少了大量废水、废气、废渣的排放。由此可见,三峡工程的节能减排效益十分可观,有效缓解了发电及用电地区的环境压力。

(3)为中下游生态补水,有效改善中下游水生态环境

三峡工程运用后,大坝下游枯水期流量增加,水质得到了改善。库区水质总体稳定,

干流水质总体为Ⅱ～Ⅲ类。

3 新形势下的新要求

三峡水库试验性蓄水运用以来,在保障完成三峡工程设计任务的同时,高质量地完成了防洪、发电、航运等任务,有效降低了中下游防洪压力,改善了航运条件,发挥了生态环境保护作用。但是,随着经济社会发展、水文泥沙条件变化、上游水库建成投入运行、防洪需求变化,对三峡工程综合利用也不断提出了新要求。

3.1 防洪对水库的调度要求

随着长江上下游干、支流水利水电工程的建设,经济社会的发展,以及对于三峡水库运用调度经验的积累和认识的深化,根据新情况,及时优化三峡工程调度方案,并建立跨部门、跨地区的协调机制,实现三峡水库的科学运行管理,将会更好地发挥三峡水库的防洪效益。

一是开展长江上中游水库群的联合调度研究与运用,进一步提升优化防洪效益。实现三峡水库与长江上游干支流水库、清江梯级水库、洞庭湖水系水库、汉江梯级水库、鄱阳湖水系水库的联合调度,充分发挥水库群对长江流域的整体防洪作用。

二是拓展三峡水库对下游防洪的补偿调度功能,进一步优化防洪库容运用,提升防洪效益。在洪水调度中进一步积累经验,开展干支流洪水遭遇研究,优化防洪库容的分配方案,充分挖掘补偿调度能力,更充分发挥三峡水库的防洪作用。

三是深化三峡水库洪水资源利用研究,进一步优化洪水资源利用方式,提升水资源综合利用水平。继续推进汛期运行水位上浮、常遇洪水调度和汛末提前蓄水等方式研究,在确保防洪安全的前提下合理利用洪水资源。

四是尽量减少蓄滞洪区启用概率,为进一步调整蓄滞洪区布局创造条件。开展三峡等控制性水库和蓄滞洪区联合调度方式优化研究,并加强蓄滞洪区的建设和管理,适时调整蓄滞洪区布局和启用方案,来更好地发挥防洪综合效益。

五是加强生态环境保护和治理,减缓库区泥沙淤积,进一步减少库容损失。应加强库区水下地形的观测,及时掌握库区淤积情势,尽量减缓库区淤积,从而进一步提升防洪效益。

3.2 航运对水库的调度要求

三峡水库建成后,库区航运条件与河道下游航运条件均有明显改善。但随着三峡水库运行对库区泥沙淤积规律及下游水文情势的改变,要维持较好的航运条件,三峡水库调度方式需进一步优化。

三峡水库日调节产生的非恒定流将会影响三峡与葛洲坝两坝间水流条件，在调度方案中应提出有关优化调度和管理措施，调整三峡至葛洲坝出流量变化速度，满足船舶安全航行要求。

还有，要进一步规范通航规则、优化船舶运行程序，理顺三峡工程运行管理体制，完善安全监管体系和防灾应急体系，推进和鼓励采用船舶标准化，强化调度管理，来进一步拓展航运效益。

3.3 水资源利用对水库的调度要求

三峡工程正常运用后改变了长江中下游天然径流过程。三峡水库蓄水期，库水位由145m蓄至175m正常蓄水位，水库下泄流量较天然情况大幅减少，导致城陵矶、湖口水位提前降低，使洞庭湖、鄱阳湖出流量加大，减少了湖泊蓄水量。湖区水位降低后，对湖区的农业用水、湖周居民用水产生影响。若遇枯水年，影响更大。荆南各河沿岸的农业灌溉大部分依靠从河道引水。三峡工程运用后荆南三口分流减少，加重了该地区季节性缺水。为改善长江中下游取水条件，需研究适当提前并延长水库蓄水时间，尽可能减缓下泄流量的削减速度，同时在枯期加大泄量，为下游取水创造有利条件。

3.4 生态环境保护对水库的调度要求

由于对生态环境可持续发展需求的认识是一个不断深化的过程，围绕三峡调度不同调度时期的生态环境需求和调度目标还需进一步地认识和完善，相应的调度技术和手段也需开展研究；同时，还需要相关部门和单位增强协调及配合力度，从更广范围、更深层次、更高要求上深化、推进三峡工程生态调度。

生态调度是贯穿三峡工程运行的全过程、全周期的一种调度方式，是其水库调度的基本边界和约束条件。建议在三峡生态调度研究和实践过程中，重视调度后的实时生态环境反馈和生态与环境对变化环境的适应性需求，以对提出的调度方式进行修改和完善，最终提出三峡生态调度的系统规范和标准，形成以满足生态环境可持续发展需求为前提的长江流域水库调度方式和体系[8]。

4 结语

三峡工程举世瞩目，是人类历史上一次利用自然资源改善长江生态的非凡壮举。三峡工程具有防洪、发电、航运、水资源利用、生态环境保护等多项综合利用任务，不仅可大大缓解长江中下游防洪压力，避免长江中下游地区饱受洪灾之苦，还可为经济建设提供巨大的能源支持，同时改善了长江流域航运条件，充分发挥了长江“黄金水道”的作用，对带动长江流域区域经济的迅速发展亦具有重要作用。在面对枯水期向下游供水、抗旱和

河口压咸等需求提出的新要求时，三峡水库通过调整水库下泄流量，在一定程度上既保障了下游供水安全，又维护了河流生态健康。

然而，三峡工程的综合利用调度涉及面广、影响范围大，其调度运用是各方关注的焦点。且上游控制性水库逐步建成投入运行、三峡水库水资源有效利用、生态环境保护、水文泥沙条件的变化和长江流域经济社会发展对三峡工程的运行管理提出了新的、更高的要求，要加强以三峡水库为骨干的长江控制性水库群联合调度研究，进一步提高对洪水的调控能力，保障流域防洪安全；要加强水力资源利用的研究，进一步优化长江经济带能源结构，实现绿色循环低碳发展；要加强下游河势变化研究，适时实施相关河道、湖泊及航道整治，推进三峡枢纽水运新通道建设，进一步提升长江“黄金水道”航运能力；要加强水资源优化配置，高效利用水资源，为人民生活、生产、生态供水安全提供坚强保障。

总之，三峡工程处在长江上游最末端，是长江中下游防洪的控制性工程，也是上下游水资源调配的控制工程，随着时间推移、社会经济的发展，下游长江防洪体系建设、上游水库的陆续投入、上下游泥沙发展状态、江湖关系都在不断变化，三峡水库综合利用调度运用需与时俱进，不断地进行调整、改进和优化，实施科学调度，及时总结经验，以逐步完善三峡水库综合利用调度方式，全面提升综合效益，是三峡工程今后将面临的一项长期任务。

参考文献

[1]长江水利委员会.长江三峡水利枢纽初步设计报告(枢纽工程)[R].武汉:长江水利委员会,1992.

[2]水利部.三峡(正常运行期)—葛洲坝水利枢纽梯级调度规程[R].北京:水利部,2015.

[3]马建华.三峡工程综合效益巨大[J].中国水利,2011(12):14.

[4]仲志余,胡维忠,丁毅.三峡工程规划与综合利用[J].中国工程科学,2011,13(7):38-42.

[5]长江水利委员会.三峡水库优化调度方案(国务院批复)[R].武汉:长江水利委员会,2009.

[6]刘丹雅,纪国强,安有贵.三峡水库综合利用调度关键技术研究与实践[J].中国工程科学,2011,13(7):66-69.

[7]国家防汛抗旱总指挥部.关于2018年度长江上中游水库群联合调度方案的批复[R].2018.

[8]黄艳.面向生态环境保护的三峡水库调度实践与展望[J].人民长江,2018,49(13):1-8.

三峡枢纽蓄水运行期主体建筑物混凝土表面保护研究与实践

陈磊[①]　冉红玉　陈玉婷

（长江勘测规划设计研究有限责任公司，武汉　430010）

摘　要：清水混凝土作为一种新兴的建筑表达形式和先进的装饰保护理念，主要应用于城市建筑，用于大型水利枢纽建筑装饰保护在此之前还从无先例。三峡水库蓄水运行后，在广泛总结国内外工程经验的基础上，借鉴清水混凝土的理念，以重视混凝土施工过程的工艺质量控制，结合对建筑物混凝土表面的适时修补和后期保护性处理，作为长久保持三峡主体建筑结构本色的主要技术手段，在保持枢纽整体建筑效果的同时，对混凝土表面起到了有效的保护作用，为今后类似工程提供了宝贵的范例。

关键词：三峡枢纽；蓄水运行期；主体建筑物；清水混凝土；混凝土表面保护

1　建筑物设计原则及特点

1.1　设计原则

三峡工程规模空前、效益巨大，又处于著名的长江三峡风景区，除具有防洪、发电、航运、排沙、供水等工程效益外，还具有生态、旅游、教育等功能。

根据三峡工程的功能要求和环境条件，确定枢纽区建筑规划基本原则为：以满足工程功能要求和安全运行为前提，强调生态环境的保护和恢复，以绿化为主要手段，形成青山、绿水、灰色大坝的主格调。在枢纽建筑物的风格和处理手法以及色彩等方面强调整体性，将枢纽建筑物视作置身于自然环境中的巨型雕塑，避免城市建筑的常规修饰手法，突出建筑物自身的本色美、结构美、整体美、简洁美。

清水混凝土作为一种新兴的建筑表达形式和先进的装饰理念，20 世纪 60 年代逐渐兴起于欧美、日本等国家，20 世纪末开始进入国内建筑市场，主要应用于城市建筑，用于

---

① 作者简介：陈磊，江苏南通人，教授级高级工程师，长江勘测规划设计研究有限责任公司水利水电枢纽设计研究院副总工程师。

大型水利枢纽的整体建筑装饰与保护在此之前并无先例[1]。三峡工程在总结国内外经验的基础上,引进先进的清水混凝土理念,以重视混凝土施工过程的工艺质量控制,结合对建筑物混凝土表面的适时修补和后期保护性处理,作为长久保持三峡主体建筑结构本色的主要技术手段,在保持枢纽整体建筑效果的同时,对混凝土表面起到了有效的保护作用。

1.2 建筑物特点

1.2.1 大坝

拦河大坝为混凝土重力坝,坝轴线全长2309.5m,坝顶高程185m,最大坝高181m;从左至右分为左岸非溢流坝段、升船机坝段、冲沙闸坝段、左厂房坝段、左导墙坝段、泄洪坝段、纵向围堰坝段、右厂排坝段、右厂房坝段和右岸非溢流坝段。水库正常蓄水位175m,汛期防洪限制水位145m。

大坝不同于一般城市建筑,主要特点是:①混凝土总量约1600万m^3,其长期外露面面积占整个枢纽的60%以上,除少量坝顶建筑外,大部分为大体积混凝土,多采用四级配,混凝土外表面平整精致程度达不到一般清水混凝土建筑要求;②部分区域运行条件较特殊,如上游水位变幅区连续长时间干湿交替、大坝泄洪孔口过流面存在高速水流冲刷问题;③大坝混凝土为非均质多孔结构,建成后长年挡水,在库水位和环境气候的持续作用下,坝体内外存在缓慢变化的水气交流;④占大坝表面积最多的下游坝面为仰斜面,灰尘、污物、菌类容易积聚附着。

为突出三峡大坝的恢宏气势,强调整体性,设计上对顶部机房等分散建筑物采取了隐藏式或半埋式布置,对坝顶公路桥墩等结构件进行了加厚,使形体尺寸尽量与坝体相协调,融为一体。

大坝上下游面部位混凝土施工中采用大型整体钢模为主,曲面部位使用定型钢模,在满足温控要求和浇筑条件的前提下尽量采用较大升层,全面推行仓面设计,规范混凝土施工工艺,实施精细化施工,建立缺陷检查快速反应和跟进处理机制,尽量减少和消除混凝土表面错台、挂帘、蜂窝、麻面等施工缺陷。

1.2.2 电站

电站为坝后式,主厂房是电站的主要建筑物,左、右岸厂房长度分别为644.7m和574.9m,机组中心距38.3m,顶高程116m,水轮机层高程67m以下为大体积混凝土,以上为板梁柱墙结构,与一般工业民用建筑相近。

电站厂房上部结构的上下游墙体实行免装修施工标准,模板采用大型悬臂芬兰(VISA)模板,统一模板尺寸、分层高度、定位锥位置;采用二、三级配混凝土,手持式振捣器振捣和复振;要求拆模后墙体表面平整均匀、棱角分明,无明显错台、挂帘、蜂窝、麻面等质量缺陷，墙面平整度要求 2m 范围内不超过 3mm，整体误差不超过 20mm。

1.2.3 船闸

船闸为双线五级，修建于山体深切开挖形成的岩石深槽中，两线平行布置，中心线距 94m，中间保留 57m 岩石隔墩，主体结构段总长 1621m，每线船闸有 5 个闸室和 6 个闸首，每个闸室有效尺寸为 280m×34m(长×宽)，槛上最小水深 5m。

船闸建筑物特殊之处在于：①常年有大量船舶通过，建筑物外表的平整美观既要注重整体效果，还要考虑近距离观感；②占建筑物表面积最大部分的是闸室墙迎水面，该范围因直接与船体接触，长期受船体摩擦触碰，墙面易磨损；③船闸运行后长年处于频繁运用状态，墙面后期处理对航运有影响。

船闸结构以薄衬砌形式为主，混凝土浇筑仓位相对大坝厂房而言较小，采用大型钢模、滑模、翻模等模板工艺，汽车运输，门机、吊罐、泵管等手段入仓，混凝土多为二、三级配或泵送混凝土，施工期间混凝土表面渗水缺陷较多，但水面以上施工缺陷并不明显。

1.2.4 升船机

升船机为全平衡重齿轮齿条爬升式，一次可通过一艘 3000 吨级客货轮或 1500 吨级船队。升船机主体结构由上闸首、船厢室段、下闸首组成，上闸首兼有挡水功能，是大坝的一部分，与左岸大坝同期建成，船厢室段和下闸首段为续建工程，船厢室段塔柱结构采用整体爬升模板，泵送混凝土浇筑，为满足设备安装运行需要，建筑物体型精度要求控制在＋8～－5mm 范围内，高于左右岸厂房墙体施工标准。升船机建成后以过客轮为主，对建筑物表面平整美观的要求也比其他建筑物更为注重。

1.2.5 地下电站

地下电站主要建筑物隐藏于右岸山体内，仅进水口和尾水平台暴露在地表，结构特点和施工情况与坝后电站相应部位类似。

2 表面清理保护

三峡水库蓄水运行后，除升船机续建工程外的枢纽主体建筑物已陆续达到最终规模，二期工程施工的建筑物经过数年暴露于自然环境下，混凝土表面出现片状黑斑、污迹，三期大坝表面粘贴的保温苯板残损脱落。受业主委托，长江勘测规划设计研究有限责任公司对主体建筑物表面清理保护方案进行了研究。

建筑物表面的清理与保护遵循三峡枢纽建筑规划基本原则，主要目的是：①恢复建筑物结构本色，长期保持混凝土外表面的自然肌理；②防止自然环境污染，有利于保持洁净，便于维护；③有利于提高混凝土结构的耐久性。

建筑物混凝土表面清理保护工作大体可分为表面清理和涂刷保护剂两部分，对于符合清水混凝土(免装修)施工标准的部位，如厂房上下游墙、升船机船厢室段、坝顶机房、

排架柱等,清理工作比较简单,而对于其他达不到标准的部位,清理修补工作量比较大,主要包括以下内容:

1)拆除混凝土表面保温苯板及所有施工临时材料,清理去除混凝土表面残留的灰尘、苔藓、施工残留等污染物。

2)对施工期间遗漏的影响外观的错台、裂缝、蜂窝、麻面等混凝土表面缺陷,以及混凝土破损等进行检查和修补,修补材料采用预缩砂浆、麻布砂浆,或与保护剂配套的水泥基材料,并通过调整水泥和砂的品种使修补料固化后的颜色尽量与本体一致,以呈现混凝土面自然肌理为原则,对不影响整体观感的分散气泡、细小裂纹以及正常模板印迹等轻微斑痕可不做处理。

3)对建筑物表面布置的排水管沟等进行检查维护,对影响建筑物外观和有可能造成污染的设施进行改造。

4)涂刷混凝土表面保护剂。选择合适的混凝土表面保护体系,是决定清理与保护效果能否长期保持的关键。

3 保护剂的选择

3.1 保护区分类

由于水工建筑物的情况比较复杂,大部分情况下不能简单套用城市建筑清水混凝土的做法,而主要是参照这一建筑理念,结合各自特点和实际条件区别对待,有针对性地实施。这不仅体现在清理修补工作上,在保护剂的选择上同样如此。

保护剂的选择主要基于以下因素:①能长期保持大坝混凝土面自然机理和色泽,延缓建筑物表面碳化,不易污染,便于清洁;②能适应所在区域的运行条件;③产品性能成熟稳定,有大型工程应用实例;④对人体及环境无毒害作用;⑤施工方便。

根据三峡枢纽建筑物特点和实际情况,将保护区域分成五类。

一类:无挡水功能,体型和平整度满足清水混凝土标准的部位,如厂房上下游墙、坝顶机房、栏杆、排架柱、升船机筒体等。这部分经过简单基面清理即可进行保护剂涂装。

二类:有挡水作用的大体积混凝土外露面,如大坝、厂房下部、升船机闸首等。该区域达不到清水混凝土基面标准,需先对混凝土表面进行必要的清理和修补。

三类:外露的高速水流过流区,如泄洪表孔、排漂孔溢流面。能否经受水流冲刷是这类区域保护涂装的主要问题。

四类:船闸闸室墙。由于直接经受船体触碰刮擦,该区域需要防机械性损伤,目前的清水保护剂均无此功能。

五类:上游水位变化区。该区域面积较大,呈现连续的周期性干湿交替,库水浸泡和暴露的时间都很长。

3.2 试验与分析

由于清水混凝土保护技术引进国内的时间不长，国内保护剂的产品性能、质量和工程经验各方面与国际知名品牌存在较大的差距，因而选取有大型清水混凝土保护业绩的国际优质企业产品开展了对比试验。

业主及设计单位组成联合考察组，对国内清水混凝土表面保护应用情况进行了实地考察，在此基础上结合三峡工程实际，遴选出 5 种类型的保护剂进行对比试验，分别为：无机盐渗透型、改性聚脲类、浸渍＋氟碳涂膜型、硅烷浸渍型、氟化物浸渍型，这 5 种材料涵盖了混凝土表面防护技术现状。试验分室内试验和现场试验两部分。

室内试验针对 5 种保护材料共进行 17 项性能的测试，包括老化性能、抗碳化性能、氯离子扩散性、渗水压力、涂膜水汽渗透性、涂膜氯离子渗透性、有机溶剂可溶物氟含量测定、耐碱性、涂层外观、涂层柔韧性、涂层抗冲击强度、耐玷污性、耐洗刷性、浸渍深度、湿膜厚度、抗水砂冲蚀性能等[2]。

现场试验即在大坝外表面进行适当面积的涂刷，其目的在于了解各种材料的施工工艺、施工要求、施工工期以及外观效果。试验块由同一施工单位根据各厂家提供的材料产品和操作工艺要求进行施工，厂家派技术人员进行现场指导[3]。

试验结果经国内专家院士评审鉴定，其结论为：5 种保护材料体系对提高大坝混凝土抗碳化性能等耐久性指标均有明显作用，浸渍＋氟碳涂膜型保护材料体系综合性能最优。涂刷该防护涂层后混凝土抵抗氯化物、硫酸盐等渗透能力明显增强，抗冻性能有所提高，碳化试验深度仅为无防护情况的 1/10，耐人工气候老化试验 5000h 性能仍基本保持。

虽然试验表明保护材料体系确有增强混凝土耐久性的作用，浸渍＋氟碳涂膜型材料的耐老化指标相比其他涂膜材料优势也很明显，材料本身的有效使用期可以达到三十年，但和被保护的建筑物寿命相比仍有较大差距，在整个运行期间需要维护和更新。因而，在建筑物结构耐久性指标符合国家标准的情况下，表观效果和自洁性与耐老化指标同为保护剂选择的重要指标。另经检查确认，大坝混凝土表面出现的片状黑斑并非碳化现象，而是表面苔藓类植物附着生长所致。

浸渍＋氟碳涂膜型保护体系面层为水性氟碳，主要由于油性氟碳的封闭性强、成膜厚度大、反光率强，影响混凝土的自然和真实感，含挥发性溶剂，因此不适宜用于清水混凝土保护。实际上大体积混凝土内部与外部空间始终处于水气交换的动态平衡状态，对水工建筑物而言其混凝土表面保护与金属结构防腐不同，在阻止外部液态介质浸入的同时，并不希望完全隔断内部水气的挥发通道。

试验选用的改性聚脲类保护体系是以聚脲为基本成分改性而成的透明渗透覆盖性保护材料，主要目的是为三类区域寻找合适的表面保护体系。由于其不够成熟，对三类

区域泄洪表孔表面保护的最终解决方式是墩墙使用浸渍+氟碳涂膜型保护体系，底板和墩墙水面以下出现冲蚀磨损后，在运行维护中逐渐采用环氧胶泥满刮的方式进行修复和保护，环氧胶泥通过调色使其与周边混凝土一致，以兼顾抗冲磨和美观两方面的需要。

船闸闸室墙迎水面运行期间受船体触碰刮擦，表面保护材料无法长久保持。相关研究和现场试验结果表明，采用聚脲弹性体防护材料表面涂覆后冲击韧性显著提高，对减轻闸墙表面船舶撞击和磨损有一定防护作用，但该新型材料仍处于研究阶段，因此对四类区暂不作处理。

虽然试验表明浸渍+氟碳涂膜型保护体系具有良好的耐水性和耐玷污性，但上游水位变化区在长时间江水浸泡下，保护体系能否保持原有色泽尚无实际的例证可以说明，经对部分坝段进行试涂刷，蓄水浸泡后外观色泽变化较大，证明对五类区域保护剂的表观效果不易保持[4]。

4　材料性能

4.1　主要成分和用量

根据研究成果及专家意见，三峡枢纽建筑物表面保护采用 BONNFLON 清水混凝土复合涂层，材料由业主采购供应。

BONNFLON 清水混凝土复合涂层包含底层、中间层和面层三层材料。底层涂料的主要成分为硅烷化合物，硅烷渗透进混凝土表面的微观孔隙中，与混凝土中的自由水发生反应，生成挥发性的甲醇或乙醇，保护材料则转化为硅烷醇，硅烷醇进一步脱水，聚合为硅树脂，具有良好的憎水性。硅烷化合物的重量比应不少于 30%，理论用量一类区域应不少于 0.11kg/m^2，二类区域应不少于 0.15kg/m^2。中间层涂料主要成分为丙烯硅树脂，主要作用是使底层涂料和面涂层能形成良好的结合。丙烯硅树脂的重量比应不少于 35%，用量应不少于 0.09kg/m^2。表面的氟碳树脂涂料为常温固化氟碳树脂涂料，具有高耐候性和耐化学介质性能，主要成分为氟碳树脂，氟碳树脂的重量比应不少于 69.1%，用量应不少于 0.11kg/m^2。

4.2　性能指标

涂膜外观：正常条件下不起皮、不脱落、不变色，色泽均匀、透明，有微弱亚光光泽。

溶剂可溶物氟含量：面层涂料氟含量不少于 11%。

涂层附着力：附着力≤1 级。

耐水性：符合 GB/T 1733—1993 要求。

耐碱性：符合 GB/T 9274—1988 要求。

耐酸性：符合 GB/T 9274—1988 要求。

耐洗刷性：按 GB/T 9266—1988 进行，涂料洗刷>10000 次，无异常。

耐玷污性：用粉煤灰作为污染介质，按 GB/T 9755—2001 试验，涂层反射系数下降率<10%。

渗透性：按照 JTJ 275—2005 规定进行，渗透厚度应大于 2.0mm。

耐人工气候老化性：试验按 GB/T 1865—1997 规定进行。结果的评定按 GB/T 1766—1995 进行。耐人工气候老化性 5000h 不起泡、不剥落、无裂纹，粉化≤1 级，变色≤2 级，失光率≤3 级。

有害物质限量：满足 GB 18582—2008 标准。

5 工程实施

2007 年对左岸电站厂房内外墙及电源电站电梯井进行表面保护性涂装。2008 年，三峡水利枢纽工程管理区保护与利用规划完成，枢纽建筑物表面清理保护正式立项，并开始进行方案制定和技术准备工作。2009 年 8 月根据试验研究成果和左岸电站厂房工程实际应用情况，对三期大坝和厂房开始实施表面清理保护。2010 年 8 月实施二期大坝和升船机上闸首表面清理保护工程。2011 年 5 月起实施船闸及地下电站表面清理保护工程。2014 年实施升船机续建工程表面清理保护工程。至此除大坝下游导墙、电站附厂房等少数部位外，枢纽主体建筑物混凝土表面清理保护工程基本完成，累计施工清水混凝土保护面积超过 100 万 m^2[5]。

6 结语

三峡工程是当今世界规模最大的水利枢纽工程，建设过程中业主及参建各方高度重视质量，坚持全面、全员、全过程的质量管理理念，大力推进精细化管理，混凝土施工中的各种质量缺陷得到有效控制和逐步改善。经国务院三峡工程建设委员会三峡枢纽工程质量检查专家组认定，二期工程质量总体优良、三期工程质量达到优良水平、地下电站工程堪称精品。工程基本建成后，中国长江三峡集团公司继续推进三峡工程及其周边区域的生态修复与环境保护，将三峡工程所在地明确定位为世界级的现代水电基地、生态示范基地，这是三峡枢纽建筑物研究并实施清水混凝土保护的重要背景。

清水混凝土保护技术主要包括两个方面的核心内容：一是直接采用现浇混凝土的表面天然质地作为饰面，不施加任何外装饰，要求对建筑物本体质量严格控制，表面平整光滑、型体规整；二是使用表面透明保护剂，使混凝土的本质美得以长久保持。这与水工混凝土质量控制长期倡导的“内实外光”高度契合，如能将清水混凝土技术在水工建筑物施工中普遍推广，将有利于改变水工建筑物传统的粗放面貌，促进水电工程建筑质量水平的进一步提高。

三峡枢纽建筑物混凝土表面清水保护的研究和实践,开创了清水混凝土保护技术在水工领域应用的范例。经过十多年实际运行检验,其优越的性能和保护效果得到业界普遍认可。溪落渡大坝坝顶建筑、向家坝升船机、上海东方明珠塔等重要标志性建筑混凝土结构外表面陆续沿用三峡工程成果和体系进行了保护。随着我国水电工程建设质量意识的整体提升、科学技术水平的不断进步,环境生态在经济发展中日渐受到重视,清水混凝土保护技术在水工建筑领域将会得到更加广泛的应用。

参考文献

[1]三峡总公司枢纽建设管理局,长江勘测规划设计研究院联合考察组.三峡大坝混凝土坝面清水保护技术考察报告[R].2008.

[2]武汉材料保护研究所,中国建筑材料检验认证中心.三峡大坝坝面保护材料试验成果报告[R].2009.

[3]葛洲坝集团有限公司三峡指挥部.长江三峡水利水电工程大坝坝面混凝土保护材料现场试验报告[R].2008.

[4]陈磊,吴启民.三峡枢纽混凝土工程防水防护技术应用综述[J].大坝与安全,2017(4).

[5]陈磊.三峡枢纽主体建筑物混凝土表面保护研究与应用[J].人民长江,2012(9).

三峡工程防洪调度及综合效益分析

曹光荣[①] 舒卫民 郭乐 李鹏

（中国长江电力股份有限公司，宜昌 443002）

摘　要：三峡水利枢纽直接控制着荆江河段95%以上的来水量，主要任务是防御长江中下游、特别是荆江河段的洪水灾害，是治理开发长江的关键性骨干工程，能极大地提高长江中下游防洪调度的可靠性和灵活性，防洪效益巨大。同时，也发挥着为社会提供清洁能源、改善航运和生态等功能。本文结合近年长江上游流域降雨径流变化趋势，介绍了三峡工程在长江流域防洪体系的地位，阐述了三峡工程的防洪调度方式及效益；同时介绍了三峡水库开展发电、航运、生态等调度方式及效果，全面总结了近年三峡水库的综合效益，并为以后更好地开展水库优化调度，促进三峡综合效益的发挥提供借鉴。

关键词：三峡工程；防洪调度；生态调度；综合效益

长江流域面积180万km^2，仅占国土面积的18.8%，但生产了全国33%的粮食，养育了全国32%的人口，创造了全国34%的GDP。保障长江流域的防洪安全，不仅关系到长江流域4亿多人的安澜，也关系到全国经济社会可持续发展的大局，战略意义重大[1]。长江流域防洪体系经过60多年的建设，已基本形成了以堤防为基础、三峡工程为骨干，其他干支流水库、蓄滞洪区、河道整治工程及防洪非工程措施相配套的综合防洪减灾体系[2]。

三峡工程位于长江西陵峡中段的湖北省宜昌市三斗坪镇，距下游葛洲坝水利枢纽约38km，坝址以上流域面积约100万km^2。三峡工程是治理和开发长江的关键性骨干工程，具有防洪、发电、航运、生态及供水等综合利用效益。三峡水库正常蓄水位175m，汛限水位145m，枯水期消落低水位155m，相应的正常蓄水位库容、防洪库容和兴利库容分别为393亿m^3、221.5亿m^3和165亿m^3。三峡电站共安装水轮发电机组34台，总装机容量22500MW，多年平均发电量达882亿kW·h，是世界上装机规模最大的水电站。通航建筑物包括船闸和升船机，其中船闸为双线连续五级船闸，可通过万吨级船队；升船机为单线一级垂直升船机，可通过3000吨级船舶。

① 作者简介：曹光荣(1972—)，男，湖北大冶人，教授级高级工程师，主要从事梯级水库调度管理工作。

1 长江上游降雨及径流特性分析

三峡工程以上的长江上游流域大部分地区属亚热带季风气候区，雨量充沛，常年降水量800～1200mm，自西北向东南逐步递增，其中峨眉山、大巴山等暴雨中心年降水量达2000～2500mm以上。5—9月为上游流域汛期，降水量占全年降水量的70%～80%。长江上游主要支流岷沱江、嘉陵江分别流经川西暴雨区和大巴山暴雨区，暴雨频繁，洪峰流量大，若发生洪水并且与干流洪水遭遇，极易形成长江上游洪峰，不利于流域的防洪。

为了掌握降雨径流的基本规律，以下对长江上游流域的年际和年内降雨径流变化规律进行分析。

1.1 降雨特性分析

(1)年际变化规律

采用Spearman秩次相关方法[3]，对长江上游1961—2016年面雨量的年际变化规律进行分析，计算得出$|T|=2.21$；取$a=0.05$，查出$t_{a/2}=2.01$；$|T|>2.01$，说明长江上游流域降雨序列具有较明显的变化趋势(图1)。

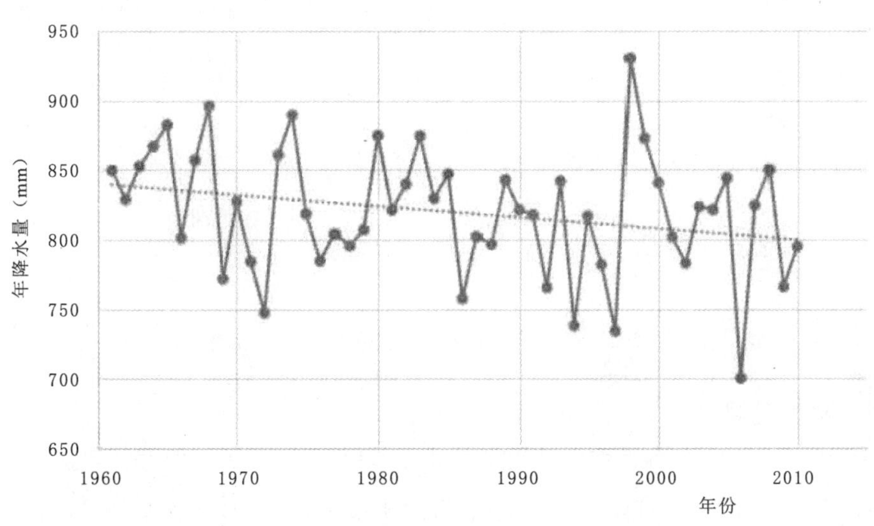

图1 1961—2016年长江上游流域年降雨量

(2)年内变化规律

统计1961—2016年各月多年平均降雨量，从表1可以看出，7月降雨量最大，占多年平均降雨量的19.79%，12月降雨量最少，仅占全年降雨量的1.04%。最丰与最枯的比值为19.05。雨季(5—9月)降雨量占全年降雨总量的78.25%，旱季(10月至次年4月)仅占全年降雨量的21.75%。由此可以看出，长江上游流域降雨在年内分配极不均匀，雨季易形成洪峰。

表 1　1961—2016 年长江上游流域年内各月平均降雨量表

日期	1月	2月	3月	4月	5月	6月	7月	8月	9月	10月	11月	12月
平均值(mm)	8.72	10.76	22.87	47.57	88.13	136.84	161.99	139.73	113.89	58.45	21.16	8.50
占比(%)	1.06	1.31	2.79	5.81	10.77	16.72	19.79	17.07	13.91	7.14	2.58	1.04

1.2　径流特性分析

(1)年际变化规律

采用 Spearman 秩次相关方法对长江上游 1961—2016 年来水量的年际变化规律进行分析，$|T|=2.11$；取 $a=0.05$，查出 $t_{a/2}=2.01$；因为 $|T|>2.01$，说明长江上游流域径流序列具有较明显的变化趋势(图 2)。

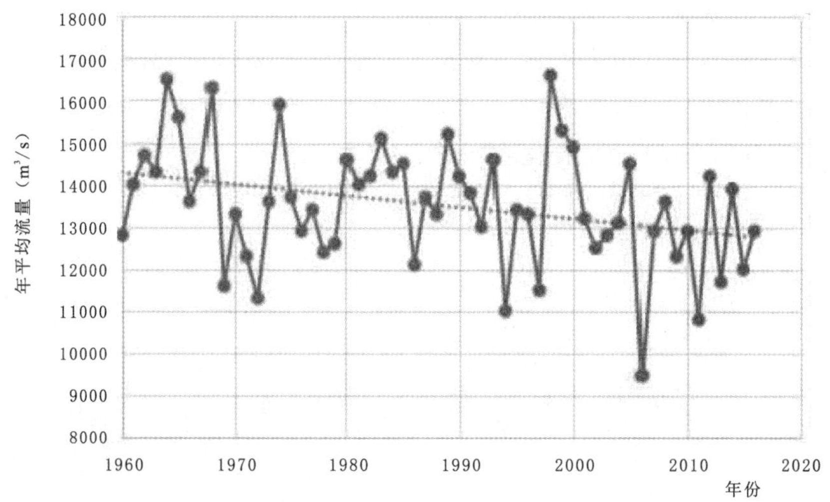

图 2　1961—2016 年长江上游流域年平均流量

(2)年内变化规律

统计 1961—2016 年各月多年平均降雨量，从表 2 可以看出，7 月径流量最大，占多年平均来水量的 18.28%；2 月径流量最少，仅占全年水量的 2.28%。最丰与最枯的比值为 8.01。汛期(6—10 月)径流量占全年径流总量的比例为 71.10%，枯期来水量(11 月至次年 5 月)仅占全年来水 28.90%，丰枯极不均匀，不利于流域的防洪。

表 2　1961—2016 年长江上游流域年内各月平均流量表

日期	1月	2月	3月	4月	5月	6月	7月	8月	9月	10月	11月	12月
平均值(m^3/s)	4460	4020	4600	6860	11300	17800	29100	25600	24800	17300	9780	5850
占比(%)	2.80	2.28	2.89	4.17	7.10	10.82	18.28	16.08	15.08	10.87	5.95	3.68

2 三峡工程的防洪调度

三峡工程是长江流域防洪体系的骨干工程,发挥着关键性和不可替代的作用。

2.1 三峡水库防洪调度任务和方式

防洪是三峡工程的首要任务,三峡工程防洪调度的主要任务是在保障三峡水利枢纽大坝安全和葛洲坝水利枢纽度汛安全的前提下,对长江上游洪水进行调控,使荆江河段防洪标准达到100年一遇,遇100年一遇以上至1000年一遇洪水,包括1870年型大洪水时,控制枝城站流量不大于80000m³/s,配合蓄滞洪区运用,保证荆江河段行洪安全,避免两岸干堤溃决。根据城陵矶地区防洪要求,考虑长江上游来水情况和水文气象预报,适度调控洪水,减少城陵矶地区分蓄洪量[4]。三峡水库防洪库容分配及控制目标见图3。

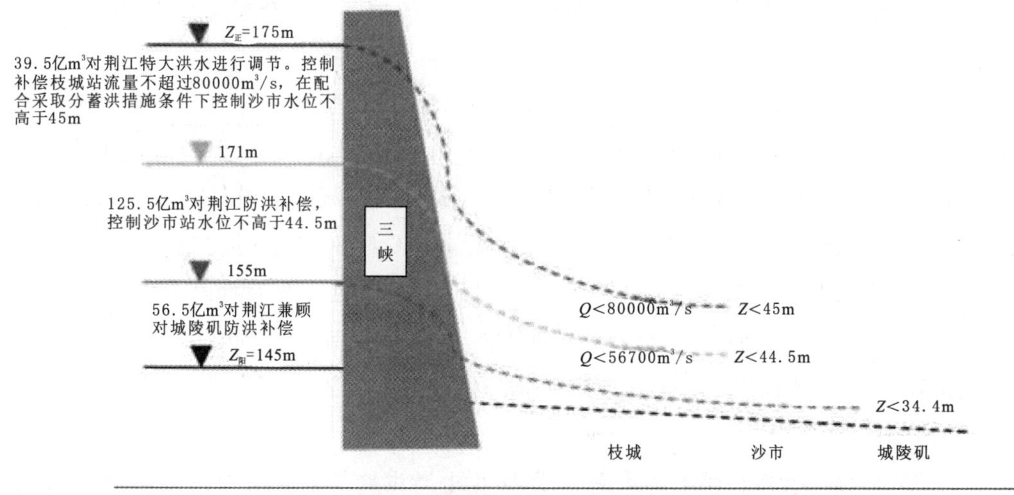

图3 三峡水库防洪库容分配及控制目标示意图

三峡水库防洪库容221.5亿m³,根据防洪任务的不同,将防洪库容分为三部分:第一部分是155m以下56.5亿m³防洪库容,主要适用于长江上游洪水不大(小于55000m³/s),三峡水库尚不需要为荆江河段防洪大量拦蓄洪水,可用作对城陵矶地区进行防洪补偿调度,按控制城陵矶水位34.4m(保证水位)进行补偿调度。当水库水位高于155m之后,一般情况下不再对城陵矶地区进行防洪补偿调度,转为对荆江河段防洪补偿调度。第二部分是155m以上至171m以下125.5亿m³防洪库容,主要用作长江上游发生大洪水(大于55000m³/s)的情况,对荆江河段进行防洪补偿调度,按沙市站水位不高于44.5m控制。可使荆江河段防洪标准提高至100年一遇。第三部分是171m以上至175m以下39.5亿m³防洪库容,对荆江特大洪水进行调节,控制枝城流量不超过80000m³/s(荆江河段在堤防和分蓄洪区配合运用下可抵御枝城80000m³/s),在配合采取分蓄洪措施条件下控制沙市水位不高于 45m，可使荆江河段防洪标准在分蓄洪区的配合运用下提高至 1000 年一遇。

2.2 三峡水库防洪调度实践

一次洪水过程包括洪峰流量和洪水总量两个重要指标，三峡水库的防洪作用体现在拦洪、削峰、错峰三个方面。

(1)拦洪

利用三峡防洪库容，拦蓄超过下游安全泄量的洪水，确保下游河道行洪安全。以 2012 年汛期洪水为例，三峡水库共经历了 4 次峰值 50000m^3/s 以上的洪水过程，最大洪峰流量为 71200m^3/s，出现在 7 月 24 日 20 时，是三峡成库以来遭遇的最大洪峰，远超下游河道安全泄量。为保证荆江河段的防洪安全，三峡水库先后进行了 4 次防洪运用，控制下泄流量，将部分洪水拦蓄在三峡水库，三峡坝前最高调洪水位达到 163.11m，累计拦蓄洪水 207 亿 m^3。降低长江中下游洪水位 1.5～2.0m，控制沙市站水位不超警戒水位。

(2)削峰

通过三峡水库调蓄，控制出库流量，将上游来的大洪峰削减，并均匀下泄，减小下游洪峰。以 2016 年“长江 1 号”洪峰为例，2016 年 6 月 29—30 日，长江上游流域出现强降雨过程，降水主要集中在三峡区间及其附近地区。其中三峡区间东段日降水达 82.9mm，为三峡水库建库以来单日降水之最。三峡入库流量从 6 月 30 日 8 时的 29000m^3/s 快速起涨，7 月 1 日 14 时达到峰值 50000m^3/s，形成 2016 年“长江 1 号”洪峰。为保障下游防洪安全，三峡出库流量按照 31000m^3/s 控制，削减洪峰 19000m^3/s，削峰率 38%。三峡库水位在此次拦洪过程中水位最高涨至 151.59m，拦蓄洪量达 29.49 亿 m^3。

(3)错峰

在下游洪水较大时，利用上游水库调蓄，防止上游洪峰与下游洪峰相遭遇，减轻下游防洪压力。以 2016 年 7 月 13—20 日的长江洪水为例，7 月 17—19 日长江流域内发生了一次强降水过程。17 日降水发生在嘉陵江中东部地区，18—19 日强降水出现在三峡区间、中游干流、鄱阳湖流域、洞庭湖流域。长江三峡以下清江、漳河、汉北河等支流和洞庭湖沅水、澧水等河流同时发生洪水，荆江至湖口之间及两湖来水显著增加，在下游支流梯级水库削峰拦洪的基础上，三峡水库适时将下泄流量减小到 23000m^3/s，与中下游洪水错峰，降低了荆江、洞庭湖区水位，避免了荆江全河段超过警戒水位，也再次避免洞庭湖附近莲花塘水位复涨至保证水位。

此外，通过科学调度，防洪库容可反复蓄泄、重复利用，多次发挥防洪效益。如 2018 年 7 月对长江 1、2 号洪水的防洪调度。在拦蓄长江 1 号洪水时，三峡水库水位由 145.06m，最高上涨至 8 日 7 时的 149.05m，共拦蓄洪水 20.1 亿 m^3，保障了下游荆江河段的安全。在 1 号洪水过后，三峡水库水位逐步下降至 146.19m，为拦蓄 2 号洪水腾足了防洪库容。在拦蓄 2 号洪水后，水位最高涨至 156.83m，共拦蓄洪水 62.75 亿 m^3。两次防洪调度，通过利用退水阶段，下游防洪压力不大的有利条件，降低水库水位，预留充足的防洪库容，通过反复利用防洪库容，充分发挥三峡工程的防洪效益。

2.3 三峡工程防洪调度效益

三峡工程是长江防洪综合体系中的关键性骨干工程，保护了长江中下游江汉平原 150 万 hm^2 土地和 1500 万人口的安全。根据三峡工程初设报告，三峡水库建成后防洪效益显著。一是遇千年一遇或类似 1870 年特大洪水，经三峡水库调蓄后，配合荆江分洪工程和其他分蓄洪措施的运用，可控制沙市水位不超 45.0m，为避免荆江南北岸的洞庭湖平原和江汉平原发生毁灭性灾害提供了必要的条件。二是将荆江河段防洪标准从约 10 年一遇提高到约 100 年一遇，遇 1931 年、1935 年或 1954 年洪水，可不启用分洪工程，可减少淹没耕地约 95 万亩。三是多年平均减少农田淹没 34.5 万～40.8 万亩，按 1992 年价格水平计算，多年平均可减少直接经济损失 22.0 亿～25.2 亿元。遇 1870 年特大洪水，可减少淹没耕地 1000 万亩左右，减少直接经济损失达 770 亿元。中国工程院《三峡工程试验性蓄水阶段评估报告》数据显示，2009—2012 年三峡工程防洪经济效益达 360 亿元，效益显著。四是三峡水库 221.5 亿 m^3 的防洪库容，极大地增加了长江中下游防洪的可靠性和灵活性，减轻了洞庭湖地区的洪水威胁。

3 三峡水库发电航运生态等效益

3.1 发电效益

三峡工程是具有防洪、发电、航运和水资源利用等多目标的综合性水利枢纽工程。从调度关系上讲，三峡工程的发电、航运等兴利调度服从防洪调度，在确保防洪安全的前提下，充分发挥三峡工程的综合效益。

水库防洪调度对发电主要有两方面的影响：一是对发电水头的影响。如通过拦洪提升水库水位，相应增加了机组发电水头，降低了耗水率，有利于多发电量，这就是我们通常所说的增加了水头效益；二是对发电水量的影响。防洪调度的出库流量一般由发电流量和弃水流量组成，防洪调度过程决定了两者的比例关系，发电水量比例越大，则发电水量利用率就越高，有利于多发电，这就是我们通常所说的增加了水量效益。但是水量效益是由一场洪水的调度过程决定的，有时候也会减少水量效益。

对于汛期的场次洪水调度，一般分为三个过程，分别是腾库容、拦洪水、蓄洪尾。腾库容就是在结合预报，在洪水到来之前加大出库流量降低库水位，提前腾出一部分库容。拦洪水是指实时调度过程中，根据入库洪水量级、峰值、上下游防洪形势，为实现预定的防洪目标，将一部分洪水拦蓄在水库中，降低下游河段的流量，减轻防洪压力。蓄尾巴，是结合下游的防洪形势、后期预报来水过程，在确保防洪安全的前提下，在退水阶段，适时拦蓄洪水尾巴用于发电，实现洪水资源化利用。

三峡枢纽在满足防洪需求的基础上，协调航运、生态等其他需求，采取优化蓄水进程、控制消落节奏、汛期中小洪水调度等多种措施，为社会提供了大量清洁能源。2015—2017 年汛期，三峡水库累计拦蓄洪水 276.8 亿 m^3，同时通过中小洪水优化调度，增发电量 65.9 亿 kW·h，在确保长江中下游防洪安全时充分利用了洪水资源，实现了防洪和发电效益共赢局面，节水增发电量 197.8 亿 kW·h。三峡电站平均每年可提供 882 亿 kW·h清洁电能，可替代消耗煤炭 2800 万 t 标准煤，产生明显的减排效益。截至 2018 年 7 月 31 日，三峡电站累计为社会提供 11437 亿 kW·h 的清洁能源，减少二氧化碳排放 9.77 亿 t，减少二氧化硫排放 1028 万 t，为长江经济带的绿色可持续发展提供了源源不断的清洁能源。

3.2 航运效益

三峡水库蓄水后，根本改善了重庆至宜昌河段的三峡航道，5000 吨级船舶畅行无阻，彻底改变了大西南地区的出海条件。三峡水库建成蓄水后，库区干线航道尺度明显增大，重庆朝天门至湖北宜昌航道维护水深从 2.9m 提高到 3.5～4.5m，航行船舶吨位从 1000 吨级提高到 3000～5000 吨级，并实现昼夜通航。库区船舶单位千瓦拖带能力由成库前的 1.5t 提高到 4～7t；船舶平均单位油耗由 2002 年的 7.6kg/(kt·km)下降到 2013 年 2.0kg/(kt·km)，单位运输成本显著降低。与蓄水前相比，蓄水后三峡库区年均事故件数和直接经济损失分别下降了 72%、20%。

为保障航运安全，按照《三峡—葛洲坝水利枢纽两坝间水域大流量下限制性通航暂行规定》规定，当三峡水库下泄流量为 25000～45000m^3/s 时，每隔 5000m^3/s 流量按不同船舶功率大小限制性通航，当三峡水库下泄流量大于 45000m^3/s 时停止通航。在汛期，为疏散限航滞留的中小船舶，在保证防洪安全的前提下，择机实施船舶疏散的调度，进一步提升航运效益。如 2018 年 7—8 月，三峡工程实施了四次疏散中小船舶的航运调度，将出库流量减小到 25000m^3/s 以下，共疏散中小船舶 800 余艘。

三峡水库自 2010 年成功蓄水至 175m 以来，累计过闸船舶货运量达 8.3 亿 t，2017 年，三峡船闸货运量达 1.3 亿 t，是三峡蓄水前该河段年最高货运量 1800 万 t 的 7.2 倍(表 3)。

表 3　　2010 年以来三峡船闸货运量　　(单位：亿 t)

年份	货运量	年份	货运量	年份	货运量
2010	0.788	2013	0.9707	2016	1.2
2011	1.003	2014	1.09	2017	1.3
2012	0.8611	2015	1.11	合计	8.3

3.3 生态效益

生态调度通常指基于生态需求来优化调整水库调度运行方式，是一种兼顾生态的综合调度模式[5]，以优化生态目标、经济目标和社会目标为目的。生态调度的核心内容是将生态因素纳入现行的水利工程调度中，根据工程的具体特点制定相应的生态调度方案，具体为通过合理的技术手段调控河流流量、水温、沉积物输移等，改善河流水生态环境等[6]，以满足流域水资源优化调度和河流生态系统健康完整的目标要求[7]。

长江中游宜昌至监利河段是“四大家鱼”的主要繁殖地，其繁殖条件较为苛刻，需要适宜的水温和水流环境。水温条件为：达到 18℃后开始产卵，在 18～24℃可产卵，20～24℃为其最适宜繁殖水温范围，宜昌至监利江段最适宜的繁殖水温一般出现在 5 月中下旬至 6 月下旬；水流条件为：在持续涨水的刺激下，2～3 天后开始规模化产卵，监测结果表明，当流量在 10000～25000m^3/s 时，宜昌至监利江段的产卵场流速和流态变化最为显著，对繁殖有明显促进作用。

三峡水库在兼顾防洪、补水效益的基础上，结合水库消落到汛限水位的过程，连续开展生态调度，利用人造洪峰过程，创造有利于刺激“四大家鱼”产卵繁殖的水文过程。2011—2017 年，三峡水库共实施了 10 次生态调度，宜都断面共监测到产卵量 18.43 亿粒。特别是 2017 年，产卵数到 10.8 亿粒，创历史新高[8]。

4 技术保障

为充分发挥三峡枢纽的综合效益，三峡集团公司在技术保障方面提供了有力的支撑。

(1)建设了系统的水雨情站网

准确的水雨情数据是发挥三峡水库综合效益的基础，三峡集团公司根据调度需求，以自建、报汛、共享等方式获取 1400 余个水雨情站点信息，站网覆盖云南、四川、贵州、重庆、湖北等省(直辖市)，控制流域面积近 60 万 km^2，占长江上游流域面积的 54%。实现了对控制流域内水雨情信息的自动采集、传输、接收、存储，并完成处理分析与调度应用数据支持。整个数据处理过程控制在 10 分钟以内，实现了水雨情信息的实时监控，信息处理能力在国内外同类遥测系统中处于领先地位。

(2)建设了可靠的通信保障系统

覆盖宜昌—三峡区域以及成都、溪洛渡、向家坝区域的光传输网，为梯级电站远程调度控制奠定了坚实的基础。目前还在建设覆盖昆明、乌东德、白鹤滩电站的光传输网络，并和原有网络形成一个整体，以实现六座电站，以及宜昌、成都和昆明三地调度控制中心之间的信息互联互通。通信网以有线通信为主，同时在地质灾害高发的地区建立了卫星通道，形成了“地面一张网，天上一条线”的通信网格局。通过信息高速公路的建设，为水库调度的精准实施提供了坚实的保障。

(3)开展了大量预报调度相关研究

三峡集团公司分别与长江委、中国气象局、高校等单位开展战略合作，就水文气象预报、水库调度等关键技术开展专项研究，边研究、边应用、边总结，大大地提高了公司的预报调度水平，更好地促进了三峡水库的综合效益的发挥。

(4)开发了完善的预报调度系统

三峡集团公司建设了梯级水库调度自动化系统、长江上游流域径流预报系统。梯级水库调度自动化系统随调度业务的发展不断完善，在满足三峡葛洲坝梯级水库调度的基础上，逐步扩展到金沙江区域。系统重点围绕云平台、大数据分析和挖掘、可视化展示及智能化应用等方面展开。长江上游流域径流预报系统经过十多年的完善、改进，逐步形成了能对金沙江上游的石鼓到宜昌区域的主要水文控制断面进行预报的流域预报系统。

(5)培养了专业的预报队伍

三峡集团公司下属长江电力梯调中心成立了由水文、气象两个专业组成的预报调度团队，专职负责流域水文气象预报、梯级水库联合调度工作。目前公司气象预报由长江上游流域宜宾以下区域逐步拓展至金沙江中下游流域，预报时效由 2 天延长到 7 天。水文预报由三峡水库延伸至金沙江石鼓水文站，三峡水库入库流量预报已由 2～3 天扩展至 3～5 天，并能对 6～7 天洪水作出预估，8～10 天洪水定性分析。三峡入库流量 12 小时、24 小时、48 小时预见期平均预报精度分别达到 98.5%、98%、95%以上，在同行业处于领先水平。梯调中心始终以“精确预报，科学调度，用好每一方水，调好每一度电”为核心理念，积极履行“精益利用水能资源，充分发挥流域梯级综合效益”的使命。

5 展望

水库群的联合调度可利用各水库在水文径流特性和水库调节能力等方面的差别，以水为纽带，在水力、水量等方面取长补短，统筹流域防洪、水资源、生态环境、航运、发电等多种目标，提高流域水资源的综合利用效益。2003 年，三峡水库蓄水发电，三峡葛洲坝梯级水库正式形成，通过 10 余年的联合调度实践，三峡葛洲坝梯级水库综合效益不断提升。随着金沙江流域的溪洛渡、向家坝投产发电，形成了金沙江下游—三峡梯级水库，通过开展联合调度，流域水资源综合效益进一步提高。而目前水文气象预报精度的提高、系统决策科学理论的日益完善和计算机软硬件技术的快速发展，也为梯级水库联合优化调度提供了技术支撑。后期，如何更好地开展流域梯级水库联合调度，最大化地发挥梯级水库综合效益将是水库调度工作的重点。

参考文献

[1]郑守仁.水库群防洪库容联合运用　科学调度是发挥防洪兴利综合效益的关键.[EB/OL].http://www.cjw.gov.cn/hdpt/zjjd/jdsy/fxkh/32479.html.

[2]水利部长江水利委员会.长江流域综合规划[Z].水利部长江水利委员会,2012.

[3]王玲玲.基于不确定性理论的洞庭湖水资源系统分析[D].长沙:湖南大学,2008.

[4]水利部.三峡(正常运行期)—葛洲坝水利枢纽梯级调度规程[R].水利部,2015.

[5]董哲仁,孙东亚,赵进勇.水库多目标生态调度[J].水利水电技术,2007,38(1):28-32.

[6]乔晔,廖鸿志,蔡玉鹏,等.大型水库生态调度实践及展望[J].人民长江,2014,45(15):22-26.

[7]黄艳.面向生态环境保护的三峡水库调度实践与展望[J].人民长江,2018,49(13):1-8.

[8]长江水利委员会水文局.2017年生态调度水文监测数据分析报告[R].2017.

三峡大流量泄洪消能设计研究与实践

陈鸿丽[①] 颜家军 杜华冬

（长江勘测规划设计研究院，武汉 430010）

摘 要：三峡水利枢纽运行期和施工期设计最大泄洪流量分别达 124300m³/s 和 72300m³/s，泄洪水头高、水位变幅大，泄洪孔口数量多。泄洪坝段创新采取深孔、表孔和导流底孔三层大孔口立体交错布置方案，研究优化孔口体型并采取综合工程措施，解决了枢纽大流量泄洪消能设计的关键技术难题，满足了三期截流、围堰挡水发电期度汛、正常运行期泄洪排沙和降低库水位等多目标运行要求，本文简要介绍了三峡泄洪布置方案研究、泄洪消能设计、泄洪深孔和导流底孔的体型设计，以及工程试验性蓄水以来泄洪设施的运行和监测资料分析。

关键词：三峡水利枢纽；大流量；泄洪消能；体型设计；运行；监测

1 泄洪消能设计的特点和难点[1]

三峡水利枢纽是治理开发长江的关键性工程，其首要任务是解决长江中下游特别是荆江河段的防洪问题，泄洪建筑物具有防洪任务重、泄洪流量大、运行水头高、需兼顾工程防护、水库排沙和排漂多目标任务等特点。

大坝设计洪峰流量 98800m³/s，相应挡水位 175m；校核洪峰流量 124300m³/s，相应挡水位 180.4m；三期截流流量 10300m³/s，三期围堰挡水发电期设计流量 72300m³/s。根据三峡水库防洪调度规划，要求在汛期防洪限制水位 145m 具有下泄洪水流量 57600m³/s 的能力；在库水位 166.9m 时，具有下泄洪水流量 69800m³/s 的能力；按敞泄运用，要求枢纽在校核洪水时具有 100000m³/s 以上的泄流能力，为当今世界已建水利水电工程泄洪流量最大的泄洪设施。

大坝上游库水位变幅达 35m，泄洪、排沙量大，泄洪设施数量多，目标任务多。泄洪设施需布置 23 个深孔以满足低水位时的泄洪要求，设 22 个表孔满足设计洪水和校核洪水泄洪要求；布置 10 个排沙孔和 3 个排漂孔，以满足电站厂房排沙、排漂要求兼顾泄洪

---

① 作者简介：陈鸿丽，女，教授级高级工程师，主要从事水利水电工程坝工设计研究。

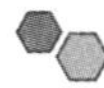

使用;布置22个导流底孔承担三期导、截流和围堰挡水发电期泄洪任务;深孔最大运行水头90.4m、流速达35m/s,运行条件复杂,为国内外水利水电工程所罕见。

针对三峡泄洪消能"大泄量、高水头、目标任务多,数量多、布置困难、运行条件复杂"的特点,三峡泄洪布置优化和泄水建筑物水力学问题作为"七五"国家重点科技攻关项目,在各设计阶段开展了大量科学研究和多方案的比较。为满足三期截流、围堰挡水发电期度汛,以及正常运行期泄洪排沙和降低库水位等多目标运行的要求,泄洪孔种类多,数量多达77孔,泄洪前缘总长达547m,其中泄洪坝段长483m,泄洪设施的布置困难;因电站装机容量大,机组台数多,需尽量缩短泄洪坝段长度,减少两岸岸坡开挖;坝址处于河道弯段,泄洪时坝下需保证良好的流态,在规定的泄量下不影响通航,增加了泄洪布置难度;同时由于高水头、单孔大泄量带来泄洪深孔、导流底孔的形式选择难度大,下游消能防冲设施设计难度大。研究创新主河槽泄洪设施布置,缩短泄洪坝段长度;研究优化高速水流下坝身泄洪深孔和跨缝导流底孔体型,解决好孔口的泥沙磨损和空化空蚀等问题,以及不同运行期孔口泄流时下游水流衔接和消能防冲问题,是三峡大流量泄洪消能设计的关键技术问题。

2 泄洪布置方案研究

三峡枢纽总布置格局经过多年论证,根据工程洪水特点、水库运用、工程总布置和分期施工要求,从有利于泄洪消能、不改变下游河势、减小下游冲刷及避免对航运的影响,减少工程量和缩短工期等方面综合研究,采用河床中部布置泄洪建筑物,两侧布置电站厂房,两岸山体布置通航建筑物和地下电站的工程总布置。三峡泄水设施除泄洪坝段深孔、表孔外,还有厂房坝段的电站进水口、排漂孔和排沙孔、冲沙孔等,泄洪布置方案中主要考虑的因素有水库防洪调度、水库排沙、排漂、工程防护和施工导流等。

泄洪深孔、表孔作为永久的泄洪设施,其布置方式曾研究过深表孔相间布置、深表孔分开布置、高低孔重叠布置等多种不同布置方式。由于泄洪流量大、机组台数多,从布置上要求尽量缩短泄洪坝段长度。根据防洪调度要求,在100年一遇以下常遇洪水库水位较低时,只能由深孔泄洪,遇1000年以上特大洪水库水位较高时,才运用表孔泄洪。采用深、表孔相间布置,不仅可缩短泄洪坝段长度、减少岸坡岩石开挖,且能更好地适应工程泄洪运用要求,在遇常遇洪水泄洪时,深孔均匀布置,易于横向扩散,减小入水单宽流量,有利于下游消能防冲,且下游水流均匀平缓,对航运的影响小;在遇特大洪水泄洪时,深、表孔挑流水舌在空间错开,并在空中碰撞消能,以减轻下游冲刷。而深、表孔分开布置,泄洪坝段长度增加,工程量大,左岸厂房增加了开挖和边坡高度;高低孔重叠布置在大洪水时双层泄洪孔单宽流量成倍增加,下游消能防冲难度加大。综合考虑,泄洪设施布置选用了深孔、表孔相间布置方式。

深孔和表孔的高程、尺寸和数量的选择，从满足长江中下游防洪调度和工程防洪要求考虑，结合水库排沙、工程防护以及闸门、启闭机的制造和运用，经水工模型试验验证，确定泄洪坝段设置23个底部高程90m的深孔和22个堰顶高程158m的表孔。为满足三期导流、截流及围堰挡水发电期度汛的要求，减小泄洪前缘长度和减小底孔封堵的风险性，在表孔正下方跨缝布置22个导流底孔，设置闸门控制，后期回填混凝土封堵。泄洪坝段同一个坝段采用深孔、表孔、导流底孔三层大孔口立体交错布置，较好地解决了下泄特大泄洪流量和节省工程投资的矛盾。

根据深、表孔平面上相间布置方式，单个泄洪坝段前缘长度需考虑孔口尺寸、体形和两者闸门操作互不干扰所需的间距；孔口对坝体的削弱，坝体应力和结构安全，由此确定单个泄洪坝段长度需21m，共设置23个坝段，泄洪坝段的前缘长度为483m。

其次泄洪坝段的位置以紧靠设置在中堡岛的混凝土纵向围堰（以下简称右导墙）为最合理。从地形看，泄洪坝段处在河床深泓部位。从泄洪水力学条件分析，右导墙下游段兼作泄洪坝段下游的导水墙，一方面与右岸电站尾水相隔，避免泄洪对电站出水的影响。另一方面将过坝洪水集中在主河床，使水流尽快顺利归槽，有利于下游消能防冲和减少对两岸的冲刷，避开了水流折冲对下游引航道口门船舶航行的影响。

综上所述，根据水库运用条件和枢纽总布置要求，结合闸门及其操作系统的制造运用水平，确定的泄洪布置方案为：泄洪坝段布置在河床中部，总长483m，分23个坝段。23个深孔布置在各坝段中部，进口底高程90m，孔口尺寸7m×9m。22个表孔跨缝布置，堰顶高程158m，孔宽8m。22个导流底孔跨横缝布置在表孔正下方，进口高程56m（16个）和57m（6个），孔口尺寸6m×8.5m。在泄洪坝段两侧的左导墙坝段和纵向围堰坝段各布置一个泄洪排漂孔，进口底高程133m，孔口尺寸10m×12m。另外在左、右厂房坝段设有7个排沙孔，进口底高程为75m（5个）和90m（2个），孔口尺寸2.8m×4m，库水位150m以下可兼作泄洪运用。三峡工程泄洪布置方案示意见图1。

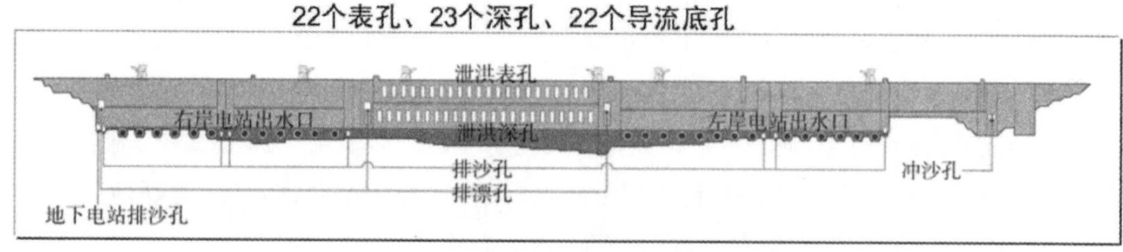

图1　三峡工程泄洪布置方案示意图

大量试验验证与工程运行监测表明，泄洪坝段深孔、表孔和导流底孔三层泄洪大孔口立体交错布置，左、右导墙坝段布置泄洪排漂孔，左、右厂房坝段布置排沙孔，泄洪设施布置合理，解决了大泄量泄洪消能布置的关键技术难题，较好地满足工程多目标运行要求。

3 主要泄洪设施布置形式选择

3.1 泄洪深孔布置形式

泄洪深孔是枢纽主要泄水、排沙建筑物，千年一遇以下洪水主要由深孔宣泄，且担负三期导流及围堰挡水发电期间的度汛任务。深孔共23个，布置在泄洪坝段中间，进口高程90m，孔口尺寸7m×9m，深孔具有数量多、尺寸大、水头高(设计水头85m，最大水头90.4m)、水位变幅大(35m)、运用时间长和操作频繁的特点。

针对坝身深孔的体型选择、高速水流下抗空化、掺气减蚀及过流面抗泥沙磨蚀等问题，结合高水头下闸门止水形式布置要求，泄洪深孔布置比较了有压短管和有压长管两种布置形式，以及深孔不掺气、跌坎掺气和突扩掺气等方案的科研攻关和试验研究。

深孔有压短管接明流泄槽布置形式是泄洪孔最常用的形式，从设计、施工、水力学和运行条件等方面看，较为稳妥可靠，且工程量小、投资少；深孔长管方案将弧门移至坝外，支承结构复杂，运行存在振动、雾化问题，且施工难度增加，工程量及投资增加，经综合比较，确定深孔采用有压短管布置形式。

深孔有压短管方案出口最大流速为35m/s，泄槽最大流速近40m/s。溢洪道规范指出，流速超过35m/s，应采用掺气减蚀措施；闸门设计方面，由于水头超过80m，因闸门止水形式布置要求，存在门座突扩与不突扩的选择问题。对深孔不掺气、跌坎掺气和突扩掺气等方案研究表明：不设掺气方案对孔口表面平整度高，施工难度大；突扩掺气方案侧空腔段流态复杂，掺气量不足，国内外均有发生空蚀破坏的实例，闸门止水问题可通过改进止水布置形式和止水材料解决；跌坎掺气方案较为成熟，其设计难点在于运行水位变幅大，坝身明流泄槽短，既要保证低水位运行时形成稳定空腔，又要避免高水位运行时水流直接挑入反弧段。从施工难度、高压止水设计、工程实践经验和运行安全等方面综合比较，首次提出坝身泄洪深孔采用有压短管、跌坎掺气布置形式。

深孔有压段长度18.74m，布置3道闸门，即进口反钩叠梁检修门、平板事故检修门和出口弧形工作门。深孔进口顶曲线采用椭圆曲线，侧曲线采用1/4椭圆曲线，有压出口坡长度8m，坡度1∶4；明流泄槽段反弧段曲率半径40m，挑角27°，鼻坎末端桩号20+105m。深孔明流段重点研究了跌坎位置、跌坎高度、挑坎高度、泄槽底坡和通气孔尺寸。

(1)跌坎位置

泄洪坝段第一条纵缝设在桩号20+025m处，距弧门底座约5m，深孔弧门底座下游3～5m范围内采用钢衬，考虑纵缝位置、避开有压段出口超压力段影响和弧门底座钢衬范围，跌坎位置定在第一条纵缝处。

(2)跌坎高度

结合泄槽底坡和通气孔尺寸，比较了2m、1.2m和1.0m等跌坎高度，从水流流态和空腔特性研究，选取跌坎高度为 1.5m。

(3)挑坎高度

在跌坎顶部设置小挑坎，使水流向上挑射，对增大射流挑距有好处。但挑坎会导致水翅增强，流态变差，泄流能力变小，使射流与底板的冲击角增大，回溯水流增强，影响有效空腔长度。比较了 0m、0.1m 和 0.2m 等 3 种挑坎高度，从射流挑距和有效空腔长度变化趋势分析，选取坎高度为 0m。

(4)泄槽底坡

泄槽底坡对底空腔特性的影响显著。一般来说，运用水头变幅大的泄水孔要求较大的泄槽底坡，坡底越大，底空腔也越大，底部漩滚回溯的范围越小，因而对降低临界通气水头特别有效。但底坡太大时，陡槽段可能形成较强的冲击波，流态变差。另外，由于下游最高水位达 83m，底坡太大时，鼻坎高程低于下游水位，影响挑射水舌下部补气。通过研究比较，选取泄槽底坡为 1∶4。

(5)通气孔尺寸

根据工程经验，在跌坎后布置两个直径为 1.4m 的通气孔。深孔单宽需气量按 $10m^3/(s \cdot m)$ 考虑，则通气孔风速约为 23m/s，满足规范要求。

深孔有压短管跌坎掺气方案体型如图 2 所示。

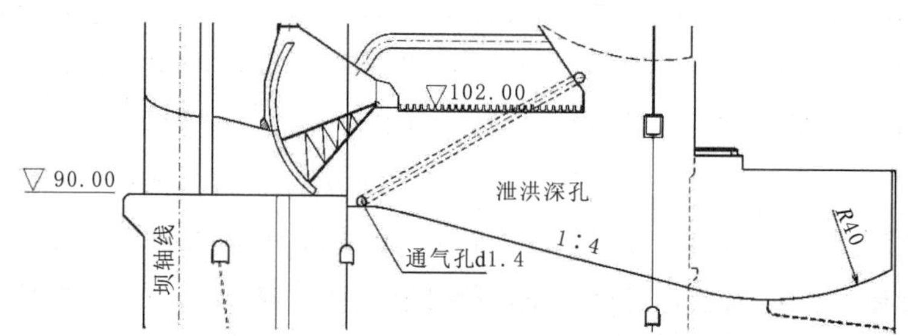

图 2　深孔有压短管跌坎掺气方案体型图

为了提高泄洪深孔在高速水流下的抗空蚀及防磨损能力，深孔有压段采用钢衬防护，对孔底及孔侧下部高度 2m 范围内，采用厚 1m 的高标号抗冲耐磨混凝土等。

3.2　导流底孔布置形式

初步设计阶段，22 个导流底孔分 3 组，采用 3 种孔口尺寸，布置在 3 个不同高程，不设工作闸门，为了满足围堰挡水发电期泄洪度汛，需设置高程 109m 临时度汛缺口；单项技术设计阶段，从利于三期围堰工程施工并减少封堵的风险性考虑，推荐 22 个导流底孔跨缝布置在表孔下方，设工作弧门控制。

(1)导流底孔体型研究

导流底孔承担三期施工导截流及围堰挡水发电期间泄流和调节库水位的任务，运用

库水位 67～140m。底孔最大特点是高程低、运行水头高(84m)、孔口跨缝布置。由于泄洪流速大、过孔泥沙量大,孔口过流面的泥沙磨损和空蚀空化问题突出。由于底孔进出口高程低、泄洪运行中受下游水位淹没影响大,底孔下游水流流态复杂;孔口横缝会使高速水流分离形成局部低压区,易造成空蚀破坏;温度变化会使横缝与闸门止水连接困难,易产生高压射流,破坏闸门止水和冲蚀混凝土。因此,针对底孔体型、高速水流下过流面的抗空化、泥沙磨损及跨缝处理等问题,对底孔布置形式开展了有压短管接明流泄槽和有压长管两种方案的比较研究。

底孔有压短管方案中,明流泄槽段流态较差,上游水位 98m 以下,明流反弧段有表面旋滚,存在明满流交替的问题,且末端因门槽突扩易导致空化空蚀。有压长管方案中,为满足截流落差的要求,进口底板高程降低、孔口尺寸增大,泄流能力相应增加,为超标准洪水多留了余地;长管方案弧门及其操作室均位于下游坝面外,结构简单,对坝体削弱相对较小,闸门安装及其后的拆除施工方便;在抗泥沙磨损和水流空化方面也有优势;有压长管方案存在下游右侧河床淘刷较深、左右两侧存在漩滚击拍闸门支铰等问题,可采取工程措施改善。从结构安全、施工方便、抗磨抗蚀和水力学性能等方面比较,底孔采用有压长管、跨缝布置、设控制闸门的布置方案。

底孔有压长管方案中,有压段长度 82m,布置 4 道闸门,即进口反钩叠梁检修门、平板事故门、弧形工作门以及下游反钩检修封堵门。底孔进口顶曲线采用 1/4 椭圆曲线,长短半轴分别为 4.8m 和 1.2m。进口段孔底为水平,依次下接采用 $x^2=300y$ 的抛线物段和 1∶56 的斜直段,再接半径为 30m 的反弧段。有压段出口尺寸 6m×8.5m,出口压坡长度 17.5m,坡度 1∶5。

孔口高程:综合考虑孔口防砂石磨损和截流落差因素,确定中间 16 孔进口高程为 56m,有压段出口底高程为 55m;两侧各 3 孔进口高程为 57m,有压段出口底高程为 56m。

鼻坎高程和挑角:导流底孔进口高程低,最大运用水头 84m,单孔最大泄流能力为 1688m^3/s,有压段出口平均流速达 32～35m/s。试验研究表明,鼻坎高程和挑角对明流段流态及下游水流衔接形态影响较大。考虑围堰挡水发电期间,两侧底孔因回流影响,出口淹没度较大、明流段流态和下游冲刷影响,通过研究,中间 16 孔采用鼻坎高程 55.06m,挑角为 10°;最边上两个孔鼻坎高程 58.55m,挑角为 25°;其余 4 个采用鼻坎高程 56.98m,挑角 17°。

导流底孔有压长管体型示意如图 3 所示。

(2)防泥沙磨损工程措施

导流底孔高程低,有 3～4 个汛期要参与度汛泄洪,运用水头高,有压段出口段为高速水流区。为防止底孔过流时夹带围堰石渣进入孔内造成磨损,研究采取一系列综合工程措施,主要包括:底板设 1m 厚的钢筋混凝土跨缝板,避免孔中分缝的不利影响;尽量降低二期上游围堰拆除高程,并对围堰顶面及下游侧采取大粒径块石保护;在坝前预挖底宽 40m 拦沙槽，总拦沙容积超过 60 万 m^3；优化孔口体型，严格控制底孔施工质量；过流表面均采用 1m 厚的抗冲耐磨高强混凝土；为保证导流底孔具有检修条件，在进、出口处分别设置一道反钩叠梁检修闸门，兼作封堵门。

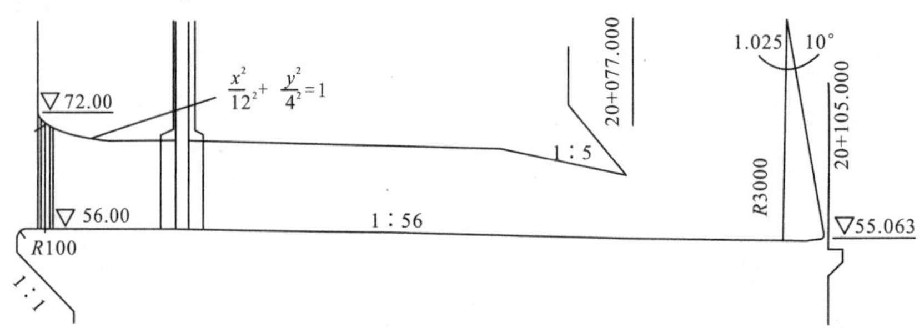

图 3　导流底孔有压长管体型(中间 16 孔)

4　下游消能防冲设计

三峡泄洪设施下游消能研究了消力戽、底流式、挑流式几种形式。大坝下游为前震旦纪闪云斜长花岗岩，岩体坚硬完整，断层裂隙大多为陡倾角且胶结良好。泄洪坝段所在河床部位基岩坚硬，地形较低，同时葛洲坝水利枢纽已建成发电，坝下水垫较厚，采用挑流消能形式，挑距较远，不影响坝体安全；消能工程量少，结构简单，施工方便；因此表孔和深孔采用挑流消能，挑流鼻坎大差动布置，水舌落点前后错开，极大地减小了冲刷深度。

导流底孔运行水位变幅近 70m，考虑孔口高程低及下游水位淹没影响，采用挑面流消能。对 22 个底孔采用不同的进口高程与鼻坎体型的最优组合，并在消能区右侧设置隔流墩，研究表明，各种运行条件下均获得了良好的水流流态和消能效果，坝下冲淤形态得到有效控制。

为防止泄洪对电站运行产生不利影响，泄洪坝段下游消能区两侧设左、右导墙。下游消能防冲试验研究表明，泄洪挑流时坝下冲刷不会危及坝体和左导墙安全。考虑围堰挡水发电期间深、底孔同时泄洪时，泄洪坝段坝下右侧产生大范围回流淘刷，须采取有效措施破除回流，并对下游建基高程较高部位进行防冲保护。右导墙建基面高程约 45m，在其左侧设置混凝土防冲墙，墙底最低高程 30m；同时为破除回流，在防冲墙顶部桩号 20＋151m 和 20＋300m 处设两道混凝土隔流墙，墙顶高程分别为 58m 和 66m；在泄 16 号坝段以右大坝坝脚处设长 46m 的混凝土护坦。

5 泄洪设施的运行情况与下游冲淤分析

三峡泄洪设施自2002年投入运用，至今已投入运行十多年，历经8年的水库正常蓄水位运行，其中经受了2012最大入库洪峰流量71200m^3/s(约相当于20年一遇洪水)的考验，泄洪建筑物运行调度正常。2008—2014年汛末三峡工程试验蓄水期间，对泄洪设施进行了多次水力学监测和汛后检查。

5.1 泄洪深孔运行与监测成果分析

泄洪深孔自2003年蓄水运用以来，多年泄洪运行正常。试验性蓄水期库水位172.6m期间，对1号、12号深孔进行了水力学监测和汛后检查。

1)水流流态。大部分深孔进口水面平稳，进口前偶尔出现游移的表面旋涡，水面凹陷不明显，且出现频度低，对深孔进流无不利影响；深孔泄槽内水流掺气充分，下游主流消能区旋滚剧烈，消能充分。泄洪所形成的水雾弥漫在水流消能区及下游河面上，浓雾区主要分布在高程150m以下空间，薄雾区弥散可超过坝顶高程185m以上空间。

2)动水压力。深孔在库水位172.6m全开稳态运行时，泄槽斜坡段过流面压力均不大，最大值出现在反弧段后部，测点压力达40.2×9.81kPa；挑流鼻坎末端测点时均压力16.5×9.81kPa。跌坎下游能形成较稳定的底部空腔，实测空腔负压约−0.5×9.81kPa；压力资料显示过流边壁动水压力特性均较正常。

3)水流空化。深孔闸门启闭过程中及全开稳态条件下，进口压力短管段监测的水流空化特征不明显，高频段噪声谱级小于5dB，表明该段无危害性空化产生。在跌坎下游明流段，开门初高频段噪声谱级均较背景升高25dB左右，闸门全开后的噪声谱级高频段基本与背景重合，泄槽底部及侧壁均监测到一定强度的水流空化信号，但由于掺气设施使水流能有效掺气，其泄槽底部水流最低掺气浓度达2.2%，能满足减蚀要求。

4)深孔运行以来，每年汛后均进行了检查，对1号深孔和7号深孔检查表明：跌坎掺气减蚀效果较好，跌坎下游能形成稳定的底部空腔(空腔长度不小于20m)，明槽段水流掺气可对坎后坝面形成有效保护，汛后检查深孔检修闸门区和过流面，均未发现空蚀破坏。

5.2 导流底孔运行与监测成果分析

导流底孔从2002年11月明渠截流开始运用到围堰挡水发电期结束，成功完成了三期导截流和围堰挡水发电期的度汛任务，满足了各种运行要求，现已封堵。在围堰挡水发电期库水位135m时，对11号、22号导流底孔进行了水力学监测和汛后检查。

1)水流流态。底孔闸门全开后,中间底孔出口水流呈面流流态,表面漩滚水流未冲击闸门支铰和牛腿;两侧底孔出口水流呈挑面流流态,射流挑起较高,表面没有漩滚。

2)动水压力及流速。导流底孔进口侧缘及门槽区的脉动压力标准差为 0.23×9.81～1.11×9.81kPa;明流段及挑流鼻坎外侧的脉动压力标准差为 0.32×9.81～1.05×9.81kPa。有压顺直段平均流速 22.1m/s,挑坎处近底流速达到28.79～31.11m/s。

3)水流空化。底孔进口侧缘和检修门槽下游侧壁的噪声谱级与静水背景基本重合或接近,表明未呈现空化特征。工作门下游侧壁上的谱特性反映出不太强烈的空化现象,不会产生气蚀破坏。底孔闸门开启过程或全开后,挑流鼻坎两侧壁监测点的噪声谱级与背景的谱级差达 30dB 左右。由于该空化已离开固壁,引起气蚀的可能性很小。导流底孔过流边壁的水力特性正常,未出现明显空化现象。

4)汛后对底孔检查结果表明,底孔过流面没有明显的气蚀现象,仅在工作闸门附近底板出现麻面,其原因是闸门启闭过程中高速含沙水流的磨损所致。

5.3　泄洪坝段下游冲淤情况

根据试验蓄水期 2009 年、2010 年和 2012 年实测泄洪坝段下游水下冲淤地形资料进行分析,2009 年 3 月实测泄洪坝段下游冲刷地形示意见图 4。2009—2012 年实测泄洪坝段下游冲刷地形比较见表 1,左导墙冲刷地形高程比较见表 2。

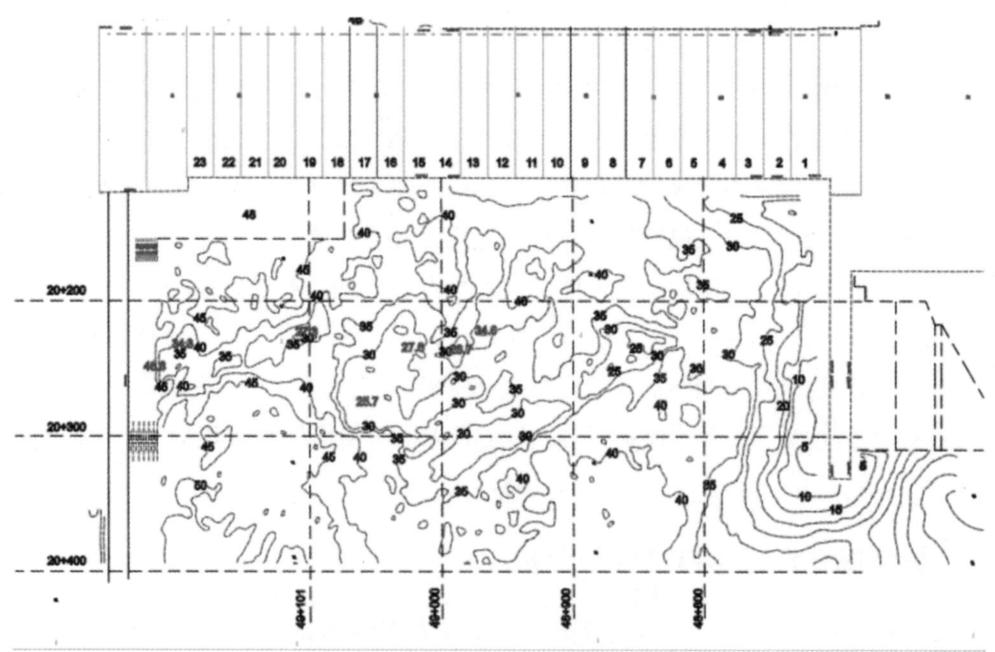

图 4　2009 年 3 月实测下游冲刷地形示意图

表 1　　2009—2012 年实测泄洪坝段下游冲刷地形比较

坝段	泄 6～7 号	泄 8～9 号	泄 10～12 号	泄 14 号	泄 16 号	泄 17 号	泄 19 号	泄 20～22 号
Y(坝轴线下)20＋	230～240	240～300	260～330	240	240	260	220	240
坝趾基岩高程(m)	26	28～31	31	31	31	35	40	45
基础清挖高程(m)	40	40	40	40	40	40	48	48
2009 年冲坑底高程(m)	23.5	24.5～25.5	25.3	26.7	27.0	25.5	27.5	34.0
2010 年冲坑底高程(m)	26.6	—	28.8	27.4			—	32.7
2012 年冲坑底高程(m)	26.5	33.7	28.1	27.9～30.0			—	35.0

表 2　　2009—2012 年实测左导墙冲刷地形高程对比表

Y(坝轴线下)20＋	135	200	232	260	284	325	端部
2009 年冲坑高程(m)	17.4	14.5	12.5	5.5		6.5	7～14
2010 年冲坑高程(m)	16.0	13.4	12.6	9	4	6.0	9.8
2012 年冲坑高程(m)	22.7	16.0	10.7	8.0	5.7	7.1	8.9～10.7
基础高程(m)	12	13	11.0	1.5	−5	−5	−5

根据试验蓄水期 2009—2012 年实测泄洪坝段下游冲淤地形分析，试验蓄水期泄洪坝段的下游冲刷较围堰挡水发电期有一定的改善，下游整体冲刷形态与典型工况下模型试验对比，冲刷特性基本一致，下游冲坑高程及位置具有较好的吻合性；泄洪坝段下游冲坑最低高程 23.5m，高于坝趾基础高程，距坝趾距离均大于 100m，不会危及泄洪坝段安全；左导墙右侧和右纵防冲墙左侧冲坑高程均高于建基面高程，不会危及建筑物安全。

6　水库蓄水期泄洪设施运用调度方式优化

三峡泄洪设施运用时间长，启闭频繁，运用调度复杂，依据国家批准的设计文件及多年来对泄洪设施运用调度方式的研究成果，《三峡(正常运行期)—葛洲坝水利枢纽梯级调度规程》已于 2015 年 9 月由水利部批准实施。

三峡泄洪运用调度方式研究，主要是基于汛期入库流量大的情况、结合下游防洪要求而进行的，在高库水位时枢纽的总泄量很大。随着近年水库汛后蓄水时间提前和地下电站 6 台机组的投入运行，泄洪设施运用调度的条件较之前有较大变化，水库蓄水期为满足防洪调度和电网运行要求，高水位 170m 以上泄洪设施泄放小流量的运行情况经常发生。针对水库试验蓄水期库水位 170m 以上部分深孔泄洪时曾发生的水体喷溅、坝体振动和坝前旋涡等现象和原型观测成果，为了提高水库蓄水期泄洪设施运用的安全可靠性，2016—2017 年开展了三峡水库蓄水期 170m 水位以上泄洪方式优化研究。主要研究包括：①三峡水库蓄水期 170m 水位以上泄洪方式优化。②大比尺深孔泄槽水流特性模型研究。③三峡深孔坝前流场及旋涡形成条件数值模拟研究。④三峡工程泄洪调度优化方案研究。进一步研究结果表明，水库蓄水期库水位 170m 以上，泄放小流量时采用先开启表孔后深孔的泄洪运用方式，泄洪的流势、流态较为有利；蓄水期水位 170m 以上泄洪运用开启顺序：首先由电站机组过流；机组过流量不足时，先开启表孔泄洪；表孔全部开启泄量仍不足，或当水位 170m 以上且表孔下泄流量大于 $10000m^3/s$ 时，可开启部分深孔泄洪。

7 结语

三峡水利枢纽泄洪流量大、运行水头高、水位变幅大、运行条件复杂，泄洪建筑物规模居世界之首。通过多方案泄洪布置和孔口布置形式的科学研究论证，创新提出泄洪坝段布置表孔与深孔相间布置、底孔在表孔正下方的三层泄洪大孔口立体交错布置方案，缩短了泄洪坝段长度，减小两岸岸坡开挖，节省了工程投资，满足了三期截流、围堰挡水发电期度汛，以及正常运行期泄洪排沙和降低库水位等多目标运行要求。

坝身泄洪深孔首次采用有压短管、跌坎掺气的布置形式，研究提出适应大水位变幅的跌坎掺气体型，成功解决了运行水头高(90m)、水位变幅大(35m)、运用时间长的泄洪深孔的泥沙磨损和空化空蚀问题。

导流底孔首次采用有压长管、跨缝布置、设控制闸门的布置方案，结合进口前预留拦沙槽、孔内设置跨缝板等综合工程措施，满足了三期导、截流和围堰挡水发电期度汛的运行需要，成功解决了底孔高程低、运行水头高、运用时间长的泥沙磨损和空化空蚀问题。创新提出 22 个导流底孔采用不同的进口高程、鼻坎高程及挑角的最优组合，成功解决了复杂运行条件下的下游水流衔接和消能防冲难题。

泄洪设施 15 年以来的运行实践表明，泄洪建筑物运行调度正常，泄洪布置合理，孔口体型设计和消能形式是合适的。通过三峡大流量泄洪消能设计创新技术的成功运用，结合泄洪运行调度不断优化，保证了三峡工程防洪、发电、航运和水资源调度等巨大综合效益的发挥。

参考文献

[1]钮新强，王小毛，陈鸿丽.三峡工程枢纽布置设计[J].水力发电学报，2009，28(6)：13-18.

[2]廖仁强，孔繁涛，吴效红.三峡工程泄洪消能设计研究[J].人民长江，1997，28(10)：13-15.

[3]王小毛，陈鸿丽，杨一峰.三峡大坝设计中的几个关键技术问题：中国大坝技术发展水平与工程实例[M].北京：中国水利水电出版社，2007.

[4]长江勘测规划设计研究有限责任公司.长江三峡枢纽工程竣工验收报告[R].2015.

[5]长江勘测规划设计研究有限责任公司.三峡水利枢纽蓄水期 170m 水位以上泄洪设施运用方式优化专题研究[R].2017.

三峡水利枢纽试验蓄水期主要建筑物监测成果综述

段国学[①]　彭绍才

(长江勘测规划设计研究院,武汉　430010)

摘　要:三峡水利枢纽主要建筑物积累了大量的安全监测成果,为指导施工、验证设计和工程安全评价等提供了科学依据。2008 年开始的试验蓄水期监测成果表明,各建筑物的监测数据均是正常的,各项测值在设计允许范围内,建筑物的运行状态均是安全的。

关键词:三峡水利枢纽;监测成果;安全评价

1　概述

三峡水利枢纽规模巨大,工程安全监测从设计、施工到管理一直受到建设各方的重视,"建筑物安全监测设计"被列为三峡水利枢纽工程需编制单项工程技术设计报告的八个审查和论证项目之一。三峡工程自 1994 年开始先后埋设各类监测仪器 1 万余支,工程安全监测系统对各建筑物变形、渗流、应力应变等进行了全面的监测,积累了大量科学和准确的数据,为指导施工、验证设计和工程安全评价等提供了科学依据,同时也为工程安全运行提供了强有力的保障。

三峡水利枢纽主要建筑物自 2008 年开始的试验蓄水以来的监测成果表明,各建筑物的监测数据均是正常的,各项测值在设计允许范围内,建筑物的运行状态均是安全的。

2　船闸监测成果

三峡双线五级船闸系在天然山体中深切开挖兴建,闸室墙采用锚固于边坡上的薄衬砌式结构。船闸开挖后形成南、北两侧岩质高边坡,最大坡高分别达 170m 和 138m,闸室边墙部位为 50～70m 的直立坡,两线船闸间保留高 50～70m、宽 55～57m 的岩体中隔墩。船闸边坡变形稳定是监测的重点,特别是闸室两边直立墙的变形直接关系到船闸的

---

① 作者简介:段国学(1964—　),教授级高级工程师,主要从事工程安全监测设计及监测资料分析工作,E-mail:duanguoxue@cjwsjy.com.cn。

正常运行。船闸于1994年4月动工开挖，1999年4月闸室槽开挖基本结束，至2002年6月船闸主体段混凝土浇筑全部完成，2003年6月16日开始试通航，一年后开始运行。

(1)高边坡变形稳定

交会法观测的边坡表面位移测点实测位移表明，边坡变形以向闸室方向位移为主，受开挖卸荷影响，变形主要发生在开挖过程中，且变形随开挖深度的增加而增大，开挖结束之后变形速率下降，并趋于收敛，边坡整体是稳定的。水库蓄水及船闸通航对边坡变形的影响不明显。至2014年12月南、北坡斜坡实测向闸室最大位移分别为74mm和59mm，南坡15+850m高程215m处TP39GP02的位移最大，南、北直立坡顶的最大位移分别为47mm和34mm，中隔墩北侧向闸室方向的位移为−19～33mm，南侧为−6～24mm(表1)。

总体看来，中隔墩顶及南北坡直立坡变形在2002年之后均已收敛。从岩性看，全部微新及弱风化岩体上的测点变形收敛较快，仅南北斜坡顶部少数几个全强风化岩体上的测点变形收敛较慢。变形收敛较慢的测点主要是岩体的蠕变造成的，属局部现象，对边坡整体稳定没有影响。试验蓄水期间边坡表面位移均没有明显增加，变形是收敛的。

表1　船闸边坡各部位向闸室水平位移最大测点不同时间的位移值

部位		北坡斜坡	北坡直立坡顶部	中隔墩北侧顶部	中隔墩南侧顶部	南坡直立坡顶部	南坡斜坡
测点编号		TP15GP01	TP67GP01	TP68GP01	TP99GP02	TP94GP02	TP39GP02
桩号(m)		15+851	15+494	15+570	15+784	15+496	15+850
高程(m)		185	160	160	139	168	215
岩体情况		强风化	微新	微新	微新	微新	强风化
时间	库水位(m)	向闸室位移(mm)					
2006-10-29	155.68	52	33	32	21	41	69
2008-11-10	172.80	56	35	31	21	43	71
2010-12-10	174.61	54	35	31	22	40	72
2011-12-15	171.41	54	36	30	23	46	70
2012-12-15	175.00	56	36	33	23	48	72
2013-12-15	174.61	58	35	33	26	46	71
2014-12-15	173.28	59	34	34	24	47	74

包括直立坡块体部位的多点位移计、边坡排水洞观测支洞内的伸缩仪及滑动变形计实测的相对变形测值均在1999年边坡开挖及支护结束之后逐渐收敛(图1)，包括直立坡块体上的各部位锚索测力计的锚固力也是稳定的，直立坡块体均是稳定的。

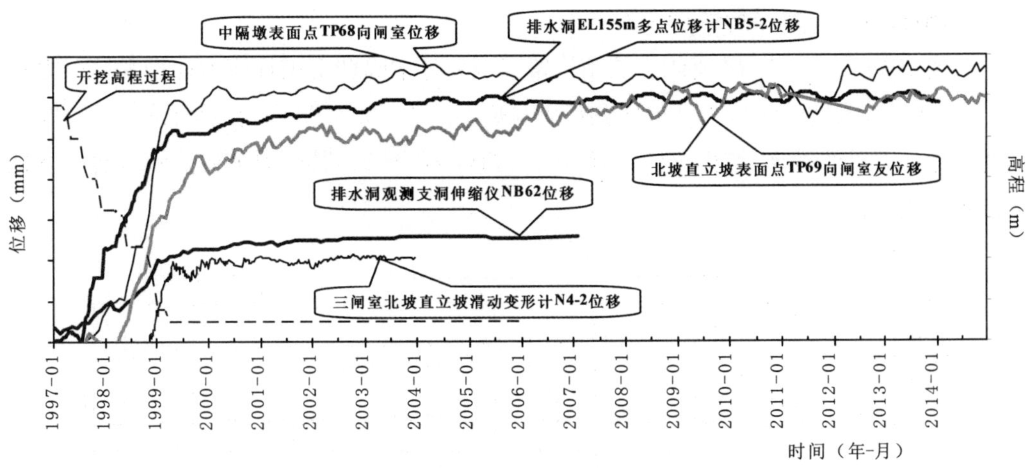

图1　各监测设施典型测点观测的闸室向位移过程线

(2)边坡地下水

实测边坡排水洞以上的岩体处于疏干状态，边坡排水洞内绝大部分测压管的水位在边坡排水洞底板高程以下，边坡地下水位已降至设计水位(设计地下水位在各层排水洞洞顶附近)以下，且有一定的富裕度，这对边坡稳定是有利的。南、北坡全部排水洞的总渗漏量为360～1280L/min，受降雨入渗的影响渗漏量在汛期要大一些，但2003年船闸通航后渗水量没有增大的趋势，水库蓄水对排水洞渗漏量变化没有明显影响。

闸墙墙背及支持体背渗压计测值基本在仪器观测误差范围内，测点部位基本无渗压，说明墙背和支持体背的排水管起到了很好的排水降压效果，闸墙墙背及支持体背处于疏干状态。

(3)闸首及闸室墙变形

垂线观测的各闸首顶部向闸室的位移为－0.83～7.14mm，向下游的位移为－3.93～5.21mm。相比较而言，五、六闸首顶部位移要大些，并随气温呈现出年周期性变化，这主要与其边墩为混合式(上部为重力式、下部为衬砌式)结构特点有关。闸首变形不影响船闸人字门的正常开启，船闸运行后变形没有随时间增大(图2)。

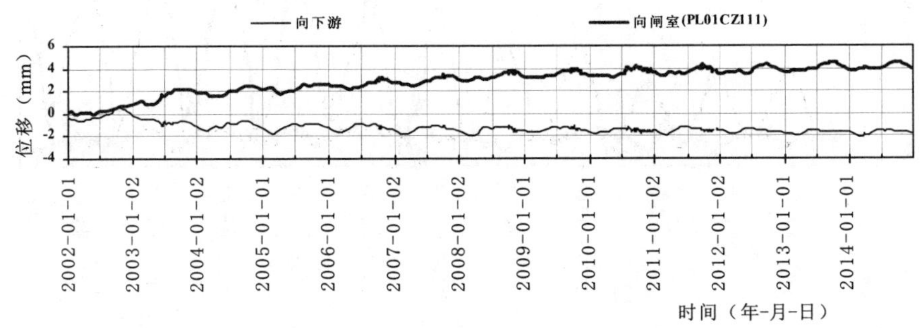

图2　北坡一闸首顶部水平位移过程线

(4)闸首及闸室墙结构锚杆应力

截至2014年12月,48支闸室墙结构锚杆应力计中除两支锚杆应力计最大拉应力超过100MPa外,其他锚杆应力计的实测最大拉应力均在100MPa以内,锚杆应力主要与温度变化相关。总体看来,结构锚杆实测应力普遍较小(图3),其原因主要是闸室墙墙背地下水处于疏干状态。

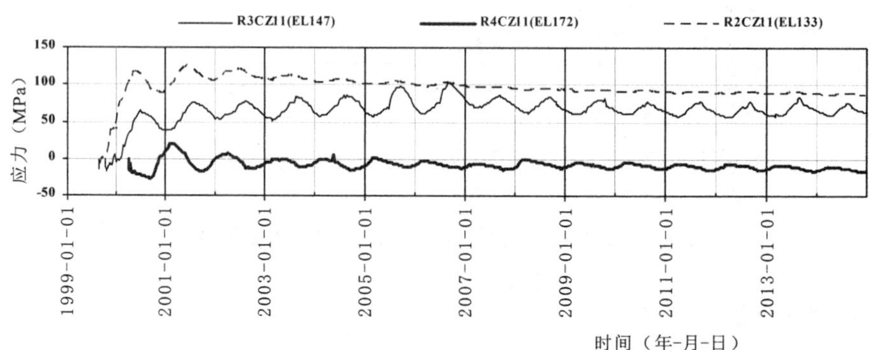

图3　船闸一闸首北坡高强锚杆应力(R2～4CZ11)

3　大坝监测成果

(1)大坝变形

至2014年12月,坝基(坝体基础廊道处)向下游位移均在5mm以内,左安Ⅲ最大,蓄水后坝基水平位移趋于稳定,包括升船机上闸首、左厂1～5号、右厂24～26号各坝段的基础均是稳定的。

坝顶向下游水平位移受库水位和温度变化的影响呈年变化,符合重力坝的变形规律。各坝段坝顶向下游水平位移测值为－9～30mm(泄2号坝段最大,见图4、图5),河床部位的坝段较大,岸坡坝段较小。

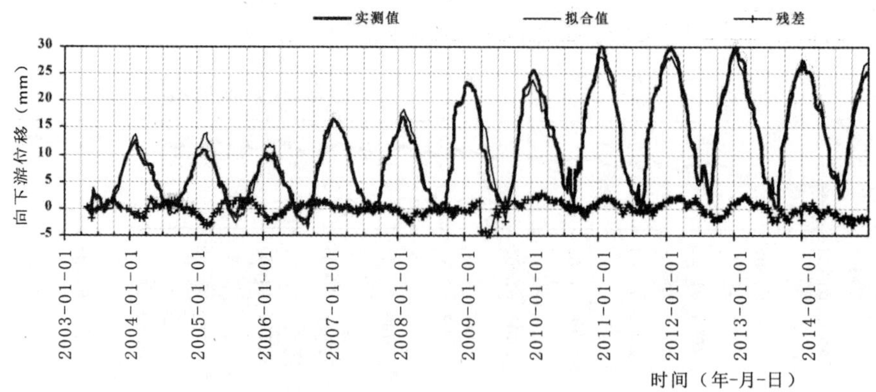

图4　泄2号坝段坝顶实测向下游位及拟合值过程线

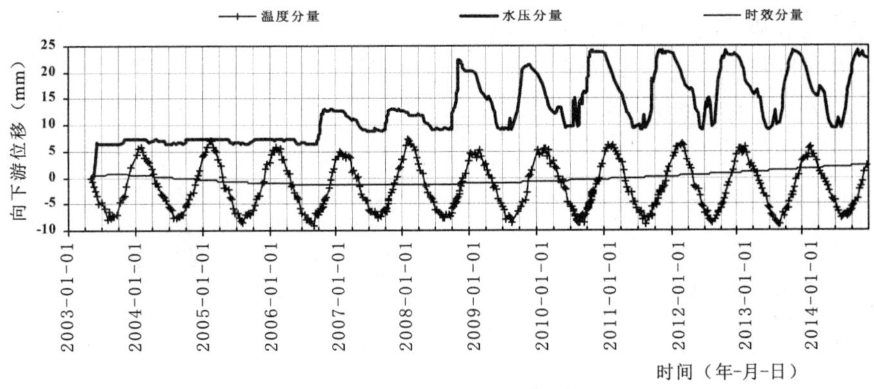

图5　泄2号坝段坝顶向下游位移统计模型各分量过程线

基础及坝顶向下游水平位移统计模型的分析结果表明，基础向下游水平位移的时效分量在2.70mm以内，坝顶的时效分量在3.75mm以内，2008年试验蓄水后时效分量均是收敛的，包括左厂1、左厂5坝段基础变形均是稳定的。试验蓄水期库水位175m时，坝顶向下游水平位移的分量中水压分量比温度分量大，左厂14号、泄2号及右厂17号坝段坝顶向下游水平位移中的水压分量分别为19.39mm、24.08mm和21.85mm，温度分量变幅分别为8.24mm、16.31mm和7.51mm。各测点实测水荷载位移(库水位135～175m水压分量的增量)小于计算值(见表2)。

表2　关键测点向下游水平位移水压分量的统计模型值与计算值对照表　(单位:mm)

测点编号	坝段	测点高程(m)	水位135～156m间增量		水位156～175m间增量	
			模型值	计算值	模型值	计算值
PL01ZC012	左厂1—2	95	0.21	0.50	0.41	0.70
PL03ZC012	左厂1—2	185	2.75	2.50	6.01	6.64
PL03ZC143	左厂14	185	6.01	11.8	10.63	18.06
PL03XH022	泄2号	185	6.56	13.15	10.21	17.10
IP01YC24	右厂24	94	0.34		0.75	1.10
PL01YC264	右厂26	185	0.57		4.33	6.70
PL02YC173	右厂17	185	4.72		9.67	15.08

(2)坝基渗压及渗漏量

实测坝基主排水幕处测压管水位在水库蓄水后变化较小，蓄水175m水位后各坝段上游主排水幕处的扬压系数均小于0.2，下游主排水幕处扬压系数均小于0.3。左厂1～5号坝段、升船机上闸首及右厂24～26号坝段主排水幕下游的基础处于疏干状态，渗压水位低于坝基缓倾角结构面，这对坝基深层抗滑稳定有利。坝基渗压均在设计允许范围内。

左岸(纵向围堰坝段及其以左各坝段)坝基渗漏量主要集中在泄洪坝段，已从2003年7月蓄水后的约1127L/min减少至2014年12月的约156L/min。右岸坝基渗漏量在

2008年12月时最大，约412L/min，之后有所减少，至2014年12月减少为168L/min(图6)。渗漏量减少主要是库底淤积堵塞渗漏通道所致，对坝基防渗是有利的。总体看来，坝基渗漏量远小于设计计算值23667L/min。

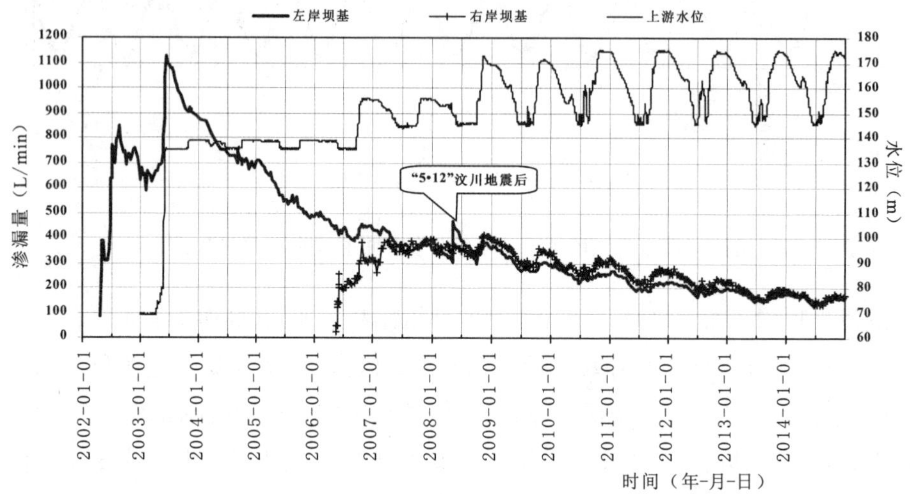

图6 左、右岸坝基渗漏量过程线

(3)纵缝开度

泄洪坝段及厂房坝段纵缝中上部在灌浆之后有再张开的现象，泄洪坝段更明显，蓄水之后随时间延长，坝体温度变化趋于稳定，增开度也略有减小并趋于稳定。

泄洪2号坝段纵缝Ⅰ灌浆后高程13m处缝面开度没有变化，高程23～135m处开度均有所增大，最大增开度2.5mm(图7)。2002年以后高程23m、34m、57m处实测增开度小于0.2mm，表明测点处纵缝基本是闭合的。高程124m、135m处测点开度仍略有变化，年变幅在1mm以内，但蓄水后开度年变幅略有减小。增开度一般8月最大，2月最小。2008年之后的试验蓄水对纵缝开度的变化没有明显影响。

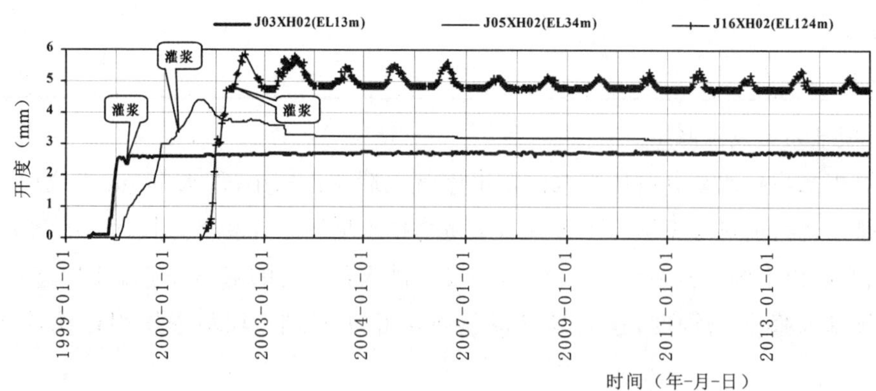

图7 泄2号坝段纵缝Ⅰ高程的开度过程线

2008年进行的仿真计算和对纵缝的钻孔检查表明,纵缝上部近坝面一定范围的缝面存在灌浆后再张开现象,主要是受气温影响,坝体温度场存在一个年变化过程,坝体内外温度不一致,导致夏季缝面张开、冬季闭合。但这种缝面张开主要出现在键槽缝的铅直面处(测缝计均埋设在铅直面处),键槽缝的斜面处仍有闭合现象,缝面仍能起到传力的作用,灌浆后局部再张开的纵缝不影响大坝的安全运行。

(4)坝踵、坝趾混凝土应力

2003年135m库水位蓄水前,实测泄2号及左厂14号坝段坝踵铅直向压应力分别达6.01MPa和3.78MPa,压应力均随坝体混凝土浇筑、坝体增高而增大。

泄2号坝段各年蓄水前后坝踵铅直向压应力减小值在0.96MPa以内,坝趾铅直向压应力增加值在1.03MPa之内;左厂14号坝段各年蓄水前后坝踵铅直向压应力减小值在0.83MPa以内,坝趾铅直向压应力增加值在0.30MPa以内。

2014年10月27日正常设计库水位约175m时,泄2号坝段坝踵、坝趾铅直向压应力分别为5.43MPa和2.55MPa,左厂14号坝段坝踵、坝趾铅直向压应力分别为2.59MPa和1.42MPa。正常设计库水位时实测坝踵压应力远大于计算值,从应力数值分析大坝是安全的。2008年试验蓄水后各年坝踵坝趾实测应力变化是稳定的,没有趋势性变化。

泄2号坝段坝踵铅直向应力的统计分析表明,分量影响大小依次为自重、自生体积变形(Gt)、水位和温度(图8、图9)。

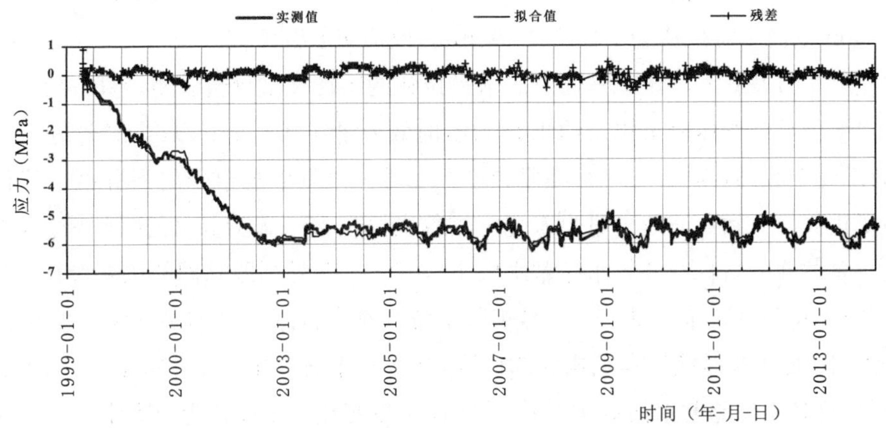

图8 泄2号坝段坝踵铅直向应力拟合值及残差过程线

从实测应力过程看,实测混凝土应力与结构计算的结果不完全一致,特别是库水位达175m正常设计水位时坝踵铅直向压应力仍比坝趾大,且坝踵铅直向应力比计算值大很多。对比国内外重力坝混凝土应力观测结果发现,三峡大坝坝踵坝趾应力的这种变化规律与其他重力坝是一致的[1]。造成实测应力与计算应力不一致的原因还缺乏系统研究,探讨的原因包括施工期应力、温度应力、自生体积变形(Gt)、温涨作用等[1]。

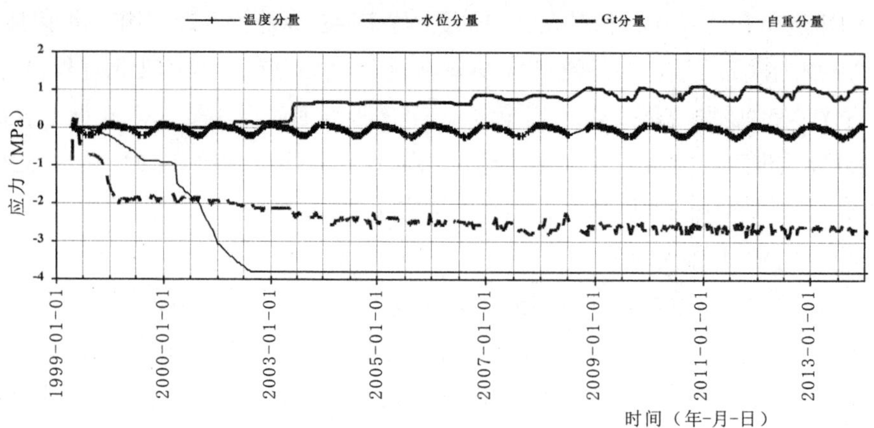

图9　泄2号坝段坝踵铅直向应力统计模型各分量过程线

(5)左厂1～5号坝段深层抗滑稳定

左厂1～5号坝段大坝建基面高程85～90m，厂房最低建基面高程22.2m，坝后形成坡度约54°，施工期临时坡高67.8m，运行期永久坡高39.0m的高陡边坡，且该部位缓倾角裂缝相对发育，使得大坝沿坝基缓倾角结构面的深层抗滑稳定成为工程的重要技术问题，也是监测的关键部位。

垂线观测的左厂1号、5号坝段基础2号排水洞高程50m处向下游位移为－0.69～0.92mm，基础1号排水洞高程74m处向下游位移为－1.26～1.73mm，坝体上游基础廊道高程95m处向下游位移为－1.27～2.98mm，坝顶向下游位移为－3.07～10.32mm。

对左厂1号及5号坝段坝基向下游水平位移的统计模型分析表明，基础高程95m处向下游水平位移中水压分量幅值约1.22mm，时效分量在2.44mm以内，时效分量变化平缓，但尚未完全收敛，与右厂24号坝段、左厂14号坝段基础廊道处向下游水平位移时效分量的变化规律一致。时效分量尚未完全收敛主要是水库试验蓄水的时间较短，还需继续观测。总体看来，自2003年水库蓄水以来，左厂1～5号坝段基础部位变形是稳定的。

自2003年蓄水以来，左厂1～5号坝段上游坝基主排水幕后的坝基渗压水位约在高程52m以下，低于坝基缓倾角结构面的位置，坝基岩体基本处于疏干状态，有利于坝基的抗滑稳定，且各年试验蓄水前后坝基渗压没有明显变化。根据坝基实测扬压力，并采用刚体极限平衡法对大坝深层抗滑稳定进行了复核。结果表明，大坝深层抗滑稳定安全系数较原设计安全系数略有增大，深层抗滑稳定满足设计要求。

4　茅坪溪防护坝监测成果

茅坪溪防护坝为沥青混凝土心墙土石坝，主坝轴线长889m，最大坝高104m。茅坪溪防护坝从1997年底开始施工，至2003年12月完工。

综合茅坪溪防护坝的各项观测成果可以看出，坝体变形和心墙应变等主要随坝体填

筑高度的增加而增大，心墙两侧的铅直向应变及变形较为对称。2003 年蓄水以后心墙应变、心墙基底铅直向应力、心墙与过渡层间的相对变形等实测值没有明显变化，各年试验蓄水前后的各项测值变化不明显。

(1)坝体变形

至 2014 年 12 月坝顶最大向下游水平位移 93mm，最大沉降为 213mm，最大位移在坝体中部。

2013 年 5 月，各沉降管实测的最大累积沉降量为 287～639mm，坝高最大的 0+700m断面的累积沉降量最大(图 10、图 11)，最大累积沉降出现在约 1/2 的坝高处，最大沉降约占坝高的 0.64%。各种计算模型计算的施工期坝壳中心部位的最大沉降量为 657～1170mm，占坝高的 0.73%～1.13%，说明实测沉降量在计算范围内，与通常 100m 级土石坝的沉降范围也是一致的。沉降管观测的同高程心墙上下游过渡层沉降量的差值不大，平均差值约为 37mm。2003 年之后的各年水库蓄水对坝体内部沉降没有明显影响，沉降量基本稳定。

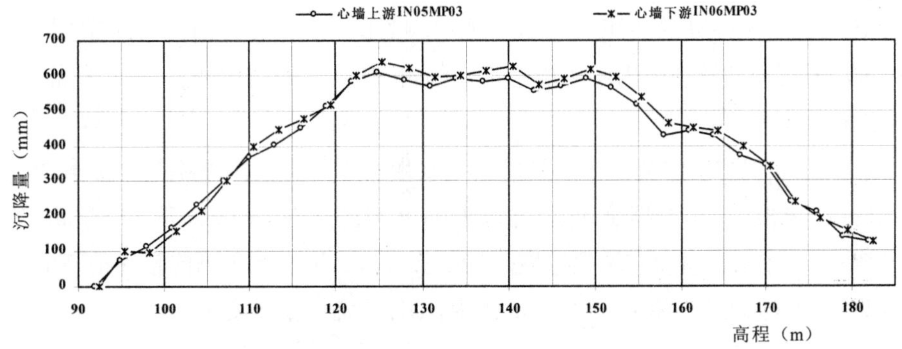

图 10　2013 年 5 月实测 0+700m 上游和下游过渡层沉降分布图

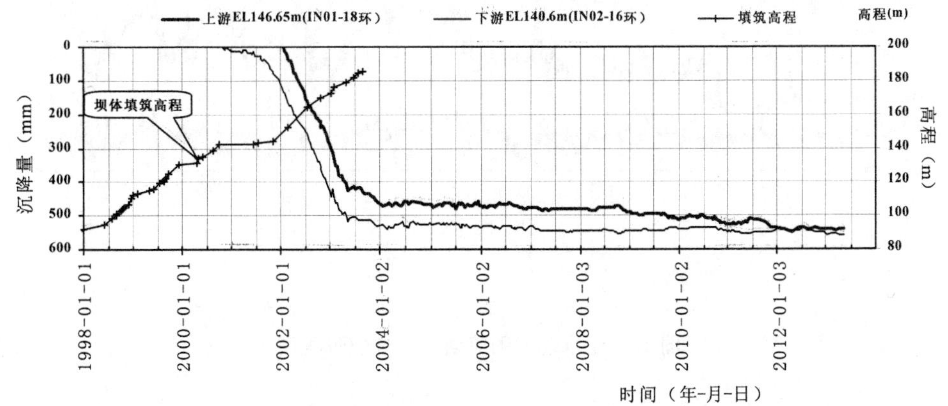

图 11　0+700m 心墙上、下游过渡层沉降最大的环的沉降过程线

(2)心墙与两侧过渡层的相对变形

水库蓄水后的2003年7月,位错计观测的心墙与过渡层间的相对变形为3.8～48.5mm,平均相对变形为17.4mm,高程105m处的相对变形最大。位错计测值均为压缩,表明心墙的沉降量比两侧过渡层略大,心墙并未因其两侧过渡层的挤压而产生拉伸变形。2003年之后相对变形没有明显变化。

(3)心墙表面铅直向应变

心墙上下游表面铅直向的应变均为压应变,且压应变随坝体填筑高度的增加而增大,2003年之后心墙应变基本没有变化。实测的应变为－54300～－7090$\mu\varepsilon$,平均应变为－24900$\mu\varepsilon$。

(4)心墙底部铅直向应力

3支压应力计实测心墙底部铅直向压应力随坝体填筑高度的增加而增大,至2003年7月实测应力分别为－1.54MPa、－1.46MPa和－1.35MPa,此后测值没有明显变化。

(5)坝基及坝体渗压

水库蓄水后,渗压计、测压管实测的心墙上游建基面处渗压水位基本与库水位一致,心墙下游建基面及坝体处的渗压水位与下游坝脚处的水塘(下游围堰与防护坝之间)水位是一致的,表明坝基及坝体内渗压均是正常的,符合坝体的结构特点。

(6)渗漏量

茅坪溪防护坝观测坝体及坝基渗漏量的量水堰布设在下游围堰中间。量水堰实测流量为256.6～2370.3L/min,根据统计模型估算的库水渗漏量为194.2～1757.6L/min,2008年试验性蓄水后,库水渗漏量没有增大趋势(图12、图13)。量水堰实测流量和估算的库水渗漏量均在设计的渗漏量计算值4000L/min以内,坝体渗流状态是安全的。

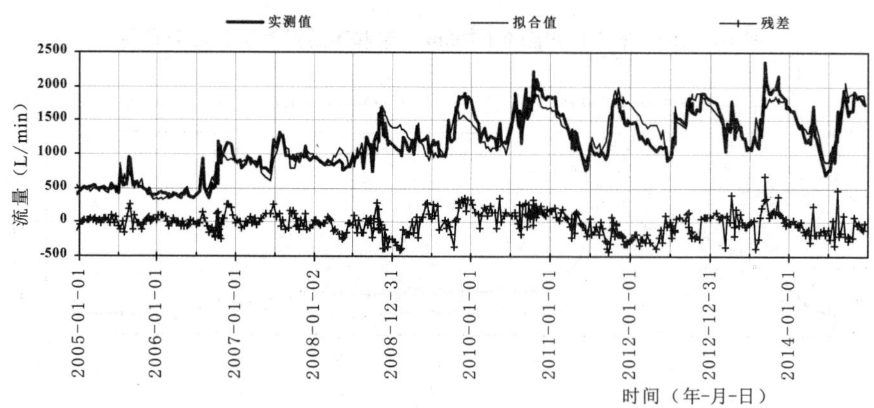

图12　量水堰实测流量及拟合值过程线

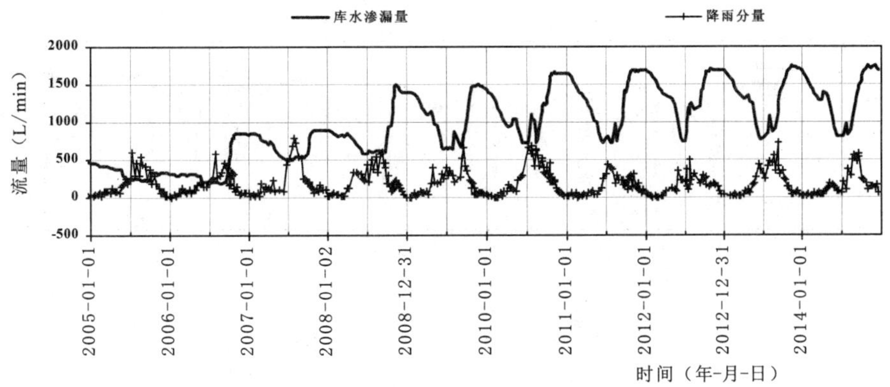

图 13　库水渗漏量及降雨分量过程线

5　机组蜗壳监测成果

三峡 700MW 水轮发电机组蜗壳规模大，平面最大宽度 34.38m，容积约 6000m^3，水轮机蜗壳进口钢管直径 12.4m，进口断面设计内水压力达 1.395MPa(含水锤压力)，*HD* 值达 1730m^2，是目前世界上已安装的混流式水轮机最大的蜗壳。

三峡左右岸电站机组蜗壳除 21 台仍采用保压方式埋设外，在右岸电站选择了 4 台机组蜗壳采用垫层方式埋设，1 台机组蜗壳采用直埋方式。直埋方式仍有垫层，垫层范围从进口至一45°处。

三种埋设方式的蜗壳监测资料分析表明，各项测值均是正常的，保压和垫层方式的蜗壳应力水平没有明显区别，直埋方式的蜗壳应力略小。垫层和直埋方式同样能满足设计要求。主要观测成果如下：

5.1　蜗壳应力

保压蜗壳在充水保压过程中，蜗壳一般产生一个拉应力增量，但环向应力增量比水流向大，各机组保压后蜗壳最大应力为 80～103MPa。

各机组调试运行前后，蜗壳一般产生拉应力增量，环向应力变化比水流向变化明显，蜗壳部位比过渡板变化明显，应力变化最大的部位一般在蜗壳腰部及以上部位。机组调试运行前后的最大应力增量约为 132MPa，运行时的最大应力约为 200MPa(图 14)。保压方式和垫层方式蜗壳的应力变化、分布和应力水平没有明显的区别。直埋方式的 15 号机蜗壳应力相对较小，最大应力约为 130MPa。

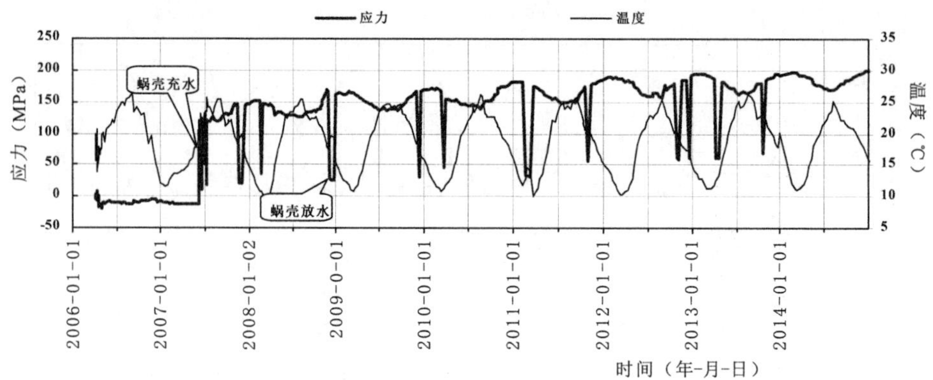

图 14　26 号机(垫层)3—3 断面腰部环向 GS01CJ26 蜗壳应力过程线

5.2　蜗壳与外包混凝土间开度

(1)垫层方式

蜗壳与混凝土间开度在运行后均产生一个压缩量，26 号机垫层最大压缩量达 7.70mm，25 号、18 号和 17 号垫层的最大压缩量分别为 3.43mm、2.37mm 和 2.93mm。各机组开度的变化规律基本一致，一般腰部开度变化最大，顶部次之，底部开度变化不明显。

(2)保压方式

调试运行前蜗壳与混凝土间开度最大，运行后开度减小。24 号、16 号、19 号和 10 号调试运行前后开度的最大变化量分别为 6.27mm、2.11mm、6.08mm 和 3.03mm。各机组开度的变化规律基本一致，一般腰部开度变化最大，顶部次之。另外，运行期 135m 以上库水位条件下实测开度均在 0.2mm 的观测误差范围内，蜗壳与混凝土间基本无间隙，表明蜗壳与混凝土是贴紧的，与计算结果是一致的。

(3)直埋方式

充水前各测点开度－0.15～0.24mm，开度均较小；2008 年 11 月 11 日库水位 172.7m 运行时，垫层部位处开度为－1.75～－1.05mm(图 15)，垫层均有所压缩，其他直埋部位测点开度为－0.11～0.10mm，均无明显间隙。

5.3　蜗壳外包混凝土钢筋应力

各机组蜗壳外包混凝土钢筋应力受机组调试及运行的影响较小，钢筋应力主要随温度变化，较大的钢筋应力均是在施工期就产生的温度应力。除个别测点外，实测钢筋应力在 100MPa 以内，绝大部分钢筋应力在 50MPa 以内。不同蜗壳埋设方式的机组混凝土钢筋应力没有明显区别。

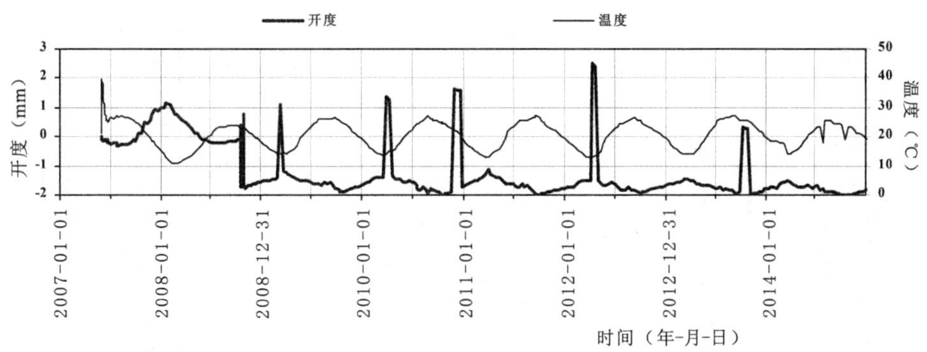

图 15　15 号机(直埋)3—3 断面顶部垫层处 J03CJ15 开度过程线

5.4　蜗壳外包混凝土应力

实测调试运行前后，蜗壳腰部及 45°处混凝土环向一般产生一个拉应力增量，各测点应力增量在 2.4MPa 以内。2008 年 11 月 11 日库水位 172.7m 时，混凝土应力在 1.7MPa 以内。156m 和 172.7m 水位时混凝土应力实测值与计算值规律基本一致，数量相当。

6　地下电站监测成果

三峡右岸地下电站主厂房开挖尺寸为 311.3m×32.6m×87.3m(长×宽×高)，具有跨度大、覆盖薄、块体多的特点，其上覆岩体一般厚度为 50～75m，左端最薄处仅为 34m，施工过程中共揭露了 105 个块体。主厂房及附近尾水洞、母线洞竖井开挖时间为 2005 年 2 月至 2008 年 6 月，目前正在进行机电设备的安装。

地下电站主厂房共布设了 7 个观测断面，并且针对开挖过程中揭露的顶拱及边墙的较大块体进行了专门的监测。用于观测围岩变形的多点位移计在主厂房开挖之前就利用已开挖的排水洞埋设就位了。

实测厂房顶拱最大变形约 2mm，顶部拱座处最大变形约 6mm，边墙最大变形约 26mm(表 3、图 16)。实测围岩变形与数值计算值(一般在 20～30mm)的结果比较吻合，实测变形在 2008 年 6 月主厂房及附近尾水洞、母线洞竖井开挖及支护结束后即收敛。针对块体布设的 5 支多点位移计实测变形约在 2mm 以内，变形均是稳定的。另外，从包括块体的各部位实测锚杆应力及锚索锚固力看，锚杆应力基本在设计范围内，实测锚索预应力总损失为 2.6%～24.5%，锚杆应力及锚索锚固力在开挖支护结束后就基本稳定。

总的看来，三峡地下电站采用合理的开挖支护程序、超前锚固及加强锚固并在尾水管间保留 27m 高大岩墩的措施，有效减小了厂房全断面开挖高度，限制了围岩变形，使得整个厂房的变形较小，保证了围岩及块体的稳定。

表 3　多点位移计实测主厂房各部位最大变形　(单位:mm)

断面	顶拱	拱座	上游边墙	下游边墙
1 号机组段	−2.24	−1.88	4.16	15.2
2 号机组段		2.95		10.62
3 号机组段		5.42		16.80
4 号机组段	1.08	2.08	16.00	26.16
5 号机组段		8.1		10.74
6 号机组段	2.14	6.34		
安装场	−2.08	−1.33	2.76	−2.08

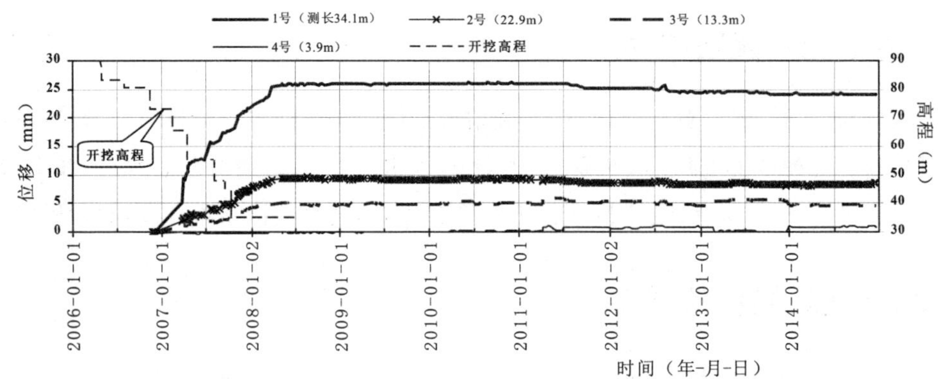

图 16　30 号机下游边墙母线洞下部高程 62.03m 处 M13DC04 位移过程线

7　结语

三峡水利枢纽主要建筑物试验蓄水期的监测成果表明，各建筑物的监测数据均是正常的，各项测值在设计允许范围内，建筑物的运行状态均是安全的。

1)船闸边坡变形主要发生在开挖过程中，边坡表面向闸室最大位移为 74mm，包括直立坡块体在内的各部位边坡均是稳定的。闸首顶部向闸室的位移约在 7mm 以内，闸首变形不影响船闸人字门运行。各年水库蓄水对船闸各项监测值没有明显影响。

2)大坝坝基(坝体基础廊道处)向下游位移均在 5mm 以内，包括升船机上闸首、左厂 1～5 号、右厂 24～26 号各坝段的基础均是稳定的。各坝段坝顶向下游水平位移测值为 −9～30mm，符合重力坝的变形规律。坝基渗压均在设计允许范围内，左厂 1～5 号坝段主排水幕下游的基础处于疏干状态，渗压水位低于坝基缓倾角结构面，对坝基抗滑稳定更为有利。纵缝中上部在灌浆之后有再张开现象，蓄水之后随时间延长，增开度也略有减小并趋于稳定。

3)茅坪溪防护坝的坝体变形、心墙应变、心墙基底铅直向应力、心墙与过渡层间相对变形等主要随坝体填筑高度的增加而增大，2003 年蓄水以后这些测值没有明显变化。剔

除降雨的影响,实际坝基及坝体的水库渗漏水量约在 1757.6L/min 以内,试验蓄水后渗漏量没有增大趋势。

4)三种蜗壳埋设方式的各项测值均是正常的,垫层和直埋方式同样能满足设计要求,为类似巨型蜗壳的埋设提供了简便和经济的方法。

5)实测右岸地下厂房围岩最大变形约 26mm,变形在开挖及支护结束后基本收敛,锚杆应力及锚索锚固力在厂房开挖结束后即稳定。整个厂房的变形较小,围岩及块体均是稳定的。

参考文献

[1]王志远.重力坝的实测坝踵应力及原因分析[J].大坝观测与土工测试,2000,24(6):14-17.

长江三峡水利枢纽工程安全监测资料综合分析

耿峻① 陈绪春[2] 姚红兵[3]
(1.中国长江三峡集团有限公司三峡枢纽建设运行管理局,宜昌 443133;
2.长江空间信息技术工程有限公司(武汉),武汉 430000;
3.中国葛洲坝集团有限公司,宜昌 443133)

摘 要:三峡工程自2008年试验性蓄水以来,已经历十年蓄水过程。三峡工程安全监测工作按规范和设计要求有序开展,监测成果反映三峡枢纽挡水建筑物及其基础运行性态正常。本文根据三峡工程枢纽安全监测和工程设计资料,对各枢纽建筑物工作性态进行综合分析总结。

关键词:大坝监测;数据分析;三峡工程

2017年9月10日三峡枢纽工程开始蓄水,库水位从152.00m开始,至10月21日蓄水至175m。2008年三峡工程首次试验性蓄水以来到2017年已经历十年蓄水过程,三峡工程安全监测工作按规范和设计要求有序开展,监测成果反映三峡枢纽挡水建筑物及其基础运行性态正常,本文对各枢纽建筑物工作性态进行综合分析总结。

1 船闸监测

1.1 变形

1)船闸南北高边坡及中隔墩直立坡的变形,自1999年4月开挖结束变形逐渐收敛并趋于稳定,目前南北高边坡向临空面(Y向)最大累计位移分别为77.61mm和59.31mm,中隔墩向临空面最大累计位移为27.71mm。沉降变形为−15.62～16.67mm。船闸南北坡最大变形测点过程线分别见图1、图2。

---

① 作者简介:耿峻,男,高级工程师,硕士,主要从事大坝安全监测工作,E-mail:geng_jun@ctg.com.cn;陈绪春,男,高级工程师,本科,主要从事大坝安全监测工作;姚红兵,男,高级工程师,本科,主要从事大坝安全监测工作。

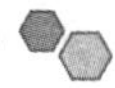

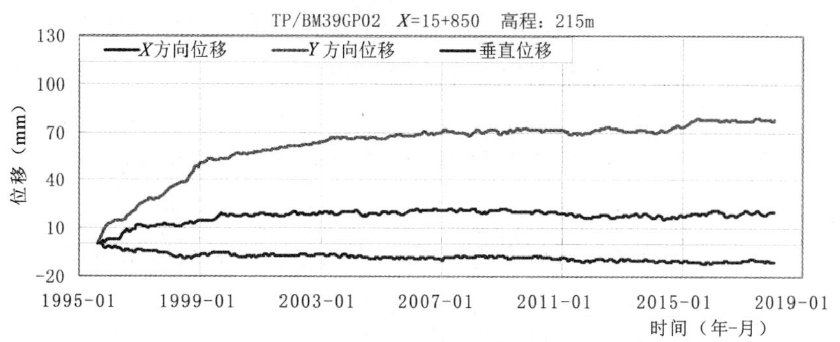

图 1　船闸南坡最大变形测点过程线图

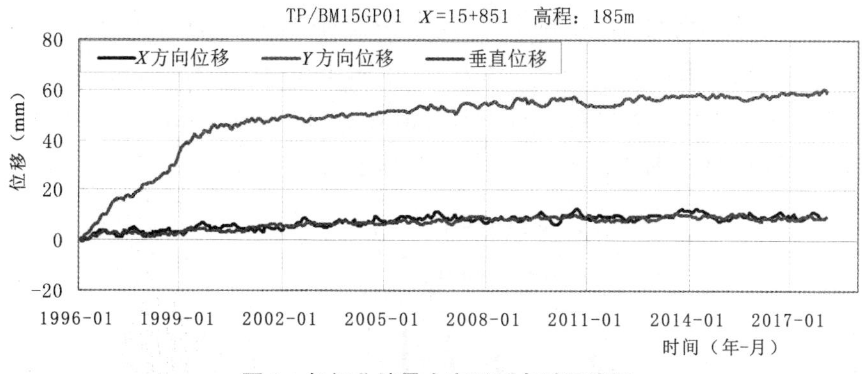

图 2　船闸北坡最大变形测点过程线图

2)一闸首水流向的变形：2017 年蓄水前闸基位移为－0.91～0.43mm，蓄水后 10 月 21 日闸基位移为－1.11～0.24mm，闸基位移变化为－0.25～－0.06mm；2017 年蓄水前闸顶 175m 水流向位移为－1.70～1.00mm，蓄水后闸顶位移为－1.75～0.97mm，蓄水前后位移变化为－0.36～0.25mm。

3)一闸首向闸室中心线位移：2017 年蓄水前闸基向闸室中心线位移为－0.37～1.29mm，蓄水后闸基位移为 0.04～1.45mm，位移变化为－0.15～0.41mm；蓄水前闸顶高程 175m 向闸室中心线位移为 0.89～4.89mm，蓄水后闸顶高程 175m 位移为 0.36～4.79mm，位移变化为－0.63～0.02mm。

4)1～6 闸首目前闸顶向闸室中心线水平位移为 0.30(2 号中北 2)～7.62mm(4 号中南 2)变化，水流向水平位移为－2.29(6 号中南 2)～4.18mm(5 号中北 3)。

5)一闸首基础廊道垂直位移稳定，蓄水前 2017 年 8 月垂直位移为 6.28～8.02mm，蓄水后 2017 年 11 月垂直位移为 6.03～8.35mm。目前沉降为 5.89～7.91mm。

1.2　渗流

1)2017 年船闸高边坡 1～7 号层排水洞在蓄水前后，南边坡渗流量分别为 423.6L/min和 694.32L/min，增加 270.72L/min；北坡排水洞蓄水前后渗流量分别为

338.47L/min和 498.19L/min，增加 159.72L/min，其变化主要受降雨影响。目前南、北边坡排水洞渗流量分别为 461.11L/min 和 224.67L/min。

2）一闸首基础帷幕前测压管水位蓄水前后上升 5.92m，蓄水后 10 月 21 日水位为 142.10m。帷幕后水位变化较小，变化量为－0.05～0.92m。目前一闸首基础灌浆廊道幕后水位为 124.35～127.99m。

3）左右岸挡水坝段帷幕后水位变化为－0.05～3.28m。蓄水后 10 月 21 日基础廊道排水幕处扬压力系数最大值为 0.18，在设计允许值范围内。

4）一闸首基础廊道渗流量：2017 年蓄水前渗流量为 3.96L/min，蓄水后渗流量为 6.28L/min，渗流量增加 2.32L/min，目前渗流量为 5.64L/min。

5）2017 年蓄水前南北线基础排水廊道渗流量分别为 311.51L/min 和185.05L/min，蓄水后南北线基础排水廊道渗流量分别为 375.95L/min 和223.33L/min；蓄水前后南北线基础排水廊道渗流量变化分别为 64.44L/min 和 38.28L/min。南北线基础排水廊道渗流量过程线分别见图 3、图 4。

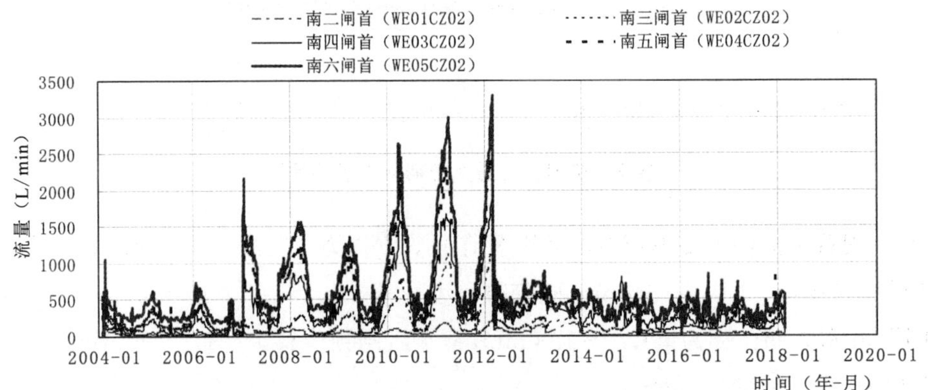

图 3　南线基础排水廊道渗流量过程线图

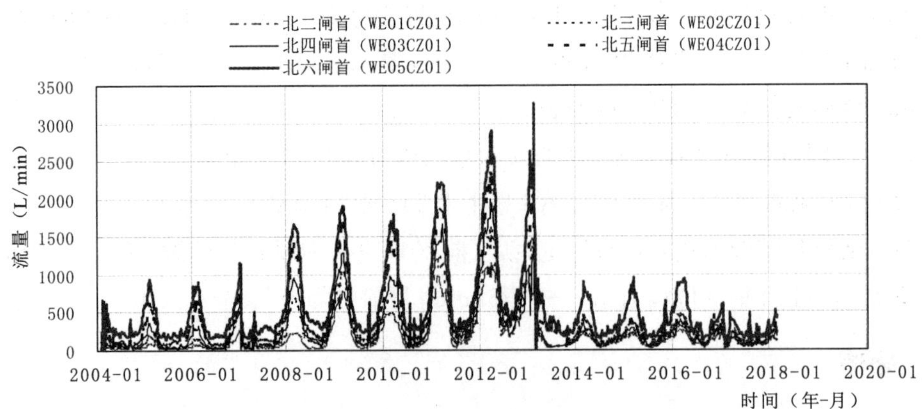

图 4　北线基础排水廊道渗流量过程线图

6)2017 年蓄水前后闸墙背后渗压一般变化在 0.2m 水头以下。

7)2017 年蓄水前后闸室底板渗压变化一般±0.5m 以下。

2 挡水大坝监测

2.1 左岸大坝

左岸大坝监测资料分析包括左非 1～18 号坝段、左厂 1～14 号坝段、左导墙坝段、泄洪坝段、右纵坝段。

2.1.1 变形

(1)水平位移

2017 年蓄水前,坝基上下游方向水平位移在 0.30～3.66mm,蓄水后 10 月 21 日坝基位移为 0.42(右纵 1 号)～3.96mm(升右 2 号),蓄水前后坝基水平位移变化为 0.01(升左 1 号)～1.48mm(泄 1 号);蓄水前坝顶水平位移为－6.75(升左 1 号)～6.55mm(左厂 9 号),蓄水后坝顶位移为－4.34(升左 1 号)～22.29mm(泄 2 号),蓄水前后坝顶位移变化为 0.50(左非 2 号)～17.32mm(泄 2 号)。目前坝基上下游方向水平位移为 0.40(右非 7 号)～4.45mm(右 2 号),坝顶上下游方向水平位移为－1.81(升左 1 号)～25.90mm(泄 2 号),坝基和坝顶水平位移过程线见图 5。

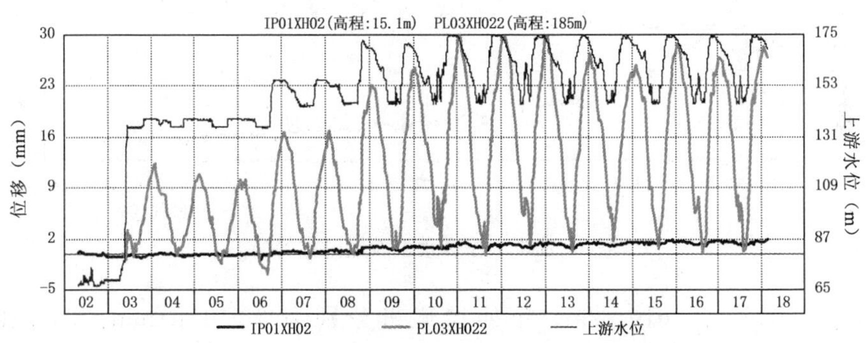

图 5 泄 2 号坝段坝基和坝顶水平位移过程线图

泄 2 号坝段坝顶位移变化与往年相似,变化规律正常。2011—2017 年坝顶水平位移最大年变幅分别为 30.22mm、28.81mm、29.45mm、25.43mm、26.90mm、28.53mm。

2010—2017 年坝顶水平位移分析:

1)同为 175m 水位,各坝段坝顶累计位移 175m 蓄水后不完全相同,相差 0.66～3.37mm,如泄 2 号坝段,2010 年 10 月 26 日的位移 18.85mm,2011 年 11 月 1 日的变形最大为 20.91mm,差异原因主要是不同的日平均、旬平均、月平均气温和不同的旬平均、月平均水位影响所致。

2)2010 年 10 月 26 日 175m 水位时的日平均、旬平均、月平均气温分别为 10.8℃、17.5℃、18.5℃;2013 年 10 月 31 的日平均、旬平均、月平均气温分别为 11.1℃、15.8℃、16.2℃;从以上资料看出,2013 年 10 月 31 月平均气温最低为 16.2℃,2010 年 10 月 26 日月平均气温为 18.5℃,相差 2.2℃,旬平均气温也低 1.7℃。气温越低,坝顶向下游位移越大。

3)除气温影响外,位移大小与库水位旬平均、月平均水位不同也有关系。2010 年 10 月 26 日的月平均水位为 169.34m,而 2013 年 10 月 31 月平均水位为 173.13m,相差 3.79m。

经统计回归分析,影响位移因素有日平均、旬平均、月平均气温和水位。

(2)垂直位移

基础廊道沉降量随上游库水位变化而增减。蓄水前 2017 年 8 月中上旬库水位保持在 140～147m,左岸大坝坝基累计垂直位移在 5.37(左非 1 号)～25.93mm(泄 5 号)。蓄水后 11 月中旬库水位在 174m 左右,累计垂直位移在 6.27～31.09mm,蓄水前后变化 0.71～6.83mm。目前基础累计沉降在 6.60～30.02mm。

2.1.2 渗流

1)2017 年蓄水前后坝基(含左岸电站厂房)渗流量分别为 120.31L/min 和 146.47L/min,渗流量增加 26.16L/min。目前坝基渗流量为 153.91L/min。左岸大坝基渗流量过程线见图 6。

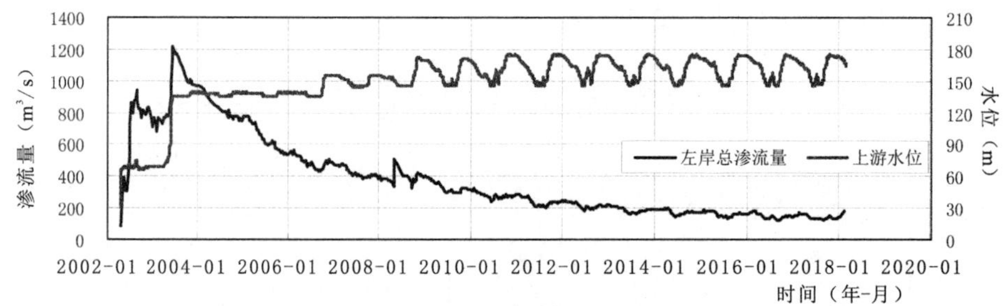

图 6 左岸大坝基础渗流量过程线图

①175m 蓄水后,2010—2017 年的渗流量分别为 275.46L/min、239.32L/min、216.87L/min、196.29L/min、184.35L/min、167.30L/min、149.20L/min、146.48L/min,渗流量总体呈逐年减小趋势。

②175m 蓄水前后渗流量均有增加,2010—2017 年 175m 蓄水前后渗流量增量分别为 13.71L/min、32.99L/min、20.98L/min、23.57L/min、10.62L/min、21.92L/min、20.64L/min、26.16L/min,而 2011 年增量最大,为 32.99L/min,其原因是坝前库水位增幅较大所致,2011 年蓄水前后水位增幅为 22.91m,而 2014 年蓄水前后水位增幅为 9.98m。这说明蓄水前后渗流量增量大小与蓄水期间水位变幅有关。

2)2017 年 11 月 2 日,上游基础灌浆廊道排水幕处扬压系数:左非 1～18 号坝段最大为 0.12(左非 10 号),左厂坝段最大为 0.21(左厂 5 号),泄洪坝段最大为 0.09(泄 18 号)。

扬压力系数均在设计允许值 0.25 允许范围内。

3)2017 年蓄水至 175.0m 水位时，泄 2 号、左厂 14 号坝段坝基实测扬压力分别为设计扬压力的 71.76％和 49.87％，实测扬压力小于设计扬压力，有利于大坝稳定。

2.1.3 应力应变监测

(1)坝踵坝趾应力

2017 年蓄水前坝踵应力在－1.19(左厂 3 号)～－5.70MPa(泄 2 号)，坝趾应力在－0.71(左厂 9 号)～－3.76MPa(左导墙)。蓄水至 175m 后坝踵应力在－1.34(左厂 3 号)～－5.07MPa(泄 2 号)，坝趾应力在－0.68(左厂 9 号)～－3.76MPa(左导墙)。蓄水前后坝踵应力变化在－0.15(左厂 3 号)～0.63MPa(泄 2 号)，坝趾应力变化在－0.17(左厂 14 号)～0.03MPa(左厂 9 号)。

(2)纵缝Ⅰ变化

2017 年蓄水前后，纵缝Ⅰ高程 69.0m 以下基本无变化，上部压缩在 0.59mm 以内，泄 18 号坝段高程 135.0m 压缩 0.59mm。蓄水前后纵缝开合度变化与蓄水前后变化规律一致。泄洪坝段纵缝Ⅰ号高程 135m 开合度与温度过程线见图 7。

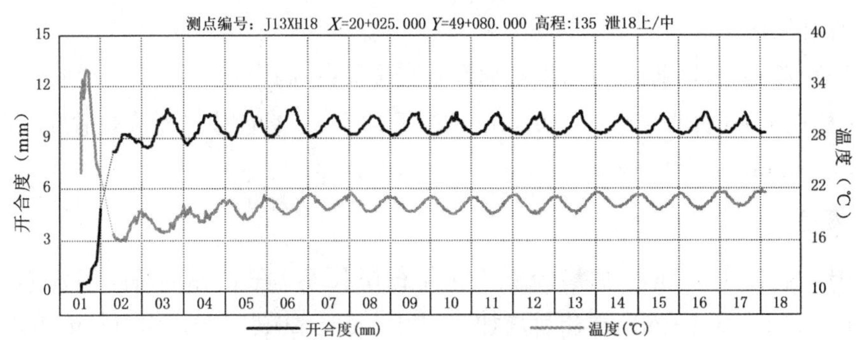

图 7 泄洪坝段纵缝Ⅰ号高程 135m 开合度与温度过程线图

从图 7 可知，纵缝开合度与温度呈负相关，蓄水期间纵缝压缩，分析认为是升温和水压所致。

2.2 右岸大坝

右岸大坝监测资料分析包括右厂排、右厂 15～20 号坝段、安Ⅲ坝段、右厂 21～26 号坝段、右非 1～7 号等坝段。

2.2.1 变形监测

(1)水平位移

2017 年 175m 蓄水前后大坝坝基水平位移变化在－0.14(右非 7 号)～0.82mm(右厂 24 号)，蓄水前后坝顶水平位移变化在－0.37(右非 7 号)～13.65mm(右厂 17 号)，目前坝顶累计水平位移在0(右非7号)～25.16mm(右厂17号)。右厂17号坝段坝基坝顶水平位移过程线见图8。

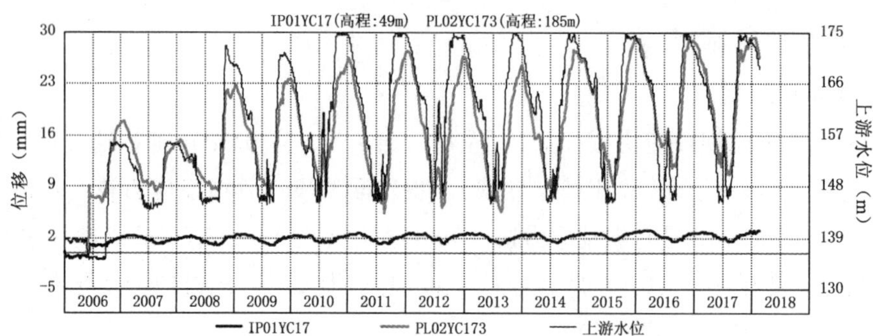

图8　右厂17号坝段坝基坝顶水平位移过程线图

175m蓄水后,右岸大坝坝顶位移变化情况:

每年175m蓄水后,同一坝段坝顶位移最大相差0.85(右非7号)～4.35mm(右厂17号),差异原因主要是不同气温所致。

(2)垂直位移

2017年175m蓄水前(8月),坝基累计垂直位移在0.17～14.25mm,2017年11月累计垂直位移在1.06(右非6号)～18.76mm(右厂22号)。目前累计垂直位移在3.48(右非6号)～19.74mm(右厂22号)。

2.2.2　渗流

1)2017年右岸大坝坝基渗流量(包含右岸厂房)在蓄水前后,渗流量分别为97.77L/min和122.62L/min,渗流量增加25.48L/min。2010—2017年175m蓄水后渗流量总趋势呈现逐年减小。基础渗流量过程线见图9。

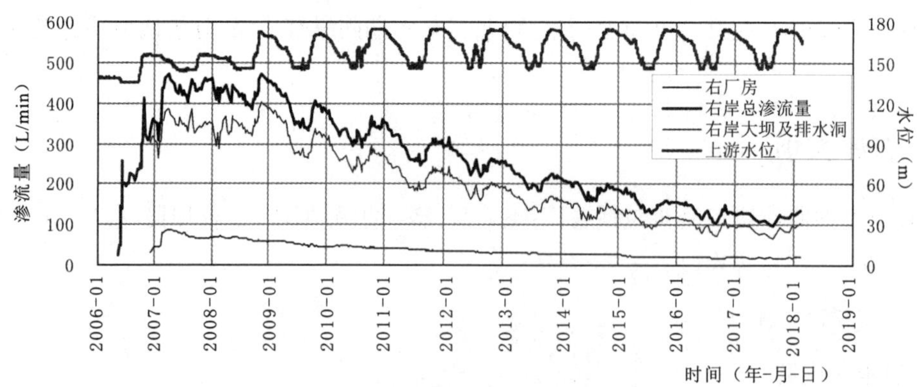

图9　右岸大坝基础渗流量过程线图

2010—2017 年 175m 蓄水前后，右岸大坝及厂房渗流量变化：

①2010—2017 年右岸大坝及厂房蓄水后的渗流量分别为 351.33L/min、305.28L/min、263.76L/min、224.09L/min、201.83L/min、161.21L/min、134.86L/min、122.62L/min，表明渗流量呈逐年减小趋势。

②2010—2017 年右岸大坝及厂房蓄水前后渗流量增量分别为 41.12L/min、47.23L/min、33.95L/min、40.55L/min、18.55L/min、19.32L/min、30.08L/min、25.48L/min，分析认为渗流量增量大小与蓄水前后坝前库水位增幅大小有关，渗流量变化与上下游水位、时效等因素有关。

2)2017 年 175m 蓄水前后，上游帷幕前测压管水位最大上升 19.39m，最高水位为 159.05m，帷幕后水位变化−0.05～3.10m(右非 4 号)。

3)2017 年蓄至 175m 水位时，右厂排～右非 3 号坝段排水幕处扬压系数最大值为 0.14(右厂 18 号)，均在设计允许值范围内。

4)2017 年 175.0m 水位时，右厂 17 号坝段坝基实测扬压力为设计扬压力的 60.02%，实测扬压力小于设计扬压力，有利于大坝稳定。

2.2.3 应力应变

(1)坝踵及坝趾应力

2017 年蓄水前右厂 17 号和右厂 26 号坝段铅直向坝踵应力在−1.15MPa(右厂 26 号−1)～−5.18MPa(右厂 17 号)，右厂 17 号坝段坝趾应力为−2.72MPa。蓄水后 11 月 2 日坝踵应力在−0.55～−4.86MPa，坝趾应力为−2.88MPa。蓄水前后坝踵应力变化在 0.094MPa(右厂 26 号−2)～0.32MPa(右厂 17 号)，坝趾应力变化−0.16MPa。

(2)纵缝变化

2017 年蓄水前右厂坝纵缝Ⅰ的开合度为 0.75～5.49mm，蓄水后的开合度为 0.77～5.56mm，蓄水前后开合度变化为−0.29～0.13mm，最大变化产生在右厂 26 号−1 坝段高程 136m，变化为−0.29mm。

3 茅坪溪防护坝监测

3.1 变形

1)2017 年 8 月基础廊道累计垂直位移在 24.19～29.81mm，2017 年 11 月累计位移在 23.82～29.80mm，目前累计位移在 24.30～30.47mm，基础垂直位移变化基本稳定。

2)2017 年 8 月大坝坝顶累计水平位移在−3.72～86.65mm，累计垂直位移在28.65～232.07mm；2017 年 11 月水平位移在 3.29～99.12mm，目前坝顶水平位移在−0.03～95.69mm(桩号：0+700)。坝顶累计垂直位移蓄水前在 28.65～232.07mm，2017 年蓄水后 11 月在 27.72～230.75mm，目前在 28.63～233.44mm。坝顶测点水平和垂直位移过程线见图10。

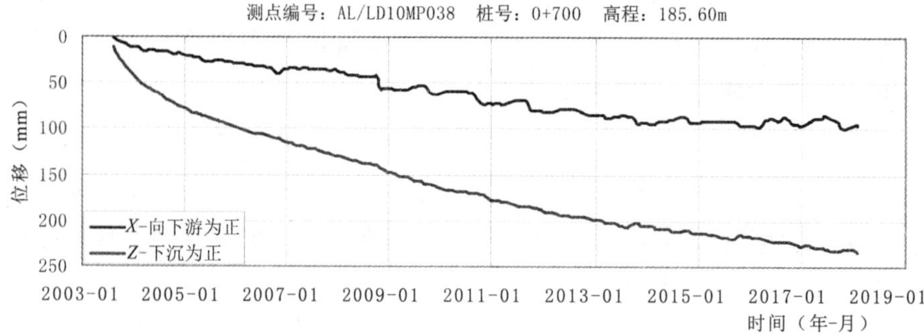

图10　坝顶测点水平和垂直位移过程线图

3.2　渗流

1)2017年175m蓄水前后基础廊道帷幕后测压管水位变化为3.06～9.18m,目前测压管水位为104.80～128.38m,低于设计允许值高程142.5m。

2)2017年175m蓄水前后坝后量水堰实测渗流量分别为1540.49L/min和1000.92L/min,渗流量减少539.56L/min,目前渗流量为846.78L/min。坝基渗流量过程线见图11。过程线反映坝基渗流量自2010年蓄水175m后每年随库水位升降而变化,渗流量均在设计允许值范围内。

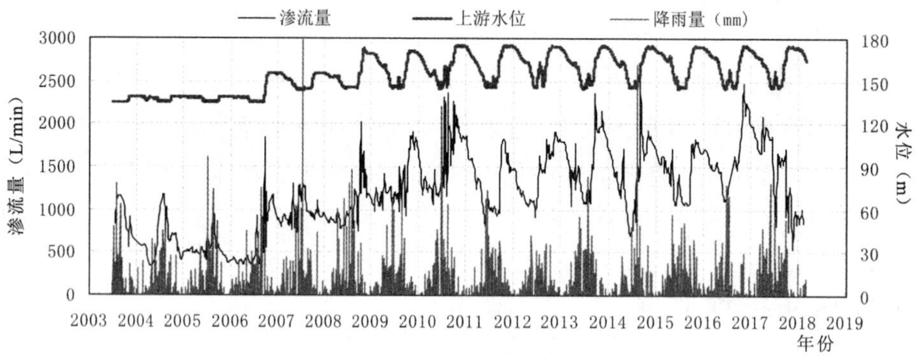

图11　坝基渗流量过程线图

3)2017年175m蓄水前后,防渗墙前水位上升22.59m,最高水位173.27m,防渗墙后水位99.34m,有71.6m水头差,说明防渗效果良好。目前防渗墙前上游水位167.2m,上下游仍有62.4m水头差。

3.3　应力应变

1)2017年175m蓄水前后,蓄水前后沥青混凝土心墙上下游面平均应变为

−32.39kμε和−21.73kμε,目前压应变在−2.75kμε～−59.48kμε,见图12。

2)蓄水前后基座应力变化±0.1MPa,目前应力在−1.29～−1.52MPa。

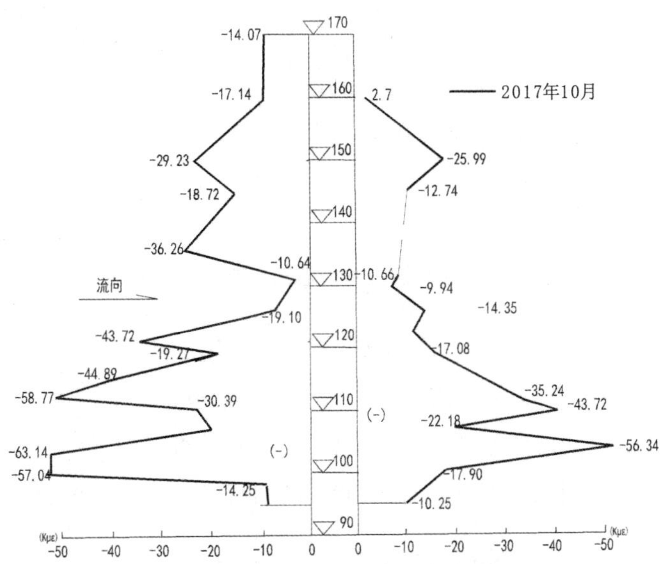

图12　心墙(0+700)两侧应变沿高程分布图(2018年2月)

注:(−)号表示心墙产生压缩变形,(+)号表示心墙产生拉伸变形

4　地下厂房监测

4.1　围岩变形

围岩变形主要产生在施工开挖期间。2007年开挖结束后,变形迅速收敛,并趋于稳定,2017年蓄水前后,测值仅随气温有微小波动,蓄水对围岩变形基本无影响。

1)地下厂房围岩变形受开挖影响,开挖结束后,围岩变形基本稳定,围岩变形均在设计允许值范围内。

2)拱顶围岩变形在−1.61～0.97mm,在设计允许值±10.0mm范围内。

3)上游拱端变形在−1.76～8.00mm,28号、31号机上游拱端产生变形相对较大,分别为2.23mm和8.00mm,其余机组段多在±2.0mm以内。

4)下游拱端产生变形在−1.59～5.16mm,且多为拉伸变形。

5)30号机上游边墙高程86.0m水平变形为6.85mm,变形是由开挖引起的,变形随开挖深度增加而增大。开挖结束后变形基本稳定。其过程线见图13。

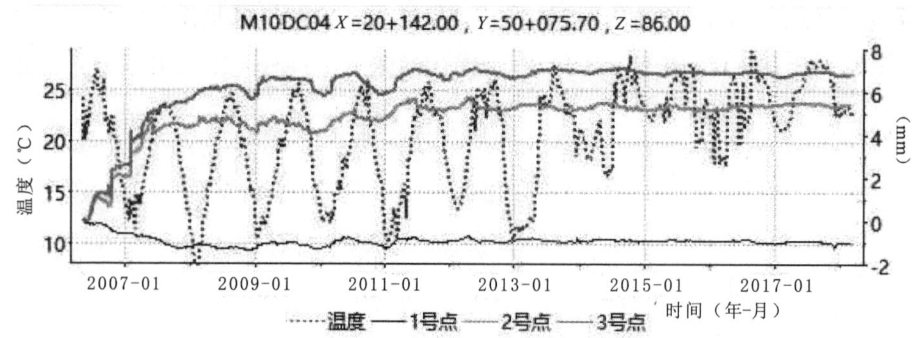

图 13　地下厂房上游边墙围岩变形过程线图

6)下游边墙变形情况。下游边墙高程 85～87m 附近的变形相对较大，27～32 号机边墙变形在 7.86～14.97mm、安Ⅱ段为－1.68mm，变形也是随开挖深度的增加而增大。

高程 62.0～63.0m 边墙的变形相对较大，27 号、30 号机分别为 10.65mm 和 23.65mm，变形较大原因与靠近下部第六层开挖层面和断层层面有关，变形过程线见图 14。

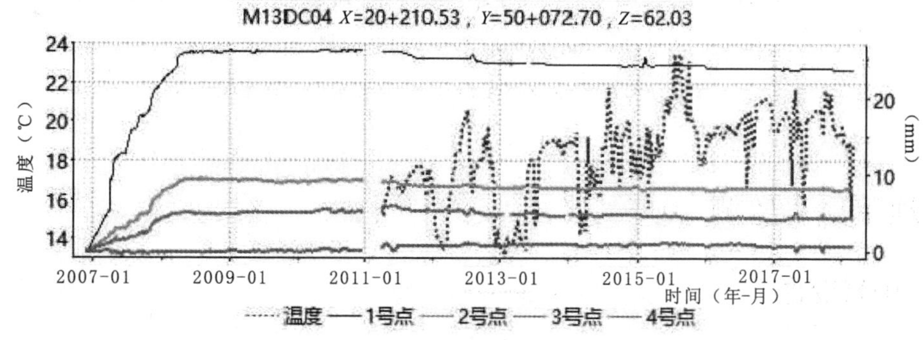

图 14　地下厂房下游边墙围岩变形过程线图

7)厂房拱顶存在潜在不稳定块体，针对块体变形布设 6 套多点位移计，目前测值均较小，在－1.61～0.97mm。

4.2　渗流

1)厂房周围岩体地下水位。

①厂房周围排水洞布设 56 支测压管，测压管水位多低于孔口高程。地下水位在 60.10～129.25m，地下水位高低与排水洞位置高低有关，排水洞高程较高，其地下水位就高，如 A 排水洞高程在 129.0m 左右，其地下水位在 114.34～129.25m，C 排水洞高程在 60.31～67.78m，其地下水位在 60.10～67.55m。地下水位多呈下降趋势。目前地下水位主要受降雨影响，变化规律正常。

②2017 年蓄水前后，地下水位变化为－1.16～1.17m，多呈上升趋势。

2)引水管围岩渗压。

①2017 年 175.0m 蓄水后,30 号机上游水平段引水管外岩体帷幕前后渗压分别为−0.548MPa(P01DCJ04)和−0.396MPa(P03DCJ04),目前渗压分别为−0.484MPa、−0.363MPa,在设计允许值范围内。

②27 号引水管下水平段(3−3 断面)洞顶渗压目前为−0.010MPa,在设计允许值范围内。

3)2017 年 175.0m 蓄水前后排水洞渗流量分别为 198.84L/min 和 288.36L/min,增加 89.49L/min。目前渗流量为 55.26L/min,排水洞渗流量过程线见图 15。

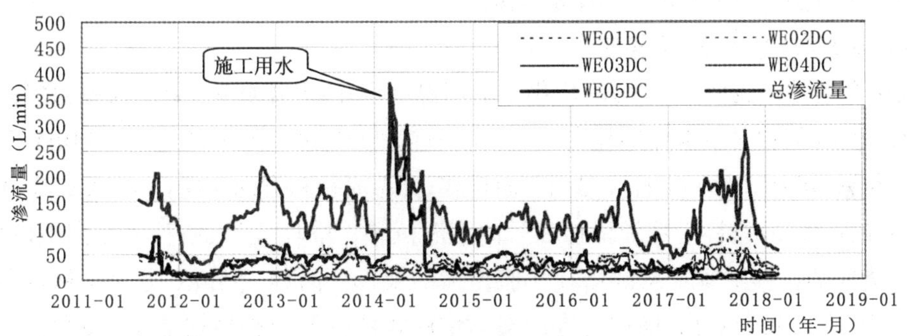

图 15　地下厂房排水洞渗流量过程线图

4.3　应力应变

(1)锚杆应力

锚杆应力主要受开挖影响,2007 年 12 月开挖结束后,应力基本稳定。锚杆应力一般在控制范围内,应力基本稳定。

主厂房拱顶 14 个块体安装 45 支锚杆应力计,最大拉应力为 104.58MPa(R13DCDG),均在控制标准范围内。45 支仪器中超过 50MPa 有 8 支,9 支砂浆锚杆最大应力为 39.85MPa(R25DCDG),张拉锚杆 26 支,最大拉应力为 104.58MPa。

(2)预应力锚索

主厂房上下游边墙安装 34 台锚索测力计,平均总损失率 10.1%;拱顶安装 10 台锚索测力计,平均总损失率 12.8%。目前主厂房实测预应力在 1840.5~3033.0kN,总损失率大多在 20%以内,平均总损失率 10.90%,锚索预应力基本稳定。

尾水洞安装 9 台锚索测力计,预应力在 1748.4~2334.2kN,预应力总损失率在−9.2%~11.8%。平均总损失率 4.1%,目前锚索预应力基本稳定。

(3)岩锚梁监测

主厂房 27~32 号机和安Ⅱ段上下游岩锚梁上安装的 31 支锚杆测力计,蓄水前后变化−0.5~1.3kN,目前实测预应力在 172.3~293.5kN,锚杆应力基本稳定。

主厂房上下游岩锚梁上安装的2支压应力计和18支测缝计，2支压应力计均处于受压状态，目前最大压应力为－0.31MPa；岩锚梁混凝土与边墙开合度在－0.05～1.07mm。最大开度1.07mm产生在31号机下游岩锚梁上。

岩锚梁内安装8支钢筋计，其应力在5.52～16.41MPa。

5　升船机塔柱监测

5.1　塔柱变形

升船机垂线2013年9月6日取得初值。

(1)水流向(*X*方向)位移变化

1)4个塔柱水流向*X*方向的位移基本随温度变化，升温膨胀，降温收缩，高程175m和高程196m处相对下部变形较大。1—7月升温期间高程196m塔柱1号和塔柱2号朝向上游位移，塔柱3号和塔柱4号向下游位移；降温时位移方向相反，8月至2017年2月降温时高程196m塔柱1号和塔柱2号向下游位移。塔柱3号、塔柱4号向上游位移。塔柱水流向的位移基本上反映塔柱热胀冷缩的变形。高程196m*X*方向位移过程线见图16。从图16可以看出，塔柱1号、2号与塔柱3号、4号位移呈相反方向变化。

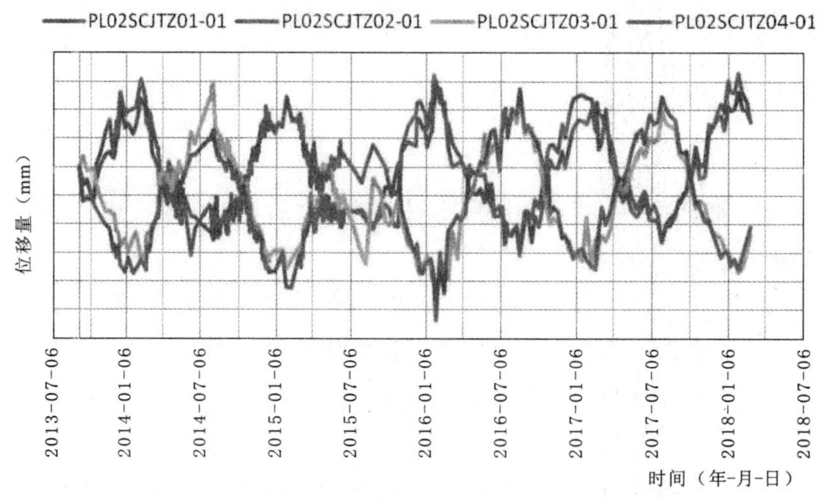

图16　塔柱1～4号高程196.0m*X*方向位移过程线

2)2017年蓄水前后*X*方向位移变化量为－3.66(塔3号高程196m)～3.00mm(塔1号高程196m)，其变化主要受温度影响。

3)2018年3月10日，塔柱1～4号高程175m处*X*方向位移在－5.18～3.89mm，高程196m处*X*方向位移在－4.78～3.23mm。

(2)左右岸向(*Y*方向)位移变化

1)左右岸*Y*方向位移同样受温度影响，高程175m和196m处变形相对较大，降温阶

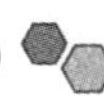

段塔柱1号和塔柱4号向右岸方向位移，塔柱2号、塔柱3号向左岸位移，均反映向闸室中心线位移，两侧塔柱相互靠近。升温阶段，塔柱1号和塔柱4号总体向左岸位移，塔柱2号、塔柱3号总体向右岸方向变形，反映左、右侧塔柱相互背离。塔柱1～4号高程196mY方向位移过程线见图17。

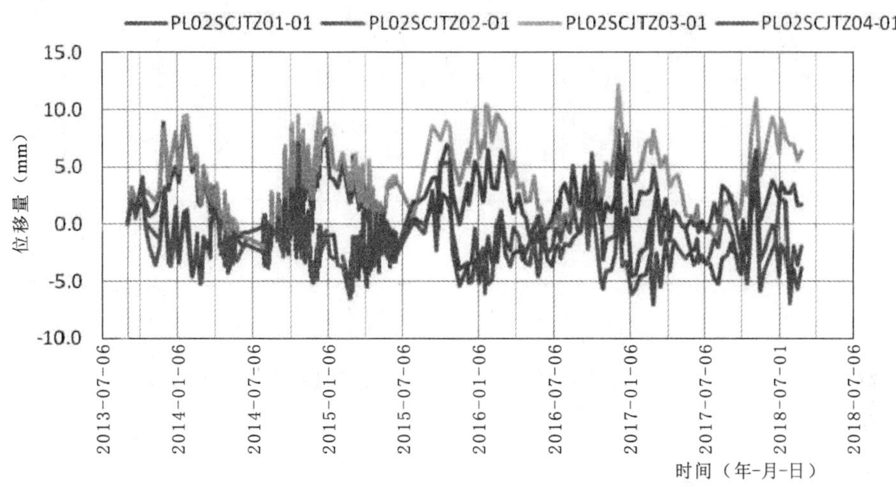

图17　塔柱1～4号高程196.0mY方向位移过程线图

2)2017年蓄水前后位移变化量为－2.44mm(塔4号高程196m)～1.73mm(塔3号高程196m)。

3)2018年3月10日塔柱1～4号高程175m处Y方向位移在－1.70～3.03mm，高程196m处位移在－3.05～7.30mm。

(3)塔柱垂直向变形

船厢室高程50m底板各测点(首测日期为2009年9月30日)沉降值随塔柱浇筑高度上升而增大，2017年8月各测点累计垂直位移在6.35～4.88mm，2017年11月累计位移在5.83～4.98mm，2017年蓄水前后位移变化量为－0.75～0.10mm。2018年2月各点累计垂直位移在5.96～5.02mm。各测点累计垂直位移值基本一致，沉降差值在2mm以内，底板无不均匀沉降现象。

机房底板高程196.0m各测点(2013年8月15日取得初始值)累计垂直位移值主要随气温呈年周期性变化，年变幅约40mm，一般2月份累计垂直位移值最大。2018年2月各点累计垂直位移在46.36～44.90mm。各测点累计垂直位移值基本一致，没有不均匀沉降现象。高程196m机房底板竖向位移与温度变化过程线见图18。

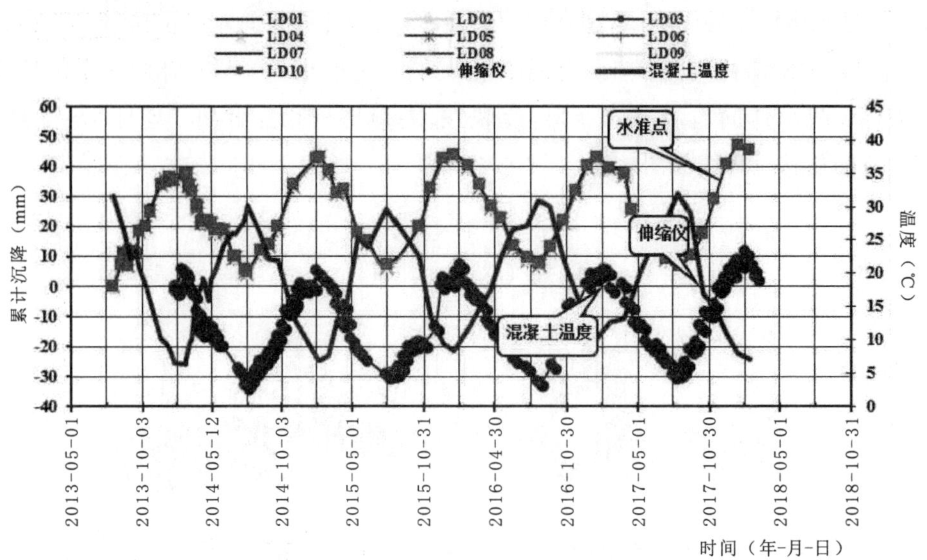

图 18　高程 196m 机房底板垂直位移与温度变化过程线

5.2　应力应变

1)目前实测纵横梁应力在−52.09(R19SCJTZ04)～95.08MPa(R108SCJTZ01),大部分钢筋拉应力在 50MPa 以内,较大的钢筋应力均是在浇筑混凝土后一个月左右出现的,之后应力没有超过浇筑初期应力,后期应力主要随温度呈年变化,与温度负相关。2017 年蓄水前后大部分钢筋应力变化在±5MPa 以内。

2)目前实测塔柱一、二期混凝土间开度在−0.53(J26SCJTZ03)～0.48mm(J16SCJTZ02),除个别测点外,绝大部分测点开度测值在 0.3mm 以内。开度测值均是混凝土浇筑后头几天产生的,之后测值变化很小,且不随温度变化,说明一、二期混凝土间结合良好,不存在明显的裂缝。2017 年蓄水前后开度变化在−0.03～0.02mm。

6　综述

6.1　船闸及边坡

1)船闸南北高边坡变形基本稳定,目前南北坡最大变形测值分别为 77.61mm 和 59.31mm。

2)蓄水前后船闸 1 闸首基础向闸室水平向位移在−0.15～0.41mm,闸顶向闸室水平向位移在−0.63～0.02mm。

3)高边坡 1～7 号层南北排水洞总渗流量在蓄水期间分别变化 270.72L/min 和 159.72L/min,主要受降雨影响。目前南北排水洞渗流量分别为 461.11L/min 和224.67L/min。

4)一闸首帷幕后测压管水位在蓄水前后变化−0.05～0.92m;2017年蓄水前后一闸首基础廊道渗流量增加2.32L/min,目前渗流量为5.64L/min。

5)2017年蓄水前后南北线基础排水廊道渗流量变化分别为64.44L/min和38.28L/min。蓄水后渗流量分别为375.95L/min和223.33L/min,渗流量变化主要受气温、降雨、闸室运行水位等因素有关。

6)直立坡锁口锚杆目前应力在−28.44～164.65MPa,应力主要产生在开挖支护期间,2000年以后基本处于稳定状态。

7)船闸块体均处于稳定状态。

6.2 挡水大坝

1)大坝基础水平位移较小,目前坝基位移在−0.14(右非7号)～4.45mm(升右2号)。坝顶累计位移在−1.81(升左1号)～25.90mm(泄2号),变化规律正常。

2)蓄水前后基础廊道沉降量增大,目前基础廊道最大垂直位移为30.02mm(泄5号)。

3)大坝基础帷幕后测压管水位变化大多在2m以内;排水幕处扬压力系数均在设计允许值范围内。

4)2017年蓄水前后左右岸大坝渗流量增量分别为26.16L/min和25.48L/min。目前左、右岸大坝基础渗流量分别为153.91L/min和134.72L/min。坝基渗流量呈总体逐年减小趋势。

6.3 茅坪溪防护坝

1)大坝坝顶水平和垂直位移变化规律正常,目前基础累计垂直位移在24.30～30.47mm;坝顶水平位移在−0.03～95.69mm,垂直位移在28.63～233.44mm。

2)基础廊道帷幕后测压管水位随库水位有所上升,蓄水变化量为3.06～9.18m。目前测压管水位在104.80～128.38m,在设计允许值范围内。目前防渗心墙上下游有71.6m水头差,说明防渗效果良好。

6.4 地下厂房

1)地下厂房围岩变形主要受厂房开挖影响,开挖结束后,围岩变形逐渐收敛稳定,目前围岩变形最大23.65mm。

2)围岩支护的锚杆应力主要受开挖和温度影响,锚杆应力一般在设计允许范围内。

3)主厂房锚索预应力在1840.5～3033.0kN,预应力总损失率大多在20%以内,平均总损失率为10.90%,目前锚索预应力基本稳定。

4)岩锚梁工作性态正常,锚杆测力计、测缝计、钢筋应力等测值基本稳定。

5)地下厂房周围测压管渗压水位一般低于排水洞底板。

6.5 升船机

1)承船厢底板的应力、接缝开度、渗压变化正常。

2)升船机塔柱的钢筋应力目前在－52.09～95.08MPa,变化正常。

3)升船机塔柱位移变化主要受温度和外荷载变化影响,呈周期性变化规律。

综上所述,三峡工程枢纽建筑物、基础及边坡的变形、渗流和应力应变测值合理,变化规律正常,三峡枢纽工程运行工作性态正常。

参考文献

[1]吴中如,朱伯芳.三峡水工建筑物安全监测与反馈设计[M].北京:中国水利水电出版社,1999.

[2]王德厚.大坝安全监测与监控[M].北京:中国水利水电出版社,2004.

[3]陈德基,余永志,等.三峡工程永久船闸高边坡稳定性研究中的几个主要问题[J].工程地质学报,2000.

三峡工程大坝纵缝接触问题计算分析

崔建华[①] 苏海东

(长江水利委员会长江科学院,武汉 430010)

摘 要:本文以三峡工程泄洪2号坝段和厂房17号坝段为研究对象,模拟坝体的施工浇筑过程、纵缝灌浆及后期蓄水过程,进行坝体温度场、温度应力及纵缝开度三维接触非线性仿真计算,揭示纵缝开度的变化规律及主要影响因素,对蓄水后纵缝开度的变化趋势及其对大坝应力的影响进行分析。结果表明:①纵缝张开度受年气温变化、通水冷却、上游面水荷载作用、施工过程等多种因素影响。其中,由年气温引起的缝面开度变化是造成施工期纵缝灌浆后重新张开的主要原因。②在水位升高前可不对纵缝进行二次灌浆,但应加强对大坝纵缝开度变化的监测。本文研究结论为重力坝纵缝的变化规律分析及施工设计提供了重要参考。

关键词:三峡工程;泄洪坝段;纵缝接触问题;三维有限单元法

1 引言

泄洪坝段和厂房坝段均为三峡工程枢纽的重要组成部分,单个坝段宽度分别为23.0m、38.3m。施工中沿顺水流方向均布置了两条纵缝(厂房坝缝两条纵缝分别距上游面35.0m、75.0m,泄洪坝缝两条纵缝与上游面距离分别为25.0m、69.7m)将坝体分成柱状进行浇筑。在坝体温度趋于稳定、接缝张开时进行了灌浆,以使其恢复整体。根据观测资料,坝体纵缝在灌浆后有张开变化。由于接缝部位始终是坝体中的一个弱面,其接触状态会影响到坝体的变形和应力。

重力坝纵缝的接触问题较为复杂。国内很多学者从纵缝接触缝面的力学行为的不同模拟方式出发,得到缝面的开度分布、变化及其对坝体应力的影响[3,5]。胡进华等通过对监测资料的整理及三维有限元计算分析,得出灌浆后纵缝的再张开是由于气温作用产生的坝体变形所致的结论[4];王功等比较了纵缝各种处理措施的优缺点,并指出纵缝研

① 作者简介:崔建华(1972—),男,高级工程师,主要从事水工结构温度及结构应力计算。E-mail:cuijh@mail.crsri.cn。

究的发展趋势[6]。实际上纵缝作为坝体中人为设置的接缝，其开度变化影响因素很多，必须通过对坝段浇筑过程、灌浆过程及后期蓄水过程的模拟仿真计算[1,2]，才能得到各因素对纵缝开度变化的影响。

本文根据现场收集到的施工资料，分别模拟泄洪 2 号坝段、厂房 17 号坝段的整个坝体浇筑、纵缝灌浆及后期蓄水过程，采用考虑接触问题的三维非线性有限元法进行温度场、温度应力、纵缝开度仿真计算，计算中考虑混凝土自重、混凝土温度、混凝土徐变、水压力、库水温度、气温等因素。通过对缝面接触情况、坝体变形及坝踵应力的分析比较，得出纵缝开度的变化规律及主要影响因素，对蓄水后纵缝开度的变化趋势及其对大坝应力的影响进行分析，并提出认识和建议，为大体积混凝土坝纵缝的变化规律分析提供参考。

2 计算模型及计算条件

2.1 计算模型及边界条件

坝顶高程为 185.0m，建基面高程泄洪坝段上游为 4.0m，下游为 15.0m，厂房坝段上游为 40.0m，下游为 37.0m；基础向深度方向、向上游、向下游方向各取一倍坝高。计算模型如图 1、图 2 所示。温度场计算时取本坝段和相邻坝段各半个坝段进行计算；应力计算时，根据对称性，沿坝轴线方向取半个坝段，顺水流方向取完整坝段。

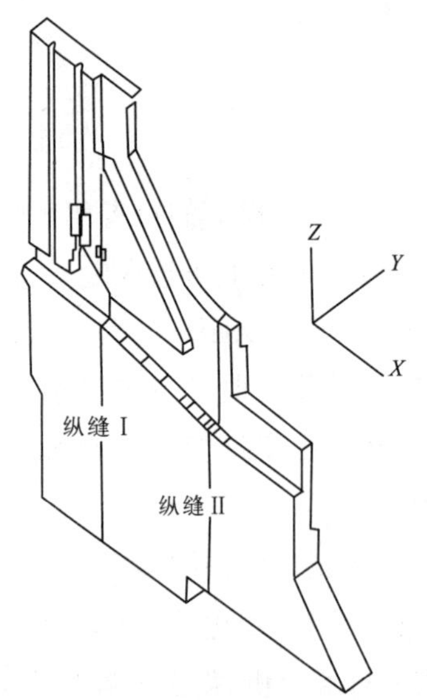

图 1　泄洪坝段计算模型图(不含基础)

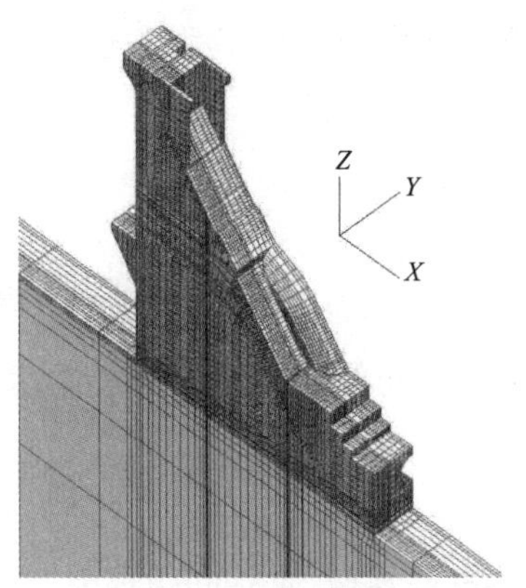

图 2 厂房坝段计算模型图(含部分基础)

温度计算边界条件为:基础各侧面、底面取绝热边界,基础上游与下游顶面、坝体上游面水位以下取水温,其他暴露面取气温边界。应力计算边界条件为:基础左右两侧面、下游面取法向约束,底面取三向约束,上游面自由。坝体对称面取法向约束,坝体侧面考虑到与相邻坝段之间有横缝,取为自由面。

2.2 混凝土材料分区

坝体材料分区为:坝体内部混凝土为 $C_{90}15$,基础约束区混凝土、水上及水下外部混凝土为 $C_{90}20$,水位变化区外部混凝土、上部结构混凝土为 $C_{90}25$。

2.3 混凝土与基岩力学、热学性能参数

基岩变形模量取 35GPa,泊松比取 0.2,不计自重。混凝土容重 $24500N/m^3$,泊松比 0.167。混凝土各龄期弹性模量见表 1,用式(1)拟合。

表 1 混凝土弹性模量 (单位:GPa)

龄期(d)	7	28	90
$C_{90}15$	19.3	25.0	32.3
$C_{90}20$	19.8	27.6	30.4
$C_{90}25$	19.6	26.3	31.4

$$E(t)=E_0(1-e^{-At^B}) \tag{1}$$

混凝土导温系数取 $0.003471m^2/h$,线胀系数取 $0.85\times10^{-5}/℃$,基岩热学性能同混凝土。

2.4 边界温度条件

气温、水温曲线分别由库区多年旬平均气温、水温实测值拟合得出,其中个别年份气

温采用坝址三斗坪气象站实测气温资料。水库水深 70m 以下，库水温度取 14.0℃；水库表面向下约 70m 水深范围温度按线性分布。

2.5 通水处理

温度场计算中，采用了“残留比”方法考虑通水冷却。具体方法是：在某一时刻 t，计算时段末的混凝土温度等于该时段初的混凝土温度与通水水温的差值乘以残留比系数后再加上通水水温，如式(2)所示。

$$T_{(t+\cdot t)} = T_w + (T_t - T_w) \cdot X \tag{2}$$

式中：X ——残留比系数，它是导温系数、水管间距等因素的函数；

T_t ——某时刻通水前混凝土温度(℃)；

T_w ——通水水温(℃)。

2.6 初始温度

基岩初温：赋基岩 17.3℃的初温后，基岩表面赋水温边界条件，计算若干年，然后在大坝浇筑前 1 年，将基岩表面改为气温边界，计算至混凝土开始浇筑时所得的温度场，作为基岩的初始温度场。坝体混凝土初温取混凝土浇筑时的浇筑温度。

3 纵缝缝面接触模拟

采用厚度趋于零的八节点接触单元对缝面进行了模拟，认为缝面能传递压应力、剪应力和有限的拉应力。设缝面摩擦因数、凝聚力和抗拉强度分别为 f、C 和σ_p，初始法向间隙为 w_0，在荷载作用下产生的缝面两侧法向(n)、切向(t、s)的相对位移分别为w_r、u_r、v_r，则缝面接触应力与相对位移之间的关系为：

当 $w_r + w_0 \leqslant 0$ 时

$$\begin{cases} \sigma_n = k_n \cdot (w_r + w_0) \\ \tau_t = k_t \cdot (1 - w_0/|w_r|) \cdot u_r \\ \tau_s = k_s \cdot (1 - w_0/|w_r|) \cdot v_r \end{cases} \tag{3}$$

式中：k_n、k_t、k_s ——缝面单位面积的法向刚度和切向刚度；

σ_n、τ_t、τ_s ——缝面的法向应力和切向应力；

当 $\sigma_n > \sigma_p$ 时，(取 $w_0 = 0$)，σ_n、τ_t、τ_s 均取为 0。

$w_r + w_0 \leqslant 0$ 表示法向闭合，如果初始间隙 $w_0 = 0$，且 $w_r > \sigma_p / k_n$ 表示法向拉裂。当缝面法向张开时，缝面不传递任何应力；当缝面法向闭合时，切向应力可能超过抗剪强度而产生滑移，因此切向应力还要满足条件式 $\sqrt{\tau_t^2 + \tau_s^2} \leqslant C - f \cdot \sigma_n$ 。

在考虑施工期温度、徐变影响的缝面接触问题全过程仿真计算中，以上一时段的缝

面接触状态和接触应力作为本时段的初始值,用变刚度法进行接触问题非线性迭代,直至前后两次的计算结果接近为止,然后转入下一计算时段。

仿真计算中,取摩擦因数 f 为 0.7,抗拉强度 σ_p 和初始法向间隙 w_0 为 0。考虑到纵缝设置了键槽,因此凝聚力 C 取大值,使之在闭合情况不会产生滑移,并且在整个计算过程中 f、C 值保持不变。另外,鉴于键槽主要在垂直方向传剪,因此只考虑缝面在垂直方向的传剪,未考虑在坝轴线方向的传剪。灌浆之前处于张开状态的缝面,灌浆结束时,假定缝面闭合,其张开度赋零。

4 成果分析

4.1 温度场

正常运行期坝体内部大部分区域温度在 15℃左右,坝体表面附近区域温度受年气温及水温变化影响,而坝体内部温度的变化滞后,距气温表面约 5m 的坝内区域呈现出与边界温度相反的变化趋势,由于局部温度变化的影响,这种滞后可能导致横缝在内部的开合变化与边界处呈现相反的趋势。

4.2 位移

随着坝体上部浇筑高程的增加,新浇坝体自重的影响,上部坝面呈现向上游位移的趋势。施工期在年气温变化作用下,坝体位移呈现出夏天往上游位移、冬天往下游位移的特点。运行期,上游面位移随着坝体表面气温的变化呈现出周期性变化:从冬季到夏季坝体倾向上游;从夏季到冬季,情况相反。上游水位变化时,坝体位移发生突变。

4.3 纵缝张开度变化及影响因素

(1)纵缝张开度的周期性变化

在通水冷却使坝内温度基本降至稳定温度后,随着坝体表面气温的周期性变化,纵缝张开度也呈现周期性变化。除孔洞附近及坝面附近外,一般而言,从冬季到夏季,纵缝的张开度增大;从夏季到冬季,情况相反。

(2)通水冷却对纵缝张开度的影响

施工期,纵缝张开度随着坝体温度下降而增大,其中,通水冷却(特别是后期通水)使纵缝张开或使张开度有较明显的增加。如泄洪坝段对称面高程 13m 处,中期通水时混凝土温度下降了 5℃,纵缝Ⅰ缝面张开度增加了 0.3mm;厂房坝段纵缝Ⅰ对称面高程 64m 处,2004 年 9—11 月,通水使混凝土温度下降了约 12℃,缝面张开度增加 1.13mm。

(3)上游水压对纵缝张开度的影响

上游水压使纵缝张开度减小。如厂房坝段纵缝Ⅰ对称面高程 83m 和高程 102m 处,

2006 年 6 月的 135m 水位施加前后，张开度从 0.8mm 减小到 0.2mm。纵缝Ⅰ对称面 127m 高程处，2006 年 10 月的 156m 水位前后，张开度从 1.16mm 减小到 0.4mm，2007 年 10 月的 175m 水位后，进一步减小到 0.1mm 以内。运行期上游水位的变化会导致纵缝Ⅰ的开合变化，但对纵缝Ⅱ基本没有影响。175m 水位作用后主要张开区域位于纵缝Ⅰ的高程 83m、高程 103m、高程 127m 和纵缝Ⅱ的高程 48m、高程 60m 处，但张开数值不足 0.1mm。

(4)施工期坝体自重的影响

混凝土最初的张开主要与该处混凝土自身降温以及通水过程有关，但在施工期，随着上部浇筑高程的增加，在新浇块自重的影响下，上游坝面向上游位移，也造成施工期纵缝Ⅰ的张开度不断增大。

(5)灌浆后纵缝附近的温度及纵缝张开度的变化

在纵缝灌浆前，通水冷却使灌区坝体温度下降到 15℃左右。之后，由于离气温边界较远处混凝土温度基本保持不变；个别高程受孔洞表面温度及纵缝上部外界温度变化的影响，均呈周期性变化。灌浆使纵缝闭合，随着温度场的周期性变化，纵缝又重新张开，但泄洪坝段在高程 30m 以下的纵缝、厂房坝段纵缝Ⅰ高程 83m 以下及纵缝Ⅱ基本保持闭合，或有小的张开后在上游水压作用下重新闭合。坝体上部纵缝在上游水位变化以及年温变化作用下，仍有开合变化。

(6)张开度计算值与实测值的比较

表 2、表 3 分别给出了泄洪 2 号坝段、厂房 17 号坝段的纵缝Ⅰ、Ⅱ各高程处的张开度及增开度值。由表可见，计算值与实测值相比变化规律基本接近，数值上有一定的可比性，计算值偏小。长期监测资料表明，2002 年以后，高程 23m、34m、57m 处实测增开度小于 0.2mm，基本处于闭合状态，高程 124m、135m 测点开度略有变化，年变幅在 1mm 以内，蓄水后开度年变幅略有减小，这与仿真计算得到的变化规律基本一致。

表 2　泄洪 2 号坝段纵缝Ⅰ、Ⅱ不同季节张开度及增开度实测值与计算值　(单位：mm)

部位		2001 年 8 月 9 日		2002 年 8 月 9 日	
		计算值	实测值	计算值	实测值
缝Ⅰ	13	1.71/0.00	2.60/0.27	1.71/0.00	2.67/0.34
	23	2.00/0.08	2.19/0.69	1.92/0.00	1.83/0.33
	34	2.12/0.94	4.34/1.32	1.18/0.00	3.72/0.70
	46	2.62/2.42	4.18/2.47	2.00/1.80	3.56/1.85
	76	6.36/1.15	6.02/0.48	9.23/4.02	7.18/1.64
缝Ⅱ	23	0.97/0.00	2.37/0.06	0.97/0.00	2.34/0.03
	57	2.85/0.81	3.46/0.90	2.85/0.81	3.79/1.23

注：1.表格中“/”前为张开度，后为增开度；2.增开度为灌浆后增加的开度。下同。

表3　　厂房17号坝段纵缝Ⅰ实测开度与计算开度比较　　(单位:mm)

高程(m)	2005年10月20日计算值	2005年10月20日实测值
47	0.23/0.00	1.13/0.08
64	1.31/0.00	3.71/0.28
83	1.69/0.30	3.79/0.64

(7)坝体整体变形与纵缝张开度关系的初步分析

由于仿真计算过程较复杂,涉及的因素较多,不能很清晰地反映出单独的年气温变化对纵缝张开度的影响,因此,为了分析受年气温变化的坝体整体变形与纵缝张开度的关系而做一种简化计算:在准稳定温度场作用下,计算从冬天到夏天的坝体变形,并假定计算开始时纵缝处于无开度状态。图3为厂房坝段对称面与横缝面处的坝体变形示意图。

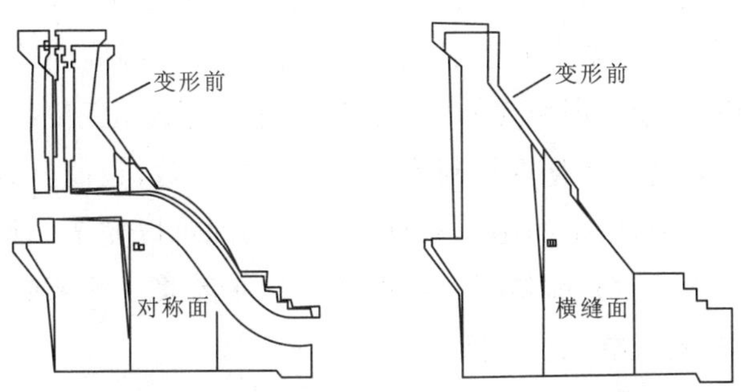

图3　厂房坝段冬天到夏天坝体变形示意图

由图3可知,在年气温作用下,从冬天到夏天,坝体整体变形倾向上游,下游块受温升膨胀的影响而向下游变形。纵缝在接近边界部位在夏季闭合,主要原因是表面温升导致混凝土膨胀。同时由于表面的温升造成表面附近混凝土的伸长,使整个坝块形成弯曲变形,导致内部缝面张开,从图中可以较明显地看出这种效果。

4.4　坝踵应力

厂房17号坝段,在整个施工期,坝踵部位竖向应力均为较大的压应力,坝踵处应力集中,施工完建后压应力数值最大达到23MPa;水位达到135m、156m、175m时,坝踵处竖向压应力分别约为11MPa、6MPa、0.5MPa,之后随年气温做周期性变化,变幅很小;观测资料显示,2008年12月底水位达到172m时,坝踵部位(仪器埋设位置在坝踵以上2m处)仍有4MPa左右的压应力。

泄洪2号坝段,整个施工期坝踵部位垂直向应力均为较大的压应力,施工完建后压应力数值最大达到22MPa;水库水位达到135m、156m时,坝踵处垂直向压应力分别为6MPa、2MPa;水库水位达到正常蓄水位175m后,坝踵处垂直向应力转为拉应力,值为3.37MPa,之后随年温做周期性变化,变幅为0.78MPa。坝踵拉应力区范围很小,且递减很快，在水平方向距上游面0.5m处、在竖直方向上距坝踵约1.0m处已转为压应力。对应监测点部位应力变化过程表明：在135m水位运行期，坝踵压应力值为4.4～4.6MPa，156m水位时为3.2～3.4MPa，175m水位时约为2.0MPa。观测资料表明：正常运行期，坝踵部位仍有5.08～6.15MPa的压应力。

为考虑灌浆对坝踵应力的影响，针对两个坝段分别计算了在135m、156m水位水荷载施加前，将纵缝Ⅰ和纵缝Ⅱ张开度赋零的情况。计算结果表明：灌浆后坝踵竖向应力过程线与原历时过程线几乎重合。这说明纵缝设计的键槽结构能够有效地传力，纵缝接触状态对坝踵应力基本没有影响。

5 结语

综合两坝段的研究成果可知，影响重力坝纵缝开度变化的主要因素有坝体施工过程中通水冷却、缝面灌浆、运行期上游水位变化以及由外界年温周期性变化引起的纵缝开度周期性变化。其中，由年气温引起的缝面开度变化是造成施工期纵缝灌浆后重新张开的主要原因。纵缝张开度的变化规律与实测资料基本一致，数值上有一定的可比性，但由于收集的资料不够全面，模拟的施工条件与实际情况难以完全一致，计算结果与实测数据有一定的差别。水位上升前是否对纵缝进行二次灌浆对坝踵应力大小及拉区范围基本没有影响，可不进行纵缝二次灌浆。

参考文献

[1]朱伯芳.大体积混凝土温度应力与温度控制[M].北京：中国电力出版社，1999.

[2]朱伯芳.有限单元法原理与应用[M].北京：中国水利水电出版社，1998.

[3]刘君，等.DDA与FEM耦合法在分缝重力坝非线性分析中的应用[J].计算力学学报，2004，21(5)：587-591.

[4]胡进华，等.三峡泄洪坝段纵缝灌浆后增开变形分析研究[J].人民长江，2004，35(3)：4-6.

[5]张贵科，等.重力坝纵缝非连续接触的数值模拟[J].水利学报，2005，36(8)：982-986.

[6]王功，等.混凝土重力坝纵缝研究现状和发展趋势[J].西北水力发电，2006，22(3)：34-37.

三峡大坝坝基蓄水安全稳定性反馈分析

董志宏① 丁秀丽[1] 卢波[1] 胡进华[2] 陈鸿丽[2]

(1.长江水利委员会长江科学院 水利部岩土力学与工程重点实验室,武汉 430010;

2.长江勘测规划设计研究院,武汉 430010)

摘 要:三峡左厂1～5号坝段坝基沿缓倾角结构面的深层抗滑稳定问题是三峡工程的重大关键技术问题之一。根据三峡工程前期蓄水135～156m水位过程中现场监测的资料,开展坝体和坝基的变形、渗流监测成果分析,针对坝基岩体的渗透特性及渗流场分布、岩体力学参数进行数值反演分析,并对大坝后期蓄水至175m高程后的坝体和基岩变形进行预测,分析了坝基内的渗流场与应力场分布,复核了坝基的深层抗滑稳定性。结果表明:正常蓄水位情况下大坝位移增量不大,大坝及坝基应力分布无明显改变,长大缓倾角结构面未进入塑性状态;坝基渗流场浸润面略有抬升;左厂3号坝段坝基的强度储备安全系数在3.3～3.7,处于稳定与安全状态。

关键词:三峡大坝;深层抗滑;渗流应力耦合;反馈分析

1 前言

重力坝深层抗滑稳定是三峡工程建设和运行期间重要的技术问题。当大坝坝基内存在断层、错动带、长大裂隙等不利的地质条件时,深层抗滑稳定分析常成为坝体设计中制约性关键技术。随着水利资源的不断开发利用,坝址地质条件会越来越复杂,这个问题就显得更加突出。据不完全统计,中国已修建和正在设计中的大中型闸坝工程中,有90余座存在深层抗滑稳定问题,而改变设计、降低坝高、增加工程量或在后期加固的共达30余座[1-5]。当重力坝坝基结构面分布较为复杂时,深层滑裂面常常由多结构面及岩桥组合形成,扬压力分布及计算较为复杂,传统极限平衡法往往在滑动面、水压力计算及岩

① 基金项目:国家重点研发计划项目课题(2016YFC0400200);国家自然科学基金项目(51779018,51539002);国家级公益性科研院所基本科研业务费项目(CKSF2017054YT,CKSF2017037YT)。

作者简介:董志宏(1978—),男,高级工程师。E-mail:14968857@qq.com。

体力学参数选取方面与实际有所差别。根据蓄水初期大坝及坝基变形、渗流监测数据，开展岩体变形和渗流反馈分析，进而评价大坝深层抗滑稳定，是最切合实际的分析方法，可提高坝基稳定性分析成果的精度与可靠性。

三峡大坝左岸厂房坝段为混凝土重力坝，坝顶高程 185m，左厂 1～5 号坝段位于左岸山体及临江斜坡部位，大坝建基面高程 85～90m，坝后基岩形成坡度约 54°、临时坡高 67.8m、永久坡高 39m 的高陡边坡。坝基为缓倾角裂隙相对发育区，左厂 3 号坝段的最大缓倾角裂隙连通率达 83.1%[6]。三峡左厂 1～5 号坝段坝基岩体沿缓倾角结构面的深层抗滑稳定问题是三峡工程的重大关键技术问题之一，围绕着左厂 1～5 号坝段的抗滑稳定性开展了大量深入的地质、科研与设计研究工作，国内多家科研单位及高等院校参与了该项研究[7-14]。左厂 1～5 号坝段高程 100m 以上开挖于 1995 年 8 月以前完成，1995 年 8 月至 1997 年底开挖高程 100m 以下坝基岩体及坝基下游厂房基坑，并形成坝基下游高边坡；1998 年初开始浇筑混凝土，至 2001 年底各坝段坝体均已浇筑至坝顶；2003 年 5 月 20 日至 2003 年 6 月 11 日水库初次蓄水至初期防洪限制水位 135m 高程；2006 年 9 月 21 日至 2006 年 10 月 28 日水库蓄水至初期正常蓄水位 156m 高程。有必要根据前期蓄水过程中坝体和坝基的实际监测资料，对左厂 1～5 号坝段的深层抗滑稳定性开展进一步的研究，评价蓄水至 175m 水位的大坝安全稳定性。

本文根据 135～156m 运行水位条件下，左厂 1～5 号坝段坝体和坝基的变形、渗流监测成果，针对坝基岩体的渗透特性及渗流场分布、岩体力学参数进行反演分析，对大坝蓄水至 175m 高程后的坝体和基岩变形进行预测，分析了坝基内的渗流场与应力场分布，采用有限元强度折减法研究了大坝的安全储备，进一步复核了坝基的深层抗滑稳定性。

2 坝基地质及对策

左厂 1～5 号坝段坝基岩体为闪云斜长花岗岩微新岩体，岩体坚硬、完整，岩性均一，力学强度高。但坝基岩体缓倾角裂隙相对发育。其中左厂 3 号坝段缓倾角裂隙最为发育，对坝基抗滑稳定不利，使得大坝沿坝基缓倾角结构面的深层抗滑稳定成为左厂 1～5 号坝段的重要技术问题。左厂 1～5 号坝段基岩主要为微风化岩体。坝基岩体质量优良，中等质量岩体为 F_7 断层构造带，分布宽 7～12m，其力学强度与变形模量为优良质岩体的占 1/2 左右；F_7 断层构造带仅分布于左厂 5 号坝踵局部部位，对坝体应力无大的影响。相对发育的北东 0°～45°缓倾角裂隙为潜在的滑动面的重要组成部分，北西组陡倾角裂隙和顺河向断层如 f_{10} 等，构成侧向滑动切割面，断层如 f_{10} 可视为侧向边界。因此，左厂 1～5 号坝段的主要工程地质问题为大坝岩基内由缓倾角裂隙面及岩桥岩体组成的潜在滑动面的抗滑稳定问题。

为提高大坝抗滑稳定安全度，采取了如下措施：适当降低建基面高程，上游设齿槽；

向上游加宽大坝底宽，帷幕排水前移；坝基设地下纵、横排水洞及排水孔幕疏排坝基地下水；厂房与大坝岩坡紧靠；横缝设置键槽并灌浆，加强左厂1～5号坝段整体作用；大坝与厂房基础设封闭抽排系统；加强固结灌浆；为提高大坝抗滑稳定安全度，左厂1～5号坝段下游边坡采取了系统喷锚挂网支护及预应力锚索加固，对左厂1～3号坝段基础深层结构面亦采用预应力锚索加固。左厂1～5号坝段是左岸厂房坝段中基础地质条件最差的坝段，也是监测的关键部位。

3 大坝蓄水安全监测分析

变形监测成果分析主要结合反演分析需要，选择了反映左厂1～5号坝段整体变形的垂线位移、精密水准(沉降)位移、渗流场监测等项目，分析各种外荷载及环境因素下坝体变形、渗流及应力等的影响及气温对坝体变形及局部结构应力的影响。三峡大坝左厂1～5号坝段与坝基主要监测目的是变形监测和渗流监测。具体包括：①水平位移及挠度监测、垂直位移监测、接缝和裂缝开度监测，主要监测设备有引张线、正垂线、倒垂线、基岩变形计、多点位移计、精密水准和流体静力水准测线等；②扬压力或渗压力监测、渗漏量监测等，主要监测设备有测压管、渗压计、量水堰等。

监测变形的成果如下：

(1)水平位移和垂直位移

利用坝基岩体内的1号、2号排水洞及坝体廊道布设了垂线及引张线观测水平位移。垂线测孔的基准点均在坝基缓倾角结构面以下较深的稳定岩体上，垂线布设在左厂1号－2、左厂5号－2坝段(图1)。水平位移规律如下：

大坝及坝基位移高程越高，水平位移量值越大；坝基水平位移量变化小，坝体水平位移量变化大。坝轴向水平位移的变化比水流向位移的变化要小。顺水流向水平位移随气温略有变化，以5号坝段坝顶顺水流向水平位移为例，温升则坝顶位移增量向上游，温降则坝顶位移增量向下游，符合水平位移受温度变化影响的一般规律(图2)。

水平位移受蓄水影响明显，第二次蓄水影响明显大于第一次蓄水，以5号坝段坝顶185m高程为例：2003年5月20日至2003年6月11日蓄水至135m高程，水平位移增量为－1～0.31mm，多向上游方向；2006年9月21日至2006年10月28日蓄水至156m高程，水平位移增量为0.08～2.81mm，多向下游方向，见图3(a)。坝体130m处实测顺流向的水平位移值为－2.79～2.21mm，位移变幅均在3.7mm以内；坝顶向下游位移为－3.07～3.37mm，变幅为5.45～6.13mm，见图3(b)。基础1号、2号排水洞及坝体上下游95m高程廊道内实测的两方向水平位移值为－1.1～1.3mm，大部分测值在观测误差范围内，表明坝基岩体在坝体混凝土浇筑之后及水库蓄水后是稳定的。

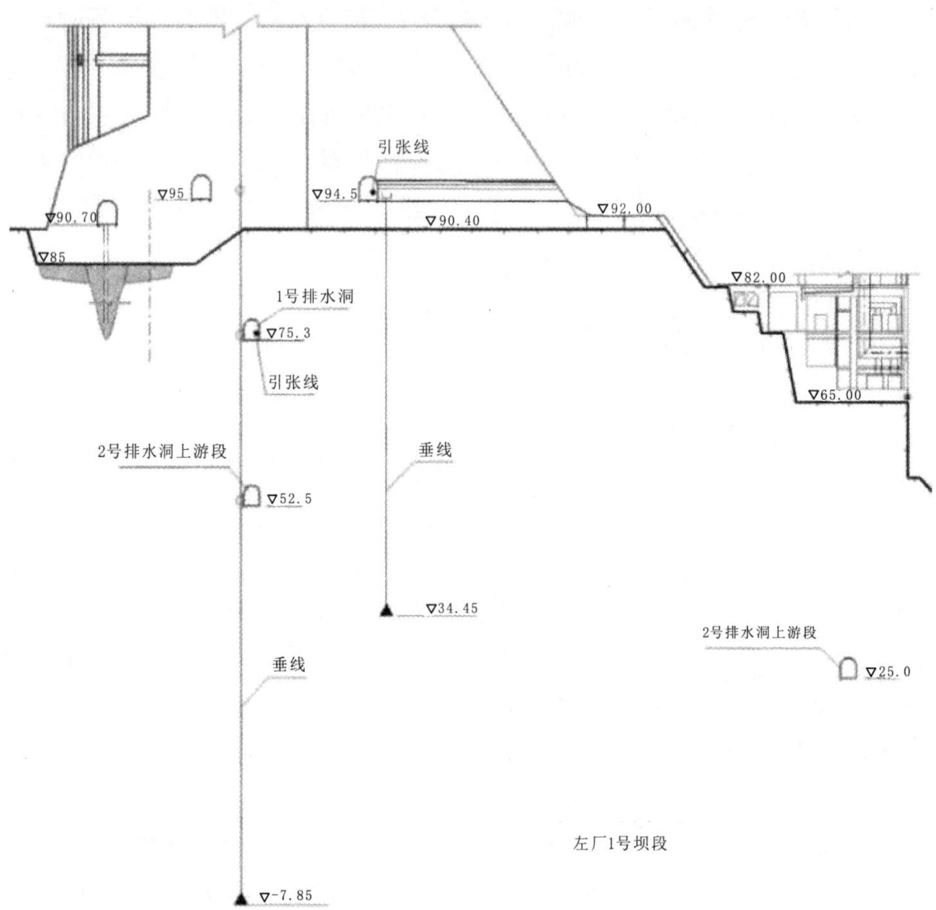

图1　左厂1～2号坝段垂线及引张线布置

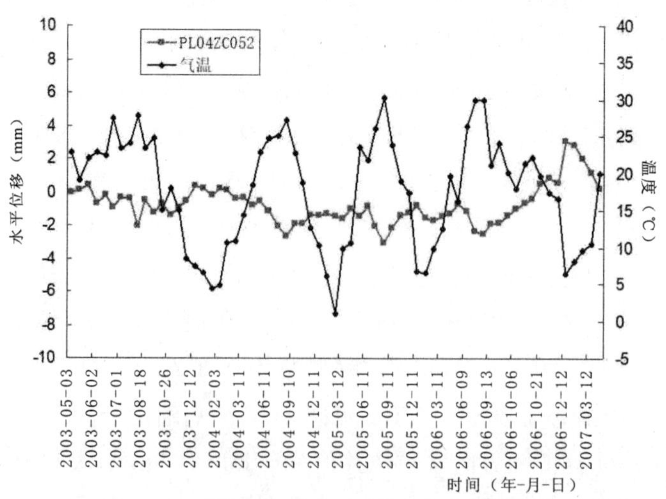

图2　大坝垂线水平位移—气温历时曲线图

（左厂5号坝段185m高程）

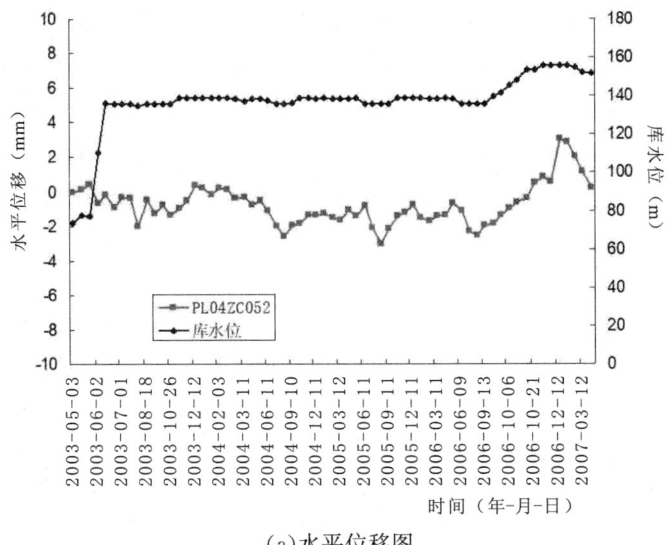

(a)水平位移图

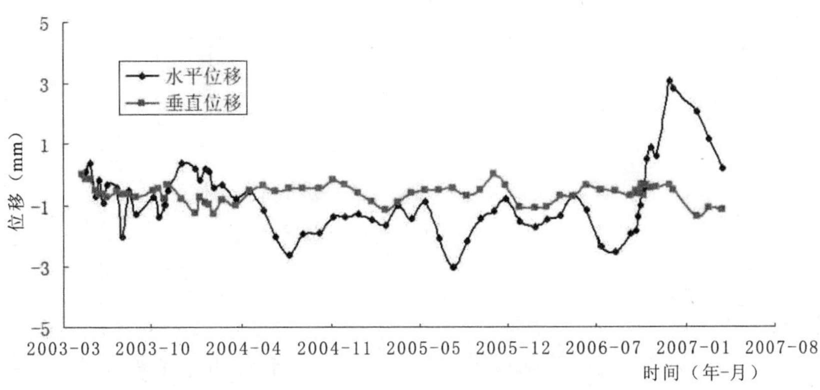

(b)垂线位移

图3　大坝垂线水平位移—库水位历时曲线图(左厂5号坝段185m高程)

(2)沉降位移观测

左厂1～5号坝段的上游91m高程帷幕灌浆廊道，上、下游95m高程基础廊道布设有精密水准点。这些测点反映了坝后边坡形成后坝体浇筑混凝土过程中及水库蓄水过程中的坝基垂直位移。左厂1～5号坝段基础部位垂直位移监测成果:①大坝及坝基垂直位移呈沉降趋势。在91m高程基础廊道、95m高程上、下游基础廊道实测最大累计位移分别为15.61mm、18.71mm和18.32mm。②大坝及坝基沉降位移受施工期大坝混凝土浇筑和蓄水期库水压力影响显著,同时受到水库库盘区域性沉降的影响。由于各测点的起测时间、部位不同,各点的沉降量并不完全一致,但沉降主要发生在2001年12月之前坝体浇筑混凝土过程中和两次水库蓄水过程中,其余时间段内沉降变化均较小。左厂3号坝段91m高程(图4)上游基础面在2003年5—8月沉降量增加6.53mm,2006年9—

11 月沉降量增加约 1mm。③大坝基础沉降变形与气温无明显相关性。④各坝段之间及坝段本身不存在明显的非均匀沉降现象。各坝段顺水流方向 3 号、5 号坝段上游沉降大、下游沉降小；1 号坝段相反。1～5 号坝段顺水流方向沉降差较小，坝基沉降变形没有异常变化，坝基是稳定的。⑤大坝及基础垂直沉降位移有随时间波动增长的趋势，存在一定的时效变形。

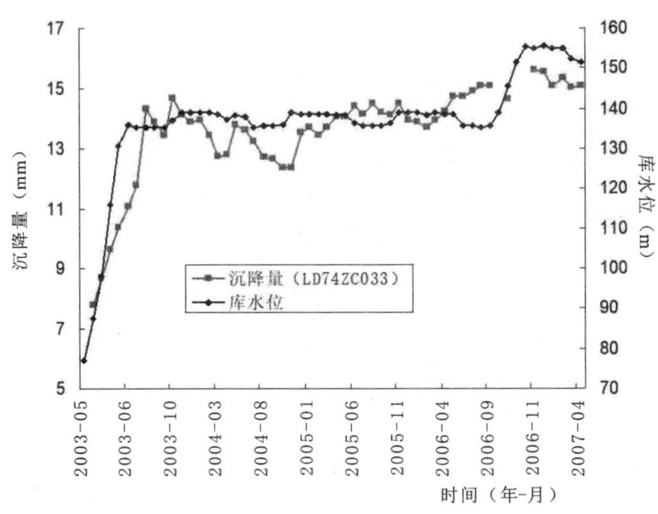

图 4　大坝沉降—库水位关系历时曲线图

（左厂 3 号坝段 91m 高程上游基础面）

（3）渗流成果

左厂 1～6 号坝段坝基设两个封闭抽排区，上游设主帷幕和主排水孔幕，下游设封闭帷幕和封闭排水孔幕。坝基岩体中设有三条纵向排水洞，并设排水孔幕，以充分疏排坝基渗流。坝基渗透压力和渗漏监测表明：①2003 年 5 月水库蓄水之前，坝前水位在建基面以下，有 12 个测压管为干孔，其他 8 个测压管的水位均在廊道底板高程以下；水库蓄水之后，左厂 3 号坝段主排水幕前的测压管仍为干孔，其他帷幕前测压管和主排水幕前测压管水位均有所上升。左厂 1 号、左厂 4 号坝段主排水幕前测压管水位很低，且量值较小（图 5）。②蓄水后至 2006 年 5 月，上、下游基础廊道处的 10 个测压管有 7 个一直为干孔，另外 3 个测压管孔内有积水，但水位均在廊道底板高程以下，且水位与蓄水前基本一致甚至有所下降，表明这些测压管不透水，孔内积水为死水，并不代表坝基渗压水位。③由于基础灌浆廊道主排水孔与 2 号排水洞对穿，且水库蓄水后从 2 号排水洞观测的主排水孔绝大部分无排水，表明基础主排水幕处基本无渗压，坝基渗压是安全的，坝基顺水流方向的实测扬压力远小于设计扬压力。④左厂坝段坝基采用封闭抽排，因而坝基渗漏水集中在排水洞内。坝基渗漏量采用排水孔单孔容积法观测。2003 年初次蓄水之后，上下游水位压力差变大，出水孔数增加明显，渗漏量也随之明显增大，之后出水孔数保持平稳波动但随坝前淤积渗流量明显减

小;2006年第二次蓄水后,出水孔数略有增加但渗漏量持续递减,至2007年5月左岸整个大坝坝基(含左厂1~5号坝段)总渗流量约425L/min,这表明大坝扬压力相应减小,同时说明了大坝的防渗系统和抽排系统工作良好。

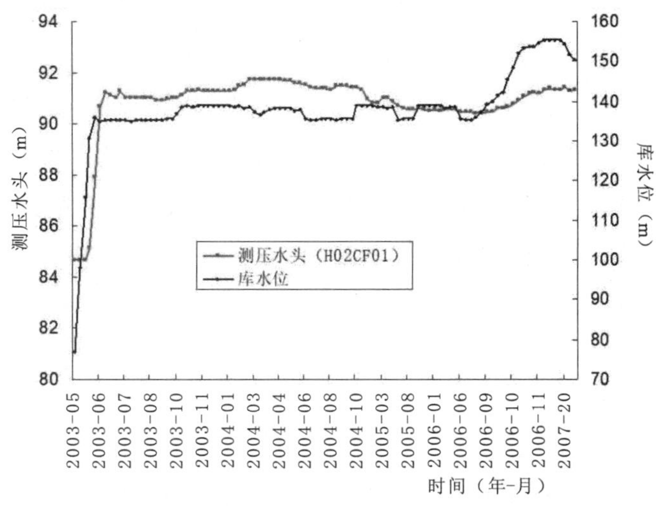

图5 测压管水头—库水位关系历时曲线图

(左厂1号坝段坝基帷幕后)

4 大坝坝基岩体力学参数的渗流—应力耦合反演分析

4.1 数值分析模型

(1)模型地质条件概化

左厂1~5号坝段位于坝址左岸山体及临江斜坡部位,坝轴线走向为43.5°,建基岩体为微新闪云斜长花岗岩。由于坝址区经历多次地质构造运动,坝基岩体被许多断层、裂隙切割,其中构造裂隙以陡倾角(大于60°)为主,左厂1~5号坝段缓倾角裂隙相对发育,下游临空高陡边坡、长大缓倾角结构面的优势方向及倾角不利于稳定。左厂1~5号坝段长大缓倾角面的优势方向为倾向90°~135°(占61%),与水流方向交角小或相近;优势倾角集中于21°~31°,占58%,次为32°~35°(占20%)。长大缓倾结构面均为硬性结构面,绝大多数为平直稍粗和粗糙面。

坝基深层滑动的主要控制因素为长大缓倾角结构面。在不同走向、不同倾角的滑移面中,以走向与坝轴线交锐角的倾向下游的缓倾角结构面最有可能形成滑移通道。因此,坝基确定性滑移面的概化遵循以下原则拟定:①以勘探确定的缓倾角结构面为依据进行坝基滑移路径概化;②滑移路径以长大缓倾角结构面作为控制因素,其路径由长大缓倾角结构面、概化缓倾角结构面、岩桥等组成。本项研究拟选取缓倾角裂隙最发育的3号坝段建立二维平面数值分析模型。考虑到分布不均匀的长大缓倾角结构面的三维空间作用，根据3号坝段坝基抗滑稳定分析地质剖面图对深层滑移路径进行概化，取走向和大坝轴线方向夹角在±20°范围内（即倾向113.5°～153.5°）的缓倾角长大裂隙作为结构面概化（图6），概化缓倾角结构面的力学参数取用结构面的力学参数；③滑移路径上长大缓倾角结构面之外岩体（岩桥）中存在有短小的缓倾角裂隙，这部分滑移通道按一定连通率的微新岩体概化，优势短小缓倾角裂隙连通率取11.5%，力学参数按连通率折算综合考虑结构面和岩桥的作用；④厂房下部基岩内的滑裂面根据实际裂隙按②、③中的方式概化成倾向下游的缓倾角结构面与反倾向裂隙。

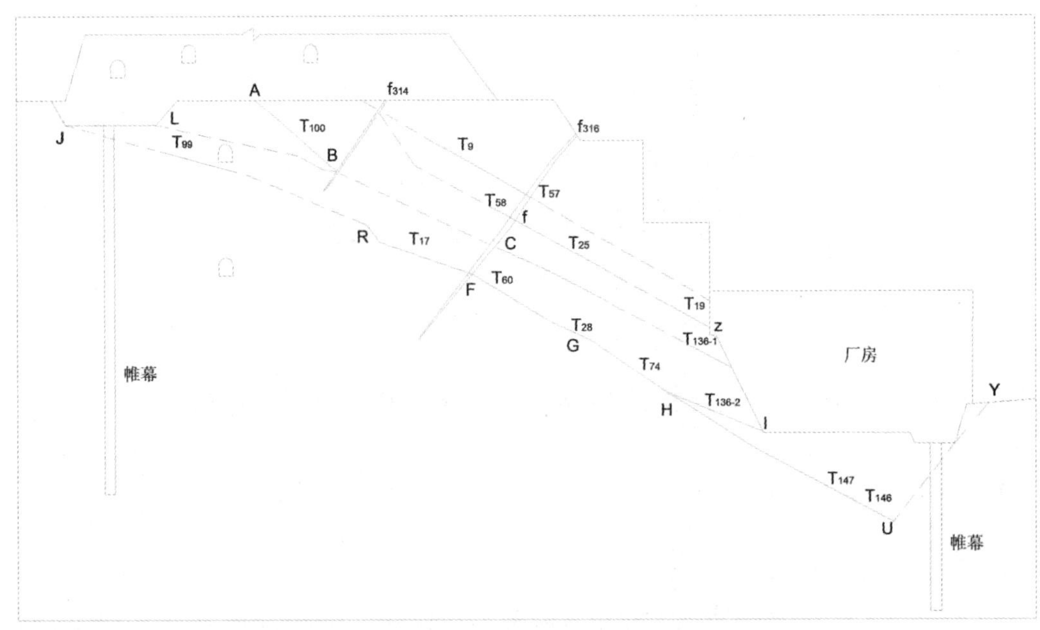

注：图中实线表示长大缓倾角结构面；虚线表示短小裂隙概化的岩体

图6 左厂3号坝段坝基深层抗滑稳定基岩中结构面概化图

（2）模型受力条件概化

重力坝的荷载主要有以下几种：坝体及坝上永久设备的自重、上下游坝面的静水压力、扬压力、泥沙压力、浪压力、地震荷载、温度、干缩引起体积变形荷载等。计算模型中主要考虑了下列荷载：①坝体和坝基的自重荷载。②坝体及坝基内水荷载，这是既重要又难以确定的荷载。计算采用了考虑各向异性渗流的流固耦合分析模型，模拟了坝面水压力、坝基内渗透压力等，同时模拟防渗帷幕、封闭帷幕和抽排水系统的作用。③泥沙压力。水库建成蓄水后，过水断面加大，流速减缓，入库水流挟带的泥沙逐渐淤积在坝前，对坝体产生了泥沙压力。在预测分析模型中采用面荷载形式模拟了泥沙压力。由于反

演时采用的监测位移为蓄水前后状态水压引起的位移分量差值,因此没有考虑温度荷载和浪压力。

(3)有限元计算模型

根据左厂3号坝段坝基地质条件,采用非线性有限元软件ABAQUS建立二维弹塑性渗流—应力耦合分析模型,对结构面发育区的坝基岩体采用各向异性渗流等效连续介质模拟。计算域内分别模拟了3号坝段确定性长大结构面与短小裂隙可能构成的滑移路径、f_{314}断层、f_{316}断层等岩体结构面。

计算模型中考虑了上游防渗帷幕和下游封闭帷幕。上、下游帷幕厚度均取2m,按实体单元处理;同时通过在排水洞施加流量边界条件的方式,模拟了大坝和坝基内抽排系统的抽排作用(大坝高程91m的灌浆廊道,高程95m上下游排水洞;基岩中高程74m的1号排水洞、高程50m、25m的2号排水洞),根据实际的测压管水头和渗漏量监测结果,使坝基岩体相应高程以上处于疏干状态。采用各向异性渗透张量考虑岩体中裂隙发育的优势方向对岩体渗流性的影响。

厂房重量按高程51m以下以实体考虑;高程51m以上按照均布力331kN/m^{2}计。坝前泥沙淤积高程108m,泥沙浮容重取5.0kN/m^3,其荷载在进行预测分析时施加。水库上游正常蓄水位高程175m,下游水位高程62m。计算模拟了3000kN级的预应力锚索对下游边坡岩体与结构面的加固作用。

计算模型如图7所示,模型x轴与坝轴线垂直,指向下游为正,大坝坝踵位置为$x=0$;y轴为铅直方向,向上为正。沿x轴计算范围为600m,y轴从高程90m建基面至深部高程−120m。岩体本构模型采用D−P模型,计算所用的材料参数见表1。

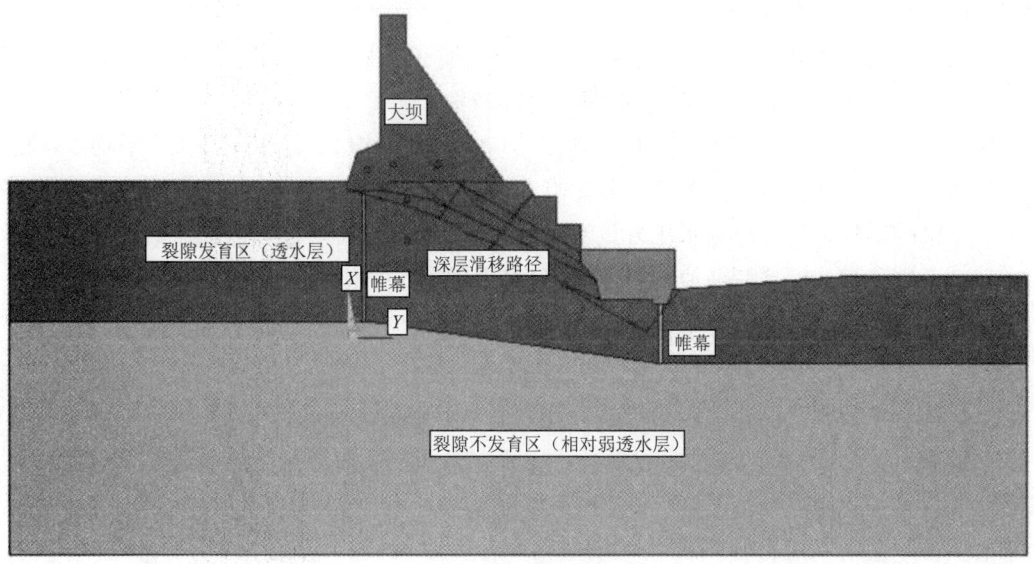

图7　计算模型图

表 1　　材料参数表

<table>
<tr><td rowspan="2">材料参数</td><td>变形模量</td><td>容重</td><td>泊松比</td><td colspan="2">抗剪强度</td><td>渗透系数</td></tr>
<tr><td>E(GPa)</td><td>γ(kN/m^3)</td><td>μ</td><td>f</td><td>c(MPa)</td><td>k(cm/s)</td></tr>
<tr><td>坝体混凝土</td><td>26.0</td><td>24.5</td><td>0.167</td><td>1.1</td><td>3.0</td><td>1.00E−09</td></tr>
<tr><td>厂房混凝土</td><td>22.0</td><td>24.5</td><td>0.167</td><td>1.1</td><td>3.0</td><td>1.00E−09</td></tr>
<tr><td>微新岩体
(上部裂隙发育
相对透水区)</td><td>36.6 *</td><td>27</td><td>0.22</td><td>1.6 *</td><td>1.9 *</td><td rowspan="2">各向异性:
透水层 kx=1.56E−4;
ky=5.19E−5
倾向:顺水流方向;
倾角:25°</td></tr>
<tr><td>结构面</td><td>—</td><td>27</td><td>0.25</td><td>0.7</td><td>0.2</td></tr>
<tr><td>微新岩体
(下部裂隙
不发育弱透水区)</td><td>36.6 *</td><td>27</td><td>0.22</td><td>1.6 *</td><td>1.9 *</td><td>1.00E−05</td></tr>
<tr><td>断层</td><td>10.0</td><td>26</td><td>0.28</td><td>0.9</td><td>0.8</td><td>5.00E−03</td></tr>
<tr><td>帷幕</td><td></td><td></td><td></td><td></td><td></td><td>1.00E−07</td></tr>
</table>

注:* 表示反演获得的参数。

4.2　监测特征数据的选取

对坝基岩体参数的反演主要基于监测特征位移对岩体力学参数进行的反演分析。特征位移的选取过程如下:

选取 135m 水位上抬至 156m 水位时段的水压作用下,大坝及坝基不同高程的水平增量位移为特征位移进行反演分析。取两次蓄水状态差值进行反分析的优点:其一,可以忽略大坝施工过程中及运行初期的比较复杂的非线性初始位移;其二,可以不考虑坝体和坝基自重的影响;其三,通过选择水位急剧变化而温度场变化不大的两状态之差,以着重反映水压力的影响。

三峡大坝为混凝土重力坝,温度荷载在施工期影响显著,在施工结束后的蓄水运行期温度的影响相对减弱,在水库蓄水期内时间较短(2003 年 5—6 月;2006 年 9—10 月),温度变化相对不大(两次温度变化分别为:16～25℃,平均 22℃;15～23℃,平均 20℃),同时利用监测统计模型分离温度荷载影响,在统计模型中提取库水位上升对大坝及坝基水平位移的影响。为了提取水压分量对水平位移的作用,需要建立监测统计模型。参考文献水平位移统计模型特征值,分离水压分量引起的水平位移[6]。

4.3　应力—渗流耦合反馈分析

坝基岩体参数反演通常包括渗透参数和力学参数的反演两部分。

根据对监测成果的分析,2006 年 5 月以后 1～5 号坝段坝基内的测压管水头无法真实地反映坝基扬压力分布,其他渗流监测设施如渗压计主要埋设在坝体内部,也不能反映大坝蓄水后的坝基渗流情况。对坝基内 1 号排水洞(74m 高程)、2 号排水洞(50m 高程)的渗漏监测成果表明:“坝基防渗和排水设施达到了预期效果,总体上坝基主排水幕后的岩体基本处于疏干状态。实测坝基1号排水洞仰孔总渗漏量约在2.5L/min以内,基本无水,表明主排水幕后高程74m以上坝基处于疏干状态。"[1]由于水库蓄水后各测压管水位基本没有明显变化,且不同蓄水期(135m和156m)变化也不明显,因此很难依据渗流监测结果对坝基渗透系数进行反演。在反演分析时,主要基于前期科研中对坝基渗透特性的研究成果,同时根据实测测压管水位通过调整浸润线位置以模拟大坝蓄水后坝基内的渗流场分布。

通过反演调整基岩渗透系数和抽排水量使蓄水至156m水位及175m后,坝基渗流场自由水面上游侧在52m高程以下,同时下游侧在31m高程以下,以实现对渗流场的反演,即根据渗流监测成果上游52m高程排水洞处测压管H13CF测值较稳定,浸润面控制水位取52m;下游25m高程排水洞处测压管H2CF值为26.9~37.5m,浸润面控制水位取31m。库水位至156m高程时坝基内等孔隙水压力云图见图8。

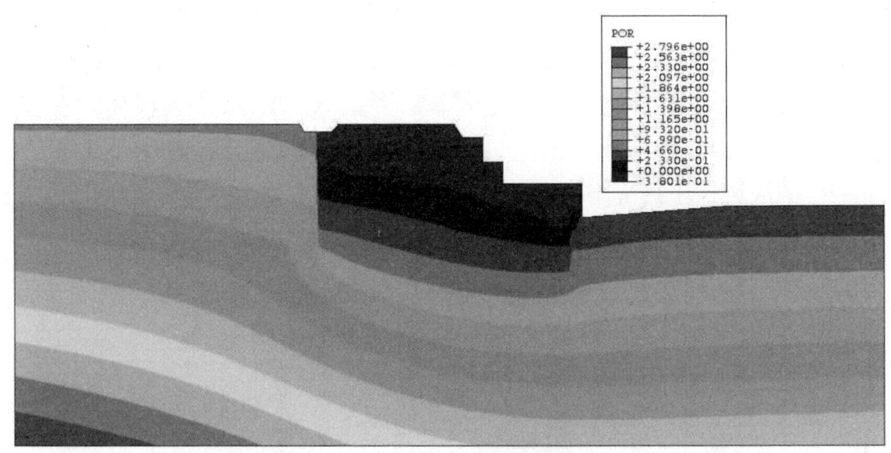

图8 库水位至156m高程时坝基内等孔隙水压力云图

4.4 坝基岩体力学参数反演

基于建立的数值模型对岩体及结构面变形和强度参数进行敏感性分析,获得需要反演的力学参数。利用均匀设计—遗传算法—人工神经网络(UD-GA-ANN)方法[16],构造样本进行网络训练和检验,建立力学参数与大坝及坝基变形映射关系,进而利用监测获得的增量位移反演力学参数,见表1。利用获得的反演参数进行正向计算,获得的计算值与监测值对比较为一致(表2),说明反演分析的参数是合理的。

表2 实测位移与计算位移的比较

测点	位置	实测相对位移增量(mm)	计算相对位移增量(mm)
1	坝顶	3.000	2.779
2	95m高程基础上游侧	0.780	0.803
3	74m高程坝基	0.070	0.502
4	95m高程基础下游侧	0.580	0.585

5　三峡大坝深层抗滑稳定性分析

5.1　稳定性分析

(1)位移场

库水位从初始水位70m高程上升至135m高程时，大坝及坝基整体位移增加，坝顶最大水平绝对增量位移为0.44mm，指向下游，在大坝95m高程部位水平绝对增量位移为0.28mm，与实际垂线监测位移相比较接近。

水位从135m高程蓄水至156m高程后，大坝及坝基的增量位移表现为：①顺水流方向的水平位移指向下游，坝顶下游侧最大，最大水平绝对增量位移为3.15mm，最大水平相对增量位移为2.78mm(相对于深部垂线不动点)，与监测位移量值相当，计算结果与实际监测结果具有较好的可比性，说明反演分析的参数是合理的，位移等色区见图9；②水平位移增量值沿高程向下呈递减，大坝及基础挠曲变形较小，偏转角度不大，由于坝体与基础变形模量不同，基础岩体挠度曲线变化率要明显小于坝体；③大坝基础垂直位移增量呈现沉降趋势，量值在毫米级，小于监测位移，这主要由于监测位移为整个库区在库水压作用下产生的区域性压缩沉降位移；④沉降总位移顺水流向呈现上游沉降大、下游沉降小。大坝典型部位特征增量位移见表3。

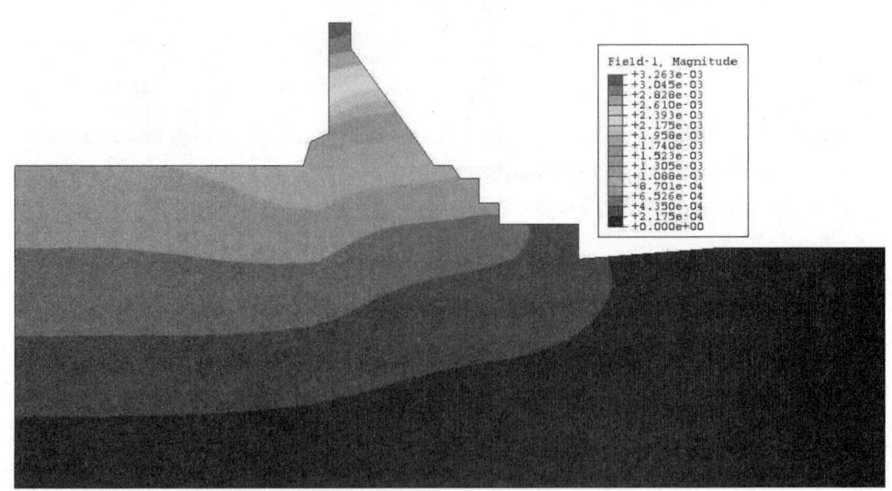

图9　库水位从135m高程上抬至156m高程时大坝及坝基合位移增量

表3　　**大坝典型部位特征增量位移**　　(单位：mm)

特征部位	水位135～156m	水位156～175m
坝顶上游侧	2.76	5.60
坝顶下游侧	2.78	5.63
坝踵	0.50	0.73
坝趾	0.56	0.71

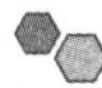

水位从 156m 高程蓄水至 175m 高程后，坝体位移明显增加，基岩部位位移增加不多，位移等色区见图 10。具体增量位移表现为。①顺水流方向的水平位移指向下游，坝顶下游侧最大，最大水平增量位移为 6.15mm。②水平增量位移值沿高程向下明显呈递减，大坝挠曲变形显著增大，由于坝体与坝基变形模量不同造成的挠度曲线斜率变化明显。③沉降总位移顺水流向仍呈现上游沉降大、下游沉降小；从 156m 蓄水至 175m 引起沉降增量位移在建基面部位表现为坝踵附近产生向上的增量位移，最大上抬值为 0.32mm；沿下游方向沉降位移有增大的趋势，坝趾部位的垂直位移增量为 0.36mm。④蓄水至 175m 水位时坝基内缓倾角结构面无明显剪切错动位移，坝基位移等值云图无不连续位移，总体变形表现为坝基岩体的受力变形。

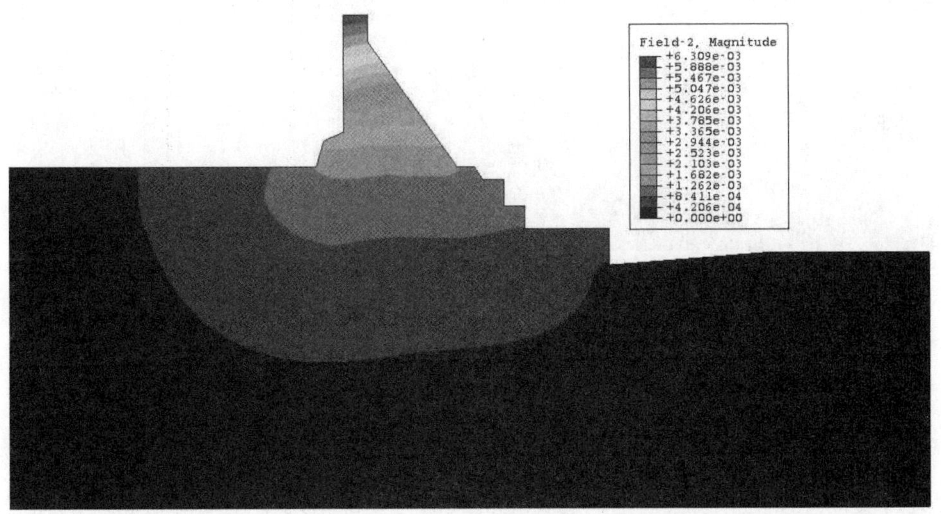

图 10　库水位从 156m 高程上抬至 175m 高程时大坝及坝基总位移增量云图

(2)应力场

库水位从 70m 高程上抬至 135m 高程后，大坝及基础处于受压状态，无拉应力产生，压应力量值不大，坝基岩体处于双向受压状态，建基面上坝趾附近压应力较大，最大主压应力为 1.79～2.36MPa。

库水位从 135m 高程上抬至 156m 高程后，大坝及上游库底受到的水压力增加，坝体水平截面上垂直正应力受水位上升影响表现为：靠上游侧应力随水位升高压应力减小，靠下游侧随水位升高压应力增大。大坝及基础压应力不大，基本处于双向受压状态，压应力值远小于材料的抗压强度。建基面上坝趾附近压应力较大，最大主压应力为2.6～3.0MPa。

水位上升至 175m 高程时，大坝坝趾处于双向受压状态，出现压应力集中，最大主压应力为 3.5～3.9MPa(图 11)，未超过混凝土的抗压强度；坝踵部位出现小范围的拉应力区，拉应力区延伸范围沿建基面自坝踵向大坝下游延伸，但没有超过上游主帷幕，最大拉应力值小于0.67MPa，尚未达到岩体和混凝土的抗拉强度。长大缓倾角结构面无明显剪应力集中现象。坝基岩体有少量塑性应变，但是应变量值非常小，在10^{-5}量级，沿深部长大缓倾角结构面未出现塑性应变。这表明大坝在正常蓄水位工况下坝基稳定性良好。

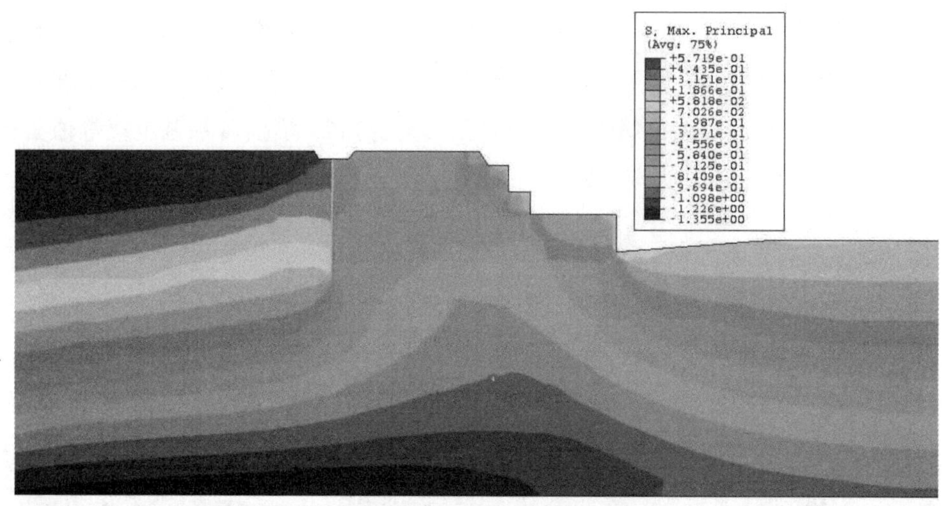

图11　库水位至175m高程时坝基大主应力云图

5.2　安全评价

在弹塑性渗流—应力耦合模型基础上，采用降低岩体强度参数的方法对坝基的破坏过程进行模拟。强度折减法就是在保持正常载荷不变的情况下逐渐降低材料的强度，直至系统处于临界失稳状态，强度降低的倍数即为强度储备安全度。研究采用抗剪强度中的 f、c 值从材料实际强度起，连续降低到坝基整体失稳。通过对大型非线性有限元软件ABAQUS二次开发，采用约束化参数折减策略[17]，通过不断降低岩体、长大缓倾角结构面、岩桥的抗剪断强度参数研究坝基渐进失稳过程，利用反演结果对蓄水到175m高程后大坝及坝基的稳定进行评价。综合分析各特征部位位移发展变化规律和坝基岩体塑性破坏的渐进过程，可以认为3号坝段在蓄水至175m高程后大坝坝基强度储备安全系数为3.7(图12和图13)，极限状态下大坝位移见图14。

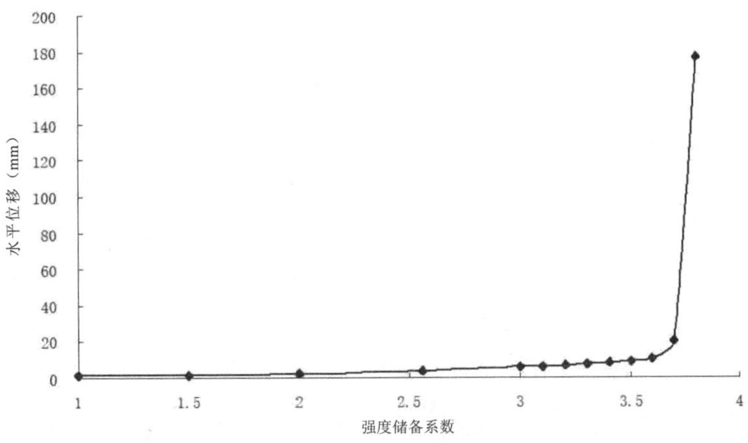

图 12　坝踵水平位移—强度储备系数关系曲线

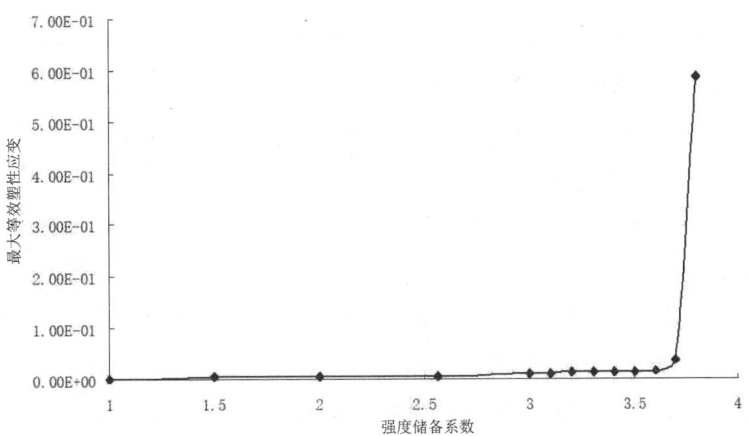

图 13　坝基岩体最大等效塑性应变—强度储备系数关系曲线

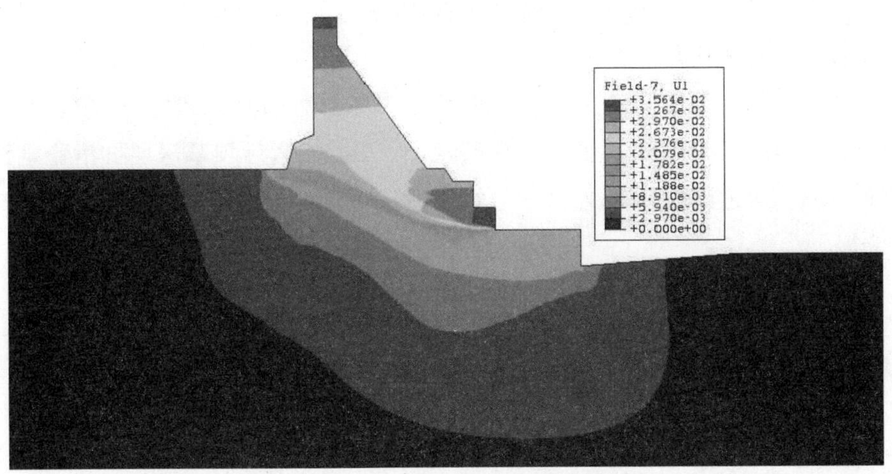

图 14　大坝及坝基水平位移等色区图(强度储备系数=3.7)

6 结语

基于三峡库区前期两次蓄水前后的大坝及坝基变形、渗流监测数据对坝基岩体力学参数进行反演分析，以此对175m高程蓄水后大坝及坝基的变形、应力、渗流进行分析和预测，进而对大坝沿深层抗滑稳定性进行评价与复核，取得以下成果与认识：

1)通过变形和渗流监测成果可以看出：左厂1～5号坝段大坝及基础水平位移很小；沉降位移表现为受施工期自重和蓄水期库水作用的整体下沉，无明显的不均匀变形。大坝水平位移受蓄水和温度影响，变化规律合理，表明左厂1～5号坝段大坝及坝基工作性态正常。大坝及坝基扬压力很小，远小于设计值，坝基渗漏量随时间呈逐渐减小的趋势，表明大坝的防渗及排水系统工作良好。总体上，大坝变形及渗流量值在设计允许范围内，规律性合理，反映大坝处于稳定状态。

2)基于大坝蓄水后坝基内的实测渗流场分布，选取了135m和156m两个蓄水位状态的监测位移差值，以增量位移为特征位移，对3号坝段坝基岩体的力学参数进行反演分析，有效地避免了大坝施工期和蓄水初期各种因素的影响，同时借助于监测位移统计模型分离了由水压分量所引起的大坝及坝基变形，使反演结果更为真实可靠。

3)根据3号坝段坝基岩体实测的结构面分布与产状，对基岩的地质条件和岩体结构特征进行了概化；在此基础上，建立了考虑岩体各向异性渗流的弹塑性有限元渗流—应力耦合分析模型，利用该模型结合人工神经网络、遗传算法等方法对坝基岩体的力学参数进行了反演，获得了基岩的宏观等效力学参数。

4)利用反演所得的岩体力学参数和坝基水压分布，预测了蓄水至175m高程后的大坝及基岩的位移以及应力场与渗流场分布。计算结果表明：库水位从156m升至175m后，大坝位移增量不大，坝顶最大水平增量位移小于7mm，长大缓倾角结构面未进入塑性状态；坝基渗流场浸润面略有抬升。综合来看，蓄水至175m高程后左厂3号坝段大坝及坝基处于稳定与安全状态。

5)利用坝基岩体强度储备安全系数的概念，对非线性有限元软件ABAQUS进行强度折减分析功能的二次开发，以此对大坝蓄水至175m高程后坝基深层抗滑稳定性进行了评价和复核。通过计算表明，左厂3号坝段坝基的强度储备安全系数约为3.7。

参考文献

[1]潘家铮.建筑物的抗滑稳定和滑坡分析[M].北京：中国水利水电出版社，1980.

[2]马力，张玉美，张良骞.重力坝深层抗滑稳定计算的几个问题[J].水利学报，1984(1)：71-72.

[3]陈良.复杂坝基上重力坝的渗流分析及深层抗滑稳定性安全评价[D].南京：河海大

学,2002.

[4]杨利福,常晓林,周伟,等.基于离散元的重力坝多滑面深层抗滑稳定分析[J].岩土力学,2015,36(5):1463-1470.

[5]王静,覃克非,王敏.非连续变形法在重力坝深层抗滑稳定分析中的应用[J].四川水利,2016,37(1):40-44.

[6]段国学,徐化伟,许晖,等.长江三峡水利枢纽初期蓄水(156m 水位)验收左非 1 号至纵向围堰各坝段安全监测资料分析报告[R].武汉:长江勘测规划设计研究院,2006

[7]胡进华,陈鸿丽,段国学,等.长江三峡水利枢纽蓄水 156m 后左厂 1～5 号坝段深层抗滑稳定分析报告[R].武汉:长江勘测规划设计研究院,2007.

[8]刘宁,乐东义,蒋为群.三峡大坝厂 1～5 号坝段深层抗滑稳定问题研究[J].人民长江,1997(7):1-3.

[9]丁秀丽,盛谦,徐平.三峡大坝左长 2 号、3 号、4 号坝段坝基稳定性数值分析[C].第六届全国岩土力学数值分析与解析方法讨论会,1998.

[10]丁秀丽,盛谦.三峡大坝左厂房 3 号坝段坝基渗流场与应力场耦合分析[J].岩石力学与工程学报,2000,19(z1):1001-1005.

[11]刘建,冯夏庭,张杰,等.三峡工程左岸厂房坝段深层抗滑稳定的物理模拟[J].岩石力学与工程学报,2002,21(7):993-998.

[12]葛修润,任建喜,李春光,等.三峡左厂 3 号坝段深层抗滑稳定三维有限元分析[J].岩土工程学报,2003,25(4):389-394.

[13]戴会超,苏怀智.三峡大坝深层抗滑稳定研究[J].岩土力学,2006,27(4):643-647.

[14]陈祖煜,王玉杰,孙平.三峡大坝 3 号坝段深层抗滑稳定分析[J].中国科学:技术科学,2017,47(8):814-822.

[15]丁秀丽,董志宏,卢波.三峡左厂 1～5 号坝段坝基岩体参数反演分析及变形与稳定性预测[R].武汉:长江科学院,2008.

[16]董志宏,丁秀丽,卢波,等.大型地下洞室考虑开挖卸荷效应的位移反分析[J].岩土力学,2008,29(6):1562-1568.

[17]卢波,丁秀丽,董志宏.基于 Abaqus 的强度折减法分析水库蓄水对边坡稳定性的影响[C].桂林:Abaqus 中国区用户大会 2007 用户论文集,2007.

三峡茅坪溪沥青混凝土心墙土石坝设计研究[①]

周良景　熊焰　徐唐锦

（长江勘测规划设计研究院，武汉　430010）

摘　要：茅坪溪防护土石坝是三峡水利枢纽的重要挡水前沿，按一等Ⅰ级建筑物设计。坝体主要利用现场开挖料分区填筑而成，坝体防渗采用沥青混凝土心墙，并垂直布置。最大坝高104m，填筑总量达1213万m^3，在已建同类工程中，其坝高和填筑量均居前列，是当时世界建成的最高的直立型沥青混凝土心墙土石坝。本文具体介绍了茅坪溪防护土石坝设计的基本情况，重点对坝型比选、坝体断面结构设计、沥青混凝土心墙结构布置、填筑料质量控制标准、沥青混凝土配合比设计及质量控制标准研究等进行论述，并结合初期蓄水(135m水位)后安全监测成果对坝体特别是沥青混凝土心墙运行安全性进行分析、总结和评价。沥青混凝土属黏弹塑性材料，力学性能复杂。茅坪溪防护土石坝的建设和运行，为我国高土石坝沥青混凝土防渗心墙设计理论和方法及相关水工沥青混凝土施工技术积累了丰富经验，推动了水工沥青混凝土防渗技术的进一步发展。

关键词：三峡工程；茅坪溪防护；土石坝；沥青心墙

1　概述

茅坪溪是长江上的小支流，位于湖北省秭归、宜昌、长阳三县交界处，发源于长阳火麦溪，其出口位于三峡工程坝轴线上游约1km的长江右岸。鉴于秭归县人多地少，坡多田少，移民难度大，经三峡工程论证领导小组决策，于茅坪溪出流口适当位置修筑一座挡水坝(茅坪溪防护土石坝)，挡三峡水库库水，茅坪溪水则由新建的泄水涵洞排至下游长江，不致淹没田地，且将防护工程纳入三峡工程施工。

茅坪溪防护土石坝采用沥青混凝土心墙土石坝方案，最大坝高104m，大坝开挖工程量242万m^3，填筑工程量1213万m^3，沥青混凝土4.94万m^3，混凝土防渗墙3.80万m^2。根据料源供应条件及土石方平衡情况，为满足初期拦挡135m水位发电要求，大坝以高程

① 作者简介：周良景，男，长江勘测规划设计研究院副总工程师，教授级高级工程师，主要从事水利水电工程设计与施工技术研究。

140m 为界分两个阶段实施。一期工程于 1994 年 1 月开工,2000 年 12 月完工,主要完成高程 142.0m 以下坝体填筑、沥青混凝土心墙铺筑及基础防渗施工。2001 年 4 月二期工程开工,2003 年 6 月达到坝顶高程 185m。

2 坝型研究与选择

坝体形式主要比较了心墙防渗土石坝、混凝土面板堆石坝、碾压混凝土坝三类坝型。根据三峡坝区地表全强风化层较厚、主体工程开挖土石料多的特点,重点对土石坝型进行了较全面的研究分析,包括混凝土防渗墙上接钢筋混凝土心墙、混凝土防渗墙上接黏土心墙、混凝土防渗墙上接土工合成材料、全钢筋混凝土心墙和沥青混凝土心墙等坝型,各种坝型方案主要优缺点见表 1。

表 1　　各种坝型方案主要优缺点

<table>
<tr><th colspan="2">坝　型</th><th>优　点</th><th>缺　点</th></tr>
<tr><td colspan="2">碾压混凝土坝</td><td>安全可靠,可为三期碾压混凝土围堰积累经验</td><td>造价高,不能利用开挖料</td></tr>
<tr><td colspan="2">混凝土面板堆石坝</td><td>坝体填筑量较少,可部分利用基坑开挖料</td><td>部分块石料需从料场开采,坝基及两岸开挖工程量大,面板检修较困难,遇反向挡水时面板不安全</td></tr>
<tr><td rowspan="5">土石坝</td><td>混凝土防渗墙上接全钢筋混凝土心墙</td><td>可以利用一期基坑开挖料填筑坝体,易于检修和加固,造价较低</td><td>土石方填筑量较大,钢筋混凝土心墙适应变形能力较差</td></tr>
<tr><td>混凝土防渗墙上接黏土心墙</td><td>可以利用一期基坑开挖料填筑坝体,黏土心墙适应变形能力强</td><td>土石方填筑量较大,黏土料需外运,运距远,造价高</td></tr>
<tr><td>混凝土防渗墙上接土工合成材料</td><td>同上</td><td>土石方填筑量较大,土工合成材料的耐久性尚在研究中,用于永久工程无把握</td></tr>
<tr><td>全钢筋混凝土心墙</td><td>可以利用一期基坑开挖料填筑坝体,造价较低</td><td>土石方填筑量较大,钢筋混凝土心墙适应变形能力较差,施工较复杂</td></tr>
<tr><td>沥青混凝土心墙</td><td>可以利用一期基坑开挖料填筑坝体,心墙适应变形能力强</td><td>土石方填筑量较大,沥青混凝土心墙施工经验较少</td></tr>
</table>

上述各坝型方案在技术上都是可行的,鉴于茅坪溪防护坝是三峡工程的重要组成部分,其防渗结构必须确保安全,曾多次组织专家进行审议。因茅坪溪防护土石坝坝壳材料主要利用开挖料(含风化砂等),坝体在施工及挡水运行期都有较大变形,为确保防渗墙不被破坏,多数专家建议防渗体材料以采用适应变形能力较强的黏土或沥青混凝土为宜。由于黏土防渗心墙方案所需黏土量大,而坝区缺少防渗黏土料,方案难以实施。沥青混凝土心墙方案虽施工有一定复杂性,但只要精心组织施工,是可以顺利建成和安全运行的。经反复研究后,确定采用沥青混凝土心墙土石坝方案。

3 大坝结构设计

3.1 设计标准

茅坪溪防护土石坝设计标准与三峡大坝相同，为一等工程，大坝按Ⅰ级永久建筑物设计，正常蓄水位为175.0m，校核洪水位为180.4m，地震设防烈度为Ⅶ度。背水侧茅坪溪设计洪水位（20年一遇）106.4m，校核洪水位（100年一遇）107.3m，非常洪水（万年一遇）考虑调蓄后为114.6m。

3.2 大坝平面布置

坝址处河谷地形开阔，主坝轴线长1070m，自右岸的吴家湾，通过茅坪溪，与左岸松柏坪以上的山包相接。左岸山体冲沟、断层较发育，高程虽已超过185m，但部分地段山体单薄，为此在松柏坪与龟头包间的垭口处加设一座副坝，副坝轴线长800m，平面布置见图1。

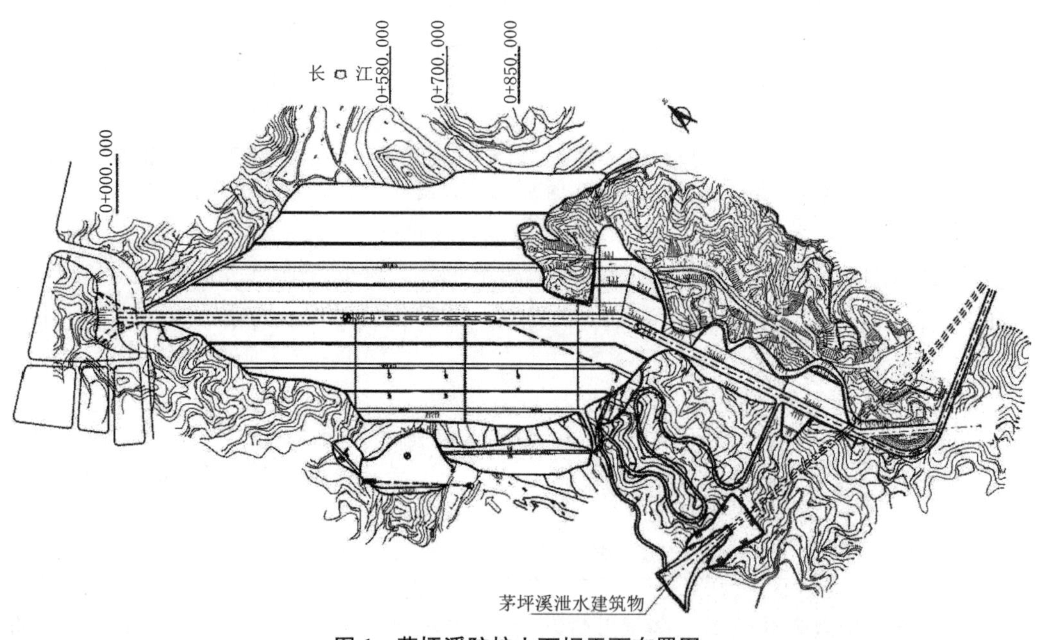

图1 茅坪溪防护土石坝平面布置图

3.3 坝体断面结构

茅坪溪防护土石坝坝顶高程185m，考虑地方公路通过坝顶的要求，确定坝顶宽度为20m。大坝主要由风化砂、风化砂混合料、石渣、石渣混合料、块石、过渡料、反滤料、垫层料等填筑而成。大坝防渗结构为：河床坝段基础设基座廊道，下部为帷幕灌浆，上部为沥

青混凝土心墙;两岸坝段基础设混凝土防渗墙穿过全、强风化岩层,其下接帷幕灌浆,上部接沥青混凝土心墙。坝体典型断面见图 2。

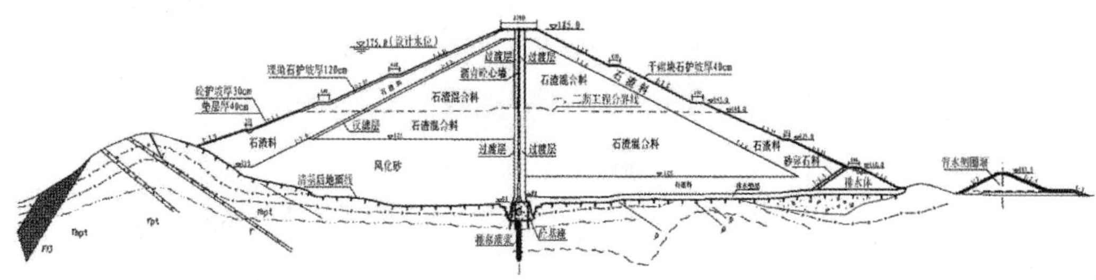

图 2　茅坪溪防护土石坝典型断面

土石坝断面和填筑料分区设计按坝体工作条件和尽量利用工程开挖料的原则进行,其主要设计原则为:

1)沥青混凝土心墙与两侧过渡层及其与两侧坝壳填料之间的变形特性大体协调。

2)迎水侧和背水侧的外壳,采用石质坚硬、粗粒含量高、排水性好的石渣料,以增强坝坡稳定和抗侵蚀能力。

3)背水侧坝基均铺设垫层作反滤过渡,河床部位填筑石渣料至高程 105m,连同坝趾堆石排水体,形成完整的排水结构,以利于降低浸润线和防止渗透破坏。

4)迎水侧坝壳最低运行水位(高程 135m)以下及背水侧坝壳浸润线以上干燥区,采用石渣混合料,也可用风化砂或其混合料替代。迎水侧坝壳最低运行水位以上,采用石渣混合料并设置反滤过渡层,以利于库水位涨落时坝坡稳定。

5)沥青混凝土心墙上、下游两侧分别设厚度 2m 和 3m 的过渡层以支撑心墙并协调与坝壳变形,兼起反滤排水作用,上游过渡层还提供了灌浆处理渗漏的可能条件。

3.4　沥青混凝土心墙设计

3.4.1　心墙结构布置

沥青心墙形式可采用倾斜式、垂直式和上部倾斜式。采用倾斜心墙,心墙受力条件较好,下游坡可以较陡,节省坝体填筑方量;垂直心墙需要的沥青混凝土方量较少,施工方便。根据茅坪溪防护土石坝所处地形、地质条件,坝址两岸为深厚透水性强的全、强风化花岗岩体,为避免两岸山体的大开挖,两岸采用垂直混凝土防渗墙结构。为便于和岸坡垂直防渗墙可靠连接,确定采用垂直心墙。

沥青混凝土心墙顶高程 184.0m,最低墙底高程 91.0m。心墙顶宽 0.5m,两侧坡度 1∶0.004,至高程 94.0m 处,心墙宽度渐变为 1.2m。心墙与周边建筑物连接的 3m 范围内为心墙扩大段,断面扩大系数为 2.5,以延长结合面的渗径。心墙与周边建筑物连接大样参见图 3。

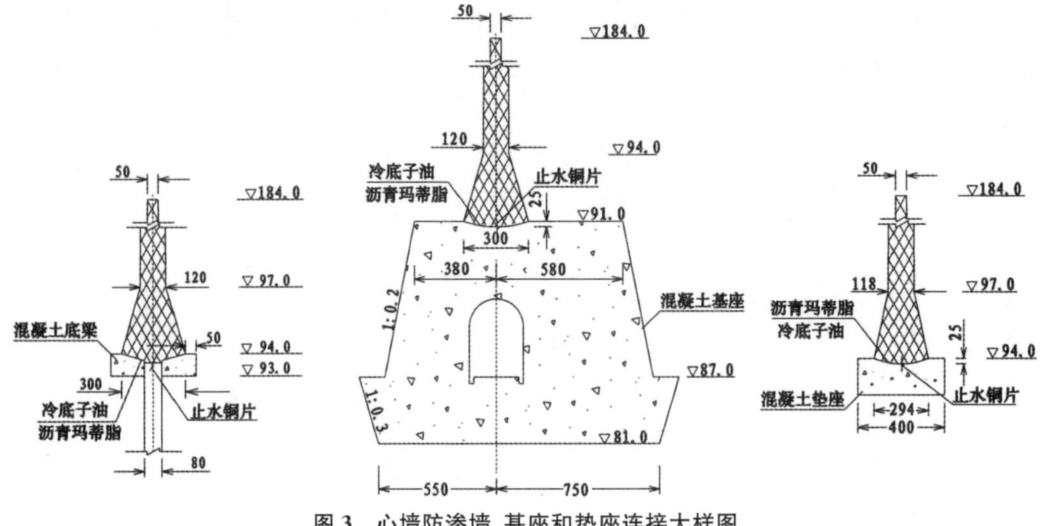

图3　心墙防渗墙、基座和垫座连接大样图

3.4.2　沥青混凝土质量要求

参照有关标准及国内外类似工程经验，经综合分析本工程料源、环境条件、沥青混凝土配合比试验和坝体应力、应变计算成果等因素，拟定了沥青混凝土物理力学性控制指标如表2。

表2　　沥青混凝土质量要求

序号	项目	技术要求	备注
△1	密度(g/cm³)	≈2.4	
△2	孔隙率(%)	<2	室内马歇尔击实试件
△3	渗透系数(cm/s)	$<1\times10^{-7}$	
△4	马歇尔稳定度 N	>5000	60℃
△5	马歇尔流值 1/100(cm)	30~110	60℃
△6	水稳定性	>0.85	
7	小梁弯曲(%)	>0.8	16.4℃
8	模量数 K	≥400	室内三轴试验：温度16.4℃；静压10MPa,3分钟
9	内摩擦角(°)	26~35	
10	凝聚力(MPa)	0.35~0.5	

注：△为施工质量控制和质量评定的保证项目。

3.4.3　沥青混凝土配合比

一期工程选用克拉玛依油田生产的沥青，二期工程采用中海36－1水工沥青。矿料(骨料和填充料)均采用碱性的石灰岩加工，为改善施工和易性，细骨料中掺加一定量的河砂，通过大量试验研究，提出的基本配合比(施工参考配合比)如表3，并经过现场施工试验，选定施工配合比。

表 3　　沥青混凝土参考配合比

工程分期	配比参数				矿料重量百分比		
	级配指数 r	最大骨料 Dmax(mm)	填充料 F(%)	沥青含量 B(%)	粗骨料 d=20～2.5mm(%)	细骨料 d=2.5～0.074mm(%)	填充料 D≤0.074mm(%)
一	0.25～0.4	20	12	6.3～6.5	56	32	12
二	0.35～0.4	20	12	6.3～6.5	53	35	12

4　沥青混凝土心墙安全性分析

根据沥青混凝土心墙芯样沥青混凝土模量数 K 值施工检测成果，一期工程数 K=84.5～266.4，平均为 164.1；二期工程数 K=103.4～217.7，平均为 149.4，K 值离散性较大且普遍偏低，难以达到设计要求。如若沥青混凝土 K 值和剪切强度过低，并存在心墙"拱效应"时将可能成为水力破坏的潜因，进而会影响大坝挡水运行安全。为此，开展了沥青混凝土心墙安全性分析研究。

4.1　施工期安全监测资料统计与分析

针对基础地质情况和坝体结构特点，心墙布设 1 个重要监测断面，2 个次要监测断面，其桩号分别为：0+700m、0+580m 和 0+850m。下面以心墙受力状态密切相关的主要项目进行分析：

(1)心墙与两侧过渡层间的相对变形

为观测心墙与两侧过渡层在铅直方向的相对变形，在心墙与过渡层间安装了由测缝计改装的位错计。高程 105m 处的心墙与过渡间的相对变形如见图 4。

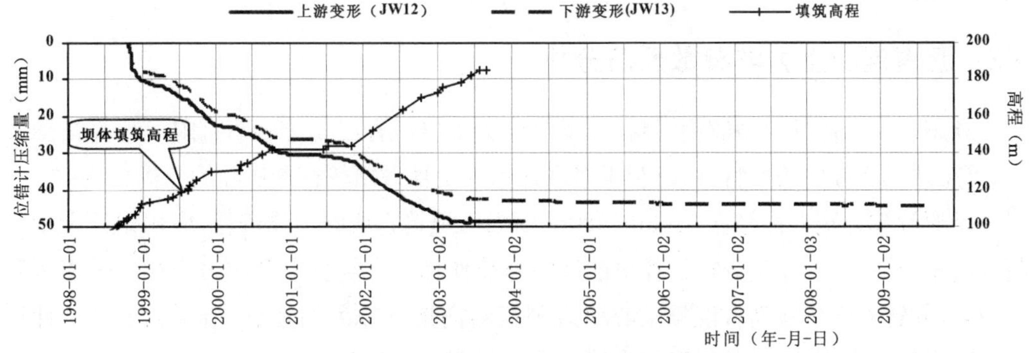

图 4　高程 105m 处的心墙与过渡层间的相对变形

从图 4 中可以看出：①位错计测值主要为压缩，表明心墙的沉降变形率比两侧过渡层略大(因为心墙的变形模量比过渡层小)；②心墙与过渡层间的相对变形随坝体填筑高度的增加而略有增大。

(2)心墙底部铅直向应力

0＋580m、0＋700m 和 0＋850m 断面心墙与基座接触面中心处各埋设了 1 个应力计,以观测心墙在该部位的铅直向应力。实测心墙底部铅直向应力过程见图 5。

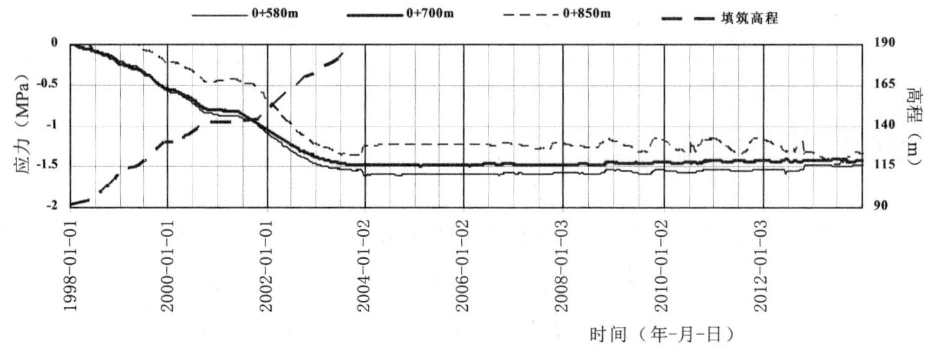

图 5　实测心墙底部铅直向应力过程

监测成果表明:①铅直向压应力随坝体填筑高度的增加而增大,至 2003 年 7 月 21 日实测应力分别为－1.54MPa、－1.46MPa 和－1.35MPa,此后测值没有明显变化;②按沥青混凝土容重 $24\times10^{-3}N/cm^3$,粗估由自重产生的铅直向压应力分别为 1.80MPa 和 1.86MPa。实测压应力小于自重压应力。

由心墙与过渡层间的位错计表现为受压及实测心墙底部铅直向应力小于自重压应力计算值,可知心墙在施工期已产生了拱效应。

结合大坝外部变形观测、心墙沥青混凝土温度观测、坝基渗压和大坝渗漏量观测等其他各项观测成果,分析发现心墙两侧的铅直向应变及变形较为对称,水库蓄水对坝体及心墙变形等没有明显影响。2003 年以后心墙应变、心墙基底铅直向应力等实测值没有明显变化。

4.2　沥青混凝土力学参数反演分析

利用已建坝体的原型监测资料,经反演分析得出沥青混凝土心墙有限元计算模型参数,可反映其实际的力学特性,有利于对坝体的安全性做出较符合实际的分析。

反演计算分别取桩号 0＋700m、580m 断面已填筑完成的坝体进行,应用累计全量分析和增量分析方法(增量分析计算更能反映外荷作用下大坝变形和应力规律),采用多测点拟合,并针对碾压式沥青混凝土心墙观测资料离散性较大的特点,结合大坝理论计算的应力变形分布规律,对监测资料进行了分析处理,对坝壳填料参数(分别选用设计阶段的室内三轴试验成果和现场固定断面取样的三轴试验成果)进行了分析判断。反演分析成果见表 4。

通过对反演参数的相关性分析:①$E\sim\mu$ 模型各参数对心墙沥青混凝土的变形和应

力的影响程度依次为G、n、K、R_f、D、F。②心墙沥青混凝土的计算参数对坝体变形的影响很小,而主要体现在对坝体应力方面。

表 4　　施工期心墙沥青混凝土反演参数

部位	$E \sim \mu$ 模型参数					
	k	n	R_f	G	F	D
0+700m 断面	342.0	0.249	0.5628	0.3868	0.02825	29.09
0+580m 断面	334.96	0.243	0.5714	0.3908	0.0725	28.93

4.3 心墙应力变形计算分析

茅坪溪防护土石坝应力应变计算分析主要成果如表 5、图 6、图 7。

表 5　　心墙变形和应力极值(反演参数)

项　目		竣工期	满蓄时	水位骤降	校核洪水
心墙	水平位移(cm)	−10.0/2.6	13.2	−2.8/7.6	14.3
	竖向应力(MPa)	1.515	1.912	1.835	1.910
	应力水平	0.63	0.35	0.41	0.34
	主应力比	0.83	0.59	0.56	0.60

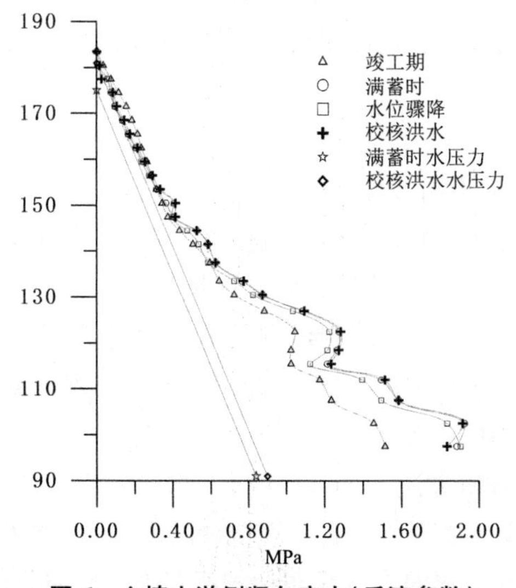

图 6　心墙上游侧竖向应力(反演参数)

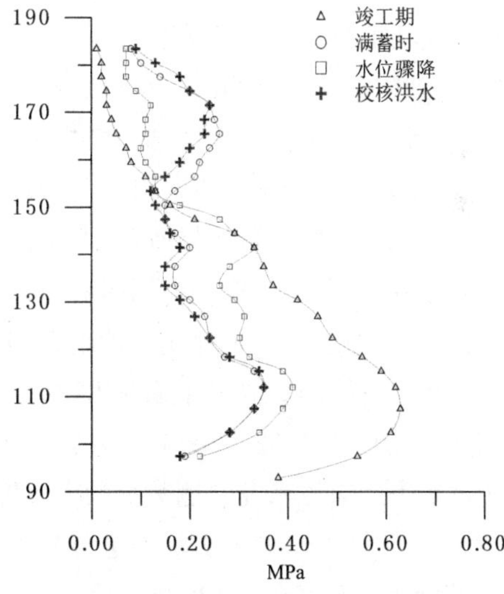

图 7　心墙轴线应力水平(反演参数)

计算结果表明:①茅坪溪防护土石坝,主要利用现场开挖料分区填筑,与一般沥青混凝土堆石坝相比,坝体的应力状态较为复杂,沥青混凝土心墙的变形和应力在 110～130m 高程的变化梯度较大。②偏硬的砂砾过渡层与心墙产生的拱效应,使得心墙的竖向应力降低;但由于沥青混凝土心墙侧向作用较强,对沥青混凝土心墙的稳定是有利的。③心墙应力水平都小于 1.0,心墙不会发生剪切破坏。④水库正常蓄水位时,心墙不会发生水力劈裂；校核洪水位时，高程 155～160m 以上，心墙竖向应力与水压力基本持平，若考虑沥青混凝土的抗拉强度，不会发生水力劈裂。

5 主要创新技术成果

针对茅坪溪防护土石坝直立式高沥青混凝土心墙结构设计、心墙周边防渗体接头形式，以及沥青混凝土性能试验与检测、施工工艺与质量控制等关键技术，进行了系统的研究与实践，取得了一系列自主创新技术成果。

(1)沥青混凝土配合比研究

沥青混凝土配合比研究是保证心墙物理力学性能满足工程要求的关键。对沥青混凝土粗骨料、细骨料、填充料、掺加料和沥青材料等的性质，混合料配比和生产控制工艺要求等进行研究，选取满足工程环境条件、受力变形条件、施工条件和经济合理性的最优配合比和矿料、混合料制备工艺。在沥青混凝土配合比设计中，根据抗渗性要求、坝壳材料性质、实际填筑加载工况和受力变形条件等因素，通过反复试验和计算分析，合理选择组成材料的种类和用量，找到解决抗渗性、变形特性、强度、耐久性和和易性等各种指标之间矛盾的平衡点，满足了直立式高沥青混凝土心墙的工程需要。

(2)基础防渗接头结构研究

茅坪溪防护土石坝体防渗系统，创新性地选取不同的防渗形式以适应不同基础条件的变化，成功解决土石坝坝体防渗、坝基防渗(包括两岸全、强风化层)，以及沥青混凝土心墙与基础防渗结构之间的接头可靠性等问题。

(3)沥青混凝土试验方法和控制指标

茅坪溪防护土石坝工程提出了《茅坪溪防护土石坝水工沥青混凝土试验方法》及指标，完成了 4 个试验项目的修改和 12 个试验项目的增补。增补、优化了水工沥青混凝土试验方法及沥青混凝土现场控制指标，对沥青混凝土心墙坝的施工质量控制起到关键作用。试验方法在服务于茅坪溪防护土石坝沥青混凝土心墙坝设计及施工的同时，也为其他工程和《土石坝沥青混凝土面板和心墙设计规范》(SL 501—2010)、《水工沥青混凝土试验规程》(DL/T 5362—2006)的修编和制定提供了参考。

(4)基于反演技术及实测数据的大坝安全分析方法

为验证茅坪溪防护土石坝安全分析中计算参数取值以及计算结果的准确性，首先根据初期蓄水(水库蓄水至 135.0m)后土石坝监测资料对茅坪溪防护土石坝进行反演分析，综合大坝填料试验研究成果和历年心墙沥青混凝土试验成果，对坝体填筑材料和心墙沥青混凝土的特性参数进行分析，综合确定各材料的参数，并据此对大坝竣工期和蓄水期的应力变形进行数值分析，评价大坝工作状态。随后根据试验蓄水期(水库蓄水至 175m)的监测资料再次对填料参数进行反演分析，根据反演结果及实测数据最终确定相关应力变形参数，最后以此评价坝体的应力变形和安全状态。该方法有效地弥补了初期设计计算分析中水工沥青混凝土试验方法不足导致的计算参数取值存在偏差，继而影响

大坝安全计算分析可靠性判断的问题,为同类工程的应用提供了宝贵的经验。

(5)形成完善的试验检测标准和施工规程

茅坪溪防护土石坝工程建设时在水工沥青混凝土理论方面指导不足,实践经验缺乏。通过建设过程中的不断实践和研究,基本形成了比较完善的试验检测标准和施工规程要求,加强了我国在水工沥青混合料及沥青混凝土基础理论应用研究、检测、试验、规程规范、施工机械设备开发等方面的薄弱环节,多项技术已应用到修编的专业规范中。

(6)快速质量检测技术

茅坪溪防护土石坝工程采用核子密度计和测定表面孔隙率等无损检测手段作为现场沥青混凝土质量检测的主要手段,该技术方便、快速、不影响心墙的质量,减少或取消传统的心墙取芯检测,为心墙的快速上升创造了条件。

6 结语

1)茅坪溪防护土石坝为Ⅰ等一级永久建筑物,最大坝高104m,是当时世界上建成的最高的直立型沥青混凝土心墙坝。为充分利用三峡主体工程基础开挖料,采用适应变形的沥青混凝土心墙是合适的。

2)通过采用改进型有限元计算模型对大坝应力应变进行分析,坝体及心墙应力水平不高,不会发生剪切破坏;心墙垂直正应力大于或等于水压力,校核洪水考虑沥青混凝土抗拉强度0.1MPa,心墙不会发生水力劈裂,大坝是安全的。

3)沥青混凝土属黏弹塑性材料,力学性能复杂。我国对高土石坝沥青混凝土防渗心墙设计理论和方法及相关水工沥青混凝土技术尚处于发展时期,茅坪溪防护土石坝的建设和运行,积累了丰富经验,推动了水工沥青混凝土防渗技术的进一步发展。

参考文献

[1]周良景,徐唐锦,等.三峡茅坪溪沥青混凝土心墙堆石坝[M]//中国当代土石坝工程.北京:中国水利水电出版社,2004.

[2]徐唐锦,余胜祥,鄢双红.三峡茅坪溪沥青混凝土心墙土石坝设计及验证分析[C]//第一届堆石坝国际研讨会论文集.长江勘测规划设计有限责任公司,2009:219-225.

[3]周良景,余胜祥,等.茅坪溪防护土石坝沥青混凝土心墙力学性状及其安全性分析[M]//中国大坝技术发展水平与工程实例.北京:中国水利水电出版社,2007.

[4]徐唐锦,熊焰,等.茅坪溪沥青混凝土心墙防护土石坝设计[M]//中国大坝技术发展水平与工程实例.北京:中国水利水电出版社,2007.

三峡茅坪溪沥青混凝土心墙防护坝应力变形性状分析

周欣华[①,2]　饶锡保[1,2]　陈云[1,2]　潘家军[1,2]

(1.长江水利委员会长江科学院,武汉　430010;
2.水利部岩土力学与工程重点试验室,武汉　430010)

摘　要:本文较系统地分析了茅坪溪沥青混凝土心墙防护坝应力变形监测资料,并将监测成果与大坝施工设计阶段计算预测成果进行了对比分析。实测的坝体应力变形成果表明,坝体应力变形符合一般土石坝的应力变形规律,计算预测值与实测值基本吻合;大坝蓄水至正常水位后,大坝和沥青混凝土心墙的运行状态良好。

关键词:三峡茅坪溪;沥青混凝土心墙防护坝;应力变形

1　工程概况

茅坪溪防护大坝为沥青混凝土心墙堆石坝,它是三峡枢纽工程的一部分,大坝等级为Ⅰ级建筑物。大坝防渗轴线总长1840m,坝顶高程185.0m,最大坝高104.0m,心墙顶高程184.0m,底高程91.0m,心墙最大高度为93.0m。心墙厚度由顶部高程处的0.5m渐变至高程94.0m处的1.2m,墙底部通过3.0m高渐变扩大段与混凝土基座连接,沥青混凝土心墙坐落在混凝土基座上,混凝土基座内设有灌浆廊道。坝体典型横剖面及材料分区见图1。

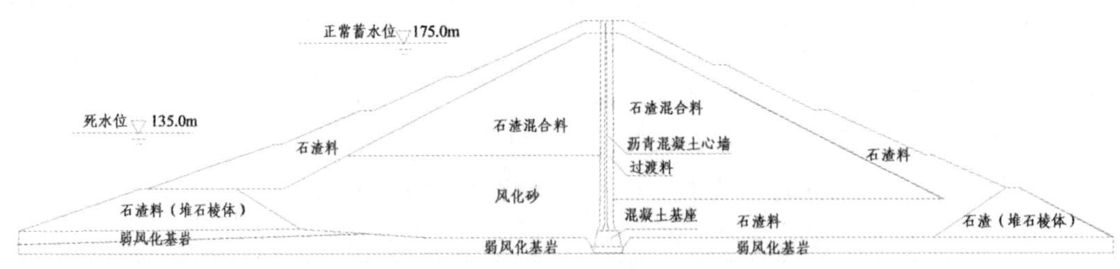

图1　大坝最大横剖面(0+700m)及材料分区图

大坝正常蓄水位175m,校核洪水位180.4m,死水位135.0m。大坝于2003年年底填

① 作者简介:周欣华(1972—　);女,硕士;高级工程师,岩土工程专业,邮箱:438435428@qq.com。

筑完成,是当时建成的最高沥青混凝土心墙坝,2004 年通过竣工验收。在 2003 年 6 月已开始蓄水。

2 观测内容及仪器埋设

茅坪溪大坝是我国大坝工程在沥青混凝土心墙领域内的大胆创新与尝试,该坝的应力变形和运行状态备受关注,对坝体填料的物理力学特性和坝体应力变形特性均做过系统的深入研究,在设计和施工阶段均根据前期试验成果对坝体竣工期和蓄水期的应力变形进行预测分析与计算。同时,为了跟踪大坝应力变形过程和监控大坝的安全运行状态,在坝体内布置了变形、渗流、应力应变、温度等监测系统。应力应变监测主要布置在河床 0+580m、0+700m、0+850m 三个断面上。

本次对比分析主要针对典型最大断面(桩号 0+700m)坝体内部变形、沥青混凝土心墙应变和心墙与过渡料间的相对位移进行,该监测断面仪器布置见图 2。

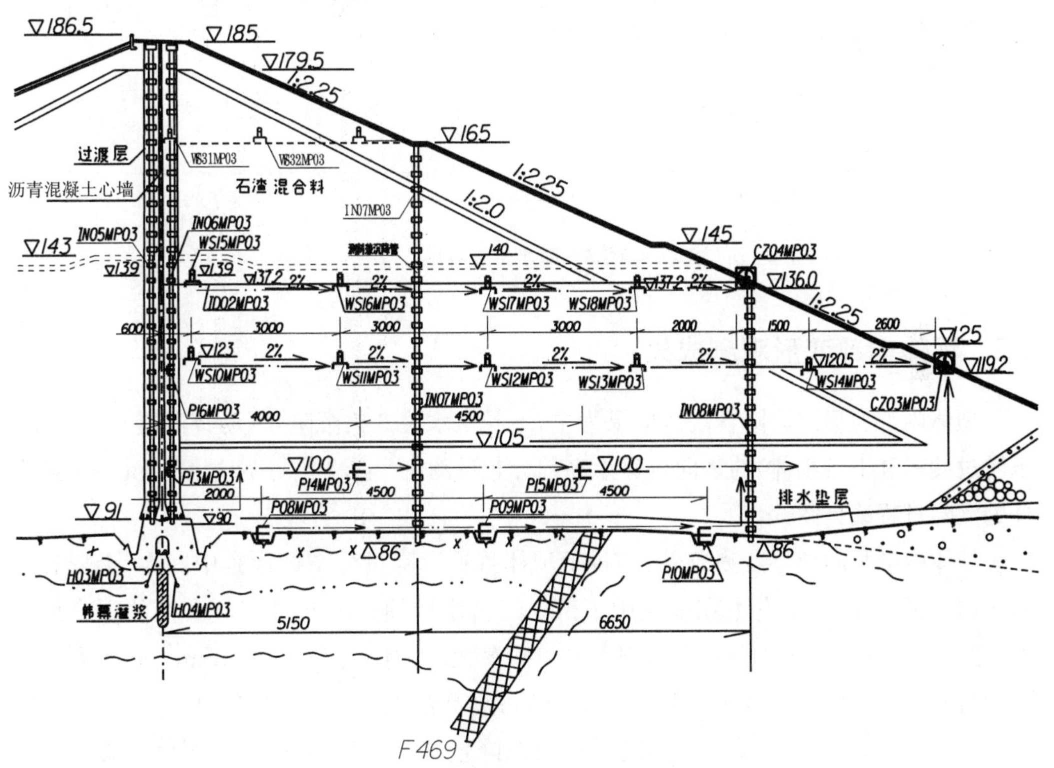

注:(1)IN_MP_:沉降环观测点;(2)WS_MP_:水管式沉降管。

图 2　0+700m 监测断面仪器布置图

3 坝体应力变形观测成果[4]

3.1 大坝蓄水过程

三峡水库从2003年5月20日开始蓄水，严格遵循汛期低水位、枯水期高水位的运行原则，至2006年6月坝前水位一直保持在135～139m，相应的茅坪溪防护坝坝前水头在54～58m；从2006年9月20日开始初期蓄水，至2008年9月28日坝前水位一直保持在145～156m，相应的茅坪溪防护坝坝前水头在64～75m。2008年汛后三峡工程进入水库试验蓄水期，水位维持在145～175m，相应的茅坪溪防护坝坝前水头在64～94m。库水位过程线见图3。

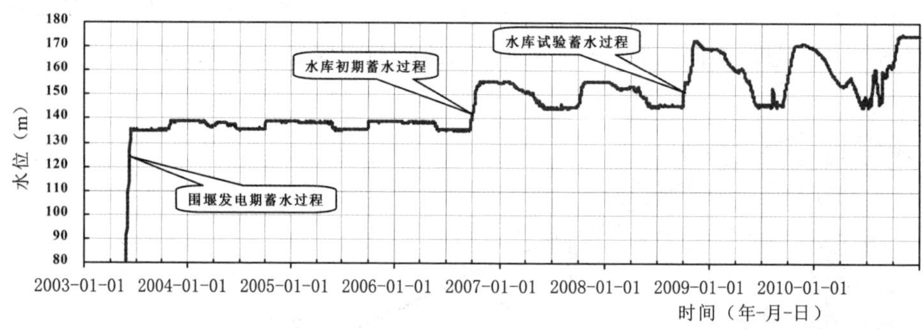

图3 库水位过程线

3.2 坝体内部变形观测成果

坝体内部变形以沉降管观测成果为主，不同蓄水位3根沉降管（沥青混凝土心墙上、下游过渡料和下游坝体）的竖向位移沿高程分布见图4。心墙上、下游过渡层沉降量最大环的沉降过程线见图5。

坝体内部竖向位移监测成果表明：①坝体累积沉降量分布规律是中间大，上部和下部小，最大累计沉降量发生在坝体中下部。②蓄水期坝体竖向位移随水位的上升而增大，蓄水至正常水位175.0m，三监测点的累积最大沉降量为528～608mm。最大累积沉降量为608mm，位于心墙上游侧过渡料内，占坝高的0.58%，出现在约1/2的坝高处。③沉降过程线表明，坝体填筑完毕之后各点沉降量基本趋于稳定，说明坝体沉降在竣工期基本完成。蓄水期随坝前水位抬升坝体沉降略有增加，增量在120mm以内。

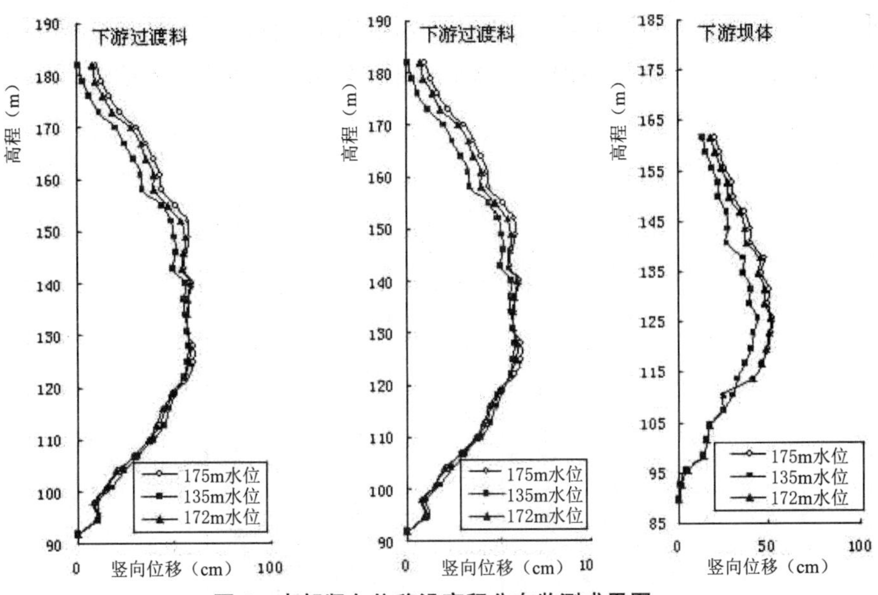

图 4 内部竖向位移沿高程分布监测成果图

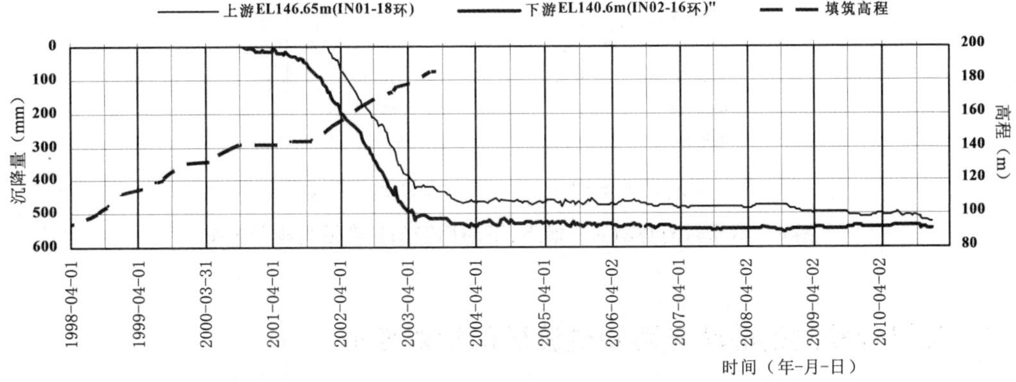

图 5 心墙上、下游过渡层沉降量最大环的沉降过程线

3.3 心墙应变

为观测心墙铅直方向的应变，在 0＋700m 观测断面一期心墙高程 95～170m，于心墙上、下游面成对布设了 36 支由测缝计改装的应变计。不同时间观测的心墙上、下游面竖向应变沿高程分布见图 6。

观测成果表明：①心墙铅直向心墙应变沿高程分布的总体规律是心墙铅直向的应变均为压应变，且应变随坝体填筑高度的增加而增大。2003 年 7 月实测的应变$-53.08\times10^{-3}\sim-2.69\times10^{-3}$，平均应变为$-20.39\times10^{-3}$；心墙竖向应变观测值存在一定的离散性，偶尔的偏大可能是局部碾压密实度较低造成的。②同一高程心墙两侧的应变量差值在35.8×10^{-3}以内，平均差值约为2.2×10^{-3}，说明心墙施工期两侧变形较为均匀。

③2006 年5 月至 2010 年 12 月高程 134m 以上,心墙铅直向应变略有增加,压应变增量的平均值约为 2.5×10^{-3},应变变化较小,水库蓄水对心墙应变的影响不明显。

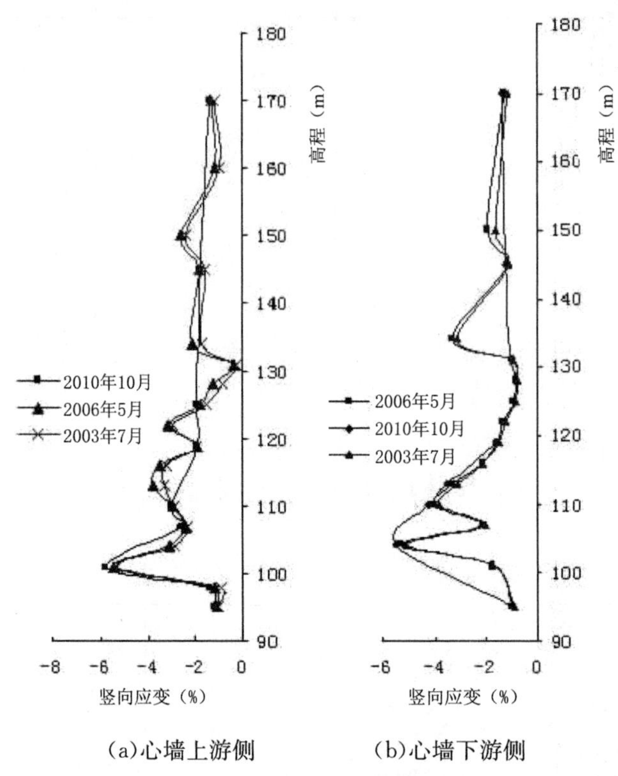

(a)心墙上游侧　　(b)心墙下游侧

图 6　不同时间观测的心墙上、下游面竖向应变沿高程分布图

3.4　位错计观测的心墙与两侧过渡层间相对变形

为观测心墙与两侧过渡层在铅直方向的相对变形,心墙与过渡料间安装了由测缝计改装的位错计。位错计上端固定于心墙,下端固定于过渡层。心墙与过渡料间的相对变形沿高程分布见图 7。

实测成果表明:①2003 年 7 月,实测心墙与过渡层间的相对变形为 3.8~48.5mm,平均相对变形为 17.4mm,高程 105m 处的相对变形最大;同一高程心墙两侧的相对变形的差值在 1.4~5.9mm,平均差值为 3.4mm。②位错计测值主要为压缩,表明心墙的沉降量比两侧过渡层略大,但沉降差较小。③心墙与过渡层间的相对变形随坝体填筑高度的增加而略有增大。2003 年 12 月坝体填筑完毕及水库蓄水后的相对变形没有明显变化。

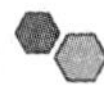

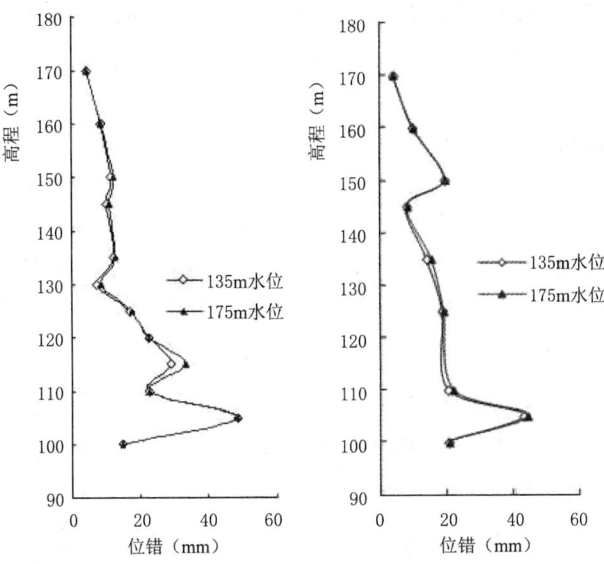

图7　心墙与过渡料间的相对变形沿高程分布图

4　监测成果与计算预测值的对比分析

4.1　大坝应力变形分析过程

针对茅坪溪防护坝的应力变形预测始于施工设计阶段。施工设计阶段,设计方联合长江科学院、清华大学、武汉大学等单位对大坝的应力变形状态进行了分析[1]。当时,材料的参数采用室内试验推荐值,在心墙与过渡料之间未设接触面。计算成果表明,在心墙沥青混凝土的模量基数 K 不小于400的前提下,心墙发生水力劈裂的可能性较小。大坝施工阶段,由于坝体填料的料源、沥青原材料及配合比控制发生变化等原因,沥青混凝土现场碾压成型芯样的试验模量基数 K 值普遍偏低,难以达到设计要求的400。这样,沥青混凝土的安全性成为大坝阶段验收的关键。为此,三峡集团分别委托长江科学院和河海大学,在基于施工现状及大坝原型监测成果的基础上,对坝体填料、沥青混凝土心墙的力学特性开展反分析研究,并对坝体后期蓄水运行的安全性进行评价,获得了相应的成果[2][6]。基于该项研究成果,茅坪溪防护大坝通过了竣工验收,并蓄水至135m水位。

在围堰蓄水发电期(蓄水到135m水位),长江科学院根据2005年12月的坝体应力变形观测成果[3],对坝体填料的非线性模型参数再次进行了反馈分析,获得坝体填料新的非线性模型参数,并采用该参数对大坝156m水位和175m正常蓄水期的应力变形进行预测计算分析,同时对心墙的流变特性进行了分析研究[7][8]。本次研究成果为后期蓄水提供了技术支持。

所有计算均以最大断面0+700m进行建模,填料参数采用邓肯—张 $E-\mu$ 非线性弹性模型。本次对比分析的预测成果是根据发电蓄水期反分析确定的填料参数对大坝蓄水至175m时的应力变形进行预测[2][7]，监测成果是试验性蓄水运行初期大坝应力变形监测值[4][5]。

4.2 沉降管观测的坝体内部垂直位移的对比分析

过渡料和下游坝体在不同蓄水位条件下的观测成果与计算成果对比见图8。可见，①三监测点的实测竖向位移沿高程分布规律与预测计算相同，但具体数值上略有偏差，心墙上游侧过渡料的原预测竖向位移较实际监测值略大，而下游侧过渡料则相反，预测值比实测值比略小，出入较大的是下游坝体的竖向位移。监测资料表明，下游坝体在高程115～140m段的竖向位移随蓄水上升有较大增加，观测沉降比预测沉降大15cm左右。②对比分析表明，设计施工期采用非线性邓肯—张$E-\mu$模型计算是正确可靠的，实际上坝填料特性与室内试验成果基本一致，施工碾压质量满足设计要求。③坝体变形符合土石坝的一般变形规律，坝体变形在竣工期基本完成，蓄水后未出现异常情况，大坝运行状态良好。

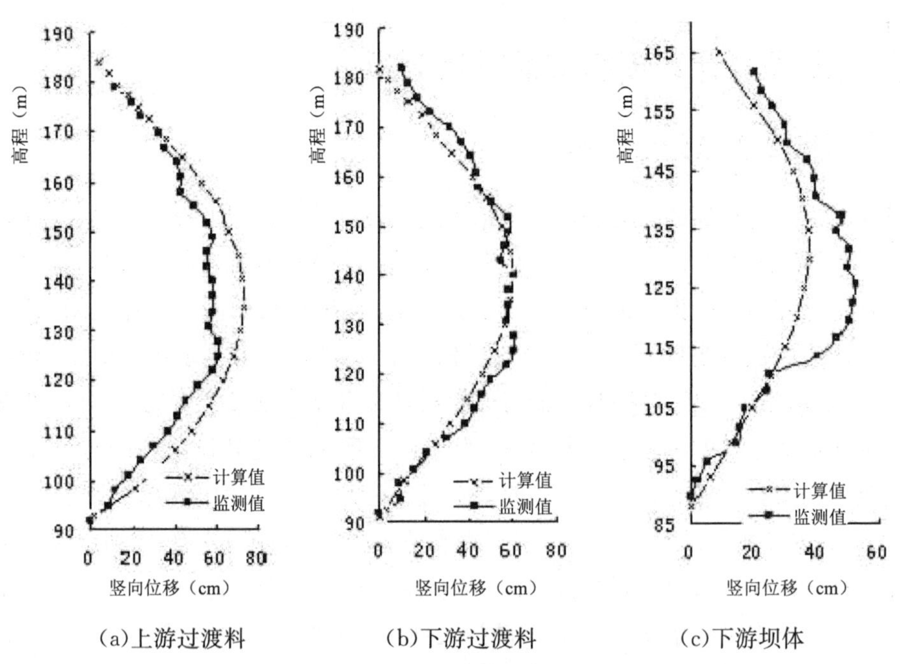

图8 坝体竖向位移沿高程分布成果对比图

4.3 沥青混凝土心墙竖向应变的对比分析

心墙上、下游侧竖向应变预测计算值与实测成果对比见图9。对比分布图表明：①心墙竖向应变的计算值与观测值沿高程分布规律是一致的，即心墙竖向应变均为压应变，且随高程的上升而减小；②随着沥青混凝土模量基数的增大，心墙竖向应变减小，当沥青

混凝土心墙的模型参数采用现场取芯样的试验成果时(模量基数 $K=413$),实测的心墙应变沿高程分布与计算成果基本一致;③当沥青混凝土心墙的模量基数为 292 时,心墙竖向应变观测一般都小于对应高程的心墙应变计算值,说明实际上坝的沥青混凝土心墙料的综合模量基数高于 292,高于前期计算成果中沥青混凝土心墙不发生水力劈裂破坏的最低值 240[7],说明沥青混凝土心墙运行物理力学特性良好,运行状态较安全。

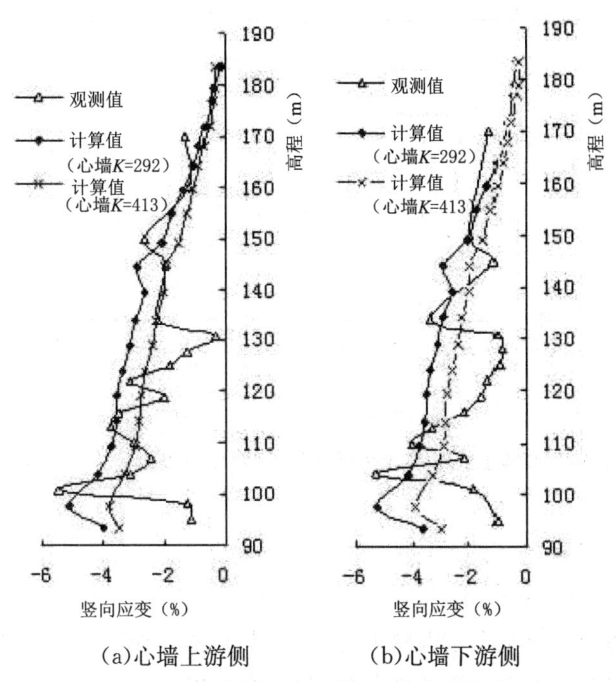

图 9　心墙上、下游侧竖向应变沿高程分布对比图(蓄水 175m)

4.4　心墙与两侧过渡层间相对变形的对比分析

心墙上、下游侧与过渡接触带的相对位移观测成果与计算成果对比见图 10。可见,上游侧位错量预测计算值与实测值基本吻合,但下游侧计算值较实际观测值大,这与接触面参数和上、下游坝体位移直接相关。

5　结论

通过对大坝变形监测成果以及与前期计算预测值的对比分析,可得到以下几点结论:

1)大坝实测应力变形成果与前期计算成果在变化规律上是一致的,只是局部在数值上存在一定出入;实际上坝填料特性与室内试验成果基本一致,施工碾压质量满足设计要求。

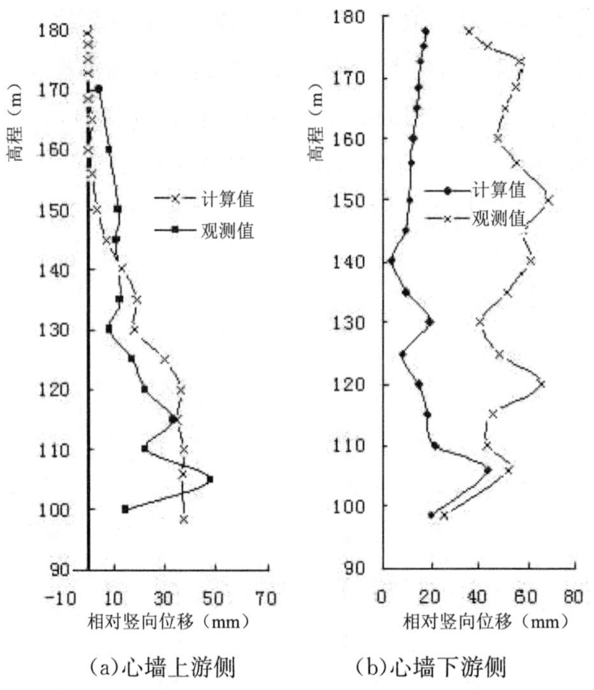

图 10　心墙上、下游与过渡料间的相对位移沿高程分布对比图

2)坝体变形符合土石坝的一般变形规律，坝体变形在竣工期基本完成，蓄水后未出现异常情况，大坝运行状态良好。

3)实际上坝的沥青混凝土心墙料的综合模量基数不小于 292，高于前期计算成果中沥青混凝土心墙不发生水力劈裂破坏的最低值 240，说明沥青混凝土心墙运行物理力学特性良好，运行状态较安全。

参考文献

[1]陈云.三峡工程茅坪溪防护工程沥青混凝土心墙坝应力应变分析[R].武汉：长江科学院，1997.

[2]饶锡保，汪明元，周欣华，等.三峡工程茅坪溪防护大坝心墙沥青混凝土特性试验及数值分析研究[R].武汉：长江科学院，2004.

[3]刘洪，张利军.三峡工程茅坪溪防护土石坝施工期安全监测[J].长江科学院院报，2000，17(5).

[4]钮新强，段国学，徐化伟，等.长江三峡水利枢纽试验蓄水期茅坪溪防护坝监测资料分析报告，长江勘测规划设计研究有限责任公司，2009.

[5]朱晟，曹广晶，张超然，等.茅坪溪土石坝安全复核[J].水利学报，2004(11).

[6]张丙印，李全明，熊焰等.三峡茅坪溪沥青混凝土心墙堆石坝应力变形分析[J].长江科

学院院报,2004,21(2).

[7]汪明元,周欣华,包承纲.三峡茅坪溪高沥青混凝土心墙堆石坝运行性状研究[J].岩土力学与工程学报,2007.

[8]周欣华,饶锡保,朱国胜.沥青混凝土心墙堆石坝产生水力劈裂破坏的分析与评价[C]//第二届全国岩土与工程学术大会论文集.2010.

三峡大坝位移监控模型与监控指标研究

甘孝清[①,2,3]　李端有[1,2,3]　周元春[1,2,3]

(1.长江水利委员会长江科学院,武汉　430010;
2.水利部水工程安全与病害防治工程技术研究中心,武汉　430010;
3.国家大坝安全工程技术研究中心,武汉　430010)

摘　要:建立位移监控模型,拟定位移监控指标,是三峡工程混凝土重力坝安全运行管理的重要技术支撑。本文以三峡大坝2号泄洪坝段为例,结合位移和温度实测资料,根据坝体不同高程混凝土温度的影响因素和变化规律的不同,研究坝体温度场的分布特点,采用多项式拟合的方法分段模拟坝体温度场;利用有限元数值分析方法确定三峡重力坝的水压位移分量和温度位移分量,采用统计方法确定三峡重力坝的时效分量;利用位移实测数据采用回归分析方法确定调整系数和待定系数,建立起三峡重力坝的一维多测点位移确定性模型,并拟定位移监控指标。经检验,模型预报值与位移实测值吻合较好,从而验证了本文所建立的监控模型具有较高的精度和外延性。本文研究成果可应用于大坝安全管理中,具有一定的工程实用价值。

关键词:三峡大坝;位移;监控模型;监控指标

1　前言

为保障水库大坝的安全,必须对大坝实施安全监测。大坝安全监测可以掌握大坝的实际性状,及时获取第一手的资料来了解大坝的工作性态,为评价大坝状况和发现异常迹象提供依据,在发生险情时还可以发布警报减免事故损失。对于安全监测所得到的数据,须经过处理分析才可以用来判断大坝的安全与否,一般来说有定性分析和定量分析两种方法[1,2]。定性分析是从整体的角度出发考察各效应监测量的变化范围、沿空间的分布状态、沿时程的变化规律以及受何种环境因素影响等,用联系的观点比较、分析和解

① 作者简介:甘孝清(1972—　),男,湖北潜江人,教授级高级工程师,从事水工建筑物安全监测、安全评价与安全管理技术研究工作。E-mail:gxqxf@sina.com。

释测值所反映的情况是否符合正常规律、有无异常情况，原因如何等，从而可对大坝的工作性态作出定性的评价。定量分析则是根据采集到的大坝结构效应量测值，结合坝体结构特点、材料特性和坝基地质条件，运用坝工理论和相应的数学方法对它们进行定量分析，可建立起相应的数学模型，这样便可以定量地掌握大坝的工作性态，对大坝安全情况作出判断，进而实现大坝安全监控[3]。

在各种效应量中，大坝位移能很好地反映坝体的运行状态，同时易于测量，精度高，是很重要的效应量。对大坝位移作出定量分析，这时就要求有一个位移数学监控模型，以及拟定好的位移监控指标，利用这个监控模型，可以得出当前工况下大坝位移的大小及位移监控指标，并和实测值进行对比，最终判断大坝是否处于正常运行状态。因此，一个合理的位移监控模型和位移监控指标是通过大坝安全监测实现大坝安全监控的关键因素之一。

三峡大坝建立了较为完善的安全监测系统，有较长的监测数据系列，可利用已有的安全监测数据开展安全监控模型和安全监控指标研究，作为三峡大坝安全运行管理的重要技术支撑。本文以传统监控模型为基础，利用坝体实测温度资料对坝体温度场进行了多项式拟合，并计算出温度分量，从而建立了可反映三峡大坝测点间变形相互联系的多测点位移确定性监控模型。

2 工程简介与监测布置

2.1 工程简介

三峡水利枢纽是具有防洪、发电、航运等综合效益的巨大工程，也是治理开发长江的关键性骨干工程，水库总库容 393 亿 m^3，水电站总装机容量 18200MW，枢纽为一等工程。枢纽主要由混凝土重力坝、电站和通航等建筑物组成，其中混凝土重力坝坝顶高程 185m，最大坝高 181m，大坝轴线全长 2309.5m。大坝分为七部分，从左至右分别为：左岸非溢流坝段、左导墙坝段、左岸厂房坝段、溢流坝段、右岸厂房坝段、纵向围堰坝段、右岸非溢流坝段。溢流坝段居河床中部，长 483m，共分为 23 个坝段，设有溢流表孔 22 个、泄洪深孔 23 个，深孔布置在每个坝段正中间，表孔跨横缝布置在两个坝段之间。此外，为满足三期截流和围堰挡水发电度汛泄洪要求，在表孔正下方跨横缝布置有导流底孔 22 个。溢流坝段两侧为左导墙坝段，纵向围堰坝段，左、右岸厂房坝段和左、右岸非溢流坝段。

2 号泄洪坝段位于主河床深槽，最大坝高 185m，是坝高最大的典型泄洪坝段，对称布置有三层孔口，结构应力复杂。鉴于 2 号坝段运行条件和结构方面的特殊性，在监测设计中将其作为关键部位布置了较为齐全的监测项目，如水平位移监测、垂直位移监测、挠度和基础转动监测、渗流监测、应力应变监测、温度监测以及接缝监测等。本文将 2 号泄洪坝段作为研究对象，根据其水平位移监测数据及温度监测数据，建立起多测点位移确定性模型。

2.2 监测布置

(1)水平位移监测

在 2 号泄洪坝段高程 178m、116.5m、49m 及高程 43m 靠下游面布设引张线测点，在高程 178m 廊道和上游基础廊道内设有真空激光变形监测系统。在上、下游基础廊道各布设 1 条倒垂线，其浮体均设在高程 15m 基础廊道内。靠上游面正垂线分为三段，分别悬挂于坝顶 185m 高程、高程 140m 廊道、高程 49m 廊道内，在高程 175.4m、80.5m 布设有中间测点，可测坝体不同高程的水平位移。2 号泄洪坝段正倒垂监测布置见图 1 所示。

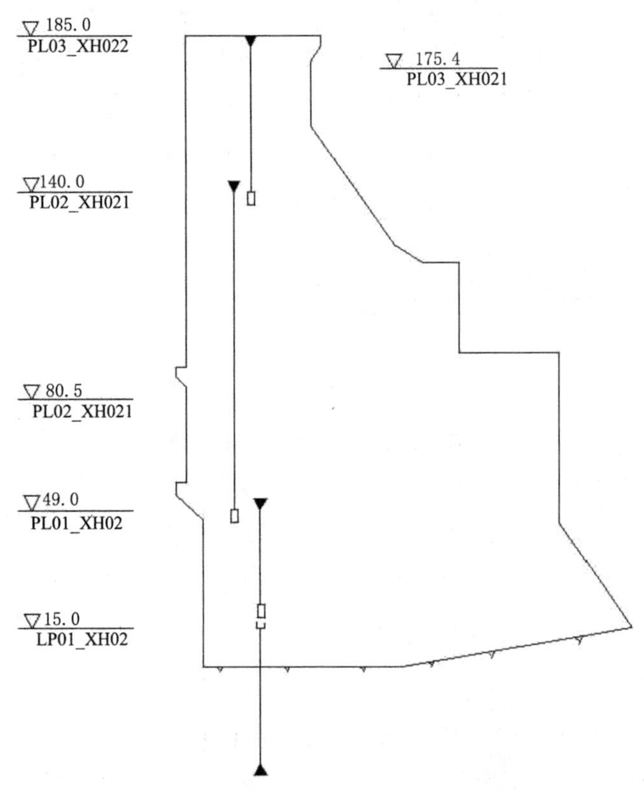

图 1　2 号泄洪坝段正倒垂监测布置图

(2)温度监测

在坝基面向下钻孔 20m，在距基岩表面 1m、3m、5m、10m、20m 处分别布设 1 支温度计，以量测地温及变化。在坝体内部沿高程按不同间距呈网状布设有 90 支温度计，此外布置差动式仪器的部位也可进行温度监测。2 号泄洪坝段温度监测布置见图 2。

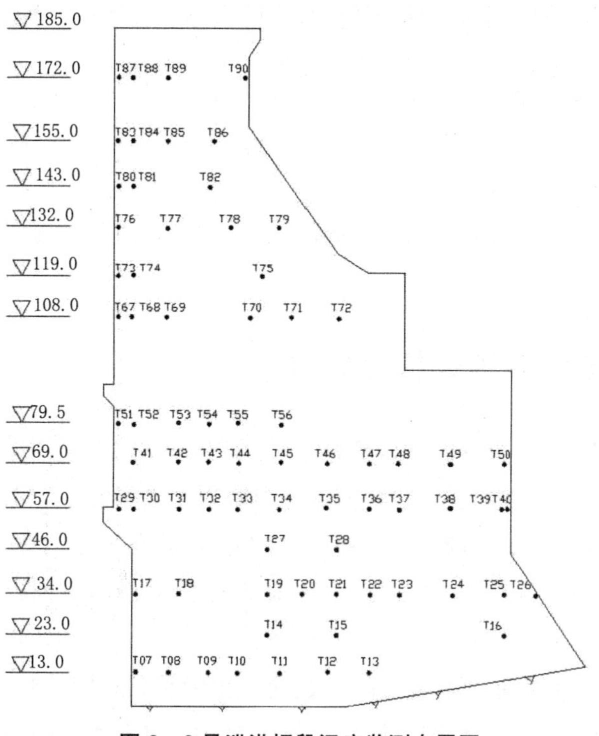

图2　2号泄洪坝段温度监测布置图

3　位移监控模型的建立

一般情况下,大坝位移包括三个部分:水压分量、温度分量和时效分量。其中:

(1)水压分量

$$f_1(H,x,y,z)=\sum_{k=0}^{3}\sum_{l,m,n=0}^{3}A_{klmn}H^k x^l y^m z^n \tag{1}$$

式中:A_{klmn}——回归系数,可由水压位移计算值、坝前水深 H、测点坐标(x,y,z)通过多项式拟合方法得到,其中水压位移计算值采用有限元计算方法得出。

(2)温度分量

$$f_2(T,x,y,z)=\sum_{j=0}^{m1}\sum_{l,m,n=0}^{3}B_{jlmn}T_j x^l y^m z^n \tag{2}$$

式中:B_{jlmn}——回归系数,可由温度位移计算值、测点温度 T_j、位移测点坐标(x,y,z)通过多项式拟合方法得到,其中温度位移计算值采用有限元计算方法得出。

(3)时效分量

$$f_3(\theta,x,y,z)=\sum_{l,m,n=0}^{3}\sum_{k=0}^{1}C_{1lmn}\theta^k x^l y^m z^n+\sum_{l,m,n=0}^{3}\sum_{k=0}^{1}C_{2lmn}(\ln\theta)^k x^l y^m z^n \tag{3}$$

式中:C_{1lmn}、C_{2lmn}——待定系数,在总的监控模型中利用回归分析求出。

因此，大坝多测点位移确定性模型可表示为：

$$\delta = X\sum_{k=0}^{3}\sum_{l,m,n=0}^{3} A_{lmn}H^k x^l y^m z^n + Y\sum_{j=0}^{m_1}\sum_{l,m,n=0}^{3} B_{jlmn}T_j x^l y^m z^n + \sum_{l,m,n=0}^{3}\sum_{k=0}^{1} C_{1lmn}\theta^k x^l y^m z^n + \sum_{l,m,n=0}^{3}\sum_{k=0}^{1} C_{2lmn}(\ln\theta)^k x^l y^m z^n \tag{4}$$

式中：X，Y——有限元计算时弹性模量和线膨胀系数等取值与大坝实际参数有差别时隔不久的调整系数。

4　坝体温度场的多项式拟合方法

采用有限元方法计算大坝温度变形分量时，首先应确定大坝坝体温度场。三峡大坝布置了许多温度计或兼测温度的仪器，但其分布密度无法与有限元数值分析的网格密度一致，如果用温度测点作为有限元网格的结点，则会造成有限元网格较大，不能满足工程精度要求的结果。本文采用多项式拟合方法求得坝体温度场，进而得到坝体的变温荷载及温度变形。

将以上游水位、时间及时间的三角函数、测点坐标及其它们的组合形式作为因子，利用坝体温度实测资料进行坝体温度场 $T(x,z,t)$ 的多项式拟合，表达式为：

$$T(x,z,t) = \sum_{k=0}^{2}\sum_{i=0}^{2}\sum_{j=0}^{2} x^j z^j H^k + \sum_{i=0}^{2}\sum_{j=0}^{2} x^i z^j \cos t + \sum_{i=0}^{2}\sum_{j=0}^{2} x^i z^j \sin t + \sum_{i=0}^{2}\sum_{j=0}^{2} x^i z^j t \tag{5}$$

式中：H——上游水位；

x、z——温度测点在上下游方向及竖直方向的坐标（假定沿坝轴线方向上相同 x、z 坐标点的温度值是相同的）；

t——时间。

由于坝体结构形式随高程的不同变化较大，且坝体不同高程段的温度变化规律有一定的差异，如坝体底部长期处于水库水位以下，受底部恒温库水的影响，温度变化不大；坝体中部处于水库水位变化区域内，其温度变化兼受气温及水温的影响；坝体上部主要是受气温的影响，温度变化比较显著。因此，在采用多项式拟合坝体温度场时，根据高程应进行分段拟合。

5　三峡大坝多测点位移监控模型

5.1　有限元计算范围及计算网格

本文以 2 号泄洪坝段为研究对象，该坝段坝顶高程为 185m，沿坝轴线方向宽度为 21m，坝踵处建基面高程为 4m，坝趾处建基面高程为 15m。基础的计算范围是：上、下游及深度方向均取1.5倍坝高。

坐标轴取向为:X 轴取顺水流方向为正,Y 轴沿坝轴线指向右岸为正,Z 轴取竖直向下为正。坐标原点位于此坝段最右侧断面上、坝轴线与坝顶的交会处。

整个计算模型有限元网格的节点总数为4172个,单元总数为16201个,其中坝体单元6322个。计算网格见图3。

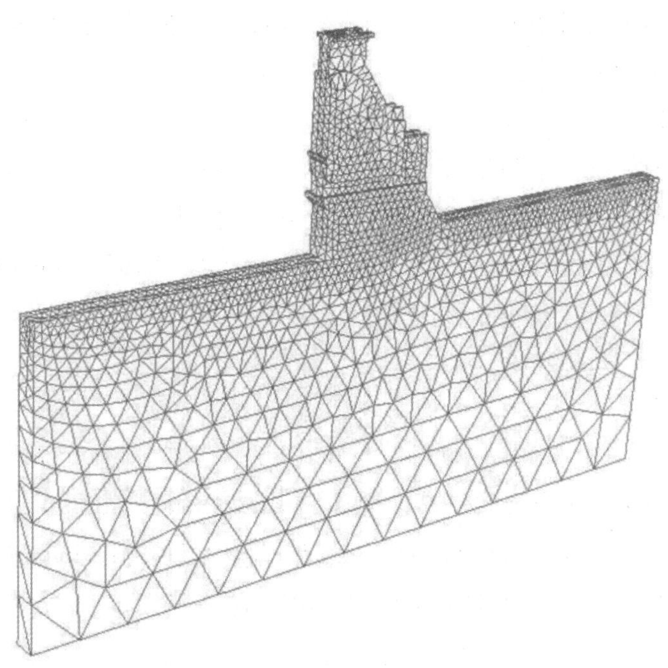

图3 2号泄洪坝段有限元计算网格图

5.2 计算参数及边界条件

坝体混凝土、基岩的热、力学性能参数采用长江科学院试验数据,如表1所示。

表1 坝体混凝土、基岩的热、力学性能参数

材料种类	密度(kg/m³)	弹性模量(GPa)	泊松比 μ	线膨胀系数(×10^{-5}℃)
混凝土	2450	26.0	0.167	0.85
基岩	2700	35.0	0.2	0.85

边界条件:基岩上、下游垂直面取法向约束,基础两侧及底部取法向约束,坝体两侧与相邻坝段连接处取法向约束。

5.3 水压位移分量有限元计算

计算仅在水压作用下,2号泄坝段6个正倒垂测点处的位移。水压荷载根据三峡大坝上、下游水位的实际观测值计算得到。计算所用的水位观测序列为2003年5月3日至

2008 年 11 月 26 日期间与位移观测日期相对应的水位观测值。2008 年 11 月 12 日上游水位达到最高，为 172.74m。

5.4 温度位移分量有限元计算

5.4.1 温度场多项式拟合

根据第 3 节叙述的温度场多项式拟合方法，得到 2 号泄洪坝段坝体底部、中部和上部的温度场拟合模型分别为：

(1)坝体上部

$T(x,z,t)=15.866-1.26\times10^{-3}xz+2.38\times10^{-3}hx+3.14\times10^{-5}hx^2+2.59\times10^{-4}hz+1.47\times10^{-7}h^2x^2-3.36\times10^{-7}h^2xz+5.4\times10^{-5}h^2+1.572x\cos t-0.175x^2-4.23\times10^{-4}z^2\cos t+8.57\times10^{-4}xz\cos t+0.656\cos t+2.207x\sin t-0.207x^2\sin t+0.205z\sin t-1.87\times10^{-3}z^2\sin t-0.0038xz\sin t-11.11\sin t-7.33\times10^{-4}t-1.02\times10^{-5}x^2t+5.87\times10^{-5}zt-6.89\times10^{-7}z^2t+2.86\times10^{-6}xzt$

(2)坝体中部

$T(x,z,t)=1.067-3.391x+0.397x^2+0.312z-0.0014z^2+0.05hx-0.006hx^2-2.02\times10^{-4}h^2x+2.44\times10^{-5}h^2x^2-0.147x\mathrm{ocs}t+0.742z\cos t-3.25\times10^{-3}z^2\cos t+1.9\times10^{-3}xz\cos t-41.728\cos t+0.624x\sin t-0.196x^2\sin t+1.384z\sin t-0.006z^s\mathrm{int}+0.01xz\sin t-81.962\sin(t)+5.07\times10^{-4}t+5.3\times10^{-4}xt-6.38\times10^{-5}x^2t$

(3)坝体底部

$T(x,z,t)=14.014+0.296x+0.057x^2+0.0086z-0.0022xz-7.5\times10^{-4}hx^2+1.33\times10^{-6}hz^2+0.016h-1.21\times10^{-5}h^2x+4.67\times10^{-6}h^2x^2-1.17\times10^{-6}h^2z-0.503x\mathrm{ocs}t+0.021x^2\cos t+0.008z\cos(t)-3.86\times10^{-5}z^2\cos(t)+2.16\times10^{-3}xz\cos(t)-0.0058x^2\sin t+5.03\times10^{-4}xz\sin(t)-0.181\sin(t)+1.79\times10^{-3}t+3.69\times10^{-4}xt-4.66\times10^{-5}x^2t-6.9\times10^{-8}z^2t$

5.4.2 温度位移分量计算

计算 2 号泄洪坝段 6 个正倒垂观测点的温度位移，所采用的计算方法为：根据所建立的 2 号泄洪坝段坝体温度场拟合模型，得到 2003 年 5 月 3 日至 2008 年 11 月 26 日期间与位移观测日期相对应的各个有限元网格结点的温度值，以此为温度荷载计算 6 个正倒垂观测点的温度位移。

5.5 监控模型建立

根据 2 号泄洪坝段 6 个位移测点 PL03_XH022、PL03_XH021、PL02_XH022、PL02_XH021、PL01_XH02、IP01_XH02 的实测位移值，建立该坝段的一维多测点位移确定性

模型。

(1)水压位移分量

利用2号泄洪坝段水压位移有限元计算值,采用多元回归分析方法待定系数,建立起水压位移计算值与实测值坝前水位、测点高程之间的关系式:

$$\delta_H = 0.325 + 1.23\times10^{-3}H - 1.02\times10^{-4}H^2 + 3.82\times10^{-7}H^3 + 3.35\times10^{-4}Hz + 8.13\times10^{-6}H^2z - 3.06\times10^{-8}H^3z - 3.05\times10^{-5}Hz^2 + 1.05\times10^{-7}H^2z^2 + 1.48\times10^{-10}H^3z^2 + 1.79\times10^{-7}Hz^3 - 1.13\times10^{-9}H^2z^3 + 1.93\times10^{-12}H^3z^3 - 0.058z + 1.65\times10^{-3}z^2 - 7.93\times10^{-6}z^3$$

(2)温度位移分量

本文选取了13支温度计的温度测值作为模型因子,温度计编号为:T_{29}、T_{35}、T_{41}、T_{46}、T_{51}、T_{56}、T_{73}、T_{75}、T_{76}、T_{77}、T_{81}、T_{84}、T_{88}。将各位移测点温度位移计算值与各位移测点的坐标、对应计算位移时的各温度计测值及气温进行多项式拟合,确定各待定系数,得到温度位移分量的表达式为:

$$\delta_H = 4.216 - 0.019z + 0.042T_{29} - 0.279T_{35} - 0.128T_{41} + 0.236T_{46} - 0.024T_{51} - 0.256T_{56} + 0.041T_{73} + 0.119T_{75} + 0.018T_{76} - 0.076T_{77} + 0.164T_{81} - 0.166T_{84} + 0.024T_{88} + 0.03T - 1.34\times10^{-3}T_{29}z + 3.04\times10^{-3}T_{35}z + 3.96\times10^{-3}T_{41}z - 3.61\times10^{-3}T_{46}z + 3.52\times10^{-4}T_{51}z + 3.13\times10^{-3}T_{56}z - 5.71\times10^{-4}T_{73}z - 3.51\times10^{-3}T_{75}z - 5.35\times10^{-4}T_{76}z + 1.97\times10^{-3}T_{77}z - 4.24\times10^{-3}T_{81}z + 3.94\times10^{-3}T_{84}z - 7.61\times10^{-4}T_{88}z - 7.79\times10^{-4}Tz$$

(3)时效位移分量

选择θ和$\ln\theta$作为时效因子,时效分量共有12项,其表达式为:

$$\delta_\theta = c_1\theta + c_2\ln\theta + c_3z\theta + c_4\ln\theta + c_5z^2\theta + c_6z^2\ln\theta + c_7z^3\theta + c_8z^3\ln\theta + c_9z + c_{10}z^2 + c_{11}z^3 + c_{12}$$

式中:θ——观测日期距基准日期的天数,z为测点高程。

共选取了2003年5月3日到2008年11月26日的6×231组样本数据,采用回归分析法计算出调整系数X、Y及时效分量的系数,得到多测点位移确定性模型为:

$$\delta = -0.809 + 1.082\delta_H + 1.021\delta_T + 1.99\times10^{-2}\theta - 1.49\times10^{-4}\ln\theta + 5.27\times10^{-7}z\theta + 4.37\times10^{-4}z\ln\theta + 0.116z^2\theta - 6.32\times10^{-6}z^2\ln\theta + 6.7\times10^{-4}z^3\theta + 8.36\times10^{-8}z^3\ln\theta - 6.78\times10^{-5}z - 4.14\times10^{-10}z^2 + 2.48\times10^{-7}z^3$$

模型回归参数为:水压分量调整系数$X=1.082$,温度分量调整系数$Y=1.021$,复相关系数$R=0.973$,剩余标准差$S=0.894$mm,统计量$F=1897.5$,与统计量F对应的概率ρ接近于0,小于显著性水平$\alpha=0.05$,说明回归在α水平上显著,回归方程有效,模型成立。

5.6 监控模型检验

利用2008年12月的实测数据对以上所建立的位移确定性监控模型进行了预测检

验。图 4 所示为 2 号泄洪坝段部分测点(PL03_XH022 和 PL03_XH021)的模型拟合值、模型预测值与实测位移值的对比图。从图 4 中可以看出,模型的拟合及预测效果较好。

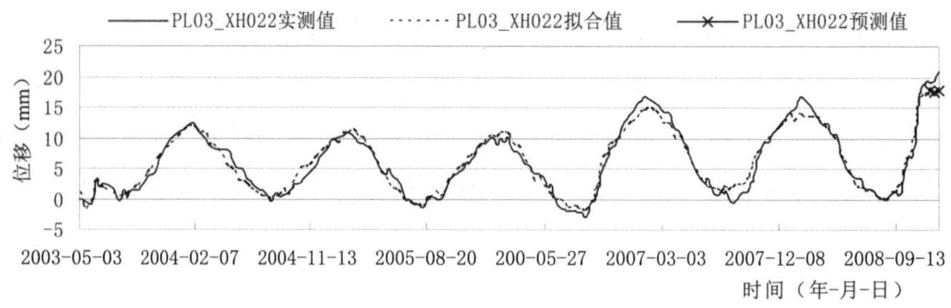

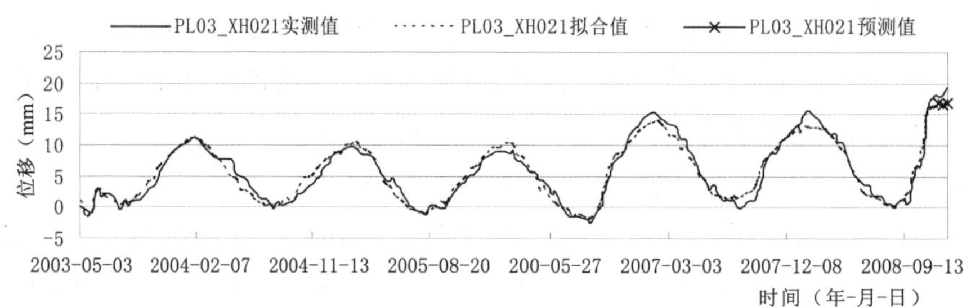

图 4　2 号泄洪坝段部分位移测点位移实测值与模型拟合值、预测值对比图

5.7　监控指标拟定

本文建立三峡大坝 2 号泄洪坝段位移监控指标时采用置信区间法,其顺水流方向水平位移监控指标可表示为:

$$\delta_E = \delta \pm qS$$

式中:S——位移监控模型的剩余标准差,$S=0.894\text{mm}$,当显著水平选择为 $\alpha=5\%$时,$q=1.96$,置信区间为 $\Delta=\pm 1.75\text{mm}$,即

$$\delta_E = \delta \pm qS = \delta \pm 1.75$$

将前面分析得到的位移监控模型代入上式,即得监控指标方程为:

$\delta_E = -0.809 + 1.082\delta_H + 1.021\theta + 1.99\times 10^{-2}\theta - 1.49\times 10^{-4}\ln\theta + 5.27\times 10^{-7}z\theta + 4.37\times 10^{-4}z\ln\theta + 0.116z^2\theta - 6.32\times 10^{-6}z^2\ln\theta + 6.7\times 10^{-4}z^3\theta + 8.36\times 10^{-8}z^3\ln\theta - 6.78\times 10^{-5}z - 4.14\times 10^{-10}z^2 1.75$

6　结语

1)本文采用有限元数值分析方法分别确定了三峡大坝的水压位移分量和温度位移分量,并在此基础上建立了一维多测点位移确定性模型,所建立起来的模型具有较好的

精度和外延性,可以反映大坝在顺水流方向上水平位移的分布状态,相比单测点模型,抗干扰能力好,同时可以实现对水压、温度及时效等位移分量的分离,这对监控大坝的安全是十分重要的。

2)以上游水位、时间的三角函数、测点坐标及其它们的组合形式作为因子,利用坝体实测温度资料对坝体温度场进行了多项式拟合,分别拟合了三峡大坝底部、中部和上部的坝体温度场,根据这一温度场拟合模型所计算出的温度位移,其变化规律与理论是相符的。

3)根据所建立的一维多测点位移确定性模型,利用置信区间法给出的位移监控指标是含一个位置因子的方程,这种监控指标方程使位移监控更具有代表性,可减少个别测点局部变动或观测误差带来的干扰。

参考文献

[1]吴中如.水工建筑物安全监控理论及其应用[M].北京:高等教育出版社,2002.

[2]王德厚.大坝安全监测与监控[M].北京:中国水利水电出版社,2004.

[3]杨杰,吴中如.大坝安全监控的国内外研究现状与发展[J].西安理工大学学报,2002,1:26-30.

三峡工程试验性蓄水水力学安全监测与运行优化

黄国兵[①]

（长江水利委员会长江科学院，武汉　430010）

摘　要：三峡工程正常蓄水位175m试验性蓄水运行以来，长江科学院针对工程泄洪、发电、通航运行安全开展了水力学安全监测及运行方式优化研究：对泄水建筑物泄洪深孔及表孔特征库水位水流流态、空化空蚀、坝下冲刷等水力特性进行了原型观测及分析；对电站1号、7号、21号、26号、地下电站31号机组在特征水位条件下运行及机组甩负荷、动水落门等工况机组及流道的水力特性进行了监测；对船闸高水头五级补水及不补水运行，1、2闸室输水系统、输水阀门、人字门在双阀门和单阀门运行，阀门连续开启和间歇开启工况进行了水力学监测及调试优化，对船闸六闸首泄水阀门运行方式进行了监测和优化。初步监测成果表明：各建筑物工作性态正常、安全可靠。鉴于三峡工程规模巨大及水力特性的复杂性，需进行长期监测特别是高水位运行监测，以确保工程安全。

关键词：三峡工程；泄水建筑物；水力学安全监测

1　研究背景

三峡水利枢纽主体工程由混凝土重力坝、泄水建筑物、电站、通航建筑物等组成，见图1，具有防洪、发电、航运、供水等综合效益。

泄洪坝段位于河床中部，两侧为厂房坝段及非溢流坝段，通航建筑物位于左岸。大坝坝顶高程185m，最大坝高175m，正常蓄水位175m。泄洪坝段总长483m，设23个深孔和22个表孔，孔堰相间布置；泄洪坝段左、右侧各设一个排漂孔。左、右岸坝后式厂房分别安装14台和12台水轮发电机组，单机容量700MW，总装机容量18200MW，年平均发电量846.8亿kW·h。另在右岸设地下式厂房，装机容量6×700MW。船闸为双线五级连续梯级船闸，闸室有效尺寸280m×34m×5m（长×宽×坎上水深），可通过万吨级船队；升船机为单线一级垂直升船机。

① 作者简介：黄国兵（1963—　），男，湖北天门人，教授级高级工程师，主要从事水力学研究，E-mail：huanggb@mail.crsri.cn。

图1　三峡水利枢纽工程布置示意图

三峡工程2008年汛末开始实施正常蓄水位175m水位试验性蓄水,在试验性蓄水运行以来,长江科学院针对工程泄洪、发电、通航运行安全开展了水力学安全监测及运行方式优化研究,包括泄水建筑物1号、12号深孔,1号、11号、22号表孔,21号、26号、31号机组以及南线船闸1、2、5闸室段等。研究成果为三峡工程优化运行调度提供了科技支撑。

2　泄洪建筑物水力学安全监测

2.1　泄洪深孔

2008年11月6日,库水位蓄水至172.58～172.60m、下游水位67.43～67.45m运行时,对泄洪坝段上下游流态,1号、12号深孔过流面时均压力、脉动压力及近壁流速、水下噪声、水流掺气浓度等水力特性进行了观测及分析,并在汛后进行了检查。

2.1.1　流态

观测表明,深孔进口水面较平稳,进口前偶尔出现频度较低直径约0.8m的游移表面旋涡;检修门井中有持续的较平稳的“隆隆”声响,在坝顶可较明显感觉到阵发性坝体振动。

深孔泄槽内水流呈白色,水流掺气充分。通气孔附近有较强烈的“啸叫”声,通气孔最大瞬时风速达80.6m/s;水舌挑离鼻坎后沿纵、横扩散,相邻孔水舌在入水前融为一片,水舌入水外缘桩号约20+220m;1号孔水舌外侧紧贴左导墙下泄,出左导墙后继续向左扩散,使得左电厂边坡涌浪爬高达2～3m;15号深孔水舌落点以右与右纵向围堰区域间为大范围回流区,波浪最大爬高达10m,与纵向围堰堰顶(∇82m)基本齐平。下游河道右岸高家溪岸坡有水流顶冲现象,岸边波浪爬高为3～5m。

泄洪雾化弥漫在水流消能区及下游河面上,浓雾区主要分布在∇150m以下空间,薄雾区弥散可超过坝顶∇185m以上空间。

观测期间发现，部分深孔开启方式运行时，在7号深孔进口上游出现了漏斗型旋涡。

2.1.2 时均压力

时均压力测点主要布置在明流段底板和附近侧壁上，监测资料表明：泄槽斜坡段坝面压力均不大，最大值出现在反弧段后部，达40.2×9.81kPa；挑流鼻坎末端测点最大时均压力17.6×9.81kPa，时均压力沿程分布正常。掺气跌坎下游有稳定底空腔形成，实测空腔负压约−0.5×9.81kPa。

2.1.3 脉动压力及近壁流速

深孔开门过程中，工作门前有压段测点压力随闸门开度增大而降低，压力脉动幅值不大；掺气跌坎后斜直段在闸门开启初期，出现约400s时间段负压，最大负压为−0.68×9.81kPa；随着闸门开度加大，出坎流速减小，底空腔长度缩短，闸门全开稳态时，该部位测点脉动压力均值为4.0×9.81kPa；挑流鼻坎测点压力随闸门开度增大呈单调增大趋势。关门过程的压力变化规律与开门过程相反，但出现负压测点的持续时间更长。深孔进口侧缘和门槽区的脉动压力主频较高，斜直段及挑坎主频较低。斜直段的水舌冲击及脉动压力强度不大，反弧及挑坎是脉动压力较大区域。

深孔跌坎坎顶近底流速约30.5m/s，挑流鼻坎近底流速约28.3m/s。

2.1.4 水下噪声

深孔进口侧缘和检修门槽区，在启门过程中该区域流速由零逐渐增大，测点噪声谱级在启门初即上升了20～25dB，属水流和其他结构辐射噪声所致，随闸门开度增大，噪声谱级变化不明显，整个开门过程高频段噪声谱级的跳跃均小于5dB，表明深孔进口段未出现水流空化。

深孔跌坎水舌冲击区前后的坝面及附近侧壁，在启门之初，两测点高频段噪声谱级均较空气中背景升高25dB左右，随着闸门开度进一步增大，噪声谱级无明显升高；在水舌内缘冲击区与回水间存在水流剪切，该区域可能发生不太强烈的剪切流空化；闸门全开后的噪声谱级较启门初期有所下降，其中高频段基本与背景重合。

深孔泄槽反弧段侧壁测点，在启门之初，高频段噪声谱级均较空气中背景升高15～20dB，随着闸门开度进一步增大，噪声谱级无明显升高，空化现象不明显；闸门全开后的噪声谱级较启门初期有所下降，其中高频段仅比背景高出2～3dB。

挑流鼻坎上，启门之初测点高频段噪声谱级较空气中背景值上升了15～25dB；随着闸门开度增大，谱的高频段起伏小于10dB，该部位空化特征仍不明显。

2.1.5 水流掺气浓度

深孔泄槽掺气坎坎高1.5m，左右侧壁上设置了通气孔，通气孔直径1.4m。闸门启闭过程中及全开运行条件下，跌坎下游泄槽底部及侧壁均监测到一定强度的水流空化信号，但由于布置了掺气设施，其泄槽底部水流最低掺气浓度达2.2%，最高掺气浓度达

12.9%～13.6%，能满足减蚀要求。

另外，172.6m 库水位运行后，对 1 号深孔和 7 号深孔进行了多次检查，结果表明：深孔过流壁面未发现空蚀破坏现象。

2.2 溢流表孔

2008 年 11 月 4—6 日，三峡水库蓄水至 172m 水位附近，对泄洪坝段 1 号、11 号、22 号表孔进行了水力学监测，监测期间库水位为 171.9～172.6m，下游水位66.02～67.85m。

2.2.1 流态

表孔泄洪进口水面平稳，进流基本对称，水流绕墩头汇入闸室后，水面降落明显；水流经鼻坎挑射后抛向空中，与空气混掺，水舌表面呈白色，形态稳定。水舌外缘落点桩号约为 20＋190m，水舌内缘和坝下水面之间形成连续稠密的“水帘”，坝下消能区水流旋滚强烈，水体呈白色泡沫状。表孔泄洪引起的雾化现象较深孔泄洪轻，浓雾区主要分布在∇100m以下空间，薄雾区主要分布在∇130m 左右空间。

2.2.2 时均压力

表孔进口段时均压力较高，实测最大动水压力为 18.6×9.81kPa；WES 曲线坝面存在较大范围的低压区，最小值 0.5×9.81kPa，均为正压，坝面压力分布正常；泄槽下游反弧段压力显著升高，实测最大时均压力为 18.2×9.81kPa；出口挑流鼻坎末端存在压力陡降，最小时均压力为 1.4×9.81kPa。

2.2.3 脉动压力

表孔开门过程中，工作门前段压力值随闸门开度增大而降低，开门过程中压力脉动幅值均不大，闸门全开后略有增大；工作门槽后测点开门过程中压力由零逐渐增大，随后脉动幅值略有减小；挑流鼻坎部位测点脉动压力随闸门开度增加呈单调增大趋势。

闸门全开运行条件下，下游反弧段及挑流鼻坎部位的脉动压力相对较大，但各典型部位测点脉动压力标准差值均小于 0.5×9.81kPa，表明表孔水流紊动相对较小，各测点脉动压力主频均较低，一般在 0.5Hz 附近。

2.2.4 水下噪声

在三个表孔溢流堰顶和堰顶处侧墙、工作门槽后侧墙和坝面、WES 曲线坝面及后接的斜坡段、反弧段挑坎均布置了 8 个水听器。监测结果表明，除表孔反弧段挑坎外，其他部位噪声谱级均无明显升高，表明各部位空化特征均不明显，反弧段挑坎部位有轻微的空化。

另外，针对泄洪深孔在 170m 以上高水位泄洪时出现的掺气水流阵发性水体喷溅等不利水流现象，通过 1∶20 大尺度深孔单体模型、1∶100 水工整体模型复验试验及数学模型计算，提出了在高水位泄洪时，先开启部分表孔泄洪，再适时开启深孔泄洪的优化运行调度方式。

2.3 坝下冲刷

2008年汛前实测坝下冲刷地形成果表明：最低冲坑分别位于6号坝段坝轴线下225m（深孔鼻坎下120m，最低高程22.0m）、12号坝段坝轴线下300m（深孔鼻坎下195m，最低高程26.7m）、17号坝段坝轴线下250m（深孔鼻坎下145m、最低高程21.6m）。6号坝段、17号坝段冲坑分别与12号坝段下游冲坑连贯。

经过几个汛期泄洪运行，2012年汛后实测资料表明：最深点位于8号深孔轴线下游，冲坑最低点高程24.7m，距深孔鼻坎136m，表明较2008年地形回淤2.7m，往下游移16m。12号深孔下游冲坑最低点高程为26.3m，距深孔鼻坎172m。

3 电站机组过流系统水力学安全监测

2010年10月28日，库水位174.4m，下游水位64.9m，分别对右岸电站21号和26号机组过流系统进行了全面的水力学安全监测；2011年5月26—28日，结合31号机组启动试验，对其进行了水力学安全监测；2011年11月4日，水库水位达175m后，再次对31号机组过流系统进行了水力学安全监测。

3.1 21号、26号电站机组

3.1.1 进出口流态

三峡右岸电站21号、26号机组175MW稳态运行、175MW甩负荷、756MW稳态运行和756MW甩负荷各试验工况坝前进口水面平稳，水流顺畅，未见旋涡等不良流态；尾水出口水流翻滚涌浪不大，为0.5～0.8m，右侧水域回流较小，对机组平稳运行无影响。

3.1.2 压力特性及机组转速最大升高率

机组稳态运行时其过流系统时均压力分布正常，脉动压力幅值较低（标准差不大于1.0×9.81kPa）；机组甩负荷过程中，压力钢管内的动水压力最大升高值约9.2×9.81kPa，远小于设计允许值，尾水管段动水压力略有降低，未出现负压，表明机组甩负荷过程对其过流系统形成有害冲击的可能性不大。

175MW甩负荷后机组转速最大升高率β为6.8%～7.7%，756MW甩负荷机组转速最大升高率β为40.8%～47.2%，距机组转速允许升高的上限尚有少量余幅。

3.1.3 水下噪声

在水轮机蜗壳顶盖、锥管进人孔、尾水肘管末端及引水管事故门槽区进行了水下噪声监测，以分析判断可能出现的空化现象。

监测结果表明，756MW稳态运行时尾水管进口锥管进人孔处可能发生气体型涡带空化,756MW 甩负荷后该部位有局部时段的气体涡带空化出现,且肘管末段区域也可能短时出现强度不高的空化。其他工况未见空化现象。

3.2 地下电站31号机组

3.2.1 进出口流态

31号机组在各稳态运行条件下,进口前水面平稳,水流顺畅,未见旋涡等不良流态;尾水出口水流最大浪高约0.5m,回流较小,对机组平稳运行无影响。在机组各种甩负荷工况下,电站进口水面均会产生一定的水流浪动现象,其最大水面波动约0.1m,尾水出口水流翻涌较稳态运行时加剧,最大涌浪高度约0.7m。

3.2.2 脉动压力特性

机组稳态运行时其过流系统时均压力分布正常,脉动压力幅值较低;在各种甩负荷工况下,压力钢管末端测点最大瞬时压力为126.0×9.81kPa,发生在机组甩750MW负荷工况下,小于设计允许值;实测尾水管段最大压力降低值约7.0×9.81kPa,发生在机组甩满负荷工况下;根据现有测点资料分析,在机组甩满负荷工况下,尾水管进口段可能有一定的负压出现。

3.2.3 水下噪声

在水轮机蜗壳顶盖、锥管进人孔、尾水肘管末端及引水管事故门槽区进行了水下噪声监测,以分析判断可能出现的空化现象。在机组稳态运行和各种甩负荷工况下,蜗壳顶盖处和尾水管进人孔处均监测到了强度不高的水流空化信息,运行中应加强水流空化信息发展变化的监测。

3.2.4 阻尼井涌浪

采用投入式压力传感器监测阻尼井内水面波动,监测条件下阻尼井内涌浪在甩负荷时水面波动幅度进一步增大,但最高水位未越过洞顶89m高程。

在机组700MW负荷条件下,快速闸门动水关门工况下的阻尼井最低涌浪高程为62.23m,最高涌浪高程为66.13m。

变顶高尾水阻尼井在各种甩负荷工况下均会产生涌浪现象,其涌浪大小与机组甩负荷前的工作水头成反比,与机组甩负荷过程中的流量变化率成正比。阻尼井内最高涌浪高程为70.93m,远低于阻尼井口平台高程;阻尼井内最低水面高程为59.63m,高于阻尼井底部孔口最高部位9.63m,满足工程设计要求。

电站进水口快速闸门动水关门过程中,门后压力钢管从有压流状态变为水流脱空状态,其空腔最低负压值为−2.9×9.81kPa,闸门闭门正常,未出现闸门卡阻现象;阻尼井内涌浪相对较小,最大波幅变化3.9m;由于快速闸门关门过程持续时间长达4~5min,机组段的水流空化特性没有恶化。

4 船闸水力学安全监测

三峡大坝水库于2008年汛后开始172～175m试验性蓄水，船闸也进入永久通航后期运行。在库水位145～175m的船闸后期运行阶段，船闸将出现四级运行、五级补水运行和五级不补水运行多种工况。长江科学院从2008年9月起开始组织实施165m水位条件下五级补水运行工况和172m水位条件下五级不补水运行工况的水力学监测和阀门运行参数调试。于2008年10月26日至11月9日对1闸室充水、1闸室泄水2闸室充水加补水和1闸室泄水2闸室充水不补水等工况进行了监测，同时对五级补水运行工况及不补水运行条件下的1、2闸首阀门运行参数进行了调试优化。于2010年10月26日在三峡船闸首次达到最高通航水位175m时，对1闸室充水和1闸室泄水2闸室充水不补水等工况进行了监测。于2010年8月至2012年8月，对六闸首泄水阀门运行方式进行了优化调试及监测。

4.1 五级补水运行

2008年在水位蓄高至162m以上时的1、2闸首阀门进行了监测，根据监测成果对运行方式进行了优化调整，得到适应于五级补水高水位区间的阀门运行方式。按照确保安全、兼顾效率的原则将补水段按水位分为两区间，最终确定的五级补水运行段155～158m水位区间和158～165m水位区间各自适应的阀门启闭方式及运行参数。

1闸首阀门采用$t_v=2$min双阀连续开启方式运行，输水时间短于10min，输水效率较高。1闸首阀门段和1闸室T形管和中支廊道等部位典型测点压力均较高，1闸首阀门井顶部也未听到异常声响，1闸首阀门启闭力最大值为1077kN，未超出设计值。阀门启闭力的脉动不大，运行情况良好。

4.2 五级不补水运行

在水位上升到165m以后，船闸进入五级不补水运行阶段，1、2闸首工作水头相应增大，为保证船闸正常运行，在进行数模计算后，对1、2闸首阀门运行参数在170m水位进行了初步调整，并在水位上升至172.5m和175m后进行了监测验证与调整优化。考虑到在165(与下游水位有关)～175m范围时，船闸按五级不补水方式运行，最终确定五级不补水运行段(165～175m)的阀门启闭方式及运行参数。

1闸首阀门采用双阀连续开启方式运行，输水最大流量528m^3/s，输水时间11.37min，满足设计要求。1闸首阀门段和1闸室T形管和中支廊道等部位典型测点压力均较高；1闸首阀门采用双阀间歇开启方式运行时，1闸首阀门段廊道压力脉动大、持续时间长，阀门启闭力出现较大跳动现象。1闸首阀门宜采用双阀连续开启方式运行。

4.3 六闸首阀门运行方式优化

船闸采用了“内外联泄”的泄水布置方案。在通航流量范围内，对枢纽下泄不同流量时六闸首阀门的原泄水运行方式进行了监测，根据监测成果对六闸首阀门进行了两种阀门运行方案的调试与优化。

方案一根据不同的两口(泄水箱涵出口与下游引航道口门)水位差，通过变化主阀动水关阀的小开度，调整船闸泄水的惯性超降量，达到了避免使用辅阀泄水，提高输水系统工作效率的目的。方案二采用六闸首主辅阀联合运行方式来克服两口水位差，输水过程中，主阀和人字门启闭机油缸油压和启闭力均在设计容许范围内，输水系统各部位未监测到有害负压。六闸首人字门处水面平稳，开启时闸门最大反向水头较小，总泄水时间满足设计要求。

鉴于方案一参与运行设备少，运行更为灵活，推荐优先采用，但考虑该方案需依赖两口水位计读数运行，而两口水位计检查标定均较复杂，结合工程实际情况，现阶段可按大、中、小三级下泄流量分别设置三组对应的阀门参数运行，使船闸运行更加安全可靠。

4.3.1 辅阀不投入运行

观测资料表明，在不同泄量下，按照箱涵出口水位与下游引航道水位差 ΔZ 实时采集值，通过已建立的小开度 n_x—两口水头差 ΔZ 关系式得出的 n_x 控制阀门运行，同时满足了输水时间小于 12min 和闸室惯性超泄最大反向水头 d_i 小于 25cm 的设计要求。

4.3.2 辅阀投入运行

在不同泄量下，六闸首阀门按照主阀以 $t_v=4$min 速率开启至全开，剩余水头为 6.0m 时动水关阀。双辅阀在主阀启动关闭后 10s 以 $t_v=3.4$min 速率开启至 $n_1=0.30$ 等待水位齐平的方式运行，能同时满足输水时间小于 12min 和闸室惯性超泄小于 25cm 的设计要求。既避免了枯水期闸室超泄偏大问题，也解决了汛期枢纽下泄流量较大($Q>30000\text{m}^3/\text{s}$)时，人字门不能按程序正常开启问题，提高了通航效率。

5 结语

三峡水库正常蓄水位 175m 试验性蓄水运行以来，长江科学院针对工程泄洪、发电、通航运行安全开展了水力学安全监测及运行方式优化研究，经过水力学监测与调试，三峡工程各过流建筑物均工作正常，未出现危害性水力现象，初步判断各过流建筑物运行均是安全的。

由于部分建筑物的监测条件不具备或监测工况未达到设计条件，监测资料尚不完整，急需开展的水力学安全监测包括：泄洪表孔、深孔 170m 以上水位特别是 175m 水位的水力学安全监测；排漂孔排漂效果及运行安全监测；175m 水位电站 1 号、7 号机过流系统水力学安全监测；三峡左、右岸电站排沙孔及地下电站排沙洞水力学安全监测；枢纽运行对升船机通航水流条件影响及升船机结构水动力学特性水力学原型监测等。

三峡工程规模巨大，运行条件复杂，为确保工程长期安全高效运行，需进行长期监测特别是安全控制工况的监测。此外，要运用高科技手段如将人工智能系统逐步运用到水力学安全监测中去，以推动行业的进步及科技的发展。

参考文献

[1]戴会超，许唯临.高水头大流量泄洪建筑物的泄洪安全研究[J].水力发电学报，2009，35(1)：14-17.

[2]樊启祥.长江三峡船闸建设项目管理模式研究[C].中国工程管理论坛，2012，9：309-313.

[3]Xinqiang Niu.Key Technologies of the Hydraulic Structures of the Three Gorges Project[J].Engineering，2016(2)：340-349.

[4]Shouren Zheng.Reflections on the Three Gorges Project since Its Operation [J].Engineering，2016(2)：389-397.

[5]郑守仁，钮新强.三峡工程建筑物设计关键技术问题研究与实践[J].中国工程科学，2011，13(7)：20-27.

[6]郑守仁.三峡水利枢纽工程安全及长期使用问题研究[J].水利水电科技进展，2011，31(4)：1-7.

[7]张超然，陈先明，胡兴娥.三峡工程试验性蓄水对若干技术决策的验证[J].水力发电学报，2009，35(12)：5-9.

三峡工程花岗岩碱骨料活性长龄期试验研究

杨华全①,2　李鹏翔[1,2]

(1.长江水利委员会长江科学院,武汉　430010;

2.水利部水工程安全与病害防治工程技术研究中心,武汉　430010)

摘　要:三峡花岗岩骨料中石英存在不同类型的位错和晶格缺陷,其碱活性可能具有反应缓慢、持续时间长的特点。碱骨料反应十分复杂,不同的试验方法会得出不同的结论。长龄期的观测更能真实地反映混凝土碱骨料反应的实际情况,可了解骨料在实际混凝土中的长期安全性。经过20～30年的花岗岩碱骨料反应观测,随着龄期的增加,膨胀率逐渐增大,在13～16年达到最大值,以后呈下降趋势。如果碱含量超过1.20%,一些非活性骨料的砂浆体长龄期可能会产生膨胀率大于0.1%的危害性膨胀,但微观分析表明,尽管砂浆膨胀率大于0.1%却并没有出现明显的AAR特征。

关键词:三峡工程;碱骨料反应;花岗岩骨料;混凝土;长龄期

1　碱骨料反应及花岗岩碱活性特点

从20世纪40年代初发现碱骨料反应问题开始,碱骨料活性试验方法的研究一直受到高度重视。研究者知道解决这一问题的关键是正确判断骨料是否有碱活性,然后才需要考虑采取相应防范措施。20世纪40年代在北美、50年代在北美、欧洲和澳洲,大量的研究涉及碱骨料活性判定方法,初步制定了一些试验方法,这就是目前仍在沿用的美国材料试验学会(American Society for Testing Materials,简称ASTM)的C 227砂浆棒法、C 289化学法和C 295岩相法。半个世纪以来,世界各国一直沿用上述这些方法,对指导工程实际,防止碱骨料反应的发生,取得了一定的成效。

基于传统ASTM试验方法的并非完美无缺,近十多年,国际上对发展新的碱骨料活性试验方法给予了高度重视,投入大量人力、物力和资金进行研究和试验。目前已有方

---

① 作者简介:杨华全(1960—　),男,教授级高级工程师,博士生导师,主要从事水工混凝土高性能化、碱骨料反应危害定量评价与预防等研究工作,E-mail:yanghq@mail.crsri.cn。

法十多种，其中“南非法”已定为美国ASTM标准(ASTMC1260)。虽然这些方法比传统的ASTM标准有其优点，但由于测长法在原理上存在不合理性，因此存在的问题也是明显的。

目前最活跃的是国际材料与建筑构造研究实验所联合会的RILEM标准，它集中了全世界各国的专家，吸收了近年来各国最新研究成果加以验证和修订。1988年该委员会建立时被称为106委员会，即TC106，到2000年时又吸收了除欧洲之外的专家参与，更名为TC 191－ARP (Alkali－Reaction Prevention)，它一直从事各国试验室之间的结果比对、组织讨论，为制定欧洲各国认可的标准而努力。

美国、法国、印度等国使用花岗岩或片麻岩骨料，出现了碱骨料反应的破坏事故。巴西的Moxot'水电站[1]使用黑云母花岗岩作混凝土骨料，8年后出现了危害性的碱骨料反应。特别是法国的Shambon坝[2]使用片麻岩及云母片岩作混凝土骨料，出现了沿大坝高度总膨胀量超过了10cm，大坝上部向上游方向倾斜了15cm的混凝土碱骨料反应破坏的工程实例。

关于花岗岩的碱活性原因，有人推论与其中的应变石英有关，如美国B.S.Gogte[3]指出：当骨料中应变石英含量超过20%，同时应变石英平均波状消光角大于15°时，这种骨料具有潜在活性。而印度Aa.K.Mullick[4]建议应变石英波状消光角在25°以上，应变石英含量25%以上可视为具潜在活性。但也有人认为两者之间没有直接关系。石英由于受到应力作用，而使晶体产生缺陷，而出现波状消光。Grattan-Bellew[5]选择三种花岗岩进行研究，发现石英的波状消光角与碱活性膨胀率近似一种线性关系，即石英波状消光角愈大，碱活性膨胀率也愈大。

有关花岗岩碱活性的研究，目前国际上大多仍沿用ASTM作为标准试验方法进行。但由于实验室研究结果与实际工程运行情况有出入，近20年来，有不少学者将注意力集中在花岗岩中的石英微结构研究上，以确定波状消光石英是否存在碱活性。石英之所以具有波状消光是由于在漫长的地质年代中，岩石在地壳板块中遭受构造应力作用使晶体受到巨大挤压力而扭曲，因而波状消光的严重程度可以在一定程度上表明晶体内部缺陷和程度。一般认为，正常消光的石英晶体没有碱活性，但受过应力而产生应变的石英具有波状消光可以是碱活性的。经过大量研究，1981年Dolar-Mantuani[6]等提出了波状消光与碱活性的定量判据：“当平均波状消光角大于15°的应变石英含量大于20%时，骨料为碱活性的。”但这一结论受到较多非议，原因之一是消光角很难准确测定，其重现性很差。Grattan-Bellew[7]的实验还证明，消光角的大小与碱活性并无密切的相关性。本文用岩相法、测长法对三峡工程花岗岩骨料的碱活性进行了试验，此外，还通过微观分析、延长观测龄期等，对其碱活性进行深入研究。

2 三峡工程花岗岩骨料的碱活性

2.1 岩石的岩相分析

基坑及下岸溪两个料场所取的岩石的岩相鉴定结果表明[4],花岗岩主要矿物组成为长石、石英和云母。长石含量为60%~70%,石英含量为20%~40%。长石晶体具有明显的解理和结构双晶,正长石具有成直交解理的钾长石,斜长石解理则呈现出大约86°的斜交角,为三斜系形状的长石,其表面一般沿解理面断裂而平坦。石英颗粒表面往往具有平整的上下面棱边(可能是解理面交切而形成的)。

对两个料场的花岗岩中的主要造岩矿物进行了电子探针单矿物分析:斜长石在二长花岗岩中酸度较高,在端元组分上钠长石(Ab)变化在96.04~97.70之间,其种属全为钠长石。花岗闪长岩中,斜长石酸度较低,其端元组分上钠长石(Ab)变化于79.37~81.25,其种属全为更长石。闪云斜长花岗岩其种属为中长石。钾长石主要是微斜长石,仅大斑晶是微斜条纹长石。

虽然碱活性并不完全取决于石英的结晶完整性,但一般来说,AAR主要与岩石中石英的结构有关,晶体结构越稳定,碱活性就越低,甚至没有活性。用X射线衍射分析测试石英晶体的特征“五指峰”形状,可以确定石英晶体的结晶完整程度。测试方法为步长扫描法(0.02°/20s),扫描范围66°~70°。斜长花岗岩、斑状花岗岩、三峡地区燧石及标准石英砂中石英晶体的特征五指峰见图1至图4。

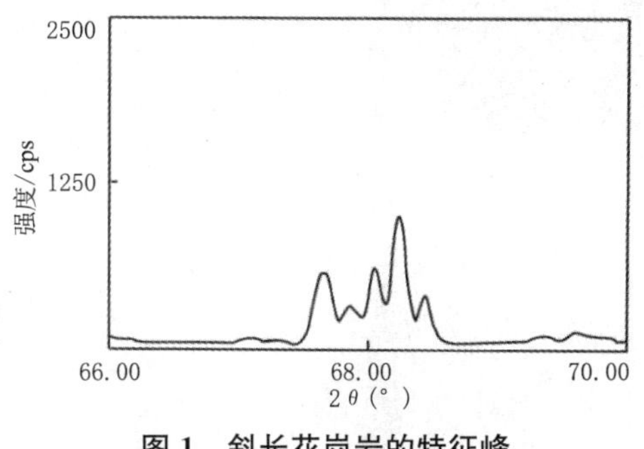

图1 斜长花岗岩的特征峰

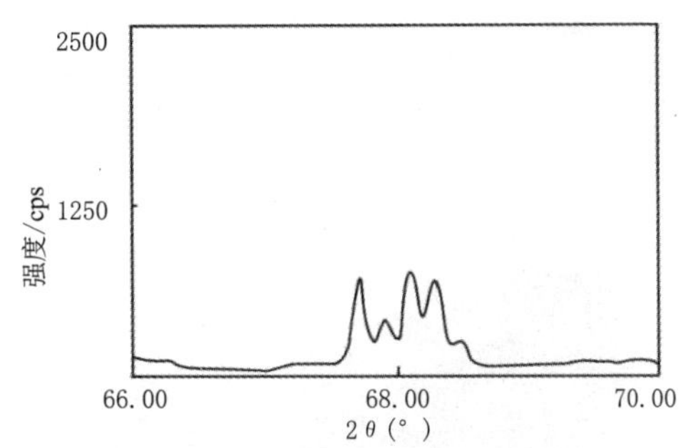

图2 斑状花岗岩的特征峰

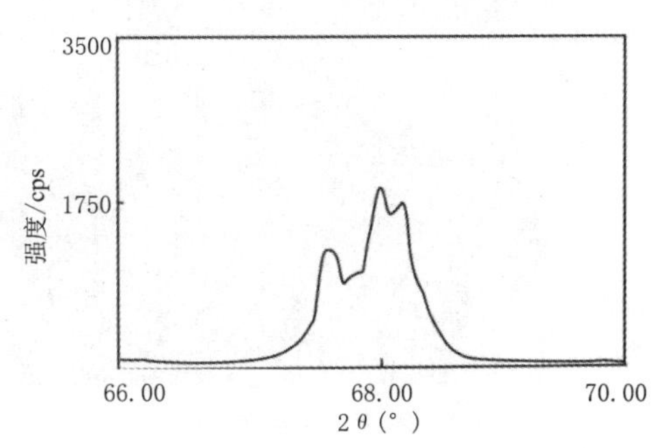

图3 燧石的特征峰

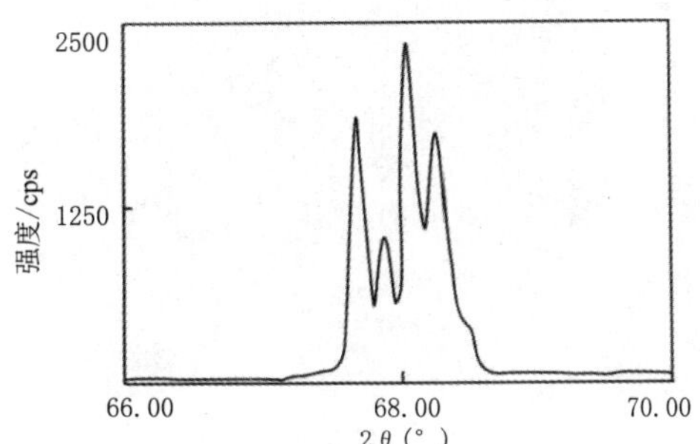

图4 标准石英砂的特征峰

从图 3 可以看出，燧石中石英晶体特征“五指峰”明显宽化，表明燧石中石英结晶程度低。而图 1 和图 2 中花岗岩的石英晶体特征“五指峰”比较清楚，峰形比较尖锐，与标准石英砂石英晶体特征“五指峰”的图形类似，可以看出两种花岗岩中石英晶体的结晶程度与非活性的标准石英砂的结晶程度是相似的。

2.2 三峡花岗岩中石英晶体位错构造

首先制成标准岩石薄片，在偏光显微镜下圈定待研究矿物(如石英)。然后用 3mm 铜环套住待研究矿物，从薄片上取下，放在 Gatan 离子减薄仪内减薄。最后将矿物超薄片放入高压透射电镜(CM12，120kV)中，观察和拍摄各种位错组态特征及其衍射图谱。

花岗岩中石英晶体透射电镜照片见图 5 至图 12。

图 5 石英自由位错

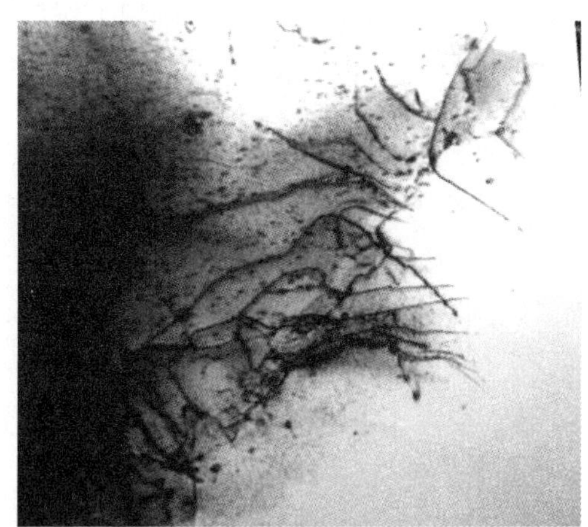

图 6 位错缠结

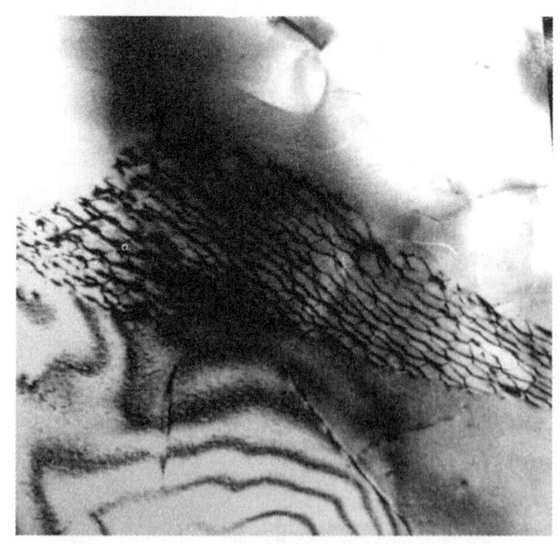

图 7 位错网

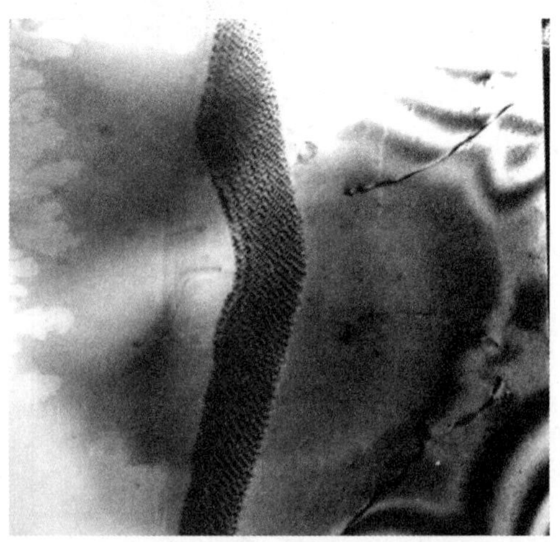

图 8 位错壁

图9　放大的蚀变区边界

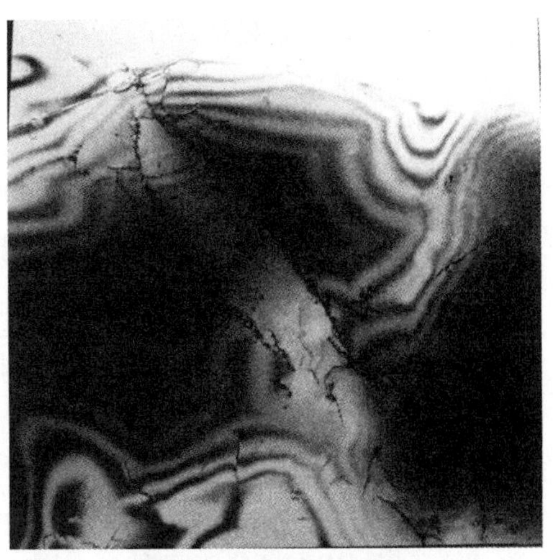

图10　亚颗粒波状消光

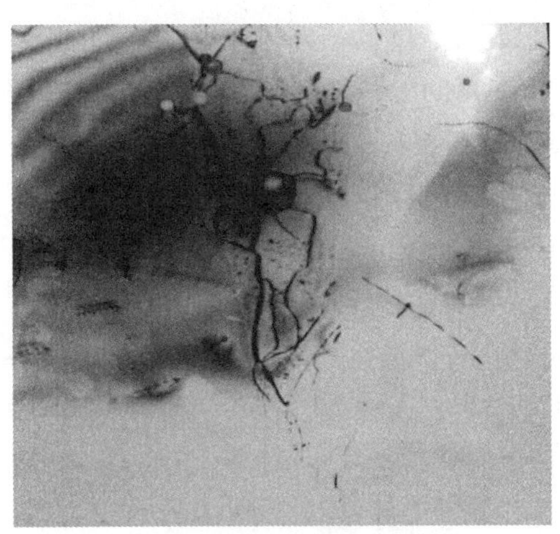

图11　包体钉扎位错形成树枝状

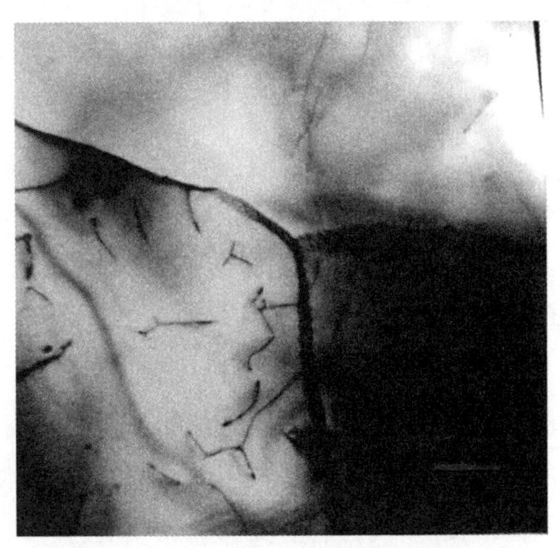

图12　位错网和位错壁构成的亚晶界

从位错照片可以看出，花岗岩中石英典型位错构造有：①具有高位错密度的游离点自由位错。②游离线状位错。③石英位错壁构造。④石英位错缠结、位错网构造。⑤石英位错亚晶界和包体。⑥石英亚颗粒和其亚晶界上的位错网构造。

矿物受力发生变形，其中受力发生变形比较灵敏的矿物之一是石英，在应力集中区，往往形成不同类型的位错。位错类型较多，有自由位错、位错弓弯、位错环、位错网和位错缠结等。

石英的古应力值的估算用位错密度法，通过透射电镜对位错密度的大量统计，应用M.S.Weathers 等(1979)确定的差应力的位错密度计算公式估算古应力：

$$\Delta\sigma = a\mu b\rho^{0.5} \tag{1}$$

式中：$\Delta\sigma$——古应力(MPa)；

a——材料系数，石英 $a=2$；

μ——晶体的剪切模量(MPa),石英 $\mu=44000$;

b——位错的伯格斯矢量(cm),石英 $b=0.5\times10^{-7}$;

ρ——位错密度(单位面积 cm^2 内位错的条数)。

由于晶体位错的不均匀性,为提高准确度,每个样品一般要统计 10 张以上的照片位错密度(ρ)进行平均,并计算其古应力,位错密度及古应力值估算结果见表 1。

表 1　花岗岩中石英的位错密度及古应力值估算结果

岩石名称	闪云斜长花岗岩	斑状花岗岩	花岗闪长岩	花岗闪长岩	绢云母千枚岩
ρ(条/cm^2)	150×106	160×106	19.7×107	205×106	201×106
$\triangle\sigma$(MPa)	80.8	83.5	92.6	94.5	96

三峡花岗岩中石英位错密度(ρ)实测值为 $1.5\times10^8\sim2.05\times10^8$ 条/cm^2,古应力值为 80.8~92.6MPa,古应力值与法国 Chambon 坝使用的骨料古应力值 96MPa 接近。

石英晶体位错是花岗岩承受地应力引起晶体范性变形的结果。在范性流变中所消耗的能量至少有 10%被贮藏在晶体点阵中,贮藏能量的饱和值可使晶体的位错线达到 1011~1012 条/cm^2 的水平。即使最好的晶体其位错线也有 102~103 条/cm^2。同样,长石晶体也会存在位错。三峡花岗岩石英位错密度达到 108 条/cm^2 水平,晶体中贮藏了较大能量在点阵中,有可能是潜在碱活性结构上的原因。这是一个不可忽视的理论问题,值得深入研究。

虽然三峡花岗岩中石英因位错储藏有大量自由能,但花岗岩碱活性在反应速度上却极其缓慢,这与花岗岩岩石的紧密度有关,花岗岩承受 8.3 亿年的重力作用和构造动力作用,岩石微结构中几乎见不到结构孔隙。水泥石中碱溶液只能缓慢扩散,缓慢反应形成微薄的反应环。因此,其膨胀量微弱,需长期量变积累才能显现膨胀突变。

2.3　岩石的碱活性试验

按《水工混凝土试验规程》(SD 105—82)"化学法""砂浆长度法",中国工程建设标准化协会制定的《砂、石碱活性快速试验方法》(CECS 48:93)"小棒快速法",美国材料试验学会制定的《骨料的潜在碱活性测试方法标准》(ASTMC 1260—94)"砂浆棒快速法"及加拿大标准《骨料的潜在膨胀性测定方法》(CSAA 23.2—14A)"混凝土棱柱体法"进行岩石的碱活性试验,结果表明,花岗岩骨料均为非活性[8,9]。

2.4　长龄期观测

将砂浆长度法试件龄期延长,观测其长度变化,观测结果见图 13 和图 14。由图 13 可以看出,闪云斜长花岗岩砂浆长度法试件,当水泥碱含量小于 1.0%时,13a 龄期内,砂浆膨胀率一直在增长,13a 龄期后砂浆膨胀率的增长出现停滞,16a 龄期后呈现出收缩趋

势,花岗岩砂浆试件30a龄期内最大膨胀率未超过0.10%。水泥碱含量大于1.0%时,13a龄期内,砂浆膨胀率一直在增长,13a龄期后砂浆膨胀率的增长较小,增长趋势变缓;17a龄期后的砂浆膨胀率较16a龄期有所下降,收缩趋势出现波动。砂浆12a龄期的膨胀率超过0.10%,30a龄期内的砂浆最大膨胀率为0.154%。花岗岩砂浆试件的长龄期观测结果表明,水泥碱含量控制在0.8%以下,砂浆膨胀率都很低,随着水泥碱含量的增加,砂浆膨胀率加大。

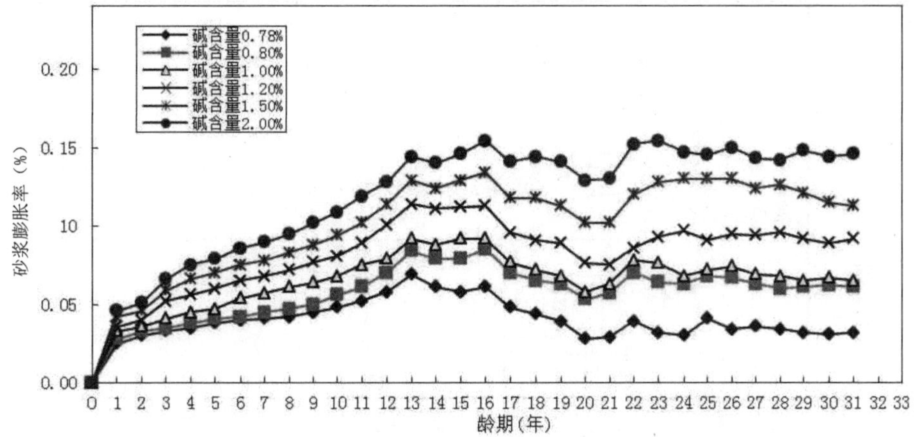

图13　闪云斜长花岗岩砂浆长度法试件膨胀率与龄期关系

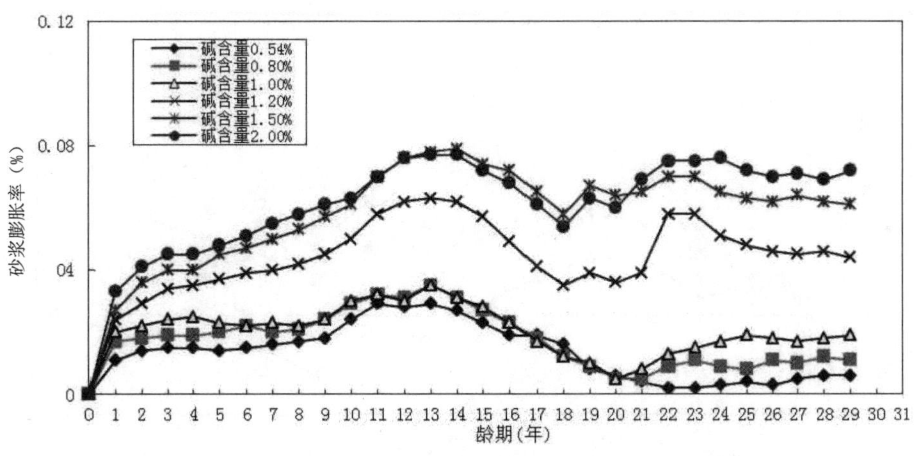

图14　弱风化花岗岩砂浆长度法试件膨胀率与龄期关系

由图14可以看出,当水泥碱含量小于1.5%时,弱风化花岗岩砂浆长度法试件,13a龄期内砂浆膨胀率一直在增长,13a龄期后砂浆膨胀率呈现出收缩趋势;水泥碱含量大于1.5%时,14a龄期内,砂浆膨胀率一直在增长,14a龄期后膨胀率呈现出收缩趋势。13a龄期后砂浆膨胀率的增长较小,增长趋势变缓;17a龄期后的砂浆膨胀率较16a龄期有所下降,收缩趋势出现波动。随着水泥碱含量的增加,砂浆膨胀率加大,试件30a龄期内最大膨胀率未超过 0.10%。

将混凝土棱柱体法试件的龄期延长，观测其长度变化，结果如图 15 和图 16 所示。从试验结果可以看出，这些骨料 1a 龄期的膨胀率都小于 0.04%，延长观测时间至 13a 龄期，混凝土试件的 4a 龄期膨胀率一直在增加，4a 以后呈下降趋势；只有黑云斜长片麻岩（为花岗岩岩体的捕虏体）混凝土试件的膨胀率在 3a 龄期时超过了 0.04%，其 13a 龄期内最大膨胀率仅为 0.055%。

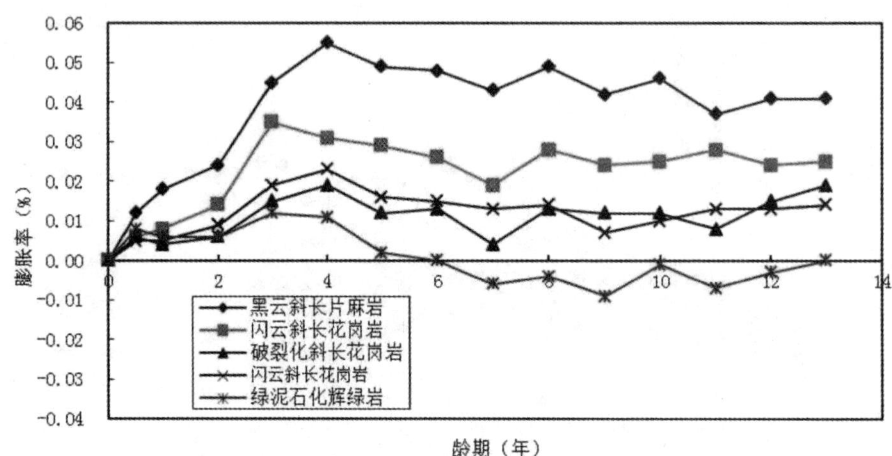

图 15　三峡人工骨料混凝土棱柱体法试件的膨胀率与龄期关系(一)图

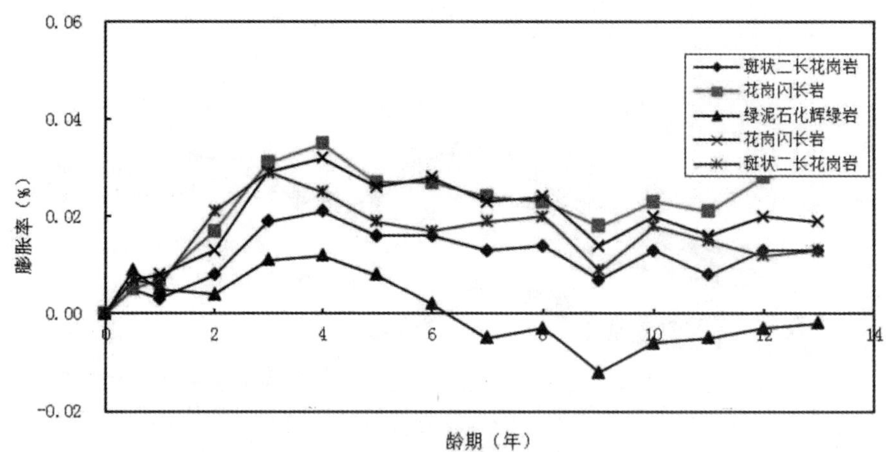

图 16　三峡人工骨料混凝土棱柱体法试件的膨胀率与龄期关系(二)图

2.5　花岗岩长龄期试件反应产物的微观分析

1984 年成型的花岗岩砂浆高碱（碱含量在 1.2%以上）试件养护 13a 后，对其表面反应产物进行了电子显微镜下的能谱分析（EDS）和波谱分析（WDS）。分析结果见表 2 及表 3。

表2　透射电镜EDAX能谱分析结果

试件编号	实验号	化学成分(%)						备注
		Na	Al	Si	S	K	Ca	
84—54	1—1	3.2	2.8	34.9	—	3.0	56.1	该样为孔隙中的白色粉末，为白色斑状反应产物。成分较均匀。
	1—2	2.7	2.8	36.5	—	4.6	53.3	
84—55	2—1	—	11.5	—	18.9	—	69.6	该样为试件表面松散的白色细粒状反应产物。电镜下呈针状形态。
	2—2	—	12.8	—	20.2	—	67.1	
84—56	3—1	7.9	2.9	37.1	0.2	3.2	48.7	该样为试件表面乳白色反应产物，成分以3—1、3—2型为主。亦有3—3型的，可能与多处取样有关。
	3—2	10.9	2.3	41.4	—	4.0	41.4	
	3—3	0.2	0.4	0.9	0.2	0.6	97.8	

表3　波谱近似定量分析结果(含量以氧化物%计)

试件编号	SiO_2	TiO_2	Al_2O_3	FeO	CaO	MgO	Na_2O	K_2O	SO_3	合计
84—54	1.260	0.027	0.161	0.171	60.103	0.0078	0.110	0.084	0.036	62.030
84—55	10.283	0.696	9.684	4.264	47.759	3.172	0.091	2.614	0.609	78.476
84—56	1.430	0.007	15.845	0.089	47.444	0.000	0.054	0.039	15.607	80.515

注：总量不够百分之百是由于其中含有水分和不能检测的轻元素，另外试样量不足及不呈连续密实平整的块状也是主要原因。

从能谱分析及波谱分析结果可以看出，长龄期试件表面反应产物成分主要有碳酸钙、硫铝酸钙、水化硅酸钙及碱—硅反应产物等。

84—55砂浆长度法试件(水泥碱含量为1.50%，在38℃、相对湿度大于95%条件下养护13a)、86—6砂浆长度法试件(水泥碱含量为2.0%，在38℃、相对湿度大于95%条件下养护18a)、96—57砂浆长度法试件(水泥碱含量为1.2%，在38℃、相对湿度大于95%条件下养护8a)、98—110混凝土试件(水泥碱含量为1.25%，在38℃、相对湿度大于95%条件下养护6a)在扫描电子显微镜下观察其碱骨料反应，试件的扫描电子图片见图17至图20。从图中可以看出，4组样品中，花岗岩中的长石、石英等颗粒与水泥砂浆胶结完整，长石、石英等颗粒也未出现溶蚀，未出现反应环，长石、石英等颗粒与水泥的边界产物为颗粒状、针状水泥水化物及水泥水化胶结物，未见碱硅凝胶类产物，没有出现碱骨料反应的迹象。

图 17　砂浆试件(84—55)扫描电镜照片

图 18　砂浆试件(96—57)扫描电镜照片

图 19　砂浆试件(86—6)扫描电镜照片

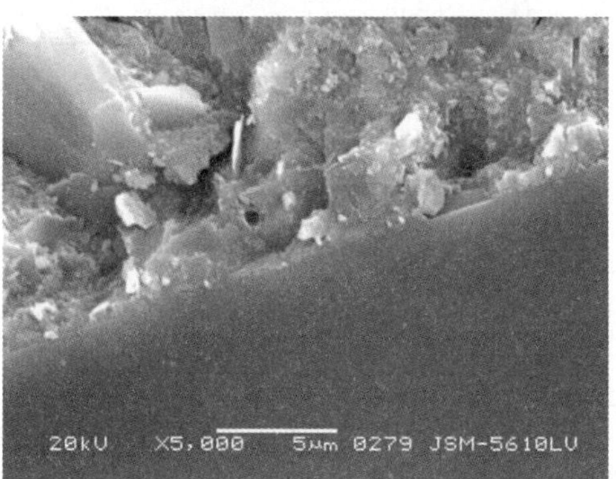

图 20　混凝土试件(98—110)扫描电镜照片

3　结论

1)三峡坝基及下岸溪料场花岗岩，普遍出现波状消光，但波状消光角都不大，平均都在4.4°以下，最大仅为10°。在应力集中区，石英形成不同类型的位错，有位错弓弯、位错网和位错缠结等。石英的粒度在0.3～2mm，属于细粒，没有发现微粒石英。

2)花岗岩人工骨料混凝土试件13a龄期的观测结果表明，这些骨料1a龄期的膨胀率都小于0.04%，不属于活性骨料；混凝土试件的4a龄期膨胀率一直在增加，4a以后呈下降趋势，没有产生具有危害性的碱骨料反应。

3)通过30年长龄期观测，随着反应龄期的延长，碱骨料反应膨胀率在13～16年达到最大值，之后出现下降趋势，碱骨料反应膨胀率与龄期变化密切相关(时间积累效益)。

4)如果碱含量超过1.2%，一些非活性骨料的砂浆体长龄期可能会产生膨胀率大于0.1%的危害性膨胀，但微观分析表明，尽管砂浆膨胀率大于0.1%却并没有出现明显的AAR特征。

5)三峡花岗岩人工骨料属于非活性骨料，通过10～30年长龄期碱活性试验观测，没

有产生危害性的碱骨料反应。

参考文献

[1]Stanton T E.Expansion of concrete through reactionbetween cement and aggregate [C].Proc.ASCE66.1940:1781-1811.

[2]RILEM (the International Union of Laboratories and Experts in Construction Materials,Systems and Structures).Detection of potential alkali-reactivity of aggregates - Method for aggregate combinations using concrete prisms.RILEM TC 106-3,Materials and Structures,2000.

[3]Ian Sims,Philip J Nixon,Anne-Marie Marion,International collabortion to control Alkali-Aggregate Reaction: The successful pragrassof RILEM TC 106 and TC 191-ARP[C],Proceedings of the12th International Conference on Alkali-Aggregate Reaction in Concrete.Beijing,China,2004:41-50.

[4]Cavalc.Alkali-Aggregate Reaction at Moxoto Dam,Brazil[C],Proceedings of the 7th International Conference on Alkali-Aggregate Reaction in Concrete.Ottawa,Canada: Noyes Publication,1986:168-172.

[5] Masel Anord,the latest study on AAR of the siliceous aggregate in France,the construction of Chinese three-gorge,1998(5):60-66.

[6] Dolar-Mantuani L M M. Undulatory extinction inqartz used for identifying potentially reactive rocks[C].Proc.of 5th International Conference on Alkali-Aggregate Reaction in Concrete,Paper No.S252/36,6pp.Pretoria,S.Africa: National BuildingResearch Institute of CSIR,1981.

[7]Grattan-Bellew P E.Is high undulatory extinction inquartz indictive of alkali-expansivity of granitic aggre-gates [C]. Proc. of the 7th International Conference on concrete alkali-aggregate reactions. Ottawa, Canada: Noyes Publication, 1986: 434-438.

[8]杨华全,王迎春,曹鹏举,等.三峡工程混凝土的碱骨料反应试验研究[J],水利学报,2003,(1):93-97.

[9]周守贤,曹鹏举.三峡工程混凝土碱骨料试验研究[J],长江科学院院报,1992(4):55-59.

三峡电站巨型蜗壳埋设方式的设计与实践

周述达[①] 段国学 王煌

（长江勘测规划设计研究院，武汉 430010）

摘 要：三峡电站单机容量大，蜗壳尺寸大，*HD* 值高，水头变幅大，受力条件复杂，蜗壳埋设方式对结构安全性、机组运行稳定性、厂房动能特性等都有极其重要的影响。三峡坝后电站一共安装 26 台 700MW 水轮机组，其中 21 台机组采用保压方式、4 台机组采用垫层方式、1 台机组采用直埋加垫层的组合方式。本文结合坝后电站运行初期的监测资料，对不同埋设方式进行对比和评述，为类似巨型电站的设计和建设提供参考。

关键词：三峡电站；蜗壳埋设；保压方式；垫层方式；组合方式

1 巨型水轮机蜗壳埋设方式研究

三峡工程左、右岸坝后电站分别安装 14 台、12 台 700MW 水轮发电机组，水轮机蜗壳平面最大宽度为 34.325m，钢蜗壳进口压力管道直径达 12.4m，HD 值达 1730m^2，HD^2 值达 21450m^4。压力管道直径、HD^2 均为世界同期最大。

机组钢蜗壳与外包混凝土联合结构是机组的重要支撑体系，蜗壳埋设方式决定该体系的受力、变形及动力响应。选择不当，将导致厂房振动严重、下机架基础不均匀变形过大，直接影响厂房结构安全及机组稳定运行。因此，必须对机组蜗壳埋设方式进行系统研究，解决有关机组蜗壳埋设的技术难题。

1.1 相关控制标准的研究

钢蜗壳与外围混凝土结构，是水轮发电机组的承力结构，还承受机组运行时的机械、电磁、水力脉动等各种动力荷载。因此，厂房整体和局部结构是否满足刚强度及变形要求、是否产生局部共振、对机组的振动和摆度有何影响等方面，是选择蜗壳埋设方式时需

① 作者简介：周述达（1970— ），男，教授级高级工程师，长江勘测规划设计研究院，现主要从事水电站工程设计研究工作；通讯作者：王煌（1965— ），女，教授级高级工程师，长江勘测规划设计研究院，现主要从事水电站工程设计研究工作。

考虑的重点问题。针对上述问题,进行了系统研究、论证。

(1)机组安全稳定运行分析

影响机组安全稳定运行的主要因素有:①厂房结构振动问题;②机组振动荷载;③钢结构流道动力疲劳问题;④座环及混凝土结构整体柔度;⑤机组下机架基础变形问题。

(2)结构控制标准

对蜗壳采用“保压”“垫层”及“组合”等埋设方式下,有关机组与厂房耦合振动、机组摆度、机组下机架基础不均匀变形、蜗壳外围混凝土开裂等关键技术问题进行了系统研究,获得了不同埋设方式下机组运行参数、结构力学特性及对比分析成果。建立了巨型机组蜗壳埋设完整的技术标准体系,主要标准如下:

1)水电站主厂房结构振动控制标准,见表1。

2)座环、蜗壳及其外围混凝土整体结构柔度控制标准:小于0.22μm/kN。

3)机组下机架基础不均匀变形控制标准:不平整斜率小于8.4×10^{-5}。

表1　水电站主厂房结构振动控制标准表

<table>
<tr><th colspan="2" rowspan="2">结构部位</th><th rowspan="2">振动位移(mm)</th><th colspan="2">振动速度(mm/s)</th><th colspan="2">加速度(m/s²)</th></tr>
<tr><th>竖向</th><th>水平</th><th>竖向</th><th>水平</th></tr>
<tr><td rowspan="4">楼板</td><td>建筑结构</td><td>0.2</td><td colspan="2">5.0</td><td colspan="2">1.0</td></tr>
<tr><td>设备基础</td><td>0.01</td><td colspan="2">1.5</td><td colspan="2"></td></tr>
<tr><td rowspan="2">人体感受</td><td rowspan="2">0.2</td><td rowspan="2">3.2</td><td rowspan="2">5.0</td><td>0.25/0.50</td><td>0.71/1.4</td></tr>
<tr><td>0.42/0.80</td><td>1.13/2.2</td></tr>
<tr><td colspan="2">实体墙、风罩</td><td>0.2</td><td colspan="2">10.0</td><td colspan="2">1.0</td></tr>
<tr><td colspan="2">机墩、蜗壳混凝土</td><td>0.2</td><td colspan="2">5.0</td><td colspan="2">1.0</td></tr>
</table>

1.2　蜗壳保温保压埋设方式

为保证机组安全稳定运行,保压水头的选择应保证机组在长期运行的水头范围内,钢蜗壳与混凝土能大部分紧密接触,提高整体刚度,兼顾短期运行的工况,并应尽量发挥按明管设计的蜗壳的承载能力,减小混凝土承载比,保持混凝土完整性。

(1)保压水头选择

三峡电站蜗壳静压水头78～118m,为保证任何工况下蜗壳与混凝土能贴紧,考虑施工期蜗壳水温与冬季运行水温差别后,选用70m作为保压水头,对长期运行增加了安全裕度。通过钢筋混凝土结构三维非线性计算分析和三维动力计算分析,该方案是可行的。

(2)保温保压浇筑混凝土

长江水温随季节变化较大,对三峡坝址来说,冬季最低水温与夏季最高水温相差约17℃。蜗壳外围混凝土浇筑的时间较长,一般需4～5个月,且一年四季都要施工,在施工时蜗壳水温与机组运行时蜗壳水温存在一个差值,这个差值会影响内水压力分担比例。

通过模拟混凝土浇筑过程的三维仿真分析，冬季浇筑混凝土的机组采取加大保压水头或提高保压水温至22℃，夏季浇筑混凝土的机组采用62m保压水头，对减小蜗壳外围混凝土的受力以及减小低水位运行期钢蜗壳与外围混凝土交界面的间隙都是可行和比较有效的。由于机组制造厂保压密封环已按承受水压70m制造，最终采用保温保压浇混凝土方案，将水温控制在16～22℃范围内。

(3)工程运用

国内外采用保压方式的机组较多，最大为大古里电站716MW机组，国内最大为二滩550MW机组，但同时进行保温保压浇筑混凝土。三峡电站仍属首例，左、右岸电站一共有21台机组采用蜗壳保温保压埋设方式。

1.3 蜗壳垫层埋设方式

由于蜗壳上半部均敷设了垫层，座环、蜗壳与混凝土的整体刚度是否满足机组安全稳定运行要求成了主要关注点，垫层敷设范围及垫层刚度是主要控制因素。

(1)垫层敷设范围

座环、蜗壳与混凝土直接接触，即直埋，在保证混凝土不产生严重裂缝的情况下，整体刚度较高，但如果直埋范围过大，则无法保证混凝土的整体性，进而影响整体刚度。

三峡右岸电站在座环、过渡板等刚度较大部位附近，即距机坑里衬2.5～3m水平距离范围的蜗壳顶部不敷设垫层，以确保混凝土结构对蜗壳及座环的约束作用，并可改善过渡板受力状态。混凝土结构最单薄的断面往往在蜗壳腰部，因此垫层敷设范围控制在蜗壳腰部附近。图1为蜗壳垫层埋设方式示意图，图中阴影部分为垫层。图2为蜗壳组合埋设方式示意图，图中阴影部分为垫层。

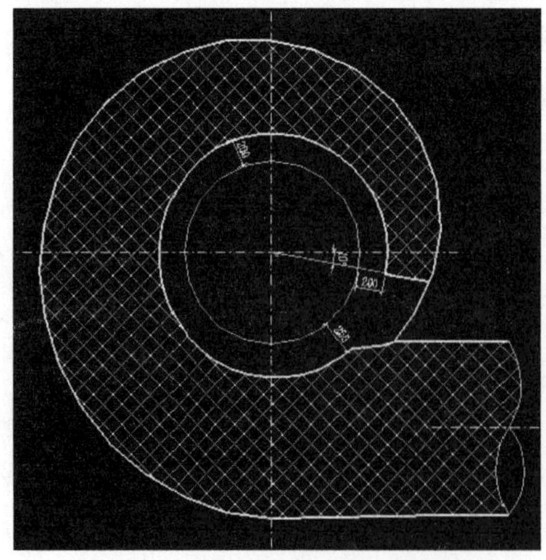

图1　蜗壳垫层埋设方式示意图

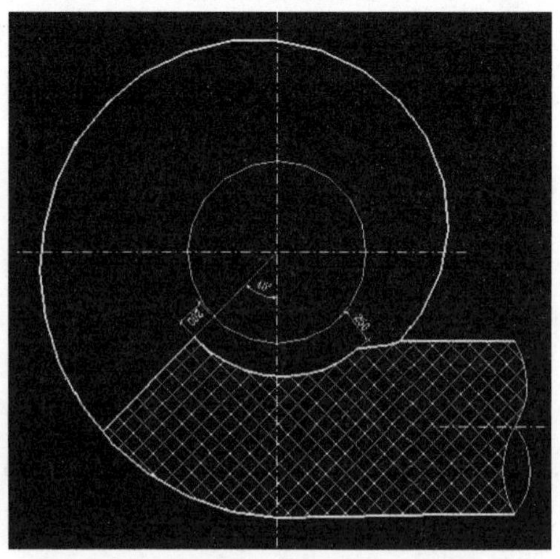

图2　蜗壳组合埋设方式示意图

(2)垫层刚度

垫层刚度也是结构受力的主要影响因素,由垫层的厚度和弹性模量控制,垫层厚度过大,则对整体刚度产生不利影响。经方案比较,垫层最大压缩量控制在25%~30%能较好地保证钢衬与混凝土的整体力学性能。三峡电站在不考虑外包混凝土约束时蜗壳最大径向变形约9mm,因此垫层厚度采用30mm。在此基础上,垫层弹性模量采用2.5MPa,混凝土最大应力能控制在标准强度以内,保证混凝土基本无裂缝。

(3)工程运用

三峡蜗壳直径大,HD^2为世界之最,蜗壳变形大,蜗壳垫层刚度及敷设范围直接影响结构的动、静力特性。通过钢筋混凝土结构三维非线性计算分析和三维动力计算分析,三峡垫层方式可以保证机组安全稳定运行和结构安全,在右岸电站已成功实施4台机组。国内外采用垫层方式的机组很多,最大为克拉斯诺亚尔斯克500MW机组。三峡在700MW级水力发电机组蜗壳中成功采用垫层埋设方式属首例。

1.4 蜗壳组合埋设方式

金属蜗壳的埋设方式一般分为保压、垫层和直埋等三种埋设方式。直埋方式属于钢衬钢筋混凝土完全联合承载结构。相对于保压方式,直埋方式的优点是施工程序简单、工期短。由于三峡电站机组蜗壳HD值高,外围混凝土相对较薄,若承担很大比例的内水压力,将导致裂缝范围和宽度较大,作为机组支承体的厂房水下结构的整体刚度和抗振性能就有所降低、变形增加,对机组安全稳定运行造成不利影响;另一方面,过于密集的配筋将导致蜗壳周围管路布置和混凝土施工困难。

针对直埋方式的蜗壳外围混凝土开裂和下机架基础垂直变形过大问题,围绕蜗壳外围混凝土整体刚度、变形、厂房振动、下机架基础不均匀变形等影响厂房结构安全及机组稳定运行的主要技术指标,通过大量力学理论研究、三维非线性数值模拟和1∶12大比尺仿真材料结构模型试验,见图3和图4,提出了在三峡电站蜗壳45°以前采用垫层、以后采用直埋的"组合埋设"新技术。采取一些工程措施后,使下机架基础相对上抬位移等各项静力指标和各部位产生的振动反应均能够满足控制标准要求,研究成果应用于三峡坝后电站15号机组。

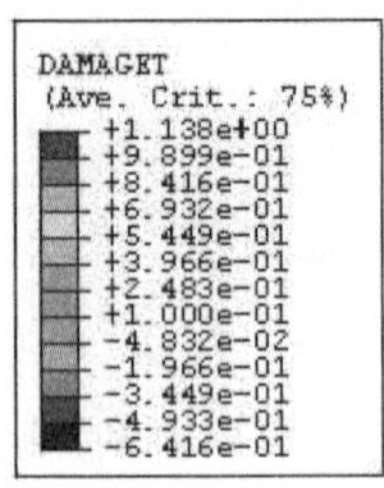

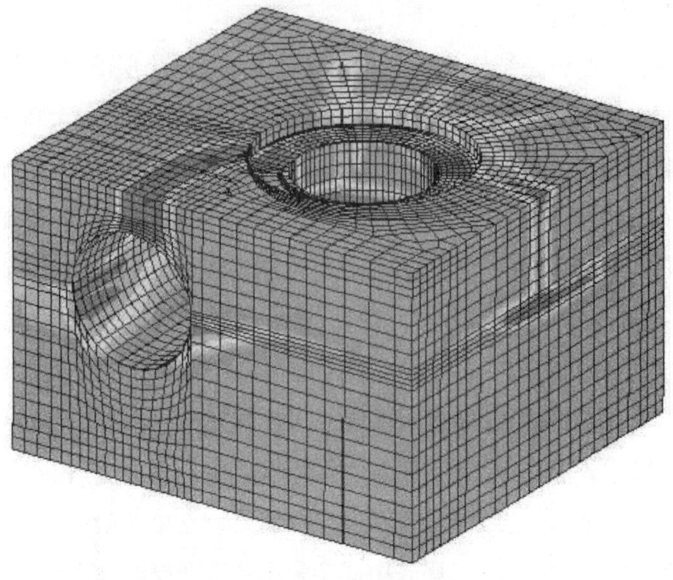

图 3　有限元数值模拟

图 4　蜗壳组合埋设方式模型现场照片

2　蜗壳监测资料分析

监测资料分析的数据样本为整个施工期截至 2014 年底的全部观测资料，重点是 2008 年之后的水库试验蓄水期监测资料。结合电站运行初期的监测资料，主要从蜗壳应力、蜗壳与混凝土间隙开度、外包混凝土钢筋应力、外包混凝土应力等 4 个方面，对蜗壳的监测资料进行分析。

2.1 蜗壳应力

保压前后和调试运行前后蜗壳应力变化最大，且蜗壳最大拉应力出现在保压过程或运行过程中。实测蜗壳最大环向应力约 200MPa(26 号机)。不同埋设方式典型断面蜗壳应力过程线见图 5 至图 7。

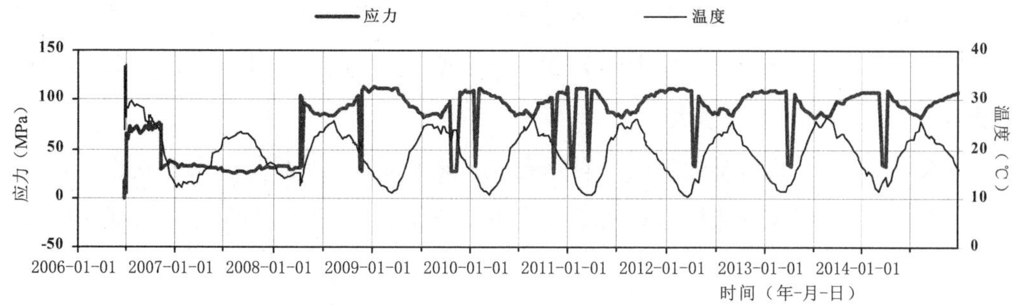

图 5　24 号机(保压)135°断面顶部环向蜗壳应力过程线

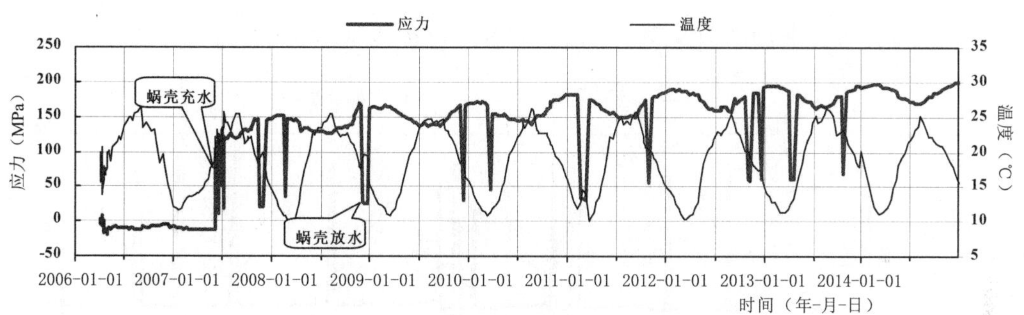

图 6　26 号机(垫层)0°断面腰部环向蜗壳应力过程线

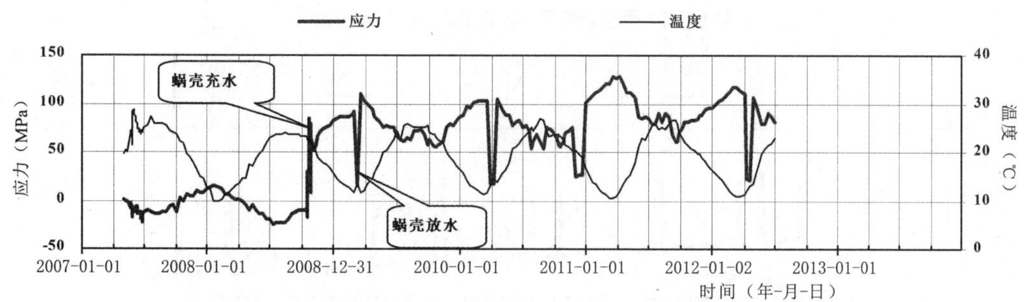

图 7　15 号机(组合)0°断面顶部 120°处环向蜗壳应力过程线

1)采用保温保压方式的机组，在蜗壳充水保压过程中，蜗壳一般产生一个拉应力增量，但环向应力增量比水流向大，各机组保压后蜗壳最大应力为 80～103MPa。在蜗壳充水保压过程中，蜗壳应力随内水压力增大而增大，应力与内水压力呈线性关系。

蜗壳混凝土浇筑完毕后，蜗壳放水卸压，卸压前后蜗壳一般产生一个压应力增量。

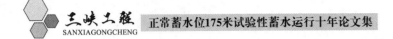

各机组卸压后蜗壳应力在－76～44MPa之间。

2)调试运行前后，蜗壳一般产生拉应力增量，水流向部分测点产生压应力增量。环向应力变化比水流向变化明显，蜗壳部位比过渡板变化明显，应力变化最大的部位一般在蜗壳腰部及以上部位。

实测各机组调试运行前后的最大应力增量约为132MPa，调试后运行时的最大应力约为128MPa。保压方式和垫层方式蜗壳的应力变化、分布和应力水平没有明显的区别。

3)实测运行期，蜗壳最大应力约为200MPa，蜗壳应力均在弹性范围内，蜗壳环向拉应力随库水位的上升略有增大。

从多年观测成果看，温度年变化对蜗壳应力略有影响，年温度变化造成的应力变化在40MPa以内。保压和垫层方式的蜗壳应力没有明显区别，但直埋方式的蜗壳应力相对较小。

2.2 蜗壳与混凝土间间隙开度

不同埋设方式典型断面蜗壳与混凝土间开度过程线见图8至图10。

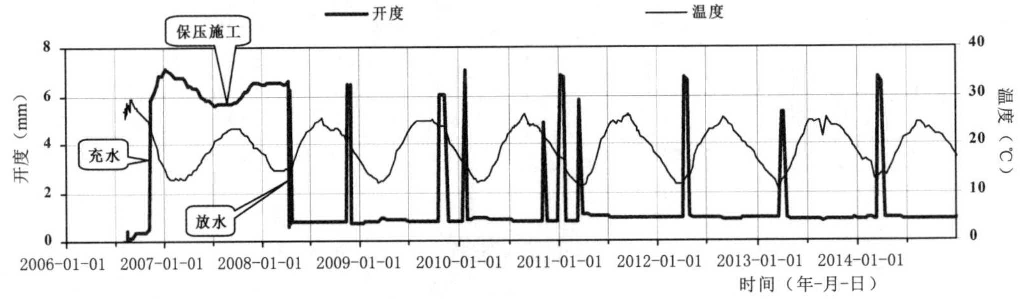

图8　24号机(保压)90°断面腰部开度过程线

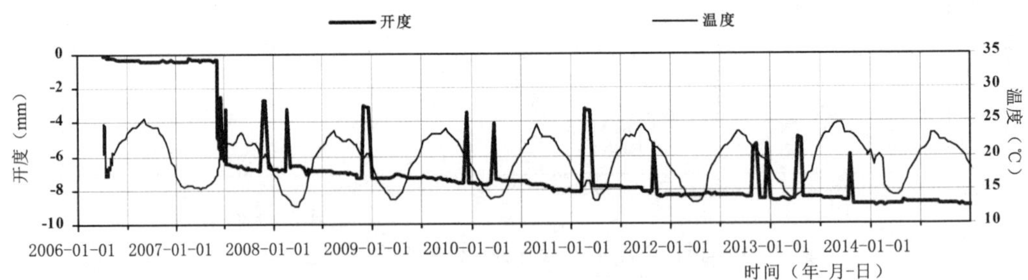

图9　26号机(垫层)45°断面腰部开度过程线

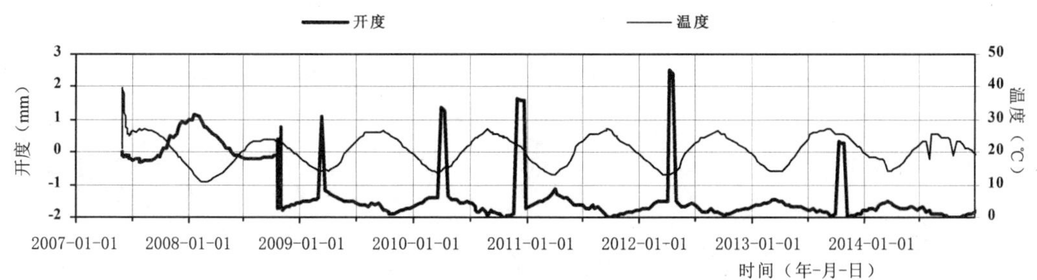

图 10　15 号机(组合)0°断面顶部开度过程线

(1)保压方式

调试运行前蜗壳与混凝土间开度最大，运行后开度减小。24 号、16 号、19 号和 10 号机调试运行前后开度的最大变化量分别为 6.27mm、2.11mm、6.08mm 和 3.03mm。各机组开度的变化规律基本一致，一般腰部开度变化最大，顶部次之。运行期各水位条件下实测开度均在 0.5mm 以内，蜗壳与混凝土间基本无间隙，表明蜗壳与混凝土是贴紧的。

(2)垫层方式

蜗壳与混凝土间开度在运行后均产生一个压缩增量，26 号机垫层最大压缩量达 9.0mm，25 号、18 号和 17 号机垫层的最大压缩量分别为 3.43mm、2.37mm 和 2.93mm。各机组开度的变化规律基本一致，一般腰部开度变化最大，顶部次之，底部开度变化不明显。

(3)直埋方式

充水前各测点开度－0.15～0.24mm，开度均较小；2008 年 11 月 11 日库水位 172.7m 运行时，垫层部位 3－3、4－4 断面处开度在－1.75～－1.05mm，垫层均有所压缩，其他直埋部位测点开度在－0.11～0.10mm，均无明显间隙。

2.3　蜗壳外包混凝土实测钢筋应力

不同埋设方式典型断面环向钢筋应力过程线见图 11 至图 13。

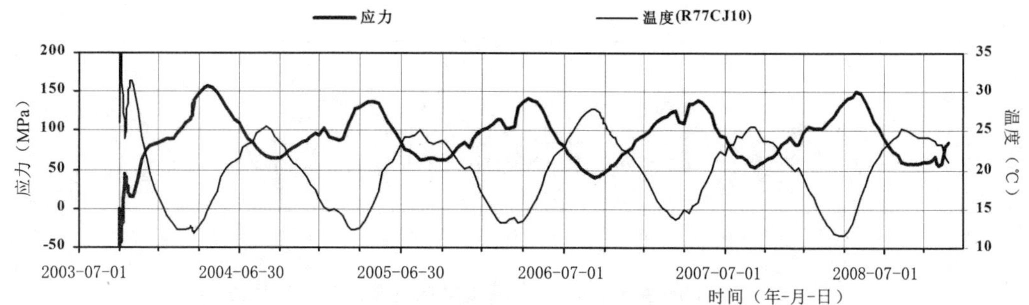

图 11　10 号机(保压)进口断面顶部环向钢筋应力过程线

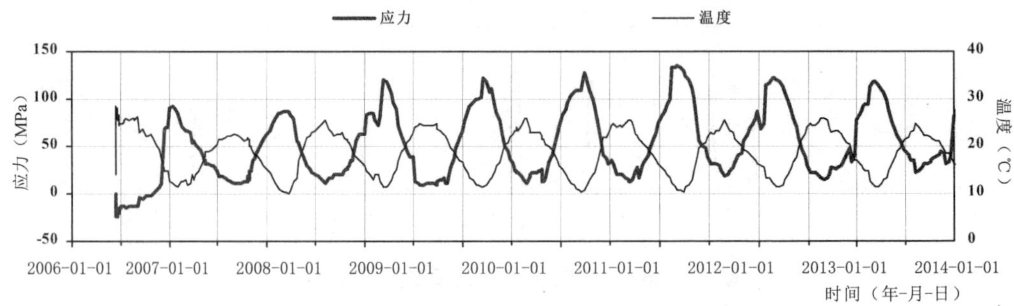

图 12　25 号机(垫层)进口断面底部环向钢筋应力过程线

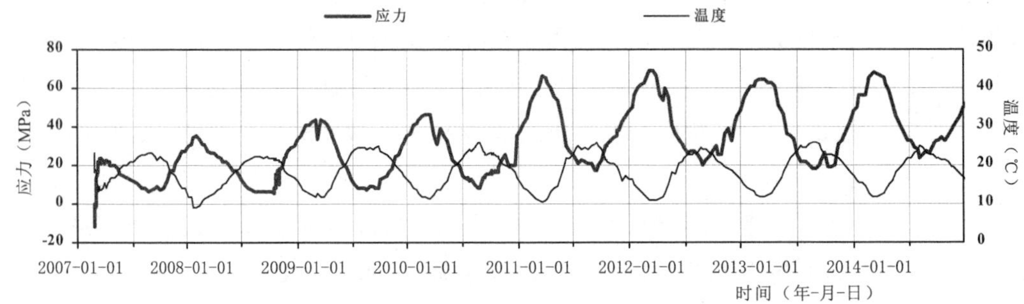

图 13　15 号机(组合)进口断面底部环向钢筋应力过程线

实测结果表明，各机组蜗壳外包混凝土钢筋应力受机组调试及运行的影响较小，钢筋应力主要随温度变化，较大的钢筋应力均是在施工期就产生的温度应力。除少数测点外，实测钢筋应力在 100MPa 以内，绝大部分钢筋应力在 50MPa 以内。不同蜗壳埋设方式的机组混凝土钢筋应力没有明显区别。

2.4　蜗壳外包混凝土实测应力

不同埋设方式典型断面混凝土环向应力过程线见图 14 至图 16。

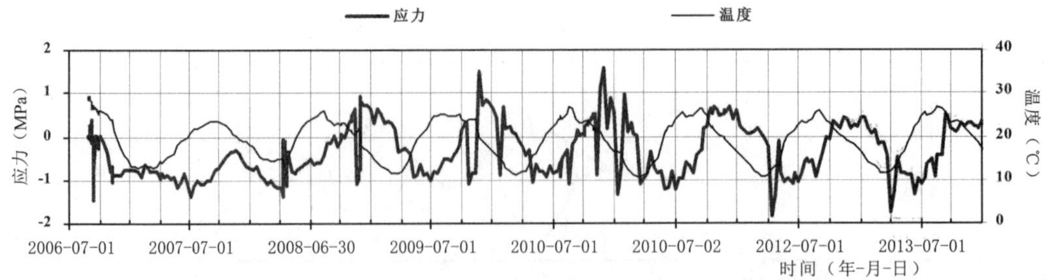

图 14　24 号机(保压)90°断面 45°处环向混凝土应力过程线

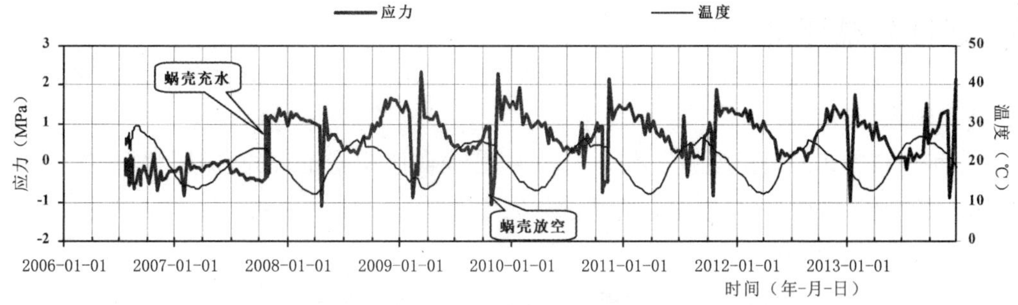

图 15　25 号机(垫层)90°断面 45°处环向混凝土应力过程线

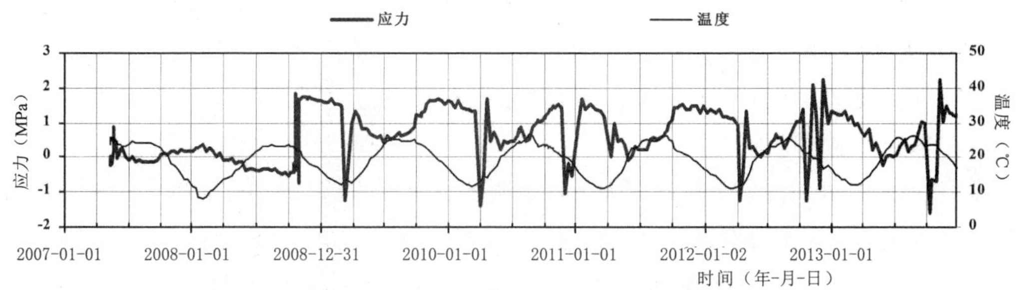

图 16　15 号机(组合)270°断面 45°处环向混凝土应力过程线

(1)保压方式

放水卸压前后，蜗壳外包混凝土应力一般产生压应力增量，应力增量为－0.4～0.1MPa。卸压后，混凝土应力为－1.6～－0.5MPa。

充水调试前，外包混凝土环向应力为－1.7～－0.6MPa。充水后，混凝土产生一个拉应力增量，应力增量为 0.5～1.0MPa，45°断面腰部以上 45°处应力增量最大。2008 年 11 月 11 日，库水位 172.7m 时，混凝土应力为 0.0～1.3MPa，0°断面45°处拉应力最大。2008 年汛后水库蓄水过程中各测点均产生了拉应力增量。

(2)垫层方式

充水调试前，外包混凝土环向应力为－1.3～－0.4MPa。充水后，混凝土一般产生一个拉应力增量，应力增量为 0.4～2.4MPa，45°断面腰部以上 45°处应力增量最大。2008 年 11 月 11 日，库水位 172.7m 时，混凝土应力为－1.4～1.4MPa，90°断面 45°处拉应力最大。

(3)组合方式

15 号机充水调试前，外包混凝土环向应力为－2.8～－0.4MPa，水流向应力为－2.9～－0.5MPa，均以压应力为主。2008 年 11 月 11 日，库水位 172.7m 时，环向应力为－1.9～1.7MPa；水流向应力为－1.8～0.4MPa。

3 运行效果评价

(1)蜗壳应力

三种埋设方式的蜗壳监测资料分析表明,各项测值均是正常的,保压和垫层方式的蜗壳应力水平没有明显区别,组合方式的蜗壳应力略小。

(2)蜗壳与混凝土间间隙开度

①垫层方式各机组开度的变化规律基本一致,一般腰部开度变化最大,顶部次之,底部开度变化不明显。②保压方式调试运行前蜗壳与混凝土间开度最大,运行后开度减小。各机组开度的变化规律基本一致,一般腰部开度变化最大,顶部次之。蜗壳与混凝土间基本无间隙,蜗壳与混凝土是贴紧的,与计算结果也是一致的。③组合方式充水前各测点开度均较小;运行时垫层部位垫层均有所压缩,其他直埋部位均无明显间隙。

(3)蜗壳外包混凝土钢筋应力

各机组蜗壳外包混凝土钢筋应力受机组调试及运行的影响较小,钢筋应力主要随温度变化,较大的钢筋应力均是在施工期就产生的温度应力。除少数测点外,实测钢筋应力在100MPa以内,绝大部分钢筋应力在50MPa以内。不同蜗壳埋设方式的机组混凝土钢筋应力没有明显区别。

(4)蜗壳外包混凝土应力

实测调试运行前后,蜗壳腰部及45°处混凝土环向一般产生一个拉应力增量,运行期混凝土应力实测值与计算值规律基本一致,数量相当。

三峡左、右岸坝后电站26台机组已安全稳定运行10余年,其数值计算成果与现场实测资料研究成果基本吻合,三种埋设技术的巨型蜗壳结构的各项控制指标均在设计控制范围内,结构运行期的安全可以得到保证。融合垫层和直埋优势的巨型水力发电机组蜗壳组合埋设方式,解决了直埋方式蜗壳外围混凝土开裂和下机架基础垂直变形过大问题,并推广应用至溪洛渡水电站、向家坝水电站。垫层埋设方式正推广应用到乌东德水电站、白鹤滩水电站等巨型蜗壳埋设施工中。

参考文献

[1]巨型机组水电站建筑结构关键技术研究报告[R].长江勘测规划设计研究有限责任公司等,2013.

[2]长江三峡枢纽工程竣工验收安全监测设计及监测资料分析报告[R].长江勘测规划设计研究有限责任公司,2015.

三峡地下电站排沙洞空化特性试验研究与原型验证

姜伯乐[①] 张晖 陈杨

(长江水利委员会长江科学院,武汉 430010)

摘 要:针对三峡电站排沙洞设计体型,通过减压模型试验研究了其空化特性。成果表明:支洞弯段易出现负压,支、总洞交汇区因水流剪切,水力特性较为复杂,上述体型有空化空蚀之虞。在双洞和三洞开启方式条件下,因水流流速不大,压力较高,上述部位尚未出现蒸汽型空化,不会发生空蚀破坏。在单洞开启方式条件下,水流流速增高及压力降低的幅度很大,存在非常强烈的空化现象,该运行方式不可取。原型三洞开启过流的成果与模型试验成果一致,支洞弯段以及支、总洞交汇区未出现明显空化。

关键词:水力学;三峡电站;排沙洞;分流;蒸汽型空化;气体型空化

1 前言

高速水流空化问题是水利工程长期以来十分关注且棘手的研究课题。泄水建筑物一旦发生空化空蚀破坏,后果极其严重,会影响工程的安全运行,因此在工程设计和实际运行调度中,应尽量避免空化发生但往往在许多工程实际条件下,限制了作无空化设计的可能性,只能运用相关知识,尽可能地作降低空化强度设计和减蚀设计[1]。此外,泄水建筑物的调度方式也会影响空化的发生与否[2]。

为解决三峡工程地下电站进水口泥沙淤积问题,经综合论证,设计提出了由三条支洞和一条总洞组成的排沙洞设计方案。其尾部布置淹没式平板工作门,洞线长、弯段多,闸门段及支洞与主洞汇流段等部位的水力学条件极为复杂,在工作闸门启闭过程中极易发生水流空化及声振现象,不利于建筑物的安全。

排沙洞三条平行布置的支洞的体型基本相同,其中,1号与2号支洞的体型及与总洞连接形式完全相同,均以40°与总洞交汇,3号支洞检修门槽下游的水平弯段半径较大,且管轴线与总洞平顺相接。具体体型见图1。

---

① 作者简介:姜伯乐(1973—),男,山东海阳人,教授级高级工程师,主要从事水工水力学研究,E-mail:jiangbl@mail.crsri.cn。

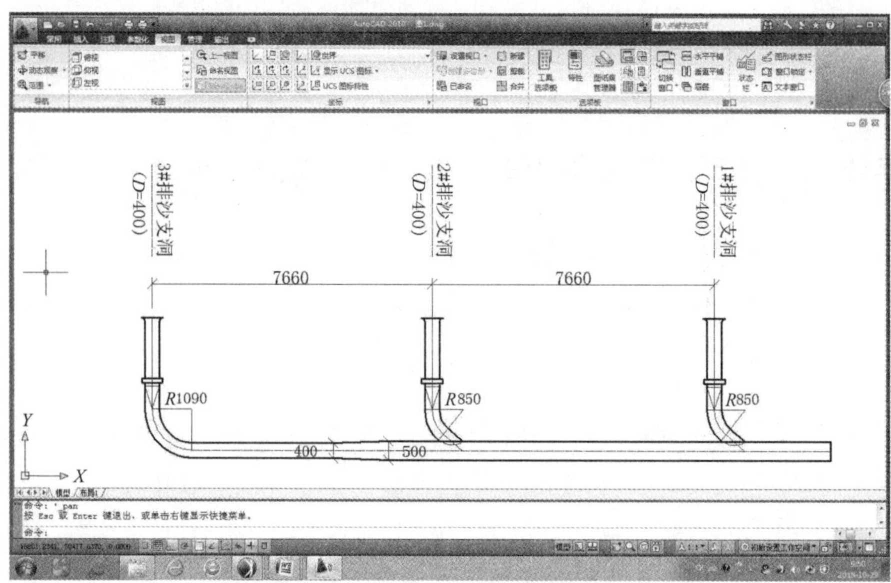

图1　排沙洞交汇区体型布置示意图(单位:cm)

排沙洞的三条平行纵向支洞和支洞与总洞汇流区域均为平底压力流,其特性主要受控于侧面和顶面体型。支洞圆管弯段的水力特性主要受控于管径、转弯半径和转弯角度。支洞与总洞交汇区的剪切流特性主要受控于支洞与总洞的水流交汇夹角和水流速度差。

综合以上初步分析,排沙洞泄流时体型多处有形成空化水流的可能性。鉴于此,开展了排沙洞空化模型试验研究,分析了排沙洞的水流空化特性,并研究了减免空化的措施,为设计优化提供了科学依据。此外,在147m库水位时开展了8号排沙洞三支洞同时开启条件下的水力学原型观测,对相关模型试验研究成果进行了验证。

2　研究方法

2.1　模型试验空化判别方法

水流发生空化后所产生的噪音可作为空化发展不同阶段的判据,因此运用空化噪声探测技术研究水流空化问题是一种有效的技术手段[3-6]。常采用噪声功率谱级差法来进行空化特性的判断分析,声谱级差值$\triangle SPL=SPL_f—SPL_o$,其中$SPL_f$为所需相似气压下水流中总噪声谱级(谱形图中“1”线所示)。而SPL_o则为经检测确无空化发生时的背景噪声谱级(谱形图中“2”线所示),具体为试验过程中的环境噪声,具有低频率(一般20kHz以下)特性。背景条件下减压箱真空度较低(约为相似条件真空度的70%),水流中气核含量则高于相似真空度下的气核含量,因而声谱级图中往往反映出低频段SPL_o

值高于SPL_f值。根据文献[1],将△SPL值达到5dB作为空化初生的判别指标。当明显地出现某一类型空化时,相应频段上△SPL值将达到10dB以上;当空化较弱,谱级差值△SPL介于5~10dB,则视为空化初生阶段。

2.2 原型观测空化判别方法

当水流流速变化不大,空化没有出现的情况下,水下噪声谱级不会产生突变(变化一般小于5dB);反之,其高频段声谱级会明显增大(变化可大于10dB)。一般参考无空化的背景谱级(简称背景),比较、分析待分析谱级的空化特性。背景取动水无空化状态或静水状态。空化发生后,其噪声谱级较流速相近但无空化的动水背景高出10dB以上,而较静水背景应高出20dB以上。

3 模型试验与原型观测成果分析

3.1 水流流态

模型试验表明:双洞、三洞开启方式下,在支洞及入汇区未发现异常流态。在单洞开启方式下,支洞尾端有游离的空泡汇入总洞,呈涡空化带状;在入汇区,与支洞毗邻的总洞侧缘有明显的片状空化云出现,且源于支洞的涡空化带在此加粗,耳闻“爆裂”声。

原型观测表明:在排沙洞闸门开启泄水过程中,排沙洞上游进口前水面平静,未见明显水流流动迹象。排沙洞出口顶高程为64.5m,略低于下游水位,其孔口出流为浅层潜射流。观测发现,闸门开启初始,出口后水流潜射距离很短(小于2m),随即跃出水面,形成较大涌浪,目测涌浪最高可达到77m高程,巨浪区范围超过40m;随着闸门开度的加大,出口水流潜射距离加长,在闸门全开后,潜流出露点稳定在离出口20m左右处,涌浪高度降低,巨浪区基本稳定在出口下游40~80m范围内。

3.2 水下噪声及空化特性

模型水听器Z_8,Z_{10}位于支洞与总洞交汇区;水听器Z_7位于支洞弯段。

(1)单洞开启

在库水位$H_上$为145~150m范围内,支洞弯段(Z_7)和支洞与总洞交汇区(Z_8,Z_{10})都存在剧烈的空化,空化噪声频率分布宽,表明既有蒸汽型空化,又有气体型空化,其谱级差△SPL分别达(Z_7)19dB、(Z_8,Z_{10})28dB,该量级的空化具有严重空蚀危害。从谱特性看,总洞水流剪切区空化较支洞弯管空化更为严重,破坏力更大。

其中库水位150m水位所测水下噪声资料经处理如图2所示。

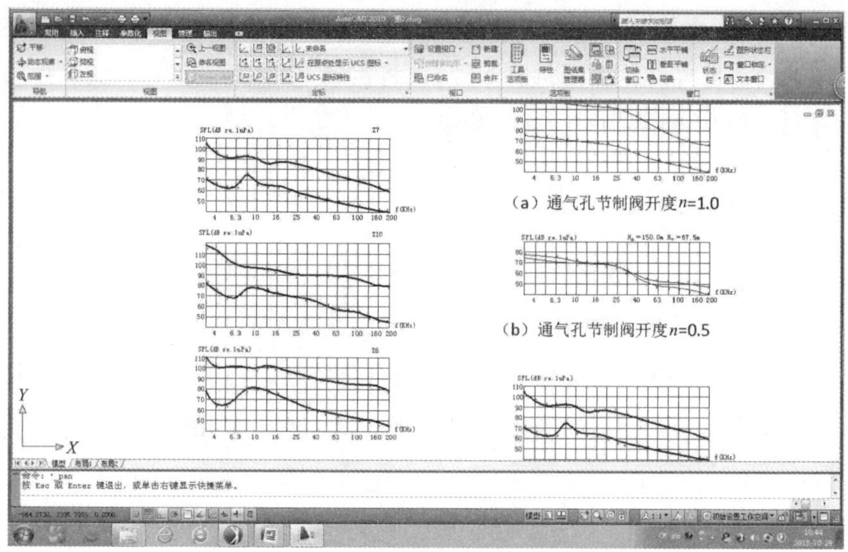

图2 单支洞运行水下噪声谱级($H_上$=150m)

(2)双洞开启

在库水位$H_上$为145～150m范围内,支洞弯段噪声谱级几乎与背景谱级重合,表明该区域未出现空化;总洞水流剪切区的$\triangle SPL$值在50kHz以上高频区仅有3～4dB,在5～40kHz低中频段有最大值10～13dB($H_上$=145m时)的谱级差,可见该工况仅存在不太强的气体型弱空化,此空化由支洞入汇形成的涡流引起。

(3)三洞开启

在库水位$H_上$=145～150m范围内,支洞弯段所测噪声谱级与背景的重合性较之双洞开启方式更好,表明该区域是免空化的;在总洞水流交汇区的噪声谱级,在50kHz以上频段,$\triangle SPL$<3dB,在50kHz以下频段,其谱级差较双洞开启的方式更低。

原型观测成果表明:闸门启闭过程中1号支洞、2号支洞弯段测点高频段各特征时刻谱级与背景谱级差基本维持在6dB之内,表明排沙洞在三支洞同时运行条件下,该区域没有空化水流出现。1号支洞与主洞交汇处两测点(洞腰、洞底各设一测点),各特征时刻谱线高频段与背景几乎重合,表明排沙洞3洞运行条件下,该区域无空化发生。2号支洞与主洞交汇处洞腰测点,在闸门开启过程中,水下噪声声级基本随闸门开度加大而加大,至闸门全开稳态运行阶段达到最高值,谱线高频段与背景之差为14dB左右,空化现象不明显。闸门关闭过程中水下噪声与开启时相近。2号支洞与主洞交汇处洞底测点,各特征时刻及稳态运行条件下的噪声谱线高频段与背景几乎重合,无空化现象发生。上述结果与模型试验成果一致。

3.3 初生空化数

为了确定支洞弯管和支、总洞水流交汇区的初生空化数,测定了相应位置不同水流

空化数条件下的声谱级差$\triangle SPL$，结果示于图3和图4。空化噪声强度在空化初生阶段随空化数减小缓慢上升，在空化进入发展阶段初，空化噪声强度会陡然上升。另外，依据模型试验和原型观测的经验，针对工程安全确定的初生空化数的水下噪声控制标准约为$\triangle SPL=10\text{dB}$。由此可确定：弯管(管径$D=4\text{m}$，弯道轴线半径$R=8.5\text{m}$。或者：弯道相对半径$R'=R/(R_{\text{H}}-R_{\text{B}})=2.125$。其中，$R$为弯道轴线半径，$R_H$和$R_B$分别为弯道外、内缘半径)的初生空化数(弯管进口为参考断面)为0.71；支、总洞交汇区(两洞轴线交角40°)初生空化数(支洞尾断面为参考断面)为1.71。

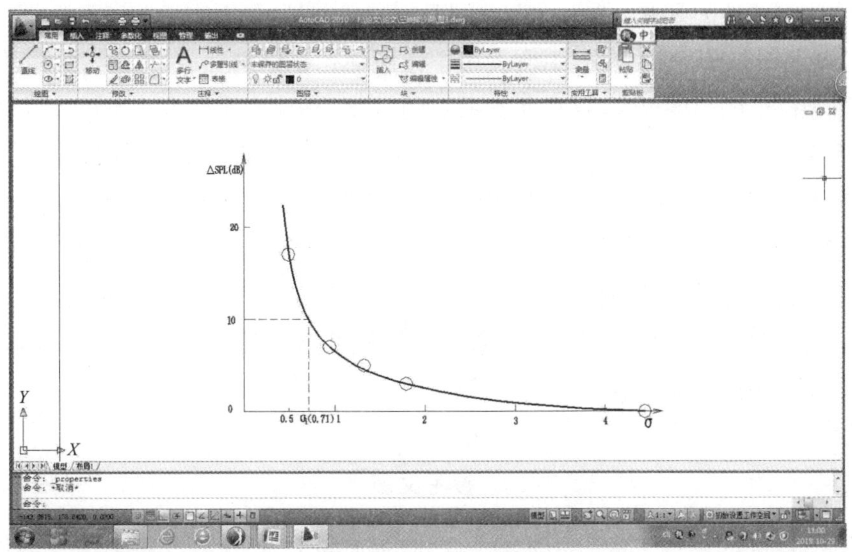

图3　弯管(管径$D=4\text{m}$，弯道半径$R=8.5\text{m}$)声谱级差$\triangle SPL$—水流空化数$\boldsymbol{\sigma}$图

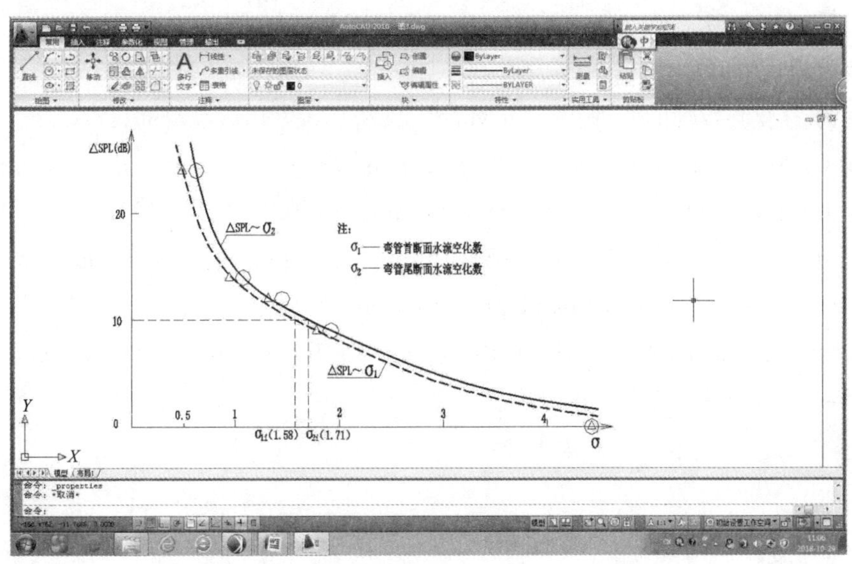

图4　支、总洞交汇区声谱级差$\triangle SPL$—水流空化数$\boldsymbol{\sigma}$图

在单支洞开启方式，弯管水流空化数与初生空化数之比$\sigma/\sigma_i \approx 0.7$，其空化开始进入发展阶段；支、总洞交汇区，$\sigma/\sigma_i \approx 0.3$，其空化处于强烈发展阶段。

在双洞和三支洞开启方式，弯管段σ/σ_i大于6.0，无空化之虞；支、总洞交汇区，σ/σ_i大于2.5，表明具有相当安全度。

4 结论及建议

本文通过三峡地下电站排沙洞体型空化特性的研究，探讨了支洞开启方式对相关体型发生空化可能性的影响。在双洞和三洞开启方式条件下，因水流流速不大，压力较高，上述部位尚未出现蒸汽型空化，不会发生空蚀破坏。在单洞开启方式条件下，水流流速增高及压力降低的幅度很大，存在非常强烈的空化现象，该运行方式不可取。原型三洞过流的成果与模型试验成果一致，支洞弯段以及支、总洞交汇区未出现明显空化。

针对本工程，结合水力学原型监测的结果，为避免单洞开启产生的空化而引起的剧烈声振和空蚀，保证排沙洞运行的安全可靠，特作如下建议：双洞和三洞开启方式下，未出现有害水力特性，排沙洞的运行是安全的，建议实际运用时采取上述两种开启方式；单支洞开启时，支洞及总洞在一定范围内存在不同程度空化现象，会引起空蚀破坏，故实际运行中不得采用该调度方案。

参考文献

[1]郭均立，芦俊英.三峡工程表孔体型空化试验研究[J].长江科学院院报，2000，17(4)：12-14.

[2]姜伯乐，张晖，杨江宁.三峡电站排沙孔工作门区及通气管道空化特性研究[J].长江科学院院报，2013，30(8)：46-49.

[3]黄继汤.空化与空蚀的原理及应用[M].北京：清华大学出版社，1991：77-79.

[4]Bark G.Prediction of propeller cavitation noise from model tests and its comparison with full scale data，J.of Fluids Engineering，1985，107(1)：112-120.

[5]Leggat L J，Sponagle N C.The study of propeller cavitation noise using cross-correlation methods，J.of Fluids Engineering，1985，107(1)：127-133.

[6]Higuchi H.Arndt R，Rogers M F.Characteristics of tip vortex cavitation noise，J.of Fluids Engineering，1989，111(4)：495-501.

三峡工程175m试验性蓄水以来三峡电站设备运行管理综述

王宏[①]　范进勇

(中国长江电力股份有限公司三峡水力发电厂,宜昌　443133)

摘　要:主要介绍了三峡工程175m试验性蓄水以来三峡电站机组、泄洪设施、水工建筑物的运行情况,以及保持设备设施良好状态所做的主要工作,并对以后进一步完善设备设施管理工作提出了一些思路。

关键词:三峡电站;试验性蓄水;设备运行管理

1　三峡电站概况

三峡水利枢纽主要由拦河大坝、电站厂房和通航建筑物组成。其中,拦河大坝为混凝土重力坝,泄洪坝段居中,两侧为厂房坝段和非溢流坝段;电站由左岸电站、右岸电站、地下电站以及电源电站组成,左岸电站和右岸电站厂房为坝后式厂房,地下电站和电源电站为地下厂房。

三峡电站安装32台单机额定功率700MW的水轮发电机组,其中左岸电站14台,右岸电站12台,地下电站6台。另外,电源电站安装2台50MW的水轮发电机组。枢纽总装机容量22500MW。

三峡电站首台机组2号机组于2003年7月10日投产发电,右岸电站15号机组于2008年10月30日正式并网发电,标志着三峡工程初始设计的左、右岸电站26台机组全部投产运行。2012年7月2日,随着三峡地下电站27号机组投入商业运行,三峡工程32台单机额定出力70万kW的巨型机组以及2台单机额定出力5万kW的电源电站机组全部投产,三峡电站投产装机达到设计水平。

---

① 作者简介:王宏(1961—　),男,博士研究生学历,教授级高级工程师,主要从事电力生产管理工作。E-mail:wang_hong2@ctg.com.cn;范进勇(1977—　),男,大学本科学历,高级工程师,主要从事电力生产管理工作。E—main:fan_jinyong@ctg.com.cn。

2　175m 试验性蓄水以来三峡电站主要设备设施运行简况

2.1　机组运行情况

三峡机组及相关设备运行正常，运行数据基本稳定。2010 年汛期，对 26 台机组进行了 18200MW 满负荷试验运行，累计运行时间 761h。2012 年 7 月 12 日，三峡电站机组总出力首次达到全电站额定出力 22500MW。三峡电站机组大负荷运行时间见表 1。

表 1　三峡电站机组大负荷运行时间统计

年　份	2012	2013	2014	2015	2016	2017	2018
出力达到 2250 万 kW 运行小时数(h)	710.98	145.03	703.72	—	211.7	313.42	352.38
出力达到 2000 万 kW 运行小时数(h)	1437.7	688.48	1113.12	102.5	683.72	643.42	1270.27
机组全开运行小时数(h)	1010.78	593.97	974.17	78.5	674.25	426.15	1184.37

三峡机组及相关设备经受住了大负荷长周期运行的考验，机组出力都处于出力限制线规定范围内，各项运行性能指标总体稳定，均满足规范和设计要求。截止到 2018 年 10 月底，三峡电站累计发电量约 11785 亿 kW·h，与设计相比，超设计发电约 1200 亿 kW·h，主要可靠性指标居行业先进水平。175m 试验性蓄水以来三峡电站历年发电量和机组平均等效可用系数见表 2。

表 2　175m 试验性蓄水以来三峡电站历年发电量和机组平均等效可用系数

年　份	2008	2009	2010	2011	2012	2013	2014	2015	2016	2017
发电量(亿 kW·h)	808.12	798.53	843.7	782.93	981.07	828.27	988.2	870.06	935.32	976.05
平均等效可用系数(%)	94.24	93.34	93.93	93.54	94.47	93.73	94.25	95.82	95.78	94.8

2.2　泄洪设施运行情况

三峡电站泄洪设施运行状态良好，自投入运行以来，泄洪深孔、溢流表孔、排漂孔、排沙孔工作门分别可靠启闭 3063 扇次、155 扇次、316 扇次、48 扇次。其中，截至 2018 年 9 月底，泄洪深孔累计过流 138865.78h，并于 2008 年 11 月、2014 年 10 月、2017 年 10 月均经历了在 170m 以上高水位泄洪。各泄水建筑物过流道均没有发现较严重的冲刷和破损，运行正常。

2.3　水工建筑物运行情况

大坝、电站厂房等枢纽建筑物外观检查均无影响安全运行的异常情况，综合各项监测资料分析，各枢纽建筑物变形、渗流、应力应变及水力学监测值均在设计允许范围内，

测值变化符合正常规律,枢纽建筑物工作性态正常。

3 设备设施运行管理

3.1 结合蓄水开展相关试验,摸索并掌握机组运行规律

在试验性蓄水过程中,三峡电站积极准备、精心组织、周密计划,在确保设备设施安全稳定运行的同时,积极按计划开展相关试验,掌握各水头下机组性能和运行规律,为机组的安全稳定运行奠定了基础。

试验性蓄水以来,完成了不同水头下不同机型的机组稳定性和相对效率试验、发电机最大容量 840MVA 连续 24h 运行试验、调速系统扰动试验、756MW 甩负荷试验、厂房振动测试等试验工作。在试验完成后,及时开展试验成果整理,形成了机组稳定运行区数据表、175m 试验性蓄水水轮发电机组试验报告、三峡电站机组 840MVA 运行试验报告等成果,制定了三峡电站各种机型综合运转特性曲线,不断探索并实施基于工况最优的全电站机组经济运行方式。

试验性蓄水中所获取的丰富试验成果,不仅为三峡机组稳定运行提供了可靠依据,也为国产大机组的设计、制造和运行提供了有益的借鉴。

3.2 开展设备诊断运行,及时消除设备隐患

三峡电站建立了一套基于 WEB 的较完整的设备状态监测趋势分析与诊断系统,并不断对现有系统进行智能化改进和完善,编制了《三峡电站设备诊断运行分析管理规范》和《设备诊断运行分析作业指导书》,不断提高系统自主发现问题的能力和人工辅助分析的效率,基本实现了水电站运行管理工作从“事后处理”转变为“事前预控”。

通过自动控制元件、计算机监控系统、在线监测装置以及人工采集的各项数据,由技术人员利用软件系统平台进行数据分析,再结合设备实际状态得出初步评估结论,尽早发现设备故障征兆并及时处理,从而提高了设备运行可靠性,减少了不必要的停运检修带来的发电损失和维修成本。

3.3 开展年度设备状态评估,实施状态检修

在总结基于诊断与评估的精益维修策略的基础上,三峡电站积极探索和实践设备状态检修工作。结合设备状态检修工作实践,编制了《水电站设备状态评估技术导则(试行)》和《三峡电站设备设施状态检修管理规定(试行)》,对实施状态检修的范围、状态检修工作流程、基础数据平台的建立、设备诊断分析、设备状态评价、设备状态评估、检修策略制定的内容、检修后评价、持续改进等方面予以详细的规定。

在每年岁修完成后,三峡电站随即着手开展年度设备状态评估工作,编制三峡电站

设备设施年度检修计划，及早开展岁修的相关准备工作，确保岁修工作的顺利开展。

3.4 开展年度岁修，确保设备设施状态良好

三峡电站每年编制详细的年度设备岁修计划，严格按照检修规程、作业指导书和技术方案的要求开展设备设施的年度岁修工作。在岁修中，对设备设施进行全面的检查和维护，有针对性地实施设备改造或检修试验，消除设备隐患、优化设备性能。

在年度岁修中，对接管后的设备进行了整顿检修，开展 GIS 预防性试验、机组涉网性能参数优化，实施了 ALSTOM 机组推力头镜板专项处理、左厂 VGS 机组补气管末端加固、左厂机组挡风板加固和右厂机组挡风板材料更换、机组活动导叶端面密封更换、机组转轮探伤和叶片修型、机组压力钢管伸缩节导流板加固处理、发电机盘式绝缘子更换等较大的隐患处理项目，实施了左岸机组励磁调速系统换型改造、左厂发电机加装 GCB 开关、地电隔刀地刀传动机构改造、左岸 500kV CVT 改造、电源电站和地下电站机组快速门液压系统及电控系统一泵一机改造、泄洪深孔门楣止水防射水装置改造等较大的技术改造工作。此外，在机组转轮止漏环表面处理中首次应用了机器人激光焊接技术，在机组引水压力钢管检查中采用机器人进行流道检查(图 1、图 2)。

(a)机器人正在进行激光焊接

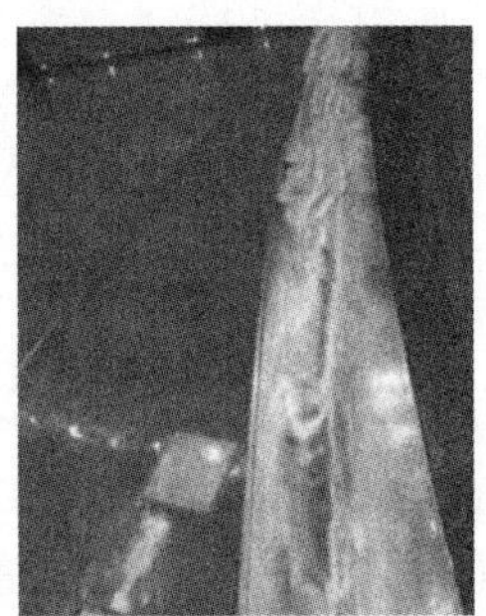

(b)激光焊接处理后的效果

图 1　在机组转轮检修中应用机器人激光焊接技术

(a)工作机器人正在进行钢管内壁检查

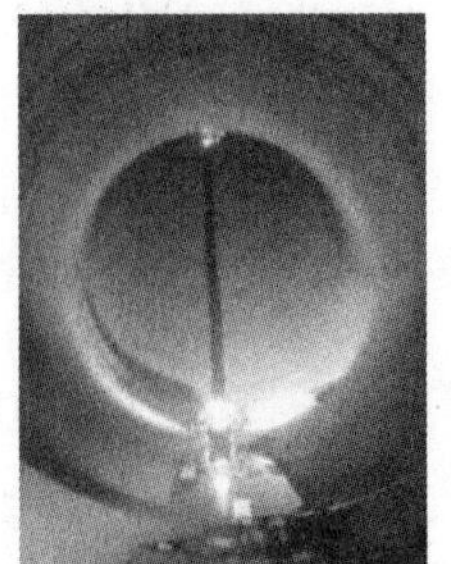

(b)检查作业中的工作机器人与辅助机器人

图 2　采用机器人检查机组引水压力钢管

3.5 开展规范化的巡检工作,及时发现并消除设备缺陷

根据设备管理要求,编制了《设备巡检与定期工作管理规范》,明确了各部门设备巡检及定期工作的职责、巡检工作标准、周期和具体内容。发布了《三峡电站大负荷长周期运行控制措施实施细则》,明确了加密巡检要求,对重点部位、重要设备进行连续监测,及时消除或控制缺陷,确保设备设施运行安全。在蓄水过程中,还对大坝、机组等设备设施的重要参数如机组各部瓦温、机组电气主回路温度、大坝渗漏排水量、机组技术供水等辅助设备的状态进行了实时的跟踪分析。

蓄水过程中发现泄洪深孔在库水位 170m 以上泄洪时,坝前库水面会出现立轴旋涡,泄洪深孔流道中水流会出现间歇紊乱和涌浪,坝体伴随有振动。三峡电站配合相关单位对三峡水库蓄水期 170m 水位以上泄洪方式开展研究,优化了泄洪设施开启顺序,在 2017 年蓄水期间,按调整后的泄洪方式运行时没有发现类似问题。此外,还发现大坝上游廊道部分横缝排水槽渗水偏大,例如左厂 3 号坝段横缝排水槽渗水,对这些部位进行了灌浆封堵处理。

4 关于蓄水和设备管理工作的一些思考

4.1 统筹协调好蓄水、发电、岁修之间的关系

经过 10 年的试验性蓄水实践,三峡水库已经形成了相对稳定的蓄水时间节点,即每年 9 月 10 日开始起蓄,9 月 30 日蓄水位按 162～165m 控制,10 月底或 11 月争取蓄至 175m,水库水位日变幅也有相应的要求。然而,蓄水中后期,也是三峡电站岁修工作开始的时间。三峡电站的岁修工作一般安排在 10 月初开始,机组大修也开始滚动实施,而近几年 9 月、10 月来水较好,对岁修工作时间形成了一定的制约。因此,要充分利用水情预测预报,统筹协调好蓄水、发电、岁修之间的关系,科学合理地制订岁修计划,保证来水时机组随时能够发电。

4.2 加大科技创新,促进岁修质量和工作效率的提升

三峡电站设备多,检修分布面广,环境复杂多样,很多部位的检修采用传统的方法既花费时间,又浪费人力物力。因此,要加大科技创新的力度,一方面要围绕设备疑难问题加大科技攻关,另一方面要大力推进新工艺、新材料、新工具的使用。例如,压力钢管检测机器人和混凝土流道检测机器人的使用、智能机器人在巡检工作中的应用、激光清洗与石墨烯防腐涂料在水下金属结构上的应用、石墨烯防腐涂料在厂房顶螺栓上的应用、激光焊接在转轮上的应用、激光修复在镜板和推力瓦上的应用、激光熔覆在发电机出口母线镀银工作中的应用等,以提高岁修质量和效率,为来年设备安全稳定运行打好基础。

4.3 完善基础设施,促进智慧电厂的建设

智慧电厂需要全面的设备运行状态数据,而在线监测装置是数据的主要来源。虽然三峡电站已经建立了一套较完整的设备状态监测趋势分析与诊断系统,但仍然存在覆盖面不够、一些关键信息数据偏少等问题,因此,要加大在线监测装置安装的力度,实现设备关键运行数据的全覆盖,从而使设备状态监测与诊断分析更全面、更准确。

对于在三峡电站已经试用并且技术条件趋于成熟的在线监测系统,要进行推广应用。对于缺少的关键状态监测设备,要加快研究和试验。对于日常巡检维护、离线检测、检修记录要结构化,便于数据分析与处理。并且,要加快推进三峡电站Ⅱ区平台建设与数据应用项目。同时,不断完善设备设施状态评价标准,随着在线监测系统的应用增加评价标准中定量评价的比例,从而使设备诊断分析更深入,设备状态评估更合理。

5 结语

自投产以来,三峡电站发电机组、泄洪设备设施、枢纽水工建筑物等主要设备设施保持良好的运行状况。通过蓄水过程中的相关试验,逐步摸索并掌握了巨型机组运行规律。通过加强设备设施运行管理,开展诊断运行和状态评估,实时掌握设备的运行状态,及时消除隐患。通过精益岁修,对设备设施进行全面检查维护,并有针对性地实施技术改造,保持并优化设备良好性能。同时,加强设备设施的日常巡检和消缺,确保设备运行处于可控、在控状态。

三峡电站将不断总结经验,统筹协调好蓄水、发电和岁修之间的关系,并结合设备实际强化科技创新及成果的应用,同时加快推进智慧电厂建设,确保三峡电站安全稳定高效运行。

参考文献

[1]张诚,马振波,等.三峡电站精益生产管理[M].北京:中国三峡出版社,2012.

[2]中国长江三峡集团公司.长江三峡水利枢纽运行管理总结 2003—2015[M].北京:中国三峡出版社,2018.

三峡电站700MW水轮发电机电磁振动分析

程永权[①] 张成平 邹祖冰 王伟

(三峡机电工程技术有限公司,成都 610041)

摘 要: 大型水轮发电机的电磁振动对机组的安全稳定运行至关重要,本文针对三峡电站水轮发电机发生的电磁振动问题对常见的次谐波、齿谐波以及气隙不均匀引起的水轮发电机定子铁芯振动的机理进行了详细分析,结合振动实际情况,分析解决方案,进一步论证了水轮发电机电磁振动可以治理,更应该在水轮发电机设计阶段预防,以及控制安装质量,特别是定转子圆度,保证气隙的均匀。

关键词: 三峡电站;700MW水轮发电机;电磁振动

近年来,一些大型水轮发电机组投运后,陆续发生了一些定子铁芯、机座振动超标的问题,虽然产生振动超标的原因不尽相同,但这些振动超标问题以及随之产生的噪音污染,都严重降低了机组品质并威胁到了机组的安全运行。特别是定子铁芯振动可能导致定子绕组绝缘磨损、定子铁芯松动、电腐蚀现象加剧、拉紧螺杆疲劳断裂,以及定子地脚螺栓损坏等事故。因此,研究定子铁芯振动的原因并采取针对性的控制措施,对保证机组长期安全稳定运行具有重大的意义。

本文针对三峡电站700MW水轮发电机出现过的定子铁芯振动问题,对常见的几类电磁振动逐一进行振动机理说明、原因分析,提出处理方案以及实测效果。

1 次谐波振动

1.1 振动机理

定子磁势 ν 次谐波与主波联合作用产生的力波方程为:

$$F_{\delta\nu\theta t}=\frac{1}{\mu_0}B_{\nu\theta t}B_{\delta\theta t}$$

---

① 作者简介:程永权,男,教授级高级工程师,长期从事大型水电站及清洁能源机电建设管理工作,E-mail:cheng_yongquan@ctg.com.cn。张成平,教授级高级工程师,长期从事大型水电站及清洁能源机电建设管理工作,E-mail:zhang_chengping@ctg.com.cn。邹祖冰,教授级高级工程师,从事水电站电气设备技术管理工作,E-mail:zou_zubing@ctg.com.cn。王伟,教授级高级工程师,从事水电站电气设备技术管理工作,E-mail:wang_wei14@ctg.com.cn。

$$=\frac{1}{\mu_0}B_\nu\cos(2\pi f_1 t\pm\nu t_0\theta)\,B_\delta\cos(2\pi f_1 t-p\theta)$$

$$=\frac{1}{2\mu_0}B_\nu B_\delta\{\cos[2\pi 2 f_1 t-(p\mp\nu t_0)\theta]+\cos[(p\pm\nu t_0)\theta]\}$$

式中，$\cos[(p\pm\nu t_0)\theta]$ 分量频率为 0，不会产生交变力波，因此仅对式中第一分量说明如下：

当 $\nu=1,4,7,10,13\cdots$ 时，定子高次谐波与主波磁场同向，会产生频率为 $2f_1=100\text{Hz}$、节点对数为 $p+\nu t_0$ 的力波；当 $\nu=2,5,8,11,14\cdots$ 时，定子高次谐波与主波磁场反向，会产生频率为 $2f_1=100\text{Hz}$，节点对数为 $p-\nu t_0$ 的力波。

由于水轮发电机转速较低，p 一般都较大，与主波磁场同转向的高次谐波分量引发的力波节点对数相对较大，由 2.2 节的分析可知，其可能导致定子铁芯振动幅值相对较小；而与主波磁场反向的定子磁势高次谐波分量可能产生节点对数很小的力波，从而可能引发定子铁芯 100Hz 的剧烈振动。因此，一般仅对与主波磁场反向的定子磁势高次谐波进行分析。

另外，对于 Q 为整数或 $d=2$ 的机组，单元电机数 $t_0=p$，其与主波作用产生的力波节点对数至少都为 $4p(\nu=5)$，节点对数较大，一般也不会引起定子铁芯 100Hz 的剧烈振动。因此，在传统计算中，对于这类机组的定子铁芯振动一般都可以忽略，需要重点关注的是分数槽绕组电机，尤其是 d 值较大(单元电机数小)时。

当 Q 为分数时，定子的磁势中包含一系列极对数与基波极对数之比为分数的谐波，称之为分数次谐波，简称“次谐波”。而低节点对数的力波一般都是由这些次谐波与主波作用产生的，因此，由定子磁势高次谐波与主波作用产生的定子铁芯振动有时也称为“次谐波振动”。

由于定子磁势是由定子三相电流建立的，因此在空载工况下，次谐波振动不会出现。电机负载运行时，随着电机功率和定子电流增加，谐波幅值也逐步增大，由此引起的定子铁芯 100Hz 振动也会呈现逐渐增强的特征。

1.2 三峡右岸电站 DEC 机组振动

三峡右岸电站 DEC 机组于 2007—2008 年投运，投运后发现发电机定子铁芯振动偏大，通过对振动的测量及频谱分析，发现定子铁芯的振动主要分为转频及其倍数的低频振动和 100Hz 振动。其中，低频振动是因为转子圆度缺陷导致。

对于 100Hz 振动，通过测量，在空载情况下，其振动幅值很小，仅约 2μm；而在负载工况下，随着电机负载的增加，振动幅度加剧。当电机到达额定功率 700MW 时，铁芯 100Hz 水平振动幅值达到了 47.7μm(18 号机)。由此排除了转子偏心引起定子支路间平衡电流，从而导致 100Hz 振动的可能，推断三峡右岸电站 DEC 机组定子铁芯 100Hz 振动是由次谐波引起的。

1.2.1 振动原因分析

三峡右岸电站 DEC 机组极对数为 40,定子 510 槽,每极每相槽数 $Q=2+1/8$,单元电机数 $t_0=10$。

当定子磁势谐波次数为 2.5 时,与主波相互作用会产生 20 和 10 对极的力波,由于这两个力波节点对数很低,推断应该是引起定子铁芯 100Hz 振动的原因。

结合文献[1]中关于谐波绕组系数、幅值、铁芯固有频率以及振幅的计算公式,得到表 1 所示的结果。

表 1　三峡 18 号机定子铁芯次谐波振动计算(改进前)

定子磁势谐波空间分布次数(νt_0)	谐波占基波幅值比率(%)	力波节点数 M	对应定子铁芯固有频率 *(Hz)	对应定子铁芯振幅 *(μm)
$-20(\nu=-2)$	6.4	20	442.8	0.594
$-50(\nu=-5)$	5.28	10	109.5	45.67

注:* 计算定子铁芯固有频率和振幅时,弹性模量 E_1 取 $1.2\times10^7\,N/cm^2$。

由表 1 可知,虽然定子磁势 2 次和 5 次的谐波幅值相当,且其与主波作用产生的力波节点对数都较小,但由于定子铁芯对应于 20 对节点的固有频率远离了 100Hz 的激振频率,由其引起的 100Hz 振动几乎可以忽略不计。而定子铁芯对应于 10 对节点的固有频率与 100Hz 的激振频率相当接近,由此推断 100Hz 振动的根源应该是 50 对极(5 次)的谐波与主波作用产生的节点对数为 10 的激振力波。为了验证计算的准确性,在 17、18 号机上进行了区分 20 对极和 50 对极谐波各自引起电磁振动大小的补充测试,测试结果见表 2。

表 2　三峡 18、17 号机主要次谐波引起的 100Hz 振动测试结果　(单位:μm)

机组号	18 号机	17 号机		
工况	700MW	200MW	500MW	700MW
测点 1	47.9	13.5	36.1	37.9
测点 2	41.9	11.7	43.1	49
测点 3	21.6	15.2	42.7	47.1
测点 4	47.7	16.8	51	57.3
去掉 50 对极谐波(1、3 运算)	10.4	1.35	4.7	4.6
去掉 50 对极谐波(2、4 运算)	4.5	2.67	4.9	5.8
去掉 20 对极谐波(1、3 运算)	35.8	15.6	33.2	42
去掉 20 对极谐波(2、4 运算)	41.8	16	45	51

补充测试结果表明,去掉 50 对极谐波(10 对极力波)引起的振动信号后,定子铁芯 100Hz 振动就很小了。这也证明了 50 对极谐波是引起 100Hz 振动的主要原因,实测与理论计算相吻合。

1.2.2 改进方案

当电机的槽数即每极每相槽数确定之后,定子磁势中的高次谐波的波谱就已经确定了。针对 DEC 机组 100Hz 振动的改进方案应是尽量减小 50 对极谐波对定子铁芯振动的影响。根据电机绕组理论，抑制谐波幅值，最好的办法是通过降低其绕组系数。而绕组系数等于短距系数与分布系数的乘积，对于已经完成制造的电机，短距系数已经确定。通过改进定子接线改变其绕组排列，减少 50 对极谐波的分布系数，就能从根源上削弱定子铁芯节点对数为 10 的 100Hz 振动及噪音。

DEC 机组原接线方案为“10＋7”大小相带分布，通过计算，采用“12＋5”大小相带分布方式，能最大限度地削弱 50 对极谐波幅值，其占基波幅值的比率由原来的 5.28％大幅降低至 0.688％；定子铁芯在 10 对力波节点下的 100Hz 振动幅值计算值由原来的 45.67μm 大幅降低至 5.93μm，削弱幅度达 87％。

1.2.3 改进效果

三峡 18 号机改进前后的定子铁芯 100Hz 振动值测试结果对比见表 3。

表 3　三峡 18 号机改进前后的定子铁芯 100Hz 振动值测试结果对比　（单位：μm）

项目	负载	测点 1	测点 2	测点 3	测点 4	测点 5	平均值
改进前	700MW	47.9	41.9	21.6	47.7	78.9	47.6
改进后	703MW	6.2	5.7	4.1	6.1	7.8	6.0

定子铁芯 100Hz 振动从改进前的 45～50μm 大幅降低至 10μm 以下，削弱幅度达 88％，与理论计算分析相符。

2 齿谐波振动

2.1 振动机理

一阶磁导齿谐波（简称齿谐波）与励磁磁势 j 次谐波联合作用产生的力波方程为：

$$F_{pzj\theta t}=\frac{1}{\mu_0}B_{pz\theta t}B_{j\theta t}$$

$$=\frac{1}{\mu_0}B_{pz}\cos[2\pi f_1 t-(p\pm z)\theta]B_j\cos(2\pi j f_1 t-jp\theta)$$

$$=\frac{1}{2\mu_0}B_{pz}B_j\left\{\begin{array}{l}\cos[2\pi(j+1)f_1 t-((j+1)p\pm z)\theta]\\+\cos[2\pi(j-1)f_1 t-((j-1)p\mp z)\theta]\end{array}\right\}$$

可以看出，齿谐波与励磁磁势 j 次谐波作用会产生两个力波：

1）频率为 $(j+1)f_1$，力波节点对数为 $(j+1)p\pm z$ 的力波。由于水轮发电机定子槽数 z 较多，上式取“＋”号时，力波节点对数会非常大，通常不予考虑，只针对 $(j+1)p-z$，选取可能出现的力波节点对数较小的激振力波进行分析。

2）频率为 $(j-1)f_1$，力波节点对数为 $(j-1)p\mp z$ 的力波。同样的原因，一般只针对 $(j-1)p-z$，选取可能出现的力波节点对数较小的激振力波进行分析。

实际计算时,可使 $j\pm 1\approx \frac{z}{p}=6Q$ 来确定 j 的计算范围。

齿谐波是由于定子齿部开槽导致气隙磁导周期变化引起的,因此齿谐波振动在空载时就会出现,并在负载时随着负荷增大而加剧。

2.2 三峡地下电站 TAH 机组振动

2011 年 7 月,三峡地下电站 30 号机启动试验进行到带励磁阶段时,发现异常啸叫声,通过现场观察和分析试验数据,判定噪声来自风洞,主频为 700Hz。随后通过补充测试,确定振源来自定子铁芯。通过变负荷试验发现,振动幅值随负荷的增加而加大,在最大试验负荷 600MW 时峰峰值达到 4.5g,振动的主频为 700Hz,次频为 800Hz 但比重很小。

同时,在 19 号和 21 号机上进行了补充测试,测试数据(表 4)显示,与 30 号机设计方案基本一致的两台机定子铁芯也存在 700Hz 振动,但幅值较小。

表 4　　三峡 19、21、30 号机铁芯振动测试结果

项目	21 号机(660MW)		19 号机(680MW)		30 号机(610MW)	
	峰峰值(g)	主频(Hz)	峰峰值(g)	主频(Hz)	峰峰值(g)	主频(Hz)
测点 1	1.09	700	1.38	700	4.53	700
测点 2	1.08	700	1.41	700	4.51	700

通过上述测试分析,可以判定 30 号机发生的定子铁芯 700Hz 振动并非安装缺陷导致,应该是来自设计和机组的固有特性。

2.2.1 振动原因分析

三峡地下电站 30 号机极对数为 42,定子 630 槽,每极每相槽数 $Q=2+1/2$,单元电机数 $t_0=42$。

根据 $j\pm 1\approx 6Q=15$ 可以确定与齿谐波作用产生的低节点对数力波的励磁磁势谐波应该在 15 次左右,下面对 13 次、15 次、17 次励磁磁势谐波与齿谐波引起的力波频率和节点对数分析,结果见表 5。

表 5　　三峡 30 号机齿谐波振动频率和力波节点分析

磁势谐波次数	$j=13$		$j=15$		$j=17$	
	$j+1$	$j-1$	$j+1$	$j-1$	$j+1$	$j-1$
力波频率(Hz)	700	600	800	700	900	800
力波节点对数	42	126	42	42	126	42

30 号机的设计方案确实会产生低节点对数(42 对极)的力波,其频率有 700Hz 和 800Hz 两种。

对30号机定子铁芯在42对节点下，对应不同的弹性模量E_1的取值，计算得到的固有频率f_N，结果如下：

$E_1=1.2\times10^7\text{N/cm}^2$时，$f_N=658.6\text{Hz}$；

$E_1=1.3\times10^7\text{N/cm}^2$时，$f_N=685.5\text{Hz}$；

$E_1=1.4\times10^7\text{N/cm}^2$时，$f_N=711.4\text{Hz}$；

$E_1=1.5\times10^7\text{N/cm}^2$时，$f_N=736.3\text{Hz}$。

计算表明，30号机齿谐波引起的力波激振频率与定子铁芯固有频率十分接近(小于10%)，激振力波引发定子铁芯共振，是导致铁芯700Hz高频振动的根源。

为确定电机真实的固有频率，通过在相同励磁条件下变转速激振的方法，对30号和22号机进行了定子固有频率和振动力波节点对数的测试。30号机测得的定子冷态下的固有频率为694～697Hz，热态时略有下降，为694Hz。而22号机的实测固有频率在648～649Hz。测得的力波节点对数为42对。测试结果与上述的理论分析一致。

2.2.2 处理方案及效果

齿谐波振动可以从改变定子槽数、极对数、气隙来消除，这些变量在已经投运的电机上是难以实施的。可以实施的办法有改变定子铁芯的固有频率，使其远离700Hz的激振频率，以降低振幅。但由于42对极力波还存在800Hz的激振频率，如果提高定子固有频率，可能导致发生800Hz共振的问题，因此，只能降低定子的固有频率。

实际的处理方案与上述分析一致，主要采取了以下三种手段：

1)将定子铁芯压紧力由1.7MPa提高到了1.8MPa。调整后定子固有频率从694～697Hz降低至682～687Hz;600MW下的振动峰峰值由4.7g降至3.35g。

2)在下挡风板与定子机座下环板之间增加支撑，加固下挡风板。调整后定子固有频率降至676～680Hz;600MW下的振动峰峰值降至2.5g。

3)在定子铁芯鸽尾筋上增加配重块，共计40t，降低定子固有频率至约660Hz，600MW下的振动峰峰值降至1.6g(热态)。

通过以上三种处理手段，降低了定子固有频率约40Hz，解决了三峡30号机的700Hz高频振动的问题。

3 气隙不均匀等引起的定子铁芯振动

水轮发电机在实际的安装过程中，由于定、转子变形或安装缺陷导致定、转子气隙不均匀产生额外的交变磁场，从而引起定子铁芯振动。常见的安装缺陷有转子偏心、转子圆度缺陷以及定子圆度缺陷等。各种安装缺陷引起的振动特征的分析方法也各不相同。

3.1 转子偏心

在并联支路集中布置的水轮发电机中，如果发生转子偏心，则定子绕组各并联支路

的电势不再相等,在各支路间会产生环流,称之为平衡电流。平衡电流在各支路之间流动,无论是空载或负载情况下均存在,且相差不大。

平衡电流产生于定子,因此由其导致的谐波与主波作用引起的定子铁芯振动类型与次谐波振动类似,力波方程表示如下:

$$F'_{\delta\nu\theta t}=\frac{1}{2\mu_0}B'_{\nu}B_{\delta}\{\cos[2\pi 2f_1t-(p-\nu')\theta]+\cos[(p+\nu')\theta]\}$$

式中:ν'——因平衡电流引起的谐波次数;

B'_{ν}——该次谐波的磁密幅值。

由平衡电流引起的力波频率始终为100Hz,节点对数为$p-\nu'$。当$p>\nu'$时,该力波为一顺转波;而当$p<\nu'$时,该力波为一反转波。由此而知,对应同样的节点对数存在两个旋转方向相反的力波,二者合成为一椭圆形的旋转波,幅值最大为两个旋转波幅值之和,最小为两者之差。

因此,控制因转子偏心引起的定子铁芯100Hz振动,主要考虑两点:

1)计算与p接近的ν'次谐波引起的力波对应节点对数下,定子铁芯的固有频率,如与100Hz接近,则需要引起重视。

2)依靠设计、加工、安装过程中的控制措施尽量减小转子的偏心量,以减小平衡电流谐波幅值。

从上述计算分析还可知,谐波幅值较高的分量引起的力波节点对数小,定子铁芯在低节点下的固有频率一般也很低,在额定工况下平衡电流谐波引起的100Hz振动一般很小。但当发电机带励磁空载启动过程中,在低转速时,力波频率会降低,当其与定子铁芯固有频率接近时,会引起铁芯共振。因此,在发电机带励磁空载启动时,会在某几个转速下发现定子铁芯振动出现几个共振峰。

3.2 定子圆度

仅考虑定子圆度时,其引起的谐波磁场$B_{\nu1\theta t}$与基波磁场$B_{\delta1\theta t}$联合作用的力波方程表示为:

$$\begin{aligned}F_{\nu1\theta t}&=\frac{1}{\mu_0}B_{\delta1\theta t}B_{\nu1\theta t}\\&=-\sum\frac{1}{\mu_0}\frac{r_{\nu1}B2_{\delta1}}{2\delta_0}\cos(2\pi f_1t-p\theta)\left\{\begin{array}{l}\cos[2\pi f_1t-(p-\nu_1)\theta]\\+\cos[2\pi f_1t-(p+\nu_1)\theta]\end{array}\right\}\\&=-\sum\frac{1}{\mu_0}\frac{r_{\nu1}B2_{\delta1}}{2\delta_0}\left\{\begin{array}{l}\cos(2\pi f_1t-p\theta)\cos[2\pi f_1t-(p-\nu_1)\theta]\\+\cos(2\pi f_1t-p\theta)\cos[2\pi f_1t-(p+\nu_1)\theta]\end{array}\right\}\end{aligned}$$

$$
= -\sum \frac{1}{\mu_0}\frac{r_{\nu 1}B2_{\delta 1}}{4\delta_0}\left\{\begin{array}{c}\cos[2\pi 2f_1t-(2p-\nu_1)\theta]\\+\cos[2\pi 2f_1t-(2p+\nu_1)\theta]\\+2\cos\nu_1\theta\end{array}\right\}
$$

式中:第三项不是时间函数,不会引起振动。

对前两项分析有以下结论:

当因定子圆度缺陷引起的每个幅值为 $r_{\nu 1}$ 、极对数为 ν_1 的几何尺寸谐波,其与基波磁场作用后,会产生两个力波。这两个力波的幅值相等,都为 $\frac{1}{\mu_0}\frac{r_{\nu 1}B2_{\delta 1}}{4\delta_0}$;频率也相同,均为 100Hz;但其中一个力波的节点对数为 $2p-\nu_1$,另一个为 $2p+\nu_1$ 。

由于 $2p+\nu_1$ 一般较大,引起的铁芯振动可以忽略。仅考虑当 $2p-\nu_1$ 较小,且定子铁芯对应该节点对数的固有频率接近 100Hz 时,可能会引发的较大振动。

一般而言,由于水轮发电机的极数 $2p$ 一般较大,可能引发定子铁芯振动的与 $2p$ 接近的几何谐波次数 ν_1 也较大。同时,由于定子铁芯圆度控制较为容易,定子圆度缺陷一般不严重,高次几何谐波的幅值也很小。因此,由于定子圆度缺陷引起的定子铁芯 100Hz 振动现象很少出现。

3.3 转子圆度

仅考虑转子圆度时,其引起的谐波磁场 $B_{\nu 2\theta t}$ 与基波磁场 $B_{\delta 1\theta t}$ 联合作用的力波方程表示为:

$$
F_{\nu 2\theta t} = \frac{1}{\mu_0}B_{\delta 1\theta t}B_{\nu 2\theta t}
$$

$$
= \sum \frac{1}{\mu_0}\frac{r_{\nu 2}B2_{\delta 1}}{2\delta_0}\cos(2\pi f_1t-p\theta)\left\{\begin{array}{c}\cos\left[2\pi\left(\frac{p+\nu_2}{p}\right)f_1t-(p+\nu_2)\theta\right]\\+\cos\left[2\pi\left(\frac{p-\nu_2}{p}\right)f_1t-(p-\nu_2)\theta\right]\end{array}\right\}
$$

$$
= \sum \frac{1}{\mu_0}\frac{r_{\nu 2}B2_{\delta 1}}{2\delta_0}\left\{\begin{array}{c}\cos(2\pi f_1t-p\theta)\cos\left[2\pi\left(\frac{p+\nu_2}{p}\right)f_1t-(p+\nu_2)\theta\right]\\+\cos(2\pi f_1t-p\theta)\cos\left[2\pi\left(\frac{p-\nu_2}{p}\right)f_1t-(p-\nu_2)\theta\right]\end{array}\right\}
$$

$$
= \sum \frac{1}{\mu_0}\frac{r_{\nu 2}B2_{\delta 1}}{4\delta_0}\left\{\begin{array}{c}\cos\left[2\pi\left(\frac{2p+\nu_2}{p}\right)f_1t-(2p+\nu_2)\theta\right]\\+\cos\left[2\pi\left(\frac{2p-\nu_2}{p}\right)f_1t-(2p-\nu_2)\theta\right]\\+2\cos\left(2\pi\frac{\nu_2}{p}f_1t-\nu_2\theta\right)\end{array}\right\}
$$

当因转子圆度缺陷引起的每个幅值为 $r_{\nu2}$、极对数为 ν_2 的几何尺寸谐波，其与基波磁场作用后，会产生三个力波，具体分析如下：

1)第一个力波，幅值为 $\frac{1}{\mu_0}\frac{r_{\nu2}B2_{\delta1}}{4\delta_0}$，频率为 $\left(\frac{2p+\nu_2}{p}\right)f_1$，节点对数为 $2p+\nu_2$。由于节点对数很大，由其引起的铁芯振动很小。

2)第二个力波，幅值也为 $\frac{1}{\mu_0}\frac{r_{\nu2}B2_{\delta1}}{4\delta_0}$，频率为 $\left(\frac{2p-\nu_2}{p}\right)f_1$，节点对数为 $2p-\nu_2$。当 $2p-\nu_2$ 很小，而 $\frac{r_{\nu2}}{\delta_0}$ 较大时，可能引发较大的定子铁芯振动。但由于水轮发电机的极数 $2p$ 往往较大，当 ν_2 与 $2p$ 相近时，如此高次的谐波分量幅值往往较低，由其引起的定子铁芯振动也很小。

3)第三个力波，幅值是前两个力波的两倍，为 $\frac{1}{\mu_0}\frac{r_{\nu2}B2_{\delta1}}{2\delta_0}$，频率为 $\frac{\nu_2}{p}f_1$，节点对数为 ν_2。其中，频率可进一步计算为：

$$\frac{\nu_2}{p}f_1=\frac{\nu_2}{p}\cdot\frac{p\,n_N}{60}=\nu_2\frac{n_N}{60}=\nu_2 f_r$$

式中：f_r——发电机的转频，$f_r=\frac{n_N}{60}$。

当转子外圆缺陷较为严重，几何尺寸谐波次数 ν_2 的幅值很大时，由于节点对数小、力波幅值大，可能会引起严重的定子铁芯振动，且振动频率为转频的倍数。因此，对于转子圆度缺陷，主要考虑第三种力波引起的定子铁芯振动问题。

当转子安装完成后，力波的幅值仅与气隙磁密 $B_{\delta1}$ 相关。当机组带励磁空载启动时，振动幅值随励磁电流增大而增大；在空载 100%*Ue* 和不同负荷的负载工况下，振动的幅值基本一致。

当由于转子圆度缺陷导致转子外圆出现 N 个明显偏离平均半径的高(或低)峰值时，对应于 $\nu_2=N$ 的谐波幅值分量将会很大，由其引起的定子铁芯振动将会格外明显，且频率为 Nf_r。如果定子铁芯对应 N 对节点的固有频率又刚好与 Nf_r 接近，则可能引发剧烈的定子铁芯共振。

3.4 三峡右岸电站 18 号机振动

三峡右岸电站 18 号机投运后发现发电机定子铁芯振动偏大，通过对振动的测量及频谱分析发现，定子铁芯的振动主要分为转频及其倍数的低频振动和 100Hz 振动。经过测量，18 号机的低频振动主要为 1～3 倍的转频(1.25Hz)振动，其中 2 倍转频(2.5Hz)振幅最大，在空载时达到了 54μm。18 号机与左岸 3 号机的振动测试数据对比见表 6。

表6　18号机与3号机振动测试数据(其中,转频 f_r =1.25Hz)　(单位:μm)

测试工况	测试位置	18号机(改前)			3号机		
		$1f_r$	$2f_r$	$3f_r$	$1f_r$	$2f_r$	$3f_r$
700MW	机座水平	25	60	46	14	74	31
	铁芯水平	26	48	40	13	62	29
空载	机座水平	26	68	47	15	82	35
	铁芯水平	23	54	40	/	64.7	/

从电站实测数据来看,18号机与3号机的转频振动偏大,但7号机的低频振动值正常,因此,可以判断转频振动与设计方案没有关系,与安装质量相关。

定子铁芯低频尤其是转频振动原因是由转子圆度缺陷导致的。通过对18号机运行时的气隙进行测量,发现气隙均匀度较差,特别是转子存在明显的椭圆和凸轮形状。对其几何形状进行傅立叶分析,其中1、2、3对极的几何尺寸谐波幅值最大,也即产生的1、2、3对极谐波磁场最强,由其引起的1、2、3倍转频的定子铁芯振动也最明显。

在对18号机的改进过程中,通过调整转子的圆度,低频(1～3倍转频)振动大幅下降了50%～80%。

4　结语

本文针对三峡电站水轮发电机发生的电磁振动对交变磁场引起铁芯振动的机理进行了论述;对常见的次谐波、齿谐波以及气隙不均匀引起的水轮发电机定子铁芯振动的机理进行了详细分析;并结合振动实际情况,分析解决方案和处理情况,进一步论证了水轮发电机电磁振动可以治理,更应该在水轮发电机设计阶段预防,以及控制安装质量,特别是定转子圆度,保证气隙的均匀,可以有效减小机组振动,使得机组运行更加稳定。

参考文献

[1]白延年.水轮发电机设计与计算[M].北京:机械工业出版社,1982.

[2]陈锡芳.水轮发电机电机电磁与计算[M].北京:中国水利水电出版社,2011.

[3]许实章.交流电机绕组理论[M].北京:机械工业出版社,1985.

[4]陈永校,诸自强,等.电机噪声的分析与控制[M].杭州:浙江大学出版社,1987.

[5]贺建华,张天鹏,等.三峡右岸15～18号发电机振动及噪声优化改进[J].大电机技术,2010(1):13-18.

[6]丁万钦,戴勇峰,等.三峡ALSTOM机组700Hz振动试验与分析[C].第十九次中国水电设备学术讨论会论文集,2013:195-203.

[7]许实章,等.水轮发电机定子铁芯的磁振动[J].华中科技大学学报,1973.

三峡电站水轮发电机组的水力稳定性

胡伟明[①]　侯敬军　李文学

(三峡机电工程技术有限公司,成都　610041)

摘　要:由于三峡电站水头变幅大、运行条件复杂,且机组容量巨大,加之在水轮机模型验收试验中,压力脉动幅值不完全满足合同保证值且左岸电站水轮机发现了压力脉动峰值带。因此,三峡电站机组能否安全稳定运行,受到各方面的广泛关注。本文介绍了影响混流式水轮机水力稳定性的影响因素、三峡左右岸电站水轮机模型压力脉动的总体情况、三峡左右岸电站水轮机真机试验水力稳定性的总体情况。真机试验表明,三峡电站水轮机稳定性处于较高的水平,水轮机运行良好。

1　前言

自2003年首台机组投产以来,三峡工程共经过了2003年围堰发电期的135m蓄水、2006年和2007年汛末的156m蓄水、2008年汛末的172m试验性蓄水、2010年蓄水到设计正常最高水位175m多个蓄水过程。电站机电设备也相应经历了围堰发电期135m、初期运行期156m、172m水位、175m水位运行的考验。三峡左右岸电站总装机容量和单机额定容量巨大(水轮机主要参数见表1和表2),三峡水库水位变幅较大,三峡电站的水轮发电机组能否稳定运行备受国内外关注。

三峡右岸地下电站的6台机组分别由东电、天津ALSTOM、哈电供货两台,除尾水管形式与右岸电站不同外,机组主要形式和参数与右岸(坝后)电站对应厂家机型完全相同,相关情况可参考右岸电站对应机型。

①　作者简介:胡伟明,男,教授级高级工程师,长期从事大型水电站及清洁能源机电建设管理工作,E-mail:hu_weiming@ctg.com.cn。侯敬军,男,从事水电站水力机械设备技术管理工作,E-mail:hou_jingjun@ctg.com.cn。李文学,男,从事水电站水力机械设备技术管理工作,E-mail:li_wenxue@ctg.com.cn。

表1　　三峡左岸电站水轮机主要参数

名称		VGS（1～3号、7～9号机组）	ALSTOM（4～6号、10～14号机组）
形式		立轴混流式	
转轮公称直径(出口)(mm)		9400.0	9800.0
运行水头	最大水头(m)	113.0	113.0
	额定水头(m)	80.6	80.6
	最小水头(m)	61.0	61.0
额定出力(MW)		710	710
额定流量(m^3/s)		995.6	991.8
最大连续运行出力(MW)		767	767
相应发电机 cosφ=1 时的水轮机最大出力(MW)		852	852
额定转速(r/min)		75	75
比转速(mk·W)		261.7	261.7
比速系数		2349	2349
吸出高度(m)		−5	−5
装机高程(m)		57.0	57.0

表2　　三峡右岸电站水轮机主要参数

名称		东电（15～18号机组）	ALSTOM（19～22号机组）	哈电（23～26号机组）
形式		立轴混流式		
转轮公称直径(出口)(mm)		9441.4	9600.0	10248
运行水头	最大水头(m)	113.0	113.0	113.0
	额定水头(m)	85.0	85.0	85.0
	最小水头(m)	61.0	61.0	61.0
额定出力(MW)		710	710	710
额定流量(m^3/s)		941.27	991.8	960
最大连续运行出力(MW)		767	767	767
相应发电机 cosφ=1 时的水轮机最大出力(MW)		852	852	852
额定转速(r/min)		75	71.4	75
比转速(mk·W)		244.86	249.12	244.86
比速系数		2257.5	2236.5	2257.5
吸出高度(m)		−5	−5	−5
装机高程(m)		57.0	57.0	57

2　混流式水轮机水力稳定性影响因素

通常认为,影响机组运行稳定性主要包括机械、电磁、水力三个方面因素。本文主要关注水力方面的因素。

混流式水轮机的运行区域可划分为无涡带区、满负荷区、部分负荷区(尾水管涡带区)、叶道涡区、叶片进口背面脱流区(高水头工况)、叶片出水边空化区(超负荷工况)、叶片进口正面脱流区(低水头、大负荷工况)[1]。

(1)叶片进口脱流区及叶道涡

混流式水轮机偏离最优工况时,叶片进口的冲角增大。来流在设计水头以上为正冲角,脱流发生在上冠叶片进口的背面;来流在设计水头以下为负冲角,脱流发生在上冠叶片进口的正面。

叶道涡起源于偏离最优工况后上冠叶片进口处的脱流,从转轮叶片间流出,发生在小负荷小流量工况,其强度随着流量的减小或水头的提高而逐渐增加。

预防叶道涡的措施:优化转轮上冠处的型线和叶片头部的叶型;提高水轮机设计水头(最优工况点),避开高水头叶道涡;补入压缩空气;避开叶道涡运行。

(2)小开度工况压力脉动

部分机组,小开度工况压力脉动幅值较大,频率为转频的倍数。转轮上腔、蜗壳中也出现很大的压力脉动值。有的电站,小开度部分负荷运行稳定性较好,可能由于流量小,水流的扰动能量较低。还有一种可能,导叶小开度时,水轮机流道中产生了叶道涡,但叶道涡发生在叶片之间,没产生大的振动。

同样的外部条件,水轮机水力设计的差异对机组运行稳定性影响显著。

(3)高部分负荷压力脉动

发生在尾水管肘管中涡带扰动并激励了尾水管中水体的高阶固有频率时,它将使水轮机部件的振动以高于转频的频率出现,通常叫做高部分负荷压力脉动。这种现象在中高比转速水轮机模型试验的 $0.8Q_{opt}$ 附近很容易观察到。频率一般为 1～5 倍转频。

有统计规律认为,当额定工况点比转速 n_s 大于 220m・kW 时,易出现高部分负荷压力脉动现象。有制造厂认为,尾水位抬高,对降低高部分负荷压力脉动有利。

预防小开度压力脉动和高部分负荷压力脉动的措施:优化水力设计,补气或避开振动区运行。

(4)导叶数和叶片数的耦合

水流通过导叶,水流受到排挤,在圆周上形成周期性分布的不均匀流场,引发叶片数与转速乘积频率的压力脉动。特别是高水头水电站,水轮机转轮的进口边如距导叶出口太近,导叶出来的不均匀水流可能使转轮产生振动。通常认为,加大导叶分步圆直径,增加水轮机转轮的进口边与导叶出口距离，有利于机组稳定运行。

(5)卡门涡

在水轮机中水流绕过固定导叶、活动导叶和转轮叶片时都会产生卡门涡。如果卡门涡的频率与绕流部件的频率接近，则发生共振。应对措施：削薄导叶或叶片出水边厚度，保证叶片背面出口区型线具有平缓的曲率变化，使水流脱流点尽可能靠近叶片出口端点，提高卡门涡频率，并降低卡门涡列的激振强度，避开共振。

(6)部分负荷时尾水管涡带

在最优工况运行时，转轮出水边的水流为法向出口或略带正环量出口。流量较大时，转轮出口水流具有与转轮旋转方向相反的分量；流量较小时，转轮出口水流具有与转轮旋转方向相同的分量；当水轮机运行工况偏离最优工况后转轮出口水流将形成环流，工况偏离越大，水流的旋转强度越大，在尾水管中将出现涡带。当导叶开度40%～70%范围时，尾水管内出现一种不稳定的流动现象，尾水管内的涡带呈旋涡状摆度，引起管壁低频振动，水轮机功率摆动，噪音增大及机架振动。

水轮机空转和负荷很小时，尾水管内水流有内部循环，但压力脉动小。30%～40%负荷时，尾水管涡带稍微偏心，呈螺旋形，螺旋角较大，压力脉动也较大，是不安全的运行区。40%～50%负荷时，尾水管涡带严重偏心，呈螺旋形，压力脉动更大，是最不安全的运行区。满负荷到超载，涡带在紧挨转轮后收缩，有很小的压力脉动，在超负荷时可能产生一些扰动。涡带摆动频率(压力脉动频率)为转频的1/3.6～1/4。

尾水管补气，提高尾水管内水流压力，可以减弱涡带的强度。尾水管中补入空气，空气具有弹性，气泡混在涡带中可起缓冲作用，降低了涡带中心的真空度。在转轮模型试验过程中，若装置气蚀系数较大，尾水管内水流压力大，涡带不能用肉眼观察到。

部分负荷时涡带的不稳定是造成机组振动的根源。尾水管涡带频率低，能量较大。目前只能采用补气等措施减弱。机组需避开尾水管涡带区运行。

(7)超负荷运行区的水力不稳定

大流量工况尾水管中可能出现与转轮旋转方向相反的圆周速度分量，即尾水管反向涡带，使水流相互碰撞，尾水管中压力脉动增加。

预防措施：水力设计中控制最优工况与额定点工况单位流量差。

(8)机组甩负荷的反水锤引起机组垂直振动，特别是顶盖振动剧烈，持续时间长。

预防措施：采用合适的水道设计和合理的关机规律，避免机组甩负荷时尾水管中出现液柱分离。

上述可能影响水轮机水力稳定性的因素，均可以通过良好的水力设计来避免或限制其危害。为在设计阶段就对影响机组运行后的稳定性的因素进行测量评价并对机组运行情况进行预测，通常要进行水轮机模型试验。

3 三峡水轮机模型试验稳定性

三峡左岸电站两种机型水轮机在模型试验时,均出现了压力脉动值未全面满足合同保证值要求的情况,均存在高部分负荷压力脉动带,且在模型验收试验中均发现了与众所周知的部分负荷压力脉动不同的现象,表现为:在运行水头范围内存在一个范围较窄的压力脉动峰值带,带宽 30~50MW。其主要特征为:在该区域内压力脉动幅值跳跃到最大值,其值为其附近压力脉动的 2 倍左右,尾水管处最大压力脉动 $\Delta H/H$ 为 13.1%,导叶后转轮前为 11%;频率较高,$f_n>1$;大部分工况下从蜗壳进口至尾水管的几个部位均同时出现较大的压力脉动幅值,且随运行水头的提高向大负荷方向偏移,当水头至最大水头 113m 时,其负荷已接近或达到 100%P_r[2]。

右岸电站 3 种机型的水轮机模型同样存在部分工况下压力脉动幅值不满足合同要求的情况,但相较左岸电站,其幅值及出现的范围均有所下降,且三种机型的水轮机模型均未观测到明显的压力高部分负荷压力脉动带现象。右岸电站 3 种机型水轮机模型的稳定性水平较左岸电站有所提升。

由于存在上述问题,对三峡左、右岸电站原型水轮机能否安全运行引起了各界的特别关注。

4 三峡原型水轮机运行稳定性情况

由于部分参数无法在模型和真机上都进行测量(观测),还有部分参数在模型和真机上不相似或其相似性尚未得到广泛的认可,因此,模型试验的结果仅作为参考或对真机的相关性能进行预测所用,更重要的是进行真机的稳定性试验,取得真机的稳定性性能参数。

为掌握三峡电站机组在不同水位下的特性和运行规律、确定机组安全稳定运行范围,2003—2010 年,三峡水库在完成 135~175m 水位的分期蓄水过程中,对三峡左、右岸电站的 5 种机型各选择了 1 台(分别为 6 号、8 号、16 号、21 号、26 号)进行了全水头段、全负荷范围内包括稳定性试验在内的各项试验[3]。

对压力脉动试验结果,分析总结如下:

1)真机实测曲线与模型试验曲线变化趋势基本一致,真机实测压力脉动与模型试验结果基本吻合。以 16 号机尾水压力脉动为例(图 1、图 2):

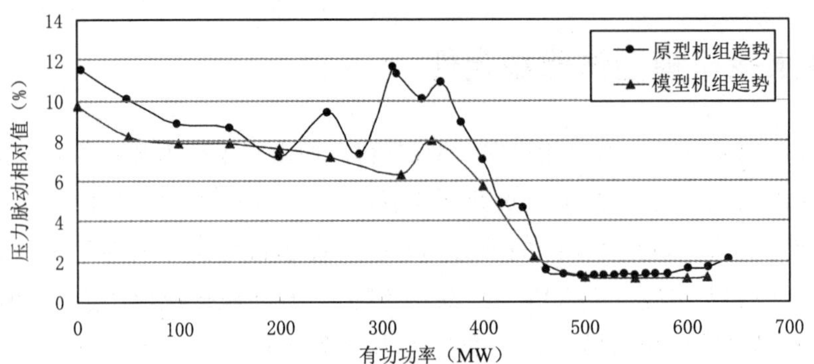

图 1　16 号机组原型与模型尾水压力脉动趋势图

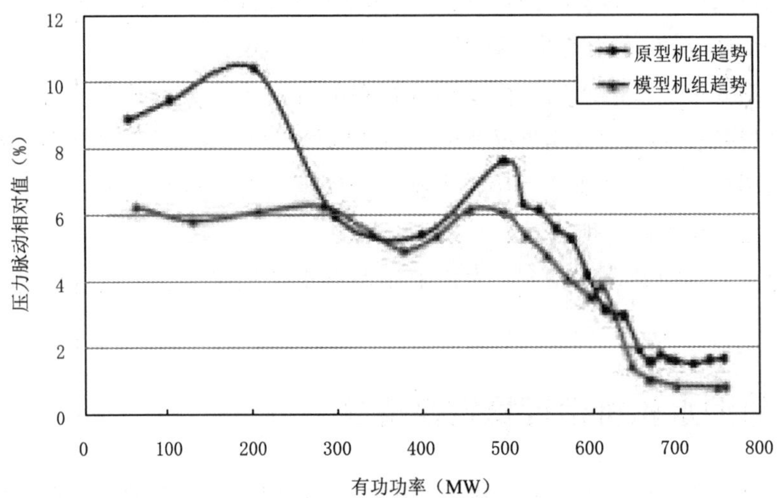

图 2　上游水位 145.5m 和 175m 16 号尾水压力脉动真机与模型对比曲线

2)5 种机型的压力脉动随负荷变化趋势基本一致，压力脉动幅值在小负荷区和涡带区相对较大，大负荷区相对较小。总体上看，5 种机型压力脉动水平基本相当，在 70%～100%出力范围，未发现水力共振、卡门涡共振和异常压力脉动，压力脉动相对混频幅值基本满足合同保证值。在 70%～100%出力范围，右岸电站机组总体上略优于左岸机组。在与模型试验中发现的高部分负荷压力脉动区(SPPZ)相对应的负荷区域，在升水位真机试验中，尾水管、蜗壳进口和无叶区压力脉动也反映出略有增大的趋势，但其幅值增幅较小，说明模型试验中发现的高部分负荷压力脉动区(SPPZ)在真机中表现不明显。

以尾水管上游侧压力脉动为例(图 3)：

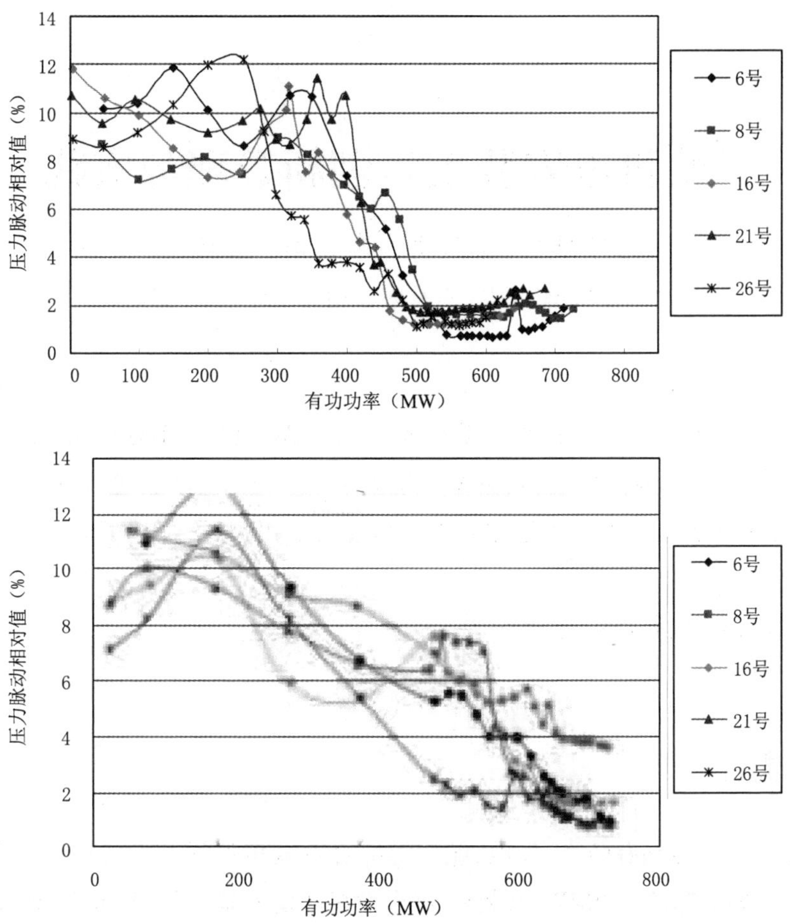

图3 ▽上=145.5m和175m尾水上游压力脉动相对幅值对比图

5 结语

三峡电站不同机型的水轮机通过优良的水力设计、精心模型开发及试验，消除或限制了水力不稳定的因素，确保了真机运行的稳定性处于较高的水平。机组投产运行以来，未发生水力不稳定问题，水轮机运行良好，各项性能均达到了较高的水平，有力保证了工程发电效益的发挥。

参考文献

[1]黄源芳，刘光宁，樊世英.原型水轮机运行研究[M].北京：中国电力出版社，2010.

[2]田子勤，刘景旺.三峡电站巨型混流式水轮机水力稳定性研究[J].人民长江，2000(5).

[3]三峡水利枢纽工程175m试验性蓄水水轮发电机组试验报告[R].

三峡机电安装工程创新管理与实践

唐万斌[①]　涂阳文　李志国　李海军

（三峡机电工程技术有限公司，成都　610041）

摘　要：三峡水电站共安装32台单机容量700MW的巨型水轮发电机组，机电安装工程面临装机规模大、技术难度高、施工工期紧等难点。在三峡集团的统一领导和科学组织下，通过创新管理和工程实践，实现了机组安装投产“又好又快”的成果，发挥了巨大的工程效益。

关键词：三峡；机电安装；创新

1　工程概况

三峡水利枢纽是具有防洪、发电、航运等综合效益多目标开发的特大型水利工程。三峡电站总装机容量22500MW，共装有32台单机额定容量700MW的巨型水轮发电机组，其中左岸电站14台，右岸电站12台，地下电站6台。电源电站装设2台50MW的混流式水轮发电机组。

三峡机电安装工程于2001年11月正式开工，2003年左岸电站首批机组发电，2005年左岸电站14台机组全部投产；2007年右岸电站首批机组发电，2008年右岸电站12台机组全部投产；2011年地下电站首批机组投产，2012年地下电站6台机组全部投产。电源电站2台机组2007年全部投产。

三峡电站机组供货厂家和安装单位情况见表1和表2。

---

① 作者简介：唐万斌，男，教授级高级工程师，三峡机电工程技术有限公司副总经理，主要负责三峡、溪洛渡、乌东德水电站机电工程建设管理工作；涂阳文，男，主要负责三峡、向家坝、白鹤滩水电站机电工程建设管理工作；李志国，男，从事大型水电站机电工程建设管理工作；李海军，男，从事水电站水力机械设备技术管理工作。

表 1　　三峡电站机组供货厂家一览表

电站	机组号	供货厂家
左岸电站	1～3 号、7～9 号	VGS
	4～6 号、10～14 号	ALSTOM
右岸电站	15～18 号	东电
	19～22 号	ALSTOM
	23～26 号	哈电
地下电站	27、28 号	东电
	29、30 号	天津 ALSTOM
	31、32 号	哈电

表 2　　三峡电站机电安装单位一览表

电站	发电单元	安装单位
左岸电站	1～3 号、7～9 号	水电八局
	4～6 号、10 号	葛洲坝集团
	11～14 号	水电四局
右岸电站	15～18 号、23～26 号	葛洲坝集团
	19～22 号	水电四局
地下电站	27～32 号	葛洲坝集团

2　机电安装工程的难点与挑战

三峡电站装机容量位居世界第一，机组单机容量大，且台数众多，机电安装面临许多困难与挑战，主要有以下几个方面。

(1)工程规模大

三峡电站安装 32 台单机容量 700MW 的水轮发电机组，以及水力机械辅助设备、电气一次及电气二次设备等众多设备，工程量巨大。三峡单台机组的质量达到 7000t 左右(含埋件)，总质量达到 22 万余 t。单台主变质量也有近 500t，总质量约 15000t。各种辅助设备、管道、电缆、盘柜等数量更是十分庞大。因此，三峡电站机电安装工程的规模之大，在世界上也是绝无仅有的。

(2)技术难度高

三峡机电工程走的是“引进、消化吸收、再创新”的路线，三峡 700MW 水轮发电机组在水力设计、电磁设计、冷却方式、结构设计、制造加工等方面都实现了历史性的跨越，达到世界先进水平。机电安装工程同样面临技术挑战。三峡机组尺寸、重量大，水轮机转轮公称直径大于 10m，质量约 450t。发电机定子铁芯外部直径在 18～23m 范围内，转子装配总质量约 2000t。由于部件尺寸和重量大，大量的加工、组装工作只能在现场进行，使得现场的加工、焊接、组装、试验等工作量极大，实际上是工厂制造工作的延伸。安装过程中，还要对机电设备在设计、制造方面存在的质量问题进行处理。调试阶段需要对机械、电气一次、电气二次等所有系统进行单调和联调，涉及的专业面广，协同难度大。对三峡这样的特大型机组设备，安装、监理、项目管理等单位都没有经验，国内外可以借鉴的经验也很少，只能在实践中不断总结、不断提高。

(3)质量标准严

三峡 700MW 水轮发电机组的技术水平非常高，要求机电安装的质量水平必须与之相适应。但当时面临的现实条件是：国内 700MW 机组的安装标准尚为空白。三峡集团在参考国内外相关安装标准和制造厂家标准的基础上，组织国内专家慎重讨论后，制定了《三峡 700MW 水轮发电机组安装标准》，其中的关键性指标均严于国内外同行业标准。比如：右岸电站 23 号机组转子圆度，设计值仅有 1.88mm，实际值仅有 0.63mm。

(4)安装工期紧

以三峡左岸电站为例，按照最早提出的机组投产方案，2003—2006 年三峡左岸电站机组安装将按照“2＋4＋4＋4”的步骤投产发电。2001 年，三峡左岸电站机组进入大规模的安装阶段，三峡集团召集土建单位和设备供货方代表讨论，把原来提出的投产发电计划进行优化，把首批发电机组定为 4 台，确定了“4＋4＋4＋2”的投产方案。为实现投产计划，三峡左岸电站同时安装的机组达到了 6～8 台，多家单位同时施工，安装场地面积有限，厂房桥机的使用矛盾突出，现场协调量大，安装工期十分紧张。

3 主要管理措施

(1)“建管结合，无缝交接”理念

在三峡工程前，国内大多数水电工程的建设已采用“建”“管”的投资模式。但在工程建设期间，运行管理方不参与或较少地参与工程建设的实施过程，只在工程完工后由建设方整体移交管理方，从工程的建设与运用的层面来说依然是“建”“管”存在分离的情况，影响发电设备的运行可靠性和效益的发挥。

鉴于三峡工程的特殊地位，三峡集团提出了“建管结合、无缝交接”的新思路，在工程相关设计、招标与合同执行、设备监造与验收、安装监理与调试等方面，电厂筹建人员全面参与工程建设，熟悉设备性能，在设备投产运行后能够立即转入正常管理。同时，将设备运行过程中暴露出来的问题反馈到机电工程建设管理部门，提前进行优化改进[1]。

(2)项目监理一体化管理

三峡集团根据国内机电安装项目监理实际情况，结合自身特点和优势，从有利于项目管理的角度，提出了机电安装实行项目、监理一体化管理模式，人员主要由工程建设部三峡机电安装项目部、三峡技术经济发展有限公司、三峡电站组成。实践证明，此模式(图 1)为提高工作效率、保证工程质量以及电站投产后稳定运行起到巨大作用，并得到国

务院三峡质量检查组的肯定[2]。

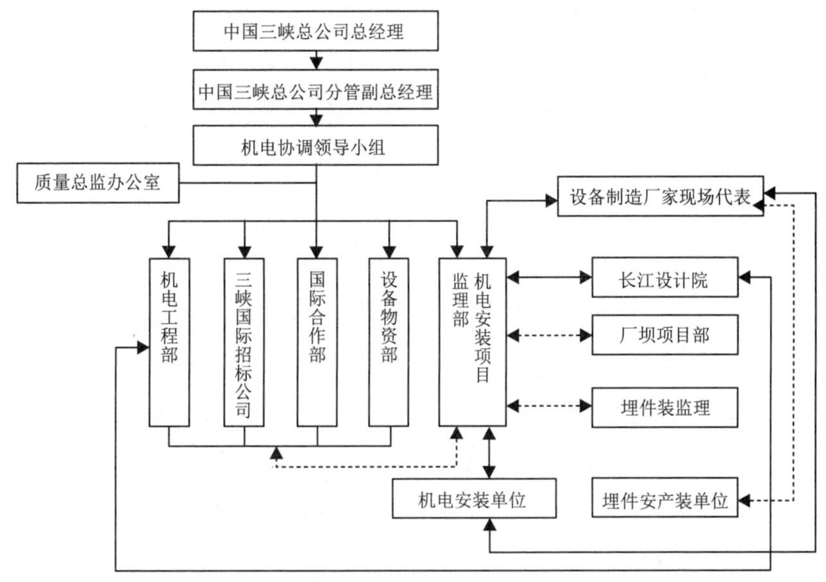

图 1　机电设备安装管理体系图

（注：中国三峡总公司为三峡集团前身，2009 年改称中国三峡集团）

(3)制定三峡质量标准

三峡集团组织业内专家制定了《三峡 700MW 水轮发电机组安装标准》，其中的关键性指标均严于国内外同行业标准。在三峡机组安装中严格执行，有效地保证了机组的安装质量。

在 2003 年三峡电站首台机组投运之前，国内水电站普遍推行的是 30 天商业运行考核。三峡集团主动提高对自身的考核标准，要求机组投运后应满足并网安全性评价，提出了“首稳百日”考核目标。“首稳百日”是指机组在通过 72 小时试运行，经过相应的检查与验收并移交运行管理单位后投入商业运行，无任何因设备和安装质量原因造成的非计划停机，首次完成安全稳定运行 100 天。

三峡右岸电站机组安装期间，三峡集团首次提出了创建“精品机组”的指导意见，并审定了具体考核标准。主要指标为推力瓦温差、导轴承摆度等。“精品机组”考核目标是在“首稳百日”目标的基础上对机组安装与调试质量提出更高一层的质量要求。

(4)严格过程质量控制

在设备安装质量管理环节，建立“三卡制”，即“设备到货质量检验卡”“安装工艺卡”“安装质量检查卡”。

“设备到货质量检验卡”的制定，做到了不合格的设备坚决不允许进入安装现场，从源头控制设备质量，加强安装过程事前质量控制。设备安装前，根据技术要求建立设备

"安装工艺卡"，在安装过程中，对每道工艺、工序严格按"安装工艺卡"的工艺措施和技术方案实施，确保安装过程质量控制到位。设备安装管理中，建立"安装质量检查卡"，根据工序检验标准，对检验不合格的工序不允许转入下一步工序的施工，规范并严格执行转序签证制度，有效地控制施工质量。同时，对重点工序实施全过程旁站监理，及时总结经验教训，保证安装质量的稳定和提升。

(5)合理加快安装进度

进度控制是完成工程进度和目标的关键。采用P3软件对机电安装计划进行科学编排，动态管理，确保关键线路的资源投入。对安装间、机组段等场地进行优化布置，增加临时施工工位，如定子提前在安装间组装、增加转子临时组焊工位、吊物孔内水发连轴等。对安装工艺进行革新改进，减少安装工期，如ALSTOM转子磁轭热套改进、推力瓦受力调整改进等。加强施工现场协调，在确保关键工序工期的基础上，通过合理组织，优化施工，创造条件使顺序作业改为平行作业，大大提高了机组安装进度。

(6)业主主导机组调试

机电设备安装完成后，进行必要的调试工作，是检验机电设备设计、制造、安装质量最行之有效的措施。调试工作涉及上百道流程、数十个试验项目，直接影响机组投产发电，涉及系统多，时间紧迫，工作强度高。

为确保机电设备调试质量，三峡集团采用由业主主导机电设备调试工作的管理模式。成立机组启动验收委员会和试运行指挥部，统一负责、协调、指挥机组调试工作，施工单位、机电设备厂家、监理单位、设计单位相关专业技术人员积极配合，及时高效地解决了调试工作中存在的问题，确保了机组调试质量和投产进度。

4 主要成果

(1)安装质量

三峡水轮发电机组安装质量优良，部分安装质量检测数据见表3、表4。

(2)投产进度

左岸电站自2003年首台机组投产发电，机组投产进度不断提速，2005年左岸电站全部投产发电，投产进度实现了"6+5+3"，比"4+4+4+2"计划提前1年投产。

右岸电站于2007年实现投产7台700MW机组，加上电源电站2台50MW机组，当年共投产5000MW，创造了当时的纪录。右岸电站于2008年全部投产发电，实现了"7+5"的投产进度，比合同规定的"6+6"计划有所提前。

表 3　　右岸电站机组部分安装质量检测数据

序号	项目		23号机组			19号机组			15号机组		
			设计公差		实测值	设计公差		实测值	设计公差		实测值
			合格	优良		合格	优良		合格	优良	
1	导叶端面总间隙(mm)		1.5～2.5		2.10～2.90	1.5～2.5		1.65～2.10	1.5～2.2		2.00～2.40
2	导叶端部间隙	上端(mm)	1.3～2.0		1.6～2.0	1.0～1.1		0.80～1.15	0.9～1.2		1.05～1.5
		下端(mm)	0.7～1.0		0.75～1.0	0.65～1.5		0.4～0.9	0.6～1.0		0.8～1.0
3	底环水平度(mm)		0.2		0.11	0.2		0.19	0.4	0.2	0.18
4	上止漏环间隙(mm)		3.4～4.4		3.8～4.4	3.4～4.4		3.45～4.0	2.5～3.3		2.75～3.00
5	下止漏环间隙(mm)		5～6		5.0～5.4	5～6		4.75～5.55	4.5～5.4		4.50～4.80
6	定子圆度(mm)		1.5	1.2	1.35	1.5	1.2	0.55	1.4	1.12	0.52
7	定子铁芯高度(mm)		0～8		1.5～5	0～10		3～6	0～8		3.5～7
8	转子圆度(mm)		1.88	1.32	0.63	1.88	1.32	0.9	1.73	1.4	0.65
9	转子磁极垂直度(mm)		±1.26	±0.88	0.59	±1.26	±0.88	0.73	±1.38	±0.97	0.6
10	定子铁芯磁化试验	铁芯最大温升(K)	25		11.84	25		12.5	25		12.99
		铁芯最大温差(K)	10		3.97	10		1.3	10		2.297
11	主轴垂直度(mm/m)		0.02		0.013	0.02		0.017	0.02	0.014	0.03
12	空气间隙	上部(mm)	±1.89	±1.32	−0.52～0.68	±1.89	±1.32	−0.52～0.55	±2.08	±1.56	−0.33～0.31
		下部(mm)			−0.71～0.55			−0.52～0.57			−0.38～0.28
13	下机架中心偏差(mm)		0.5	0.35	0.05	0.5	0.35	0.145	0.5	0.35	0.07
14	上机架中心偏差(mm)		0.5	0.35	0.03	0.5	0.35	0.15	0.5	0.35	0.04

表 4　　右岸电站机组轴线调整测量数据　　(单位:mm)

项目	机组号											
	15	16	17	18	19	20	21	22	23	24	25	26
上导摆度	0.037	0.03	0.04	0.04	0.032	0.019	0.005	0.058	0.002	0.01	0.03	0.03
下导摆度	0	0	0.01	0	0	0.007	0.029	0.04	0	0	0	0.01
水导摆度	0.014	0.037	0.03	0.07	0.047	0.05	0.021	0.041	0.017	0.02	0.06	0.04

地下电站 2011 年投产 4 台，2012 年汛前投产剩下的 2 台机组，实现“4＋2”投产进度，比合同规定的“3＋3”计划也有所提前。

三峡电站机组具体投产情况见表 5。

表 5　三峡电站机组具体投产情况一览表

电站	合同规定	实际投产	提前量(天·台)
左岸电站	2003 年 4 台	2003 年 6 台	1907
	2004 年 4 台	2004 年 5 台	
	2005 年 4 台	2005 年 3 台	
	2006 年 2 台	/	
	4+4+4+2	6+5+3	
右岸电站	2007 年 6 台	2007 年 7 台	737
	2008 年 6 台	2008 年 5 台	
	6+6	7+5	
地下电站	2011 年 3 台	2011 年 4 台	664
	2012 年 3 台	2012 年 2 台	
	3+3	4+2	
总计			3308

总体来看，三峡机电安装工程质量优良，投产进度大幅提前，机组投运后运行安全稳定。截至 2018 年 10 月 31 日，三峡电站已发出 11787 亿 kW·h 的清洁电能，为国民经济发展注入强劲动力，为国家节能减排目标的实现做出了重要贡献。

5　结语

在三峡集团的统一领导和科学组织下，在参建各方的共同努力下，通过采取创新的管理模式和严格的管理措施，成功克服了机电安装过程中遇到的各种困难和挑战，实现了三峡机组"又好要快"的安装和投产。实践证明，这些管理模式和管理措施是行之有效的，对于确保三峡电站长期安全稳定运行发挥了重要作用，值得总结和推广。

参考文献

[1]张诚，赵峰，杨续斌."建管结合、无缝交接"管理模式的探讨[J].中国三峡，2004，12(6)：65.

[2]李志国.三峡机电设备安装与调试工程项目管理浅析[J].中国三峡，2007，12(12)：50.

三峡企业大型水轮发电机组技术标准化工作经验与实践

张成平[①]　刘功梅　侯敬军

(三峡机电工程技术有限公司,成都　610041)

摘　要: 在国家标准化工作改革推动下,中国长江三峡集团有限公司积极推进三峡企业技术标准。本文论述了推进三峡企业技术标准的意义,并对三峡企业大型水轮发电机组技术标准制定和修订工作与经验进行了总结,为企业技术标准化工作提供参考。

关键词: 企业;水轮发电机组;标准化

一流企业输出标准,推进企业技术标准,对于促进企业技术全面进步,提升企业管理水平,提高产品质量和档次,增强企业市场竞争力和产品市场占有率等方面具有极其重要的作用。企业标准体系主要包括技术标准体系、管理标准体系和工作标准体系。我国企业技术标准化水平,相对于国外发达国家,还有较大的差距。中国长江三峡集团有限公司(以下简称"三峡集团")致力于打造国际一流清洁能源集团,长期坚持推进"中国三峡技术标准"。三峡机电工程技术有限公司作为三峡机电工程技术中心和负责电站永久机电工程建设的单位,在三峡、溪洛渡、向家坝等巨型水电工程建设中,积累了丰富的技术经验,积极推进"中国三峡技术标准",制定了大量三峡企业大型水轮发电机组技术标准。

1　我国标准化改革为企业技术标准发展提供新活力

2015 年 3 月 11 日,国务院印发了《深化标准化工作改革方案》,提出建立政府主导制定的标准与市场自主制定的标准协同发展、协调配套的新型标准体系,健全统一协调、运行高效、政府与市场共治的标准化管理体制,形成政府引导、市场驱动、社会参与、协同推

---

① 作者简介:张成平,男,教授级高级工程师,长期从事大型水电站及清洁能源机电建设管理工作,E-mail:zhang_chengping@ctg.com.cn。刘功梅,男,从事水电站水力机械设备技术管理工作,E-mail:liu_gongmei@ctg.com.cn。侯敬军,男,从事水电站水力机械设备技术管理工作,E-mail:hou_jingjun@ctg.com.cn。

进的标准化工作格局，有效支撑统一市场体系建设，让标准成为对质量的"硬约束"，推动中国经济迈向中高端水平。具体措施为：建立高效权威的标准化统筹协调机制；整合精简强制性标准；优化完善推荐性标准；培育发展团体标准；放开搞活企业标准；提高标准国际化水平。标准化工作改革方案鼓励企业制定高于国家标准、行业标准、地方标准，具有竞争力的企业标准；建立企业产品和服务标准自我声明公开和监督制度，逐步取消政府对企业产品标准的备案管理，落实企业标准化主体责任。2017 年 3 月，国务院办公厅印发贯彻实施《深化标准化工作改革方案》重点任务分工(2017—2018 年)，对第二阶段标准化工作改革各项重点任务进行了落实分工，并提出进一步放开搞活企业标准，并给予了具体安排。

可见，标准化工作改革为企业技术标准发展提供了新活力和广大的舞台。

2　推进三峡企业技术标准的意义

2.1　推进三峡企业技术标准是响应国家标准化工作改革的重要举措

国家标准化工作改革鼓励标准的多元化、创新性。计划建立实施企业标准领跑者制度，培育标准创新型企业，探索建立企业标准化需求直通车机制，支持标准化服务业发展，完善企业标准信息公共服务平台，服务大众创业、万众创新。

三峡集团作为国内最大的清洁能源企业和国际最大的水电能源企业，长期致力于巨型水电工程开发、建设，完成了三峡、溪洛渡、向家坝等电站，正在建设乌东德、白鹤滩、长龙山电站，积累了丰富的大型水电工程技术经验和知识产权。作为央企，三峡集团有义务积极参与标准化改革，推出一批具有影响力、操作性强、技术先进的"中国三峡技术标准"，以实际行动响应国家标准化工作改革的号角。

2.2　推进三峡企业技术标准是服务三峡集团发展战略的需要

有助于提升知识产权转化运用的战略价值和经济价值。企业技术创新的根本目的是要使具有自主知识产权的核心技术、专利技术实现产业化、商品化。技术标准化直接支撑技术创新，技术创新要真正取得实效，离不开标准和标准化工作。多年来，三峡集团积累了丰富的知识产权，需大力推进企业技术标准化，制定企业技术标准并保证标准的贯彻与落实，从而实现三峡集团知识产权转化运用的战略价值和经济价值。

有助于提升占领国际市场和创国际一流清洁能源集团的能力。为实现打造国际一流清洁能源集团，三峡集团需要有引领行业发展的特殊能力。三峡集团长期策划研究在水电工程、电力生产营运、新能源开发等方面的技术规范、质量标准，统一规范了"三峡标准"编制、修编和审查流程，使其首先形成企业标准，再逐步上升为行业标准。注重吸取

三峡、溪洛渡、向家坝、龙滩、拉西瓦、锦屏等电站水电工程建设经验，并将相关专利技术融入标准，形成经工程实践验证的"中国三峡标准"，从而逐步提升占领国际市场和创国际一流清洁能源集团的能力。

3　三峡企业大型水轮发电机组技术标准制定和修订经验总结

三峡机电工程技术有限公司服务三峡集团科技创新发展战略，组织编制了大量三峡企业大型水轮发电机组技术标准，并参与国际IEC、国标、行标、团标编制工作。组织编制的三峡企业大型水轮发电机组技术标准涉及水轮发电机组冷却技术、安装调试、关键部件材料等专业领域技术标准。其中，三峡企业水轮发电机蒸发冷却技术系列标准包括《水轮发电机蒸发冷却系统基本技术条件》《水轮发电机蒸发冷却系统介质基本技术条件》《水轮发电机蒸发冷却系统介质试验方法》《水轮发电机蒸发冷却系统安装技术规范》等4项标准；三峡企业水轮发电机组安装系列技术标准包括《三峡左岸电站水轮发电机组安装规程》《三峡右岸电站水轮发电机组安装规程》《三峡地下电站水轮发电机组安装规程》以及溪洛渡、向家坝电站机组安装质量检测标准、"优质机组"标准等；三峡企业大型水轮发电机组铸锻件系列技术标准包括《大型水轮机转轮马氏体不锈钢技术条件》《大型水轮机电渣熔铸马氏体不锈钢导叶铸件技术条件》《大型水轮发电机组主轴锻件技术条件》《大型水轮发电机镜板锻件技术条件》等4项技术标准，材料技术标准还有发电机用无取向电工钢带、变压器用取向电工钢带、蜗壳高强钢板、座环抗撕裂钢板、磁轭钢板等技术标准。

3.1　三峡企业大型水轮发电机组技术标准是技术创新成果的结晶

标准是技术创新的结晶和市场应用形式。三峡企业大型水轮发电机组技术标准融入了三峡集团大型水轮发电机组关键技术的多年创新成果。部分三峡企业技术标准中的关键技术，是在国内未达到相应技术水平和缺少相关制造经验的情况下，通过大型水电装备国产化逐步实现技术突破，甚至打破国外垄断局面实现的。三峡巨型水轮发电机组安装技术标准是在国内外没有相关参照经验的基础上，总结巨型水轮发电机组安装技术和工艺创新经验，融入具有自主知识产权的安装核心技术制定的世界上首个700MW巨型水电机组安装质量及评价标准，填补了我国巨型水电机组安装标准的空白，并上升形成了国家标准《水轮发电机组安装技术规范》(GB/T 8564—2003)；三峡企业水轮发电机组铸锻件系列技术标准是在国外铸锻件供货无法满足三峡左右岸工程建设需要，成为制约三峡工程建设的瓶颈的情况下，以国务院三峡建设委员会三峡三期工程重大设备制造质量检查组为指导，三峡集团组织国内外科研院校、制造单位，通过"产学研用"，开展了大型铸件变形和裂纹控制技术、大型锻件控制锻造技术、大型复杂形状高性能铸锻件热处理技术等研究，形成的科技创新成果。三峡企业水轮发电机蒸发冷却技术系列标准是在国家科技创新支撑计划的支持下，通过800MW量级的蒸发冷却水轮发电机优化设计研究和样机研制、蒸发冷却机组安装技术研究等技术攻关，形成的科技创新成果，其融入了拥有我国自主知识产权的冷却技术，是大型水轮发电机冷却技术领域的重大技术突破。

3.2 三峡企业大型水轮发电机组技术标准充分展现了理论到实践再到理论的过程

三峡企业大型水轮发电机组技术标准的实现是大型水轮发电机组技术从理论到实践再到理论的过程。技术创新形成的理论成果是标准的技术基础，实践应用检验了技术成果，通过丰富实现理论提升，从而再促使完善技术标准。我们结合科技攻关成果和我国制造技术水平，拟定关键设备技术条件，以三峡工程项目为平台，以大型水轮发电机组合同为抓手予以落实，促使制造厂推动技术进步。在机组设备关键部件制造、应用过程，及时汲取经验，并进行总结完善，编制发布了符合大型水轮发电机组实际需要、可操作性强的技术标准。如蒸发冷却技术系列标准，2004年开始，调研、论证蒸发冷却技术在70万kW水轮发电机组上应用的可行性，并会同有关单位开展了一系列攻关，选择在三峡右岸地下电站2台70万kW水轮发电机组上应用蒸发冷却技术。经并网运行检验，机组主要运行指标优于合同要求，标志着蒸发冷却技术应用于大型水轮发电机已基本成熟。在总结蒸发冷却水轮发电机设计、制造、安装和运行经验的基础上，组织编制了三峡企业水轮发电机蒸发冷却技术系列标准。

3.3 三峡企业大型水轮发电机组技术标准制定以用户需求为导向，并整合了上下游产业链技术优势

我国大多数国标、行标都是设计单位、制造单位以及科研院校等单位主导编制的，该标准主要是以设计技术水平、制造技术水平为基础制定的标准更具普遍性，偏向体现了我国大多数企业水平。在三峡工程建设时期，部分现行标准难以满足70万kW水轮发电机组的使用要求。三峡企业大型水轮发电机组技术标准制定以用户需求为导向，充分考虑大型水轮发电机组恶劣运行条件以及我国机电设备及原材料制造技术水平，制定发布了符合大型水轮发电机组使用要求的技术标准，并被业内广泛采纳。

另外，三峡企业大型水轮发电机组技术标准的制定得到行业内水电机组设备制造厂、原材料设备制造厂、科研院校的广泛参与，将上下游产业链技术优势全面整合融入标准。通过以“技术要求”为标准的核心，引导制造企业提高技术水平、加强质量管理。不强制“制造工艺”，采取推荐性，有利于发挥各制造厂技术优势。

3.4　三峡企业大型水轮发电机组技术标准制定充分借鉴国内外技术,具有大型水轮发电机组技术特色

三峡企业水轮发电机组技术标准充分借鉴了国内外技术,并根据大型水轮发电机组单机容量大(额定容量 700MW 及以上)、部件尺寸大(转轮直径达 10m)、运行条件严苛(单机流量达 1000^3/s、结构受力大且复杂)等实际,制定了具有大型水轮发电机组特色的技术标准,满足了三峡、溪洛渡、向家坝、官地、锦屏、糯扎渡等电站大型水轮发电机组使用要求,并进一步推广应用到乌东德、白鹤滩电站 100 万 kW 水轮发电机组。

三峡企业水轮发电机组技术标准多年使用经验表明,标准相关参数、指标有效地保证了大型水轮发电机组制造、安装质量。采用了三峡企业安装技术标准安装的水轮发电机组质量优良,甚至达到了"精品机组"水平。采用三峡企业蒸发冷却技术标准制造、安装的三峡地下电站 840MW 水轮发电机组,发电机定子绕组温升低且温度分布均匀,优于电力行业相关标准。三峡企业铸锻件系列技术标准明确的化学成分、力学性能、工艺性能全面优于国外技术,具体对比见表 1。以《大型水轮发电机组主轴锻件技术条件》(Q/CTG 3—2017)为例,该企标收纳的 20MnSX、25MnSX 两个牌号钢种,因国内没有对应牌号,故三峡机电工程技术有限公司自行进行了命名。该 2 个牌号钢种,相当于 ASTM A668D、ASTM A668E。但是,在借鉴 ASTM 标准的基础上,《大型水轮发电机组主轴锻件技术条件》(Q/CTG 3—2017)进行了相应调整,以满足大型水轮发电机主轴要承受巨大剪切力等特殊要求。主要为:材质上,ASTM A668D、ASTM A668E 是碳素钢,20MnSX、25MnSX 加入了 Cr、Ni、Mo 合金,已成为合金钢;制造工艺上,ASTM A668E 采用正回火热处理,而 25MnSX 采用调质热处理;ASTM 的断后伸长率采用 A4 试样,而《大型水轮发电机组主轴锻件技术条件》(Q/CTG 3—2017)断后伸长率采用 A5 试样,更符合中国国情。

表 1　　三峡企业铸锻件系列技术标准语国内外相关技术标准的对比

技术内容	三峡企业铸锻件标准技术	国内相关技术	国外相关技术
铸件质量	$C\leqslant0.04\%$, $P\leqslant0.028\%$,$S\leqslant0.008\%$ $A\geqslant20\%$,$KV_2\geqslant100$J	$C\leqslant0.06\%$, $P\leqslant0.03\%$,$S\leqslant0.03\%$, $A\geqslant15\%$,$KV_2\geqslant50$J	$C\leqslant0.06\%$, $P\leqslant0.04\%$,$S\leqslant0.03\%$, $A\geqslant15\%$,$KV_2\geqslant20.6$J
锻件质量	$C_{eq}\leqslant0.52\%$, 满足分段组焊要求	C_{eq}不考核,碳锰钢系列	C_{eq}不考核,只能整锻
推广应用情况	水电机组 700MW、800MW 至 1000MW 跨越	最高应用于 700MW 水电机组	最高应用于 700MW 水电机组

3.5　持续加强技术创新,推进技术进步,是巩固完善标准的必由之路

技术标准化与技术创新和技术进步有着十分密切的关系,两者相辅相成、相互促进。

科学技术进步是推动标准化发展的动力。标准化实践中，通过其反馈作用，会给科学技术提出新的课题，从而促进科学技术的发展。三峡企业水轮发电机组技术标准展现了“引进、消化、吸收、再创新”的大型水电装备国产化理念。标准制定是基于标准编制当时的国内外技术水平而进行的。随着标准的推广应用和大型水轮发电机组的应用经验积累，将发现标准中相关技术与指标需要进一步完善；随着我国科学技术发展和重大装备制造技术水平的提升，标准中的核心技术也将逐步被新技术替代；随着要求更高、运行条件更苛刻的水轮发电机组开发，现行标准也可能不能满足需求。因此，需要持续加强技术创新，推进技术进步，进一步巩固完善现有标准。如水轮机转轮铸件三峡企业首版标准 Q/CTG 1—2013、Q/CTG 2—2013 中规定转轮、导叶铸件 Cr 元素含量为 12.0%～13.5%。在长期的使用过程中发现，转轮存在局部锈蚀现象。经研究，当 Cr 元素含量大于 12.5%时，转轮表面形成的顿化膜具有较好的抗锈蚀能力，且可杜绝 Cr 偏析容易引起锈蚀的问题，因此，在标准修订时，将 Cr 元素调整到 12.5%～13.5%。

4 结语

国家深化推进标准化工作改革为我国标准化工作指明了方向，为“中国三峡技术标准”的发展、提升提供了更加广阔的舞台。要清醒地认识到标准化工作是一个长期过程，标准制定发布不是标准工作的结束，而是开始，需要持续跟踪标准应用情况和新技术发展，并修订完善技术标准，使之常青，满足生产实际需要。三峡机电工程技术有限公司将按照集团公司的部署，进一步加强企业技术标准化工作，为集团公司发展提供技术支撑，为行业技术进步贡献三峡技术。

参考文献

[1]薛丽.浅议企业标准体系与其他管理体系的融合[J].现代商业，2016(33).
[2]孔繁琦.技术标准化与技术创新[C].第七届中国标准化论坛论文集，2010.
[3]崔静.浅析标准化与企业技术创新[J].机械工业标准化与质量，2008(12).

三峡工程水轮机水力学原型观测

唐祥甫[①] 侯冬梅

(长江水利委员会长江科学院,武汉 430010)

摘 要:因三峡水库防洪需要,三峡水库每年水位变幅达30m,初期挡水135m水位与正常蓄水位175m之间相差40m。为保证三峡机组在大变幅水位下能长期安全稳定运行,设计选择1号、7号、21号、26号、地下电站31号机组为监测对象,布设了相应水力学监观设施,对该机组在不同水位条件下运行及机组甩负荷、动水落门等工况下进行水力学监测,监测水电站机组及流道在不同运行工况下的水力特性。监测结果表明,三峡水轮机组在135~175m水位运行条件下,水轮机组及流道各项水力学参数均在设计允许范围内,未出现危害性水力现象。

关键词:压力;空化;机组;水力学;观测

1 前言

三峡工程是迄今世界上最大的水利水电枢纽工程,主体工程由混凝土重力坝、泄水建筑物、电站、通航建筑物组成,具有防洪、发电、航运、供水等综合效益。泄洪坝段位于河床中部,即原主河槽部位,两侧为厂房坝段及非溢流坝段,通航建筑物位于左岸。大坝坝顶高程185m,最大坝高175m,轴线总长2309.47m,正常蓄水位175m。泄洪坝段总长483m,布置有23个泄洪深孔和22个溢流表孔,孔堰相间布置,在泄洪坝段左、右两侧还各布置了1个排漂孔。

水电站为坝后式厂房,左厂房安装14台水轮发电机组,右厂房安装12台水轮发电机组,单机容量700MW,总装机容量18200MW,年平均发电量846.8亿kW·h。左右岸26台机组进水口采用单孔坝式小进口,进口段布置2道闸门:一道是液压操作的快速闸门,另一道是检修闸门,检修门布置在坝上游面,采用反钩门方式。上游喇叭口尺寸为14.50m×19.15m(宽×高),快速闸门孔口尺寸为9.30m×13.09m(宽×高),引水钢管直径12.4m。电站进水口底坎高程为108.00m,在最低运行水位135.00m时,最小淹没水深

① 作者简介:唐祥甫(1966—),湖南永州人,大学本科,高级工程师,长期从事水力学原型观测工作,Email:tangxf66@sina.com。

12.91m。电站引水洞布置为:快速闸门门槽后,进水口段中心线以3.5°倾角向下游倾斜,以长度为1.21倍钢管直径的渐变段与钢管相接。压力引水钢管由上斜段、上弯段、斜直段、下弯段和下水平段组成。坝后式地面厂房主要包括蜗壳及尾水管等。

另外在右岸白岩尖山体内布设地下式厂房,装机6×700MW。船闸为双线五级连续梯级船闸,闸室有效尺寸280m×34m×5m(长×宽×坎上水深),可通过万吨船队;升船机为单线一级垂直升船机。

三峡工程具有重要的防洪功能,因而在汛期水库水位要降到防洪水位,而到汛后需蓄水至正常蓄水位,因而机组需在低水头区(75～80m)和高水头区(105～110m)较长时间安全运行;且三峡工程建设采取了分期蓄水,机组运行要经历围堰发电水位135m,初期运行水位156m和正常运行水位175m三个不同的阶段;三峡工程机组单机容量大、运行水头变幅也大,并承担电网基荷和腰荷,且参与电网调峰功能,因而机组安全稳定运行是各方都十分关注的。为此在设计时选择1号、7号、21号、26号、地下电站31号机组为监测对象,布设了相应水力学监观设施,进行机组水力学观测,分析机组及流道水力学参数能否满足设计要求。

2 测点布置

根据三峡水力学安全监测设计,在工程施工阶段,随工程施工期间,根据设计蓝图,在工程对应部位预埋水力学相关仪器,典型监测机组布置图如图1所示,仪器电缆集中引至附近测站内。在工程运用期间,结合机组调度运行进行相关水力学观测工作。

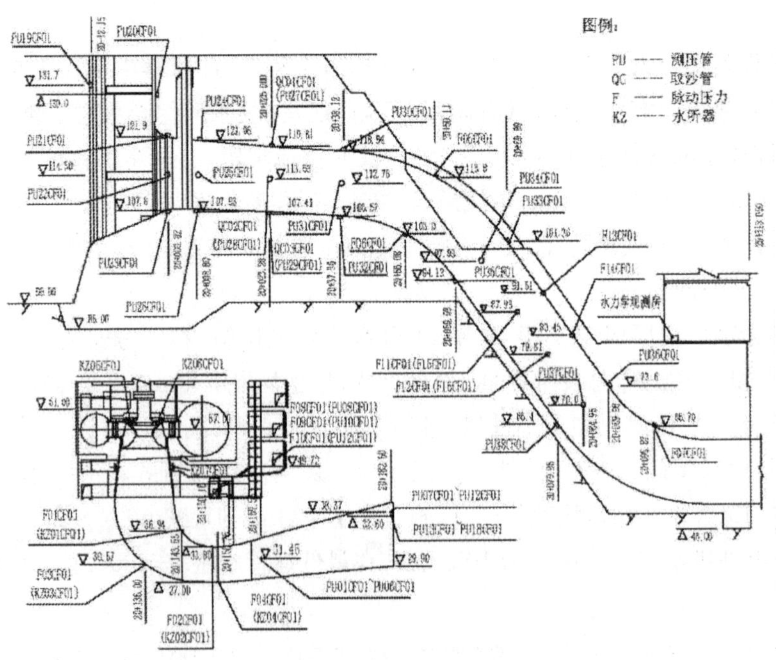

图1 三峡工程1号机水力学监测布置图

3 监测成果

3.1 流态

电站在各工况条件运行中,机组拦污栅前水流流态平缓,拦污栅前后基本看不到水面跌落,进口水流平顺,只是在 2006 年库水位 156m 左右观测到 1 号机组在 700MW 稳态运行工况下,拦污栅前 2～4m 处出现 1～2 个直径 0.4～1.0m 的逆时针表面旋涡。在 550MW 稳态运行工况下,旋涡依旧存在,但强度有所减弱,未见旋涡吸气或卷吸漂浮物现象发生。后续随机组投入数量增加,上游进口流向变化,未再发现电站进口出现旋涡。

根据机组监测工况,对机组运行典型稳态进行了观测,1 号机在 138m 和 156m 水位几种稳态运行下,拦污栅前后测点压力如表 1 所示,拦污栅前后测压管水头差均很小,表明拦污栅水头损失很小。

表 1　　1 号机稳态运行拦污栅前后压力　　(单位:×9.81kPa)

测点编号	测点桩号(m)	测点高程(m)	138m 水位测点压力		156m 水位测点压力	
			100MW	600MW	550MW	700MW
PU19CF01	20－12.50	131.77	6.15	6.35	23.53	23.53
PU20CF01	20＋0.60	130	7.91	8.11	25.29	25.29

3.2 机组转速

1 号机组在 138m 库水位,甩 180MW、350MW 和 600MW 负荷方式下,试验观测到的水轮机最大转速分别比标准转速(75r/min)升高了 6.2%、16.6%和 39.0%;右岸 21 号机和 26 号机在 175m 库水位,21 号机组及 26 号机组在甩 175MW 负荷后机组转速最大升高率分别为$\beta=6.8\%$和$\beta=7.7\%$,机组转速最大升高率控制在较小范围内,说明导叶关闭规律控制较好。

21 号机组甩 756MW 负荷工况下,转速最大升高率β为 40.8%,小于β为 48%的设计要求;三峡电站水轮机的转速升高率满足安全要求。

三峡地下电站 31 号机在库水位 152.3m 和 175.0m 条件下,观测机组甩负荷转速变化,在同一上下游水位条件下,机组最大转速和最大转速升高率均与甩负荷量成正比。在上游水位 152.3m 时甩负荷 700MW 时的机组最大转速升高率达 48.0%,在上游水位 175.0m 时甩负荷 750MW 时的机组最大转速升高率为 42.67%,均满足小于 55%的设计要求。

3.3 压力

1 号水轮机 138m 库水位,机组负荷 100MW 和 600MW 运行工况下,引水管中的测点时均压力范围为(13.3～69.8)×9.81kPa，尾水管中的测点时均压力为(26.0～33.4)×9.81kPa，156m库水位，机组负荷550MW和700MW运行工况下，引水管中的测点时均压力范围为(31.70～87.35)×9.81kPa，尾水管中的测点时均压力范围为(27.00～34.54)×9.81kPa；右岸21号机和26号机在175m库水位，机组负荷175MW和756MW运行工况下，引水管中的测点时均压力范围为(46.2～114.4)×9.81kPa，尾水管中的测点时均压力范围为(30.5～34.2)×9.81kPa。从脉动压力的测量资料看，稳态运行过程中，压力钢管段压力波动较平稳，脉动压力标准差不超过3.3×9.81kPa；尾水肘管段压力波动幅度相对大一些，且175MW负荷稳态运行时的压力脉动幅值均高于756MW稳态运行时；而尾水管分流墩段压力脉动标准差均小于等于0.3×9.81kPa。压力钢管段功率谱主频为0.98～2.54Hz，尾水管段功率谱主频为0.78～1.17Hz，均属窄带、低频谱特性。

各机组在不同水位及不同负荷稳态运行工况条件下，整个电站引水过流系统的测点测压管水头线降落平缓，压力分布正常。不同条件下引水管过流系统壁面各测点时均压力规律类似，相对而言，大负荷条件下，由于管内水流流速增大，流速水头增加，同样库水位条件下压力钢管段压力略有降低。

1号水轮机138m库水位，在水轮机甩180MW、350MW和600MW负荷工况下，压力钢管中高程∇66.4m处测点的最大动水压力升高值分别为5.9×9.81kPa、9.1×9.81kPa和10.1×9.81kPa，最大动水压力分别为75.3×9.81kPa、77.6×9.81kPa和77.9×9.81kPa，动水压力升高值向上游沿程衰减，在进口段最大动水压力升高不足1.0×9.81kPa；156m库水位，甩175MW和756MW负荷工况下，压力钢管中高程∇73.6m处测压管实测最大动水压力升高值分别为6.5×9.81kPa和10.8×9.81kPa，最大动水压力分别为84.2×9.81kPa和87.0×9.81kPa，在进口段最大动水压力升高(3.5～8.6)×9.81kPa；右岸21号机和26号机在175m库水位，甩175MW和756MW负荷工况下，在机组引水管道，实测蜗壳进口前F03测点瞬时最大动水压力125.86×9.81kPa，压力升高12.00×9.81kPa；F02、F01测点的最大压力升高值分别为5.36×9.81kPa和3.74×9.81kPa。在尾水管分流墩段，实测瞬时最低动水压力为27.82×9.81kPa，动水压力最多降低1.40×9.81kPa。实测压力钢管段动水压力最大升高值发生在甩756MW负荷过程中，约18.3×9.81kPa，压力钢管段的最大动水压力值不超过130.0×9.81kPa，小于设计最大动水压力许可值152.4×9.81kPa。

在尾水管中，甩负荷所产生的负水击使动水压力降低，在138m库水位3种甩负荷工况下，尾水管PU01测点实测最小压力为21.63×9.81kPa，未出现负压；156m库水位甩负荷工况，尾水管PU01CF01测点实测压力降低(2.5～4.0)×9.81kPa，未出现负压；甩756MW负荷过程中压力钢管和尾水时管测点的动水压力变化情况分别见图2、图3。在尾水肘管段，甩756MW负荷过程中动水压力值下降，最低动水压力值为9.0×9.81kPa，未出现负压。右岸21号机和26号机在175m库水位，在尾水分流墩区，甩175MW负荷

和 756MW 负荷过程中动水压力值下降不明显。

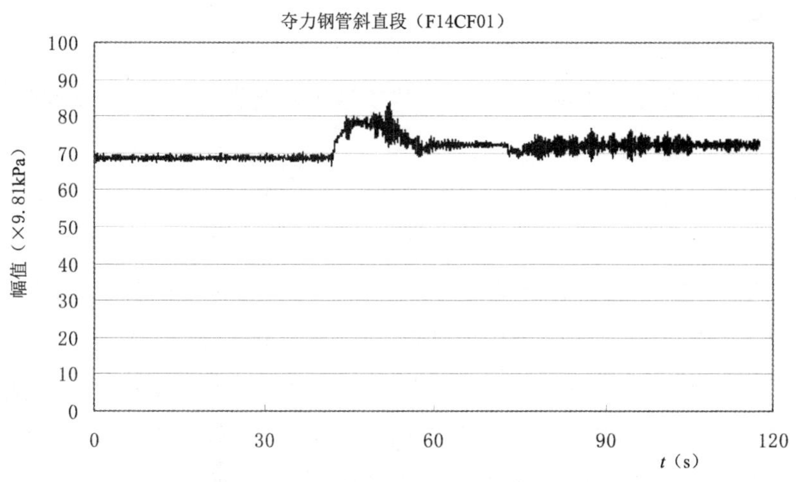

图 2　压力钢管测点的动水压变化情况

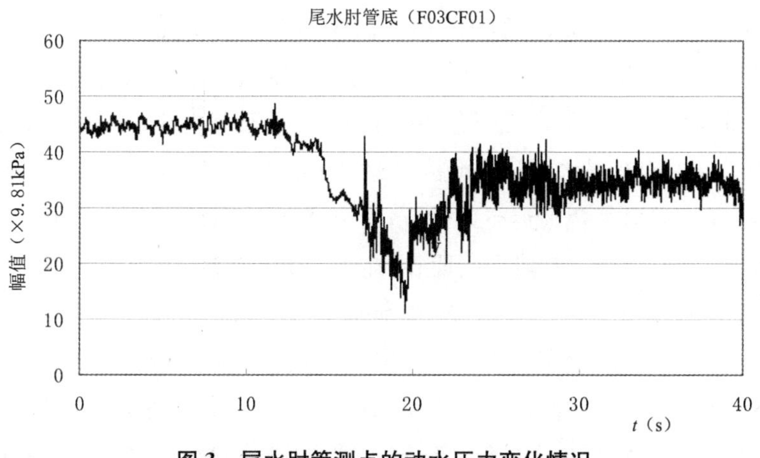

图 3　尾水肘管测点的动水压力变化情况

三峡地下电站 31 号机在库水位 152.3m 和 175.0m 条件下,在机组各稳态运行工况下,蜗壳进口断面的动水压力值均大于蜗壳末端断面的动水压力值;蜗壳进口断面的动水压力最大值为 117.80×9.81kPa,蜗壳末端断面的动水压力最大值为 115.84×9.81kPa,为上游水位 175m、机组小负荷条件下(175MW 稳态)。在机组各甩负荷工况下,蜗壳进口断面的瞬时最大压力则均小于蜗壳末端断面的瞬时最大压力;蜗壳进口断面的瞬时最大压力值为 138.61×9.81kPa,蜗壳末端断面的瞬时最大压力值为 146.54×9.81kPa,为上游水位 175m、机组满负荷条件下(甩 750MW 负荷)。作用在蜗壳上的最大动水压力满足小于 160×9.81kPa 的设计要求。

在水轮机甩负荷过程中,过水系统流量下降,压力钢管及进口段压力上升,尾水管段压力下降,随所甩负荷增大,水击压力增大。整个电站过流系统的测点时均压力变化平缓,分布正常。

3.4 水流空化噪声

在蜗壳顶盖、锥管进人孔及尾水管段分别安装了水听器,以监测水流空化噪声,分析判断可能出现的空化现象。

水轮机138m库水位,机组在180MW、350MW、600MW负荷稳态工况对应于空载工况。在180MW负荷条件下,各测点水流空化噪声谱级与背景之差在63kHz以上频段不足5dB,未出现空化特征;在350MW负荷条件下,有不同程度变化,尾水肘管末端底部的KZ04测点谱级差在高频段接近10dB,其他测点谱级差均小于10dB,未出现明显空化特征;在600MW负荷条件下,蜗壳顶盖的KZ06测点的谱级差在100kHz以上超过10dB,小于20dB,表明水轮机叶片已出现轻度空化;尾水肘管顶部的KZ02测点谱级差在低频段升至近20dB,但随频率升高衰减明显,在100kHz以上频段降至10dB以下,表现为气体型涡带空化;锥管进人孔处测点KZ07,谱级差在高频段小于10dB,未出现明显空化。

水轮机156m库水位,在550MW和700MW负荷运行工况下,1号机尾水肘管底部KZ03CF01测点在550MW负荷运行条件下的水流空化噪声谱级与背景相比,在80～160kHz频段范围高出20～25dB,但随频率升高谱级差衰减很快,在250kHz谱级差衰减至10dB左右。这说明在尾水肘管段已接收到空化信号,属于气体型旋涡空化,蒸汽型空化特性不明显;在700MW负荷运行条件下,噪声谱级差值较550MW负荷运行条件进一步增大,谱级在160kHz以下频段升高明显,在160kHz以上频段则基本不变。尾水锥管进人孔处KZ07CF01测点,在550MW负荷运行条件下,水流空化噪声谱级在80～160kHz频段高出背景10～20dB,与KZ03CF01测点的谱特征相似;在700MW负荷稳态运行条件下,噪声谱级与背景差值在80kHz以下频段有所升高。尾水肘管尾端KZ04CF01测点在700MW负荷运行条件下水流空化噪声谱级也明显高出背景,但谱级差明显小于肘管底部KZ03CF01测点值。这表明尾水锥管和肘管段在550MW负荷稳态运行条件下存在类似空化现象,在700MW负荷稳态运行条件下尾水管段有明显的空化现象,但仍属于气体型旋涡空化。蜗壳顶盖和尾水肘管尾端未测到空化信号。

右岸21号机和26号机在175m库水位和稳态条件下,蜗壳顶盖处和尾水肘管末端测点噪声谱级与背景相比亦无明显升高,表明在稳态运行工况下水轮机蜗壳内未出现空化现象。

4 小结

1)在135m、156m和175m库水位、各机组稳定运行条件下,拦污栅前后水头差均很小,拦污栅水头损失很小,反映拦污栅实现拦挡杂物进行发电机组,保护发电机组安全运

行,且不会造成发电水头损失。从脉动压力的测量资料看,在各级负荷运行下,压力钢管段压力波动较平稳,各水轮机过流系统压力分布正常,脉动压力幅值较低,对于机组不同负荷的情况,机组满负荷运行时压力脉动幅值相对更小,脉动压力标准差不超过3.3×9.81kPa。

2)观测不同条件下机组甩负荷,机组转速最大,升高率小;压力钢管段的最大动水压力值不超过130.0×9.81kPa,小于设计最大动水压力许可值152.4×9.81kPa;蜗壳末端断面的瞬时最大动水压力值为146.54×9.81kPa,满足小于160×9.81kPa的设计要求;在尾水管分流墩段,机组甩负荷时动水压力下降但未出现负压。

3)在低负荷运行工况,水轮机过流系统未出现明显空化;在高负荷运行工况,在水轮机内存在轻度空化,尾水管内出现不太强烈的气体型涡带空化,但空蚀危害性较小。上述空化现象在目前运行阶段尚不致构成明显危害,须注意相关部位的监测和检查维护。

综上所述,三峡机组水力学监测成果表明,机组过流系统的水力特性均较正常,满足设计要求。

参考文献

[1]唐祥甫,等.三峡水利枢纽2008年度右厂坝段原型观测分析报告[R].长江科学院,2009.

[2]张晖,等.三峡水利枢纽大坝和电站厂房二期工程水力学安全监测资料综合分析总报告[R].长江科学院,2012.

[3]陈建,等.三峡水利枢纽2011年度地下电站31号机水力学安全观测报告[R].长江科学院,2010.

[4]田毅,等.水轮机调节[M].北京:中国水利水电出版社,1996.

[5]长江水利委员会.三峡工程大坝及电站厂房研究[M].武汉:湖北科学技术出版社,1997.

[6]长江水利委员会.三峡工程机电研究[M].武汉:湖北科学技术出版社,1997.

[7]水工建筑物水力学原型观测[M].北京:中国水利水电出版社,1985.

三峡电站水轮发电机组运行稳定性研究回顾与总结

田子勤[①]　刘景旺

（长江勘测规划设计研究院，武汉　430010）

摘　要：三峡电站水轮机是目前世界上运行水头变幅最大的巨型混流式水轮机之一，其运行稳定性自始至终是设计、研究、制造和用户关注的首要课题。在初步设计、技施设计、机组招标采购和合同执行、机组调试和试运行，以及水库蓄水位上升过程中做了大量的理论研究、模型试验和真机测试等全面系统的研究，取得了一系列研究成果。针对三峡工程的特点，从设备制造和工程设计等方面提出了提高机组运行稳定性的关键技术措施，在三峡机组设计、制造和运行中得到了应用。在2003年首批机组调试和后续库水位上升至156m、175m过程中，对机组稳定性进行了全面测量，上述研究成果和技术措施均得到了验证，取得了良好的结果。本文对上述研究成果以及提高机组运行稳定性的关键技术措施进行了总结，可为巨型电站混流式机组的设计、制造和运行提供参考依据。

关键词：混流式水轮机；运行稳定性；模型试验；现场测量

1　概　述

在国内首次采用的700MW混流式水轮发电机组，是三峡发电工程中的关键设备，其运行稳定性是机组长期安全运行和三峡工程发电效益的重要保证。三峡电站水轮发电机组是世界上最大的水电机组之一，特别是电站运行水头变幅大，且在高、低水头段运行时间长，形成了三峡电站水轮机特有的复杂运行工况。机组能否在这种苛刻的运行条件下稳定运行，是水电界普遍关注的问题。

在三峡工程机电设备论证的各个阶段、机组招标采购和合同执行、机组调试和试运行，以及水库蓄水位上升过程中，各方均对机组的运行稳定性给予了高度重视，进行了大量的理论研究、模型试验和真机试验等全面系统的研究，取得了一系列研究成果，并在三峡机组设计、制造和运行中得到了应用。

---

① 作者简介：田子勤，男，教授级高级工程师，长江勘测规划设计研究院机电设计处副总工程师，主要从事水力发电工程机电设计工作，E-mail：tianziqin@cjwsjy.com.cn。

为了进一步分析三峡电站机组的运行稳定性，并与理论和模型试验结果进行对比分析，在业主组织下，对三峡左岸首批发电机组进行了全面现场试验。此外，在 2008—2010 年水库试验性蓄水抬升过程中，对各供货商各选 1 台机组进行了稳定性和效率等试验，对机组运行稳定性进行了验证。

三峡电站共安装 32 台单机容量为 700MW 的混流式水轮发电机组，其机组主要参数见表 1。

表 1　　三峡电站各机组主要参数

项　目	左岸电站		右岸电站			右岸地下电站		
机组号	1～3 号，7～9 号	4～6 号，10～14 号	15～18 号	19～22 号	23～26 号	27 号、28 号	29 号、30 号	31 号、32 号
台数(台)	6	8	4	4	4	2	2	2
形式	立轴混流式		立轴混流式			立轴混流式		
额定出力(MW)	710		710			710		
额定转速(r/min)	75	75	75	71.43	75	75	71.43	75
额定流量(m^3/s)	995.6	991.8	947.1	913.5	985.9	947.105	913.5	985.9
运行水头 最大水头(m)	113.0		113.0			113.0		
运行水头 额定水头(m)	80.6	80.6	85.0	85.0	85.0	85.0	85.0	85.0
运行水头 最小水头(m)	61.0		61.0			71.0		
设计水头(m)	103	101	101.63	113	105	102.99	113	107.9
转轮名义直径(mm)	9525.0	9800.0	9880.0	9600.0	10248.0	9880.0	9600.0	10248.0
最大连续运行出力(MW)	767.0		767.0			767.0		
发电机 $\cos\Phi=1$ 时水轮机最大出力(MW)	852.0		852.0			852.0		
比转速(m·kW)	261.7	261.7	244.86	233.2	244.9	244.86	233.2	244.9
比速系数	2349.0	2349.0	2257.5	2150.0	2257.9	2257.5	2150.0	2257.9
吸出高度(m)	−5		−5			−5		
装机高程(m)	57.0		57.0			57.0		
旋转方向	俯视顺时针		俯视顺时针			俯视顺时针		
供货商	VGS 联营体	ALSTOM	东电	ALSTOM	哈电	东电	ALSTOM	哈电

2　三峡电站机组运行条件及其运行特点研究

在三峡工程之前，国内已投运自主设计制造的最大机组是龙羊峡电站单机容量为 320MW 的机组。尽管国际上已有美国大古里、委内瑞拉古里以及巴西的伊泰普水电站都安装了单机容量为 700MW 的水轮发电机组，但三峡工程特殊的运行方式造成机组复杂的运行条件是其他大型电站无法比拟的，且这些电站的机组在实际运行中存在不稳定运行现象，因此，在三峡工程初步设计、单项技术设计等各阶段，均对机组可能的运行条件进行了大量分析研究。

三峡工程是以防洪为主、兼顾发电和航运的综合利用工程。汛期，上游来水量大，为了防洪需要，库水位一般维持在防洪限制水位运行，电站水头较低。枯水期，为保持库尾有较大的航深及维持电站较高水头多发电，根据水库调度方式的要求，电站将尽可能维持高水头运行，这样就形成了三峡电站水轮机特有的复杂运行工况，即

1)水轮机需适应的水头变化幅度大。三峡水轮机分为初期运行和后期运行两个阶段，后期水头变幅为71～113m，初期水头变幅为61～94m，结合初期后期考虑，水头变幅达52m。伊泰普电站，其主要目的就是利用充沛的水量发电，水库水位通常变化幅值只有1m，整个电站运行水头变化幅值只有10m。水轮机必须在这么大的变幅范围内高效、稳定运行，这对于国外已有的700MW机组还没有这样的先例(表2)。

2)水轮机在低水头区的运行时间较长。由于三峡电站汛期防洪、排沙的需要，在汛期到来前，即每年的5月底或6月初，库水位将从175m降低至防洪限制水位145m。每年汛末即9月底或10月初，水库水位逐步由145m上升至175m，因而形成了三峡电站水轮机在较低水头区($H\leqslant78.5$m)运行时间和高水头区(100～113m)运行时间各占全年运行时间30%以上的状况(图1)。这样，三峡水轮机将不得不长时间在偏离最优工况的高、低水头区运行，这是与一般电站水轮机常在额定水头附近的最优运行区运行情况有显著的不同。

表2　国内外与三峡类似电站水头变幅

电站名称	大古里Ⅲ	伊泰普	大古里Ⅱ	萨扬舒申斯克	三峡
工程开发首要目标	发电	发电	发电	发电	防洪、发电
最大水头(m)	108.2	121.8	146	220	113
额定水头(m)	86.9	112.9	130	194	80.6(左岸) 85.0(右岸、地下)
最小水头(m)	67	111.8	110	175	61.0(前期) 71.0(后期)
水头变幅(m)	41.2	10	36	19	52
额定出力(MW)	700	700	630	640	700
过机水流	较清洁	较清洁	较清洁	较清洁	含泥沙

3)由于防洪、排沙的需要，汛期必须降低水位到135m或145m运行，这时大量泥沙将随泄洪水流通过泄洪闸和水轮机流道。因此，还需兼顾水轮机的泥沙磨损问题。

根据上述特定的运行条件，要确保水轮机在整个运行范围内安全稳定运行，且具有良好的能量和空蚀性能，对水轮机设计者是一个严峻的挑战。正是对三峡工程运行条件深入细致的研究，和对三峡机组可能的特殊运行条件的深刻理解，为三峡机组的稳定性研究打下了坚实的基础。

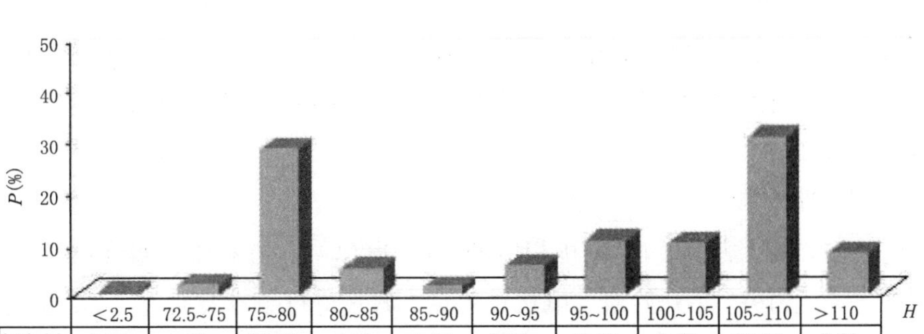

	<2.5	72.5~75	75~80	80~85	85~90	90~95	95~100	100~105	105~110	>110
概率(%)	0.20	1.80	28.40	4.80	1.20	5.30	10.40	9.70	30.40	7.80

图1　正常蓄水位175m时各水头出现的概率(*P*—概率,*H*—水头)

3　三峡电站机组运行稳定性及改善措施研究

在三峡工程机电设计的各个阶段,对机组的运行稳定性做了大量的理论研究、模型试验和真机测试验证等全面系统的研究,主要研究工作如下。

3.1　稳定性及其考核指标研究

影响机组运行稳定性的因素比较复杂,其中水力因素(叶道涡流和压力脉动)是影响运行稳定性的关键因素。因此,自初步设计开始,就对水轮机的稳定性进行了重点研究。

3.1.1　水轮机参数选择和水力稳定性分析

根据三峡电站水头变幅大、高低水头运行时间长的特点,明确提出在水轮机参数选择时,既要重点保证高水头工况的稳定性,同时又要兼顾低水头的空蚀和泥沙磨损问题。为此,开展了水轮机参数选择的专项研究。

水轮机参数中,额定水头和设计水头是影响其水力稳定性的主要因素。

(1)额定水头

在可行性研究阶段至单项技术设计各个阶段,对额定水头进行了多次论证,从工程技术可行性和经济合理性等综合考虑,三峡水轮机额定水头确定为80.6m。随着工作的不断深化,特别是左岸VGS和ALSTOM两个供货商水轮机模型验收试验中,压力脉动结果均未全面满足合同要求,为此,1999年长江设计院牵头进行了国家重点科研(攻关)专题合同《三峡电站水轮发电机组稳定性》,通过研究,对额定水头与机组的运行稳定性的关系有了进一步的认识,在总结左岸电站机组参数选择和水轮机模型试验成果的基础上,对右岸机组主要参数,特别是额定水头采用80.6m、85.0m、90.0m和93m等方案进行了设计研究。从有利于稳定运行、对发电效益影响不大的角度出发,将额定水头由80.6m提高至85.0m。

(2)设计水头

合理选定水轮机的设计水头,是改善机组稳定性的重要措施之一。通过探讨并分析塔贝拉水电站产生振动的原因，并结合三峡电站水头变幅大的实际，从提高水轮机高水头区运行稳定性出发，要求水轮机的设计水头不低于 98m，具体数值可由制造商根据自身的设计经验确定。

(3)最大容量

发电机设置最大容量后，水轮机相应的导叶开度增大，有利于机组在高水头下运行的稳定性。为此，1995 年开始对发电机设置最大容量进行了专题研究，对发电机分别设置 106%Pr、109%Pr 和 112%Pr 最大容量三种方案进行了比选，并与国外著名的机组制造商进行了技术交流。经综合比选，发电机设置最大容量 840MVA。

3.1.2 稳定性考核指标研究

在三峡工程之前，国内外都没有完善和详细的水轮机稳定性考核指标，为此，在对国内主要电站调研和国内外大型机组运行情况总结的基础上，首次根据水头和负荷分区，提出了水轮机尾水管、无叶区等部位压力脉动考核指标。

叶道涡流是机组振动发生的激振源。典型的例子如巴基斯坦的塔贝拉电站 11～14 号机组，在水头下运行时产生严重的叶道涡流，造成叶片出水边靠上冠处和尾水锥管进口等处出现裂纹。故在水轮机招标文件中，明确要求应尽量避免在经常运行的范围内产生叶道涡流。同时，明确规定了初生叶道涡定义为随着工况的变化，同时在 3 个叶道间开始出现可见的涡流。

3.1.3 水力稳定性分析预测

为了全面了解三峡水轮机的水力稳定性，左岸水轮机模型试验后，在业主组织下，对两个供货商的水轮机水力稳定性进行了预测和分析。

根据要求，在模型试验中从蜗壳进口至尾水管肘管均进行压力脉动测量，其试验工况点覆盖了三峡电站水轮机正常的运行范围。以 ALSTOM 机组为例，试验结果如图 2。

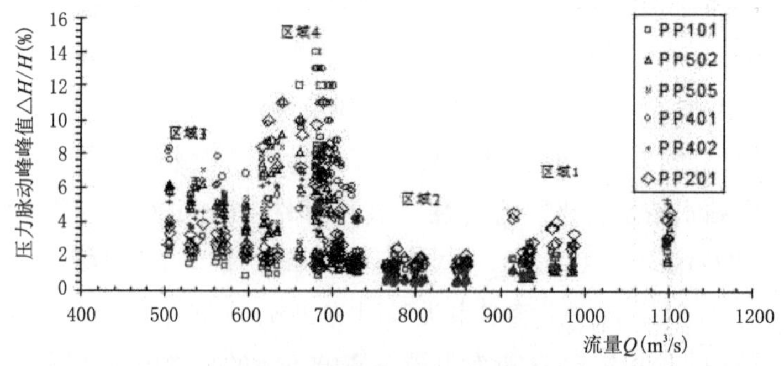

图 2 水轮机压力脉动测量结果

由图 2 可以看出，各测点压力脉动随运行工况变化的趋势基本相同，大致可分为以下 4 个区域：

(1)区域1

大流量区,最大压力脉动峰—峰值$\triangle H/H$值,尾水管约为3.8%,导叶后转轮前为5.3%,相应流量为1100m^3/s。其他工况点均小于3%。

(2)区域2

高效率区,压力脉动很小,尾水管处$\triangle H/H$为0.5%~1.0%,导叶后转轮前$\triangle H/H$为1.0%~2.5%。

(3)区域3

部分负荷区,尾水管压力脉动$\triangle H/H$值为4%~7.5%。导叶后转轮前的压力脉动较尾水管处小,为2.0%~4.0%。该区域内水轮机运行平稳、噪音很低。

(4)压力脉动峰值区4

介于区域2和区域3之间,流量为600~700m^3/s,压力脉动在该区域跳跃到最大值,其值为其附近压力脉动的2倍左右,尾水管处最大压力脉动$\triangle H/H$为13.1%,导叶后转轮前为11%,相应流量为669.7m^3/s。可见,该区域内的压力脉动比一般的压力脉动高得多,且导叶后转轮前的压力脉动频率较高,为24.6~54.7Hz。在岩滩电站的水轮机模型试验和真机实测均发现了类似的现象,并被认为是引起该电站机组和厂房产生振动的主要原因。

针对模型试验中发现的异常现象,为改善其运行稳定性,采取了以下措施:

1)优化泄水锥设计,可减小压力脉动。如挪威KE研制了新型半锥形泄水锥,该形式的泄水锥降低压力脉动较显著,特别是缩小了压力脉动峰值带的范围,可以使机组在更大的范围内稳定运行。

2)合理选择机组的运行范围,避开不稳定区运行。如大古里Ⅲ的6台大容量机组尽可能控制在额定负荷60%~100%的高效率区运行,30%~60%额定负荷范围内限制运行。

3)预留压缩空气补气措施。

3.2 机组稳定性与厂房结构研究

(1)厂房结构抗振研究

在三峡机组运行之前,国内部分电站由于机组不稳定产生的激振力作用引起厂房结构振动,甚至发生结构局部损坏,如岩滩、五强溪、李家峡、二滩水电站等。考虑三峡左岸水轮机模型试验中出现的不稳定现象,2003年业主委托长江设计院牵头,联合水科院、大连理工大学进行了左岸厂房抗振研究。在国内首次对电站厂房结构在机组振动荷载作用下的动力响应开展计算,并在135~139m水位对机组运行工况下的厂房土建结构振动进行了实测,结果表明,动力反应监测结果与计算结果基本一致,振动应力和位移都在设计的安全范围内,不会产生共振。

(2)蜗壳埋设方式对机组稳定性影响研究。

蜗壳埋设方式有保压、垫层、直埋三种方式。对于大型机组,为了保证其稳定运行,蜗壳的埋设也是十分重要的,因为蜗壳不仅要承受很高的水压力,而且来自机组转动部件的径向力也要通过水导轴承与顶盖作用于座环上,这些力均要通过蜗壳与座环传递至周边的混凝土上。所有这些力随着机组的尺寸与水头的加大而增大,如三峡水导轴承处的径向力为1300kN、乌东德为5085kN。尽管蜗壳是在不考虑周边混凝土时,按照单独能承受其最大内水压力设计的,具有足够的强度,但蜗壳、座环和周边混凝土组成的结构体的刚度对机组避免或减小振动有直接影响。无论蜗壳采用何种埋设方式,均应采取必要的措施,以保证蜗壳进口处的作用力与水导轴承的径向力能够传递到混凝土中,以满足机组安全稳定运行的要求。

左岸电站借鉴国外工程的通常经验,蜗壳采用了保温保压埋设方式。保压水头取70m,水温控制20℃,正常运行时蜗壳与周边混凝土紧密结合,有利于机组稳定运行,但施工过程中需增加闷头、密封环、保温保压装置等辅助设施,且增加直线工期,对地下厂房空间受限实施困难较大。因此,在右岸电站设计阶段,由业主委托,于2005年开始,长江设计院会同高校和制造厂对弹性垫层、直埋两种埋设方式进行了专题研究。重点研究了如何既减小周边混凝土结构的受力,又确保蜗壳、座环和周边混凝土组成的结构体的刚度,因此,经设计研究右岸和地下电站采用的垫层和直埋方案,实际上是两种埋设方式的组合方案,区别仅在于垫层敷设和直埋范围大小不同而已。垫层方案垫层敷设在蜗壳腰线以上,但距机坑里衬3～2.5m水平距离内及鼻端部位为直埋。对直埋方案,从减小发电机下机架基础不均匀上抬位移出发,从蜗壳进口至x轴下45°敷设了弹性垫层。

3.3 首批机组调试时防振预案措施研究

如前所述,根据模型试验结果,左岸电站两个供货商的稳定性指标均未全面满足合同保证值的要求,加之当时国内投产的机组在试运行期间或运行初期就出现叶片裂纹和稳定性问题,因此,在首批机组投产前,对调试过程中可能出现的稳定性问题进行了预案措施研究。主要包括:

1)首批发电机组设置压缩空气补气系统。设计上在顶盖、底环和基础环上预留了压缩空气的管道,并根据模型补气试验结果,对压缩空气系统进行了设计和布置。调试阶段也可考虑从电站工业供气系统补气(由2台压力为0.8MPa、生产率为22.86m^3/min的空压机及1个压力为0.8MPa、容量为15m^3的储气罐组成)。

2)根据模型试验结果,初步预测不稳定区,避开或快速通过不稳定区。

3)对首批投运机组进行稳定性在线监测,及时了解机组的运行情况,为万一发生不利情况下采取相应的对策提供科学的决策依据。

4 现场试验验证

2003 年 6—10 月,在业主组织下,对左岸电站首批发电机组(2 号、3 号、5 号、6 号),进行了现场试验,特别是对 3 号、6 号机组还进行了转轮叶片动应力全面测量。此外,在 2008—2010 年水库试验性蓄水抬升过程中,对各供货商各选 1 台共 5 台机进行了 145~175m 各水头相应的稳定性和效率等试验,对运行稳定性进行了全面测量。

在蓄水过程中,试验机组采取水位每升高 0.5m,机组功率由空载每隔 50MW 逐步上升至最大值进行一次试验,对机组的稳定性和效率、出力进行了全面测量,并与模型试验结果进行了对比分析。试验结果表明,各机组稳定性良好,且模型和真机结果较为吻合(图 3)。此外,根据试验结果划分了机组的稳定运行区域(图 4),为机组的科学高效运行提供了依据。

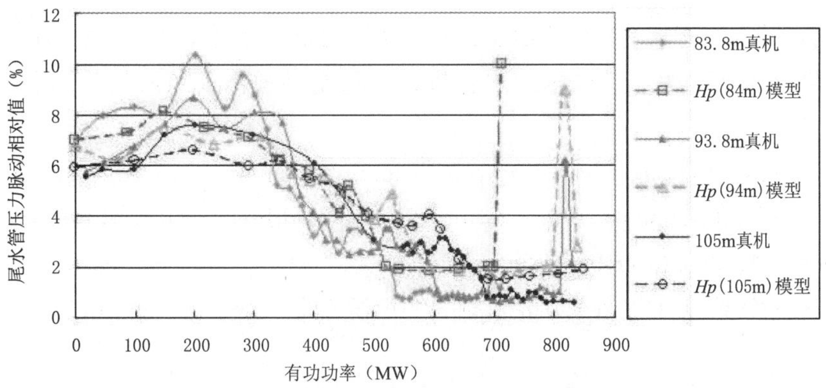

图 3 26 号不同水头下尾水压力脉动真机与模型对比曲线

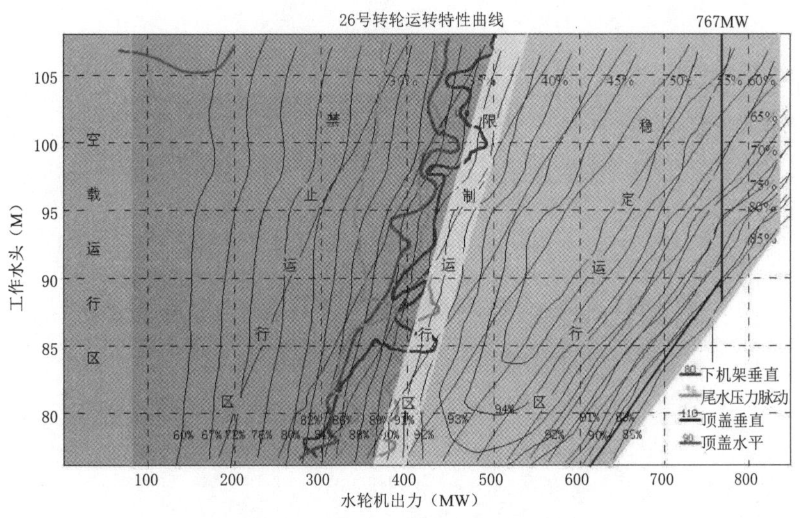

图 4 根据试验结果及运行标准划分运行区域(26 号)

5 结语

三峡工程在国内首次采用700MW混流式水轮发电机组，由于单机容量大、尺寸大，且其运行条件十分苛刻，各方均高度关注和重视，从工程设计开始，历经数十年的理论研究、模型试验和真机测试等全面系统的研究，通过合理确定机组参数、优化水轮机水力和结构设计以及采取工程等综合措施，解决了巨型混流式水轮机在大水头变幅且偏离最优区长期运行的稳定性世界难题。自2003年6月三峡左岸电站首批发电机组顺利投产发电，至今已安全可靠运行十几年，截止到2018年7月31日，三峡电站累计发电量已达1.14万亿kW·h，全部机组运行良好，本文所述研究成果在三峡工程各种运行工况下得到了实践和验证，并已在国内其他类似电站设计中得到应用。

参考文献

[1]田子勤，刘景旺.三峡电站巨型混流式水轮机水力稳定性研究[J].人民长江，2000(5).

[2]田子勤，刘景旺，胡平.三峡电站水轮机运行稳定性预测及预防措施[J].人民长江，2003(7).

[3]Ziqin Tian，Jianxiong Shao，Jingwang Liu. Study on the hydraulic stability of the hydro-generating units of Three Gorges Project and Field test[R].International Conference of Hydropower Proceedings，2004.

[4]袁达夫，谢红兵.大型混流式水轮机蜗壳的埋设方式.人民长江，2009(16).

三峡电厂振摆监测系统应用分析

杜晓康[①] 李志祥 陈钢 胡军 胡德昌

(中国长江电力股份有限公司三峡水力发电厂,宜昌 443133)

摘 要:随着状态监测与故障诊断技术的快速发展,振摆监测系统作为重要的机组稳定性监测系统在水电行业已得到广泛应用。但面对复杂的信号,如何提取有价值的信息,从而指导检修决策的制定,则需要长期经验积累。本文介绍了三峡电厂振摆监测系统的结构与功能、测点布置与传感器选型,对利用振摆监测系统开展的诊断分析案例从机械、电磁、水力、基础结构四个方面进行分类介绍,同时对开展的相关试验以及取得的重要成果进行简要描述,以期水电同行能加深对该系统的认识,提高信号分析与故障诊断能力。

关键词:监测和诊断及控制;振摆监测系统应用;故障诊断;智能化电站

1 引言

伴随着经济的快速发展,人们用电需求的提升,水电站装机的规模不断扩大。科学技术的快速发展引导着水电站运营、检修模式逐渐发生改变,“诊断运行”“状态检修”“无人值班(少人值守)”等概念的提出意味着监测、诊断分析技术在电站管理中发挥着越来越重要的作用。

起源于20世纪60年代的状态监测与故障诊断技术,经过半个世纪的不断发展与完善,目前已在电力、石化、冶金、航天等行业大面积推广与普及[1]。水轮发电机组大部分故障都可以在结构部件振动上反映出来。借助先进的振摆监测系统很容易捕捉到振动信号,但内在机理却很复杂,故障原因往往是机械、电气、水力等多因素耦合形成的[2-4]。作为当前故障诊断的前沿技术,如BP神经网络、模式识别、小波网络等,虽都有着很成熟

---

① 作者简介:杜晓康(1982—),男,汉族,高级工程师,中国长江电力股份有限公司三峡电能公司经营管理部高级经理,主要从事电力市场管理工作。E-mail:du_xiaokang@ctg.com.cn;李志祥,(1962—),男,汉族,教授级高级工程师,中国长江电力股份有限公司向家坝水力发电厂厂长,主要从事水电厂管理工作。E-mail:li_zhixiang@ctg.com.cn。

的算法，但都受制于专家系统的瓶颈，未能得到很好的应用。因此，加强对案例的学习，不断总结经验，掌握分析方法，积累故障样本是当前水电行业状态监测与故障诊断系统主要的应用形式，这也是以后智能化诊断发展的重要前提[5-6]。

三峡电站作为世界上装机容量最大的水电站，汇集了各种先进设备与监测、诊断系统，对700MW机组异常现象的诊断没有更多经验借鉴，通过对典型案例的学习与总结，可以提高技术人员的分析诊断能力，同时也为机组优化设计积累宝贵经验。

2 三峡电厂振摆监测系统介绍

早期，三峡电站ALSTOM、VGS机组随主机配套了Vibro-meter、Vibro-system振摆监测系统，测点数据接入了监控系统和趋势分析系统，供运行、维护人员监视、查询数据。由于功能有限，维护人员只能进行简单的巡检、抄表式应用。同时由于售后服务、功能设计、传感器选型等诸多因素，无法满足三峡电厂精益管理、诊断运行的需求。

2005年，三峡电厂陆续上线了北京华科同安开发的TN8000、深圳创为实与华中科技大学联合研制的S8000两套振摆监测系统，系统在下位机完成信号采集、处理、计算，并以结构图、棒图、时域/频域、瀑布图等多种形式在下位机显示各通道数据，同时将所有数据通过光缆送入数据/WEB服务器完成数据存储与对外发布。系统具有全电站工况显示、全厂监测、系统自诊断、事件列表及追忆、优化运行、机组稳定性状态报告、试验录波等丰富功能，在掌握机组全水头下、全负荷段各项特性发挥了重要作用，为故障原因分析提供了数据支持。

3 三峡电厂振摆监测系统结构与测点布置

三峡电厂振摆监测系统总体构架上分左、右岸电站两个区域。各区域系统结构相同，最终通过MIS网实现集成。整个系统由传感器、下位机数据采集站、上位机数据/WEB服务器及其相关网络设备组成，如图1所示。在下位机处，从监控系统获取机组相关工况参数，同时将部分参数如振动、摆度、压力脉动等反馈至趋势分析系统。

振摆监测系统作为三峡电厂三大监测平台之一，还承担着与其他监测系统（气隙监测系统、超声波测流系统、推力轴承状态监测系统、噪声监测系统等）的集成与通信。因此在振摆系统设计上，预留了足够的通信接口，同时为满足《电力二次系统安全防护总体规定》，在二区与三区间配置了网络单向隔离装置。测点布置与传感器选型是获取机组运行状态信号的重要环节。综合水轮机运行特点、常见故障及相关国家标准，振摆监测系统测点分为：上导摆度，下导摆度，上机架振动，下机架振动，定子机架振动，定子铁芯振动，顶盖振动，顶盖、无叶区、蜗壳、尾水上、下游压力脉动，大轴补气风速，如图2所示。

振动传感器以低频振动传感器为主[7]，针对有些机组存在高频振动成分与异常噪

声,可适当增加加速度传感器与噪声传感器。在分析机组异常原因时要结合机组工况分析,因此需从监控系统引入有功、无功、励磁电流、导叶开度、水头等工况参数。

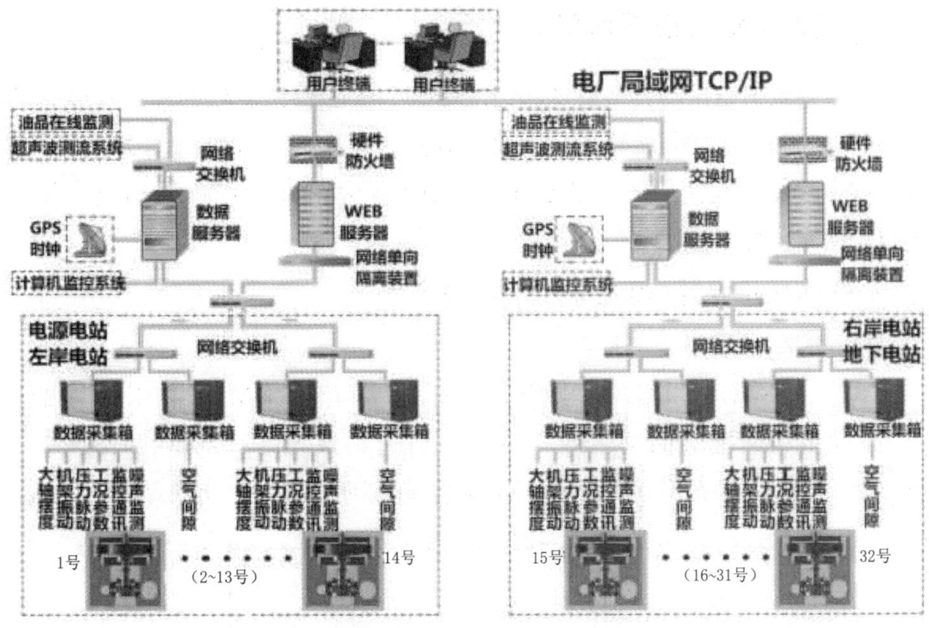

图 1　三峡电厂振摆监测系统网络结构图

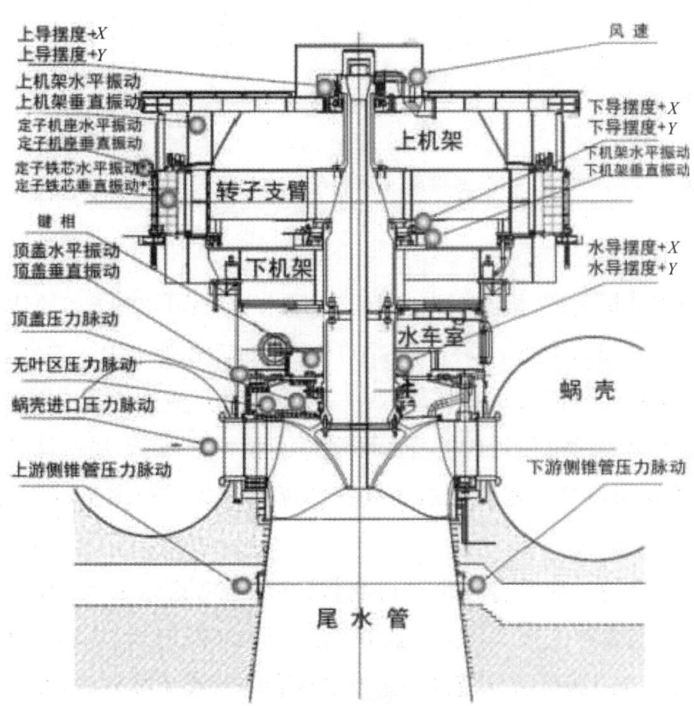

图 2　三峡电厂振摆监测系统测点布置

4 振摆监测系统在故障诊断中的应用

4.1 水力因素导致机组振动案例分析

水力因素导致机组振动类型很多，尾水管涡带，固定导叶、转轮叶片出口边卡门涡共振，转轮叶片之间的叶道涡，转轮迷宫间隙不对称引起的压力脉动，无叶区水体共振，过流部件异物卡塞导致水力失衡，转轮过流面空蚀等都会导致机组振动，剧烈的振动将严重影响机组的安全稳定运行。

4.1.1 水轮机转轮叶片、固定导叶卡门涡共振

(1)现象描述

三峡右岸ALSTOM机组(22号)调试期间，升负荷至300MW时，水车室出现异常啸叫声，且随负荷的增大而增强，在550MW时达到最大，随后啸叫声逐渐减弱，在600MW时消失，但当负荷升至610～700MW区域，啸叫声又开始出现，如图3所示。

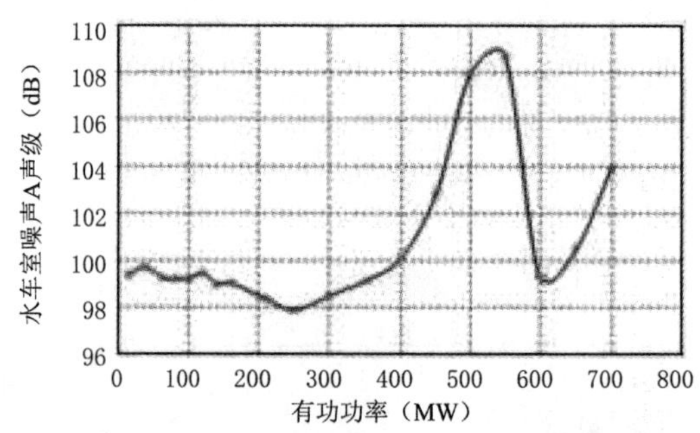

图3 水车室噪声A声级与有功功率关系曲线

(2)信号分析

通过噪声频谱分析发现，机组蜗壳、水车室、尾水噪声在[300,600]MW负荷段，主要频率为310～330Hz，如图4所示，在[600,700]MW负荷出现440Hz高频成分，且三个部位频率表现及变化趋势与顶盖垂直振动保持一致，机组其他通道无此高频成分，幅值与噪声的关联度也不强。通过投运顶盖及底环强迫试验表明：底环强迫补气对气啸声无明显改善效果，而顶盖强迫补气能有效地降低各部位噪声及振动水平，同时减弱噪声中的高频成分。

通过锤击法对转轮叶片固有频率进行测量，并综合考虑水介质的影响，叶片在水中第8,9阶固有频率与噪声主频率接近。此外，负荷550MW时，估算转轮叶片卡门涡频率也在310Hz附近。卡门涡是流体流经一定厚度或者非流线型物体时，在其尾部区域两侧有交替旋涡泄出，从而在物体上产生周期性作用力。当其频率与物体固有频率接近时，就会诱发共振，引起剧烈振动与噪声。故此推测22号转轮叶片出水边高阶固有频率与

其卡门涡共振是产生啸叫声与振动的原因[8]。

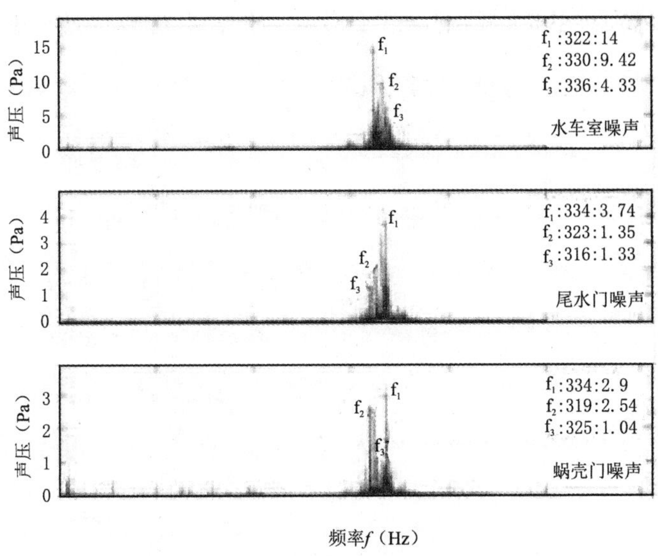

图4 P=550MW时机组噪音频域图

(3)处理过程及效果

对转轮叶片进行修型,削薄出水边厚度以提高卡门涡频率,避开叶片固有频率[9-10],啸叫声随之消失。

三峡右岸哈电机组(26号)在启动调试阶段也存在类似啸叫声现象,转轮叶片出水边修型后啸叫声明显减弱,330Hz左右的高频噪声成分基本消除,但在430~450MW负荷范围内存在的112Hz噪声频率基本没有变化,且顶盖强迫补气对该频段的噪声改善效果不明显。经分析认为,112Hz的噪声可能由固定导叶卡门涡引起,经现场对固定导叶出水边进行修型后,112Hz的噪声基本消除[10-11]。

4.1.2 机组座环导流板撕裂导致水力不平衡

(1)现象描述

三峡左岸电站10号机组为ALSTOM机组,机组运行过程中振动摆度突然增大,下导摆度、上机架水平振动、顶盖的水平、垂直振动均超过报警值且持续报警,机组随后停机检查。

(2)信号分析

机组在此过程中工况没有明显的变化,各导轴承的温度没有变化,因此可以判断不是由于工况变化、轴承瓦间隙变化导致的机组异常振动。从频谱分析发现,在异常振动发生后,各通道1X明显增加,且变化后幅值与相位基本维持恒定,可以判断机组在瞬间失去平衡,如图5至图8所示。机组运行异常时顶盖垂直振动、水导摆度突然增大,同时伴有2X、5X振动成分出现,而机械因素和电气因素造成的失衡不会对顶盖垂直振动造成很大影响，因此可以初步确定是机组水力失衡导致的异常振动[12]。

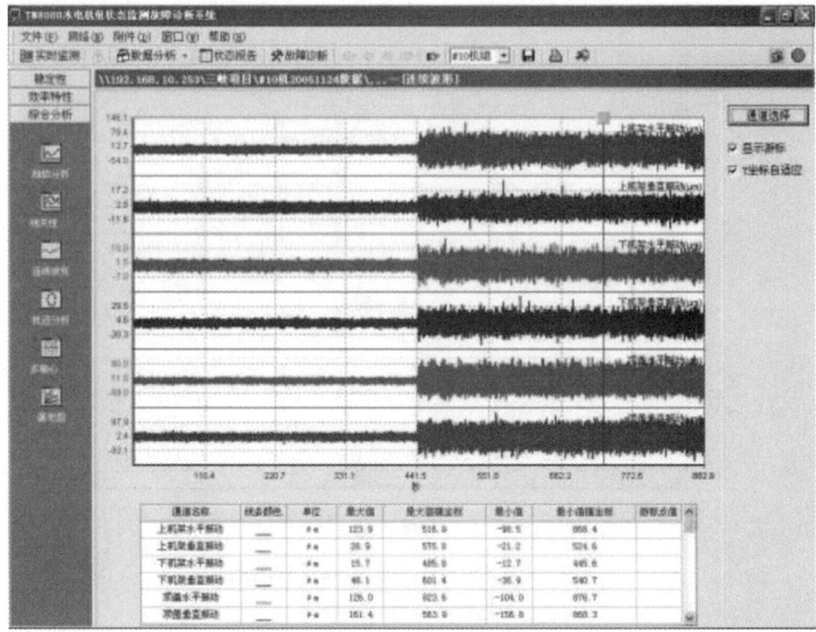

图 5　振动连续波形图

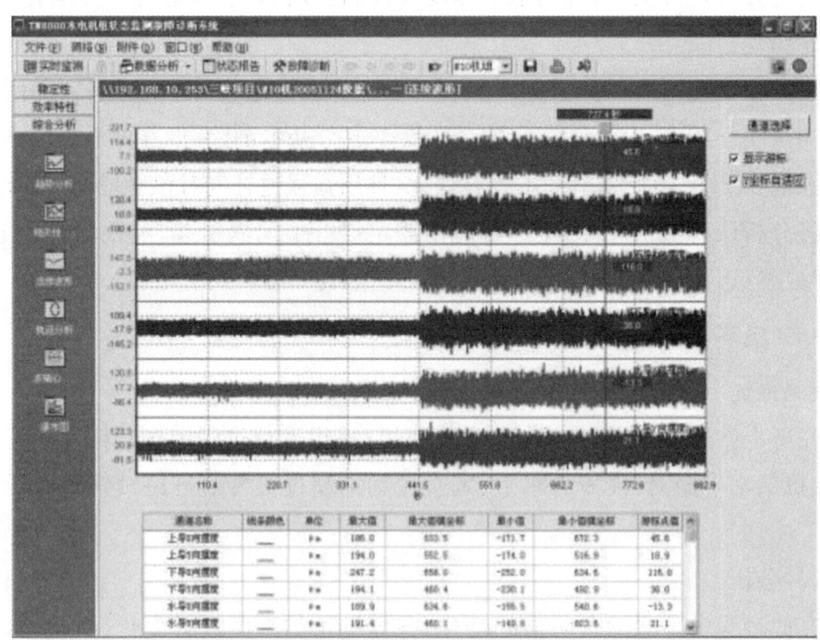

图 6　摆度连续波形图

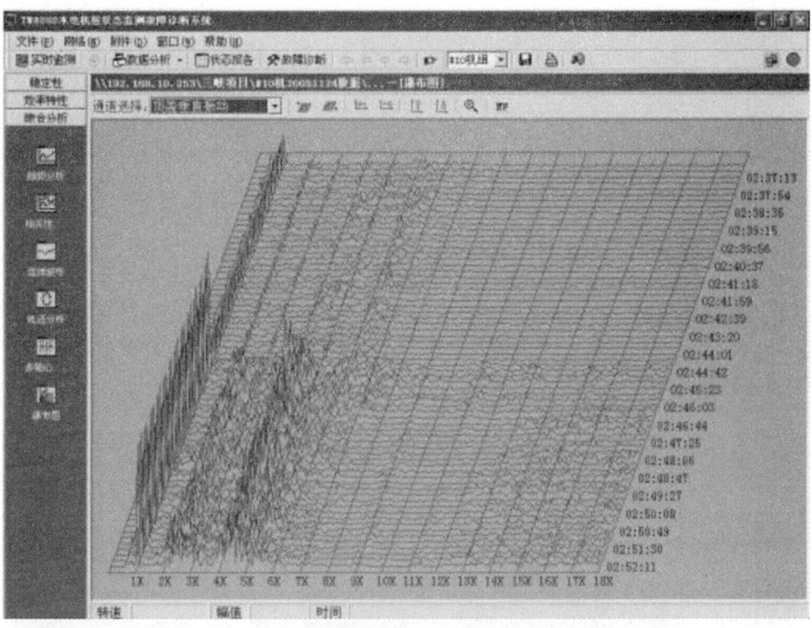

图 7 顶盖垂直振动瀑布图

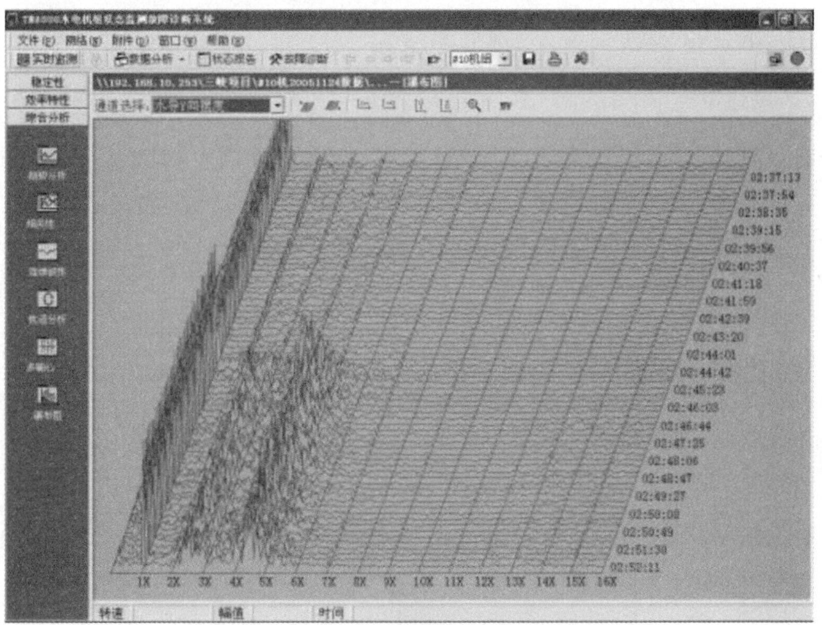

图 8 水导摆度瀑布图

(3)检查结果及处理效果

经开蜗壳门检查,发现有三块座环导流板破裂和数条裂纹,如图 9。

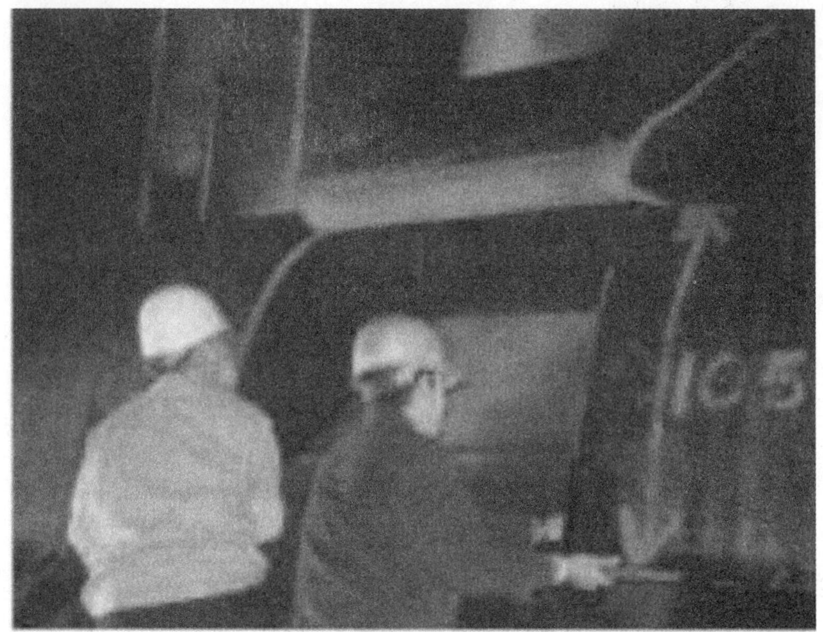

图9 现场导流板撕裂图片

4.1.3 伸缩节导流板撕裂导致水力不平衡

(1)现象描述

三峡右岸电站22号机组为ALSTOM机组,在运行过程中,机组各项振动摆度和压力脉动信号变化异常,除水导摆度变小,其他通道数值突然增大,如表1所示,现场检查蜗壳进人门、下游尾水锥管进人门,发现有明显的异常声音。

表1 异常前后数据对比

项目	数据突变前	数据突变后	项目	数据突变前	数据突变后
上导 X 向摆度(μm)	109	153	顶盖水平振动(μm)	27	45
下导 X 向摆度(μm)	189	226	顶盖垂直振动(μm)	49	114
水导 X 向摆度(μm)	162	114	顶盖下压力脉动(%)	1.1	2.1
上机架水平振动(μm)	24	38	无叶区压力脉动(%)	4	5.6
上机架垂直振动(μm)	40	86	蜗壳进口压力脉动(%)	1.5	3.7
下机架水平振动(μm)	11	14	尾水上游压力脉动(%)	2.9	5.2
下机架垂直振动(μm)	19	58	尾水下游压力脉动(%)	3.8	7

(2)信号分析

机组信号异常变化后,对通道频谱分析发现部分测点1X明显增大,上机架垂直振动出现5X,下机架垂直振动、顶盖振动、尾水管压力脉动出现15X(叶片过流频率),蜗壳进口压力脉动出现10X,13X,同时原有15X在加强。水车室、蜗壳门、尾水门噪声随着负荷增加而增大，如图10、图11。

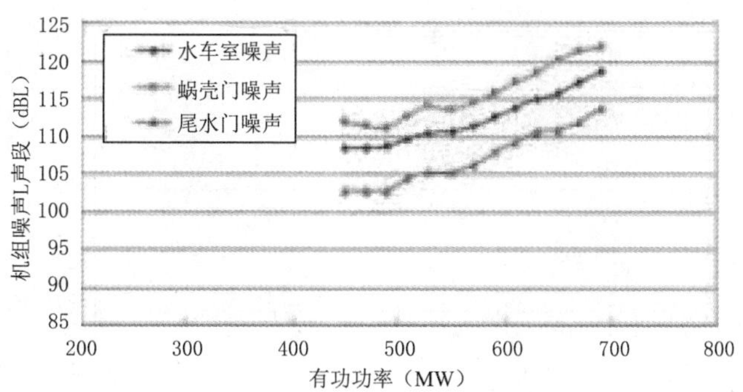

图10　机组噪声L声级与有功功率关系曲线

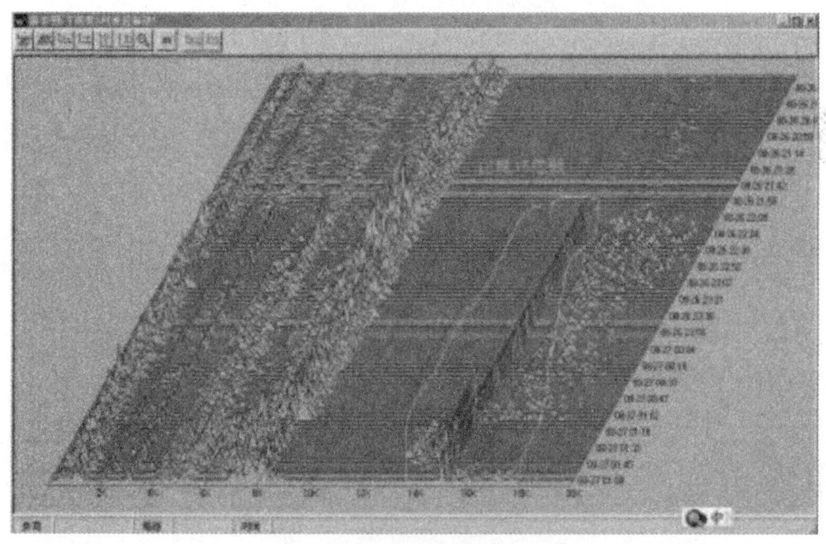

图11　下机架垂直振动瀑布图

由于机组在此过程中工况没有明显变化，因此可以排除由于工况变化引起的振动、摆度大。从机组顶盖和尾水区域异常振动及噪声，可推测水力不平衡引起异常振动可能性较大。通过对水车室、蜗壳门、尾水门噪声采集分析，得到主要频率为53.57Hz(3倍叶片过流频率)、17.86Hz(1倍频叶片过流频率)及叶片过流的倍频，可进一步印证是水力失衡导致机组运行异常。

(3)检查结果及处理效果

打开蜗壳门进行过流部件检查，发现压力钢管伸缩节导流板撕裂脱落，脱落的导流板卡入导水机构，导致出现严重水力不平衡，如图12、图13所示。对伸缩节加固方案改进并重新加固后，机组各项数据恢复正常。

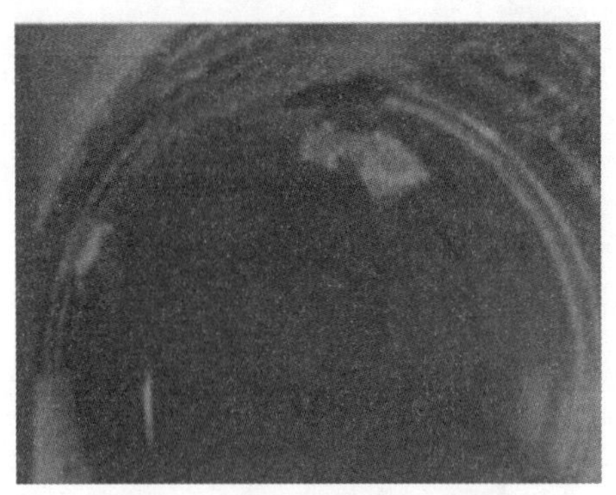

图 12　伸缩节导流板脱落图

图 13　导流板卡塞在固定导叶间

4.1.4　机组转轮上止漏环脱落导致水力自激振动

(1)现象描述

5 号在运行过程中,监控系统频繁报“5 号水轮机顶盖振动报警”“5 号水轮机顶盖振动报警复归”。现场检查,5 号水车室内有很大噪音,蜗壳及锥管进人门处有较大撞击声。

(2)信号分析

机组在发生异常情况后,顶盖振动、尾水下游压力脉动、蜗壳水压脉动都明显增大。其中顶盖垂直振动增大了近 10 倍,幅值达 125μm,尾水下游压力脉动增加 3 倍,蜗壳水压脉动也增大了 2 倍,如表 2 所示。振动异常是由于水力因素造成的,需对过流部件进行检查。

表 2　异常振动前后数据对比

项目	正常运行	异常情况
有功(MW)	680	680
上导摆度(μm)	99	99
下导摆度(μm)	200	210
水导摆度(μm)	82	117
上机架水平振动(μm)	6	7
上机架垂直振动(μm)	13	15
下机架水平振动(μm)	15	22
下机架垂直振动(μm)	39	49
顶盖水平振动(μm)	18	68
顶盖垂直振动(μm)	10	125
无叶区压力脉动(%)	1.1	1.1
蜗壳压力脉动(%)	1.1	3.4
尾水上游压力脉动(%)	0.45	0.44
尾水下游压力脉动(%)	0.6	2.4

(3)检查结果及处理效果

现场打开5号蜗壳门对过流部件检查,发现转轮上止漏环大部分已断裂掉落,其中一段悬挂在转轮上方。剩下部分的止漏环悬在转轮上冠与上固定止漏环之间,如图14、图15所示。顶盖固定止漏环也存在大面积磨损。机组在运行过程中,止漏环间隙不均匀将产生水压脉动,引起机组自激振动。对固定止漏环堆焊处理,同时更换转轮上止漏环并采取加固措施后,机组运行各项指标恢复正常。

图14　上止漏环脱落

图15　上止漏环断裂处

4.2　电磁因素导致机组振动案例分析

电磁因素主要指发电机磁路不对称,造成磁拉力不平衡,从而引起机组振动、摆度大。其特点是受励磁电流影响明显,励磁电流增加,振动也会相应增大,去掉励磁,振动消失。空气间隙不均匀、转子绕组短路等因素会导致机组不同程度振动。机组极频振动与气隙不均导致机组振动的案例如下:

(1)现象描述

18号调试初期发现定子机座和铁芯水平振动较大,人员站在机头盖板处有明显的麻脚感,并伴有“嗡嗡”的噪声,数据如表3所示。

表3　　**机组振动混频幅值统计表**　　(单位:μm)

有功(MW)	定子机座上部水平	定子机座上部垂直	定子机座下部水平	定子机座下部垂直	定子铁芯中部水平	
597	124	9.7	121	27	3	153
696	127	10.8	118	26	4	150

(2)信号分析

通过试验及数据分析,可将定子机座和铁芯的水平振动分为两类:①极频100Hz振动,在空载时振幅很小,随负载的增加而变大;②低频振动,主要是1.25Hz(1倍频)、2.5Hz(2倍频)、3.75Hz(3倍频),其特点是空载时随励磁电流的增大而变大。理论计算表明,50对极磁场谐波是引起100Hz电磁振动的主要因素,可通过改变定子接线方式,由

"10+7"大小相带布置改为"12+5"的大小相带布置，来降低100Hz电磁振动。定转子气隙不均时，在励磁磁势作用下就会产生低次谐波磁场[13-14]。主波磁场与谐波磁场相互作用引发低频电磁振动。低频振动可以通过控制或调整转子圆度解决。

(3)处理过程及效果

定子绕组电气改造后，铁芯100Hz振动基本消除，通频振幅也有所下降；在对转子圆度调整之后，由于减小了不平衡磁拉力的影响，低频振动较调整前明显减弱，如表4所示。

表4　18号机组电气、机械改造前后数据对比

		通频值	1X 幅值	2X 幅值	3X 幅值	100Hz 幅值
机座—X 中部水平	电气改造前	128.9	20.0	51.6	44.3	15.5
	转子圆度调整前	168.0	10.6	89.0	66.9	1.2
	转子圆度调整后	64.9	6.4	21.6	40.1	0.9
机座—X 上部水平	电气改造前	214.7	32.2	88.7	74.8	29.0
	转子圆度调整前	208.7	19.1	126.2	90.8	0.3
	转子圆度调整后	94.0	8.4	32.6	59.4	0.2
机座—X 上部垂直	电气改造前	113.2	35.2	10.2	9.5	5.4
	转子圆度调整前	15.4	40.0	3.1	2.0	0.9
	转子圆度调整后	16.2	0.5	0.9	1.4	0.8
铁芯—X 中部水平	电气改造前	190.3	21.5	53.6	52.2	73.5
	转子圆度调整前	141.8	11.3	78.2	64.7	3.9
	转子圆度调整后	82.4	6.2	22.7	43.9	9.2
铁芯 13号上部水平	电气改造前	512.7	191.9	52.3	64.9	21.5
	转子圆度调整前	210.9	19.6	124.5	95.5	0.4
	转子圆度调整后	100.0	8.6	31.6	60.9	0.9
铁芯 14号上部水平	电气改造前	341.1	119.9	100.6	71.3	25.3
	转子圆度调整前	213.7	21.1	120.3	91.8	4.0
	转子圆度调整后	100.1	8.4	30.7	59.3	4.2

4.3　机械因素导致机组振动案例分析

机械因素导致机组振动的主要原因是结构部件设计、制造、安装等方面造成的缺陷，支撑部件松动、轴承摩擦、转子质量不平衡、轴线不正等都会导致机组振动。

机组转子质量不平衡导致机组摆度偏大的案例如下：

(1)现象描述

三峡左岸电站8号机组于2004年8月投运，2013年汛期低水头，下导摆度一直处于

一级报警(350μm)状态,在升水位过程中,8号下导摆度未见减小,反而有增大趋势。

(2)信号分析

8号在机组空转、空载、700MW负荷,上导摆度、下导摆度都偏大,其中上导摆度280μm,达到一级报警,下导摆度500μm达到二级报警。上导、下导主频为1X,且相位很稳定,即以键向片为基准俯视逆时针325°,变励磁试验对机组摆度影响不大,判断电气因素不是影响摆度大的主要原因,变转速试验过程中,1X摆度幅值随转速上升呈明显上升趋势,初步判定,8号上导、下导摆度大为转子质量不平衡引起,可通过转子配重来改善此现象[15-16]。

(3)处理过程及效果

8号于检修期间实施两次配重,共210kg。8号两次配重均取得满意的效果,在没有减小瓦间隙的情况下,通过配重将上导摆度减少200μm,将下导摆度减少260μm,如表5所示,有效改善了机组的运行稳定性。1号、7号也存在类似情况,通过现场动平衡配重后,取得了比较理想的效果。

表5　　8号转子配重前后数据

负荷	700MW								
幅值	配重前			第一次配重后(70kg)			第二次配重后(210kg)		
	通频值	1X 幅值	1X 相位	通频值	1X 幅值	1X 相位	通频值	1X 幅值	1X 相位
上导摆度+X(μm)	247	216	52	154	142	50	78	38	50
上导摆度+Y(μm)	284	258	329	178	159	324	62	33	349
下导摆度+X(μm)	458	447	229	368	341	226	217	156	225
下导摆度+Y(μm)	493	433	330	352	290	327	173	109	339
水导摆度+X(μm)	88	55	216	78	52	174	76	50	136
水导摆度+Y(μm)	51	30	303	54	18	203	70	35	177
上机架水平振动(μm)	41	39	291	31	27	297	12	7	326
下机架水平振动(μm)	42	7	222	12	8	229	11	7	224
顶盖水平振动(μm)	20	15	152	22	17	137	26	19	130

4.4　基础结构振动导致机组振动案例分析

地震对人类社会生活、设备设施造成极大的影响与危害,日本福岛核电站因地震造成放射性物质泄漏,给社会造成灾难性后果。因此地震发生后,进行机组地震危害评估尤为重要。

4.4.1　2008年"5·12"汶川地震

(1)现象描述

5月12日14:28汶川发生8级大地震,三峡区域有震感,多台机组出现振动超标情况。

(2)信号分析及危害评估

三峡机组振摆在线监测系统记录了整个过程。当时运行的机组有 3 号、5 号、7 号、9 号、10 号、11 号、17 号。地震对机组的振动影响很大,其振动值远远超出了正常运行值,部分通道超出了传感器量程,振动频率主要为低频信号[17],地震对机组摆度、压力脉动未产生明显影响,如表 6、图 16、图 17 所示。

表 6　机组在地震期间各项振动指标　(单位:μm)

测点	上机架水平振动	上机架垂直振动	下机架水平振动	下机架垂直振动	顶盖水平振动	顶盖垂直振动
3F	922	1100	946	255	918	1318
5F	2219	1267	1573	2150	1535	2249
7F	324	364	326	253	331	329
9F	1773	1786	1774	1822	1756	283
10F	323	299	302	327	316	310
11F	1387	1837	1418	1884	1405	1888
17F	608	623	594	568	623	327

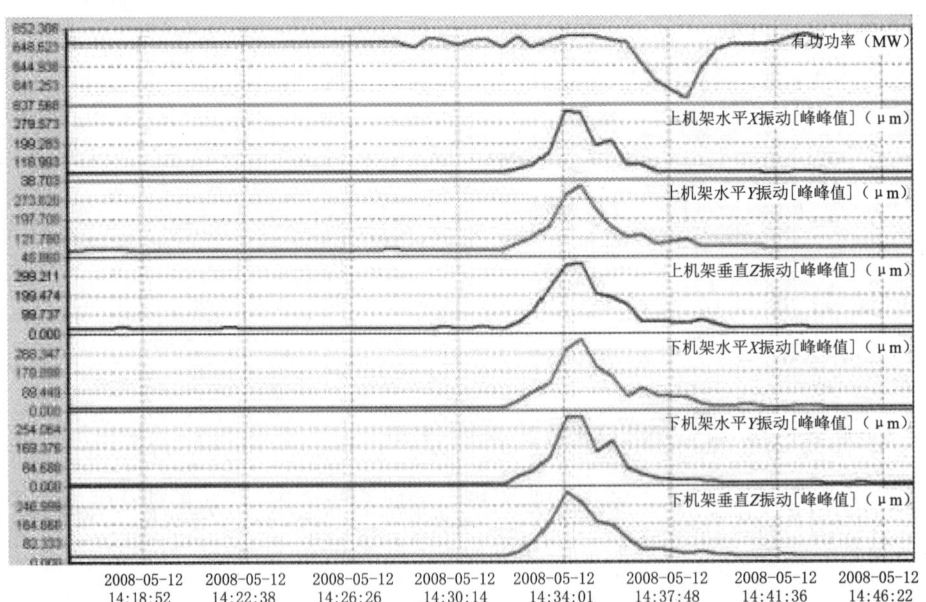

图 16　7 号上、下机架振动趋势图

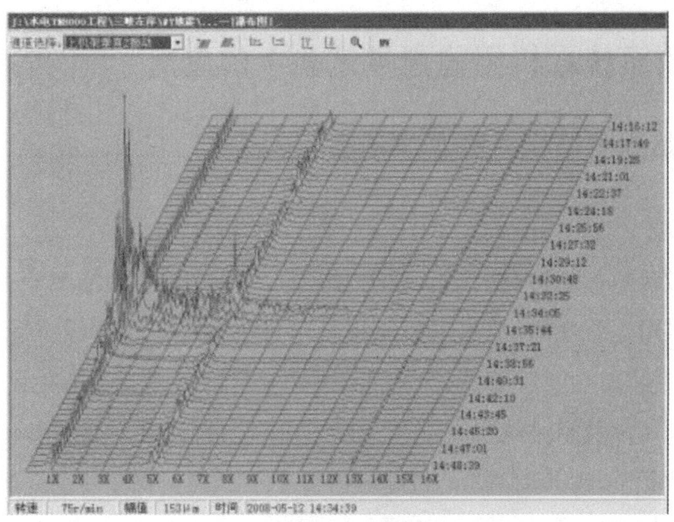

图17　7号上机架垂直振动瀑布图

由于地震持续时间很短,没对机组产生破坏性影响,地震结束后机组各项指标很快恢复正常。

4.4.2　2014年"3·27"秭归地震

(1)现象描述

2014年3月27日0:22:18秭归发生4.3级地震,三峡区域震感强烈,机组稳定性也受到相应影响。

(2)信号分析及危害评估

发生地震时,机组三部轴承摆度几乎不受影响,但各部位振动均有一个突变过程,随着地震结束,机组各部位振动恢复到震前水平,如图18所示。这表明地震对机组摆度几乎没有影响,对厂房、混凝土结构的影响传递到机组各支撑部件引起相应振动。

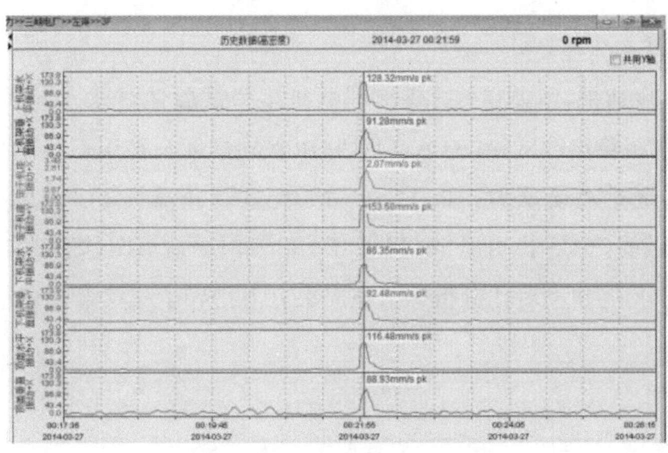

图18　3号各部位振动趋势图

5　振摆监测系统在机组稳定性试验中的应用

5.1　三峡电站升水位机组稳定性试验

5.1.1　试验简介

机组升水位稳定性及相对效率试验作为机组一项重要的试验，其目的是想通过相关试验初步掌握机组运行规律，利用试验成果编制机组稳定运行和经济运行区，同时通过试验数据与机组模型试验数据比对分析，有利于今后机组参数的优化设计。因此，每个水头下的机组稳定性及相对效率数据都对以后机组运行具有重要的参考意义。2006 年至今，三峡工程在经历 156m、172m、175m 蓄水过程中，先后由中水科、华中科技大学、三峡电厂完成各类机型机组稳定性及相对效率试验。

5.1.2　试验目的及方法

(1)试验目的

复核机组压力脉动振动摆度值是否满足合同文件保证值；查明机组振动水平及机组运行状态；确定机组在各运行水头下的振动区域、安全稳定运行区域；检查水位上升后机组过速和甩负荷性能；查明机组噪声水平；检查机组下机架扰度；得出各运行水头下真机效率变化趋势、可能达到的最大出力、最高效率点出力，并与模型试验结果进行对比等。

(2)试验方法

每一试验水头下做一次变负荷试验：机组从 0MW 按照预定负荷间隔增加负荷至最大试验负荷，或由最大试验负荷减少至 0MW。预定负荷间隔为：0～350MW，间隔为 50MW；350～500MW，间隔为 20MW；500MW 以上，间隔为 10MW。每个负荷工况机组稳定运行 120s 开始采集数据。

5.1.3　试验成果

根据上述试验结果，编制了《三峡水利枢纽工程试验性蓄水水轮发电机组试验报告》，其中包括：机组稳定性试验，ALSTOM 机组水导摆度全水头三维图(图 19)，机组能量特性试验，调速器扰动试验，如 ALSTOM 机组调速器 148m 水头空载扰动试验(图 20)，甩负荷试验，VGS 机组甩 756MW 压力脉动时域波形图(图 21)，过速试验，机组稳定运行区域划分，各机型对比分析等。该成果有力指导了三峡电站机组的安全、稳定、高效运行。

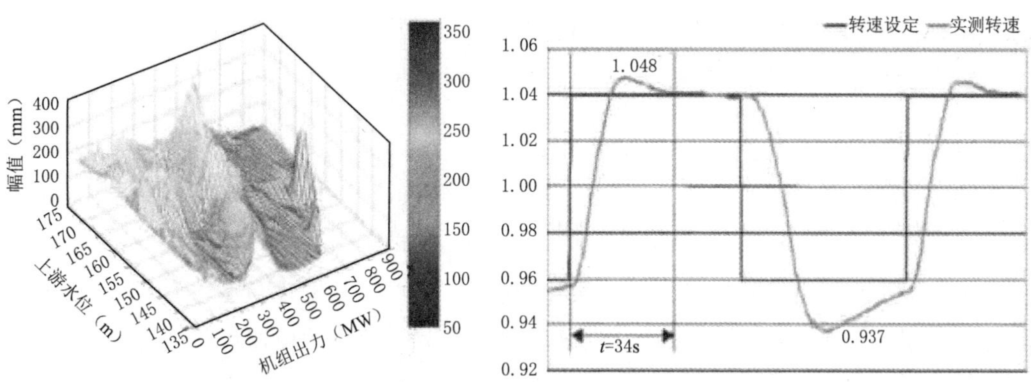

图 19　ALSTOM 机组水导摆度全水头三维图　　图 20　ALSTOM 机组调速器 148m 水头空载扰动试验

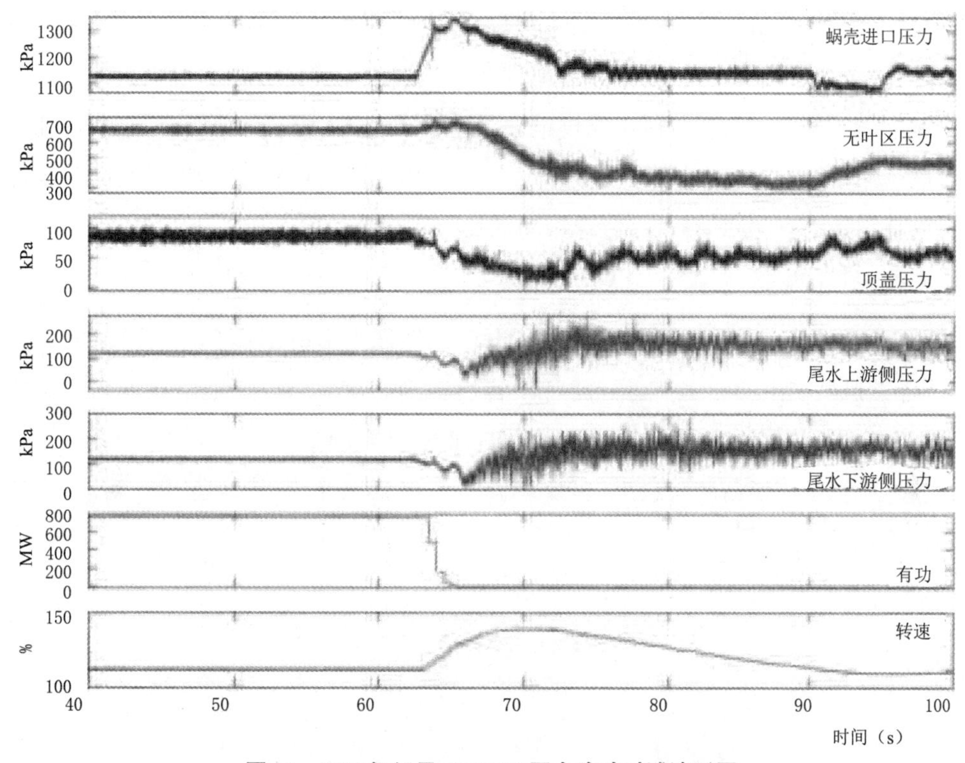

图 21　VGS 机组甩 756MW 压力脉动时域波形图

5.2　三峡电站低水头机组稳定性试验

5.2.1　试验简介

三峡电站经过升水位试验初步掌握了机组运行规律，但升水位试验进行时间在 9—11 月，其下游水位稳定在 65m 附近。2012 年、2013 年汛期，下游水位平均上涨 2～3m，最高上涨 5m，达 70m。升水位试验成果适用于汛期会有一定偏差，因此有必要对该偏差进行修正，以保证机组在汛期能更加安全稳定地运行。

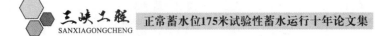

5.2.2 试验目的及方法

(1)试验目的

结合汛期低水头大流量高负荷的特点，找出机组在高负荷区的特殊振动区域，并分析其产生振动的原因，判断是机组共性还是个性特征；复核升水位试验数据及规律曲线，分析汛期尾水水位上升对升水位试验趋势曲线有无影响；分析相同水头下，不同上下游水位对机组运行规律有无影响；摸索机组汛期满发运行规律及稳定运行区，形成研究成果，指导机组安全稳定运行。

(2)试验方法

下游水位 67m$\leqslant H \leqslant$70m，上游水位 145m$\leqslant H \leqslant$160m，按上游水位每 0.5m 进行一次试验。在各试验水头下，机组开机热稳定后(4h)进行相关试验。调整机组负荷，600～700MW，间隔 5MW。每个负荷工况机组稳定运行 20s 开始采集数据。在遇到特殊振动区域，投运顶盖强迫补气，以观察有无改善效果[18-20]。同时调整该类型其他机组至该负荷区，以观察是否有相同的特征，特殊振动区负荷段是否相近。

5.2.3 试验成果

根据上述试验，三峡电厂编制了《三峡电厂汛期低水头机组稳定性试验研究》，总结了三峡各类机型在汛期低水头运行的各项特性。例如，ALSTOM 机组在低水头高负荷段，存在两个振动区，各振动区主频表现不同，如图 22 至图 24 所示。在 2014 年汛期机组大发之际，三峡电厂依据试验成果，多次调整机组运行工况，有效地避开振动区，保证了机组安全稳定运行。

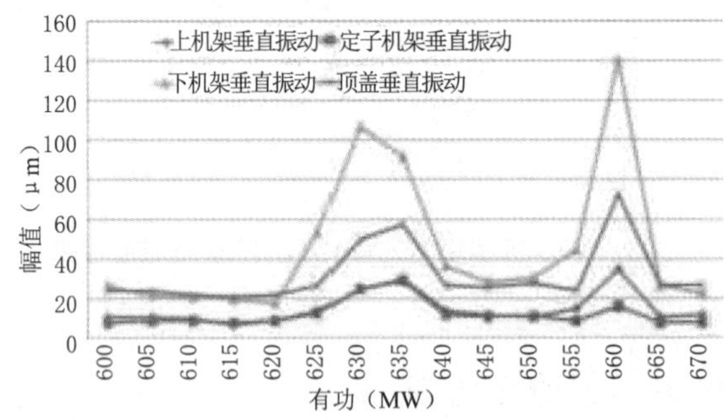

图 22　ALSTOM 机组在 77.8m 水头 630MW、660MW 两个振动区

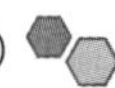

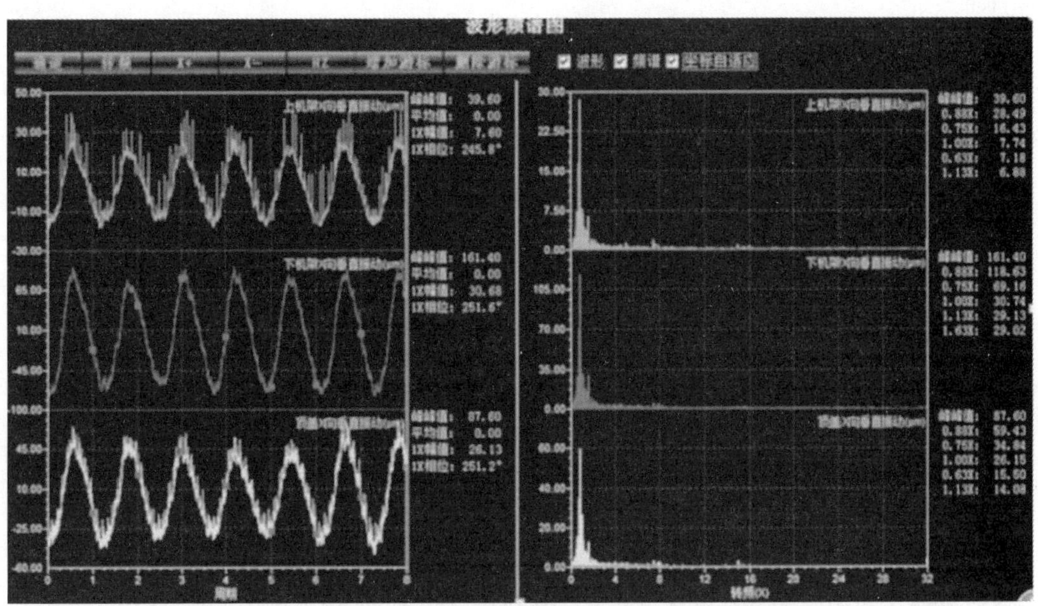

图 23　ALSTOM 机组在 77.8m 水头 630MW 时域频谱图

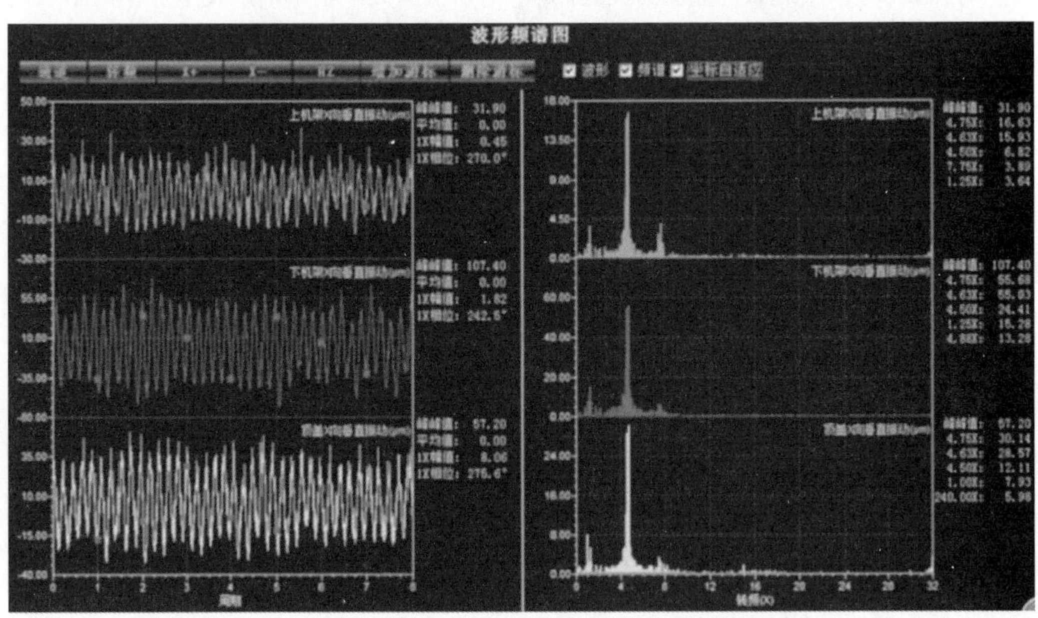

图 24　ALSTOM 机组在 77.8m 水头 660MW 时域频谱图

6　结论

振摆监测系统在三峡电厂机组状态趋势分析、故障诊断、优化运行等方面发挥了重要作用,为实施状态评估、检修决策提供了重要的数据支持。同时,通过对该系统的使用,三峡电厂培养了一批水电行业故障诊断专家,多年积累的大量数据与典型案例为未来专家系统的建立、智能化电站的建设奠定了坚实基础。

参考文献

[1]张鑫.水轮发电机组振动状态监测与分析技术研究[D].保定:华北电力大学,2011.

[2]张孝远.融合支持向量机的水电机组混合智能故障诊断研究[D].武汉:华中科技大学,2012.

[3]徐洪泉,李铁友,王万鹏.论气液两相流对稳定性及空蚀的影响[J].水力发电学报,2014,33(4):250-254.

[4]黄志伟,周建中,寇攀高,等.水轮发电机组轴系非线性电磁振动特性分析[J].华中科技大学学报(自然科学版),2010,38(7):20-24.

[5]徐洪泉,陆力,潘罗平,等."仿医疗"的水电机组故障诊断系统[J].水力发电学报,2014,33(3):306-310.

[6]肖剑.水电机组状态评估及智能诊断方法研究[D].武汉:华中科技大学,2014.

[7]郑松远.水电厂实施状态监测的关键技术[C]//全国大中型水电厂技术协作网第二届年会,2005:303-307.

[8]易平梅.三峡右岸 ALSTOM 水轮机转轮卡门涡分析与处理[C]//中国水利学会第四届青年科技论坛论文集,2008:588-591.

[9]徐洪泉,陆力,李铁友,等.空腔危害水力机械稳定性理论Ⅱ—空腔对卡门涡共振的影响及作用[J].水力发电学报,2013,32(3):223-228.

[10]庞立军,吕桂萍,钟苏,等.水轮机固定导叶的涡街模拟与振动分析[J].机械工程学报,2011,47(22):159-166.

[11]郭彦峰,赵越,刘登峰.某大型水电站异常振动和出力不足问题研究[J].人民长江,2015,46(16):87-92.

[12]朱玉良,熊浩.三峡左岸电站 ALSTOM 机组稳定性分析[J].水电站机电技术,2006,29(6):15-18.

[13]贺建华,陈昌林,铎林,等.三峡右岸 15～18 号发电机振动及噪声优化改进[J].大电机技术,2010(1):13-18.

[14]徐进友,刘建平,宋轶民,等.水轮发电机转子非线性电磁振动的幅频特性[J].中国机械工程,2000,21(3):348-351.

[15]黄波,田海平.基于 MATLAB 的水轮发电机组配重算法实现[J].水电能源科学,2015,33(6):148-150.

[16]孟龙,刘孟,支发林,等.机械不平衡及轴瓦间隙对水轮机运行稳定性的影响分析[J].机械工程学报,2016,52(3):49-55.

[17]陈国庆,程建,徐波.地震对水电站机组安全运行的影响分析[J].水电能源科学,

2015,33(8):151-155.

[18]郑源,汪宝罗,屈波.混流式水轮机尾水管压力脉动研究综述[J].水力发电,2007,33(2):66-69.

[19]李仁年,谭海燕,李琪飞,等.低水头下水泵水轮机工况压力脉动研究[J].水力发电学报,2015,34(8):85-90.

[20]傅丽萍,阎宗国,吴烈龙,等.水轮发电机组上机架共振分析及补气减振[J].排灌机械工程学报,2013,31(6):501-505.

三峡双线五级船闸运行性态分析

吴俊东[①]　林新志　蒋筱民

（长江勘测规划设计研究院，武汉　430010）

摘　要：三峡船闸自2003年6月16日试通航以来，已安全运行15年。2011年三峡船闸年货运量突破1亿t，提前19年达到并超过2030年的规划运量。本文总结了三峡船闸结构与输水系统的设计特点，对衬砌墙和输水系统的观测资料进行了系统分析，对船闸目前的运行状态进行了评价，提出了保障船闸长期安全、高效运行的建议。

关键词：总体布置；输水系统；衬砌墙；运行性态；三峡船闸

1　三峡船闸总体布置

三峡船闸闸室有效尺寸280.0m×34.0m×5.0m，设计总水头113m，采用双线五级连续船闸，级间最大工作水头45.2m，是目前世界上规模和级间水头最大、技术最复杂的内河船闸。三峡船闸布置在枢纽左岸临江制高点坛子岭以北，距离左岸电站安装场约1200m，上游进口位于祠堂包，下游出口位于坝河口上游约450m，线路走向整体呈“弓”形，总长6442m。

基于坝址区的工程地质条件，研究提出了“全衬砌船闸”新形式，船闸主体建筑物修建在左岸山体深切开挖形成的岩槽中，两线船闸平行布置，中心线相距94m，中间保留底宽为57m的岩石中隔墩，边坡最大开挖深度约170m，直立坡最大开挖高度68m；闸首和闸室墙全部采用钢筋混凝土衬砌式结构，闸室衬砌墙厚1.5～2.1m，闸首边墩墙厚12～20m；通过专门研制的拉剪型高强锚杆，将衬砌体与岩体形成联合受力体，共同承受人字门、水压力和船舶等荷载。每线船闸由6个闸首和5个闸室组成，主体段全长1621m。相对于传统的重力式结构，减少岩石开挖840万m^3，节省混凝土600万m^3，缩短工期9个月。

三峡船闸设计输水时间12min，一次输水水体达23.7万m^3，其综合水力指标居世界

① 作者简介：吴俊东，男，长江勘测规划设计研究院，高级工程师，主要从事通航建筑物的设计及科研工作。

最高水平,对输水系统性能提出了极为严格的要求。三峡船闸输水系统采用在闸室两侧对称布置输水主廊道,闸室底部采用 4 区段 8 分支廊道等惯性分散出水加盖板消能的形式,其优良的动力平衡特性及经盖板与闸室水垫对出水能量的两次耗散,能够保证闸室输水的快速、平稳。

世界首座“全衬砌船闸”——三峡船闸于 2003 年 6 月建成投运,截止到 2018 年,已安全运行 15 年,累计通过货物超过 12 亿 t,极大地促进了长江航运事业及沿江经济的发展,发挥了巨大的社会效益和经济效益。

2 三峡船闸输水系统运行性态

在满足输水时间要求的前提下,保障闸室停泊条件和输水廊道及阀门设备运行安全,是三峡船闸水力设计需要解决的关键技术问题。围绕这一问题,三峡船闸采用了 4 区段 8 分支廊道等惯性分散出水系统,提出了以“高空化数输水廊道+阀门快速开启+底扩廊道体型+门楣自然通气”为核心的高水头船闸阀门防空化综合技术。三峡船闸完建期、试验性蓄水期和正常蓄水期,对输水系统的水力特性和阀门空化情况进行了全面观测,主要观测成果如下。

2.1 闸室输水特性

在中间级输水阀门最大设计水头 45.2m、首末级输水阀门最大工作水头 22.6m、双侧阀门匀速开启、开启时间 t_v 为 2min 的运行状况下,各闸室输水水力特性值见表 1。

表 1　　阀门双边连续开启闸室输水水力特性值

工　况	初始水头 H(m)	阀门开启时间 t_v(s)	输水时间 T(min)	最大流量 Q_{max}(m^3/s)	输水末最大反向水头 d(m)
1 闸室充水	21.53	120	11.2	623	0.04
1 泄、2 充	31.74	121	9	600	0
2 泄、3 充	45.23	122	9.88	700	0.12
3 泄、4 充	45.19	108	9.58	700	0.18
4 泄、5 充	45.11	121	9.7	700	0.1
5 闸室泄水	22.85	240	13.08	609	<0.2

实测的闸室最大水面升降速度可达 4.04m/min,平均水面升降速度最大值为 2.36m/min;中间级闸室输水系统最大流量 $700m^3/s$、输水时间均不超过 10min;首末级闸室输水最大流量分别为 $623m^3/s$ 和 $609m^3/s$、输水时间分别为 11.2min 和 13.08min;除第 5 闸室泄水工况外,输水时间与设计要求的 12min 相比,还有较大的富裕度,输水系统输水效率较优。通过优化第 6 闸首阀门的启闭参数,第 5 闸室泄水时间还可进一步缩短。

为减小中间级闸室输水的最大流量,对中间级闸首阀门采用间歇开启时的输水特性，也进行了观测。双侧阀门采用间歇开启，中间级闸室的输水时间仍然满足设计输水时间 12min 的要求，输水流量小于 630m³/s，较阀门连续开启时减小约 14%。

2.2 闸室水面流态

观测结果表明，阀门无论采用匀速开启还是间歇开启，各闸室输水系统均运行正常，上一级闸室在整个泄水过程中水面流态极为平稳；水流经等惯性输水系统由出水孔缝盖板消能后进入下一级闸室，下一级闸室在灌水过程中各区段出水均匀，无明显的纵横向水流流动趋势，水面波动不大，仅在阀门全开后出现最大流量时段，闸室水面有一些较弱的涌泡，以靠近闸墙处涌泡强度稍大，在闸室中心线附近可见微弱旋涡，随闸室水位的逐步上升，闸室水面流态更趋平稳。

2.3 闸室停泊条件

在试通航期，船闸 4 级补水运行时，4 闸首初始作用水头约 39m，进行了北线船闸上行试验，船队(588kW＋4×800t)在 4 闸室充水时的系缆力过程线见图 1。

由图 1 可知，船舶系缆力合力的最大值小于 45kN，根据缆绳夹角，计算的船舶纵向和横向系缆力小于设计的 50kN 和 30kN 的容许值。

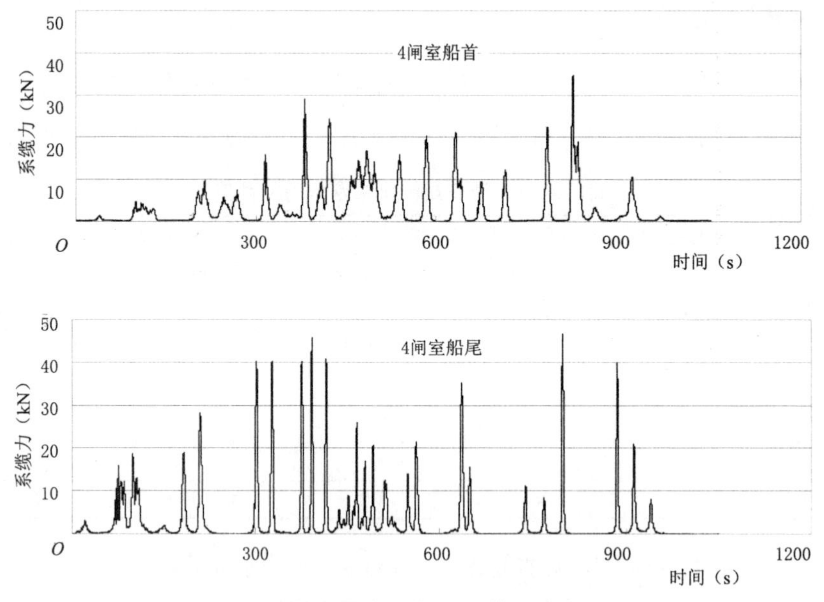

图 1　4 闸室船舶系缆力(闸室充水过程)

2.4 阀门工作条件

2.4.1 阀门连续开启

以北线第4闸首为例,在最大水头45.2m、阀门初始淹没水深26m、以2min速率连续开启阀门时,对门楣通气特性、阀门流激振动特性、启闭力特性及空化特性等进行了监测。

(1)门楣自然通气特性

门楣通气量随时间的变化见图2。门楣通气管在开门后5s左右开始进气,单侧廊道最大通气量可达0.28m³/s,在10~60s时段门楣通气量均在0.25m³/s以上,实测的门楣通气量超过模型试验值,说明设计采用的门楣体型合理,门楣通气措施是成功的。

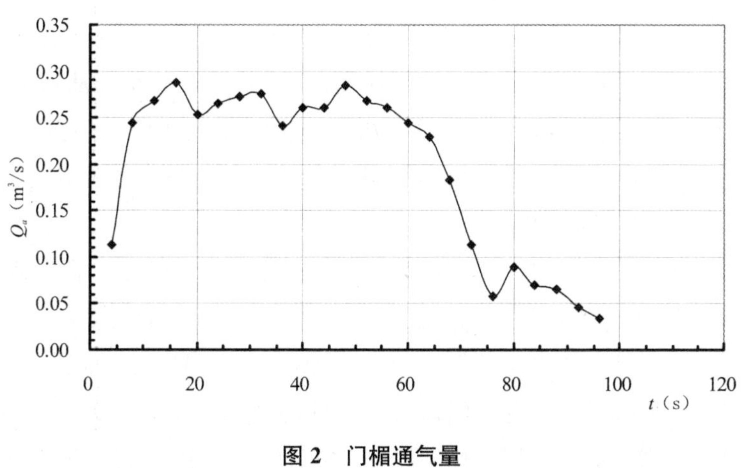

图2 门楣通气量

(2)阀门启闭特性

阀门开启过程启门力过程线见图3。由图3可知,启门力呈先上升再下降的变化规律,在n=0.5开度,启门力最大,最大值为1370.0kN,整个启门过程启门力脉动较小,相对而言,以接近全开时启门力脉动略大,最大脉动幅值小于200.0kN。

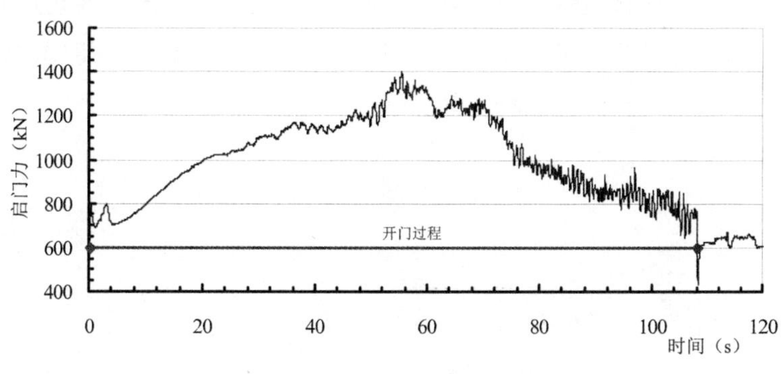

图3 阀门开启过程启门力过程线

剩余水头6m左右动水关阀至小开度，以及最终关至全关位的关门过程中，最小闭门力为450.0kN，闭门力的脉动较小，最大脉动幅值小于100kN，吊杆仍为受拉状态，即依靠自重可以实现动水关门要求，并且有较大富裕度。

观测成果表明，设计的1800kN启闭机容量和阀门自重可以满足动水开启和关闭的要求，并且还有一定的富裕度。

(3)输水廊道空化特性

在45.2m设计水头条件下，阀门开启之初(约15s)有短暂空化，系顶止水脱离门楣所形成的止水头部空化，这一现象在国内外已建船闸是普遍存在的，由于持续时段较短，对结构物不致产生破坏作用。在阀门接近全开以前，位于底扩廊道出口附近的下游检修门井及升坎处的水听器均未监测到明显空化噪声，说明阀门底缘及升坎无空化；门楣通气良好，门井处水听器在中小开度也未监测到空化噪声，说明门楣通气充分抑制了门楣缝隙空化；阀门处水听器在60～80s时段监测到间歇性空化噪声，初步判断跌坎处可能存在较短时段空化。由于其溃灭区位于钢板衬砌范围，其危害较小。从实测资料来看，跌坎空化不强，闸室排干检查时未发现跌坎下游廊道底板有空蚀破坏的迹象。

以上观测资料表明，三峡船闸所采用的防空化综合措施是十分有效的。

(4)输水阀门流激振动特性

实测了面板侧向及摆杆、门体左、右支臂三个方向的振动特性。监测结果表明：在阀门开启之初(2～10s时段)，吊杆及门体发生短暂的冲击型振动，但振动量不大，以摆杆顺水流方向最大，最大振动幅值在±2.0g以内，其原因可归结于顶止水脱离门楣形成的止水头部空化以及液压启闭系统克服门体及吊杆的静摩擦力所导致的冲击荷载。整个开启过程中振动量级较小，表现为随机型振动。相对而言，阀门开启80s附近时段振动略大，最大振动幅值未超过±0.5g，吊杆振动较小。

2.4.2 阀门间歇开启

(1)阀门段压力

在水头45.15m、双阀间歇开启输水、初始淹没水深29.78m条件下，实测了南线5闸首阀门后突扩腔顶板、底板(包括跌坎、升坎)和侧壁典型测点的压力变化过程，突扩腔顶板的压力变化过程线见图4。典型测点的最低时均压力均为正压，瞬时最低压力值也为正压，并且压力较高，说明突扩腔压力状况良好。

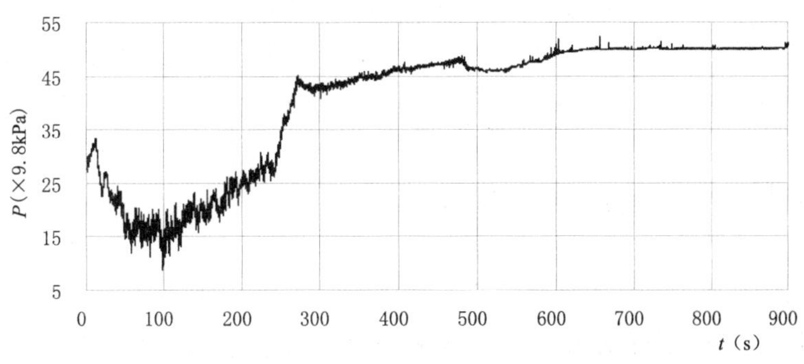

图4　5闸首阀门后突扩腔顶板(F03CZ43)压力变化过程线

(2)门楣通气特性

实测的南5闸首门楣通气量过程线表明,阀门开启3s后通气管开始进气,在218s后通气停止,相应开度范围为n_1=0.01~0.66,最大通气量为0.484m^3/s,大于模型实测值,出现在阀门开至n_1=0.66开度后30s。

(3)阀门段水下噪声特性

通过布置在5闸首阀门突扩腔段的门楣、跌坎、升坎和侧壁的4个水听器,监测了充水过程中阀门段噪声强度的变化。阀门开启后初始10s及阀门续开至接近全开后,门楣处的水听器可监测到信号,持续至阀门续开时止,并于阀门开始间歇的前25s最强。阀门底缘及主流剪切区产生的空化强度不高,由于阀门段廊道采用了钢衬保护,船闸排干检查时未见钢衬表面有空蚀破坏。

(4)阀门启闭力特性

在阀门开度n_1=0.58时,启闭力达到最大值1398kN,阀门开启过程中启闭力的脉动不大。最小闭门力为480kN,吊杆处于受拉状态,阀门能够依靠自重关闭。

2.5　输水系统运行性态评价

通过对水力学原型观测资料的分析,可以得出如下评价:

1)三峡船闸输水过程中闸室水面流态平稳,各区段出水较为均匀,无明显的纵横向水流,水面波动不大,各级闸室输水时间均在设计允许值12min以内,闸室内船舶的停泊条件良好。

2)阀门启闭过程中,启闭系统运行平稳,工作正常,闸顶无异常声响,除阀门开启之初有短暂空化外,阀门段廊道无明显空化现象。

3)由于阀门无明显空化发生,阀门结构自振频率较高,除开门之初10s以内振动相对较大外,阀门及吊杆未发生明显振动,最大双倍振动幅值未超过0.4g,门体动应力脉动也较小。

4)阀门最大动水启门力为1400kN,最小闭门力为420kN左右,启闭力脉动较小,最大脉动幅值约为240kN,启闭机容量和阀门自重可以满足要求。

5)门楣通气管在开门后能稳定进气,最大通气量可达0.41m^3/s,较大的通气量有利于抑制阀门段可能存在的空化,并对廊道边壁起到更好的保护作用。

3 三峡船闸衬砌墙运行性态

衬砌式结构需通过锚杆保证混凝土与岩体的联合受力,墙后水压力是衬砌式船闸结构的主要外荷载,为了保证结构稳定,三峡船闸衬砌墙锚杆采用高强精轧螺纹Ⅴ级钢筋、直径32mm、屈服强度≥800MPa;墙后排水系统由竖向和水平向排水管组成的"井"字形排水管网方案,并通过竖向排水管与闸墙底部的基础排水廊道连通。三峡船闸对衬砌墙结构、锚杆应力和墙背渗压进行了全面观测,主要观测成果如下:

3.1 衬砌墙变形

闸首底部的位移较小,绝大部分测值在−1.5~1.5mm;闸顶向闸室中心线水平位移为−0.8~7.6mm,向下游的位移为−3.9~5.2mm;闸首顶部与底部向闸室的相对位移在5mm以内。各闸室衬砌墙顶部向闸室方向的最大水平位移为6.9mm。

3.2 衬砌墙墙背渗压

闸墙背后渗压一般变化在0.2m水头以下,个别测点最大渗压为−25.8kPa,墙背排水管起到了很好的排水降压效果。

3.3 边坡地下水

绝大多数排水洞处测压管水位低于相应洞底高程,边坡地下水位已降至设计水位以下。南坡总渗漏量为175~935L/min,北坡总渗漏量为136~590L/min,南、北坡全部排水洞的总渗漏量为360~1356L/min。降雨期间渗漏量略有增加,水库蓄水对排水洞渗漏量变化没有明显影响。

3.4 锁口锚杆应力

直立坡66支锁口应力计,应力值为−28.44~164.65MPa,年变化量为−13.14~16.53MPa,除个别受温度影响变化稍大外,多数锚杆应力年变化量在±5MPa之内,拉应力超过100MPa有17支,50~100MPa的锚杆应力有20支。

3.5 直立坡高强结构锚杆应力

直立坡56支高强结构锚杆,应力值在−29.06~237.28MPa,年变化量为−16.41~

26.68MPa,其中拉应力大于 100MPa 的有 9 支,50～100MPa 的有 9 支。

3.6 衬砌墙运行性态评价

通过对衬砌墙及边坡观测资料的分析,可以得出如下评价:

1)边坡岩体变形主要受开挖卸荷影响,开挖结束之后边坡变形速率下降,目前边坡变形已收敛,水库蓄水及船闸通航后对边坡变形没有明显影响。

2)实测墙背最大渗压－25.8kPa,基底最大渗压－82.9kPa,远小于设计值。

3)闸首底部的位移绝大部分测值在－1.5～1.5mm 范围,闸首顶部与底部向闸室的相对位移在 5mm 以内,闸室衬砌墙顶部向闸室方向的最大水平位移为 6.9mm,满足人字门运行和结构变形控制要求。

4)高强锚杆拉应力最大值为 237.28MPa,小于设计值,主要原因是墙背降水措施效果较好,墙背渗压小于设计值。

4 结论与建议

通过对截至 2017 年底船闸的各项监测资料进行全面分析,可以得出如下结论:

1)三峡船闸输水系统总体性能较优,输水系统设计是成功的,采用的“高空化数输水廊道＋阀门快速开启＋底扩廊道体型＋门楣自然通气”的防空化综合措施十分有效,在大型高水头船闸防空化技术上取得了重大突破。

2)三峡船闸边坡变形是稳定的,边坡地下水及衬砌墙背渗压、闸首及闸室墙变形、高强结构锚杆的应力等均在设计允许范围内,全衬砌船闸所采用的技术先进、合理、可靠,使世界船闸技术取得了突破性的进展。

为了满足当前日益增长的过闸运量需求,三峡船闸运行和管理部门采取了包括延长运行时间和检修周期、压缩检修时间等挖潜措施。船闸长期处于高负荷运行状态,运行的安全风险逐年加大,为了保证工程安全,建议对三峡船闸的原型监测成果进行全面的综合分析,科学分析工程运行以来的工作性状;加强设备设施维护与检修,对带病工作的设备进行及时的更换。

参考文献

[1]钮新强.全衬砌船闸设计[M].武汉:长江出版社,2011.

[2]钮新强,宋维邦.船闸与升船机设计[M].北京:中国水利水电出版社,2007.

[3]宋维邦,钮新强.三峡工程永久通航建筑物研究[M].武汉:湖北科学技术出版社,1997.

[4]钮新强,宋维邦.三峡船闸技术综述[J].水利水运工程学报,2005(10).

[5]钮新强.三峡工程永久船闸水工建筑物设计研究[J].人民长江,1997(10).

[6]钮新强,李江鹰.三峡工程永久通航建筑物的设计与研究[J].水力发电,1997(7).

[7]郑守仁,钮新强.三峡船闸对世界水利科技的创新与发展[J].中国水利,2004(10).

[8]宋维邦.三峡水利枢纽船闸设计[J].人民长江,1992(5).

[9]蒋筱民,姚云俐.三峡船闸水力学关键技术研究与实践检验[J].湖北水力发电,2007(5).

[10]长江勘测规划设计研究有限责任公司.长江三峡枢纽工程竣工验收设计报告[R].2015.

[11]水电水利规划设计总院.长江三峡枢纽工程竣工验收安全鉴定报告[R].2014.

三峡船闸建筑物运行15年性态分析与修复

陈　磊①　林新志　邓润兴

(长江勘测规划设计研究有限责任公司,武汉　430010)

摘　要:三峡船闸是目前世界上水头最高、规模最大的内河连续船闸,在深切开挖的岩槽中修建,主体建筑物首创衬砌式复合结构,输水系统采用正向取水、两侧对称主输水廊道、四区段等惯性出水、盖板消能、旁侧泄水的方案,其工作性态与其他船闸多有不同。船闸运行及枢纽试验性蓄水以来,根据船闸自身特点和运行状况,开展了5次大规模单线计划性停航检修,集中解决了各种类型建筑物的检查、分析、评估和修复工作,使三峡船闸始终保持良好工作状态。

关键词:三峡船闸;建筑物;运行;性态分析;修复

1　概况

三峡船闸位于枢纽左岸,是目前世界上水头最高、规模最大的内河连续船闸。船闸主体段在深切开挖的岩槽中修建,总长1621m,闸顶以下为直立坡,最大高度67.8m。船闸上游共有10个挡水坝段,最大坝高51m。每线船闸各有5个闸室和6个闸首,单闸室有效尺寸280m×34m,闸首和闸室大部分采用衬砌式结构,通过高强锚杆与基岩连接共同受力。闸室衬砌墙段长12m,墙高47.25m,厚度1.5～2.1m,闸首支持体水平断面18.7m×12m,高68m。船闸输水系统设于地下岩体内,每线船闸对称布置两条主输水洞,段长8～12m,钢筋混凝土衬砌,标准段衬砌厚度双洞1m,单洞0.6m。闸室区采用4区段8支管顶部消能盖板形式复杂等惯性布置,末级闸室水体经由泄水箱涵排入主河道。

三峡船闸水头高、级数多、线路长、水位变幅大、布置紧凑、结构轻巧、与岩体联系紧密,输水系统体型复杂、流速高、水头大。此外,船闸常年处于频繁运用状态,墙体与船舶直接接触。

---

① 作者简介:陈磊,江苏南通人,教授级高级工程师,长江勘测规划设计研究有限责任公司水利水电枢纽设计研究院副总工程师。

船闸于1994年开挖，1999年10月开始浇筑，2003年6月建成并投入试运行，2004年7月正式通航，2007年5月按最终运行水位完建。2015年9月三峡船闸通过枢纽工程整体竣工验收。

2 直立边坡

2.1 基本特点

船闸大部分采用较为轻薄的衬砌式结构，依靠背后较为完整坚硬的岩体联合受力，共同满足稳定、受力和变形要求。闸顶以下直立边坡不仅是建筑物基础，也是船闸结构的重要组成部分，其各个部位的稳定性都必须得到确保，对变形也有严格的限制。

船闸基础岩石主要为闪云斜长花岗岩，岩体完整坚硬，边坡整体稳定条件好。岩坡的局部稳定以地质结构面组成的岩石块体失稳为主。船闸二期直立坡开挖期间共揭露块体790个，其中小于100m³的块体473个，占块体总数的60%，大于100m³的块体317个，占块体总数的40%；大于1000m³的块体52个，占块体总数的6.6%；大于10000m³的特大块体只有1个。施工过程中，通过深入细致的现场搜寻，按照动态设计的原则，经过对块体进行计算分析和采取工程措施加固，其稳定性均达到设计要求。船闸边坡共布置系统锚索1000kN级端头锚索230束，3000kN级端头锚索666束，3000kN级对穿锚索1271束，其中加固直立坡不稳定块体共增加3000kN端头锚索1309束，3000kN级对穿锚索528束。锚索形式为全长黏结型，监测锚索为无黏结型，水泥保护层厚15～20mm。

2.2 性态分析

针对直立坡块体布置的现场监测设施主要是多点位移计和锚索测力计，此外还设有表面位移观测点、测压管、钢筋计、测缝计等。按设计要求，所有超过1000m³的块体都设有多点位移计和锚索测力计，100m³以上的块体也大多安装了监测设施。针对块体上共增设锚索测力计39台，多点位移计29台。监测结果表明：块体及附近岩体处于疏干或半干状态；布置在块体上的锚索预应力损失值为10%～15%，锚索应力变化规律与无块体部位观测结果基本相同；多点位移计及表面位移点观测结果基本吻合，块体与周围岩体变形连续一致，各结构面两侧无明显错动和张开。直立坡顶部加固处理后边坡变形逐渐收敛，并呈持续稳定状态。

2.3 问题及修复

船闸锚索长度30～60m，部分孔道岩体松弛开裂，施工过程中有62束锚索张拉段灌浆过程由于裂隙漏浆进行了补灌处理，另有213束锚索二次进浆管扭曲堵塞无法正常灌浆回填，为安全起见，设计在重要部位采取了增补锚索的措施，共增补锚索170束。锚索

作为保持块体稳定的主要工程措施，虽然正常情况下耐久性可以保证，但对于孔道内灌浆状况尚无有效方法直观掌握，有必要加强建筑物环境监测与管理，防止周边区域侵蚀性污染，避免有害介质的扩散和入渗，维持锚索的有利工作条件，同时探索与研究锚索更换或增加的可行方案，为确保直立边坡长期稳定做好技术准备。

三峡船闸直立边坡块体的稳定直接关系船闸建筑物和设备及过往船舶的运行安全，监测数据是分析判断块体现实状况的主要依据。船闸建成运行至今已 15 年，施工期间埋设的监测仪器至今已约 20 年，原有监测设施逐渐面临老化，需研究新的替代监测手段，并建立高效的智能化分析系统，保持对块体及加固体系的实时监控，定期对边坡稳定安全作出鉴定评价。

3 衬砌结构

3.1 基本特点

三峡船闸结构设计利用船闸的基础条件，按照结构与岩体联合受力的理念，大部分采用了在直立岩坡上浇筑分离式薄衬砌墙的结构形式，国内已建的船闸均无此先例，国外类似工程的规模和复杂程度也远小于三峡船闸。

船闸衬砌结构要求混凝土与岩体共同组成结构体，混凝土墙体在满足自身强度、限裂和防渗性能的同时，与岩体共同承受结构荷载。衬砌式结构的混凝土体量相对于一般的重力式结构要小得多，其中闸室衬砌墙段长 12m，墙高 48m，厚度 1.5～2.1m，闸首支持体水平断面 18.7m×12m，高 68m，通过结构锚杆与墙背岩体形成复合结构体。结构锚杆、背排水管网和止水系统是保证复合结构体正常工作的重要设施。

(1)结构锚杆

锚杆作为高薄衬砌结构与岩体之间的联系构件，主要承受渗压产生的轴力混凝土墙体自重及温度变形产生的弯曲应力。锚杆选用直径 32mm 精轧螺纹Ⅴ级钢筋、屈服强度≥800MPa，极限抗拉强度≥1000MPa，延伸率≥6%，冷弯 8d、弯曲 90°。锚杆在跨缝处设柔性自由段，以减小锚杆对墙体切向变形的约束，改善锚杆跨缝处的应力条件，适应锚杆抗拉强度高而抗剪强度低的特点。

(2)止水系统

闸首与闸室分离式衬砌结构底板与闸墙间设通长纵向结构缝，部分底板在中心线上也设有纵缝，闸室顺流向段长一般为 12m，第 1 分流口和第 2 分流口处段长为 24m。闸墙沿高度方向一般间隔 15m 设置水平结构缝，混合式闸墙的重力墙与衬砌墙之间均设水平结构缝。所有结构缝迎水面设置两道止水铜片，两道止水铜片之间设止水检查槽，通过分区止水形成以结构块为单元的封闭检查区，检查槽两端预埋 ϕ25 普通钢管引至底板廊道。

(3)墙背排水管网

渗压力是衬砌结构检修工况的主要荷载,为有效地控制渗压力,衬砌墙背与岩面间设置"井"式排水管网,中心距为4m×7.5m(顺流向×竖向),汇入底部基础排水廊道。

3.2 工作性态

(1)衬砌墙应力

闸首衬砌墙混凝土应力为-2.76~0.12MPa,混凝土温度为13.1℃~22.4℃,随气温周期性变化。

(2)衬砌墙变形

各级闸首累计位移和闸顶及底部相对变形量均较小,闸室充水及泄水和水库蓄水对船闸闸首及闸室衬砌墙的位移影响不明显。各级闸首衬砌墙顶部向闸室的累计位移为-0.83~6.64mm(负值为向岩体位移),闸室衬砌墙顶向向闸室的累计位移为-1.11~6.91mm,受气温呈周期性变化,没有随时间增加的趋势,绝大部分测点的水平位移小于1.0mm。

(3)高强锚杆应力

衬砌墙高强锚杆应力计实测最大拉应力在100MPa以内,远小于高强锚杆强度的设计值。闸首支持体高强锚杆应力变化主要与气温变化有关,闸墙部位的高强锚杆应力受温度影响相对较小,受闸室充水及泄水影响亦不明显。

(4)衬砌墙与岩基结合面开度

衬砌墙背与岩基结合面张开度均很小,实测值在-0.5~0.6mm(正值为张开),大部分张开度基本上在仪器观测误差范围,可以认为这些测点处的结合面未张开,有明显张开现象的部分测点主要发生在衬砌混凝土浇筑后的1~2月内,之后测缝计测值变化很小。船闸充水及泄水和水库蓄水对测缝计测值度化没有明显影响。

(5)衬砌墙墙背渗压

闸墙墙背渗压计观测成果表明,渗压计测值基本在仪器观测误差范围内,测点部位基本无渗压,水库蓄水和闸室充泄水对衬砌墙背渗压没有影响。

上述监测结果均在设计允许范围,船闸衬砌结构工作性态正常。

3.3 问题及修复

1)三峡船闸衬砌结构混凝土施工受场地条件、基岩渗水等因素影响,出现过较多渗水、欠振、层间开裂等局部缺陷,施工期间均进行了认真检查和分类修复,未对结构安全造成严重影响,运行以来未见进一步发展。船闸运行后受过闸船体刮擦,一闸首人字门顶枢外侧、应急爬梯槽等墙体凸角部及结构分缝处陆续出现局部破损。对这些部位,在计划性检修期间采取修补和增设钢护角防护等措施进行了修复。

运行后衬砌墙表面普遍出现磨损现象,以闸室最高和最低水位以上 3m 受船舶行进影响区间较为明显,虽不影响船闸正常运行,但继续发展将导致墙体结构钢筋保护层不足甚至钢筋外露,影响建筑物耐久性。为此业主已组织开展了新型聚脲弹性体防护材料的相关研究和现场试验,成果显示混凝土表面涂覆该防护材料后,冲击韧性达到 32.6kJ/m^2,比涂覆前提高 20 多倍,可有效缓解和减轻闸墙表面受到的撞击损伤。应继续完善提高材料的耐久性和施工工艺,早日形成闸墙快速修复防护的实用新方法。

2)船闸衬砌结构高强锚杆系国内厂家首次按德国标准研制,强度高,脆性大,承受冲击和剪切荷载能力相对较弱,材料运输和施工过程中曾发生摔落和撞击断裂现象,经国家钢铁检验中心检验分析和对同批次锚杆进行全面性能试验,确认质量满足要求。船闸运行后,由于温度应力、水位等荷载变化平缓,衬砌墙背与岩基结合紧密,坡面处于疏干状态,锚杆自由段消除了侧向约束和剪切荷载,锚杆处于有利工作状态,符合设计预期。

3)水平止水片是船闸渗漏问题的高发区,由于浇筑时局部翻转和下部脱空、十字接头未采用定型制品等因素,施工期分区压水检查近半数漏量超标,采用表面粘贴防渗盖片和灌填止水检查槽相结合的方式进行了处理。船闸投入运行至 2006 年船闸完建前,基排廊道渗漏量呈稳定周期性变化,单线最大渗漏量不超过 1000L/min;2006 年后施工期未经处理的另一半灌区因十字接头等多焊缝拼接部位延展性不足,在经历多年反复拉伸后也大部分破裂失效,渗流量逐年增大;至 2012 年两线最大渗漏量均超过3000L/min,在其后的船闸计划性检修期间陆续采取灌填止水检查槽为主的方式进行了修复。处理后船闸渗漏量恢复至完建前的水平并保持至今。

4)墙背排水管网材料为混凝土预制构件和透水软管,随混凝土浇筑同步埋设,施工工艺主要为:预制件生产、放点、安装、固定、通畅性检查和封闭保护,施工完成后经过逐条检查和疏通,畅通率达到 100%,运行至今保持正常。

4 输水系统

4.1 基本特点

三峡船闸输水系统采用正向取水、两侧对称主输水廊道、四区段等惯性出水、盖板消能、旁侧泄水的方案。每线船闸两侧各布置 1 条主廊道,共 4 条,每条输水廊道长 1733m。主廊道断面除阀门段为矩形外,其余均为上圆下方的门洞形,过水断面积为 32.32~24.32m^2,均为钢筋混凝土衬砌结构。

上游进水箱涵分散布置在上游引航道 100m×110m 范围内,共分成 4 支独立的带有进水口的箱涵,底高程 117.5m,顶高程 127.50m,分别与双线船闸第 1 闸首的 4 根主廊道相连。每支进水箱涵有 16 个进水口,4 支箱涵进水口总面积 210m^2。进水箱涵为矩形单管钢筋混凝土结构,断面积 42m^2。

进入各级闸室后经第一分流口与第二分流口两次分流成4区段8分支等惯性输水廊道,支廊道断面高5.2m、宽5.0m,分支廊道断面高2.0m、宽5.0m,廊道顶板混凝土厚1.8m、底板混凝土厚1.5～1.7m。每条分支廊道顶部设12个出水孔,每个闸室共96个出水孔,各出水孔上方设带"裙梁"的7.0m×1.4m(长×宽)的消能盖板。

下游泄水箱涵布置在下游引航道,穿过右侧隔流堤将水泄入长江。4条支箱涵在6闸首末端分别与4条主输水廊道连接,然后合并为2条主泄水箱涵,全长1350m。辅助泄水廊道经6闸首边墩,将闸室水体直接泄入下游引航道。

4.2 工作性态

三峡船闸输水系统运行情况总体良好,输水效率较高,闸室水面流态平稳,满足设计要求。由于输水系统的原型糙率小于设计采用值,因此系统的流量系数和输水流量均较设计值有所增大,导致"T"形管及分流口部位空化水流发生,对船闸建筑物安全不利。完建期间经调整优化,采用间歇开启阀门方式后,船闸输水的最大流量得到有效控制,间歇期间门楣进气较稳定通畅,输水系统未监测到明显空化噪声,输水阀门振动较小,闸室出水均匀,水面流态平稳,输水时间满足设计要求。

4.3 问题及修复

1)船闸运行初期,输水系统经过处理的施工缺陷基本保持完好,第一分流口分流舌端部表面出现不同程度的麻面和冲蚀凹坑,以三、四闸室较为明显,完建期间采用S188喷射砂浆进行了修复,同时对输水阀门开启方式进了调试优化,之后历次检修,分流舌蚀损现象基本消除,仅部分分流舌出现小范围麻面,检修中均及时进行了修复。施工期遗留的输水廊道内温度裂缝和阀门井层间缝运行以来基本稳定,有渗水现象的贯穿裂缝在船闸计划性检修期间分批进行了处理。第一分流口及输水隧洞侧墙间结构缝为分离式结构变形缝,缝口较宽,缝内填充物被水流淘刷脱落后缝口容易破损,由于柔性填充材料抗冲性较差,致使该部位破损情况重复发生,但不影响结构安全。

船闸输水系统水流条件是决定建筑物安全运行的关键,应继续深入开展输水系统水力学观测和运行方式优化研究,强化设备设施检查维护,尽量避免在高水水头情况下采用单边输水等不利的运行方式,同时开展特定部位(如洞顶、斜井)检测方法、修复材料和设备工装的专项研究,建立和完善符合三峡船闸输水系统检修特点和实际需求的技术体系,为三峡船闸持续安全高效运行提供保障。

2)船闸上游进水口箱涵运行以来始终保持正常状态。2017年船闸计划性检修期间,对进水箱涵进行了水下全面摄影检查,结果显示箱涵底部未见明显淤积,混凝土结构完好,拦污栅栅体未发现堵塞物卡阻,建筑物运行状况良好。未来应结合上游航道淤积和运行情况,定期对进水口箱涵进行水下检查,根据检查结果适时安排清理与修复工作。

3)船闸运行期间,因下游泄水箱分段止水局部缺陷引起内压外泄,导致引航道内出现3处浑水冒泡现象。经水下检查确认,混凝土结构未见损伤,2017年船闸计划性检修期间采用水下灌浆加粘贴防渗盖片的方式进行了修复处理。

下游泄水箱涵埋设于航道底之下,流速和压差较低,结构比较安全可靠,出口不设检修门是因为箱涵内部是完全贯通的,一旦箱涵结构出现较大损毁和漏水时,即使设置了检修门也无法形成干地检修条件。出现局部损伤时,可选择停航检修时机采用水下施工方式修复,轻微缺陷暂时不处理也不致影响船闸正常运行。

5 结语

三峡枢纽试验性蓄水以来,2009年至2017年底船闸共运91335闸次,通过船舶43万艘次,通过货物8.97亿t,2017年平均每天运行31.15闸次,全年过闸船舶实载货运量达到1.2972亿t,是三峡水库蓄水前2002年葛洲坝船闸通过量1803万t的7.19倍。自2011年船闸年货运量提前19年超过设计水平年2030年单向过闸货运量5000万t,已连续8年保持单向过闸货运量超过5000万t,为加快沿江地区社会经济协调发展作出了重要贡献。与此同时,船闸长期处于高负荷运行状态,随着船闸运行年限的增加,任何设备设施都有其设计寿命和使用周期,三峡船闸也不例外。三峡船闸是世界上规模最大、技术条件最复杂的内河连续船闸,设备数量繁多,任何一处故障都有可能导致整条船闸运行中断,必须进行定期检查、监测、分析、评估和维修。三峡集团高度重视三峡船闸运行安全,枢纽工程试验性蓄水以来已先后进行3轮5次单线船闸计划性停航检修,完成了大量复杂艰巨的检修工作,使船闸始终保持良好的工作状态。长江设计院作为三峡船闸的设计单位,将一如既往全力支持三峡船闸的运行、维护、更新、改造,为三峡船闸的安全运行和航运效益的长久发挥提供优质的技术服务和保障。

参考文献

[1]陈磊,张传键,宋志忠.三峡永久船闸直立坡块体稳定及加固[J].岩石力学与工程学报,2001,20(5).

[2]长江勘测规划设计研究有限责任公司.长江三峡水利枢纽工程竣工验收安全监测设计及监测资料分析报告[R].2015.

[3]陈磊,宋志忠,彭绍才.三峡船闸建筑物止排水设施检查及处理[J].人民长江,2013,44(17).

三峡船闸高边坡锚索设计回顾及运行分析

樊少鹏①[1,2]　王公彬[1,2]　李洪斌[1,2]

（1.长江勘测规划设计研究院，武汉　430010；

2.国家大坝安全工程技术研究中心，武汉　430010）

摘　要：本文就锚索设计过程中的结构形式、锚固段长度、钢绞线强度利用系数等进行了回顾与再思考，并根据73台锚索测力计长达15年左右的监测资料，对锚索预应力变化过程进行了统计分析，分别给出了锚索在锁定时以及锁定后的预应力损失率的量值、分布特点。同时，将锚索锁定后预应力损失划分为四种模式，指出"急剧损失期、随机摆动衰减期、周期性平稳波动期"三阶段发展模式最为典型。在此基础上，针对预应力变化的不同阶段，分析总结了损失原因和影响因素，并就预应力损失与边坡稳定的关系作了简要讨论。此外，对目前业界比较关心的锚索耐久性也进行了初步探讨分析。

关键字：三峡船闸高边坡；锚索；预应力损失；耐久性

1　工程概况

三峡工程双线五级船闸（简称船闸）是确保三峡工程建成后长江黄金水道畅通的关键工程。经多阶段比选确定的Ⅳ线船闸方案系深切花岗岩山体而成，由此形成船闸主体段长1621m，南、北两侧最大坡高170m的高陡边坡，同时在闸室边墙以及中隔墩边墙部位均形成50～70m的直立坡。

为增加船闸边坡的稳定性，改善边坡岩体应力状态，防止开挖卸荷所致裂隙发展和岩体质量恶化[1]，船闸边坡布置了230束1000kN级端头锚索、666束3000kN级端头锚索和1271束3000kN级对穿锚索用来系统加固边坡。此外，为加固边坡开挖期间出现的不稳定块体，还在块体部位布置了1309束3000kN级端头锚索和528束3000kN级对穿锚索。基于当时的技术水平及船闸锚索的重要性，关于锚索的研究先后列入"七五""八五"国家重点科技攻关，并在建设过程进行了大规模的锚索现场试验。设计专门布设的

---

① 作者简介：樊少鹏，男，湖北武汉，博士，高级工程师，从事水工地基处理与地质灾害防治工程设计与研究工作，E-mail：fanshaopeng@cjwsjy.com.cn。

大量监测锚索,也为后期分析锚索的运行状态等提供了宝贵的数据。

2 锚索设计关键技术研究

2.1 锚索结构的选型

船闸锚索设计、施工的过程,正是我国岩锚技术飞速发展的时期,但尚无相关的技术标准规范。国内关于锚索结构形式的争论主要是全长黏结锚索和无黏结锚索,拉(压)力分散型锚索的概念尚未出现。锚索选型主要考虑的问题[1]:①无黏结锚索便于适应边坡的应力调整;但船闸边坡属于硬质岩体边坡,锚固施工滞后于开挖一个时段,根据数值分析,边坡开挖卸荷变形在锚固施工前已大部分完成,后期的残余变形及岩体长期流变较小,全长黏结锚索在张拉后的变形能力亦能适应边坡的后期微小变形。②无黏结锚索属于多层防护(绞线为PE护套、波纹管)结构,在防腐耐久性上要强于仅有水泥砂浆保护的全长黏结锚索;但无黏结锚索的后期安全全部系于墩头的夹片锁定结构,锁定结构一旦失效,则锚索功能将丧失殆尽;而全长黏结结构锚索一经张拉固定胶结,其应力即分布于锚索全线;当时的国内调研,亦未发现黏结锚索破坏的案例。③不同锚索结构形式的经济问题。当时国内能成规模生产1860MPa级钢绞线的厂家仅有江西新余新华金属制品有限公司和天津预应力二厂,无黏结锚索采用的带PE护套的钢绞线比普通的同强度级别的裸钢绞线价格贵1/3以上。基于以上的技术分析,特别是经济分析,最终确定采用全长黏结锚索,仅对监测锚索采用全长无黏结锚索。

在船闸锚索施工的后期,随着制造水平的普及和提高,带PE护套的钢绞线价格与普通裸钢绞线的价格已相差无几,加上国际上对锚索防腐的日益重视,设计专门研究提出了适用于船闸的带PE及波纹管多层保护的新型无黏结锚索结构,然而由于施工已接近完成,新结构和工艺的熟悉及掌握需要一定的时间,最后新锚索形式未来得及使用。

2.2 锚固段长度的研究

锚固段的应力分布是水泥砂浆体、围岩与锚索相互作用、相互约束的综合反映。理论研究表明:锚固段的极限深度是有限的,张拉荷载增加,应力的量值随之增加,但锚固段有感极限深度变化不大。图1和图2是船闸锚索试验获得的锚固段应力随深度变化的趋势图。试验证明:张拉荷载由钢绞线传至锚固段后,立即向周围岩体转移,锚固段的应力主要集中在前部2.5m以内,并向锚根方向迅速递减,随张拉力的增加逐渐往里扩展,但并不能无限制地发展,表明锚固段长度不必过长。因此,考虑必要的安全系数和具体的地质条件、施工水平,推荐船闸锚索锚固段长为:1000kN级取4~5m,3000kN级取6~8m。该研究成果获得大家共识,并编入了《岩土锚杆与喷射混凝土支护工程技术规范》(GB 50086—2015)。该规范在计算锚固段长度时增加一个"锚固段长度对极限黏结

强度的影响系数 ψ”，即当初选的锚固段过长时要将其黏结强度进行折减。

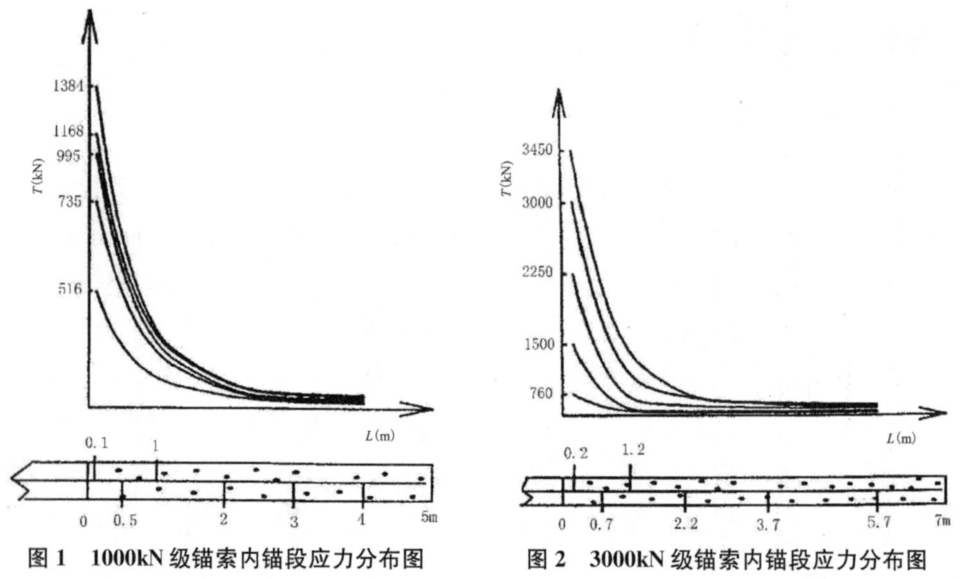

图 1　1000kN 级锚索内锚段应力分布图　　**图 2　3000kN 级锚索内锚段应力分布图**

2.3　锚索钢绞线的强度利用系数

钢绞线的强度利用系数关乎锚索的安全性、耐久性及经济性。根据调研及国家经济发展水平，船闸早期的 3000kN 级锚索采用 19 根 7ϕ15.24mm 的 1860MPa 级钢绞线[1]，设计吨位为 3000kN，钢绞线强度利用系数为 0.61；施工后期，国际上为增加锚索结构本身的安全裕度及提高锚索耐久性（高应力下易发生氢脆破坏），已趋于降低钢绞线的强度利用系数。设计对此采用了两种方案应对：一是将 19 根钢绞线的锚索设计吨位调低至 2750kN，相应钢绞线的强度利用系数为 0.56；或是保证 3000kN 的设计吨位不变，将锚索钢绞线根数增加到 21 根，相应钢绞线的强度利用系数为 0.55。

3　锚索预应力损失统计分析

为掌握锚索预应力的长期变化情况，在边坡典型断面和地质条件较差部位，选择 115 束无黏结锚索安装了锚索测力计。各锚索监测时间起自 1998—2000 年不等，截止到 2014 年 12 月，尚有 73 台锚索测力计工作正常，累计监测周期达 15 年左右。

3.1　预应力损失总体情况

锚索总损失率包括锁定和锁定后两部分：其中，锁定损失率＝100％×（张拉值—锁定值）/张拉值，该部分表征锚索张拉锁定时的瞬时预应力损失；锁定后损失率＝100％×

(锁定值—测量值)/锁定值，该部分表征锚索进入工作阶段后某个时刻相对于锁定时预应力的损失情况，是一个随时间发生改变的变量。

根据73台锚索测力计的资料(68台3000kN级锚索，5台1000kN级锚索)，监测锚索锁定及锁定后预应力损失率统计分布情况见图3、图4。

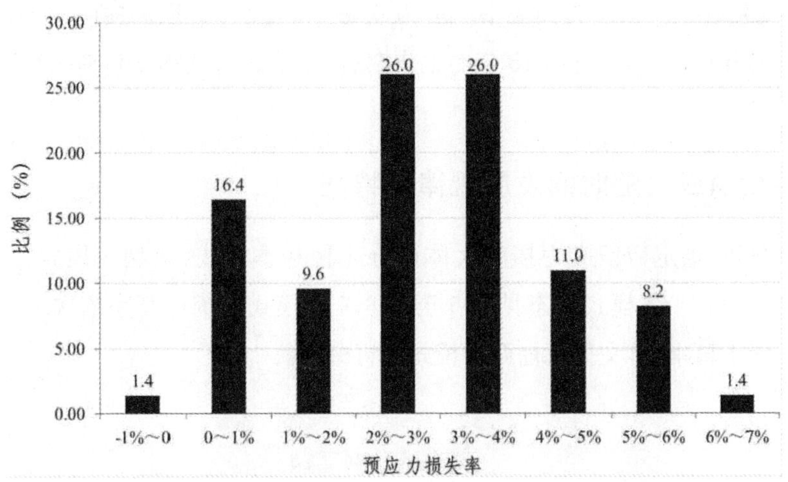

图3 监测销索锁定预应力损失率统计分布情况图

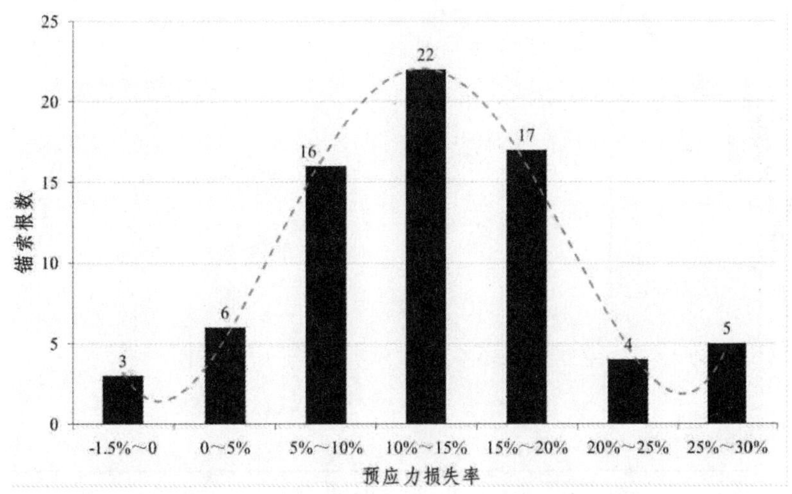

图4 监测锚索锁定后预应力损失率统计分布情况统计(截至2014年12月)

由图3和图4可知，锁定损失率一般介于1.0%~5.0%(53束锚索，占72.6%)，最小值为—0.6%，最大值为6.42%，平均值为2.8%。所有锚索中仅有1束锚索锁定损失率小于0，推测应为锁定前、后测力计与锚具接触面的荷载分布状态发生变化，导致测力计筒体的弹性应力状态和测力计输出频率发生变化，从而当锚索回缩至锁定后出现锚索预应力增加的假象[2,8]。

锚索锁定后预应力平均损失率一般为5%~20%(55束锚索，占75.3%)，最小值为

－0.9％，最大值为29.4％，平均值为12.8％，整体呈正态分布。所有锚索中仅有3束锚索在锁定后出现平均损失率为－1.5％～0％的预应力增大现象。

调研工程地质条件近似且针对高边坡广泛使用1000kN和3000kN级锚索的小湾水电站、锦屏Ⅰ级水电站和龙滩水电站等，锚索观测资料同样显示其预应力存在不同程度的损失，完成安装数年后预应力损失率一般为0％～16％[9-14]。根据横向对比及船闸锚索预应力损失的分布形态，经过约15年的工作期后，船闸高边坡锚索预应力变化程度符合正常规律。

3.2 锁定后预应力随时间发展规律及特征

经统计分析，锁定后预应力损失大体可分4种基本模式：典型三段式，非典型三段式，两段式，一段式。各模式形态见图5至图8，4种模式的统计概率依次为44％、28％、17％、9％。限于篇幅，本文仅就前两种模式进行分析。

图5 锚索预应力损失发展模式1：典型三段式

（边坡系统锚索SF24CZ14，3000kN级）

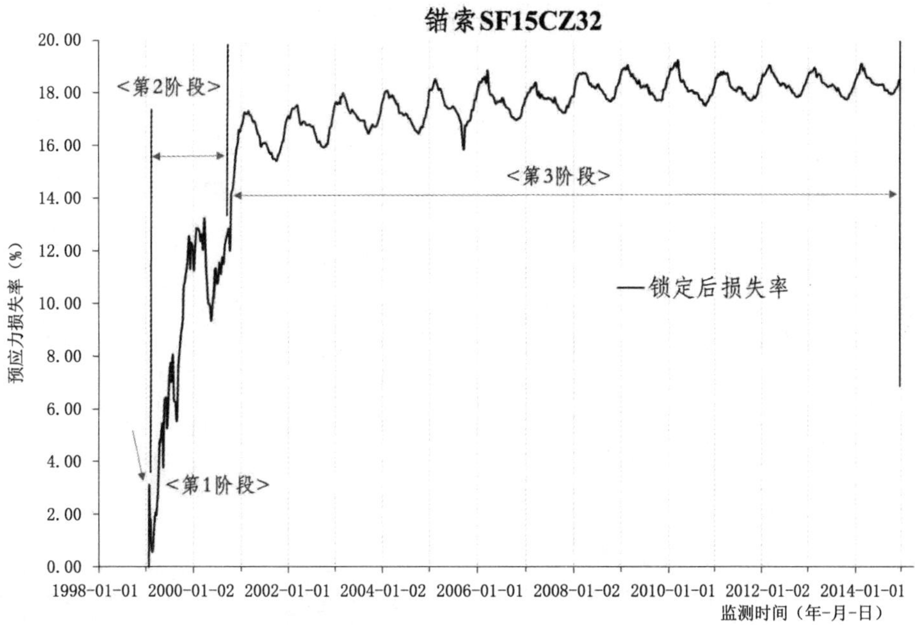

图6　锚索预应力损失发展模式2:非典型三段式

(边坡系统锚索SF15CZ32,3000kN级)

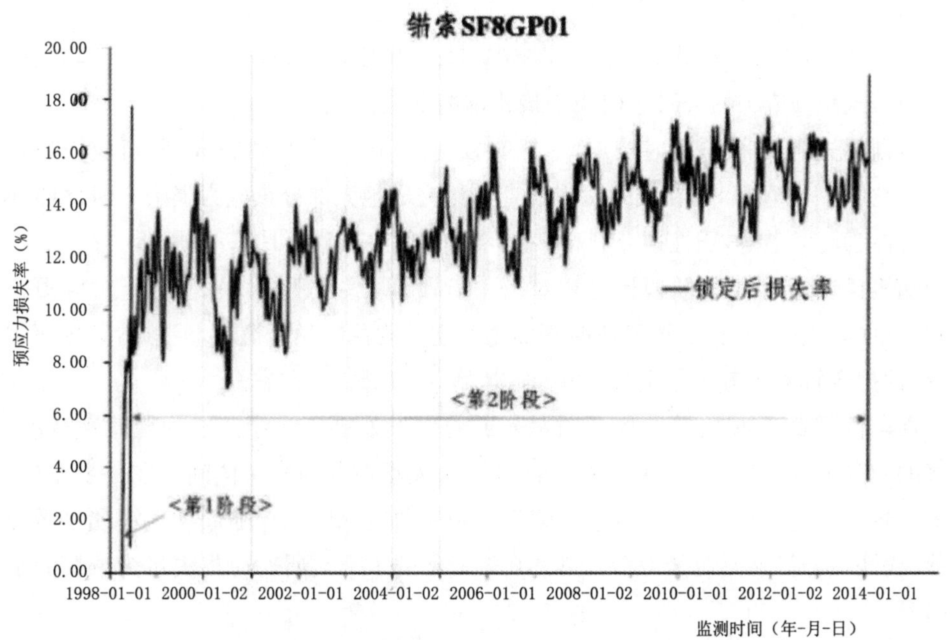

图7　锚索预应力损失发展模式3:两段式

(边坡系统锚索SF8GP01,3000kN级)

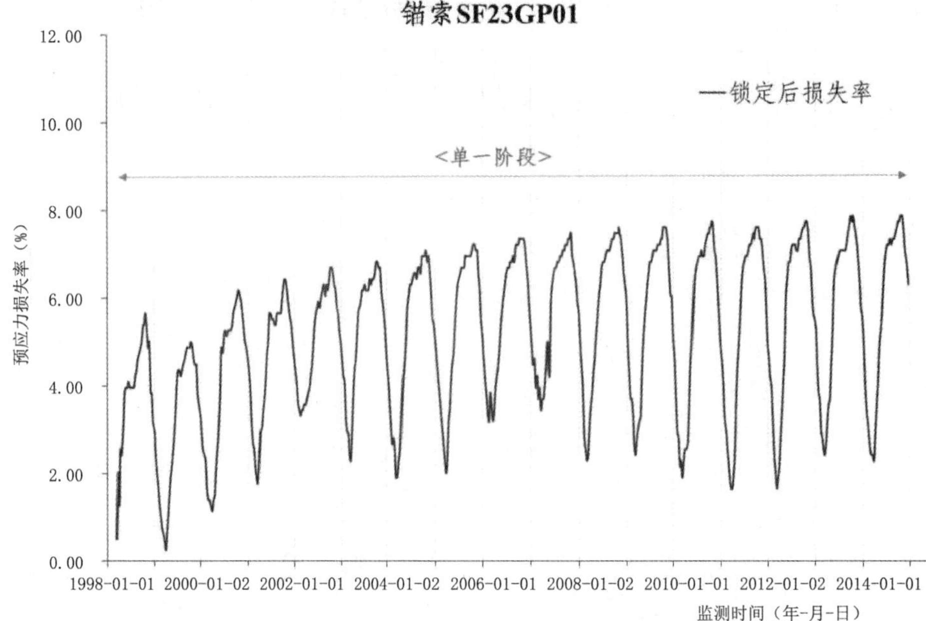

图8　锚索预应力损失发展模式3:两段式

(边坡系统锚索SF23GP01,3000kN级)

(1)典型三段式

如图5所示,典型三段式表现为急剧损失期、随机摆动衰减期、周期平稳浮动期三个阶段。该模式是预应力损失时序曲线中最普遍的形式。

1)急剧损失期:该阶段历时较短,一般在锁定后3～6个月内完成,所对应损失量却高达总量的60%～70%,即在锚索工作初期已经完成绝大部分预应力损失。时序曲线在该阶段总体为陡倾上升,线性拟合斜率k_1为1.5%/月～2.5%/月。

2)随机摆动衰减期:该阶段历时相对第1阶段稍长,一般为2～3年,所对应损失量为总损失量的20%～30%。该阶段时序曲线出现不规律的频繁摆动,但总体呈显著增长趋势,线性拟合斜率k_2较上一阶段要小,基本保持0.12%/月左右。

3)周期性平稳波动期:该阶段历时最长并将继续发展。时序曲线为规律性波动,每个波峰的间隔大致1年左右。统计显示波动振幅大小在各锚索个体间存在一定差异,为总预应力损失量的10%～20%不等。该阶段时序曲线总体上伴随周期性波动呈缓慢增长趋势(线性拟合斜率k_3处于0.1%/年～0.2%/年的水平),所对应损失量为总损失量的7%～12%。

(2)非典型三段式

如图5所示,非典型三段式预应力损失同样表现为急剧损失期、随机摆动衰减期、周期平稳浮动期三个阶段。该模式同样为代表性的预应力损失模式,但具有如下特点:

1)第1阶段的预应力损失量已不再占据主导地位——该类模式下绝大部分锚索在

锁定后1个月左右便达到了局部极值,对应预应力损失量仅占总预应力损失量的15%~35%,其线性拟合斜率k_1与模式1中相应阶段水平接近,为2.5%/月~4.5%/月。随后,预应力损失率普遍出现历时1个月内的较大程度回落,达局部极值50%~80%,至此第1阶段方为结束。

2)第2阶段的历时大致在2~3年,少量锚索达4年以上,对应损失量为总损失量的50%~65%,占主要部分。该阶段线性拟合斜率k_2为0.3%/月~0.6%/月,高于模式1中相应阶段水平。

3)第3阶段时序曲线的总体波动特征(周期、振幅)和模式1基本类似,唯其线性拟合斜率k_3为0.15%/年~0.35%/年,使得所对应预应力损失量为总预应力损失量的13%~25%,高于模式1中相应阶段的水平。

4 锚索预应力损失影响因素分析

4.1 锚索锁定时预应力损失原因

锁定损失具有瞬时特性,其主要影响来自锚索结构及其与孔壁的作用:

1)锚索预应力的锁定是靠锥形夹片的回缩夹持完成的,一般夹片的标称回缩量为6~10mm。即由此产生的锁定损失是必然的。

2)钻孔偏曲造成钢绞线与孔壁间产生沿程摩阻力,该摩阻力在张拉阶段会反映在油压表或测力计读数中,在锁定后自行调整消失。

3)当垫板刚度与测力计不匹配或垫板平整度不高时,测力计所测预应力大小与实际张拉吨位将产生偏差。

4.2 锚索工作初期和中期预应力损失原因

锚索进入工作状态后的初期和中期预应力损失最为迅速,还多存在无规律的陡增陡减,其影响因素既可能来自锚索构造组件,也可能来自外部地质环境、施工作业等。

1)钢绞线在弹性范围内张拉具有的回缩趋势产生预应力,但在持续应力下钢绞线会产生适应性的松弛、变形,从而无法维持初始的预应力。为此,三峡船闸锚索采用的是按美国ASTMA416-87a标准生产的1860级高强度、低松弛预应力钢绞线,其标准为在70%断裂荷载作用下1000h后应力松弛不大于2.5%。相关资料显示,松弛损失在张拉后初期几分钟内发展最快,在24h后约完成80%[2-3]。

2)在锚索完成锁定后的最初阶段,锚索墩头(垫座混凝土)仍处于浇筑后的干缩期,并在工作锚施加的压力作用下发生徐变,进而影响锚索预应力的维持。另外,锚索在张拉段受到二次灌浆水泥水化热温升影响而导致的钢绞线膨胀,也会导致预应力松弛并出现锚固预应力减小的现象。

3)船闸高边坡地层岩性主要为前震旦系轻变质闪云斜长花岗岩,岩块坚硬性脆,构造裂隙发育(局部地段呈现密集带),开挖爆破及卸荷会增加原状裂隙的开度。锚索施加预应力后,岩体内原有及次生结构面在高吨位下发生闭合,软弱区则产生挤压,造成较短时间内边坡变形、锚固影响范围内的锚索预应力损失。

4)由于船闸高边坡工程规模大,按照分期、分部位方式实施,在已完成施工锚索的周边临近部位进行后续锚索的张拉会引起群锚效应,即后期锚索张拉引起岩体的变形,进而使锚索影响半径范围内的已安装锚索随之发生回缩变形,从而导致其预应力降低。三峡船闸边坡部位相邻锚索张拉时95%的锚索锚固力减小,减小值为1~6kN,最大减小值为10.1kN[3-5]。

上述因素的发生在时间和空间上具有随机性和重复性,各因素相互影响的综合作用促使锚索频繁地发生松弛与张紧的调整,这也是锚索和锚固对象(边坡岩体)变形协调的平衡过程,并最终反映在锚索预应力损失率的随机摆动和增长现象中。

4.3 锚索工作后期预应力损失原因

随着工程施工的结束,锚索结构、开挖等对锚索产生显著影响的各种因素逐渐淡出,同时锚索自身以及与锚固体都完成了自身的调整和相互间的平衡。锚索进入工作后期,则主要受到若干可重现因素的时效性影响,从而使其预应力大小出现少量的波动。由于锚索预应力的波动周期均为1年左右,据此可以合理推测诸如降雨、温度变化等季节性气候特征等是影响锚索预应力的因素[4,5,7]。

1)降雨量及降雨历时对在岩体结构面较为发育部位的锚索影响较为明显。其一,这些部位因渗透系数较大成为岩体内主要的渗流通道。随着雨水的持续入渗,在节理、裂隙等部位将产生湿胀、水压作用;其二,锚固体滑动面一般为岩体主要结构面。受降雨影响,其力学参数(c、φ 值)可能降低,导致边坡(块体)下滑分力增多。二者最终皆引起锚索张拉形变,使其预应力得到暂时的增长;雨后随着裂隙水的消散,锚固力也基本回到降雨前的水平。

2)岩石作为热导体,温度升高时具有热胀性,其内部的应力状态及其变形特性均发生改变。一般而言,温度升高使组成岩石的颗粒体积产生膨胀,从而锚索预应力增大;相反,温度降低则使岩体收缩而导致锚固力减小。

5 预应力损失与船闸高边坡稳定的关系

预应力锚索长期监测的数据,一方面直接反映锚索结构的受力状态和工作性能,另一方面也间接反映边坡(块体)的变形趋势。以下就两者在船闸高边坡工程中的辩证关系加以分析:

1)船闸边坡总的设计原则是以开挖形态基本自稳，加固支护以截、排水为主，锚固措施为辅。锚索的主要作用是为了改善边坡的应力状态及加固局部不稳定块体。统计表明，船闸边坡 1000m^3 以上块体安全系数的平均值达到了 7.7，最小值为 1.63，高于设计标准规定的块体抗滑稳定安全系数 1.5。块体安全系数平均值较高的主要原因是即使部分块体天然已达到稳定标准，但由于系统锚索的布置，对已稳块体仍增加了安全裕度，造成平均值的大幅增加。以上数据表明加固对象具有较高的安全度，锚索预应力损失不会影响到块体的稳定性。

2)一般而言，当边坡发生向坡外的滑移变形时才引起锚索的张拉和预应力提升。监测锚索整体表现为预应力损失，宏观上反映边坡没有发生引起预应力增加的变形，总体处于稳定状态。

3)预应力的部分损失并不意味着锚索承载加固能力的永久丧失。一旦岩体发生变形或失稳趋势，锚索将以被动抗力方式发挥作用，其应力值也会随之恢复和上升，如非锚索结构缺陷或数量不足，一般不会造成被加固体安全系数降低进而影响工程安全。

4)监测数据反映，边坡系统加固锚索与块体随机锚索的预应力损失特征变化规律基本一致，说明块体与整体边坡结构一致，没有相对变形，处于稳定状态。

6 锚索耐久性初步研究

在锚索设计的早期即考虑到锚索的耐久性问题。早期的研究认为：钢材的腐蚀主要是电化学氧化还原反应，高应力状态下叠加有应力腐蚀现象；锚索裸钢绞线外有一层氧化钝化膜，具有一定的防腐性能；水泥砂浆保护层的碱性环境可对钢绞线起到较好的防护作用。

在开挖初期及锚索施工过程中，对船闸地下水进行了多次取样分析。结果表明：水体 pH 值接近 8，属中性偏碱性，同时地下水中 Cl^- 和 SO_4^{2-} 含量较低，总体而言对水泥砂浆包裹的锚索不具明显腐蚀性[6]。在设计过程中，对水泥砂浆的配方、密实度以及外锚头后期保护等均经现场试验并提出了可靠的保证措施。对施工中出现的水泥砂浆灌注量不足、欠密实及其他怀疑可能引起水泥砂浆防护层存在缺陷的锚索，均补打了备用加强锚索。

为持续深入研究锚索的耐久性问题，自 2014 年起，长江设计院开展了“锚索耐久性研究”自主科研创新研究。根据调研，该研究遴选了对钢绞线腐蚀有较大影响的应力水平、Cl^- 及 SO_4^{2-} 含量、pH 值因素进行多组正交组合加速试验，探索钢绞线腐蚀随时间变化的规律。目前该研究仍在进行中。根据对近 10 年特别是最近 5 年的地下水监测资料分析，水的 pH 值基本稳定在 8.3 左右，对锚索的防腐还是有利的。漫湾水电站为了解实际锚索的工作状态，曾开挖出 1 根锚索[15]。开挖表明：凡水泥砂浆包裹完好的部位，钢绞线呈亮黑色，较好部位甚至伴有金属光泽；开挖时为旱季无地下水，实测钢绞线周边 pH 值为 11。船闸锚索实际赋存环境为山体排水系统保护的疏干区，其环境与漫湾水电站实际开挖锚索的环境类似。据此推测，船闸锚索的耐久性是可以得到保证的。

7 结论

1)船闸锚索的设计是经过大量研究与现场试验确定并经施工验证的，在施工中还进行了动态完善调整，该设计方法和程序可供其他工程借鉴。

2)船闸锚索基本上都存在类似的预应力损失特征，表明预应力损失在三峡工程岩体条件下是一种客观存在。影响锚索预应力变化的因素很多：既有来自锚索自身结构、材料的影响，也有来自工程地质条件和外界施工的影响，还会受到气候、环境等的影响。

3)锚索锁定后 15 年内，预应力损失率一般为 5%～20%(占 75.3%)，均值约为 12.8%。损失特征大多表现为“急剧损失期、随机摆动衰减期、周期性平稳波动期”三个阶段。锁定后经过 2～3 年的时间可完成 90%的预应力损失，后期主要是受到降雨和温度的周期性影响而产生小幅波动。

4)锚索耐久性初步研究表明，三峡船闸锚索赋存于排水系统保护的疏干区，地下水亦呈弱碱性，这些对锚索的防腐均是有益的。

参考文献

[1]李洪斌.三峡船闸高边坡设计实践中几个问题的再认识[J].湖北水力发电，2007，5.

[2]李端友，汤平，李亦明，等.三峡永久船闸一期工程岩锚预应力监测[J].长江科学院院报，2000，17(1)：39-42.

[3]张电吉，汤平，白世伟，等.节理裂隙岩质边坡预应力锚索锚固监测与机理研究[J].岩石力学与工程学报，2003，22(8)：1276-1280.

[4]张发明，刘宁，陈祖煜，等.影响大吨位预应力长锚索锚固力损失的因素分析[J].岩土力学，2003，24(2)：194-197.

[5]陈绪春，张曙光.三峡工程双线五级船闸高边坡预应力锚索监测成果分析[J].大坝与安全，2004，(4)：29-32.

[6]高大水，吴海斌，王莉，等.三峡船闸高边坡预应力锚索耐久性研究[J].岩土力学，2005：126-130，135.

[7]袁培进，吴铭江，陆遐龄，等.长江三峡永久船闸高边坡预应力锚索监测[J].岩土力学，2003：198-201.

[8]汪运星.预应力锚索测力计安装情况分析[J].大坝与安全，2004(4)：74-76.

[9]李德水.预应力锚索在水利水电工程中的应用分析[J].人民珠江，2005(5)：56-58.

[10]李立刚,张海军.小湾水电站工程特高边坡开挖安全稳定技术研究[J].红水河,2007,26(4):28-31.

[11]赵明华,刘小平,冯汉斌,等.小湾电站高边坡的稳定性监测及分析[J].岩石力学与工程学报,2006,25(z1):2746-2750.

[12]张金龙,徐卫亚,金海元,等.大型复杂岩质高边坡安全监测与分析[J].岩石力学与工程学报,2009,28(9):1819-1827.

[13]蔡德文,王俤剀,刘康,等.锦屏一级水电站左坝肩高陡边坡坡体结构及其变形特征分析[C].全国大坝安全监测技术信息网第七届全网大会暨2010年学术交流研讨会论文集.2010:1-8.

[14]黄太平,姜荣梅.龙滩水电站左岸进水口边坡锚固预应力的实测研究[J].水电自动化与大坝监测,2004,28(6):45-48,70.

[15]任爱武,汪彦枢,王玉杰,等.拉力集中全长黏结型锚索长期耐久性研究[J].岩石力学与工程学报,2011,30(3).

三峡船闸人字门和反弧门防腐实践

李伟雄[①] 曹毅 谢凯 曹仲 张岩

（中国长江三峡集团有限公司三峡枢纽建设运行管理局，宜昌 443133）

摘　要：三峡集团利用2017年和2018年三峡船闸计划性停航检修，通过涂层检测设备对所有人字门和反弧门漆层粉化剥落、起泡面积和门体锈蚀面积、深度进行了测量统计。结果表明，北线人字门粉化剥落较为明显，占门体涂装面积的16%～33%，单扇门锈蚀最大面积为170.3m²，占门体涂装面积的1.7%；南线人字门整体状况较好。反弧门仅有少部分区域出现鼓泡、蚀孔、涂装层脱落及面层氧化等腐蚀现象，所占面积均在门体涂装面积的8%以内。可以看出，人字门防腐总体状况基本完好，仍处于有效防护期，尚未对母材形成实质性不利条件和影响。反弧门防护层总体完好。

关键词：三峡船闸；防腐；检测；人字门；反弧门

三峡船闸，是世界上最大的船闸，全长6.4km，其中船闸主体段长1.6km，引航道4.8km，船闸上下最大落差113m。三峡船闸采用双线五级方案，共计6个闸首，从上游到下游依次命名为一、二、三、四、五、六闸首。船闸分南北两线，面向下游左侧为北线，右侧为南线，共装有24扇人字门(每个闸首4扇)，每个闸首人字门命名，面向下游从左到右依次为北×、中北×、中南×、南×。输水工作阀门为反向弧形门(简称反弧门)，每个闸首附近4扇，共24扇，命名方式与人字门相同。

三峡船闸投运15年来有力地促进了长江航运和沿江经济带的发展，船闸金属结构在历经15年的风雨后其健康状况是目前我们关注的重点。众所周知，内河船闸对钢闸门防腐的理想要求是寿命长、施工期短、环保、经济等，如何运用各种成熟防腐技术对内河船闸钢闸门进行防腐处理，关键要分析内河钢闸门腐蚀的主要机理和需求，抓住钢闸门腐蚀的主要因素[1-3]。金属在水中、大气或土壤中的腐蚀多属于电化学腐蚀，因此，水和大气等自然环境是内河钢闸门防腐必须考虑的关键性因素。三峡船闸位于长江西陵峡段，而三峡枢纽库区降水较为丰富，并且带有少量酸雨，年平均降雨量在1100mm，日降

① 基金项目：国家重点研发计划项目“重大水利枢纽通航建筑物建设与提升技术”(2016YFC0402000)。

作者简介：李伟雄，男，工程师，硕士，E-mail：li_weixiong1@ctgpc.com.cn。

水强度较小,在150mm左右,库区年平均气温在21～22℃范围内,且年际间变幅较少,历年最高气温42℃,历年最低气温－2℃,多年平均气温18℃,历年最高水温29.5℃,历年最低水温－1.4℃,多年平均水温17.9℃,年平均相对湿度为76.1%,最高达到80%,库区内多年平均水面蒸发量为800～1000mm;库区的水体pH值为6.8～9.1[4]。

1 人字门和反弧门防腐体系

锌与锌合金是钢结构防腐最常见的热喷涂材料,主要是通过氧化膜物理隔离和低电位阴极保护。此外,锌涂层生成的腐蚀产物也具有一定的物理阻隔作用,固热喷锌涂层在大气和水环境中的腐蚀速率很小,被广泛应用于水工结构钢防腐[5]。我国大型钢结构铁路桥梁九江大桥、芜湖大桥等均采用了热喷涂技术进行了表面防护[6]。涂料涂装防腐主要基于隔离原理,但是几乎所有的涂料涂层都存在许多微小的"针孔",当外界的腐蚀介质,如水分子,通过这些孔隙渗透到钢铁基体的表面时,就会引起腐蚀[7]。热喷涂涂层与涂料涂装联合应用可得到更好的防护效果,原因是喷涂层的表面凸凹不平,且有很多孔隙,涂料涂装在喷涂层表面将渗入孔隙,使涂层与基体牢固结合,既可起到封闭热喷涂层孔隙的作用,又可增加涂料的结合强度。

葛洲坝船闸经验也充分表明,在宜昌区域偏碱性水体中采用喷锌加氯化橡胶油漆,对大型水工钢结构进行防腐的方案是成功的[8]。综合分析,三峡人字门和反弧门防腐方案最终为热喷锌加涂料,即底层为热喷锌涂层,封闭底层涂料为磷化底漆,封闭面层为氯化橡胶,具体技术参数见表1。

表1　　三峡人字门和反弧门涂装技术参数

类型	底层涂层	封闭底层涂料	封闭面层涂料	涂层总厚
人字门	热喷锌,局部最小厚度160μm	磷化底漆(X06—4)一道,干膜厚度20μm	氯化橡胶二道,干膜厚度100μm	280μm
反弧门	热喷锌,最小厚度不低于160μm	磷化底漆(X06—4)一道,干膜厚度20μm	氯化橡胶二道,干膜厚度100μm	303～305μm

2 人字门和反弧门防腐现状

2.1 人字门防腐现状

船闸人字门防腐涂装面积约10000m^2,反弧门防腐涂装面积约700m^2。人字门目前已出现局部锈蚀和较大面积漆层坏损。三峡集团利用2017年和2018年计划性停航检修,对三峡船闸24扇人字门和24扇反弧门防腐现状做了检测统计,以期为人字门和反弧门后期重新防腐提供科学依据。

检测结果表明,人字门漆层损伤主要表现为面漆粉化剥落和起泡。从图1可以看出，北线人字门漆层整体粉化剥落和起泡较严重，北线一至六闸首人字门以中北一、北一、北二、中北三、中北五及北五门体漆层起泡和剥落较为严重，漆层剥落、起泡面积最大的为中北一，约为 3306.2m^2，最小的为北三，约为 1644.3m^2，剥落主要集中于人字门上游侧面板、门轴柱侧水面以下、斜接柱、门轴柱等部位。人字门水面以下的区域除鼓泡外其他相对较好，水面以上裸露于大气被阳光照射的区域已开始出现大面积粉化剥落现象。北一人字门上游面板起泡局部分布较集中，如图 2(a)。初步看来，起泡与喷涂层氧化膨胀导致漆膜凸起有关。中北二人字门，尽管粉化剥落面积相比其他人字门稍小，但粉化现象较为严重，已达判定标准的最严重级别 5 级，如图 2(b)。随着人字门防护层的粉化剥落，金属母材裸露，局部已出现点蚀和小范围锈蚀现象，如图 2(d)。

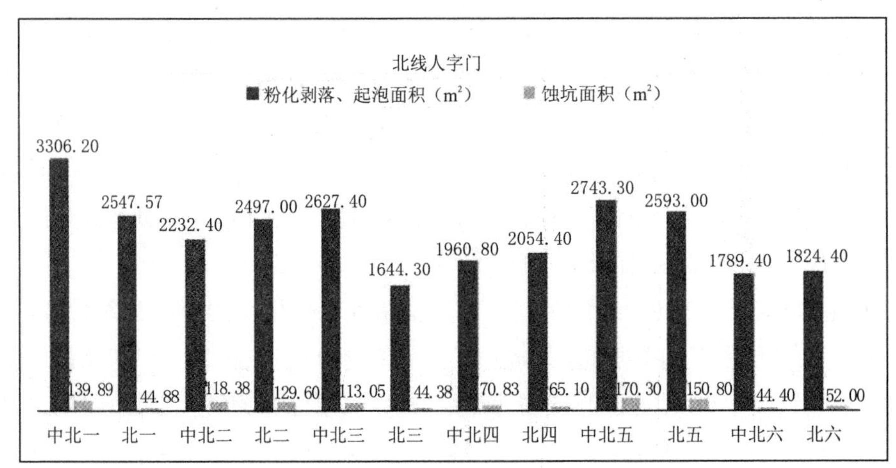

图 1　北线人字门涂层缺陷统计图

船闸运行引起反复水位涨落，人字门中部长期处于干湿交替状态，这种部位也是较容易出现锈蚀的地方，北线一至六闸人字门均存在不同程度的锈蚀，锈蚀面积占门体涂装面积的 0.44%～1.7%，蚀坑深度在 1～2mm 范围内，主要分布于人字门门轴柱、斜接柱和上游面板。中北一、中北二、北二、中北五和北五腐蚀较为严重，面积分别达 139.89m^2、118.38m^2、129.60m^2、170.30m^2 和 150.80m^2，如图 1。类似焊缝、背拉杆螺母、斜接柱止水压条与紧固螺栓等连接部是电化学易发部位，锈蚀易在该部位集中，如图 2(e)、图 2(f)。此外从图 2(c)可以看出，人字门长期处于水下的部分附着有大量的水生贝类。

南线 12 扇人字门门体较重粉化区域分布相对一致，均分布在下游侧自上而下 1～8 层的格栅外立面。图 3 表明，南线人字门漆层剥落、起泡面积为门体涂装面积的 1.1%～3.4%，最大的为中南一，约为 344.05m^2，最小的为南二，为 113.16m^2。人字门下游梁格区内除个别点有机械磕碰损伤外，基本保持完好。南线漆层剥落、起泡情况明显好于北线，漆层剥落、起泡面积约为北线的 1/10，剥落主要为面漆，如图 4(b)为中南三下游侧背拉杆漆层粉化剥落现状。与北线不同,南线防护涂层还存在一定的龟裂现象,如图 4(a),龟裂主要存在于南一、中南一、南二、中南二下游侧格栅底板,龟裂主要为面漆损伤。与北线人字门一样,南线人字门长期处于水下的部位也是水生贝类附着严重的部位,如图 4(c)。

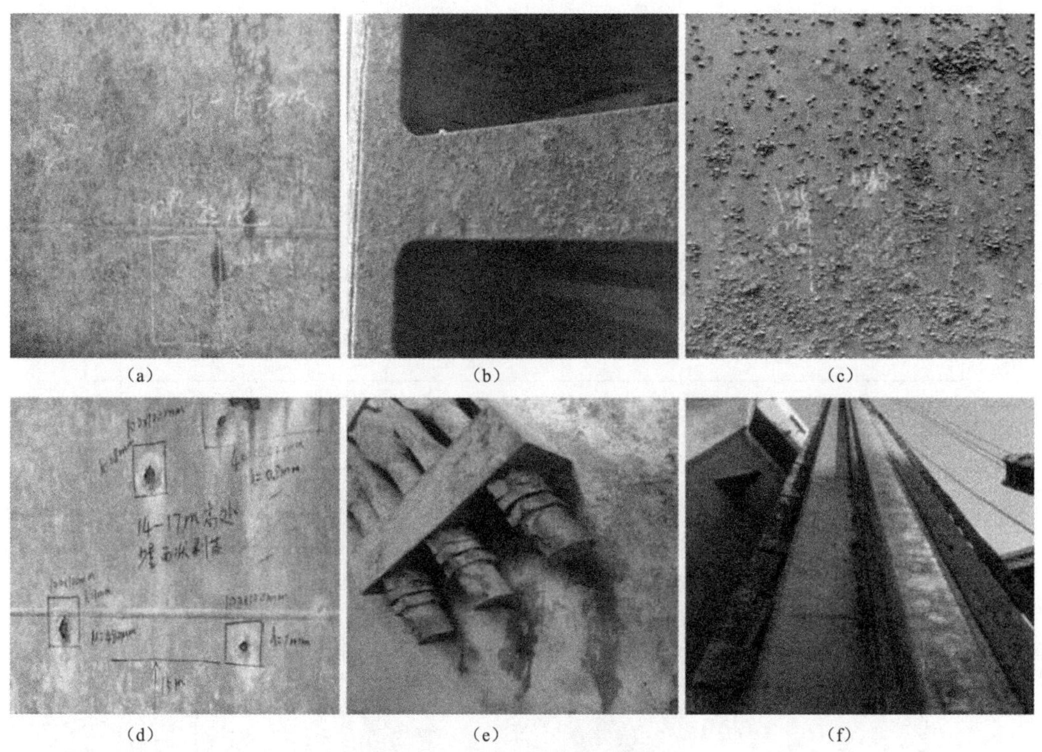

图 2　北线人字门涂层现状

南线一至六闸首人字门也均存在不同程度的锈蚀,其中南二、南二和南三人字门锈蚀面积较大,分别达 $73.69m^2$、$70.38m^2$、$67.48m^2$,锈蚀面积占涂装面积的 0.07%～0.7%,锈蚀情况优于北线。锈蚀部位主要分布在上游侧面板拼接焊缝处,如图 4(d),与北线人字门一样,背拉杆螺帽,人字门门轴柱、斜接柱两侧压条和紧固螺栓也是锈蚀易发生的地方,如图 4(e)、图 4(f)。对比图 4(e)和图 2(e)发现,长期处于水上的背拉杆螺帽其锈蚀程度明显小于长期处于水下部位的背拉杆螺帽。

目前,南北两线人字门防腐总体状况基本完好,仍处于有效防护期,底层涂层和封闭层底漆绝大部分尚完整。局部尤其是门轴柱、斜接柱以及由下至上第八根主梁以下的淹没区域少量有机械损伤部位存在鼓泡自然破损和锈蚀现象,现场拼焊节间的区域自然起泡破损情况相对严重一些,充分说明除机械磕碰外,现场防腐涂装施工质量对防腐影响较大。两线 24 扇人字门门体局部起泡情况及区域基本相同且均发生于淹没水面以下,说明防护材料、施工质量、电化学反应以及水生物吸附排泄等起到相互关联作用且互为影响。其发展趋势是否随防护时限而加速，有待后续运行过程中加强观测和研究。南线人字门防腐情况明显优于北线，与北线底层为热喷稀土铝，南线底层为热喷锌有关。

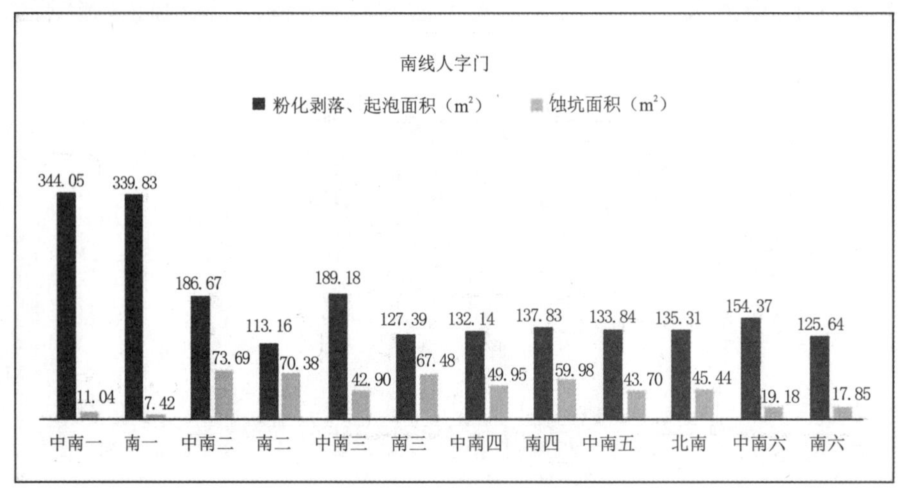

图3　南线人字门涂层缺陷统计图

图4　南线人字门涂层现状

2.2 反弧门防腐现状

南北两线 24 扇反弧门防腐涂装整体状况良好。北线涂层粉化剥落、起泡面积最大的为北四反弧门,其剥落面积为 51.86m²,最小的为中北一反弧门,面积为 28.87m²(图 5)。

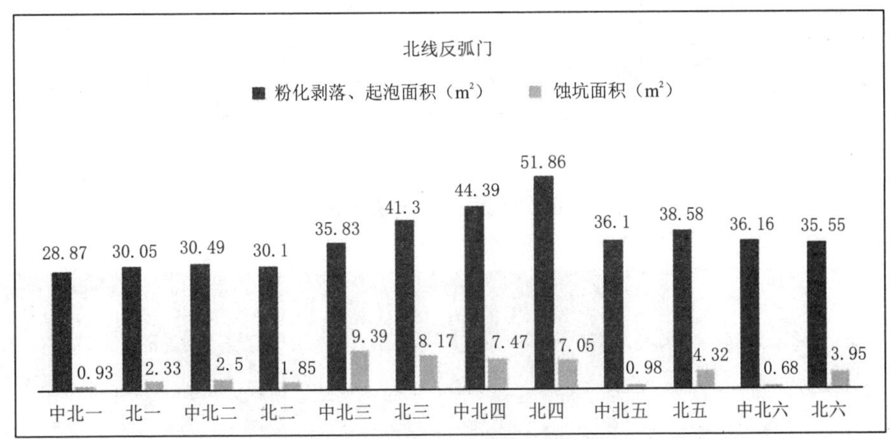

图 5 北线反弧门涂层缺陷统计图

南线涂层粉化剥落、起泡面积最大的为南六反弧门,其剥落面积为 54.96m²,最小的为南二反弧门,其剥落面积为 26.95m²(图 6)。涂层剥落主要集中在反弧门面板,这是由于面板采用的是复合板材,基材为 Q345C,厚度为 30mm,复材为 0Cr22Ni5Mo3N,厚度为 4mm,复材表面整体光滑,涂层和复材间附着力不强,长期运行导致涂层大面积脱落,目前来看并不影响正常运行和表面防护,如图 7(a)所示。反弧门起泡的主要原因也是由于喷涂层氧化膨胀导致漆膜凸起所致,图 7(e)、图 7(d)为反弧门起泡和剥落现状。

北线反弧门 3.0mm 以上蚀坑深主要分布在北三、北四、中北四、北五反弧门支臂底部与门体连接位置,如图 7(c)所示;南线 3.0mm 以上蚀坑主要分布在中南三、南三、中南四、南四、中南五反弧门支臂底部与门体连接位置,如图 7(d)所示,北线反弧门最大的腐蚀面积为 9.39m²,最小的为 0.68m²,南线最大腐蚀面积为 1.9m²,最小为 0m²。南北两线反弧门底缘腐蚀主要是由于高水头紊乱水流空化气蚀所致[9-11],目前暂无有效手段彻底解决门底缘空化问题[12][13]。另外,由于反弧门长期处于水下工作状态,除了门体涂层自然失效外,在水流冲击、水介质对门体的化学反应以及吸附于门体上的水生生物等综合作用下,也会对反弧门的防腐层造成点蚀破坏,致使防腐层产生起泡、剥落、锈蚀现象。

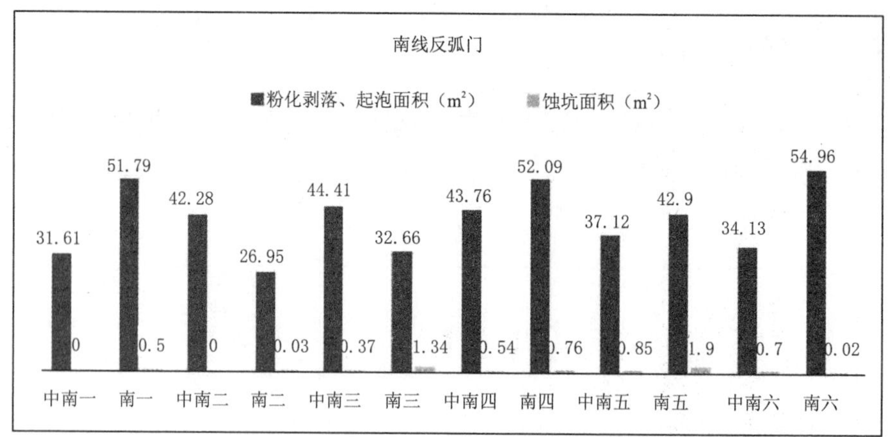

图6　南线反弧门涂层缺陷统计图

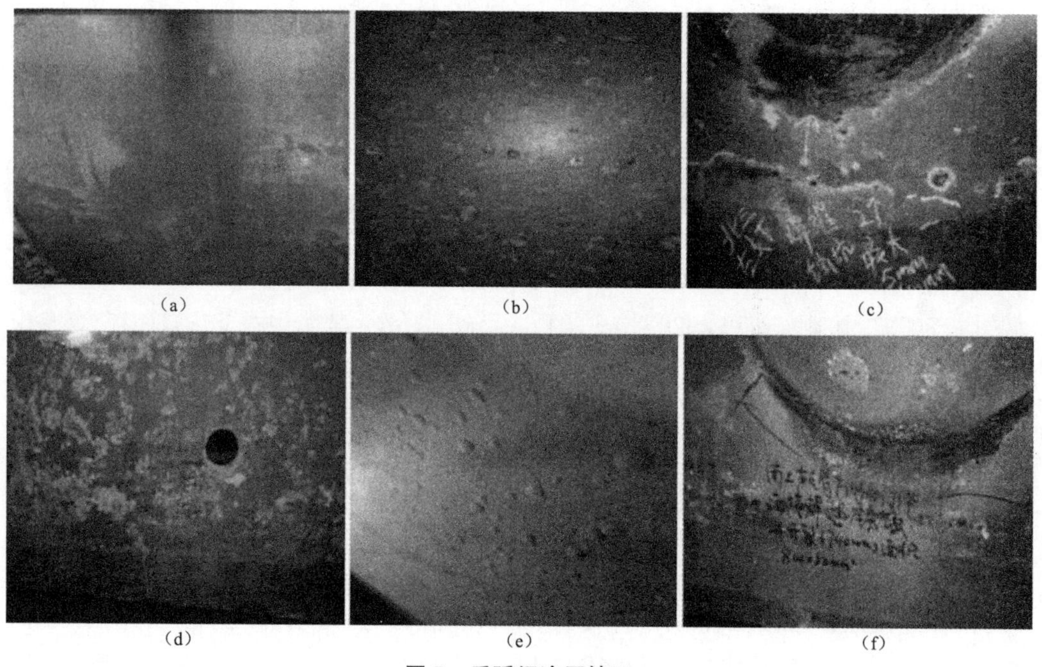

图7　反弧门涂层情况

3　结论

1)人字门虽历经十多年,其原有防腐蚀涂装防护体系依然继续发挥着对结构母材的保护作用。从锈蚀等级看,目前总体上尚处于中等锈蚀阶段,尚未对母材形成实质性不利条件和影响。

2)人字门腐蚀情况南线明显优于北线,主要是因为北线为热喷稀土铝加涂料防腐,南线为热喷锌加涂料防腐。实践证明,热喷锌相比于热喷稀土铝,对内河水工金属结构防腐更为有效。

3)反弧门表面防护层总体完整,仅有少部分区域出现鼓泡、蚀孔、涂装层脱落及面层氧化等腐蚀现象,其所占面积均在门体涂装面积的 8%以内。各门体腐蚀区块位置大致相同,说明在相同边界条件下,腐蚀诱因主要是高水头紊乱水流空化气蚀。

4)人字门和反弧门门体腐蚀防护措施是行之有效的,继续使用一定时间尚不致造成门体安全问题,但需加强维护措施,对涂层起泡、严重粉化剥落和腐蚀的区域要着手做好补涂方案,以延长防护体系使用周期,处理后的区域应按原防腐处理方案进行恢复性涂装防护。另外,建立腐蚀防护定检制度可以发现问题及时处理,延寿驱害。

5)三峡船闸的投运大幅度提高了川江航道通过能力以及川江航运安全度,运输成本大大降低,有效促进了长江经济带的发展[14-15],在研究挖掘船闸通过能力的同时确保船闸健康安全运行是后期我们思考的方向。

参考文献

[1]耿希明.三峡船闸钢闸门防腐技术应用[J].水运工程,2015(5):161-164.

[2]梁健.浅析富春江船闸金属结构防腐[J].科技创新导报,2015(24):102-103.

[3]王立军,周江余.水电站金属结构及埋件的防腐蚀方法[J].华中电力,2004,17(4):62-65.

[4]曾德龙,卜建欣.三峡金属结构防腐蚀措施研究[J].中国三峡建设,2003(2):13-15.

[5]张中礼.热喷涂技术在钢铁结构件防腐方面的应用[J].腐蚀科学与防护技术,2000,12(6),354-358.

[6]李玉刚.热喷涂技术在钢桥防腐中的应用[J].表面技术,2007,36(1):87-89.

[7]闵小兵,欧阳晟,吴和元.热喷涂锌、铝长效防腐蚀涂层及其在钢铁构件上的应用[J].湖南冶金,2001(3):3-6.

[8]张敏,刘元绘,简迎辉.葛洲坝工程水工钢结构防腐蚀概述[J].人民长江,2002,33(11):50-52.

[9]钮新强,童迪,宋维邦.三峡工程双线五级船闸设计[J].中国工程科学,2001,13(7):85-90.

[10]吴英卓,江耀祖,姜伯乐,等.大型超高水头船闸输水系统形式研究与展望[J].长江科学院院报,2016,33(6):53-57.

[11]范敏,江耀祖,陈辉.大藤峡船闸第一分流口压力特性试验研究[J].人民长江,2017,S1(48):256-258.

[12]吴英卓,陈建,王智娟,等.高水头船闸输水系统布置及应用[J].长江科学院院报,

2015(2):58-63.

[13]吴英卓,姜伯乐,李静,等.船闸水力学研究方法论[J].人民长江,2017,13(48):54-57.

[14]宋维邦.三峡船闸技术的登峰之路[J].人民长江,2010(4):77-80.

[15]戴昌军,安荟菁,钱俊.三峡区域水运物流现状及发展对策研究[J].人民长江,2014,45(11):23-25.

三峡船闸水力学原型与模型对比研究

吴英卓[①] 江耀祖

(长江水利委员会长江科学院,武汉 430010)

摘　要:物理模型在解决复杂三维水力学问题时发挥着不可替代的作用,但缩尺会使模型试验成果产生一定偏差,对船闸模型而言这一问题更加突出。鉴于此,在船闸模型设计、模型试验条件确定或成果分析时均会依据以往经验考虑缩尺影响因素,以便更好地由模型预测原型。如在三峡船闸设计研究阶段,根据国内外已建高水头船闸流量系数原型比模型增大10%~19%的经验,对分流口等局部模型试验条件进行校正并开展了相关试验研究后确定了分流口等局部体型。然而船闸有水调试阶段发现三峡双线连续五级船闸1∶30整体模型最大流量缩尺效应超出以往工程经验达到30%以上,较大的缩尺影响造成某些水力学指标原型、模型出现较大偏差,甚至给某些部位带来安全隐患。本文通过三峡船闸模型试验成果与原型监测资料的对比分析,研究过大缩尺效应产生的原因及其影响,对于高水头、大闸室尺度、输水系统复杂的连续多级船闸的设计、科研与建设均具有指导意义,便于船闸设计者与研究者更深刻了解大型多级高水头船闸模型缩尺效应影响,为正确利用模型成果预测原型提供帮助。

关键词:三峡连续五级船闸;模型试验;原型观测;缩尺效应;水力学参数对比

1　前言

从20世纪50年代长江科学院开始开展三峡船闸通航水力学研究工作至今,建立船闸整体及局部物理模型数十座,解决了大量工程实际问题。三峡工程建成后先后承担了三峡工程135m、156m和175m蓄水各阶段原型水力学观测工作。特别是三峡船闸建成运行后,自2003年底至2018年连续15年承担三峡船闸水力学安全监测工作,包括完建

---

① 基金项目:国家重点研发计划(2016YFC0402004)。

作者简介:吴英卓(1964—　),女,湖北郧西人,高级工程师,主要从事船闸水力学研究,E-mail:ckywuyingz@163.com;通讯作者:江耀祖(1963—　),男,教授级高级工程师,主要从事通航建筑物水力学研究,E-mail:j027@qq.com。

期、试验性蓄水期和正常蓄水期均开展了系统的水力学监测和现场调试,给出了不同水位下的闸阀门运行方式,并积累了工程大量的第一手资料。原型监测成果表明,船闸运行时的总体情况良好,大部分观测指标均在设计范围内,但同时也发现,三峡双线连续五级船闸模型缩尺效应超出以往工程经验,使得运行初期出现闸室输水效率提高,输水时间仅 10min 左右,小于设计值 12min;最大流量近 $700m^3/s$,大于模型试验值 30%以上;阀门接近全开至全开后,泄水闸室"T"形管段出现较大脉动压力;试运行期间抽干检查发现第一分流口个别墩头出现麻面等问题。为此,长江科学院开展了大比尺模型复演试验,通过复演试验,优化阀门运行方式,控制过大流量,解决了因流量过大产生的一系列问题。以往国内外研究机构对船闸模型的缩尺影响也进行了大量研究,并提出了一些校正方法,其中常用的有雷诺数校正法、糙率校正法以及综合考虑雷诺数和糙率影响的统一校正法[1]。三峡船闸设计研究阶段,校正后预测三峡船闸双边输水设计最大流量为 $600m^3/s$,校正值仍存在较大偏差,因此对三峡船闸原型和模型试验资料进行分析对比,对大型连续多级高水头船闸模型试验成果预估原型提供参考。

2　三峡船闸过大缩尺效应产生原因分析

船闸输水系统原型、模型间存在严重的缩尺效应,我国的葛洲坝 3 号、2 号、1 号船闸原型的流量系数分别增大 10%、12%、19%,美国的 Lower Granite 船闸、New Bankhead 船闸和 Bay Springs 船闸原型的流量系数增大 12%～19%[2]。为此在三峡船闸设计研究阶段,根据以往经验对船闸模型试验成果进行了修正,修正后三峡连续五级船闸中间级双阀输水设计最大流量为 $600m^3/s$,三峡船闸有水调试期间的原型观测表明,设计工况双阀输水时,输水最大流量为 688～$701m^3/s$,三峡连续五级船闸中间级原型的流量系数增大 30%左右,远超单级船闸经验值。

由于缩尺效应产生的根源是原型、模型水流水头损失不相似,因此首先从原型、模型水头损失的差异分析船闸模型特别是三峡船闸产生严重缩尺效应的原因。

水流黏滞性产生水头损失可视为沿程水头损失与局部水头损失之和。沿程水头损失 $h_f=\lambda\dfrac{l}{d}$,是沿程水头损失系数 λ、输水廊道长度 l,当量直径 d 以及流速水头 $\dfrac{v^2}{2g}$ 的函数;局部水头损失 h_w 则主要与输水廊道的形状以及流速水头 $\dfrac{v^2}{2g}$ 相关。

图 1 是根据莫迪图绘出的原型水流雷诺数 R_e、流道相对粗糙度 Δ/d 与原型、1∶30 模型沿程水头损失系数差值($\lambda_m-\lambda_p$)关系曲线,由图 1 可知,在 $R_e<2\times10^7$ 区间水流雷诺数越小原型和模型沿程水头损失系数 λ 的差异越大。由于船闸输水为非恒定流过程,输水流量 Q 由 0 至 Q_{max} 再至 0 变化,输水廊道内水流雷诺数也由 0 至最大再至 0 变化,因此相对枢纽整体模型而言,船闸模型的缩尺效应更大。

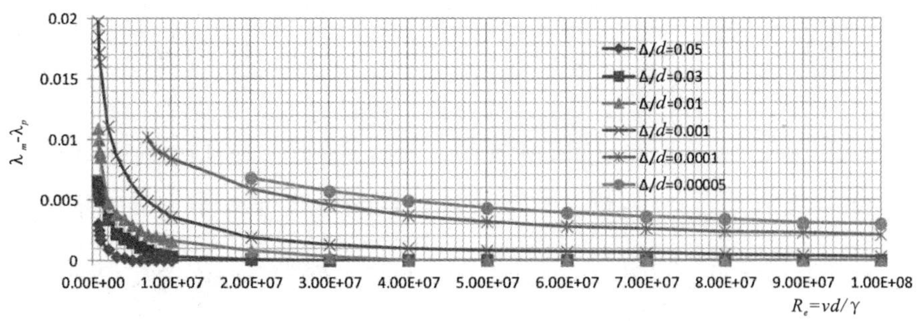

图1 R_e 与($\lambda_m-\lambda_p$)关系曲线

从图1还可以发现,在 R_e 相同的条件下,输水廊道相对粗糙度 Δ/d 越小,($\lambda_m-\lambda_p$)越大。为保证廊道壁面平整防止空化,三峡船闸输水廊道壁面涂刮了一层环氧胶泥,相关研究表明,廊道糙率为0.010～0.012[2],小于混凝土壁面0.014的糙率,即三峡船闸输水廊道相对粗糙度 Δ/d 小于混凝土壁面,假设以纯水泥表面当量粗糙度 $\Delta=0.25\sim1.25$ 的两极值分别代表环氧胶泥与混凝土的当量粗糙度,则三峡船闸采用环氧胶泥涂刮相对粗糙度 $\Delta/d=0.000051$;若为普通混凝土廊道表面相对粗糙度 $\Delta/d=0.00025$,在图1中查取三峡船闸最大流量时刻阀门控制断面原型 $R_e=2\times10^7$ 对应的($\lambda_m-\lambda_p$)值分别为0.0068(环氧胶泥壁面)和0.0030(混凝土壁面)。显然,原型输水廊道壁面越光滑,模型缩尺效应会越大。另外,图1是以原型 $(\Delta/d)_p$ 与模型 $(\Delta/d)_m$ 相同的条件下绘制的,实际上船闸模型材料一般采用有机玻璃,对于1∶30模型而言,糙率换算到原型后偏大,即 $(\Delta/d)_m>(\Delta/d)_p$,会进一步加大($\lambda_m-\lambda_p$)值,且原型输水廊道越光滑加大的越多。

为防止空化,采用沿程全断面涂刮环氧胶泥控制廊道平整度的措施,加大了原型、模型阻力的差异是三峡船闸出现超过以往经验的缩尺效应的原因之一。过大缩尺效应的产生还与三峡船闸的连续多级船闸属性密切相关。

表1列出了三峡船闸中间级输水系统阻力原型、模型(1∶30)对照。

表1　　三峡船闸2闸室泄水3闸室充水输水系统分段阻力系数与流量系数

分段		ξ		模型阻力系数增幅(%)
		ξ_m	ξ_p	$(\xi_m-\xi_p)/\xi_p$
泄水闸室	2闸室水位—3闸首阀门前	1.488	0.878	69
阀门段	3闸首阀门前—下检修门井后	0.445	0.327	36
充水闸室	下检修门井后—3闸室水位	1.771	0.882	101
总计	泄水闸室水面—充水闸室水面	3.704	2.087	77

注:ξ 为阻力系数;ξ_m 为模型阻力系数;ξ_p 为原型阻力系数;μ 为流量系数;μ_m 为模型流量系数;μ_p 为原型流量系数。

从表1可知,充水闸室输水系统缩尺效应比泄水闸室大,研究发现输水阀门后150m主廊道斜坡段(图2)的原型、模型阻力差异是中间级(2泄3充)输水系统各区段中最大的,模型阻力系数 ξ_m 增幅达140%(或原型阻力减小了58%),由此造成充水闸室缩尺效应大于泄水闸室，而该段以沿程水头损失为主，$h_f=\lambda \dfrac{l}{d}\dfrac{v^2}{2g}$，较长的输水廊道（$l$ 值大），是该段产生过大缩尺效应的原因。对于三峡船闸中间级输水系统而言，2 泄 3 充输水廊道换算长度长达 487m（双充），较相同输水系统形式的葛洲坝 1 号船闸 248m（双充）的输水廊道换算长度，增大了近一倍，则 1∶30 三峡船闸整体模型沿程水头损失较原型增大 $0.477\dfrac{v^2}{2g}$（环氧胶泥壁面）、$0.21\dfrac{v^2}{2g}$（混凝土壁面），模型因沿程阻力不相似多耗损 8.35m 水头（环氧胶泥壁面）、3.69m 水头（混凝土壁面）；而 1∶30 葛洲坝 1 号船闸模型沿程水头损失增大 $0.126\dfrac{v^2}{2g}$（混凝土壁面），模型沿程阻力多耗损 1.56m 水头。

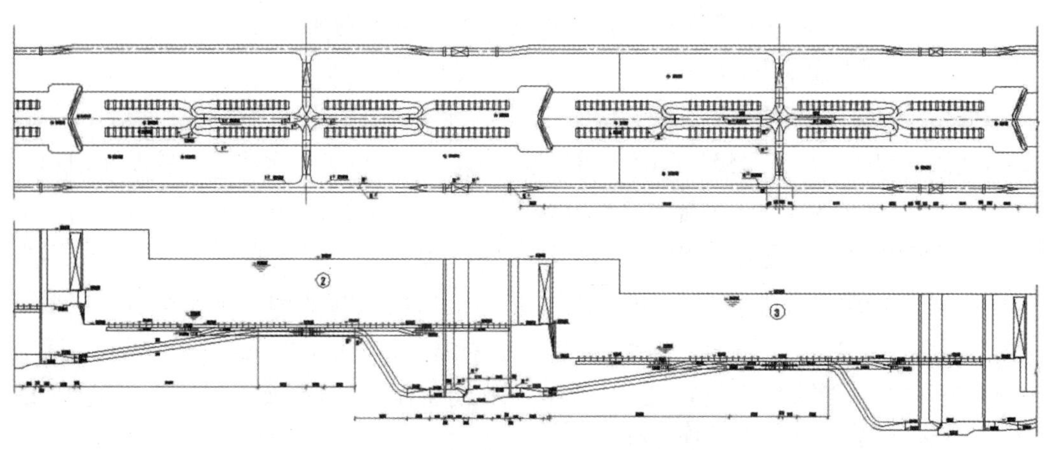

图 2　三峡船闸第 2、3 级输水系统布置图

对于具有繁多孔口的闸室内进、出水孔段的缩尺效应研究，一直是科研工作者关注的问题。三峡船闸原型、模型对比研究获得了泄水闸室（2 闸室）进水支廊道段原型、模型阻力系数 $\xi_p=0.143$、$\xi_m=0.223$，模型阻力系数增幅为 56%（或原型阻力减小了 36%）；对于出水支廊道段，模型试验获得 $\xi_m=0.262$，因原型没有可用于计算水头损失的测点压力资料，按出水孔段原型阻力减小 40%[1]计算出水孔段 $\xi_p=0.157$。对于 1∶30 模型而言，进水孔段因阻力不相似，多耗损水头 1.38m；出水孔段多耗损水头 1.82m。进、出水孔段廊道阻力占比为 13%（模型）、14%（原型），进一步说明进、出水孔廊道缩尺效应较剩余输水系统的缩尺效应小。分段阻力研究发现，以局部阻力为主的闸室内进水（或出水）孔段，在恰当的模型比尺下，其缩尺效应相对沿程阻力而言较小，对于输水系统复杂的高水头船闸而言，在满足几何相似的前提下，由流道形态改变带来的局部水头损失的模型缩尺效应小于沿程阻力损失。

上述推演进一步说明，对于三峡船闸而言，因模型糙率不相似和输水廊道较长，使得因原型、模型水流流区不同造成的沿程阻力不相似带来的原型、模型水头损失差异较单级船闸大，是出现过大缩尺效应的主要原因，而高水头连续多级船闸特性，又使得输水系统多了一个进水(或出水)孔段,也是缩尺效应加大的另一原因。

在将模型结果引申至原型时,除进行糙率和雷诺数修正外,还必须考虑输水系统特性(l/d)以及原型、模型局部(尤其是进、出水口)阻力间的差异。

3 原型、模型对比研究分析

模型阻力偏大,由此产生原型一系列水力学特征值——输水时间、最大流量、最低压力、压力脉动幅值及水流空化特性发生变化。另外,在设计研究阶段未重点关注的部位,原型观测发现问题,因此有水调试后开展 1∶30 整体模型、1∶20 分流口局部模型复演试验,了解产生问题的根源,并提出解决方案。

3.1 输水系统水力特性

表 2 列出了设计阀门运行方式下中间级闸室输水水力特征值。

表 2　　2 泄 3 充设计工况双阀输水水力特征值原型、模型对比

三峡船闸	T(min)	Q_{max}(m^3/s)	μ	Z_{min}(m)	备注
模型	12.75	527	0.520	121.3	1∶30 模型
原型	9.98	696	0.692	112.2	ΔH=44.89m、2 泄 3 充、双阀以 t_v=2min 匀速连续开启

过大的缩尺效应,使得设计阀门运行方式下原型输水最大流量加大 32%,原型输水效率高,输水时间远短于设计 12min 要求,说明输水系统尺度偏大。计算三峡船闸输水主廊道最大平均流速为 10.84m/s(模型换算值)、14.31m/s(原型值),原型流速未超过输水流道流速控制在 15m/s 以内的规范要求。另外,过大的缩尺效应,使得原型阀门井最低水位较模型预估值降低了 9.1m,下降幅度较大,但因三峡船闸中间级阀门段埋深大起始淹没水深 26m,3 闸首阀门全开后顶上最小淹没水深仍有 30.2m,使阀门内弧面形成的旋滚水流不具备造成门井水面破碎带气诱发阀门振动的能力[3]。

3.2 输水系统压力、空化特性

为弄清有水调试时泄水闸室“T”形管两出口侧壁 F13CZ23、F14CZ23、F15CZ23 测点的大压力脉动产生原因,1∶30 船闸整体模型上重点观察了 3 闸首阀门段前泄水闸室的“T”形管段的流态。

流态观察发现水流由第一分流口进入“T”形管段时流线平顺,流经“T”形管弯段后形成螺旋流(图 3),直到鹅颈管段后的扩散段结束。并且上述螺旋流基本上贯穿整个泄充水过程,其基本形态不随流量的变化而改变,但起旋点随流量变化而变化,“T”形管出口流线摆动较大,螺旋水流运行区域压力脉动较大。

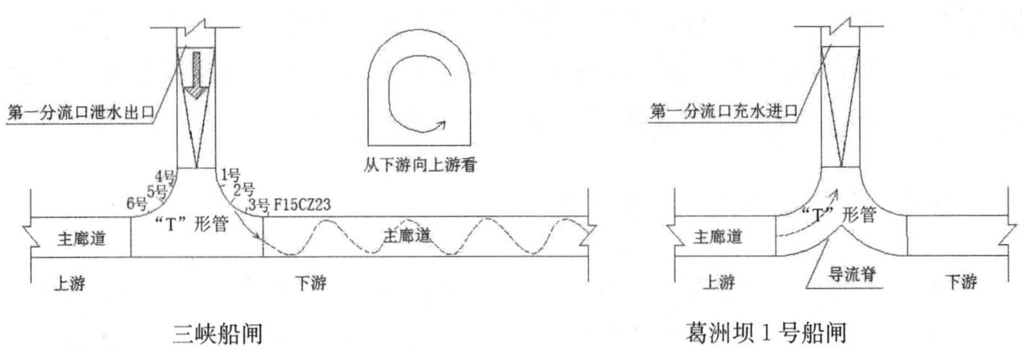

图3 "T"形管体型及流态

图4绘出了泄水闸室"T"形管出口F15CZ23测点压力，从图4可发现，缩尺效应使原型、模型时均压力变化趋势发生改变，原型该点压力在阀门开启过程中快速下降，至出现最大流量后不久达到最低值，随后回升，而模型压力是单调变化过程，模型该点时均压力最低值出现在泄水结束时。最大流量出现时刻，原型时均压力值较模型小近9×9.8kPa，并且压力脉动模型远小于原型。对比研究中，模型上通过不断拆除充水闸室输水系统的方式减小模型阻力，使模型流量向原型趋近。研究发现，随着阻力不断减小，流量不断加大，F15CZ23测点压力脉动不断加大，表明流量加大使得螺旋流区域流场紊动加强，即强烈紊动的螺旋流流场是"T"形管出口F15CZ23测点压力产生大压力脉动的根本原因。

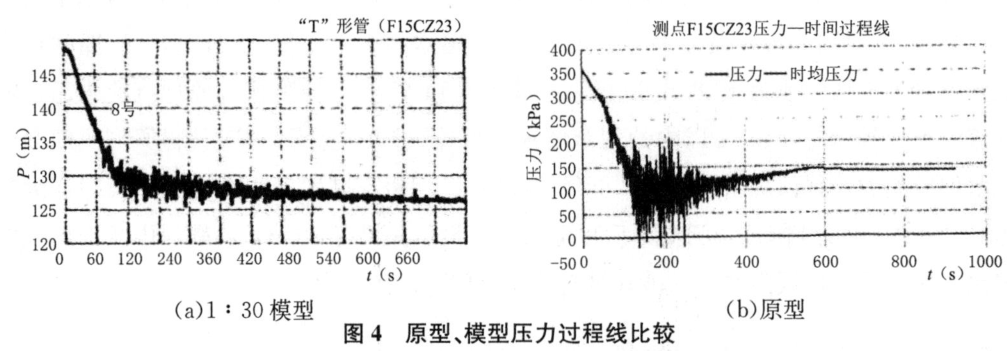

图4 原型、模型压力过程线比较

根据以往研究，通过"T"形管进入充水闸室的水流亦为螺旋流，螺旋流区域压力脉动剧烈[4]，在"T"形管泄水水流顶冲点处加导流脊(形式见图3)。若导流脊形式恰当可使充水过程中"T"形管段的螺旋水流消失，且可大幅降低廊道压力脉动[5][6]。同样，根据前述流态观测及分析，恰当的导流脊也应能减弱泄水过程中"T"形管后的螺旋水流。虽然导流脊脊后会在船闸补水运用时出现负压，但对没有补水要求的闸室而言它应是有利的。

复验试验，还对鹅颈管等区域的压力和空化特性进行了研究。研究表明，三峡船闸输水廊道涂刮环氧胶泥控制平整度的措施是有意义的。

4 第一分流口复演试验

三峡双线五级船闸建成后，于 2003 年 6 月进入船闸试运行阶段，在试运行过程中，分别于 2003 年 12 月中旬及 2004 年 2 月下旬对南线和北线船闸进行了抽干检查，结果表明：2～4 闸室的第一分流口部分横隔板上发现不同程度蚀损现象，尤以三闸室和四闸室第一分流口蚀损较为明显，有研究者认为是通过分流口隔板的水流空化造成。由于设计研究阶段开展的分流口局部模型试验，其边界条件——通过分流口的流量及进、出口端压力均取自 1∶30 整体模型，而三峡船闸过大的缩尺效应，使得试验边界条件偏差较大，比如最大流量较设计流量 600m³/s，增大 100m³/s 左右，分流口进（或出）口端 F15CZ23 测点压力最大流量时刻压力值原型比模型低了近 9×9.8kPa，已有研究成果已无法对分流隔板出现麻面的原因作出正确的判断，因此船闸试运行期又开展了 1∶20 第一分流口局部模型复演试验，边界条件取自原型观测资料，由于 1∶20 模型仍存在缩尺效应，无法做到通过分流口的流量和进、出口端压力与原型相似，因此复验试验的试验边界条件，仅选择控制通过分流口的流量以及进口端压力与原型相似，因模型阻力大，模型测量获得的分流口区域压力将会较原型偏低。

图 5 给出了双泄工况的最大流量 700m³/s、600m³/s、500m³/s 三级流量下进口分流横隔板中线剖面压力分布。

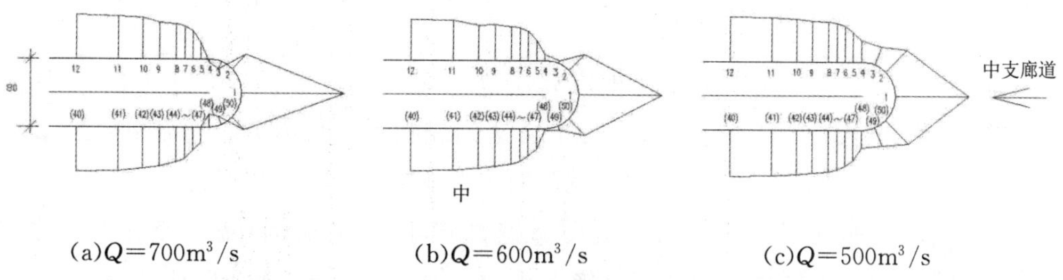

(a)Q=700m³/s　　(b)Q=600m³/s　　(c)Q=500m³/s

图 5　3 泄 4 充双阀输水三闸室分流口进口横隔板时均压力分布图(1∶20 模型测量)

由图 5 可知，泄水流量大于设计流量 600m³/s（进口流速 v>14.4m/s）后，第一分流口进口半圆墩头出现局部负压区。试验表明，双泄或双充工况，水流进口分流横隔板左、中、右 3 个测压剖面均出现局部负压区。最大流量下，水流进口分流横隔板墩头局部负压区最低时均压力分别为−3.13×9.81kPa（双泄）、−1.12×9.81kPa（双充），出现在水平线夹角 67.5°的圆弧上。水流分离点出现在半圆墩头弧面上，说明墩头偏肥。

Q=600m³/s、Q=500m³/s 两级流量下，整个墩头最低压力出现的区域未变，但时均压力均为正压。显然对高水头连续多级缩尺效应估计不足，输水流量过大使得分流口区域压力状况恶化。

单充工况因单支进流量大于双充工况，分流口进口墩头负压范围扩大，压力大幅下降，最大流量 375m³/s、300m³/s 两级流量下墩头均有负压出现，最低压力为－9.20×9.81kPa，已临近真空压力。

将双泄、双充及单充进口墩头部分测点时均压力与脉动压力综合考虑，可发现，在双泄工况 $Q=700\text{m}^3/\text{s}$ 流量下，进口半圆墩头紧临凸弧面侧墙的剖面中 53 号测点和紧临凹弧面侧墙的剖面中的 140 号测点的时均压力与 0.99 概率下脉动压力最大负峰值（-2.58σ）之和（即瞬时最低压力）已达到或临近汽化压力，表明水流在墩头局部区域可能处于瞬时空化状态。而在 $Q=600\text{m}^3/\text{s}$ 流量下，进口半圆墩头上各测点的瞬时最低压力均高于－5.91m，未达汽化压力。

表 3　　进口分流隔板部分测点时均压力与脉动压力综合参数

流量 (m³/s)	参数	测点编号					
		双泄		双充		单充	
		53 号	140 号	117 号	118 号	117 号	118 号
Q_{max}	P	−3.13	−2.40	−1.12	−1.02	−9.20	−7.20
	$P+P_{99}$	−10.53*	−9.80	−19.28*	−21.02*	−28.10*	−30.04*
600(300)	0.49	1.45	1.41	2.31	−3.14	−3.38	
	$P+P_{99}$	−5.91	−4.49	−10.50*	−15.39*	−15.24*	−17.85*
500(200)	P	3.98	4.90	3.81	4.04	4.44	4.57
	$P+P_{99}$	−0.88	1.25	−5.37	−8.30	−2.20	−3.43

注：Q_{max}——双泄为 700m³/s、双充为 680m³/s、单充为 375m³/s，下两级流量括号内为单充流量；
P——时均压力值（×9.81kPa）；P_{99}——99%概率下的脉动压力最大负峰值（×9.81kPa）；
带＊号的值为模型值换算为原型的虚拟压力值。

双充工况因 T 形管形成的螺旋流的影响，压力脉动较双泄剧烈。在 $Q=680\text{m}^3/\text{s}$ 流量下，进口墩头部分测点的瞬时最低压力也已达到或临近汽化压力。当流量降至 $Q=500\text{m}^3/\text{s}$ 流量后，进口半圆墩头上各测点的瞬时最低压力均未达汽化压力。

空化是空蚀的前提，但空化并不一定导致空蚀破坏，当水流处于临界空化或空化初生状态时更是如此。是否发生空蚀还与施工质量（结构尺寸与表面不平整度控制等）及材料的抗蚀能力密切相关，水力特性相近的不同隔板破坏程度差异较大就说明了这一点。

在工程已建前提下，改善分流口水流条件，减免水流空化的措施较为有限，从运行控制的角度出发，将最大输水流量控制在 600m³/s 以下（保证墩头时均压力为正），可改善第一分流口的水流条件。通过 1∶30 船闸整体模型试验获得按 $t_v=2\text{min}$ 速率先将阀门开至 0.7 开度左右后停机 3min 左右，再继续开至全开，既能将最大流量减至 600m³/s 以下，也能满足输水时间要求，在停机前阀门后廊道压力已从谷底有所回升，停机后阀门后廊道压力也不出现较大的回落，脉动压力幅值有所加大，但不会导致阀门工作条件明显恶化。该推荐间歇运行方式后经原型调试调整为在按 $t_v=2\text{min}$ 速率先将阀门开至 0.65 开度左右后停机 3min 左右，再继续开至全开的间歇开启方式，原型观测，2 泄 3 充双阀输

水 Q_{max}=605m³/s 得到较好控制。在分流口墩头进行抗蚀材料处理后再未出现蚀损现象。

由于原型分流口进口分流墩在 Q=600～700m³/s 流量下出现负压区,是由于半圆墩头偏肥,因此 1∶20 模型尝试将进口墩头形式修改为$\frac{x^2}{120^2}+\frac{y^2}{40^2}=1$的椭圆墩头形式,修改后墩头区域压力大幅上升,墩头最低时均压力为 4.75×9.81kPa(双泄)、7.39×9.81kPa(双充)、-1.32×9.81kPa(单充),较半圆墩头提高 8.00×9.81kPa 左右。脉动压力负峰值绝对值和半圆墩头比较也有明显减小。显然,从水力学的角度看椭圆形墩头明显优于半圆形墩头。

5 结论

三峡船闸输水系统特性——长廊道、多进出水孔、低糙率,带来了超出以往工程经验的缩尺效应。原型观测和复演试验表明,设计阀门运行方式下原型中间级最大流量由模型试验换算值 527m³/s 增大至 700m³/s 左右,第一分流口进口最大流速达到 16.8m/s,超过廊道流速小于 15m/s 的规范要求;阀门门井水位较模型预估值下降 9.0m 左右;最大流量出现时刻"T"形管出口时均压力降低 9×9.8kPa 左右,水流流速的加大使水流通过"T"形管转弯形成的螺旋水流运行区压力脉动加剧;第一分流口进口隔板墩头局部区域瞬时最低压力(时均压力+0.99 概率脉动压力负峰值)达到真空压力,可能出现瞬时空化源。鉴于进行复演试验的 1∶20 模型的缩尺效应使模型分流口区域水力坡降加大,模型预估压力偏低,再加上水力特性相近的不同隔板破坏程度差异较大,可以判断第一分流口出现临界空化,是否发生空蚀还与施工质量(结构尺寸与表面不平整度控制等)及材料的抗蚀能力密切相关。

通过模型复演,弄清原型系列问题的出现均源于三峡船闸过大的缩尺效应,使得原型流量过大,输水效率大幅提高。为此通过模型试验、原型调试,优化输水阀门运行方式,将原 t_v=2min 速率连续开启方式,修改为以 t_v=2min 速率开至 n=0.65 开度间歇 3min 后再开至全开的间歇开启方式,将最大流量控制在 600m³/s 左右,将分流口喉部流速控制在 14.5m/s 以下,解决了隔板蚀损问题。同时复演获得的减小第一分流口区域压力脉动的"T"形管形式,和能提高时均压力的椭圆墩头形式,都被后续大型高水头船闸——大藤峡船闸借鉴。

参考文献

[1]张瑞凯,李云.船闸水力学模型缩尺影响及其校正方法的研究:兼对三峡多级船闸中间级原型流量系数预测[J].水力发电,1991(8):52-54.

[2]邓廷哲.葛洲坝船闸水力学原、模型试验比较[R].长江科学院院报,1993(2).

[3]陈文学,郭军等.三峡永久船闸输水廊道阻力特性研究[J].2008—中国水利学会第四届青年科技论坛.

[4]Herrmann F A.Prototype evaluation of Bay Springs Lock. Tennessee－Tombigbee Waterway, Mississippi [R]. Vicksburg :US Army Engineer WES,1989.

[5] Simnion H B.Filling and emptying systems for medium－lift locks Trinity,Texas hydraulic model investigation[R].Furt Worth:US Army Engineer District,1977.

[6]须清华.分散输水系统船闸出水孔段廊道的水工模型缩尺效应[J].水利水运科学研究,2002(3):65-68.

[7]吴英卓,江耀祖.三峡船闸中间级输水系统水力学特性原型与模型对比研究[R].长江科学院,2003.

[8]江耀祖,吴英卓,等.三峡永久船闸末级泄水模型协助原型调试补充试验报告[R].长江科学院,2003.

[9]吴英卓,刘志雄,王智娟,等.三峡永久船闸闸室第一分流口水力学大比尺局部模型试验研究报告[R].长江科学院,2004.

均匀设计和神经网络在三峡永久船闸高边坡渗流场反分析中的应用

丁金华[①,2]　张伟[1,2]　张家发[1,2]

(1 长江水利委员会长江科学院,武汉　430010;

2.水利部岩土力学与工程重点实验室,武汉　430010)

摘　要:长江三峡永久船闸高边坡是世界上开挖高度最大的边坡之一,裂隙及陡倾角断层较发育,岩体渗透性是影响高边坡稳定和变形的重要因素。结合工程建设期现场压水试验成果及地质资料,建立船闸区三维饱和稳定各向异性渗流有限元计算模型,以地下水位监测数据为反分析目标控制值,采用均匀设计和BP神经网络模型对岩体渗透张量大小和降雨入渗系数进行了反演,然后利用反演参数对高边坡渗流场进行了计算,误差分析表明反演参数得到的地下水水位与监测资料基本吻合,验证了反演参数的合理性,据此可以对高边坡运行期水位进行预测。

关键词:三峡永久船闸高边坡;渗透张量;反分析;神经网络模型

1　引言

三峡水利枢纽永久船闸为双线五级船闸,是目前世界上规模最大的船闸。闸室两侧是在山体中深切开挖形成的高陡边坡,其最大高度达170多米,高边坡的稳定性和变形量直接影响船闸能否正常安全运行。在船闸开挖施工期,如何根据现场监测资料和地质资料进行反馈分析,对设计条件和设计参数等进行校验修正,进而预测后期边坡变形,提出优化改进措施,是工程设计施工中亟须解决的重大问题。其中岩体渗透性和地下水分布是影响高边坡稳定和变形的关键因素之一,渗流参数反演和渗流场预测具有重要意义。

本文主要论述该阶段以地质资料和施工期地下水监测资料为依据进行的永久船闸高边坡渗流场反演研究工作,并和运行期安全监测资料进行验证和对比,为船闸高边坡稳定变形分析提供基本依据。

---

①　作者简介:丁金华(1973—　),女,教授级高级工程师,工学博士,从事水工渗流和地下水环境影响分析等方面的研究工作,E-mail:dingjh@mail.crsri.cn.

2 高边坡地下水监测

2.1 永久船闸工程概述

永久船闸主体位于坛子岭以北约 200m 的山体中，轴线方向 SE110°58′80″，与坝轴线夹角为 67.42°，船闸主体段长 1607m，包括上、下游引航道全长 6442m，单级闸室尺寸为 280m×34m×5m（长×宽×最小水深），两线船闸中心线相距 94m，中间保留 60m 宽，50～70m 高的原岩中隔墩。船闸两侧边坡高度一般为 70～120m，最高达 170 多米。

船闸区基岩为前震旦系闪云斜长花岗岩，裂隙及陡倾角断层较发育，根据风化程度和特征，岩体自地表向深部依次可划分为全、强、弱、微四个风化带和新鲜岩体，其中弱风化带厚度为 3.5～29m。区内地下水以大气降水为主，多年平均入渗系数约为 0.145，天然状态下地下水主要分布于弱风化带内，一般较降雨滞后 10～20 天。

在三峡工程各个设计和施工阶段，历经“七五”“八五”等各期攻关，长江科学院结合现场降雨试验、压水试验、渗流数值模拟及地下水安全监测等多种手段，对船闸高边坡岩体的渗流特性和渗流规律进行了系统的研究，取得了丰富的研究成果[1]、[4]。特别是“七五”期间进行的高边坡现场压水试验所得到的基岩渗透性是指导后期研究工作的主要基础。该试验成果表明[4]，微新岩体各向异性主渗透系数为 1.80×10^{-7}、5.42×10^{-7}、6.51×10^{-7}cm/s，弱风化带主渗透系数为 3.29×10^{-7}、9.92×10^{-7}、11.50×10^{-5}cm/s，基岩倾向为 6.4°、276.5°、142.2°，倾角为 2.0°、1.9°、87.4°。全强、弱、微（两个亚类）风化带岩体渗透性之比约为 7268∶183∶3∶1。

2.2 地下水监测布置

永久船闸高边坡在南、北坡各布置有 7 层排水洞，洞中设置排水孔幕。地下水监测包括地下水位、降雨量、排水量及水质监测等方面。

工程建设前期在南北坡第 5～7 层排水洞中共布置有 48 个测压孔，其中 S7 和 N7 有 5 个长期测压孔，每孔深达 91～119m，采用分层埋设振弦式渗压计的方法进行地下水位监测[3]。后期又在南北坡第 1～4 层排水洞内增加了 67 个测压管[6]。

反分析主要采用了第 7 层排水洞内的长期监测孔资料。典型监测断面布置图见图 1、图 2，相应的埋设参数见表 1、表 2。

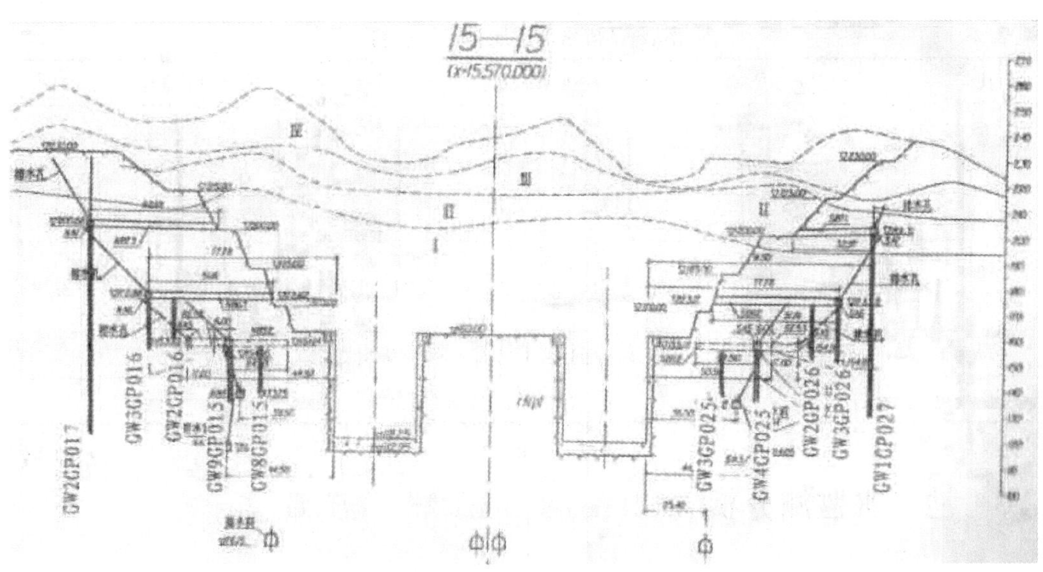

图 1　15-15 剖面渗压观测孔布置示意图

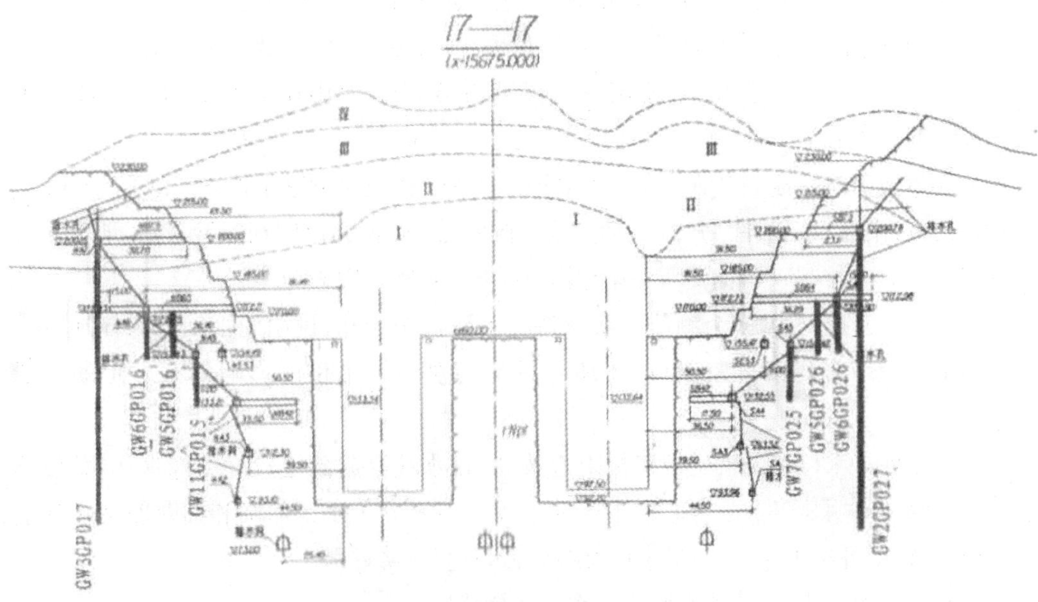

图 2　17-17 剖面渗压观测孔布置示意图

表 1　　北坡 N7 排水洞渗压计埋设资料

孔号	GW2GP017			GW3GP017			
所在剖面	二闸室 15-15(桩号 15570)			三闸首 17-17(桩号 15675)			
测点编号	N72-1	N72-2	N72-3	N73-1	N73-2	N73-3	N73-4
埋设高程(m)	112.51	140.60	163.14	92.61	111.62	146.41	162.36
岩性	前震旦纪闪云斜长花岗岩						
风化程度	微风化,新鲜岩体			上部弱风化,下部微风化,新鲜岩体			

表 2　南坡 S7 排水洞渗压计埋设资料

孔号	GW1GP027			GW1GP027			GW1GP027			
所在剖面	二闸室 15-15（桩号 15570）			三闸首 17-17（桩号 15675）			三闸室 20-20（桩号 15785）			
测点编号	S71-1	S71-2	S71-3	S72-1	S72-2	S72-3	S72-4	S73-1	S73-2	S73-3
埋设高程(m)	115.90	150.02	166.33	90.85	132.08	143.61	172.11	92.33	142.30	172.96
岩性	前震旦纪闪云斜长花岗岩									
风化程度	微风化，新鲜岩体									

2.3 地下水监测分析

从高边坡施工期一期安全监测（1995—1999 年）获得的地下水资料[3]分析可知：

1）1995—1999 年降雨量监测表明，四年观测期中，各年降雨量与三峡坝区多年平均降水量 1147mm 是基本吻合的，年平均降雨强度也基本一致，在 $3.46\times10^{-6}\sim4.42\times10^{-6}$ cm/s。而一年之中的降雨分布很不均匀，主要集中在雨季 4—10 月，雨季平均降雨强度在 $4.45\times10^{-6}\sim6.34\times10^{-6}$ cm/s。

2）高边坡山体内地下水流方向基本受地形控制。船闸区北坡地形以二闸室 15-15 剖面附近最高，南坡以三闸首 17-17 剖面至第三闸室 20-20 剖面之间坛子岭最高，地下水流也表现为在北坡由 NW 流向 SE，在南坡由 SW 向 SE 和 NW 流动。

3）随边坡开挖进程，多个测压孔水位持续下降甚至干孔，说明施工期内山体地下水位逐渐下降。结合降雨量监测成果，还可见降雨对地下水位的影响具有一定的滞后现象。

4）北坡地下水位在弱风化带底板附近波动，排水孔幕起到了较好的降水作用，使幕后的地下水位有明显降低。南坡由于开挖形成了一个介于永久船闸和临时船闸之间的孤立山体，外部补给不充分，地下水位普遍较低，且呈下降趋势。

船闸区开挖完成后，地下水监测工作仍在持续进行[5]、[6]。

3 基于均匀设计和神经网络的渗流场反分析方法

在岩土工程领域，随着监测技术的日渐完善，人们不仅希望了解结构物的各种性状，更希望借助反分析进一步对结构物发展趋势进行合理准确的预测，对系统进行优化和控制。但岩土工程中的反问题大多是非适定、非线性的，其求解比正问题困难很多。岩土工程反分析法一般有间接法、直接法、图谱法和统计分析法等[7]，大多数渗流问题的反分析属于间接法，即假设一组渗流参数，在给定边界条件下采用理论法或者有限元等数值法求解，建立

计算值与实测值的误差函数,通过某种最优化方法,修正渗流参数使误差趋于零,即可认为此时的渗流参数为真实值。间接法可适用于各种非线性问题,并能沿用现有的正分析计算方法和程序,因此其应用范围较广,但缺点在于反分析过程受优化迭代方法的控制,假如待定参数较多,相应的计算工作量很大,甚至可能不收敛而无法求解。

多层前馈网络是一种神经网络模型,它是针对一组给定的输入及其目标输出量所确定的特定数值空间来建立网络模型,通过一定的算法模拟输入输出关系,当网络输出值与目标值的误差最小时,即认为网络状态达到稳定,此时可对空间内任一输出进行预测,得到理想的输出[8]。其拓扑结构包括输入层、隐蔽层和输出层,网络训练学习过程包括正向传播和反向传播,从输入层经隐蔽层单元进行加权处理后,转向输出层,如果在输出层得不到期望的输出,则转入反向传播,将误差信号沿原来的连接途径返回,逐层修改各单元的权重值,然后再进行正向传播,直至误差最小。这样一种给定目标值的训练模型简称为BP网络模型。BP模型采用非线性连续函数作为转移函数,从原理上来说,具有一个隐蔽层的BP网络就可以有足够精度去实现任意连续函数的映射,非常适用于多参数的非线性反演。

当BP模型应用于具体的工程问题反分析时,关键在于如何确定包含观测资料(如水位、渗流量等)在内的网络模型的训练数据样本,即网络空间应足够大,能够涵盖全部可能发生的输入输出状态,因此还必须结合适当的试验设计方法,据此确定相应的有限元正分析方案,才能保证网络预测的准确性。最常用的试验设计方法——正交设计法是依据正交性原则来挑选试验范围(因素空间)内的代表点,对于多因素、多水平的试验情况,正交设计法的工作量也较大,难以完成。本文引用方开泰、王元提出的均匀设计法[9],其数学原理是数论中的一致分布理论,只考虑试验点在试验范围的均匀散布,既可全面控制所有可能出现的试验组合,又可大幅度降低试验工作量。

4 高边坡渗流场反分析

4.1 船闸区三维渗流有限元模型

对永久船闸高边坡二闸室13-13剖面(桩号15493)至四闸首27-27剖面(桩号16043)范围建立三维地下水有限元数值计算模型,将船闸区岩体概化为连续介质,且表面较厚的全、强风化层对降雨起调蓄作用,将降雨概化为稳定过程。

三维各向异性稳定渗流的控制方程为:

$$\frac{\partial}{\partial x}(k_x\frac{\partial H}{\partial x})+\frac{\partial}{\partial y}(k_y\frac{\partial H}{\partial y})+\frac{\partial}{\partial z}(k_z\frac{\partial H}{\partial z})=0$$

计算模型中不考虑全、强风化带,渗透分区包括弱、微风化带两类,区域内降雨入渗补给直接加在上部边界,作为二类边界处理。

计算域顺船闸轴线方向长 550m，上游始自距二闸室 13-13 剖面 500m 处，下游止于第四闸首 27-27 剖面；南边界为临时船闸轴线，北边界取至距永久船闸轴线 800～1000m；垂直方向底边界取在－100m 高程处。计算域内包括了地势最高的坛子岭，基本能够反映永久船闸区内的地形地貌情况。

根据水文地质勘察成果，船闸区山体地下水位为 190～230m，一闸室和二闸室上游段山体地形很高，北边界地下水位假定为 230m，高于水库校核洪水位 180.4m。水库运行条件下库水位不会对二、三闸室边坡的水压力分布和边坡稳定造成不利影响，因此模型不考虑库水位边界条件。

排水洞考虑为充分排水条件，即忽略洞内积水的影响；排水孔幕按以沟代井的等效方法考虑；船闸混凝土闸墙考虑为不透水材料，闸室内与闸墙后没有水力联系；墙后排水孔使墙后处于充分排水状态。

4.2 渗流场反分析参数及方案

如果充分考虑该模型两类渗透分区的各向异性渗透张量及降雨入渗系数的不确定性，未知参数将达到 19 个，分析工作难以进行。为此依据前期地勘资料及现场降雨试验、压水试验等成果，对反分析参数进行概化处理：即①岩体各向异性主张量方向、主渗透系数大小的相对关系及弱、微风化带渗透性之间的相对关系仍沿用前期“七五”攻关阶段的地质成果[1]。②微风化带岩体的主渗透系数大小在 10^{-6}～10^{-7}cm/s 量级范围内变化；③根据降雨量观测和统计结果，考虑多年平均入渗系数 0.145，可以假定降雨入渗强度在 10^{-7}cm/s 量级范围内变化。

因此，最终确定反分析待定参数主要为微风化带的各向异性主渗透系数 k_1、k_2、k_3及降雨入渗强度ε。各参数取值区间为：微风化带主渗透系数 k_1、k_2、$k_3=1\times10^{-8}$～500×10^{-8}cm/s、$\varepsilon=1\times1^{-7}$～$10\times10^{-7}$cm/s，将其划分为 9 个水平，按照均匀设计表，得到 9 种参数组合，作为有限元正分析的计算方案。

根据饱和稳定三维有限元计算分析，得到 9 种参数条件下与各渗压计相对应结点处的水头值，将水头值和参数进行归一化处理后，组成 BP 神经网络模型的 9 个训练样本，对模型进行训练，迭代稳定后，将目标水头值输入，即可得到相应输出参数作为反分析值。

考虑到 1999 年 7 月时船闸区已基本开挖到位，南北坡 7 个排水洞及各排水洞中的排水孔也已完工，将对应此时段的监测资料作为反分析目标值(即控制水位)。

4.3 反分析计算成果验证

(1)岩体渗透参数

BP 模型经训练迭代稳定后，将 17 个渗压计测点的监测水头值输入，得到微风化带各向异性主渗透系数和降雨入渗强度的反分析值(表3)。

表3　　微风化带渗透特性反分析输出值

参数	反分析输出值(cm/s)
k_1	1.72×10^{-6}
k_2	5.02×10^{-7}
k_3	3.52×10^{-6}
ε	4.46×10^{-7}

从表3可见,根据监测数据反演得到的基岩渗透性大小与前期"七五"阶段现场压水试验得到的渗透性相比,微风化带主渗透系数k_1增大了约10倍,k_3也增大了约5倍,达10^{-6}cm/s量级,而k_2基本一致。

在表3反分析参数的基础上结合地质资料,确定船闸区岩体弱、微风化带的渗透张量见表4。

表4　　弱、微风化带渗透张量表

参数		微风化带	弱风化带
k (cm/s)	k_1	1.72×10^{-6}	3.15×10^{-4}
	k_2	5.02×10^{-7}	9.19×10^{-5}
	k_3	3.52×10^{-6}	6.44×10^{-4}
倾向α		$\alpha_1=6.4°,\alpha_2=276.5°,\alpha_3=142.2°$	
倾角β		$\beta_1=2.0°,\beta_2=1.9°,\beta_3=87.4°$	

由于渗流有限元模型的渗透分区未考虑卸荷带,反演参数渗透性增大可能在一定程度上均化反映了开挖对凌空面附近岩体渗透性的影响。根据开挖期对二闸室中隔墩岩体进行的7个钻孔压水试验成果(表5),可见在开挖卸荷和应力调整作用下,强卸荷带岩体渗透性增大至$1.90\times10^{-4}\sim6.90\times10^{-4}$cm/s,弱卸荷带岩体渗透性$1.60\times10^{-5}\sim7.23\times10^{-5}$cm/s,应力调整带岩体渗透性$2.03\times10^{-5}\sim7.23\times10^{-5}$cm/s,平均渗透性为$1.70\times10^{-4}$cm/s,也较原"七五"地质资料略有增大。

(2)渗流场分布

以表4反分析得到的渗透张量对高边坡进行渗流场有限元计算(计算模型、边界条件同前),求得各控制结点的水头值,同观测值一并列入表6。

从各测点的模拟结果来看,水头计算结果与观测结果最大差值近20m,上部岩体水位拟合精度较高,误差多小于10%,最大误差发生在深部岩体内(表6)。

究其原因,一方面监测数据只反映了施工期时的情况,受开挖、爆破等因素的影响,边坡内渗流场尚未稳定;另一方面,有限元计算采用的是连续介质稳定渗流模型,它所模拟的是相应于某一边界条件下的长期稳定运行状态。这种差异也表明,浅部岩体内的地下水较易疏干，从而在较短时期内达到稳定，而深部岩体内地下水位变化比较缓慢。另外，南坡拟合精度较北坡略高，这可能与南坡经开挖后基本形成孤立山体，水位受周边环境影响较小，较容易达到稳定状态有关。

表 5　　开挖期二闸室中隔墩岩体钻孔压水试验统计成果表

钻孔编号	岩体分带	单位吸水量 ω 平均值 L/(min·m·m)	渗透系数平均值(cm/s)
2830	强卸荷带	0.20	2.26×10^{-4}
	弱卸荷带	0.048	5.42×10^{-5}
	应力调整带	0.032	3.62×10^{-5}
2831	强卸荷带	0.611	6.90×10^{-4}
	弱卸荷带	0.161	1.82×10^{-4}
	应力调整带	0.064	7.23×10^{-5}
2832	强卸荷带	0.505	5.71×10^{-4}
	弱卸荷带	0.246	2.78×10^{-4}
	应力调整带	0.047	5.31×10^{-5}
2833	强卸荷带	0.192	2.17×10^{-4}
	弱卸荷带	0.064	7.23×10^{-5}
	应力调整带	0.058	6.55×10^{-5}
2834	强卸荷带	0.217	2.45×10^{-4}
	弱卸荷带	0.142	1.60×10^{-4}
	应力调整带	0.038	4.29×10^{-5}
2835	强卸荷带	0.168	1.90×10^{-4}
	弱卸荷带	0.061	6.89×10^{-5}
	应力调整带	0.038	4.29×10^{-5}
2836	强卸荷带	0.232	2.62×10^{-4}
	弱卸荷带	0.024	2.71×10^{-5}
	应力调整带	0.018	2.03×10^{-5}

注：引自《三峡永久船闸输水洞渗漏对高边坡渗流场的影响分析研究报告》，长江科学院，2003.4。

图 3 为反分析参数得到的 15-15 剖面渗流场等势线分布图，图 4 为 17-17 剖面渗流场等势线分布图。从等势线分布来看，南北边坡内的排水洞和排水孔起到了较好的截水作用，使排水孔外侧、边坡面附近岩体处于疏干或半疏干状态，水位基本降至第四层排水洞以下，水压力较小，有利于边坡稳定。这与后期 2000—2006 年南 4 和北 4 排水洞测压孔呈干孔状态[5][6]基本一致，说明依据反演参数进行的渗流场计算结果所反映出的边坡地下水分布趋势是合理的，可以用来预测船闸高边坡运行期的地下水分布。

表 6　　反分析参数计算的水头值与观测值对比表

(单位:m)

剖面	孔号	测点编号	渗压计埋设高程	观测水头值(1999.7)	反分析结果	
					计算水头值	误差(%)
15-15	南坡 GW1GP027	S71-3	166.33	无水	——	——
		S71-2	150.02	无水	——	——
		S71-1	115.90	137.38	146.22	6.4
	北坡 GW2GP017	N72-3	163.14	185.52	161.89	−12.7
		N72-2	140.60	151.31	158.40	4.7
		N72-1	112.51	148.27	155.51	4.9
17-17	南坡 GW1GP027	S72-4	172.11	无水	——	——
		S72-3	143.61	156.16	143.01	−8.4
		S72-2	132.08	148.04	141.25	−4.6
		S72-1	90.85	132.70	136.72	3.0
	北坡 GW3GP017	N73-4	162.36	170.78	150.97	−11.6
		N73-3	146.41	151.18	150.51	−0.4
		N73-2	111.62	124.34	148.11	19.1
		N73-1	92.61	124.84	146.64	17.5
20-20	南坡 GW1GP027	S73-3	172.96	无水	——	——
		S73-2	142.30	149.36	133.13	−10.9
		S73-1	92.33	120.81	126.79	4.9

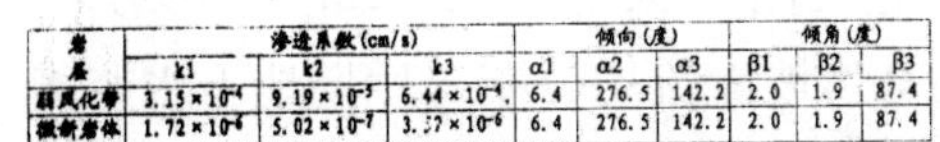

岩层	渗透系数(cm/s)			倾向(度)			倾角(度)		
	k1	k2	k3	α1	α2	α3	β1	β2	β3
弱风化带	3.15×10^{-4}	9.19×10^{-5}	6.44×10^{-4}	6.4	276.5	142.2	2.0	1.9	87.4
微新岩体	1.72×10^{-6}	5.02×10^{-7}	3.[illegible]7×10^{-6}	6.4	276.5	142.2	2.0	1.9	87.4

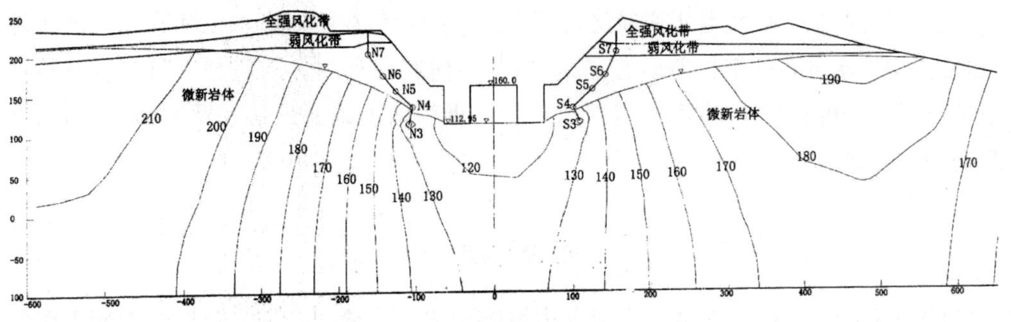

图 3　15-15 剖面渗流场等势线分布图

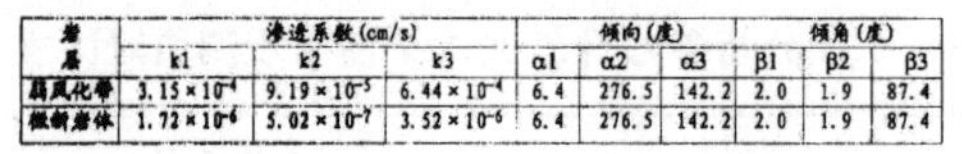

岩层	渗透系数(cm/s)			倾向(度)			倾角(度)		
	k1	k2	k3	α1	α2	α3	β1	β2	β3
弱风化带	3.15×10^{-4}	9.19×10^{-5}	6.44×10^{-4}	6.4	276.5	142.2	2.0	1.9	87.4
微新岩体	1.72×10^{-6}	5.02×10^{-7}	3.52×10^{-6}	6.4	276.5	142.2	2.0	1.9	87.4

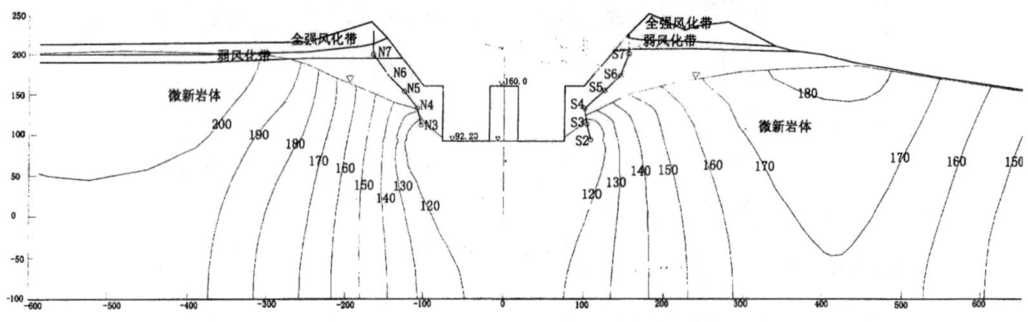

图4 17-17剖面渗流场等势线分布图

5 结论与建议

为准确分析和评价高边坡的稳定性和变形特性，本文基于永久船闸二闸室至四闸首范围的三维饱和稳定渗流有限元数值模型，结合施工期现场地下水监测资料和地质资料，对高边坡岩体渗透特性参数进行了反演和验证，获得了边坡内渗流场分布状态，得到以下结论：

1)采用了一种结合均匀设计和神经网络模型的反分析方法，该法应用于岩土工程渗流场反演的关键在于结合地质资料和工程结构物特性，合理概化确定反分析参数的取值域及其因素水平。

2)三峡永久船闸高边坡渗流场反分析得到的基岩微风化带主渗透系数大小在10^{-6}～10^{-7}cm/s，弱风化带主渗透系数大小在10^{-4}cm/s量级左右。

3)根据反演参数得到的高边坡渗流场分布与后期地下水监测资料反映的趋势基本一致，验证了反演参数的合理性。

4)永久船闸自2003年蓄水通航运行至今已10多年，在不同库水位和降雨入渗条件下，边坡内地下水分布处于长期动态调整过程，如何充分利用长期监测资料对岩体特性参数进行反馈分析和验证，进而对工程运行状态做深入准确的评估和预测，是目前后工程时期的重要课题。

参考文献

[1]张家发，杨金忠.三峡工程永久船闸高边坡降雨入渗实验研究[J].岩石力学与工程学报，1999，18(2)：137-141.

[2]胡敏，赖跃强.三峡永久船闸衬砌式闸墙墙后排水系统设计[J].中国三峡建设，1997，4(2)：13-15.

[3]任大春,刘义城,朱国胜,等.三峡船闸高边坡裂隙岩体渗流监测成果分析[J].岩土工程学报,2007,29(2):180-183.

[4]谢红,任大春.三峡船闸高边坡渗流场三维有限元分析[J].人民长江.1996,27(3):6-9.

[5]张志诚,邵传庆.三峡永久船闸高边坡测压管水位观测与渗流分析[J].水利科技与经济,2007,13(1):23-25.

[6]张莅祥,夏周考.三峡水利枢纽永久船闸二期工程二标段高边坡渗流监测[J].水利水电施工,2008(3):73-77.

[7]朱岳明,张燎军.裂隙岩体渗透系数张量的反演分析[J].岩石力学与工程学报,1997,16(5):461-470.

[8]庄镇泉,王昫法,王东生.神经网络与神经计算机[M].北京:科学出版社,1992.

[9]方开泰,王元.数论方法在统计中的应用[M].北京:科学出版社,1996.

三峡升船机论证设计及工程建设综述

郭彬[①] 路卫兵

(三峡机电工程技术有限公司,成都 610041)

摘 要:三峡升船机是我国第一座齿轮齿条爬升式垂直升船机,规模巨大、技术复杂,同种类型的升船机在世界上尚无建成投产的先例,一直深受国内外工程技术界关注。自20世纪50年代开始研究论证,经过漫长的方案比选和设计研究,最终采用“齿轮齿条爬升式、长螺母柱—短螺杆安全保障”方案,其设计研究过程进行了大量的科技攻关和试验研究,得到了国内众多单位的大力支持。工程建设攻克了关键设备研制、高耸承重塔柱和大型超高设备高精度施工、升船机复杂设备系统安装和集成调试等一系列技术难题,组织了对接过程模拟沉船、船厢水漏空等极端工况下安全机构自锁试验。升船机试运行期间安排了不同水位、水流等条件下的实船试验测试和船舶撞击防撞钢丝绳缓冲试验。根据实船试验结果,集中组织了优化完善改造。三峡升船机目前已试通航安全运行两年多时间,发挥了显著的社会效益。

关键词:三峡升船机;论证;建设;综述

1 三峡升船机比选研究

1.1 前期研究

自1958年开始,国家组织有关科研、设计单位和大专院校对升船机形式进行研究比选,分别对平衡重式、浮筒式、水压式、液压式、半水力式垂直升船机和平衡重纵向斜面升船机等6种形式进行了研究,认为平衡重式垂直升船机具有明显优点,可作为三峡升船机的优选方案。到了20世纪70年代,在升船机作为施工期通航设施研究期间,又综合比较了带中间渠道的两级平衡重式垂直升船机、平衡重式纵向斜面升船机、平衡重式横向斜面升船机、自行式斜面升船机等4种方案,认为平衡重式垂直升船机是合适的。同

---

① 作者简介:郭彬,男,长期从事三峡、向家坝水电站升船机项目建设管理工作,E—mail: guo_bin@ctg.com.cn。路卫兵,男,负责三峡水电站升船机项目的机电技术管理工作,E—mail: lu_weibing@ctg.com.cn。

时,对带中间渠道的两级齿轮齿轨爬升式垂直升船机、带中间渠道的两级钢丝绳卷扬式垂直升船机、不带中间渠道的一级垂直升船机3种方案进行研究。之后,经过对国外几种类型升船机考察,认为采用钢丝绳卷扬平衡重式垂直升船机较为适合我国国情。1985年,长江水利委员会(以下简称"长江委")编制的《长江三峡水利枢纽初步设计报告》(正常蓄水位150m)中,推荐采用钢丝绳卷扬提升式[1]。

1986年,国家组织对三峡工程有关问题重新论证,认为一级升船机能够满足施工期和永久期的通航要求,在枢纽布置上和经济上都较为合理。1989年,长江委编制完成《长江三峡水利枢纽可行性研究专题报告》(正常蓄水位175m),推荐方案进一步明确为"全平衡钢丝绳卷扬一级垂直升船机"。1993年7月,国务院三峡工程建设委员会(以下简称"三峡建委")批准《长江三峡水利枢纽初步设计报告(枢纽工程)》,升船机形式采用"钢丝绳卷扬全平衡垂直提升式"。

1.2 缓建期间研究

1995年,因升船机重大技术和设备制造难度、减缓三峡工程投资等因素,三峡建委第十二次会议研究决定:"升船机项目予以缓建;根据长江航运发展实际需要,在2005年以后着手续建;虽然升船机缓建,但还应为今后的续建创造条件;隔河岩升船机的中间试验和有关升船机的其他科研工作仍需继续抓紧进行。"在此期间,国内水口升船机物理模型试验过程中,发生未锁定的船厢在非常外力扰动下倾翻的事故,引起对钢丝绳卷扬全平衡升船机安全可靠性的疑虑,三峡集团由此组织对三峡升船机安全可靠性和形式进行重新研究和比选。

经过考察和技术交流,1999年10月,三峡集团委托德国联邦航道工程研究院(BAW)对三峡升船机主体部分采用齿轮齿条爬升式方案进行可行性研究。2000年6月,三峡集团组织对BAW编制的《三峡升船机主体部分可行性研究报告》进行了专家评审,建议齿轮齿条爬升式方案作为比选方案,并委托长江委根据BAW研究成果进行设计比选。2002年3月、8月,三峡集团对比选的设计成果组织了两次内部审查,并于2003年2月,对长江委提交的《长江三峡水利枢纽垂直升船机主体部分方案比选报告》组织专家审查,审查会以潘家铮院士为组长,三峡建委办公室、交通部、大连理工大学、清华大学、上海交通大学、河海大学、中船重工集团、太原重工集团、重庆齿轮箱有限公司、第二重型机械厂等单位参加会议,专家组评审认为"确保三峡升船机的安全可靠运行是方案比选的首要因素;综合分析,齿轮齿条爬升方案运行安全可靠性高于钢丝绳卷扬提升方案;齿轮齿条爬升方案运行维护简单;两种方案的关键设备制造和安装难度没有本质的差别。因此,推荐采用齿轮齿条爬升、短螺杆长螺母柱安全保障的全平衡垂直升船机方案"。

三峡集团据此向三峡建委提出《关于三峡水利枢纽垂直升船机主体部分设计修改的

请示》,2003 年 9 月,三峡建委第十三次全体会议同意将三峡升船机形式由“钢丝绳卷扬全平衡垂直提升式”改为“齿轮齿条爬升式”,并明确“系统总体设计可与国外联合进行”。

2 中德联合设计

2004 年,三峡集团委托德国 LAHMEYER/K&K 设计联营体(JV)和长江勘测规划设计研究有限责任公司(以下简称“长江设计院”)进行联合设计,JV 联营体承担塔柱及主体设备初步设计,长江设计院承担对 JV 设计成果的审查,并负责三峡升船机总体设计。

德国 JV 的设计分为 A、B、C、D 四个阶段,三峡集团根据设计工作的需要在每个阶段组织召开设计联络会,并组织了各阶段的专家评审和审查工作,整个设计过程共组织了 8 次设计联络。针对德方提交的设计成果,三峡集团组织中国水利水电科学研究院、机械科学研究总院、长江设计院、中船重工集团的相关厂所等单位,对设计成果的完整性、正确性、设计深度及技术经济合理性进行评价,对涉及升船机安全的综合性、系统性问题进行复核和科研论证,进一步验证设计成果的安全可靠性与可实施性。2007 年 5 月,JV 完成了设计工作,长江设计院据此编制完成《长江三峡水利枢纽升船机总体设计报告》。同年 7 月,三峡建委委托三峡枢纽工程质量检查专家组组织审查通过,并正式批复。

至此,升船机设计研究工作告一段落。自 20 世纪 50 年代末开始,经过 50 年漫长的研究、论证和设计过程,主要还是考虑到三峡升船机的工程规模和技术难度,更重要的是确保升船机永久运行安全可靠性。

3 三峡升船机总体布置[2]

三峡升船机工程布置在枢纽左岸,是三峡枢纽的通航设施之一,与双线五级船闸联合运行,其主要作用是为客轮、货轮和特种船舶提供快速过坝通道。三峡升船机过船规模为 3000 吨级,最大提升高度为 113m,上游通航水位变幅为 30m,下游通航水位变幅为 11.8m,下游最大水位变率为±0.5m/h,具有提升重量大、提升高度大、上游通航水位变幅大和下游水位变率快的特点,是目前世界上技术难度和规模最大的垂直升船机。

升船机工程由上游引航道、上闸首、船厢室段、下闸首和下游引航道组成,全线总长约 7000m。升船机上、下游由闸首建筑物挡水,形成承船厢的全平衡运行条件,闸首上布置有满足挡水和过船需要的闸门及其启闭机等设备。位于上、下闸首之间的船厢室段,为升船机的主体段,由塔柱结构及其顶部机房、承船厢、平衡重系统,以及电力拖动、控制、检测等建筑物和设备组成。升船机总体布置见图 1,平衡重系统见图 2。

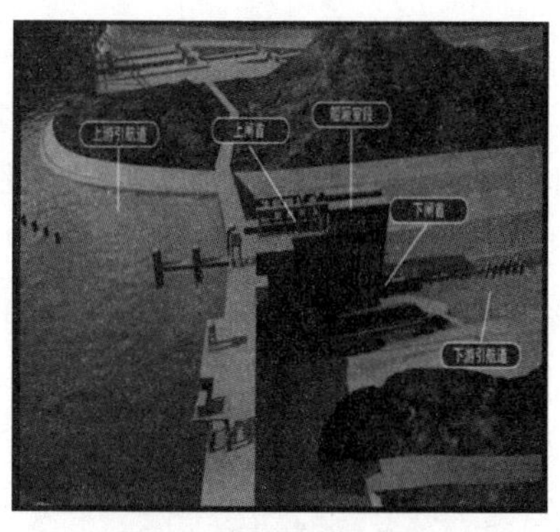

图1　升船机总体布置

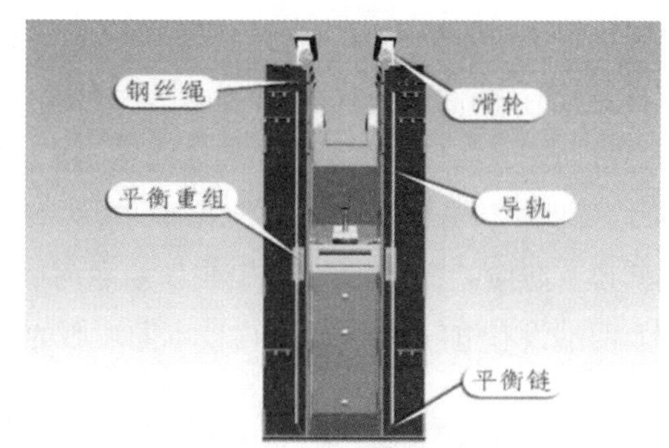

图2　平衡重系统

船厢室段建筑物平面尺寸为121.0m×58.4m，建基面高程47.0m，船厢室底板高程50.0m，塔柱顶高程196.0m，机房顶高程217.0m。承重塔柱结构对称布置在船厢两侧，由墙体、筒体、联系梁等结构构成，其布置总长119m、宽16m，两塔柱之间距离25.8m。墙与筒体之间，通过设在不同高程的纵向联系梁实现纵向连接。两侧塔柱凹槽尺寸，顺水流向19.1m，垂直水流向7.0m。

船厢外形总长132m，标准断面外形宽23m，有效尺寸120m×18m×3.5m(长×宽×水深)，船厢结构及其设备，连同厢内水体总重约155000kN，由相同重量的平衡重平衡，通过256根直径74mm的钢丝绳悬吊，在两侧塔柱结构和上、下闸首围成的船厢室内升降运行。

船厢两侧对称布置4个侧翼结构，其位置与4个塔柱筒体的凹槽相对应，在每个凹槽的墙壁上，分别铺设一条驱动机构齿条和一条安全机构螺母柱。船厢驱动机构和安全机构布置在4个侧翼结构上，通过驱动机构小齿轮沿齿条运转，实现船厢的垂直升降。船厢升降时，在船厢上与驱动机构同步运行的安全机构短螺杆在螺母柱内空转，当遇到平衡被破坏的事故时，可通过螺母柱将船厢锁定在塔柱结构上(图3、图4)。

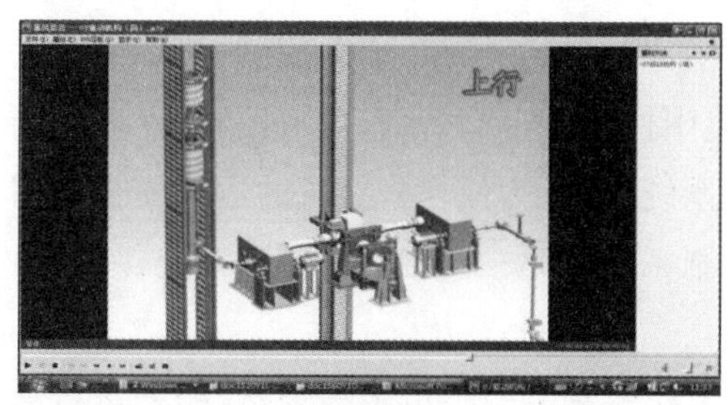

图3　驱动机构

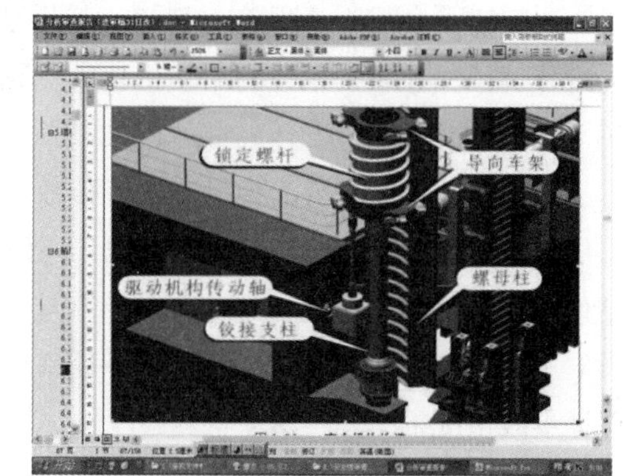

图4　安全机构

船厢与闸首对接时，由对接锁定机构锁定，4套锁定机构设在安全机构的上方，在船厢升降过程中与安全机构同步转动，船厢停位后作为竖向支承将船厢锁定在螺母柱上；与闸首对接时，船厢与闸首之间的间隙，由布置在厢头的间隙密封机构密封；船厢的升降运行通过两套纵向导向机构和4套横向导向机构导向，纵向导向机构布置在船厢中部两侧，横向导向机构分别布置在4套驱动机构的下方；船厢两端由下沉式弧形闸门挡水，闸门内侧设有防撞装置，其活动桁架兼作船厢两侧联系的人行桥；在驱动机构下方和船厢中部及两端设有电气室与机房，内设不同功用的电气、液压等设备(图5、图6)。

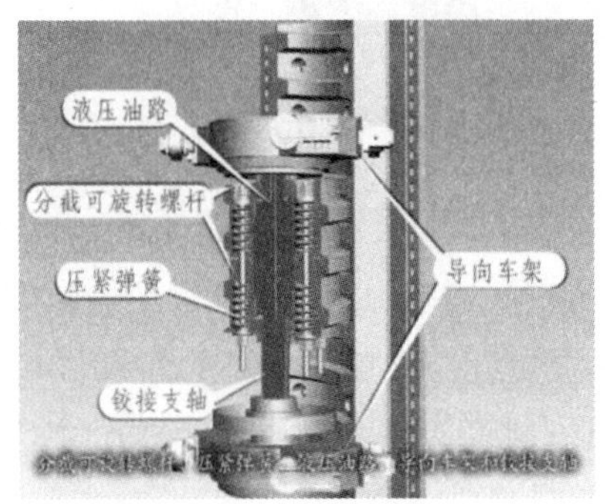

图5　对接锁定(未锁定)

图6　对接锁定(锁定)

平衡重分成16组对称布置在塔柱结构的16个平衡重井内，沿铺设在混凝土墙壁上的轨道升降，每组平衡重底部悬挂一条平衡链，用于平衡滑轮两侧钢丝绳长度变化的自重载荷。

两侧塔柱结构在高程196.0m以上，分别布置了一个长119m、宽21.7m、高21m的机房，机房内布置有平衡滑轮组和供检修用的起吊设备。在两个机房之间，布置有升船机中控室和观光平台。升船机计算机监控系统等电气设备布置在中控室内。

升船机电气传动系统为4单元8台电机与交流变频调速装置系统，4个驱动点设8套电气传动装置，电气传动系统硬件配置与控制软件可以保证4个船厢驱动点在电气同步控制方式下全行程高程差≤2mm。如果某一驱动机构的电机发生故障，电气同步系统失效，这时，仍在正常运行的驱动机构就会通过机械同步轴向故障驱动机构传递必要的扭矩，使船厢继续同步升降。

三峡升船机的主要受控设备布置分散，各种行程、位置、水位、船舶探测、扭矩、载荷、温度等项目监测及监控对象分布范围广，按照集中操作、监视、管理、分散控制、保护的原则设置了一整套功能完备的分布式计算机监控系统设备；为保证升船机的运行安全专门设立了一套独立运行于监控系统之外的安全控制系统，即安全控制站，用于系统保护，并保证事故情况下紧急停机。

三峡升船机为上、下双向通行，其上、下行工作流程一致。以上行为例，船厢运行至下游停靠位置，下游端间隙密封机构伸出与下闸首工作门对接，间隙充水，下游端船厢门与下闸首卧倒门开启，船只进入承船厢，船厢门和下闸首卧倒门关闭，间隙水泄水，下游间隙密封机构退回,纵导向顶紧机构退回,船厢对接锁定的上、下锁定螺杆复位,与螺母柱脱开。

驱动机构启动,船厢以 $0.01m/s^2$ 的加速度开始上升,加速距离为 2m,然后船厢以 0.2m/s的速度匀速上升,驱动机构同时驱动安全、锁定机构的螺杆沿螺母柱空转,同步运行;当船厢到达距上游停车位置 2m 时,以 $0.01m/s^2$ 的加速度开始减速,停车后,船厢对接锁定机构动作,上、下锁定螺杆全螺母柱接触,上游间隙密封机构伸出与上闸首工作门对接,间隙充水至与上游水位齐平,闸门开启,船厢水域与上游引航道水域连通,船只驶离船厢。

4 科技攻关研究

三峡升船机过船规模、提升高度、提升重量等设计指标为世界之最。此外,三峡升船机是高坝的组成部分,与发电调峰、高流速泄洪和船闸在一起运行,上游水位变幅 30m,下游变幅 11.8m,通航水位变幅大,下游水位的变化速率快(±0.50m/h)。欧洲国家的升船机大多建设在运河航道上,航道上游水位变化一般控制在 5m 左右,下游在±0.5m。国外升船机主要过货船,而三峡升船机为客轮和特种船舶的快速通道,安全可靠性要求更高。

针对三峡升船机的特点,国家在“七五”“八五”“九五”期间,组织了一批知名科研院所、高等学校和大型设备制造厂,对钢丝绳卷扬提升式升船机在布置、结构、机械设备、电气系统等方面的关键技术问题进行了大规模的科技攻关,取得了一批有较高实用价值的科研成果,促进了我国升船机科研水平的提高。此外,在“八五”“九五”期间,国家确定将在建的隔河岩、岩滩和水口升船机作为三峡升船机的中间试验机,以求通过中间试验机的研究,进一步认识和了解钢丝绳卷扬提升式垂直升船机的技术特性,全面检验三峡升船机的前期科研攻关成果,为三峡升船机建设积累实践经验。

在三峡升船机形式修改后,三峡集团针对齿轮齿条爬升式升船机的设备制造、安装和土建施工的关键技术问题,组织国内大型机械设备制造单位、科研单位、高等院校,对包括塔柱结构抗震性能试验研究、安全机构螺纹副自锁性能试验、齿轮齿条与螺母柱制造工艺研究、船厢结构制造安装工艺研究、小齿轮托架机构运动试验研究等 30 余项专题开展了专题研究,取得了有价值的研究成果,为升船机设计、制造及安装提供了技术依据。

5 工程建设[3]

5.1 工程建设内容

三峡枢纽工程分三期施工。升船机工程在枢纽工程一期、二期、三期工程中分别完成部分工程施工，在续建工程中完成船厢室段等剩余工程施工。升船机续建工程建设内容：船厢室段、下闸首及下游引航道二期开挖及支护；船厢室段土建及建筑安装工程，金属结构及机电设备；上闸首坝顶公路桥，高程 185m 以上排架柱，上闸首工作闸门及启闭机；下闸首混凝土工程、金属结构及机电设备；下游交通桥，下游引航道导航、靠船建筑物等。

5.2 工程建设特点

为国内第一座齿爬式升船机，规模大、技术难度高，没有设计、制造、施工先例和类似工程经验可以借鉴；驱动机构齿条、齿轮和小齿轮托架机构，安全机构螺母柱和旋转锁定螺杆等部件为首次应用和研制，技术指标和工艺要求远超相关规范，需进行科研攻关；混凝土塔柱结构和设备安装施工精度高，变形协调应进行综合考虑，施工方案需动态优化，施工程序和工艺复杂；大型船厢结构变形控制以及升船机设备系统集成调试试验技术复杂；升船机在任何事故工况，如船厢水漏空、沉船及地震工况等条件下，不能发生船厢坠落等设备和人员伤亡事故，工程安全可靠性要求高。

5.3 建设管理

(1)项目组织

升船机工程建设过程中，国务院三峡枢纽工程质量检查专家组和三峡建委机电设备检查组对升船机进行定期和不定期的检查、调研。三峡集团组织国内升船机方面的专家，成立了升船机技术专家组，全过程跟踪施工技术和质量控制；在现场成立了业主项目部、设计、监理、施工单位“四位一体”的联合攻关项目组，负责现场的总体协调和质量控制。聘请水利部水工金属结构质量检验测试中心、中国水利水电科学研究院联合机械科学研究总院作为独立第三方，对施工过程进行检测控制和施工阶段安全可靠性评估。

(2)质量管理

制定并不断完善工程质量管理相关制度和技术标准 39 项，全面覆盖设备制造、安装调试及土建施工各主要工序，坚持全面、全员、全过程的质量管理理念，工程质量管理体系健全，运行稳定有效，确保了升船机工程建设质量目标的顺利实现。

设备制造方面，通过科研攻关和试验研究，对驱动机构大模数齿条、小齿轮轴、安全机构螺母柱、小齿轮托架机构、工作大门充压水封等部件开展了专项研究，解决了齿条、螺母柱等关键部件的冶炼、铸造、热处理、加工、拼装检测等制造技术，攻克了齿条表面淬火开裂这一世界性技术难题。通过系统策划和科学组织，对齿条、螺母柱、船厢结构、船厢设备、电气传动系统、计算机监控系统、闸首工作大门等关键设备，进行厂内预拼装、整体组装及联合调试，确保制造安装接口和系统功能，保证了工程建设顺利实施。

现场施工方面，不断提升施工工艺和管理方法，攻克了高耸塔柱和超高设备高精度

施工、塔柱顶部梁系结构高空贝雷架方案施工、船厢及其设备系统集成试验调试等一系列技术难题。实现了承重塔柱结构体形精度控制达到毫米级、125m超高设备安装垂直度小于4mm、驱动系统全程运行同步偏差小于2mm等建设成果。

(3)关键技术突破

一是驱动机构齿轮齿条、安全机构长螺母柱短螺杆等关键部件为首次研制,国外也没有制造过这种规格的设备,尤其是齿条采用铸造材料,铸件内部质量达到DIN标准ME级最高等级要求,全齿面表面感应淬火开裂问题,一度成为可能影响工程质量和建设进展的关键因素。在前期研究阶段,三峡集团就组织调研升船机关键设备立足国内制造的可行性,2007年组织武汉船舶公司、中信重机等单位,对齿条制造工艺开展专题研究,落实材料冶炼、铸造、热处理和机加工等关键工艺;2008年委托上海重型机器厂进行齿条实物试制科研;2009年在项目采购阶段采用带样品投标的方式,组织对投标的试制样品进行全面质量评审确定中标单位;2010年在项目实施阶段,三峡集团委托郑州机械研究所(联合第二重型机械厂和上海交通大学)进行齿条感应淬火工艺应力及强度科研,弄清了齿条感应淬火齿根开裂的力学原因。经过建设各方多年团结协作,2011年首批件齿条研制成功,终于攻克了这一世界级的技术难题。2014年,三峡升船机大模数齿条试验台疲劳性能试验国家重大专项,对实物齿条模拟齿条真实的受力进行疲劳试验,累计完成42.2万次应力循环次数的试验,循环次数达到70年运行寿命齿条仍未发生任何损坏,远远超过设计寿命。

二是齿条、螺母柱与混凝土塔柱连接浇筑成整体传力结构,塔柱因自重、混凝土蠕变和温度等引起的变形,可能导致驱动机构、安全结构等运动机构运行卡阻,影响升船机正常运行。同种类型的德国尼德芬诺、吕内堡升船机提升高度30多米,仅是三峡的1/3左右,也没有这方面工程经验。通过中国水利水电科学研究院等单位仿真分析研究、施工期监测和反馈计算分析,2010年三峡集团组织对升船机施工程序和工艺进行了优化调整,即为减小塔柱变形对齿条和螺母柱安装精度的影响,确保升船机安全可靠运行,螺母柱在塔柱承受全部船厢结构及其设备、水和平衡重的总体荷载之后再进行安装。2014年3月,船厢充水,对塔柱开始加载(塔柱承受荷载310000kN),9月完成模拟沉船、船厢水漏空两个事故工况试验(最大不平衡荷载86000kN,安全机构实现自锁),塔柱经过6个月以上时间加载后,才继续安装剩余的高高程齿条和螺母柱。虽然,监测表明塔柱变形主要由温度变化引起,受荷载影响不大,但是塔柱变形与船厢设备协调一致性的系统考虑和综合控制,在塔柱刚度、船厢各个运行机构适应变形能力设计等方面起到了关键性的作用。通过仿真计算和反馈分析,对施工程序动态调整优化,以及对施工安装质量的系统性控制等综合手段,解决了船厢及其设备与塔柱结构变形协调性这一影响升船机正常运行的核心问题。

(4)试运行

2016年9月18日,三峡升船机开始进入试通航运行。在试运行前后,组织了包括客船、集装箱船、商品车船、干散货船等类型船舶的实船试验，检验船舶通行与升船机建筑物、设备系统的协调性和适应性；进行了船舶撞击试验以及大风、大流量、水位削落和水库蓄水等典型条件下的试验和水力学等各项测试。同时，对实船试验暴露的问题以及航运主管单位、船东等提出的意见和建议，集中组织了调整、检修和优化完善改造。自2015年3月首次升降运行功以来，升船机已经历经3年多一年四季温度变形等考验，没有发生运行卡阻现象。

三峡升船机建成投入运行以来（截至2018年6月），累计安全运行7903厢次，运载船舶过坝5018艘次，通过货物145万t，集装箱3.18万TEU，旅客约11.1万人。三峡升船机与五级船闸联合运行，加大了三峡枢纽的通过能力和通航灵活性，提升了长江黄金水道的通航能力，具有显著的社会效益。

国内外主要垂直升船机见表1。

6 结语

2007年9月升船机工程恢复施工，2016年3月三峡升船机主体工程建设完成。通过引进消化吸收，经过十年续建工程建设，三峡升船机实现了再创新。三峡升船机的成功建成，标志着我国已全面掌握了这一类型升船机全过程的建造技术，带动了我国相关装备产业水平的提升。三峡升船机的成功经验，已推广应用于向家坝升船机自主设计。目前，三峡升船机已经建立了运行、维护、检修等管理规程及各项应急预案，运行管理技术也逐渐成熟，但是要认识到齿轮齿条驱动式升船机对我们来说仍然是一个新生事物。三峡升船机执行机构多、技术复杂、运行要求高，升船机运行、安全性、稳定性及可靠性尚需经过长时间的验证，需不断总结经验，摸清设备运行检修规律，持续改进，确保实现永久运行安全可靠。

参考文献

[1]宋维邦，钮新强.三峡工程永久通航建筑物研究[M].武汉：湖北科学技术出版社，1997.

[2]钮新强，覃利明，于庆奎.三峡工程齿轮齿条爬升式升船机设计[J].中国工程科学，2011，13(7)：96－103.

[3]长江三峡水利枢纽升船机工程通航暨竣工验收工程建设报告[R].2018.

附表　　国内外主要垂直升船机

地址/国家	河流名称	升船机形式	船厢驱动方式/安全装置形式	水位变幅(上游/下游)(m)	提升高度(m)	过船吨位(t)	船厢加水总重(×10kN)	运行速度(m/min)	驱动功率(kW)	建成年份
尼得芬诺/德国	哈芬—奥德水道	平衡重垂直升船机	链轮、链梯爬升/长螺母柱、短螺杆安全装置	<1.0	37.21	1000	4290	7.2	4×55	1934
吕内堡/德国	易北河支运河	双线平衡重垂直升船机	齿轮、齿条爬升/长螺杆、短螺母安全装置	0.3/4.5	38	1350	5700	12.0	4×160	1975
新尼得芬诺/德国	哈芬—奥德水道	平衡重垂直升船机	齿轮、齿轨爬升/长螺母柱、短螺杆安全装置	<1.0	38	3000	9000	14.4		建设中
斯特勒比/比利时	中央运河	平衡重垂直升船机	钢丝绳卷扬提升/瓦块式安全制动器		73	1350	7500～8800	12.0	4×50	2001
岩滩/中国	广西红水河	平衡重垂直升船机	钢丝绳卷扬提升/盘式安全制动器	11/8.1	68.5	250	1430	11.4	4×339	2000
水口/中国	福建闽江	平衡重垂直升船机	钢丝绳卷扬提升/盘式安全制动器、沿程锁定	10/15.8	59	2×500	5560	12.0	4×320	2002
隔河岩/中国	湖北清江	平衡重垂直升船机	钢丝绳卷扬提升/盘式安全制动器、沿程锁定	42/3.5	42/82	300	1500	7.5/15	4×55/4×90	2007
高坝洲/中国	湖北清江	平衡重垂直升船机	钢丝绳卷扬提升/盘式安全制动器、沿程锁定	2/9.6	40.3	300	1560	7.5	4×75	2008
向家坝/中国	金沙江	平衡重垂直升船机	齿轮、齿条爬升/长螺母柱、短螺杆安全装置	10/11.45	114.2	1000	8150	12.0	4×250	2017
三峡/中国	长江	平衡重垂直升船机	齿轮、齿条爬升/长螺母柱、短螺杆安全装置	30/11.8	113	3000	15500	12.0	8×315	2016

三峡升船机实船试航引航道水力特性研究

韩喜俊[①]　韩继斌　韩松林

（长江水利委员会长江科学院，武汉　430010）

摘　要：为检验三峡升船机的适航性能和通行效率，在三峡库水位152.0～158.0m和145.0m左右时开展了升船机两阶段实船试航试验。结果表明：引航道水流通行条件良好，引航道内基本为静水，无回流、旋涡等不良流态，静态时引航道内水面波动基本在0.2m以内，纵向比降小于0.5‰；在库水位145.0m时上游引航道、两种水位下下游引航道均出现水流非恒定流特性，引航道内水位小时变幅大于0.2m/h，间或出现对接时超过船厢对接水位标准（±0.1m），造成船厢进行多次对接锁定，船舶进、出厢困难，影响升船机通行效率。分析下游引航道非恒定流产生的影响因素，提出了相应对策。

关键词：升船机；引航道；水面比降；水位波动；非恒定流

三峡升船机按照规划已于2015年年底建成，它具有提升高度大、提升重量大、上游通航水位变幅大和下游水位变化速率快等特点，是目前世界上规模最大、技术难度最高的升船机，其安全稳定运行对提高三峡水利枢纽的航运通过能力、保障枢纽通航质量、保证长江黄金水道通航效益及社会效益和经济效益均具有十分重要的意义[1]。为检验三峡升船机的适航性能及通行效率，三峡通航管理局组织多专业在2016年7月和2017年6月分两个阶段开展升船机实船试航试验，以期发现问题、补足短板，为三峡升船机安全、高效运行提供技术支撑。

1　工程概况

三峡升船机是三峡水利枢纽的永久通航设施之一，是三峡通航建筑物的组成部分，布置在枢纽左岸，位于永久船闸右侧和左岸7号、8号非溢流坝段之间。三峡升船机全线长约6000m，由上游引航道、上闸首、承船厢、下闸首和下游引航道等部分组成，升船机船厢有效尺寸为120m×18m×3.5m，过船规模为3000吨级，最大提升高度为113m，上游通航水位变幅30.0m，下游通航水位变幅11.8m[2]。

---

①　作者简介：韩喜俊（1978—　），男，山西繁峙人，高级工程师，主要从事水工水力学研究，E-mail：35423547@qq.com。

上游引航道指升船机上闸首以上航道,包含约100m的辅助浮式导航墙,上游隔流堤高程约150m,在库区水位较高时位于水面以下,水位较低时露出水面,隔断主流,升船机和船闸共用大部分上游引航道。下游引航道指下闸首以下航道[3],总长约4400m,分为两段。从口门至升船机与船闸引航道分叉部位约1800m,底宽180m,口门拓宽为200m,航道底面高程为56.5m。分叉部分往上游至升船机下闸首约2600m,航道底宽80.0～90.0m,航道底面高程58.0m。引航道右侧设有隔流堤以阻断主流,形成静水航道。

多家研究单位通过模型试验及数值计算的成果表明[4]:下游引航道存在受非恒定流特性影响下闸首处水位变率超过升船机设计规定的问题,有必要在实船试航试验中重点关注。

2 观测条件

2.1 测试船舶及水位

为了解升船机对不同种类船舶、不同上游水位的通航适应性,结合三峡升船机通航船型及通过能力模型试验成果,对多种船舶、库水位进行筛选,确定了两个阶段实船试航的试验船型和通航水位。船舶主要通行客轮、商品车滚装船、集装箱船和货轮,上游通航水位为常遇通航水位和上游极端低水位(145.0m左右)。具体船舶及通航库水位见表1。

表1 试航测试船舶及上游水位

阶段	测试时间(年-月-日)	船名	船舶类型	船舶尺度(m)(长×宽×吃水)	实际吃水(m)	上游水位(m)
第一阶段	2016-07-15	鹏杰1	2000t散货	80×13.63×3.3	2.62	152.79～153.01
	2016-07-16	民勤	商品车船	85.5×15.8×2.5	2.50	153.87～154.03
	2016-07-17	荣江14027	4000t散货	110×17.2×4.35	2.50	154.54～154.56
	2016-07-18	重轮J3009	集装箱船	104.98×16.8×4.0	2.55	155.04～154.95
	2016-07-19	长江壹号	客船	104×16.8×2.6	2.60	155.42～155.31
	2016-07-20	长江三峡9	客船	87×15×2.05	2.05	156.26～157.03
	2016-07-21	宜昌金航3	3000t散货	87×16.7×4.2	2.20	157.96～158.29
	2016-07-22	蓝箭2	1500t散货	68×13×2.85	2.50	158.47～158.43
第二阶段	2017-06-10	长航集运0320	集装箱船	110×17.2×2.5	2.60	145.44～145.23
	2017-06-11	华嘉2号	商品车船	110×17.18×2.8	2.50	145.95～145.69
	2017-06-12	民　铎	商品车船	100×17.18×2.8	2.75	145.96～145.76
	2017-06-13	重轮15	3000t散货	100×16.3×2.8	2.80	146.01～145.61

注:上游水位为实船试航测试时间段的水位变幅。

2.2 测点布置及测试方法

根据试航工作安排,船舶上、下行时均需开展停泊条件测试,即船舶进承船厢之前需先停泊在靠船墩处,在接到进厢指令后再启动进厢流程,故引航道水力特性测点重点布置在靠船墩至上、下闸首之间。

上游引航道集中测试点布置在坝顶 185.0m 平台，测点主要布置在连接上闸首的辅助浮式导航墙，布置 3 个测点；下游集中观测点在引航道左岸 84.0m 平台，测点布置在左岸靠船墩至下闸首，布置 11 个测点。上、下游引航道测点布置见图 1。

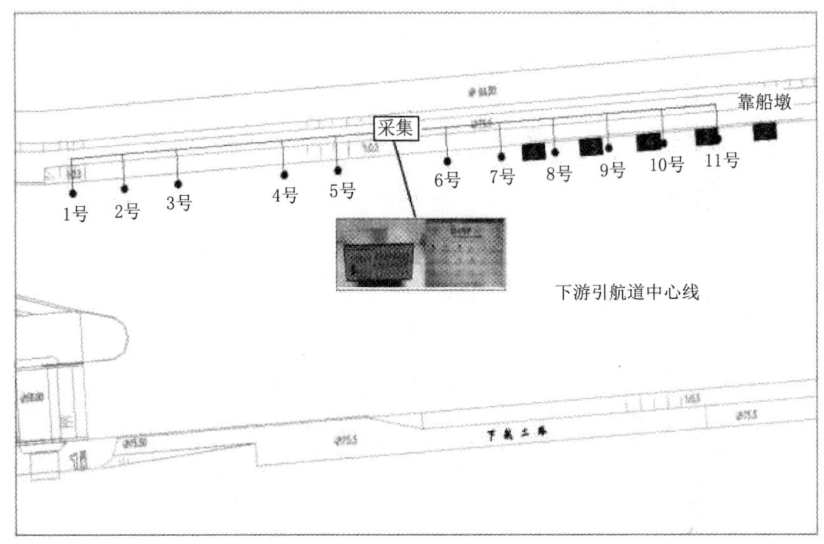

图 1　引航道测点布置示意图

在实船试航测试阶段，引航道内水流流态采用高清摄像加照相方式记录，流速采用浮标法进行测量。水位采用水位计，波浪采用量程 1.0m 的波高计进行测量。信号经放大后进入 Dasp 数据采集分析系统。

3　观测成果

3.1　流态

在静态时，上、下游引航道基本为静水航道，引航道内水域平稳，靠船墩、浮式导航墙侧水面平静，基本呈静水，引航道内无横向、回流及旋涡等不良流态；在船舶通行时，下游

引航道河道较宽,船舶基本沿引航道中心线前行,试航船舶航速不大,船舶通行时波浪不大,在上游引航道,为保证船舶顺利进厢,下行船舶须紧贴辅助浮式导航墙前行。该处波浪较大,但对船舶通行无明显不利影响。船舶通行时上引航道流态见图2。

图2 船舶通行时上引航道流态

3.2 引航道表面流速

上、下游引航道测试航段基本为静水航道,表面流速较小。根据浮标测量的上、下游引航道表面流速在0.02m/s~0.07m/s范围,引航道表面流速均小于0.10m/s,满足规范要求。

3.3 引航道非恒定流特性

3.3.1 上引航道水位变幅

在第一阶段152.0~159.0m实船试航测试时,上引航道水域宽广,引航道内水位变幅为1.0~10.0cm/h,水位变幅较小。测试阶段,各船舶无论上行、下行,船厢锁定机构均能正常对接,船舶可以正常进、出厢体,对船舶通行未见不利影响。

在第二阶段145.0m左右实船试航测试时,上游隔流堤将泄洪区与通航区分开,船闸和升船机共用引航道,为通航的极限低水位,引航道内水位变幅为2.0~28.0cm/h,尤其在测试第一天水位为145.44~145.23m时,引航道三个测点测到的水位变幅分别为16.0cm/h、20.0.0cm/h和28.0.0cm/h,非恒定流特性明显,造成船厢对接时水位变化幅度超过±0.10m,未能正常对接,出现船厢启动补水或排水装置来调整船厢水深现象,延长了升船机运行时间,影响升船机通行效率。上引航道浮式导航墙处水位变幅见表2。

其余测试时间段内上游引航道内水位变幅均小于10.0cm/h,船厢对接及船舶通行正常。

从上引航道水位测试成果来看,在极限低水位(145.0m)时,引航道内水位受船闸船舶通行及充、泄水影响较大，水位变幅较大，影响船厢对接及升船机运行效率；在其他水位通航时，引航道水位变幅较小，船舶可正常通行。

表 2 上引航道浮式导航墙处水位变幅 （单位：m）

测试船舶			上引航道		
			1号	2号	3号
长航集运0320	上行	静态	0.160	0.065	0.065
		动态	0.090	0.075	0.050
	下行	静态	0.190	0.200	0.190
		动态	0.035	0.030	0.025
	上行	静态	0.280	0.190	0.120
		动态	0.030	0.035	0.060

注：动态指船舶通行过程。

3.3.2 下引航道水位变幅

2016 年 7 月 15—22 日，在第一阶段 152.0～159.0m 实船试航测试时，各参试船舶未通行时下游引航道内水位变幅最大为 10.0～27.0cm/h；各船舶在上行过程，下引航道内水位变幅最大 12.0～21.0cm，在下行过程，下引航道内水位变幅最大为6.0～20.0cm，水位变率较大，非恒定流特征明显。测试时段，各船舶无论上行或下行，均间或出现过船厢对接时水位变幅超过设计值，造成对接失败，需解除对接，对船厢水深调整后重新对接现象，使得船舶通行升船机时间延长，影响通行效率。

2017 年 6 月 10—13 日，在第二阶段 145.0m 左右实船试航时，各参试船舶未通行时下游引航道内水位变幅最大为 20.0～55.0cm/h；各船舶在上行过程，下引航道内水位变幅最大为 15.0～38.0cm，水位变率较大，非恒定流特性明显，相应的船舶在下游进、出厢时均需调整船厢水深，进行重新对接，极大地影响了船舶通行效率。

典型下游引航道水位变化见图 3。

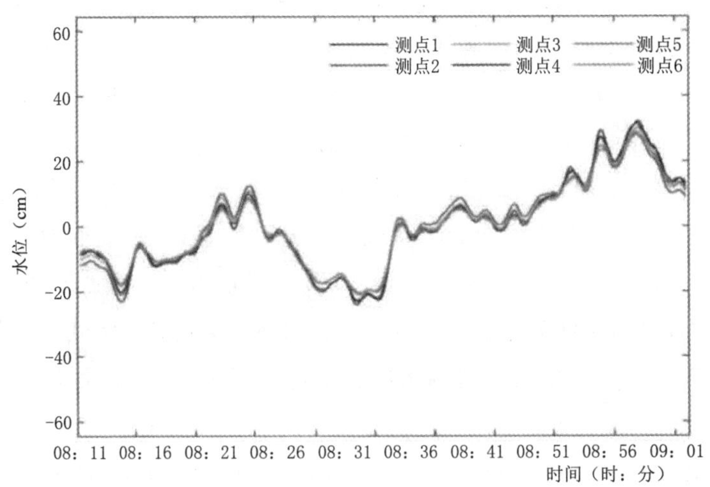

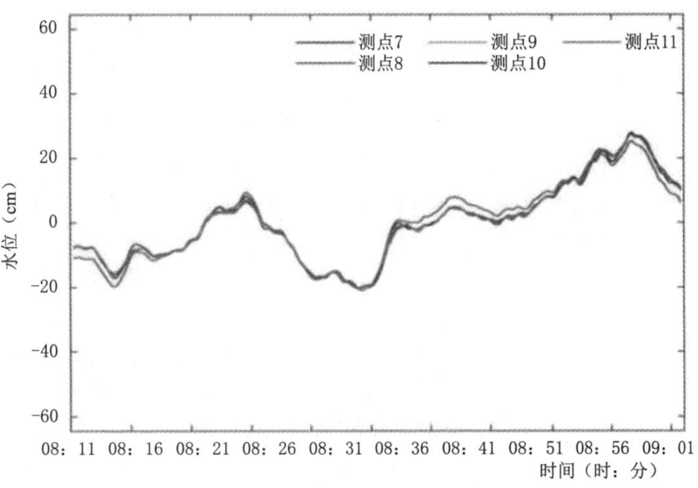

图3　下引航道水位变化(静态)

总体来看,各测试阶段下游引航道内非恒定流特性明显,造成对接锁定装置、船厢冲、泄水系统需多次运行,延长了船舶通行时间,降低了升船机运行效率。

3.4　引航道水面比降

在实船试航阶段,引航道中心线不能布置水位测点,故无法有效获得引航道水位横比降。结合上、下引航道内水位测点资料,确定静态时引航道水位纵向比降。

测试成果表明,两阶段引航道水面比降基本相当。静态时,上引航道水位纵向比降为0.125‰~1.5‰,下游引航道水面纵向比降为0.125‰~0.375‰。引航道水面比降见表3和图4。

表3　　引航道水面比降(华嘉2试航)

部位	水位差(m)	距离(m)	比降(‰)
上引航道	0.015	40	0.375
	0.005	40	0.125
	0.005	40	0.125
下引航道	0.030	240	0.125
	0.080	240	0.333
	0.050	240	0.208
	0.050	240	0.208

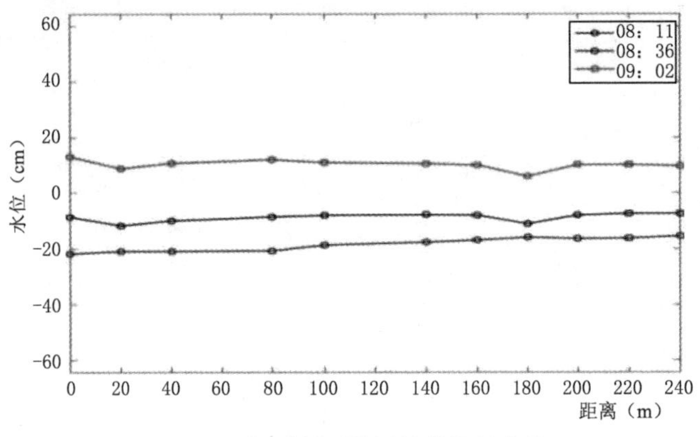

图 4　不同时刻下游引航道沿程水位

3.5　引航道水面波动

3.5.1　上引航道水面波动

两阶段实船试航测试中，上游引航道静态时水面波动为 1.5～10.0cm；在船舶上行过程，上游引航道内水面波动为 3.0～20.0cm；在船舶下行过程，上游引航道处水面波动为 1.0～27.0cm。静态时水面波动不大，多数测试船舶上、下行时水面波动小于 10.0cm。部分测试船舶（长江 1 号，客轮）上行时水面波动达 20.0cm。据观测，船舶通行过程，主要是由于船舶出上闸首后水域变宽航速突然增大所致；部分测试船舶（荣江 14027，4000t，空载）下行进厢时上游引航道水面波动达 27.0cm，缘于测试船舶尺寸较大（110.0m×17.2m），进上闸首需紧贴右侧浮式导航墙，造成该处测点水面波动较大。上引航道水面波动情况见图 5。

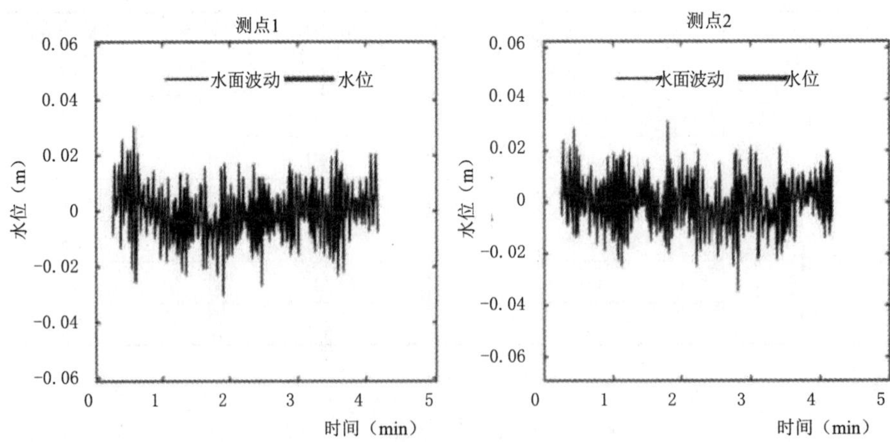

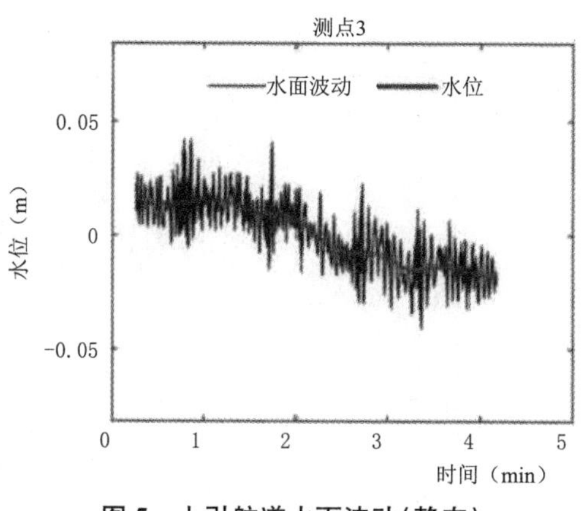

图5　上引航道水面波动(静态)

3.5.2　下引航道水面波动

两阶段实船试航测试中，下引航道静态时水面波动为10.0～22.0cm；在船舶上行过程，下游引航道内水面波动为5.0～37.0cm，在船舶下行过程，下游引航道内水面波动为5.5～38.0cm。无论静水还是试航船舶通行时，下游引航道水面波动均较大。其中船舶上、下行水面波动较大主要由尺度较大船舶航速突然提升所致。下引航道水面波动情况见图6、图7。

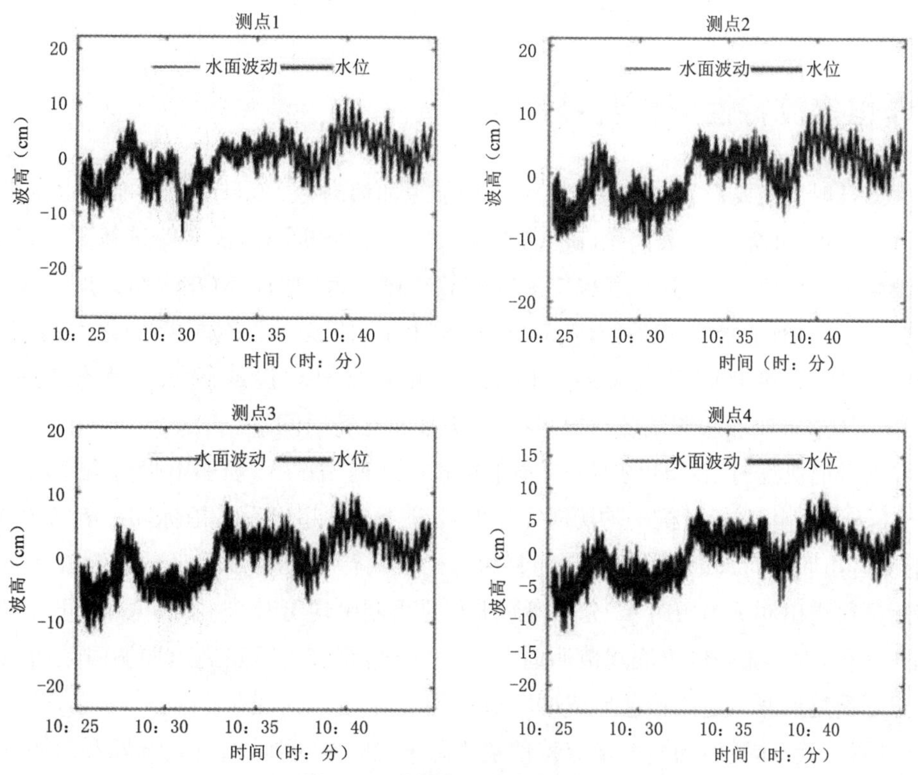

图6　下引航道水面波动(上行)

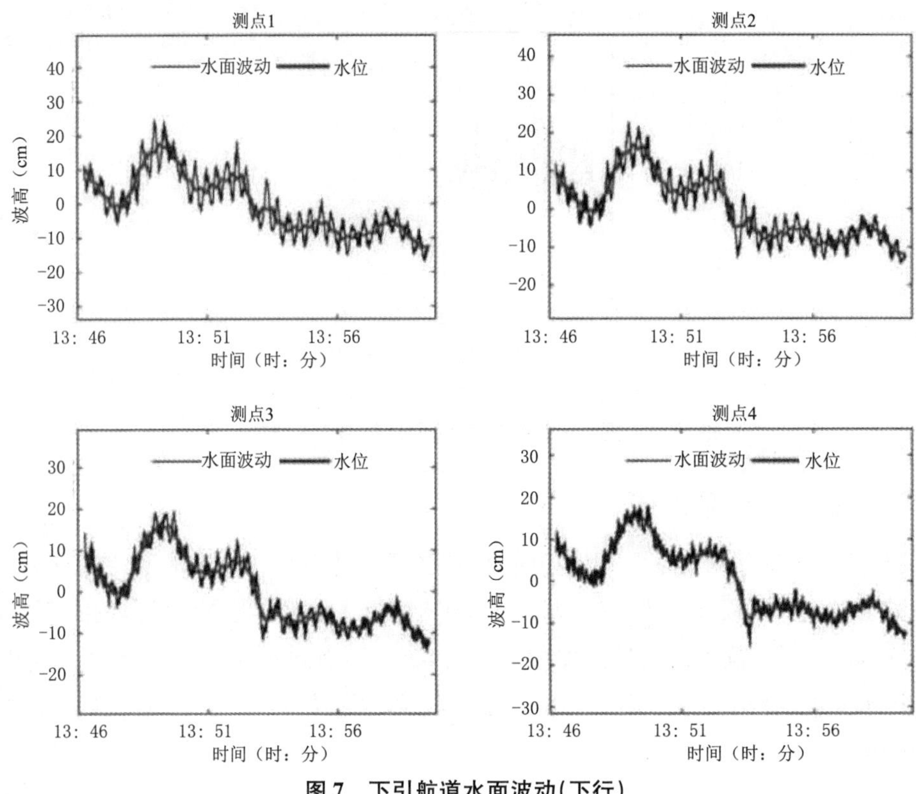

图7　下引航道水面波动(下行)

4　非恒定流特性分析及对策

根据升船机主要设计参数要求，上、下引航道涌浪高为±0.5m；下引航道水位变幅为±0.5m/h；船厢正常运行最大允许误载水深±0.1m。分析两阶段实船试航资料，引航道内涌浪满足设计要求，下引航道水位变幅多数在设计范围内。但在实船试航中发现，多数情况下，下引航道水位变幅小于0.50m/h，但由于引航道内水位短期变化太快，造成对接难度增大，对接时间延长。部分情况下，出现船厢对接或解除时水位变幅超过±0.10m，需进行船厢水深调节情况，延长了升船机运行时间。

根据升船机运行组统计的实船试航船舶过机历时情况[5]，船舶下行过机平均历时为1小时3分43秒，上行过机平均历时1小时8分44秒，超出设计指标(36分40秒)。其中，船舶进出厢历时远远超出设计时间，为升船机通行效率难以提高的控制性因素。试航实际下行进出厢平均历时43分58秒，上行进出厢平均历时38分15秒，上下行平均为41分6.5秒，大于船舶进出厢规范历时25分25秒，而造成船舶进出厢历时超时也主要是由于下引航道非恒定流特征造成的。

升船机下引航道内的非恒定流特性主要源于三峡枢纽泄洪、电站调峰及双向五级船闸冲泄水等过程中的非恒定流量调节。三峡枢纽泄洪、电站调峰产生的波浪下行，绕过

下游隔流堤经口门传入下引航道内产生重力长波，与三峡船闸辅助泄水系统产生的泄水波交锋，在引航道分叉口上溯，在升船机单独引航道段形成往复流运动的非恒定流，进而影响船舶进出升船机承船厢。升船机的布置决定了其下引航道非恒定流影响难以避免，但如何尽量降低其影响仍然是值得探讨的课题。

下引航道非恒定流特性难以避免，要降低其影响，需从两个方面着手进行研究。一方面从掌握下游引航道非恒定流规律入手，通过在下引航道隔流堤头、共用引航道分叉口、升船机下闸首等设置水位连续监测测点，逐步掌握下引航道水位波动小时变幅与三峡泄洪流量、电站调峰、船闸冲泄水以及葛洲坝枢纽的反条件运行方式的变化规律，为保障三峡升船机稳定、高效运行提供技术支持；另一方面从截断非恒定流传播途径入手，通过在下闸首设置辅助闸室[6]，截断下游非恒定流传入下闸首及承船厢。设置辅助闸室后，降低了升船机下闸首与船厢对接时的水位变幅及波浪高度，提高船厢对接时的水深和通过船舶的吃水标准，船舶进出升船机更为安全、便捷。但设置辅助闸室受航道、冲沙闸运行等多因素制约，亦可能降低其通行效率，应结合多方面因素充分论证其可行性。

5 结论

在最低通航水位 145.0m 左右和库水位 152.79～158.29m 时开展了两个阶段的实船试航试验，引航道内水力特性基本满足船舶通行升船机要求，但也存在引航道内非恒定流特性影响升船机运行效率的问题。通过分析下游引航道非恒定流产生的原因，提出了相应的对策，为三峡升船机安全运行提供技术支持。

参考文献

[1]汪璐，南航.三峡升船机与三峡船闸联合运行下引航道内的安全监管方案研究[J].中国水运，16(7)：41-43.

[2]李红霞，张灏，耿俊，等.三峡垂直升船机荷载试验及原型监测成果[J].水力发电，43(3)：81-83.

[3]程龙，李云，安建峰.三峡升船机下游引航道非恒定流特性试验研究[J].水运工程，2016(2)：158-163.

[4]李中华，胡亚安.非恒定流作用下升船机对接安全预警措施研究[J].重庆交通大学学报，2015，34(4)：87-90.

[5]长江三峡通航管理局.三峡升船机试航成果总报告[R].宜昌：三峡通航管理局，2017.

[6]齐俊麟，张勇，冯小俭，等.设置辅助闸室解决下游引航道非恒定流对三峡升船机运行影响初探[J].中国水运，2013(3)：46-47.

三峡水库水华情势及支流营养状态变化

杨霞[①] 向波 王攀菲 吴晓

（中国长江三峡集团有限公司流域枢纽运行管理局，宜昌 443133）

摘 要：为了及时掌握三峡库区水华发生情况，了解库区支流水体水环境的变化过程，2009 年三峡工程试验性蓄水以来，三峡集团建立了三峡水库水华应急监测网络。长系列监测成果表明：试验性蓄水以来，三峡水库水华发生的总频次呈先升高后降低的变化过程。2011—2017 年，持续时间 1 周以上、影响河段 2km 以上的典型水华年均发生 6 次，重庆段水华发生次数和强度总体高于湖北段；水华发生区域上，香溪河、小江为水华相对高发区；水华发生时间上，3 月和 6 月水华发生相对集中。水华优势种，主要为硅藻、蓝藻、隐藻、绿藻、甲藻等 5 个门类，优势藻种年内演替诱因为水温。试验性蓄水以来，监测网络内支流水体营养状态以中营养为主。

关键词：三峡水库；水华；水体营养状态

1 三峡水库概况

三峡工程是治理和开发长江的关键性骨干工程，举世瞩目。工程坝址位于湖北省宜昌市三斗坪，控制流域面积 100 万 km^2，占长江流域面积的 55%[1]。水库正常蓄水位 175m，总库容 393 亿 m^3，防洪库容 221.5 亿 m^3[2]。175m 水位水库水域面积 1084km^2，淹没的陆地面积 632km^2，其中重庆市淹没的陆地面积 471km^2，占 75%。

三峡工程于 2003 年 6 月首次蓄水至 135m，进入围堰发电期；2006 年汛后，首次蓄水至 156m，进入初期运行期；2008 年汛后，水库开始 175m 试验性蓄水，2008 年、2009 年最高蓄水位分别达到 172.8m、171.43m[3]，2010—2017 年连续 8 年成功蓄水至正常蓄水位 175m。2003 年三峡水库蓄水运行后，库区部分支流局部水域出现"水华"现象[4]。由于水华的发生造成水体表观改变明显、严重时会造成水质恶化影响饮用水安全及人体健康，因此迅速成为社会热点问题引发广泛关注[5-7]。

---

① 作者简介：杨霞，女，工程师，主要从事水库生态保护管理研究，E-mail：2219574230@qq.com。

2 三峡水库水华概况

2.1 2003—2009 年水华发生概况

据不完全统计,2003—2009 年,库区发生影响范围较大、持续时间较长的水华次数分别为 3 次、16 次、23 次、27 次、26 次、19 次、8 次。水华发生频次先升高后降低,2006 年水华发生频次达到最高值,之后随着三峡水库蓄水运行的正常化,水华发生频次趋于缓和(图 1)。

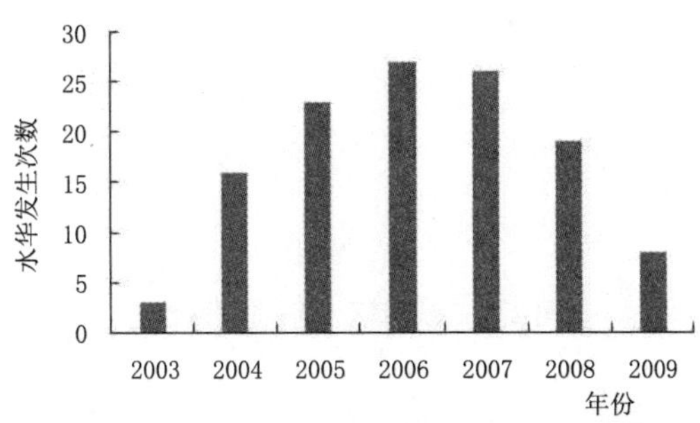

图 1 2003—2009 年三峡库区水华发生次数

不同蓄水期三峡水库支流典型水华的发生次数显示,135m 蓄水后(2003—2005 年)发生了 42 次水华,平均每年发生 14 次;156m 蓄水后(2006—2007 年)发生了 53 次水华,平均每年约 26 次;175m 试验性蓄水以来(2008—2019 年)发生了 27 次水华,平均每年约 13 次。

2.2 2010 年以来水华发生概况

2.2.1 水华监测网络

为系统全面掌握三峡水库水华发生特点,引导社会舆论、回应社会关切,三峡集团结合 2003—2009 年各方对库区水华监测研究工作,联合国家权威科研机构中国科学院水生生物研究所,建立了覆盖坝前水域及库区 12 条支流的水华应急监测网络。

(1)监测范围

水华监测范围从三峡大坝坝前水域至 175m 回水末端,其中重点对坝前水域及库区 12 个重点支流(重庆段:苎溪河、小江、汤溪河、磨刀溪、梅溪河、草堂河、大宁河;湖北段:神农溪、青干河、袁水河、童庄河、香溪河)监测,如其他支流发生影响较大水华,则组织开展水华应急监测(图 2)。

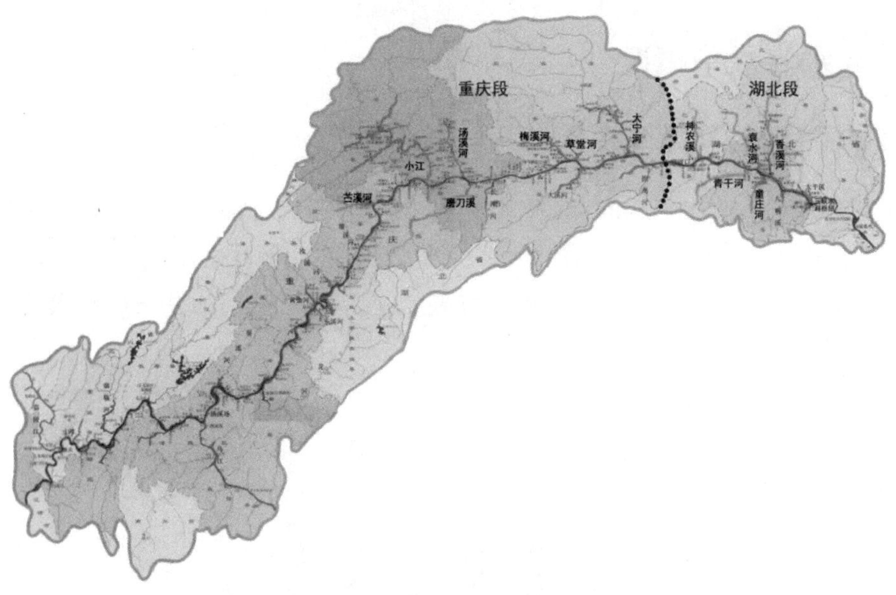

图 2　三峡库区水华监测网络

(2)监测方式

每月对上述水域开展巡测,全年对全库区突发水华事件开展应急监测,形成了以支流信息员实时报送为主、辅以月度巡测的水华捕捉机制,以及月度巡测及应急监测相结合的水华监测机制。日常巡查由水华信息员(经过培训的当地居民)完成,重点关注监测水域水体水色、透明度、水温、pH 值等状况,及时反馈水体异常情况。月度巡测由监测单位完成,每月在相对固定时间对 12 条支流开展月度巡测,及时掌握重点水域水环境动态;对库区突发水华或影响范围大、持续时间长的水华开展应急监测,深入分析水体理化指标、藻类群落演变及水华成因。

2.2.2　水华发生频次

自 2009 年三峡水库水华应急监测网络建立以来,随着监测网络的日益完善,库区捕捉到各种水华的频次呈上升的趋势;但从水华覆盖范围、持续时间等对水体产生影响方面来看,典型水华(一般指持续时间超过 1 周、影响范围超过 2km 河段、影响相对较大的水华。下同)发生的频次近几年都维持在较低水平。2010—2017 年,水库水华发生的总频次呈先升高后降低的趋势,2015 年达到最高值,监测到水华 50 次,之后每年监测到的水华次数逐渐减少。典型水华方面,除 2010 年首次蓄水至 175m,典型水华发生 18 次外,其他年份典型水华发生维持在较低水平,2011—2017 年,年均发生 6 次(图 3)。

2.2.3　水华发生区域特点

从水华发生区域来看,2010—2017 年湖北、重庆库段年均发生水华总次数分别为 15 次、19 次,典型水华发生总次数分别为 2 次、5 次,重庆段水华发生次数和强度总体高于湖北段(图 4)。

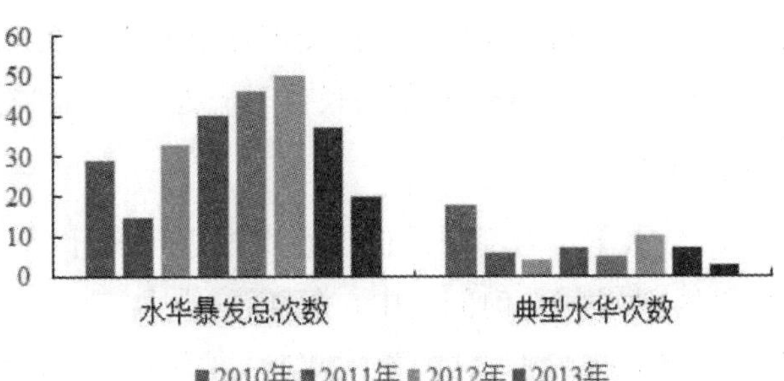

图 3　2010—2017 年三峡库区水华发生次数

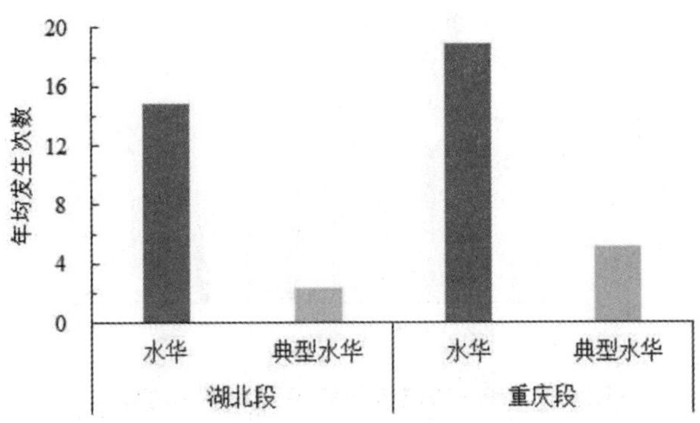

图 4　2010—2017 年湖北、重庆段年均水华发生次数

监测的 12 条重点支流中，水华发生总次数最多的为香溪河，其次为小江，累计发生水华次数分别为 36 次、33 次；发生典型水华次数最多的支流为苎溪河，其次为小江，累计发生典型水华次数分别为 17 次、11 次。其他支流 2010—2017 年累计发生典型水华次数为 1～5 次(图 5)。

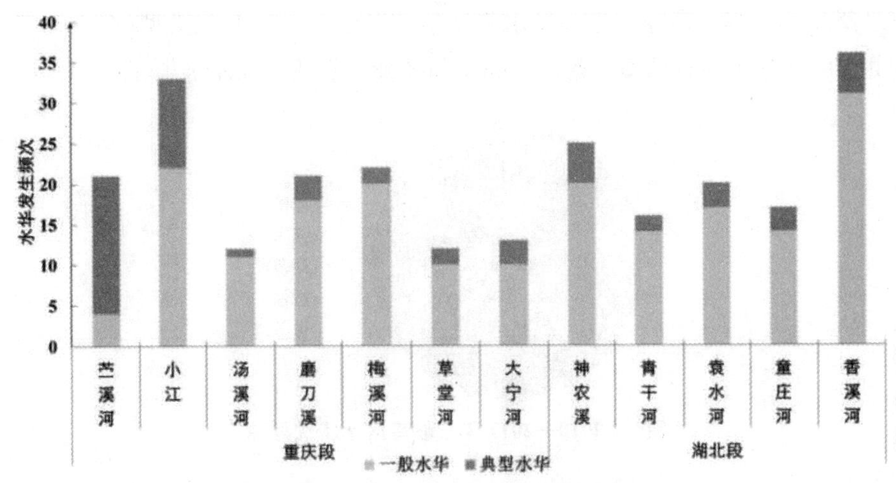

图 5　2010—2017 年各支流水华发生总次数

苎溪河水华相对较为严重，与其河口与长江交汇处建有调节坝有关。苎溪河调节坝坝顶高程175.3m，常年最低水位173m，长期与长江干流处于隔绝状态，为非天然河流。

2.2.4 水华发生年内变化

通过对2010—2017年水华年内不同月份发生次数进行统计，结果显示三峡库区水华年内发生规律特征明显，水华发生时间集中在每年3—9月，其中3月和6月为水华高发期，2月和10月各个支流偶尔发生，11月至次年1月，库区未监测到水华发生。

3月，随着气温和水温升高，库区水华进入高发期；4—5月，水华态势有所减缓；6月，随着汛期来临，降水增加，水库面源污染负荷增加，水华发生次数再次明显增多(图6)。

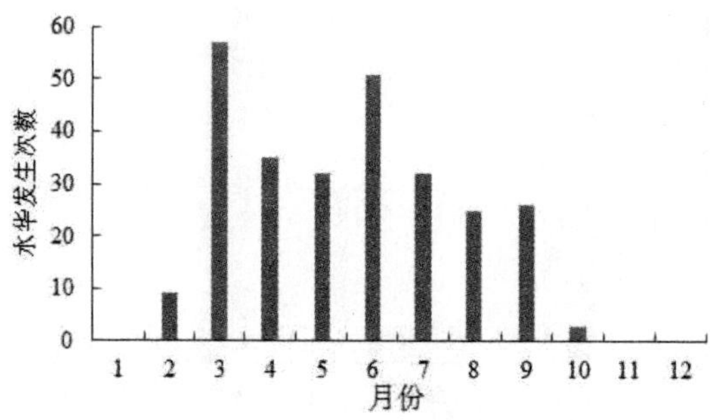

图6 2010—2017年三峡库区水华年内分布

2.2.5 水华优势种

库区出现的水华藻类种类丰富，优势种具有复杂多样性。水华优势种主要为硅藻、蓝藻、隐藻、绿藻、甲藻等5个门类的藻类，其中硅藻最为常见，占比达38%(图7)。

2010—2011年，库区水华多为单一优势种；2012年后，库区水华以2～3种优势种共存的水华类型为主(图8)。2种优势种共存的水华主要有硅藻—隐藻型、硅藻—蓝藻型、硅藻—绿藻型等。其中硅藻—隐藻型水华发生37次，远高于其他类型(图9)；3种水华优势种共存的水华主要有硅藻—蓝藻—隐藻和硅藻—隐藻—绿藻水华(图10)。

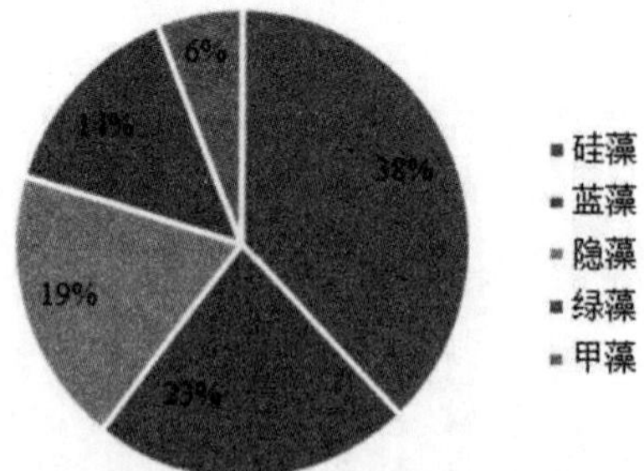

图7 2010—2017年三峡库区水华优势种

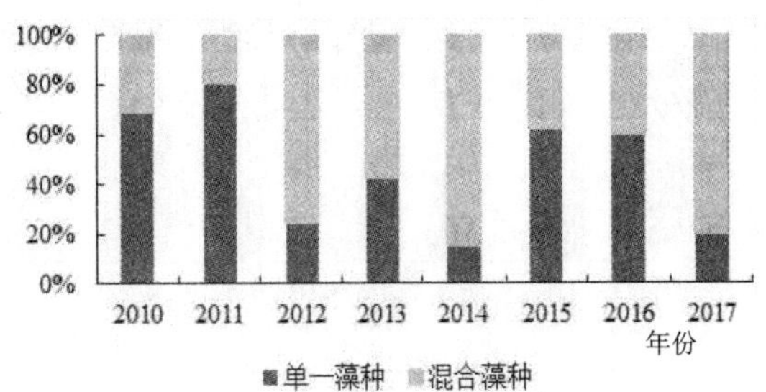

图 8　2010—2017 年三峡库区水华单一、混合藻种占比

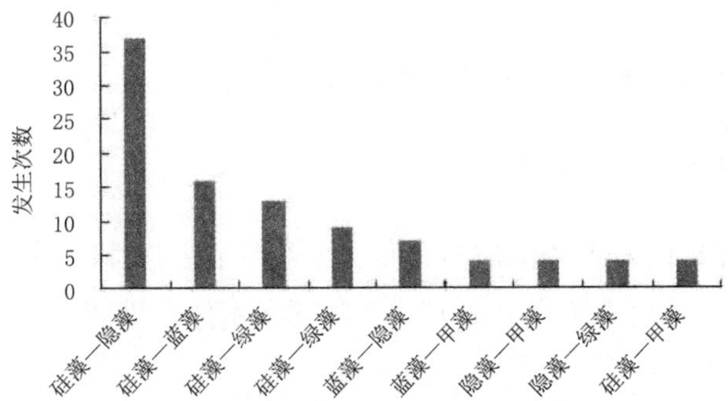

图 9　2010—2017 年三峡库区两种优势种水华

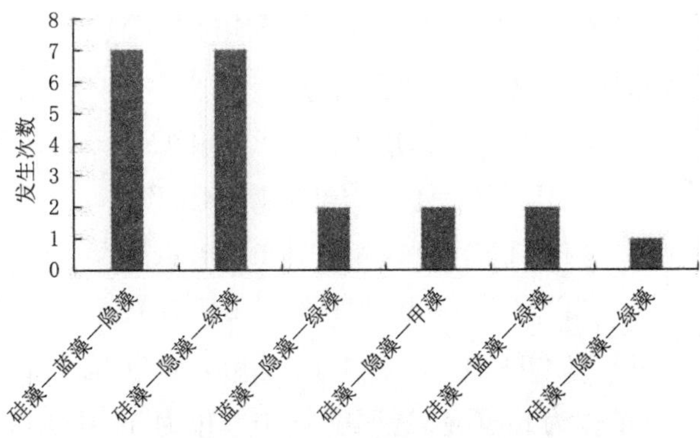

图 10　2010—2017 年三峡库区三种优势种水华

三峡库区水华优势种年内变化特征明显(图 11),2 月,气温和水温较低,水华优势种主要为硅藻、隐藻和甲藻;进入 3 月后,随着气温和水温回升,开始出现蓝藻和绿藻水华;5—9 月,水华优势种主要为硅藻、蓝藻和绿藻,其中蓝藻和绿藻水华占比逐渐升高,硅藻和甲藻水华占比降低。

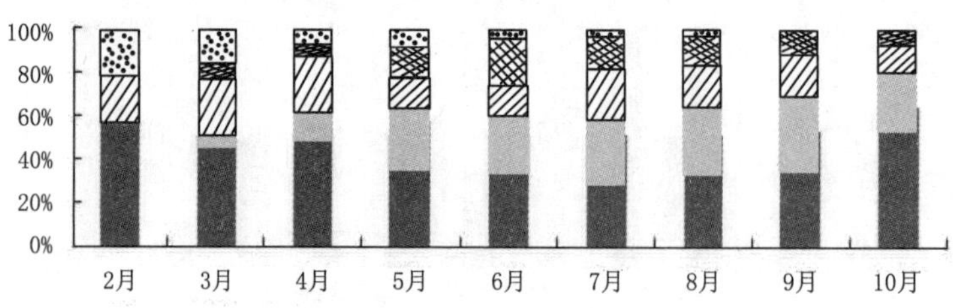

图 11 2010—2017 年水华优势种年内变化

3 2010 年以来库区支流水体营养状况

3.1 水体营养状态评价方法

根据环境保护部《地表水环境质量评价办法(试行)》中湖泊、水库营养状态评价办法,采用综合营养状态指数法(TLI(∑))对三峡库区水体营养状态进行评价。综合营养状态指数计算公式如下:

$$\mathrm{TLI}(\sum) = \sum_{j=1}^{m} = W_j \cdot \mathrm{TLI}(j)$$

以叶绿素 a(Chl—a)、总磷(TP)、总氮(TN)、透明度(SD)、高锰酸盐指数(COD_{Mn})为富营养化评价指标,各指标营养状态计算公式为:

$$\mathrm{TLI(Chl-a)} = 10 \times (2.5 + 1.086\ln \mathrm{Chl-a})$$

$$\mathrm{TLI(TP)} = 10(9.436 + 1.624\ln \mathrm{TP})$$

$$\mathrm{TLI(TN)} = 10(5.453 + 1.694\ln \mathrm{TN})$$

$$\mathrm{TLI(SD)} = 10(5.118 - 1.94\ln \mathrm{SD})$$

$$\mathrm{TLI(COD_{Mn})} = 10(0.109 + 2.661\ln \mathrm{COD_{Mn}})$$

式中:叶绿素 a(Chl—a)单位为 mg/m^3,透明度(SD)单位为 m;其他指标单位均为 mg/L。

采用归一法计算各指标权重,各参数与基准参数 Chl—a 的相关系数见表 1,各指标权重计算公式如下:

$$W_j = \frac{r_{ij}^2}{\sum^{m} r_{ij}^2}$$

式中:r_{ij}——第 j 种参数与基准参数 Chl—a 的相关系数;

m——评价参数的个数。

表 1 各项指标与叶绿素 a 相关关系[8]

参数	Chl—a	TP	TN	SD	COD_{Mn}
r_{ij}	1	0.84	0.82	−0.83	0.83
r_{ij}^2	1	0.7056	0.6724	0.6889	0.6889

采用 0～100 的系列连续数字对库区支流水体营养状态进行分级、评价，分级标准为：TLI(Σ)＜30，贫营养；30≤TLI(Σ)≤50，中营养；TLI(Σ)＞50，富营养；50＜TLI(Σ)≤60，轻度富营养，60＜TLI(Σ)≤70，中度富营养；TLI(Σ)＞70，重度富营养。在同一营养状态下，指数值越高，其富营养化程度越重。

3.2 水体营养状态变化

对库区重点监测的 12 条支流 2011—2017 年逐月水体营养状态进行评价，统计分析结果显示(表 2)，12 条支流水体营养状态以中营养为主，年内占比在 60%～70%范围(图 12)。2011—2017 年，中营养状态占比呈波动状态。

表 2　典型支流 2011—2017 年中营养状态占比　(单位：%)

支流	2011 年	2012 年	2013 年	2014 年	2015 年	2016 年	2017 年
苎溪河	25	33	25	33	25	17	25
小江	67	67	67	42	42	58	50
汤溪河	83	75	67	58	75	75	67
磨刀溪	75	67	83	75	75	75	50
梅溪河	83	83	75	58	50	67	42
草堂河	58	75	75	58	58	58	58
大宁河	83	92	100	100	83	100	92
神农溪	83	75	92	83	67	92	75
青干河	92	83	83	75	75	83	83
袁水河	67	83	58	58	75	50	42
童庄河	58	75	75	58	75	67	58
香溪河	67	75	50	50	75	83	67

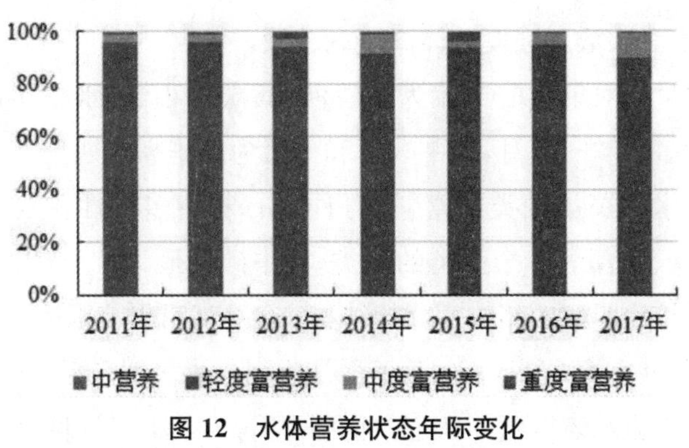

图 12　水体营养状态年际变化

从 2011—2017 年各支流水体营养状态的年内分布特征来看，每年 1 月 12 条支流水体中营养状态达 100%，2 月开始支流水体出现富营养状态；进入 3 月后，水体富营养占比明显升高，与 3 月库区水华高发相对应，5—8 月，水体富营养化占比超过 50%，其中 6 月水体富营养化占比最高，达到 68%；11 月、12 月仅个别支流水体呈轻度富营养(图 13)。

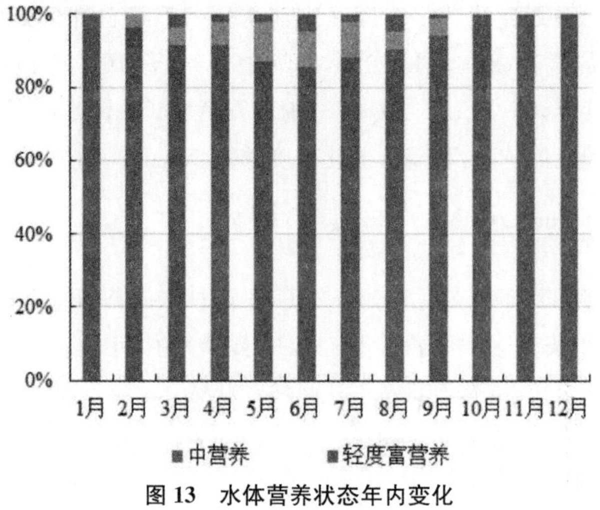

图 13 水体营养状态年内变化

4 小结

1)试验性蓄水以来,三峡集团建立的以支流信息员实时报送为主、辅以月度巡测的水华捕捉机制,以及月度巡测及应急监测相结合的水华监测机制,能够及时了解和掌握水库水华发生相关情况,长期系统的监测成果为科学认识库区水华及重点水域水环境变化过程提供了数据支撑。

2)试验性蓄水以来,三峡水库水华发生的总频次呈先升高后降低的变化过程。2011—2017 年,持续时间 1 周以上、影响河段 2km 以上的典型水华次数年均发生 6 次,其中,重庆段水华发生次数和强度总体高于湖北段。

3)库区水华发生相对集中的支流为香溪河,其次为小江;水华年内发生规律特征明显,发生时间集中在每年 3—9 月,其中 3 月和 6 月为水华高发期。

4)库区出现的水华藻类种类丰富,优势种具有复杂多样性。水华优势种主要为硅藻、蓝藻、隐藻、绿藻、甲藻等 5 个门类的藻类,其中硅藻最为常见,占比达 38%。水华优势种受温度影响呈较为明显的年内变化规律,5—9 月高温季节以蓝藻、绿藻为主。

5)库区 12 条典型支流 2011—2017 年逐月监测成果表明,支流水体营养状态以中营养为主。每年 3 月支流水体富营养状态占比明显升高,与 3 月库区水华高发相对应;6 月水体富营养化占比最高,达到 68%;11 月、12 月支流水体营养状况较好,仅个别支流水体呈轻度富营养。

参考文献

[1]长江三峡水利枢纽环境影响报告书[R].中国科学院环境评价部,长江水资源保护科

学研究所,1991.

[2]长江三峡水利枢纽初步设计报告[R].水利部长江水利委员会,1992.

[3]胡挺,王海,胡兴娥,等.三峡水库近十年调度方式控制运用分析[J].人民长江,2014,45(9):24-29.

[4]国家环境保护总局.长江三峡工程生态与环境监测公报[R].2004—2010.

[5]汤宏波,刘国祥,胡征宇.三峡库区高岚河甲藻水华的初步研究[J].水生生物学报,2006,30(1):47-51.

[6]黄钰铃.三峡水库香溪河库湾水华生消机理研究[D].陕西:西北农林科技大学,2007.

[7]邱光胜,涂敏,叶丹,等.三峡库区支流富营养化状况普查[J].人民长江,2008,39(13):1-4.

[8]金相灿,等.中国湖泊环境[M].北京:海洋出版社,1995.

上游梯级水库运行对三峡水库蓄水影响分析

高玉磊[①]　邢龙　李帅

（中国长江三峡集团有限公司流域枢纽运行管理局，宜昌　443133）

摘　要：长江上游干支流陆续建成了一大批库容大、调节能力好的水库，这些梯级水库集中在每年的8—10月蓄水，蓄水时间长，待蓄水量大，增加了三峡水库蓄不满的风险。本文分别选取2017年水平年和远景水平年对初步设计采用的径流系列进行了模拟计算，分析上游水库运行后三峡坝址径流年内分配变化。在保障上下游防洪安全的前提下，上游水库群按照现状联合调度方案中的规则进行蓄水，三峡水库按照不同的起蓄时间和起蓄水位拟定多种蓄水方案，分析不同水平年上游水库蓄水对三峡水库蓄满率的影响。

关键词：梯级水库；长江上游；蓄水；三峡水库

长江是中国第一大河，干流全长6300余km，总流域面积180万km^2，长江流域是中国最重要的水电开发基地。三峡水利枢纽工程位于长江上游与中游的分界点，是治理和开发长江的关键性骨干工程，控制流域面积100万km^2。三峡水库设计蓄水位175m，对应库容393亿m^3，防洪限制水位145m，防洪库容221.5亿m^3，总装机规模2250万kW，多年平均发电量882亿kW·h，三峡水库具有防洪、发电、航运和水资源利用等巨大综合效益。根据初步设计方案[1]，三峡水库每年10月1日开始蓄水，10月底或者11月蓄水至175m。第二年1—4月为中下游地区实施补水调度，以满足航运、供水和生态等需求，三峡水库蓄满是其巨大补水效益充分发挥的重要前提。

目前，长江上游干、支流已经建成或正在建设一大批库容大、调节能力好的水库。根据远景规划，三峡及上游控制性水库总调节库容接近1000亿m^3，总防洪库容500亿m^3。随着上游水库陆续建成运行，梯级水库群对径流的调节作用将越来越明显，年内对水量的调节能力可达到宜昌站多年平均来水量的1/4。这些梯级水库集中在每年的8—10月蓄水，减少了三峡水库蓄水期的入库水量，增加了三峡水库蓄不满的风险。

三峡水库汛末蓄水调度是实现三峡综合效益的最关键的水库调度[2]。针对三峡水

① 作者简介：高玉磊（1984—　），男，工程师，主要从事水库调度管理，E-mail：gao_yulei@ctg.com.cn。

库蓄水优化调度的问题,近年来国内许多学者从分期设计洪水研究[3]、起蓄时间及水位、分阶段控制水位[4-5]等方面开展了大量研究工作,并对蓄水优化方案带来的防洪风险和泥沙淤积问题进行了分析。李义天[6]等从三峡水库的洪水特征出发,在全面分析历史洪水的基础上,提出了汛末分旬控制蓄水的方案,并全面比较了各蓄水方案对三峡水库防洪、发电以及航运的影响。刘攀[7]等建立了蓄水调度函数的神经网络模型,从系统优化的角度对三峡水库运行初期的蓄水方式和蓄水时机选择进行了研究。闵要武[8]等对基于来水保证率的三峡水库蓄水调度图进行了研究,提出了基于保证率的三峡水库来水和下游需水计算方法,构建了对蓄水不利的来水和下游需水的组合情景,得到基于来水保证率的三峡水库分阶段蓄水调度图。

本文主要根据初步设计采用的长系列径流资料,考虑不同水平年上游水库群蓄水的影响,模拟计算得出三峡水库坝址 9—10 月的长系列径流资料。在不降低三峡水库设计防洪标准的前提下,拟定多种蓄水方案,对三峡水库的蓄满率进行计算,进而寻求较优的蓄水方案。

1　三峡水库蓄水面临的新情况

1.1　上游水库群蓄水影响

截至 2017 年,长江上中游纳入联合调度的水库共有 28 座,总调节库容 575 亿 m^3,总防洪库容 415 亿 m^3。其中包括三峡水库在内的 21 座水库,总需水量 318.7 亿 m^3,待蓄水量大,汛后集中蓄水压力较大。在 2017 年国家防汛抗旱总指挥部批复的联合蓄水方案中,采取了防洪库容“分段预留,逐步蓄水”的方式,7 座水库提前至 8 月 1 日开始蓄水,其余 13 座水库从 9 月 1 日开始逐步蓄水,与三峡水库的蓄水时间部分重叠,大幅减少了三峡水库的入库水量,增加了三峡水库蓄不满的概率。远景水平年,还将在 2017 年基础上增加乌东德、白鹤滩、两河口和双江口 4 座大型水库,蓄水压力将进一步加大。

根据表 1 的统计,2017 年水平年,三峡上游水库群 9、10 月总蓄水量为 97 亿 m^3,相当于三峡水库最大蓄水量 221.5 亿 m^3(即防洪限制水位至设计蓄水位之间的库容)的 43.9%;远景水平年,假定新增的 4 座水库全部在 9 月开始蓄水,则上游水库群 9—10 月的总蓄水量 222 亿 m^3,与三峡水库的最大蓄水量基本相当。因此,上游大型水库蓄水,对 9、10 月径流影响明显,大幅减少了三峡水库蓄水期的入库水量。

需要说明的是,8 月属于主汛期,来水相对较丰,联合蓄水方案中安排在 8 月初开始蓄水的 7 座水库总蓄水量相对不大,假定全部在 8 月底之前蓄满,9、10 月按出入库平衡控制,因此在计算时没有统计这些水库对 9、10 月径流的影响。

表 1　长江上游干支流主要大型水库蓄水量统计　(单位:亿 m³)

水库	蓄水量		蓄水时间
	2017 年水平年	远景水平年	
梨园	1.73	1.73	8 月 1 日
阿海	2.15	2.15	8 月 1 日
金安桥	1.58	1.58	8 月 1 日
龙开口	1.26	1.26	8 月 1 日
鲁地拉	5.64	5.64	8 月 1 日
锦屏一级	16	16	8 月 1 日
二滩水库	9	9	8 月 1 日
溪洛渡	46.51	46.51	9 月上旬
向家坝	9.03	9.03	9 月中旬
构皮滩	4	4	9 月 1 日
思林	1.84	1.84	9 月 1 日
沙沱	2.09	2.09	9 月 1 日
彭水	2.32	2.32	9 月 1 日
亭子口	14.4	14.4	9 月 1 日
草街	1.99	1.99	9 月 1 日
观音岩	2.51	2.51	10 月 1 日
紫坪铺	1.67	1.67	10 月 1 日
瀑布沟	7.30	7.30	10 月 1 日
碧口	0.70	0.70	10 月 1 日
宝珠寺	2.80	2.80	10 月 1 日
乌东德	—	24.4	9 月
白鹤滩	—	75	9 月
两河口	—	20	9 月
双江口	—	5.39	9 月
9、10 月总蓄水量	97	222	

1.2　蓄水期下游用水需求

三峡水库处于长江干流有调节能力水库的最末一级，上游水库群调蓄对中下游的影响集中体现在三峡水库。9—10 月是三峡水库汛期向枯期逐步过渡的时期，长江上游来水量逐步减小，加上水库群蓄水量大，如果蓄水时间集中，会对下游用水产生较大影响。三峡水库蓄水运行以后，随着经济社会的发展和生态环境的变化，长江中下游地区的用水需求与初步设计相比有了较大变化，用水量呈现递增趋势。因此，各方对三峡水库蓄水期的下泄流量要求越来越高，要求蓄水期间均匀缓慢减少下泄流量，并尽量减少对下游地区供水、航运、水生态与环境等方面的不利影响。尤其是三峡水库 10 月蓄水时间正是洞庭湖和鄱阳湖由汛期向枯期过渡的特定时期,天然情况下,此时段长江干流水位也在逐步下降。三峡水库蓄水期间下泄流量减少,若同时遭遇两湖流域发生枯水,对两湖地区供水及生态将产生较大影响。

针对上游水库群蓄水减少三峡水库入库水量以及中下游用水需求增加等变化情况,水利部组织研究提出的《三峡水库优化调度方案》于2009年获得国务院批准,对蓄水期间的下泄流量提出具体要求:实施提前蓄水期间,一般情况下控制水库下泄流量不小于8000～10000m^3/s。10月蓄水期间,一般情况下水库上、中、下旬的下泄流量分别按不小于8000m^3/s、7000m^3/s、6500m^3/s控制。自2010年开始,国家防汛抗旱总指挥部在批复三峡工程175m试验性蓄水实施计划时,对三峡水库蓄水期间下泄流量提出了更高的要求。9月蓄水期间,三峡水库下泄流量不小于10000m^3/s,10月蓄水期间下泄流量不小于8000m^3/s。三峡水库10月最小下泄流量由初设阶段的5500m^3/s左右提高至2010年以后的8000m^3/s,10月可蓄水量减少了67亿m^3,约占三峡水库最大蓄水量的30%。

2　上游水库运行对三峡水库蓄水期径流影响分析

2.1　水平年划分

2017年水平年,即现状年,从三峡上游已经纳入联合调度的20座水库里选取集中在9、10月蓄水的水库,包括观音岩、溪洛渡、向家坝、紫坪铺、瀑布沟、构皮滩、思林、沙沱、彭水、碧口、宝珠寺、亭子口、草街等13座水库。

远景水平年,在2017年水平年基础上增加乌东德、白鹤滩、两河口和双江口4座大型水库,共计17座水库。

2.2　径流计算

根据长江上游干支流已建和拟建水库群的蓄水量和蓄水计划,计算出各旬需分配的蓄水量,分别选取2017年水平年和远景水平年对110年(1881—1990年)的长系列径流资料进行计算,得出上游梯级水库运行条件下的三峡坝址长系列径流资料。基于计算得出的长系列径流资料,分析对比不同方案下对三峡水库的蓄满率和对下游的影响程度。

三峡坝址110年长系列资料(1881—1990年)9、10月平均径流量为1225亿m^3,考虑上游建库条件下,对三峡坝址110年(1881—1990年)径流系列进行了计算。2017年水平年,三峡以上有13座水库运行,减少三峡坝址9、10月总径流量97亿m^3。远景水平年,三峡以上有17座水库运行,减少三峡坝址9、10月总径流量222亿m^3。对1881—1990年长系列(110年)径流资料模拟计算,结果显示,2017年水平年,小于初步设计多年均值的有75年,占比68.2%,远景水平年小于初步设计多年均值为90年,占比81.8%。

3 三峡水库蓄满率计算

3.1 计算方案及控制条件

起蓄时间分别为9月1日、10日、20日和10月1日，三峡水库起蓄水位均从防洪限制水位145m开始，综合考虑防洪风险和调度规程的要求，9月底最高蓄水位按165m控制。蓄水期间要兼顾中下游航运、生产生活、生态等需求，尽量减少三峡水库蓄水对中下游的影响，9月最低下泄流量10000m³/s，10月最低下泄流量8000m³/s，10月底蓄满水库。

10月1日起蓄，2017年水平年和远景水平年，蓄不满年数分别为25年、26年，蓄满率分别为77.3%，76.4%；9月20日起蓄，2017年水平年和远景水平年，蓄不满年数分别为12年、18年，蓄满率分别为89.1%，83.6%；9月10日起蓄，2017年水平年和远景水平年，蓄不满年数分别为6年、15年，蓄满率分别为94.5%，86.4%；9月1日起蓄，2017年水平年和远景水平年，蓄不满年数分别为4年、11年，蓄满率分别为96.4%，90.0%。2017年水平年，即现状水平年，三峡水库按照9月10日开始蓄水，能达到90%的设计蓄满率；远景水平年，因新增的水库蓄水量大，需提前至9月1日开始蓄水才能达到90%的设计蓄满率(表2)。

表2　　不同水平年对三峡水库蓄满率的影响

起蓄时间	蓄不满年数		蓄满率	
	2017年水平年	远景水平年	2017年水平年	远景水平年
10月1日	25	26	77.3%	76.4%
9月20日	12	18	89.1%	83.6%
9月10日	6	15	94.5%	86.4%
9月1日	4	11	96.4%	90.0%

基于以上计算分析得出，2017年水平年，即现状水平年，按照目前流域梯级水库群联合蓄水方式，三峡水库从9月10日开始蓄水是合理的，远景水平年因新增的大型水库蓄水量大，在不考虑抬高起蓄水位的情况下，三峡水库的蓄水时间需进一步提前至9月1日，才能达到初步设计的蓄满率要求。

3.2 抬高起蓄水位对三峡水库蓄满率的影响

2008年，三峡水库开始首次进行175m试验性蓄水，按照“安全、科学、稳妥、渐进”的原则，水库最高蓄水位为172.8m。针对蓄水期间来水减少、上游水库同期蓄水、下游用水需求增加导致蓄泄矛盾突出的情况，在对提前蓄水的防洪安全和泥沙淤积进行充分论证后，对三峡水库蓄水方式进行了进一步研究，提出了承接前期防洪运用水位、适当抬高起

蓄水位的蓄水方式。进一步优化蓄水方案后，2010—2017 年三峡水库连续 8 年实现了 175m 蓄水目标，并将 10 月蓄水期间下泄流量标准由初步设计的 5500m^3/s 左右提高到 8000m^3/s 以上。

近几年的调度实践也表明，拦蓄汛末洪水资源，抬高三峡水库起蓄水位，是提高其蓄满率的有效措施。本次研究根据不同水平年上游梯级水库运行后模拟计算的三峡坝址径流，对三峡水库不同起蓄水位条件下的蓄满率进行了计算（表 3）。2017 年水平年，三峡水库远景水平年，三峡水库从 9 月 10 日开始蓄水，起蓄水位达到 152m 时，蓄满率才能达到 90％以上，若提前至 9 月 1 日开始蓄水，起蓄水位从 148～152m 对三峡水库蓄满率影响不大。

表 3　不同起蓄水位对三峡水库蓄满率的影响

起蓄时间	起蓄水位	蓄不满年数		蓄满率	
		2017 年水平年	远景水平年	2017 年水平年（％）	远景水平年（％）
9 月 10 日	148	6	13	94.5	88.2
	150	6	12	94.5	89.1
	152	4	10	96.4	90.9
	155	4	7	96.4	93.6
9 月 1 日	148	4	11	96.4	90.0
	150	3	11	97.3	90.0
	152	3	10	97.3	90.9
	155	2	6	98.2	94.5

3.3　抬高起蓄水位对下游流量影响

按照现状调度规程，三峡水库从 9 月 10 日开始蓄水，与从 145m 起蓄相比，若三峡水库起蓄水位分别抬高至 148m、150m、152m 和 155m，按照 10 月下旬蓄满水库计算，可分别增加蓄水期平均下泄流量 350m^3/s、590m^3/s、860m^3/s 和 1310m^3/s。自 2010 年以来，三峡水库已经连续 8 年蓄水至正常蓄水位 175m，除 2016 年因 9 月上旬来水严重偏枯，起蓄水位较低以外，其余年份起蓄水位均在 152m 以上。在水库蓄满的同时，提高了蓄水期的下泄流量，有效地缓解了水库蓄水与下游用水之间的矛盾。

4　结语

上游大型水库运行以后，三峡坝址 9—10 月径流量与初步设计均值相比，2017 年水平年和远景水平年分别减少 97 亿 m^3 和 222 亿 m^3，对三峡水库蓄水影响巨大。2017 年水平年，即现状水平年，基于目前流域梯级水库群联合蓄水方式，三峡水库从 9 月 10 日开始蓄水是合理的，但要提高蓄水期的下泄流量，则要抬高起蓄水位；远景水平年因新增的大型水库蓄水量大，在不抬高起蓄水位的情况下，三峡水库的蓄水时间需要进一步提前至9月1日，才能达到初步设计的蓄满率要求。

长江上游干支流水库众多，在建和拟建的水库投入运行后还将进一步加剧水库群集中蓄水和下游供水之间的矛盾，因此三峡水库蓄水方案也是一个持续优化的过程。一般情况下，上游水库开始蓄水时间早于三峡水库，因此在编制三峡水库年度的蓄水方案时，要结合上游水库蓄水实时进展以及后期来水预报，在保证防洪安全的前提下，尽量抬高起蓄水位，在提高三峡水库蓄满率的同时还可以较好地缓解水库群集中蓄水对下游地区的影响。

参考文献

[1]水利部长江水利委员会.长江三峡水利枢纽初步设计报告[R].1992.

[2]张曙光，周曼.三峡枢纽水库运行调度[J].中国工程科学，2011，13(7)：61-65.

[3]长江水利委员会水文局.三峡工程汛期洪水特性专题研究报告[R].2007.

[4]长江水利委员会水文局.三峡水库蓄水阶段性控制水位分析研究[R].2012.

[5]长江勘测规划设计研究有限责任公司.三峡—葛洲坝梯级枢纽调度规程相关专题分析报告[R].2012.

[6]李义天，甘富万，邓金运.三峡水库9月分旬控制蓄水初步研究[J].2006，25(1)：61-66.

[7]刘攀，郭生练.三峡水库运行初期蓄水调度函数的神经网络模型研究及改进[J].水力发电学报，2006，25(2)：83-89.

[8]闵要武，张俊，邹红梅.基于来水保证率的三峡水库蓄水调度图研究[J].水文，2011，31(3)：27-30.

三峡库区沉积物中重金属的污染特征分析

郦超①,2　林莉1,2　杨文俊1　李青云1,2　刘敏1,2

(1.长江水利委员会长江科学院,武汉　430010;

2.流域水资源与生态环境科学湖北省重点实验室,武汉　430010)

摘　要:随着举世瞩目的三峡工程完成蓄水并投入运行,库区水文情势改变,沉积物中重金属污染特征也发生了较大变化。根据蓄水期(2015 年 12 月)和泄水期(2016 年 6 月)对三峡库区干流(22 个监测断面)和支流(7 个监测断面)沉积物中 5 种重金属元素(Cu、Zn、Pb、Cr、Cd)含量的监测结果,采用地累积指数法(Igeo)、主成分分析法(PCA)和相关性分析法等,对库区沉积物中重金属的污染特征进行了系统分析。结果表明,三峡库区沉积物未受 Cr 污染,而 Cd 呈中度污染状态,Cu、Zn、Pb 的污染水平介于两者之间。库区干流水体沉积物中重金属含量沿程分布不均;乌江入河口以上,泄水期沉积物重金属含量低于蓄水期,乌江入河口以下各断面则呈现无规律波动。重金属在支流入河口及其邻近下游干流断面之间的分布可能受分层异向流的影响。主成分分析和相关性分析结果表明,蓄水期 5 种元素两两之间均呈现良好的正向相关性,具有相似的来源,即自然源;泄水期 Cu、Zn、Pb、Cd 两两之间相关性较好,而 Cr 与其余 4 种重金属元素相关性不显著,沉积物中重金属的来源既有自然源,也有人为源。

关键词:三峡库区;沉积物;重金属;污染特征;污染来源

举世瞩目的三峡工程自投入运行以来,在防洪、发电、航运、灌溉等方面发挥了巨大的社会效益、经济效益。三峡水库“夏排冬蓄”的反季节性涨落,也导致库区水文情势发生重要变化[1]。库区水位升高使过水断面面积变大、水体流速减缓。研究表明,三峡库区水体平均流速已由建成前的 0.85m/s 下降至 0.17m/s[2],直接影响颗粒物的沉降及库

---

① 基金项目:水利部公益性行业专项经费项目(201501042);国家级公益性科研院所基本科研业务费专项(CKSF2017062/SH)。中国科协青年人才托举工程项目(2015QNRC001)。

作者简介:郦超(1993—　),男,硕士,助理工程师,主要研究方向为水环境监测和水环境治理,E-mail:lichaostyle@126.com。

区表层沉积物中污染物的迁移转化。

沉积物是水体中污染物的“汇”，也会成为水体的二次污染“源”，对水体的水环境质量有重要影响[3]。三峡库区表层沉积物中重金属污染问题已引起学者们的广泛关注[4-6]。王健康等于2008年10月对三峡库区主要支流表层沉积物中重金属污染水平及潜在风险进行了研究，结果显示蓄水后主要支流中Cd的污染形势最为严峻，呈现中度污染[7]。贾旭威等研究发现三峡库区主要入库支流沉积物中Cd、Zn、Cu等显现污染加剧态势，且呈现以Cd为主的多种重金属复合污染特征[2]。敖亮等对忠县典型农村型消落带沉积物重金属污染风险与来源的分析结果表明，消落带重金属来源包括自然背景、上游来水和农业面源等[8]。李新宇等研究发现长江干流重庆江段沉积物中重金属生态风险较低，但随水流方向有逐渐升高的趋势[9]。卓海华等对三峡库区干流及主要支流沉积物中重金属在2000—2015年的污染水平进行了分析，发现沉积物中重金属污染情势复杂，不同重金属元素在不同监测断面随时间变化趋势均不一致[10]。

由此可见，目前对三峡库区沉积物中重金属污染的研究，对象多集中于入河支流、消落带或部分江段，而对于整个库区尺度下干、支流沉积物整体污染水平、时空分布规律研究较少。基于此，本文拟对三峡工程175m稳定蓄水运行后库区主要干、支流水体表层沉积物中重金属的污染水平进行分析，对其空间及时间分布特征进行研究，评价其生态风险，并尝试对重金属的污染来源进行解析，以期为管理部门了解库区重金属污染形势、针对性制定重金属污染防治对策提供科学依据。

1 材料与方法

1.1 研究区域及样品采集

分别于2015年12月（蓄水期）和2016年6月（泄水期），在三峡库区（坝前至重庆段）采集了水体表层沉积物样品，共包括21个干流断面和7个支流入河口。7条支流分别为乌江（WJ）、小江（XJ）、磨刀溪（DX）、梅溪（MX）、沿渡河（YD）、青干河（QG）和香溪河（XX）。各采样断面如图1所示。采用抓斗式采泥器采集表层沉积物（0～20cm），装入自封袋并编号后冷冻保存，并尽快带回实验室作进一步分析。

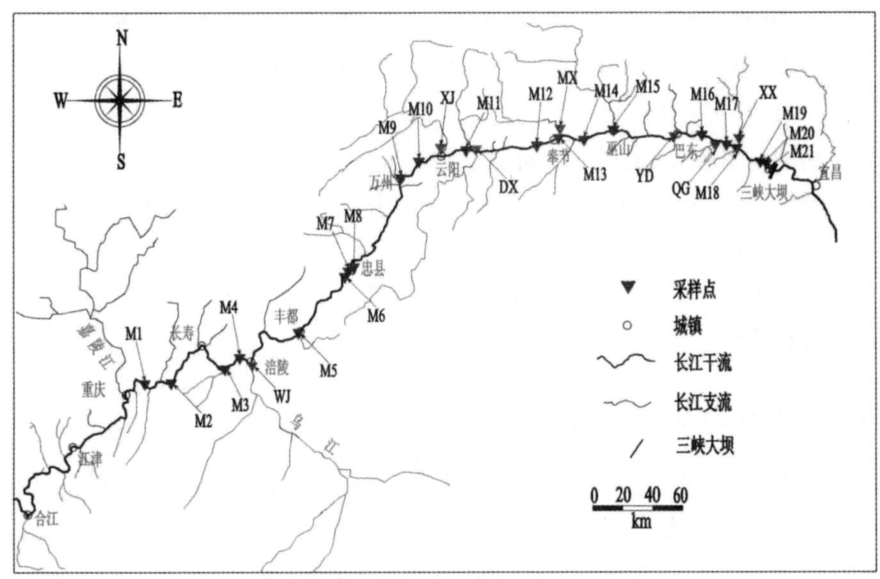

图1　三峡库区采样点位置分布图

1.2　样品分析检测

样品解冻后经自然风干，剔除其中的石子和动植物残体，研磨后过200目筛。采用硝酸－盐酸－过氧化氢对样品进行消解，称取(0.2000±0.0005)g沉积物样品装入聚四氟乙烯消解管中，依次加入6mL硝酸、2mL盐酸和1mL过氧化氢，采用微波消解仪(MARS6，美国CEM)进行消解。消解完全后经赶酸器赶酸，稀释定容后采用ICP－MS(NexION300，美国PerkinElmer)测定Cu、Zn、Pb、Cr、Cd含量。实验所用纯水由Milli－Q超纯水机制备，消解用硝酸和盐酸为优级纯，过氧化氢为分析纯。为保证监测质量，每批样品同时测定空白对照、平行样品及沉积物标准物质(GSD－9，国家质量监督检验检疫总局)。测定结果显示，平行样相对标准偏差小于5%，标准物质测定结果均符合相关要求。

1.3　重金属污染评价及数据分析方法

(1)重金属污染评价方法

采用地累积指数法[11]对重金属污染程度进行评价，地累积指数(I_{geo})计算方法如下：

$$I_{geo}=\log_2(\frac{C_n}{1.5B_n})$$

式中：C_n——沉积物样品中元素n的浓度；

B_n——元素n的背景浓度，本研究采样长江水系沉积物背景值[12]；

1.5——修正指数，通常用来表征沉积特征、岩石地质及其他影响。

根据I_{geo}的数值大小，可以将沉积物中重金属的污染程度分为7个等级，即无污染

($I_{geo}<0$)、无污染到中度污染($0\leqslant I_{geo}<1$);中度污染($1\leqslant I_{geo}<2$);中度污染到强污染($2\leqslant I_{geo}<3$);强污染($3\leqslant I_{geo}<4$);强污染到极强度污染($4\leqslant I_{geo}<5$);极强污染($I_{geo}\geqslant 5$)。

(2)数据统计分析方法

本文采用统计学软件 SPSS24.0 对数据进行统计分析。本文对沉积物中不同重金属元素之间的相关性进行了分析[13],并采用主成分分析[14](PCA)方法对三峡库区沉积物中重金属污染来源进行了分析。

2 结果与讨论

2.1 重金属含量分析

分别对 2015 年 12 月和 2016 年 6 月三峡库区不同干、支流断面沉积物中 5 种重金属元素的含量进行了分析,结果见表 1 所示。

表 1 **三峡库区干、支流沉积物中重金属含量** (单位:mg/kg)

数据来源		Cu		Zn		Pb		Cr		Cd	
		范围	平均值	范围	平均值	范围	平均值	范围	平均值	范围	平均值
本研究		22.3～114.5	58.9	87.2～221.5	165.9	20.2～95.2	56.3	54.2～154.9	96.1	0.26～2.13	1.14
对比文献Ⅰ[15]		36.5～93.9	54.2	152.0～211.0	174.0	36.5～69.5	51.0	—	0.59～1.34	0.88	
对比文献Ⅱ[16]		7.60～204.2	60.8	53.4～453.3	148.1	7.90～161.5	42.7	14.3～307.0	125.6	0.08～5.38	0.63
长江沉积物重金属背景值[12]		35		78		27		82		0.25	
《土壤环境质量标准》(GB 15618—1995)	一级	35		100		35		90		0.2	
	二级	100		250		300		300		0.6	
	三级	400		500		500		400		1.0	

表 1 中结果显示,在本次 28 个监测断面的 2 期调查结果中,Cu、Zn、Pb、Cr、Cd 的含量水平分别为 22.3～114.5mg/kg、87.2～221.5mg/kg、20.2～95.2mg/kg、54.2～154.9mg/kg和 0.26～2.13mg/kg,平均含量分别为 58.9mg/kg、165.9mg/kg、56.3mg/kg、96.1mg/kg 和 1.14mg/kg。就平均值而言,本次调查结果与相关文献对比发现,Cu 和 Zn 含量较为一致,Cr 含量小幅降低,Pb 含量略微升高,Cd 含量偏高。5 种重金属元素含量均超过长江沉积物重金属含量背景值,其中 Cd 平均含量为背景值的 4.6 倍。对比《土壤环境质量标准》(GB 15618—1995),Cu、Zn、Pb 和 Cr 均可满足二级标准,而 Cd 则超过了三级质量标准。

根据表 1 中重金属含量及背景值,对三峡库区沉积物中重金属的地累积指数进行计算,结果见表 2。

表 2　三峡库区沉积物中重金属的地累积指数

指标	Cu		Zn		Pb		Cr		Cd	
	12月	6月	12月	6月	12月	6月	12月	6月	12月	6月
I_{geo}	0.14	0.17	0.51	0.49	0.44	0.51	−0.39	−0.32	1.66	1.54

地累积指数分析结果表明，5 种重金属元素中 Cr 污染水平最低，为无污染；Cu、Zn 和 Pb 次之，为无污染至中度污染；Cd 的污染程度最严峻，为中度污染。总体趋势与文献报道一致[2]。

2.2　沉积物重金属时空分布

三峡库区表层沉积物中重金属含量随空间及时间变化关系见图 2。

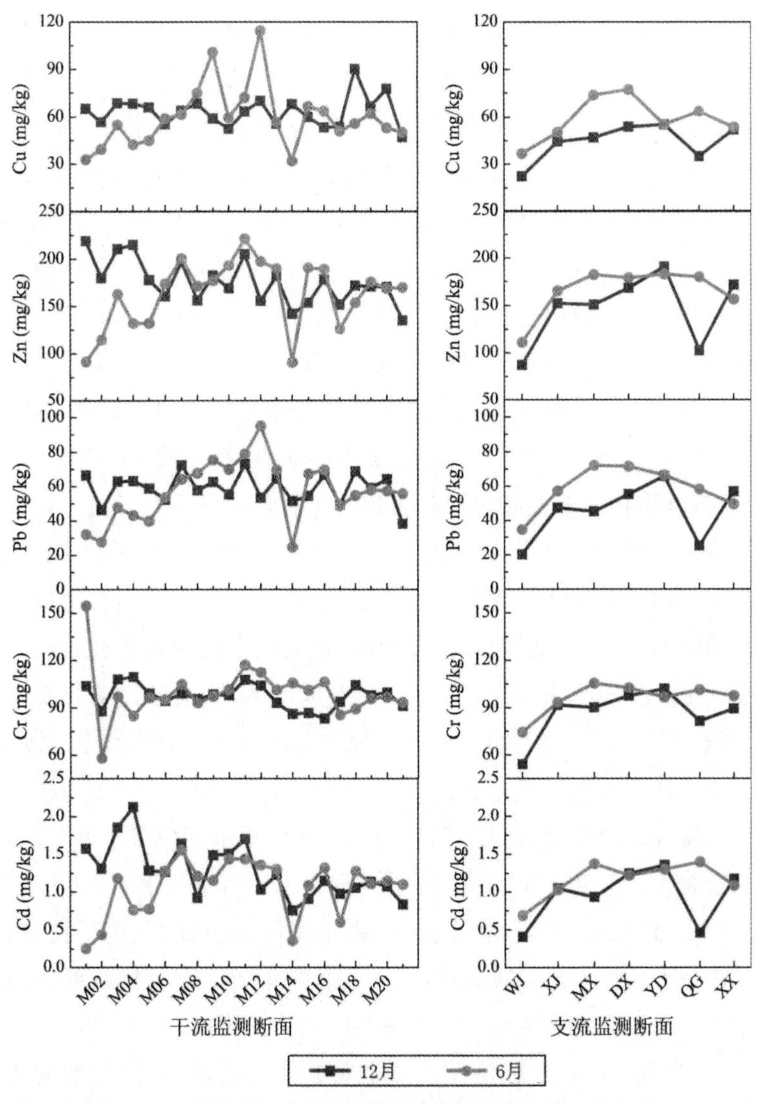

图 2　三峡库区干支流各监测断面沉积物中重金属含量

从图 2 可以看出，蓄水期(2015 年 12 月)干流水体沉积物中 Cu、Zn、Pb、Cr、Cd 含量的最大值分别出现在 M18(90.3mg/kg)、M1(219.1mg/kg)、M11(73.3mg/kg)、M4(109.4mg/kg)和 M4(2.13mg/kg)，最小值分别出现在 M21(47.1mg/kg)、M21(135.2mg/kg)、M21(38.4mg/kg)、M16(83.2mg/kg)和 M14(0.76mg/kg)。泄水期(2016 年 6 月)干流水体沉积物中 Cu、Zn、Pb、Cr、Cd 含量的最大值分别出现在 M12(114.5mg/kg)、M11(221.5mg/kg)、M12(95.2mg/kg)、M1(154.9mg/kg)和 M7(1.55mg/kg)，最小值分别出现在 M14(32.0mg/kg)、M14(90.9mg/kg)、M14(24.7mg/kg)、M2(58.1mg/kg)和 M1(0.26mg/kg)。

就长江干流而言，M1、M4、M11 和 M12 等断面沉积物中重金属污染相对较重，M2、M14 和 M21 等断面沉积物中重金属污染物含量相对较低。7 条支流中，乌江水体沉积物重金属含量最低，梅溪、磨刀溪水体沉积物重金属含量相对较高。

因沿程土地利用类型以及城市人口分布的不同，以及支流的汇入，使得三峡库区干流水体表层沉积物中重金属含量总体沿程分布不均，这与卓海华[10]等的研究结果相一致。不同监测断面中，Cr(个别断面除外)和 Pb 含量相对而言波动较小。在乌江汇入口以上(M1～M5)，除 M01 断面的 Cr 外，泄水期(2016 年 6 月)干流水体沉积物中重金属含量均低于蓄水期(2015 年 12 月)，可能与汛期江水流速加快、含沙量升高有关；快速冲刷使得表层沉积物中污染物被释放，重金属含量降低。在 M06 断面以下，水体流速变缓，蓄水期和泄水期沉积物中重金属含量均呈现无规律变化。

7 条支流中，梅溪河、青干河、乌江沉积物中 5 种重金属含量均呈现泄水期(2016 年 6 月)高于蓄水期(2015 年 12 月)的变化趋势，磨刀溪沉积物中的 Cu 和 Pb 这一趋势也较为明显，其他支流沉积物中重金属含量在两期调查期间差异不大。由于长江干流与支流水体密度和温度的差异，在支流入河口会产生异重流。研究表明，在不同蓄水期，梅溪河河口断面均出现相向的分层水体流动[17]。推测支流河口沉积物中重金属含量在泄水期的升高有两方面的原因：一方面，夏季雨量增加，在支流上游随地表径流进入水体的污染物增加[18]；另一方面，夏季异重流加大，在河口形成回水区，支流污染物难以进入长江干流而在河口沉积。卓海华等对不同水期沉积物重金属含量的研究结果也显示，1 月小江河口沉积物中重金属含量低于 7 月[10]。

进一步研究发现，相较于蓄水期(2015 年 12 月)，泄水期(2016 年 6 月)长江干流沉积物中 2 种重金属含量显著下降的监测断面(M14、M17)，均位于河口沉积物重金属含量明显上升的入河支流(梅溪、青干河)下游；而由于乌江水质较好，沉积物重金属含量低，且下游断面(M05)距乌江入河口距离较远，受其影响不大。下游监测断面水体及沉积物中的污染物主要受上游来水和入河支流的影响。从图 2 可以看出，M14 与 M17 监测断面上游断面(分别为 M13 与 M16)沉积物重金属含量变化不大，因此推测两个监测断面沉积物中重金属含量的下降，与支流入河口沉积物重金属含量升高紧密相关。研究表明，在泄水期，梅溪河在入江河口表现为分层异向流动，回水顶托使支流水体中悬浮物在入河口沉积，进入干流污染物减少[19]，下游监测断面沉积物中重金属含量降低。

2.3 Pearson 相关性及主成分分析

对三峡库区主要干、支流表层沉积物中 5 种重金属元素之间的 Pearson 相关性进行了分析，结果见表 3。

表 3　三峡库区表层沉积物重金属 Pearson 相关性分析

调查水期	元素种类	Cu	Zn	Pb	Cr	Cd
蓄水期(2015 年 12 月)	Cu	1.000	—	—	—	—
	Zn	0.609**	1.000	—	—	—
	Pb	0.754**	0.880**	1.000	—	—
	Cr	0.750**	0.802**	0.765**	1.000	—
	Cd	0.449*	0.926**	0.731**	0.755**	1.000
泄水期(2016 年 06 月)	Cu	1.000	—	—	—	—
	Zn	0.703**	1.000	—	—	—
	Pb	0.883**	0.901**	1.000	—	—
	Cr	0.165	0.141	0.247	1.000	—
	Cd	0.642**	0.941**	0.827**	0.079	1.000

注：** 表示在 0.01 水平(双尾)上显著相关，* 表示在 0.05 水平(双尾)上显著相关。

从表 3 可以看出，在蓄水期，沉积物中 5 种重金属元素之间均呈现较好正向相关性，说明其可能有相似的来源。而在泄水期，沉积物中 Cu、Zn、Pb、Cd 两两之间呈现显著相关性，而 Cr 与另外 4 种金属元素之间相关性并不显著。前文对重金属含量的分析结果显示，三峡库区沉积物未受 Cr 污染，由此推测在泄水期，沉积物中 Cu、Zn、Pb、Cd 可能与 Cr 有不同的污染来源。

分别对蓄水期和泄水期三峡库区主要干、支流沉积物中重金属含量进行了主成分分析，结果见表 4。

表 4　三峡库区表层沉积物重金属主成分分析结果

项目	蓄水期(2015 年 12 月)			泄水期(2016 年 6 月)		
	第一主成分	第二主成分	第三主成分	第一主成分	第二主成分	第三主成分
Cu	0.803	0.567	−0.016	0.862	0.006	−0.494
Zn	0.953	−0.249	−0.099	0.953	−0.110	0.235
Pb	0.934	0.080	−0.298	0.974	0.034	−0.129
Cr	0.915	0.110	0.356	0.237	0.966	0.097
Cd	0.872	−0.452	0.069	0.908	−0.179	0.336
特征值	4.024	0.607	0.230	3.479	0.979	0.438
贡献率(%)	80.47	12.14	4.60	69.57	19.59	8.77
累积贡献率(%)	80.47	92.61	97.21	69.57	89.16	97.93

从表4中可以看出，在蓄水期，第一主成分（特征值：4.024）即可反映沉积物中5种重金属污染物80.47%的信息，且5种元素对第一主成分特征值均有显著贡献。相比而言，在泄水期第一主成分的贡献率为69.57%，第二主成分的贡献率为19.59%，累积贡献率达89.16%，能够解释沉积物中重金属的污染状况。其中，第一主成分的主要贡献来自Pb、Zn、Cd和Cu，而第二主成分则主要决定于沉积物中Cr的含量。

沉积物中重金属的来源包括自然条件下土壤侵蚀、岩石风化等背景值，以及人为活动的输入[8]。地累积指数分析结果表明，三峡库区沉积物中Cr接近背景值，处于无污染状态，其主要来源可能为自然风化，受人为干扰较小。在蓄水期，5种元素（Cu、Zn、Pb、Cr、Cd）对决定沉积物中重金属污染水平的第一主成分均有显著贡献，说明其具有相似来源，因此推测在蓄水期，三峡库区沉积物中重金属主要来源为自然源。与之不同的是，在泄水期，Cu、Zn、Pb、Cd对第一主成分起主要贡献，而第二主成分则由Cr决定，由此推测Cu、Zn、Pb、Cd与Cr具有不同污染来源。由于泄水期Cr污染水平仍较低，推断其来源仍为自然源，因此重金属Cu、Zn、Pb、Cd的主要来源为人为源，包括工业废弃物的排放、农业面源污染、生活污水的排放等。

3 结论

本研究对三峡库区干、支流沉积物中重金属的污染水平进行了较为系统的研究，对重金属污染生态风险进行了评价；分析了沉积物中重金属含量的空间和时间分布特征，并尝试对干、支流沉积物中重金属含量变化关系进行了探讨；最后对蓄水期和泄水期库区水体沉积物中重金属污染来源进行了初步解析。主要结论如下：

1）库区水体沉积物中Cu、Zn、Pb、Cr、Cd的含量水平分别为22.3～114.5mg/kg、87.2～221.5mg/kg、20.2～95.2mg/kg、54.2～154.9mg/kg和0.26～2.13mg/kg，平均含量分别为58.9mg/kg、165.9mg/kg、56.3mg/kg、96.1mg/kg和1.14mg/kg。

2）地累积指数分析结果表明，5种重金属元素中Cr污染水平最低，为无污染；Cu、Zn和Pb次之，为无污染至中度污染；Cd的污染程度最严峻，为中度污染。

3）干流M1、M4、M11和M12等断面沉积物中重金属污染相对较重，M2、M14和M21等断面沉积物中重金属污染程度较轻。7条支流中，乌江水体沉积物重金属含量最低，梅溪、磨刀溪水体沉积物重金属含量相对较高。

4）干流水体沉积物中重金属含量沿程分布不均；乌江入河口以上，泄水期沉积物重金属浓度比蓄水期低，乌江以下至坝前各断面沉积物重金属浓度无规律波动；泄水期梅溪河、青干河、乌江沉积物中重金属含量高于蓄水期，与此对应在梅溪、青干河入河口下游邻近断面沉积物中重金属含量泄水期低于蓄水期。

5）在蓄水期，5种元素两两之间均呈现良好的正向相关性；在泄水期，Cu、Zn、Pb、Cd

两两之间相关性较好，而 Cr 与其余 4 种重金属元素相关性不显著。综合 5 种重金属元素的相关性分析和主成分分析结果可知，蓄水期三峡库区沉积物中 5 种重金属有相似的来源，即自然源；泄水期沉积物中 Cr 的来源为自然源，而 Cu、Zn、Pb、Cd 的主要来源为人为源。

参考文献

[1]郑守仁.三峡工程运行以来的几个问题思考[J].Engineering.2016,2(04):10-27.

[2]贾旭威，王晨，曾祥英，等.三峡沉积物中重金属污染累积及潜在生态风险评估[J].地球化学，2014,43(2):174-179.

[3]吉芳英，王图锦，胡学斌，等.三峡库区消落区水体-沉积物重金属迁移转化特征[J].环境科学.2009,30(12):3481-3487.

[4]Q Gao，Y Li Q.Cheng M.Yu B.et al.Analysis and Assessment of the Nutrients，Biochemical Indexes and Heavy Metals in the Three Gorges Reservoir，China，from 2008 to 2013.Water Research，2016，92: 262-274.

[5]X Wei，L Han，B Gao，H. et al. Distribution，Bioavailability，and Potential Risk Assessment of the Metals in Tributary Sediments of Three Gorges Reservoir: The Impact of Water Impoundment.Ecological Indicators.2016，61: 667-675.

[6]Q Tang，Y Bao，X He，et al.Sedimentation and Associated Trace Metal Enrichment in the Riparian Zone of the Three Gorges Reservoir，China.Science of The Total Environment.2014，479: 258-266.

[7]王健康，高博，周怀东，等.三峡库区蓄水运用期表层沉积物重金属污染及其潜在生态风险评价[J].环境科学，2012,33(5):1693-1699.

[8]敖亮，雷波，王业春，等.三峡库区典型农村型消落带沉积物风险评价与重金属来源解析[J].环境科学.2014,35(1):179-185.

[9]李新宇，吴庆梅，叶翠，等.三峡库区重庆段重点水域沉积物中重金属污染现状及源解析[J].重庆师范大学学报(自然科学版).2017,34(2):36-41.

[10]卓海华，孙志伟，谭凌智，等.三峡库区表层沉积物重金属含量时空变化特征及潜在生态风险变化趋势研究[J].环境科学.2016,37(12):4633-4643.

[11]G Muller.Index of Geoaccumulation in Sediments of the Rhine River[J].Geojournal，1969，2: 108-118.

[12]Chi Q H.Handbook of Elemental Abundance for Applied Geochemistry[M].Beijing: Geological Publishing House，2007.

[13]程芳，程金平，桑恒春，等.大金山岛土壤重金属污染评价及相关性分析[J].环境科学，2013,34(3):1062-1066.

[14]李玉，俞志明，宋秀贤.运用主成分分析(Pca)评价海洋沉积物中重金属污染来源[J].环境科学，2006(1)：137-141.

[15]H Bing，J Zhou，Y Wu，et al.Current State，Sources，and Potential Risk of Heavy Metals in Sediments of Three Gorges Reservoir，China.Environmental Pollution.2016，214：485-496.

[16]X Zhao，B Gao，D Xu，et al.Yin.Heavy Metal Pollution in Sediments of the Largest Reservoir (Three Gorges Reservoir) in China：A Review.Environmental Science and Pollution Research.2017：1-15.

[17]操满，傅家楠，周子然，等.三峡库区典型干支流相互作用过程中的营养盐交换：以梅溪河为例[J].环境科学，2015，36(4)：1293-1300.

[18]胥焘，王飞，郭强，等.三峡库区香溪河消落带及库岸土壤重金属迁移特征及来源分析.环境科学.2014，35(4)：1502-1508.

[19]吉小盼，刘德富，黄钰铃，等.三峡水库泄水期香溪河库湾营养盐动态及干流逆向影响[J].环境工程学报，2010，4(12)：2687-2693.

三峡—葛洲坝梯级枢纽正常运行期联合调峰能力研究

李书飞[①] 鲁军 丁毅 张先平

(长江勘测规划设计研究院,武汉 430010)

摘 要:三峡工程在全国电网中处于电源中心地位,是电力系统电力电量平衡与功率平衡的骨干电源。三峡电站调峰能力与电站运行的边界条件有关,主要因素包括电站自身建设运行情况、航运安全、电力系统需求以及电站机组运行特性等。三峡电站调峰能力会随着运行边界条件的变化而有所调整。本文根据三峡电站蓄水至175m以来的新情况,通过构建三峡电站调峰运行非恒定流模型,分析电站在满足电网调峰、航运安全需求、三峡—葛洲坝梯级枢纽联合运用等条件下,研究三峡电站在正常运行期不同流量条件下合适的调峰幅度和调峰方式。在满足航运安全和电站经济运行条件下,本次研究提出三峡电站正常运行期最大调峰幅度为960万kW,可充分发挥三峡电站的容量效益。由于调峰运行涉及电网需求、航运条件、电站安全经济运行等多个因素,有必要开展多种调峰模式下的调峰能力及运行方式研究,在制定三峡电站日发电计划时对电站的调峰能力应留有一定的裕度。在实际调峰运行中,三峡电站要考虑供电区域电网辅助服务补偿政策,以便获得更好的经济效益。

关键词:三峡水电站;调峰能力;非恒定流;正常运行期

1 研究背景

三峡工程在全国电网中处于电源中心地位,是电力系统电力电量平衡与功率平衡的骨干电源。三峡电站装机容量2250MW,是世界上装机容量最大的水电站;葛洲坝电站在三峡大坝下游约38km处,是三峡水电站的反调节水库,正常蓄水位66.0m,设计低水位63.0m,有调节库容0.86亿m^3。三峡电站主要供电范围为华中、华东和南方电网,通过500kV交直流输电系统送达。由于超大规模及有利的地理位置,三峡电站的调峰运用将对电力系统的稳定运行发挥重要作用。

---

① 作者简介:李书飞,男,硕士,高级工程师,主要从事水利动能经济、水资源利用以及相关规划研究工作。

三峡电站调峰能力与电站运行的边界条件有关，主要因素为电站自身建设运行情况、航运安全、电力系统需求以及电站机组运行特性等。①三峡—葛洲坝梯级自身建设运行情况，包括不同时期(围堰发电期、初期运行期、正常运行期等)电站机组安装进度及机组的运行工况。李学贵[1]、张滔滔等[2]等根据初期运行期、正常运行期三峡水库建设情况、电站运行特点及下游航道要求，对三峡电站初期运行期、正常运行期调峰能力进行了分析。②航运安全。三峡电站调峰运行对下游航运的影响一直都是三峡电站调峰能力研究中考虑的首要因素，文献[3-6]均从下游航道非恒定流特征分析调峰运行对航运的影响。③电力系统需求。为保障电网的安全稳定运行，对三峡电站的最小开机台数有要求；在实际运行中三峡电站时需按照电网要求以合适的负荷变幅增减出力；此外，电力系统日负荷运行特性也对电站调峰能力有一定的影响，同样条件下，电力系统峰谷持续时间短，电站调峰量要大一些。④电站机组运行特点。在调峰运用中要尽量避开振动区域，必须将机组的出力限制在一定的运行范围内。

基于运行边界条件的变化，三峡电站调峰能力会相应有所调整。本文根据三峡电站蓄水至175m以来的新情况，通过构建三峡电站调峰运行非恒定流模型，分析电站在满足电网调峰、航运安全需求、三峡—葛洲坝梯级枢纽联合运用等条件下，研究三峡电站在正常运行期不同流量条件下合适的调峰幅度和调峰方式，为制定三峡—葛洲坝梯级发电运行计划提供技术支撑。

2 调峰运行非恒定流模型

三峡—葛洲坝梯级枢纽非恒定流模型计算的目标为：以葛洲坝坝前水位为最终约束条件，通过试算三峡电站的调峰能力，使葛洲坝下泄流量波动最小。这样既兼顾了航运，又能充分发挥三峡电站的发电效益，是解决三峡电站发电与航运矛盾的有效途径。

2.1 计算断面

三峡水库进行日调节时，非恒定流影响范围末端在枝城附近。三峡坝址到枝城河段全程102km，葛洲坝电站把全河段分为两个计算河段，三峡坝址距葛洲坝大坝约38km，葛洲坝距枝城约64km，根据计算的要求，全河段共设79个断面。部分断面情况见表1。

表1 三峡电站日调节非恒定流计算部分断面间距表

断面编号	断面名称	累计距离(m)	断面编号	断面名称	累计距离(m)
1	三峡坝址	0	30	南津关	35150
2	三峡引航道口门	350	32	葛洲坝上	38050
6	黛石	1700	33	葛洲坝下	38050

续表

断面编号	断面名称	累计距离(m)	断面编号	断面名称	累计距离(m)
7	黄陵庙	7180	34	坝下引航道口门	42303
12	茶园	14680	38	宜昌	44333
13	水田角	16050	44	胭脂坝	50736
14	莲沱	17380	66	清江口	81800
21	石牌	23680	79	枝城	102006
24	平善坝	27540			

2.2 计算模型

根据质量和能量守恒,一维不恒定流状态可用圣维南(Saint Venant)方程组来描述[7]。

$$\begin{cases}\dfrac{\partial Q}{\partial x}+\beta\dfrac{\partial F}{\partial t}-q=0\\[2mm]\dfrac{\partial Z}{\partial x}+e\dfrac{\partial}{\partial x}\left(\dfrac{V^2}{2g}\right)+\dfrac{1}{g}\dfrac{\partial V}{\partial t}+S_f=0\end{cases}$$

式中:Q——流量;

Z——水深;

q——单位河长的旁侧入流;

V——断面平均流速;

t——时间;

x——水流方向上的河长;

g——重力加速度;

F——过水断面面积,当用过水面积计算的槽蓄库容与河道(特别是库区)实际容积不一致时,$\dfrac{\partial F}{\partial t}$须乘以容积改正系数$\beta$;

S_f——摩阻损失,$S_f=\dfrac{Q|Q|}{K^2}$;

e——局部损失系数。

上述圣维南方程组为双曲拟线型偏微分方程组,在数学上还不能用积分的方法求得精确的解析解,在生产实际中多采用差分法借助计算机进行求解。本次研究采用 Preissmann 四点加权隐格式差分法[8]逼近,求其数值解。

2.3 计算条件

(1)边界条件

包括上、下游及内部边界条件。取三峡坝址断面为上边界断面,三峡电站的日负荷曲线为上边界条件。取枝城断面为下断面，取其水位流量关系曲线为下边界条件，并在计算中考虑水位涨落率的影响。在反调节水库葛洲坝坝址的上下游，流量连续，而水位不连续，将坝址上下断面间作为一个计算小河段处理，其间距取为零。葛洲坝断面内边界条件包含两个方程，其一是流量连续方程；其二可以是出力方程式，也可以是水位或流量过程线，且葛洲坝水位必须满足约束条件，即最高水位不超过正常蓄水位 66.0～66.5m，最低水位不低于死水位 63.0～62.5m。

(2)基本资料

计算采用的断面资料是长江委会宜实站和荆实站 1984 年汛后施测的从三斗坪至枝城的大断面资料。葛洲坝断面是按枢纽布置图量算并扣除枯季不过流部分的面积。宜昌断面用水文站水文实测大断面资料。计算所采用的水位糙率曲线，采用 1986 年洪水的同时水面线和相应流量率定。

(3)误差统计与精度要求

各时段迭代的精度满足水位误差控制在 0.002m 左右；反调节水库水位约束条件的精度控制在 0.004m 以内。在每一周期计算完后，取周期内各时段水位误差的最大值同规定的精度(一般可取 0.02m)进行比较。如果大于规定的精度，则开始下一周期的不恒定流计算。反调节水库的入库、出库流量的水量平衡，其精度控制在 $10m^3/s$ 以内。

3 调峰能力的确定

3.1 调峰模式

根据国家发改委确定的分配原则和分配比例，三峡电站的电力电量在华中、华东和南方电网(广东电网)中进行电能消纳。根据华中、华东和南方电网的电力系统现状及负荷特性预测成果，目前三电网呈现早晚高峰的日负荷特性，早峰一般出现在 8:00～12:00，晚峰一般出现在 18:00～22:00，负荷低谷一般在 23:00 至次日 7:00。未来三峡供电范围内的日负荷曲线仍会表现为双峰形状，后半夜负荷低点亦将更低，同时未来早晚高峰之间时段负荷低点也将略微降低；早晚高峰时段叠加后会变长，且大多数情况下早晚峰值更接近。

结合三电网的负荷特性，三峡电站日调峰运行模式主要有双峰模式和单峰模式两种。同等调峰幅度下，双峰模式对水流流态的恶化程度较轻。在实际运行中，三峡电站经常采取单峰模式，即负荷曲线每日 9:00～21:00 为峰荷时段，其余时间为低谷时段。

3.2 调峰原则及标准

3.2.1 符合航运安全要求

(1)流速、比降要求

主要依据初步设计阶段采用的以 2640 马力拖轮万吨级船队为代表的上水航行允许

的局部最大比降与最大流速标准，最大局部比降为0.1%～0.3%，相应最大流速为2.5～2.1m/s。

(2)葛洲坝坝下河段通航标准

主要是满足葛洲坝三江下游引航道最低通航水位39m的要求。目前，葛洲坝下泄流量一般按5500～5700m^3/s控制；未来维持这一水位需要的葛洲坝下泄流量，将考虑河床冲刷情况、河床护底加糙工程效果分析等综合确定，预计仍不会低于5500m^3/s。

(3)水位变幅限制

在有关航运安全的研究工作中，一般将两坝间水位变幅作为通航的衡量标准，即葛洲坝水库水位日变幅不超过3.0m，最大小时变幅不超过1.0m。该水位变幅要求，对两坝间的码头、锚地等同样适用。

3.2.2 电站稳定经济运行要求

(1)安全运行

考虑机组特性对调峰的影响。水轮发电机组存在不稳定运行区，在运行中应尽量避开，增减负荷过程中应尽快越过不稳定区，以保证安全运行。

考虑最小开机台数对调峰的影响。因电力送出通道安全运行的需要，国家电力调度通信中心《2011年夏季特高压交流互联电网稳定及无功电压调度运行规定》对三峡电站最小开机台数有一定的要求，本次研究最小开机台数按7台考虑。

(2)经济运行要求

一般情况下，电站不进行弃水调峰。本研究的目的就是在满足航运要求的前提下，确定三峡电站合理的调峰幅度以及葛洲坝反调节运行方式，充分发挥三峡水利枢纽巨大的综合效益。当三峡电站调峰运行时，原则上不应导致反调节方式运行的葛洲坝电站弃水。

3.3 调峰能力成果

根据“简单易掌握，对航运的影响相对确定，有较广的适用性，操作安全可靠”等原则，三峡电站正常运行期调峰能力按近期(第一阶段)和远期(第二阶段)考虑。

第一阶段调峰方案以葛洲坝反调节运行下泄流量基本均匀为约束条件，三峡电站调峰时日流量变幅受葛洲坝库容限制。本阶段调峰方案在实践中可先行实施，以积累经验，同时对方案及其他成果进行对比分析和验证。

第二阶段调峰方案以航运安全为前提，当发电流量较小时，三峡电站尽其可能承担调峰任务；发电流量较大时，应避免调峰造成弃水，适当承担调峰任务；当发电流量适中时，应慎重选择调峰方案，避免采用激进调峰方案，给航运多留些安全裕度，并兼顾方案间的过渡和衔接。在实际运用中，本阶段调峰方案为在第一阶段实施取得一定经验，相关研究成果得到验证后，可根据电网需求有条件地确定及实施。

(1)第一阶段调峰能力

在不同调峰模式下,依照葛洲坝的反调节库容,三峡水电站各水位对应的第一阶段调峰幅度见表2。

表2　第一阶段三峡电站最大调峰幅度(葛洲坝水位日变幅3m)

三峡水库水位(m)	不同发电流量(m^3/s)下的调峰幅度(万kW)									
	双峰模式					单峰模式				
	6000	8000	10000	15000	20000	6000	8000	10000	15000	20000
145	413	412	410	403	394	275	274	272	267	261
146.5	421	420	418	411	402	280	279	278	27	266
150	443	442	438	428	418	294	293	291	283	276
155	482	480	477	466	453	320	319	316	308	299
156	490	487	485	474	460	326	325	323	314	303
160	518	516	513	504	492	344	343	341	335	326
165	548	547	545	537	527	365	364	362	357	349
170	577	575	573	565	556	384	383	381	376	368
172	588	586	584	577	567	391	390	389	383	376
175	604	603	601	593	470	402	401	400	394	387

(2)第二阶段调峰能力

在考虑一定的安全裕度后,拟定调峰方案时两坝间各计算断面水位最大小时变幅标准在0.5～0.8m较合适。日均流量11000m^3/s以下时,水位最大小时变幅可取较大值;日均流量11000m^3/s以上、20000m^3/s以下时,为留有余地,采用0.5m作为两坝间水位最大小时变幅控制标准。三峡水电站不同日均发电流量时各水位对应的第二阶段调峰幅度见表3。

表3　第二阶段三峡电站最大调峰幅度(葛洲坝水位日变幅3m)

三峡水库水位(m)	不同发电流量(m^3/s)下的调峰幅度(万kW)									
	双峰模式					单峰模式				
	6000	8000	10000	15000	20000	6000	8000	10000	15000	20000
145	442	729	638	546	505	330	561	550	520	489
146.5	450	743	665	557	515	336	571	560	530	498
150	472	777	695	581	537	353	599	587	551	517
155	513	845	755	631	579	385	652	639	600	560
156	522	860	768	642	589	391	664	650	611	569
160	553	913	816	683	630	413	702	689	651	609
165	588	971	869	728	675	438	745	731	694	654
170	618	1022	915	767	630	461	784	770	731	690
172	631	1042	934	782	560	469	799	785	746	705
175	648	1072	960	805	450	483	821	807	767	725

单峰模式峰谷荷运行时间相对较长，与双峰模式相比，同等发电流量和库水位条件下的调峰幅度一般小于双峰模式。第一阶段方案，单峰模式调峰幅度约为双峰模式的2/3。第二阶段方案，发电流量在8000m³/s以下或18000m³/s以上时，两种调峰模式的调峰幅度基本相当；其他情况下，单峰模式调峰幅度约为双峰模式的85%。

4 调峰能力相关讨论

4.1 与前期研究的比较分析

三峡枢纽初步设计阶段、三峡电站电能消纳研讨阶段、地下电站设计阶段、围堰期和初期运行阶段均对三峡电站的调峰能力开展过研究。初步设计阶段按设置一定航运基荷(100万～130万kW)、两坝间水位小时变幅1m控制，调峰能力可达1200万kW(表4)。

表4 三峡调峰能力在各个阶段主要研究内容及成果

阶 段	主要研究条件	调峰能力	备注
三峡枢纽初步设计	设置一定航运基荷(100万～130万kW)，两坝间水位小时变幅1m	1200万kW	两坝间水位小时变幅1m已达上限。现三峡电站最少开机台数要求已覆盖了航运基荷条件
三峡电站电能消纳研讨	考虑汛期弃水损失一定的电量，以满足电网调峰需要	汛期600万～800万kW；枯季维持初设成果	弃水调峰与国家能源政策不符
地下电站设计	考虑机组检修、备用容量及航运安全等	汛期600～800万kW；枯期较装机26台时增加250万～300万kW	地电调峰主要考虑增加的工作容量，增加调峰量后的其他影响未研究
围堰和初期运行	考虑26台机组，汛期水位小时变幅0.5m	库水位为156m时773万kW	不同条件下调峰能力差异较大

本次研究第一阶段方案汛期(145m)三峡电站的调峰能力约为400万kW，枯季(175m)三峡电站调峰能力为603万kW。第二阶段的方案为葛洲坝电站配合调峰，汛期(145m)三峡电站调峰幅度为500万～600万kW不等(随日均发电流量变化)；枯季(175m)三峡电站调峰幅度为960万kW(表5)。

表5 三峡不同阶段最大调峰幅度统计(葛洲坝水位日变幅3m)

库水位(m)	最大调峰能力(万kW)		备注
	第一阶段	第二阶段	
145	412	638	
172	586	934	初期运行期研究成果913万kW
175	603	960	初步设计成果1200万kW

由于初步设计阶段两坝间水位小时变幅按超过 1m 控制，较本次研究中水位小时变幅控制条件放松，因此本次研究较初步设计调峰能力略有降低，体现了调峰运用的安全性和实用性。

4.2 开机台数要求对调峰幅度的限制

本次研究三峡电站最小开机台数按 7 台考虑。由于机组稳定运行需要，三峡电站维持 7 台机组运行的最小发电流量为 4500m³/s 左右，受此影响，日均发电流量较小的调峰方案需要压缩调峰幅度，第二阶段双峰模式下三峡水库水位在 175m 时，最大调峰幅度降低至 716 万 kW(表 6)。

表 6　　开机台数要求对调峰幅度的限制(双峰模式)

三峡水库水位(m)	调整方案									
	第一阶段						第二阶段			
	葛洲坝日变幅									
	1m	2m		3m						
	5700	5700	6000	5700	6000	7000	5700	6000	7000	8000
145	138	138	179	138	179	316	138	179	316	447
146.5	140	140	182	140	182	322	140	182	322	456
150	148	148	192	148	192	347	148	192	347	477
155	161	161	225	161	225	385	161	225	385	534
156	163	163	228	163	228	391	163	228	391	543
160	173	173	259	173	259	431	173	259	431	593
165	183	183	274	183	274	456	183	274	456	630
170	192	192	288	192	288	480	192	288	480	664
172	196	196	294	196	294	489	196	294	489	677
175	201	201	322	201	322	523	201	322	523	716

4.3 与调峰运行相关的因素分析

(1)三峡电站参与调峰的发电流量上限

三峡日均发电流量在 19000m³/s 流量级以下时，航运是安全的；三峡日均发电流量在 19000m³/s 以上流量级，会对万吨级船队以及部分现行船舶或船队的通航产生一定的影响，应谨慎调峰；在流量大于 28000m³/s 时河道水流流速、坡面比降明显增大，调峰将进一步增加船舶航行难度，建议电站日均发电流量 28000m³/s 以上不参与调峰。

(2)中小洪水调度对调峰运行的影响

中小洪水调度主要是对中小洪水控泄蓄洪，以减轻长江中下游防洪压力、改善两坝间洪水期通航条件，并提高洪水利用效率。中小洪水调度可以减少洪水期间的三峡水库

弃水时间和弃水总量,对于洪水期间不弃水调峰的持续时间和调峰量均有增加,增加程度与控泄量级有关。

(3)机组运行限制对调峰运行的影响

机组按单机最大出力756MW运行,电站总预想出力增加,扩大了不弃水调峰的范围,可减少调峰运行中的机组启停次数,但对电站调峰能力的影响较小。

5 调峰运行建议

在满足航运安全和电站经济运行条件下,本次研究提出正常运行期三峡电站最大调峰幅度为960万kW,可充分发挥三峡电站的容量效益。由于调峰运行涉及电网需求、航运条件、电站安全经济运行等多个因素,在实际运行中需要考虑如下情况。

1)有必要开展多种调峰模式下的调峰能力及运行方式。电力系统负荷变化虽有一定规律,但终归是具有很大随机性的。在实际调度运行中,电力负荷是随机变化的,电网调度要根据需要随时调整电力供给,绝非采用固定形式能够应对的。需要开展多种调峰模式研究,考察比较调峰模式变化后对各方(尤其是航运)的影响,方能应用于实际调度。

2)在制定三峡电站日发电计划时,对电站的调峰能力应留有一定的裕度。对于汛期调峰,由于调峰非恒定流数学模型无法较好模拟三峡—葛洲坝河道兼具“水库”和“天然河道”双重特性以及水力要素在横断面上的不同分布,数学模型计算值与物模试验值存在一定差异。在制订三峡电站发电计划时,要给航运方面留有足够安全裕度,合理确定电站承担峰荷的大小。

3)在实际调峰运行中,三峡电站要考虑供电区域电网辅助服务补偿政策,以便获得更好的经济效益。三峡电站机组可以获得“启停调峰补偿”,但“深度调峰补偿”很少甚或没有,需视各电网的具体情况而定。因此,应结合供电区域电网的具体情况,在力所能及的范围内,控制好运行成本适当参与调峰,以获得更好的经济效益。

参考文献

[1]李学贵,张继顺,刘志武.三峡电站初期运行期调峰能力分析[J].水电自动化与大坝监测,2007,31(1):9-12.

[2]张滔滔,胡晓勇.三峡水电站调峰运用探析[J].水利水电技术,2012(9),99-102.

[3]傅湘,纪昌明.三峡电站日调节非恒定流对通航影响计算分析[J].武汉水利电力大学学报,2000(12):26-31.

[4]吴晓黎,李承军,张勇传,等.三峡电站调峰流量对航运的影响分析[J].水利水电科技进展,2003(12):7-9.

[5]杨文俊,孙尔雨,饶冠生,等.三峡水利枢纽工程非恒定流通航影响研究Ⅱ:三峡—葛洲坝两枢纽间[J].水力发电学报,2006(2):50-55.

[6]李发政,杨伟,戴会超.三峡水利枢纽工程非恒定流通航影响研究Ⅲ:葛洲坝下游宜昌河段[J].水力发电学报,2006(2):56-60.

[7]杨国录.河流数学模型[M].北京:海洋出版社,1993.

[8]杨国录.四点时空偏心 Preissmann 格式的应用问题[J].泥沙研究,1991(4):88-98.

以三峡为核心的流域梯级电站调度管理实践

陈国庆[①]　刘海波　李晖　周晓倩

(中国长江电力股份有限公司,宜昌　443000)

摘　要:长江作为我国第一大河流是我国重要的战略水源地,长江经济带建设是新时期我国的重大战略举措,其稳定和可持续发展是实现中国梦的基石。长江流域水能资源丰富,但洪涝灾害频发(尤其是长江中下游地区),因此如何科学、合理地进行流域梯级电站调度管理,是实现水资源高效利用,让母亲河永葆生机活力的关键。本文基于中国长江电力股份有限公司所管理的流域梯级电站,介绍了流域梯级电站联合调度的关键技术,分析总结了流域调度管理的实践与成效,并针对现阶段所面临的新挑战,对长江上游流域大规模梯级电站群联合调度进行了展望。

关键词:三峡水利枢纽;长江流域;梯级电站;联合调度;流域调度管理

1　引言

长江流域水能资源丰富,理论蕴藏量达30.5万MW(含单河水能资源理论蕴藏量10MW以下河流),年电量2.67万亿kW·h,约占全国总量的40%;其中宜昌以上的上游区域约占全流域的80%左右[1]。长江作为"黄金水道",占据重要的经济政治地位,近年来,从《关于依托黄金水道推动长江经济带发展的指导意见》到"坚持共抓大保护,不搞大开发,加强改革创新、战略统筹、规划引导,以长江经济带发展推动经济高质量发展",长江流域开发管理的理念不断发展进化。目前,长江流域水能资源开发利用已初具规模,如何通过更加科学高效的联合调度管理,以最大化水资源的综合效益是关键。

中国长江电力股份有限公司负责长江干流大型梯级电站群的运营管理,2014年金沙江下游梯级溪洛渡和向家坝电站全面投产,标志着以三峡为核心的金沙江下游—三峡梯级电站群的形成[2]。多年来,为实现流域水资源的综合效益,长江电力依托"大国重器",在梯级电站防洪、发电、航运、生态等方面开展了一系列联合调度工作,积累了丰富的流

① 作者简介:陈国庆,男,教授级高级工程师,享受国务院特殊津贴专家,博士,公司总经理,主要技术领域为梯级水电站调度与运行管理,E-mail:chen_guoqing@ctg.com.cn。

域调度管理经验，取得了一定的实践成果。

2 梯级电站规模

目前，长江上游已投产和在建的电站群包括干流的金沙江中游梯级、金沙江下游梯级、三峡—葛洲坝梯级，以及长江主要支流雅砻江、大渡河、嘉陵江、乌江等梯级电站，这些电站在长江流域防洪、发电、航运等方面发挥着重要作用。长江电力运营管理的以三峡为核心的长江干流梯级电站，主要涉及金沙江下游与三峡—葛洲坝梯级 6 座大型水电站，具体包括已投产的溪洛渡、向家坝、三峡和葛洲坝，以及在建的乌东德和白鹤滩电站，其中有 5 座电站总装机位居世界前十，单机容量超过 70 万 kW。梯级电站规模见表 1，长江上游流域与梯级电站位置见图 1。

预计至 2021 年乌东德与白鹤滩投产后，梯级电站总装机容量将达到 7169.5 万 kW，约占长江上游流域水电总装机容量的 53%；防洪库容将达 376.43 亿 m^3，约占长江上游流域总防洪库容的 75%；三峡工程更是控制着长江中下游防洪压力最大的荆江河段 95%的来水，在长江防洪体系中的重要地位不可替代，战略地位重大[3]。因此，开展以三峡为核心的流域调度管理意义十分重大，效益也会非常明显。

表 1　　梯级电站规模

水库名称	乌东德	白鹤滩	溪洛渡	向家坝	三峡	葛洲坝	合计
总装机容量(万 kW)	1020	1600	1386	640	2250	273.5	7169.5
调节库容(亿 m^3)	30.2	104	64.6	9.03	221.5	0.84	430.17
防洪库容(亿 m^3)	24.4	75	46.5	9.03	221.5	/	376.43
装机台数(台)	12	16	18	8	34	22	110
首台机组投产时间	在建	在建	2013	2012	2003	1981	/

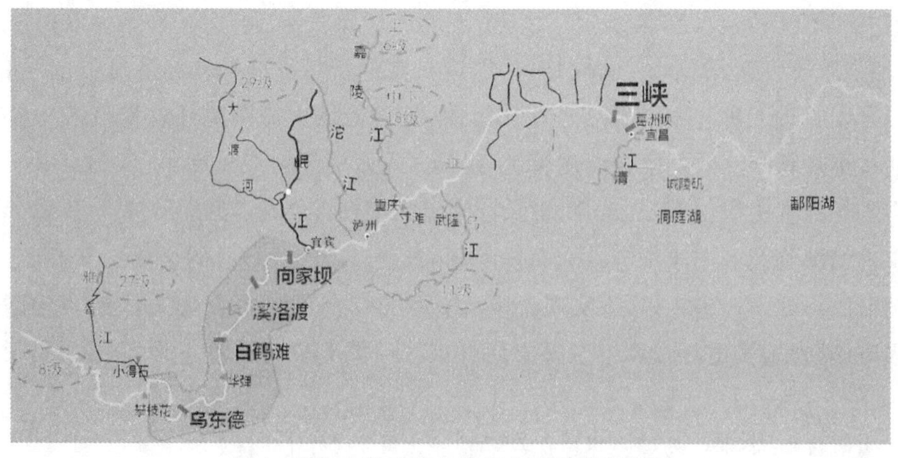

图 1　长江上游流域与梯级电站位置示意图

3 流域梯级电站调度管理关键技术

流域梯级电站调度管理是一项系统工程,为了有效开展溪洛渡、向家坝、三峡、葛洲坝梯级水库群联合调度与运行管理,长江电力规划建设了一套功能完备的调度决策支持系统,包括水情遥测系统、报汛共享平台、短/中期过程预测、短期洪水预报、中长期来水预报、水库调度与电力调度自动化系统、决策支持系统等。

3.1 信息采集技术

自三峡电站投产以来,建成了国内水电企业规模最大的流域水雨情遥测系统。自建或共建共享的遥测、报汛站点共计近 1400 个,涉及长江上游流域面积约 58 万 km^2,覆盖长江上游流域超 50%的面积,实时监视流域水雨情,实现了对流域内水雨情和水库信息的快速收集、存储和处理。主要包含以下三种数据传输:

1)水调自动化主系统通过信息采集和交换平台与三峡水情遥测系统中心站连接,采集各遥测站点发送的雨量、水位、流量以及测站工况等信息,满足收集实时水雨情信息以及水文基本资料的记录过程的要求。

2)水调自动化主系统通过信息采集和交换平台与水文报汛子接口互联,利用已建的水文报汛网络,采集各地方水文部门和流域调度机构报汛/共享的雨量、水位和流量等信息,并实现向防汛指挥部门的水库运行信息报送。

3)水调自动化主系统通过调度综合数据平台与气象信息系统连接,获取所需的气象预报、降雨、气温、风速/风向等气象信息。

3.2 气象预报技术

为提升流域气象预报预见期和准确掌握区域天气形势,开发了一套紧密结合工程实际的气象预报系统,并组建了一支气象预报团队,涵盖数据处理、预报分析、信息服务等功能模块,实时提供长江流域短中期降水过程数值预报和延伸期降水趋势预测,为联合调度提供技术支持(图 2)。

3.3 水文预报技术

建立了一套完备的水文预报系统,预报断面近 60 个,水库 21 座;流域水文气象过程预报预见期长达 7 天,24 小时流量预报精度超过 98%。近两年,成功预报了两场 7 万级洪水过程和十余场 5 万级洪水过程(图 3)。

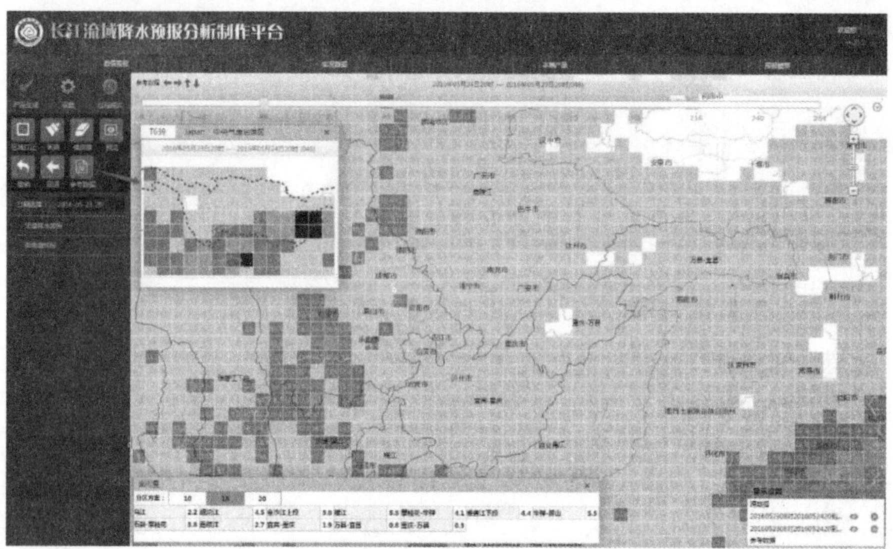

图 2　气象数值预报结果示意图

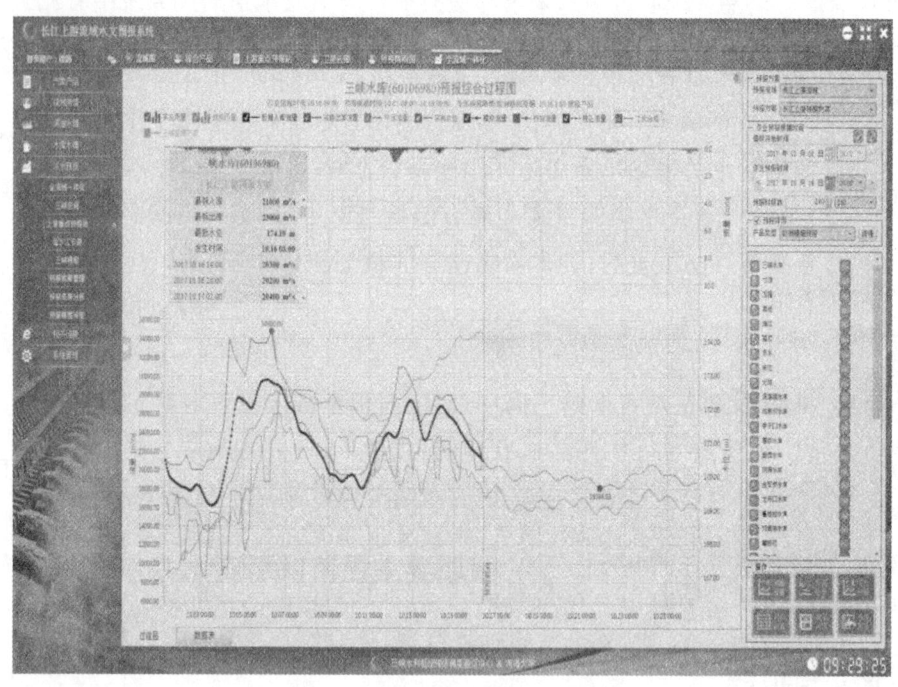

图 3　水文流量预报结果示意图

3.4　联合调度技术

在确保防洪、航运安全和生态需求的前提下，根据不同时期的调度需求和上游来水情况，在梯级水库调度方面采取了不同的策略。在水库消落期，优化安排梯级水库消落时序，兼顾泥沙和生态调度，实现梯级水库综合效益最大化。在汛期，积极开展梯级水库

联合防洪优化调度工作，在确保防洪安全的前提下，适时开展汛期中小洪水调度，提高汛期洪水资源的有效利用。在汛后蓄水期，通过汛末预报预蓄、提前蓄水等措施，开展梯级水库联合蓄水优化调度，确保发电、蓄水两不误(图 4)。

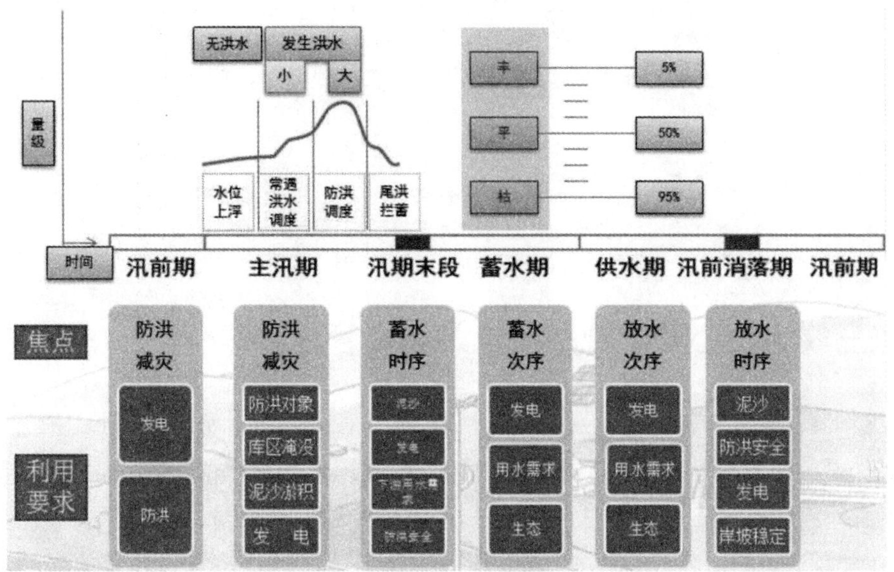

图 4　不同时期联合调度技术示意图

3.5　决策支持系统

为了解决金沙江下游与三峡—葛洲坝梯级水库群联合调度过程中出现的问题，攻克梯级水库群在防洪、航运、发电、供水、生态等综合调度存在的技术难题，研发了一套扩展性、兼容性强的集调度方案编制、评估、实施和反馈于一体的水资源管理决策支持系统，以解决生产调度中的科学和工程应用问题。该系统以金沙江下游与三峡—葛洲坝梯级水库群为对象，研究水库及河道仿真模拟方法、梯级水库群优化调度模型、预报及调度运行评估技术。

同时，考虑到流域梯级电站地理上的跨区域分布，为有效实施联合调度运行，建立了一套以地面光传输网通信为主和天上卫星通信为辅的远程通信信息网络[4]，研发了流域梯级新一代智能水调自动化系统和大型电站群设备远方“调控一体化”电力自动控制系统，后期将实现宜昌、成都、昆明三地调度系统互通互联(图 5)。

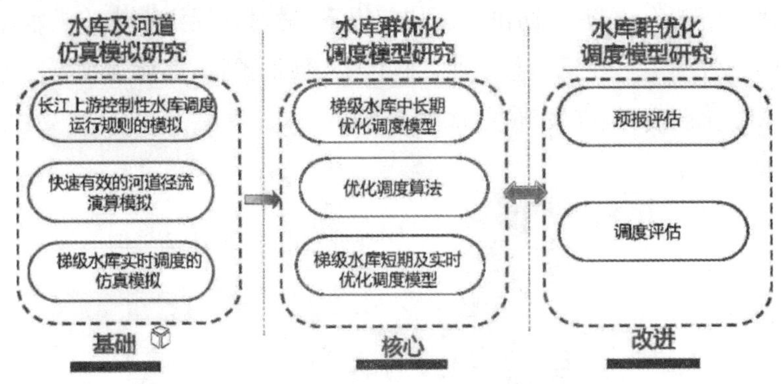

图 5　水资源决策支持系统示意图

4　以三峡为核心的流域梯级电站调度管理实践

三峡工程作为长江上游最后一级控制性工程，拥有世界第一的装机容量，其221.5 亿 m^3 的防洪库容在长江中下游防洪体系中发挥着关键性骨干作用，大大提升了长江中下游地区的防洪安全。以三峡为核心的金沙江下游梯级与三峡—葛洲坝梯级规模庞大，在长江流域防洪、我国清洁能源等体系中占据重要地位。经过多年的流域调度管理实践，不断优化联合调度方式，以实现流域防洪、航运、发电、生态等方面的综合效益，取得了一定的实践成果。

4.1　防洪调度实践

以三峡电站为核心的流域梯级电站的首要任务是防洪。在国家防洪主管部门的指导和支持下，我们将梯级电站的防洪库容实施联合应用，2010—2017 年共开展防洪调度41 次，8 年累计蓄洪总量 1266 亿 m^3，两次成功应对了 70000m^3/s 以上的大洪水，最大削减洪峰近 30000m^3/s，有效降低了长江下游的防洪压力。其中，2017 年 7 月为应对一号洪水，支援下游洞庭湖流域防洪，三峡、溪洛渡、向家坝三个水库联合运用，拦截长江上游洪水 32.07 亿 m^3，在关键的 48h 内三峡水库连续 5 次削减出库流量累计超七成；三峡电站相继停运 19 台发电机组；抬高三峡水库水位 5.25m，三峡下游宜昌站水位则随即下降了 5.96m，取得了显著的防洪效果(表 2)。

表 2　　2010—2017 年防洪调度实践

年　份	最大洪峰 (m^3/s)	最大洪峰出现时间	最大下泄流量 (m^3/s)	最大削峰量 (m^3/s)	蓄洪次数	总蓄洪量 (m^3)
2010	70000	7 月 20 日	40900	30000	7	26.63
2011	46500	9 月 21 日	29100	25500	5	18.76
2012	71200	7 月 24 日	45800	28200	4	22.84

续表

年　份	最大洪峰 (m^3/s)	最大洪峰出现时间 (月-日)	最大下泄流量 (m^3/s)	最大削峰量 (m^3/s)	蓄洪次数	总蓄洪量 (m^3)
2013	49000	7月21日	35000	14000	5	11.84
2014	55000	9月20日	45000	22900	10	17.51
2015	39000	7月1日	31000	7400	4	8.85
2016	50000	7月1日	31000	19000	3	9.78
2017	31000	8月27日	19000	12000	3	10.36

4.2 航运调度实践

保障航运畅通是三峡—葛洲坝梯级枢纽的重要功能之一，三峡工程投运后，大大改善了长江上游航运条件，万吨级船队可从上海直达重庆，水路货运量大幅增长[5]。近三年来，三峡枢纽的航运与防洪、发电也实施了联合调度，年货运量都在1亿t以上，约为三峡工程蓄水以前该河段年最高货运量1800万t的6倍，让长江变成了名副其实的黄金水道，极大地促进了沿江经济快速发展(图6)。

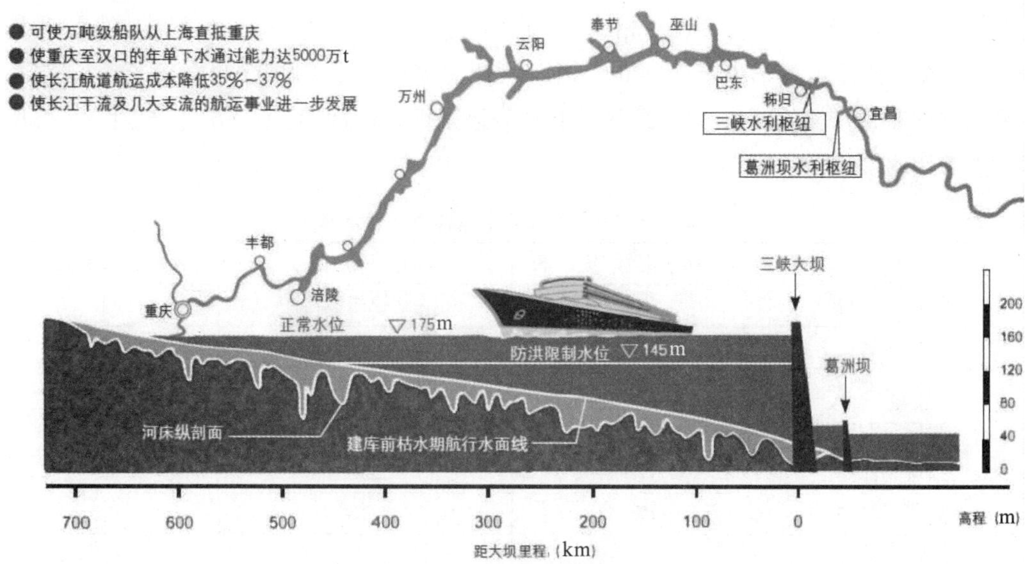

图6　三峡工程航运效益示意图

4.3 发电调度实践

发电生产是水电站经济性的重要体现，以“用好每一方水、发好每一度电”为理念，通过精确预报和科学制订调度计划，精心开展以三峡水库为核心的长江流域三峡、葛洲坝、溪洛渡、向家坝四座梯级水库联合调度，创造了大量的增发电量效益。近几年来，梯级水库的年发电量均明显高于电站同等来水工况下的设计发电量，大大提高了水能资源的利用效率。截至2017年底，梯级4座电站发电量累计突破2万亿kW·h，为国家的经济发展提供源源不断的清洁能源，具有巨大的节能减排效应，相当于减少了CO_2排放17.1亿t，在优化我国能源结构、促进国民经济发展和长江经济带建设等方面发挥了积极作用(表3)。

表3 梯级电站历年发电量

电站	设计年发电量(亿kW·h)	实际年发电量(亿kW·h)				
		2013年	2014年	2015年	2016年	2017年
溪洛渡	571	—	—	551.7	610	613.9
向家坝	309	—	—	307.5	332.3	328.4
三峡	882	828.4	988.2	870.1	935.3	976.1
葛洲坝	157	159	178	180	183	191
梯级总计	1919	—	—	1909.3	2060.6	2109.4

4.4 补水调度实践

水利工程的另一项重要功能是枯期向下游补水，2010—2017年三峡水库已累计为下游补水1572亿m^3。与初步设计相比，水库提高了枯水期下游流量补偿标准，枯水期1—4月水库下泄流量按不小于6000m^3/s控制，相比天然流量平均增加了1500m^3/s左右，平均增加航道水深0.95m，大大改善了下游航运条件，有效满足了下游生产、生活、航运、生态等用水需求(表4)。

表4 2010—2017年三峡水库向下游补水量

年份	补水天数/天	补水量(亿m^3)	平均增加水深(m)
2010—2011	164	215	1
2011—2012	150	215	1
2012—2013	169	209	0.8
2013—2014	180	244	1.1
2014—2015	176	243	1.3
2015—2016	170	213	0.7
2016—2017	177	232.9	0.8

4.5 生态调度实践

在环境保护的大背景下，水电站水库的调度管理也发挥出了越来越多的生态调度功能。长江电力响应国家“生态优先、绿色发展”的理念，积极开展生态调度实践。自2011年以来，三峡水库已连续7年开展了10次生态调度试验，通过“人造洪峰”为“四大家鱼”

产卵繁殖创造了有利条件,增殖效果明显。与此同时,生态调度范围也不断扩展,成果不断丰富:从促进经济鱼类产卵到促进珍稀鱼类繁殖,从单库生态调度到多库生态调度,从长江中下游到中上游,从鱼类繁殖(图7)到长江入海口压咸潮,等等。

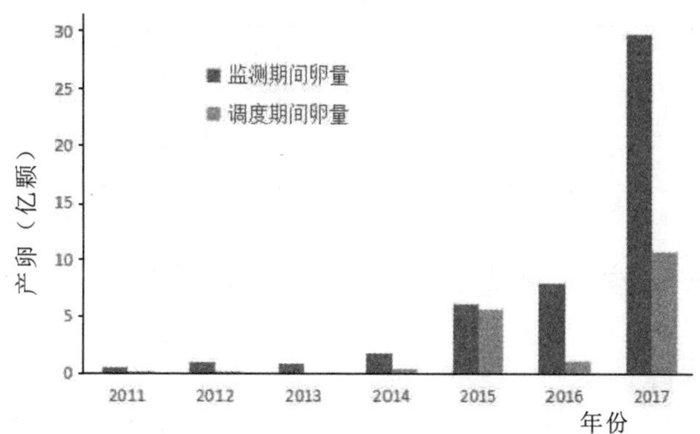

图7　三峡水库2011—2017年生态调度鱼类产卵量(宜都断面)

4.6　试验性蓄水实践

截至2017年,已连续十年成功实现三峡水库175m试验性蓄水,同时也是第四次进行金沙江下游—三峡梯级联合试验性蓄水。为了实现金沙江下游—三峡梯级联合蓄水调度,充分发挥梯级水库联合运行的巨大综合效益,长江电力按照安全、科学、稳妥和渐进的原则,提早部署蓄水事宜,争取早蓄水、蓄弃水、优蓄水,一方面保障下游供水需求,另一方面兼顾防洪和蓄水,避免回水区淹没[6]。蓄水期间,根据国家防总、长江防总批复的蓄水实施计划及蓄水期间长江防总调度令,及时调整出库流量,确保各水库圆满完成蓄水任务(表5、表6)。

表5　　2008—2017年三峡水库蓄水情况表

年份	起蓄时间	结束时间	起蓄水位(m)
2008年	9月28日	11月10日	145.27
2009年	9月15日	11月24日	145.87
2010年	9月10日	10月26日	160.2
2011年	9月10日	10月31日	152.24
2012年	9月10日	10月30日	158.92
2013年	9月10日	11月11日	156.69
2014年	9月15日	10月31日	164.63
2015年	9月10日	10月28日	156.01
2016年	9月10日	11月1日	145.96
2017年	9月10日	10月21日	153.50

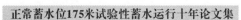

表6　　2013—2017年溪洛渡、向家坝水库蓄水情况表

年份	溪洛渡			向家坝		
	起蓄时间	结束时间	起蓄水位(m)	起蓄时间	结束时间	起蓄水位(m)
2013年	11月1日	12月8日	542.39	9月7日	9月12日	372.14
2014年	9月11日	9月28日	586.47	9月2日	9月11日	373.9
2015年	9月1日	9月29日	576.02	9月5日	9月20日	375.08
2016年	9月1日	10月8日	566.75	9月5日	9月26日	373
2017年	9月1日	10月4日	580.79	9月5日	9月20日	374.81

5　长江上游流域梯级水库群联合调度展望

5.1　流域梯级水库群联合调度面临的挑战

(1)气候变化

气候变化将改变全球水文循环现状,引起水资源在时空上的重新分配,干旱和暴雨、汛期洪涝发生频率等水文极端事件呈上升趋势,进而影响水利工程的运行,尤其对大型水利工程的影响更为突出。

(2)上游水库群建设

随着上游水库群的建设,其调度范围和容量逐步增加,调度难度加大,调度环境和边界条件更加复杂。跨省跨区外送通道约束条件多,上游干支流水库调蓄影响大,调度环境更加复杂,对提高水资源利用率和充分发挥流域梯级综合效益提出了更高要求。

(3)电力市场改革

电力市场变革对梯级联合调度也提出更高要求。流域大水电过去"以水定电"的调度模式已不再适应电力市场化的要求。梯级电站来水丰枯不均,跨省跨区电能消纳更加困难。

(4)长江大保护

习近平总书记强调"新形势下推动长江经济带发展,关键是要正确把握整体推进和重点突破、生态环境保护和经济发展",坚持长江大保护与绿色发展也对我们科学合理进行流域调度管理提出了更高的要求。

5.2　流域梯级电站群联合调度展望

《长江流域综合规划(2012—2030年)》中指出,要坚持水资源综合利用的原则,坚持水库群联合调度的原则,充分发挥水库群整体综合效益。从长江电力公司内部看,随着2020年、2021年乌东德和白鹤滩两座电站相继投产,梯级6座电站将使得长江流域水资源综合利用效益更加显著,长江电力也正在加紧建设具备智慧调度功能的金沙江下游—三峡—葛洲坝六库联合调度决策支持系统,实现以三峡水库为核心、以保障防洪航运安

全为前提、与电力市场化要求相适应的梯级电站水库群联合调度体系。

从整个长江流域来看，其上游干支流梯级电站数量众多、规模庞大，如果能有更多的电站参与联合统一调度，可在更大范围、更深程度地提高流域水资源的综合利用效益。据有关研究机构初步估算：长江上游流域干支流主要电站通过径流补偿、优化调度后年度增发电量约为420亿kW·h，同时枯期可为长江中下游提供约900亿m^3的淡水资源。

6 结语

以三峡为核心的流域梯级电站调度管理实践已经取得了一定的成效，自三峡工程投运以来，已连续十年成功实现三峡水库175m试验性蓄水，连续四年成功实现梯级联合蓄水。同时，以三峡为核心的流域梯级电站在长江流域防洪、发电、航运、生态等方面都发挥了巨大的综合效益。但流域电站群联合调度是一篇大文章，也是一项涉及多目标的大课题，具有非常广阔的前景，其社会效益和经济效益都十分巨大。面对新形势下的新挑战，我们要实现长江流域更大规模、更深层次水电站联合调度目标，需要水电行业树立更大的责任感，坚持以创新发展为引领，建立科学、完善的长江流域水资源调度体系，不断推进流域联合调度管理工作，在防洪、航运、清洁能源生产、生态保护等方面发挥更大的作用。

参考文献

[1]Guoqing Chen, et al. Integrated Operation of Hydropower Stations and Reservoirs [R]. Bulletin of ICOLD Technical Committee.

[2]陈国庆，李卫兵.跨区域大型水电站群电力生产管理信息系统研发与应用[J].中国电业(技术版)，2014(12).

[3]刘丹雅.三峡及长江上游水库群水资源综合利用调度研究[J].人民长江，2010，41(15)：5-9.

[4]陈国庆，肖舸，陈健国，等.溪洛渡—向家坝与三峡—葛洲坝梯级联合统一调度的探索与实践[C]//全国电力行业企业现代化管理创新5年经典案例集.2015.

[5]许传洲，Chuanzhou Xu.三峡航运助推中国经济发展[J].水电与新能源，2016(2)：39-42.

[6]郭生练，陈柯兵，刘攀，等.长江上游水库群提前蓄水联合优化调度研究[J].水资源研究，2017(5)：415-425.

三峡水库洪水资源化利用调度方式研究与实践

鲍正风[①] 汪芸 郭晓

（三峡水利枢纽梯级调度通信中心，宜昌 443133）

摘 要：三峡水库是治理长江和开发利用长江水资源的关键性骨干工程，承担了防洪、发电、航运等综合利用任务，汛期防洪是三峡首要调度目标。随着水文气象预测预报水平的提高，防洪调度经验的积累以及对洪水的掌控能力不断增强，三峡水库洪水调度已经从防御控制洪水转变为科学管理和利用洪水，洪水资源化利用成为一种极具潜力的水资源利用方式。本文从洪水资源化利用的理念出发，结合长江中上游地区水文预报，分析和研究了三峡水库汛期不同时期洪水资源化利用条件和调度方式，并总结了近些年三峡水库洪水资源化利用调度实践。

关键词：三峡水库；洪水资源化利用；水文预报；水库调度方式

1 引言

水能兴利，也能成患，洪水更具有致灾和兴利的两面性。随着经济社会的发展和人民生活水平的提高，生产、生活和生态用水需求持续增加，水资源短缺已成为我国水问题的主要矛盾，研究如何有效利用洪水资源，缓解水资源危机可以变害为利实现双赢[1]。经过多年的水利工程建设、水文气象预测预报水平的提高，以及防洪调度经验积累，人们对洪水的掌控能力不断增强，对洪水的认识，也从被动的防御转变为在防御的同时加以适当的利用，1998年洪水过后，我国在治水理念和防洪战略上进行了大的调整，明确提出实现洪水资源化，治水策略逐步从洪水控制向洪水管理转变，洪水资源利用已成为一种极具潜力的水资源利用方式[2]。

三峡水库是治理长江和开发利用长江水资源的关键性骨干工程，正常蓄水位175m，防洪限制水位145m，枯期消落低水位155m，水库有效防洪库容221.5亿m^3，兴利库容165.0亿m^3，有巨大的调蓄能力，水库承担防洪、发电、航运等综合利用任务。三峡水库

① 作者简介：鲍正风（1983— ），工学硕士，高级工程师，从事水文预报及水库调度工作，E-mail：bao_zhengfeng@cypc.com.cn。

年来水分布不均匀，汛期水资源丰沛，6—9月来水占全年的60%，多年平均流量25500m³/s，是年平均流量的1.8倍。6—9月日平均流量大于等于30000m³/s超过三峡电站满发流量天数的占28.9%，可能引起三峡水库弃水导致水资源不能充分利用。汛期防洪是三峡水库首要任务，如何在不影响防洪安全的前提下实施洪水资源化利用，是提高三峡水库水资源综合利用效益的有效手段之一。

本文从洪水资源化的理念出发，研究基于长江中上游地区水文预报，考虑上游水库对洪水的调度作用，结合三峡水库汛期不同时期洪水特性，研究三峡水库汛期常遇洪水调度、运行水位抬高运行和汛末洪水拦蓄等洪水资源利用的调度方式，提出三峡水库汛期洪水资源利用的调度方案，从而在防洪风险可控的前提下，提高三峡水库的综合利用效益，特别是发电效益，其研究成果可以为三峡水库科学调度提供重要的技术支撑。这也是充分挖掘三峡电站清洁能源发电潜力，有力地促进了经济发展，为国家节能减排创造了良好的条件。

2　三峡水库分期洪水特性分析[3]

三峡工程位于长江上游与中下游交界处，控制流域面积100万km²，约占长江流域总面积的56%。三峡工程坝址代表站为宜昌站，也是三峡设计依据站。宜昌洪水是上游干流洪水共同影响的结果，各条支流大小洪水相互影响、相互补充，使得宜昌站汛期洪水分期不是很显著。宜昌年最大洪水主要发生在7—8月，其次是9月，特大洪水发生最迟时段为9月上旬，其后，洪水量级明显减少，呈下降趋势。宜昌站候平均流量过程见图1。

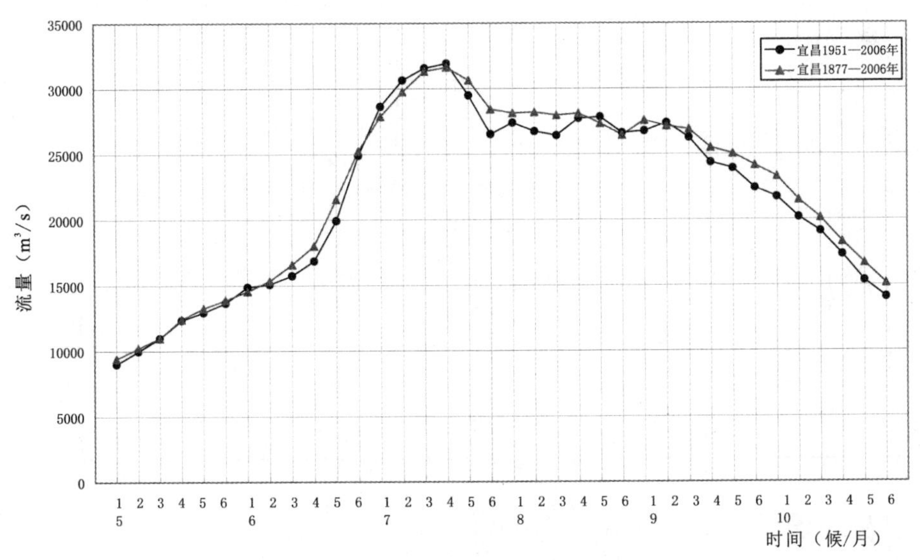

图1　宜昌站候平均流量过程图

分析汛期洪水特性，综合考虑长江上游干支流控制站汛期洪水量级、副高脊线位置、水汽输送条件以及8月下旬至9月暴雨洪水特性等因素，三峡水库汛期洪水可分为汛初、主汛期、汛末三个阶段。汛初为6月20日之前，主汛期为6月下旬至8月下旬，汛末为9月1日以后。分析宜昌站多年平均(1877—2006年，下同)入库流量过程可见6月上、中旬宜昌站多年平均流量在20000m³/s以下；6月下旬开始有一个明显的上升过程；7、8月平均流量均在30000m³/s以上；9月开始进入明显的下降过程，9月中旬开始，多年平均流量小于25000m³/s。

1.1 宜昌站年最大洪峰

宜昌站年最大洪峰出现时间有如下特征(表1)：

1)宜昌站年最大洪峰出现在6月下旬至10月上旬，特别集中在7月到8月中旬，占总数的73.1%。6月下旬和8月下旬出现的较少，各占2.3%、3.8%，而出现在9月的却比出现在6月的多，9月上中旬出现的比8月下旬多。

2)宜昌站年最大洪峰流量级在30000～70000m³/s，小于30000m³/s有两次；大于70000m³/s也有两次，分别出现在1896年和1981年；50000m³/s以上占51.5%；60000m³/s以上占13.8%，其中有3次出现在9月上旬，其余均出现在7—8月，更集中在7月中旬至8月中旬。

表1 宜昌站年最大洪峰出现时间分旬统计表

时间		<30000 (m³/s)	30000～40000 (m³/s)	40000～50000 (m³/s)	50000～60000 (m³/s)	60000～70000 (m³/s)	>70000 (m³/s)	合计
6月	下旬		1	1	1			3
7月	上旬	1	2	7	10	1		21
	中旬		2	10	11	3	1	27
	下旬	1		2	11	3		17
8月	上旬		1	5	8	2		16
	中旬		2	5	3	4		14
	下旬		1	1	2	1		5
9月	上旬		2	6	1	2	1	12
	中旬		1	3	2			6
	下旬		2	6				8
10月	上旬			1				1
合计		2	14	47	49	16	2	130

1.2 宜昌站流量超30000m³/s统计

统计汛期三峡水库旬内日来水不同流量级的天数和各旬入库流量大于30000m³/s流量出现的概率，6月上中旬三峡水库入库流量均小于40000m³/s，入库流量大于

30000m³/s 的概率较小。7、8 月三峡水库入库流量大于 30000m³/s 的概率为 18.47%～50.58%，但此段时间三峡水库出现大于 50000m³/s 的概率大幅增加，防洪风险大于 6 月上中旬。9 月中下旬是三峡水库的蓄水期，此段时间三峡水库入库流量大于 50000m³/s 的概率大幅减小，防洪风险比 7、8 月大幅减小(表 2)。

表 2　　宜昌站各旬流量大于 30000m³/s 流量概率

旬	出现概率(%)	旬	出现概率(%)
6 月上旬	0.88	8 月上旬	34.23
6 月中旬	2.48	8 月中旬	34.74
6 月下旬	18.47	8 月下旬	31.39
7 月上旬	38.91	9 月上旬	35.47
7 月中旬	50.58	9 月中旬	30.00
7 月下旬	42.13	9 月下旬	21.61

2　三峡水库分期洪水资源化利用调度方式分析

近年来，国内外在洪水资源利用方面已经有了很多实践，一般通过流域内水量配置和跨流域调水、蓄水发电、调丰补枯、补充生态用水和地下水等途径利用洪水资源[4]。对于三峡水库，一般可通过蓄水发电、调丰补枯的方式利用汛期洪水资源。在汛期不同时段，洪水资源利用方式又具有不同的特点。

2.1　分期洪水资源利用方式分析

(1)6 月洪水资源利用方式

6 月上旬处于三峡水库汛前集中消落期，水位从汛限水位以上逐渐消落至汛限水位或者汛期运行水位上浮范围内。6 月中下旬为汛期前段，三峡水库的来水一般比 7、8 月小，发生洪水的概率也比 7、8 月小，且 6 月上游水库可能处于汛前反蓄阶段，可以减少三峡水库的入库水量。因此，6 月洪水资源利用方式，主要以在上游水库有蓄水需求的情况下，结合水文预报，在下游没有防洪需求时，将汛前水位集中消落和汛期水位上浮相结合，适当扩大 6 月三峡水库运行水位上浮范围为主。

(2)6 月下旬至 8 月中旬洪水资源利用方式

7 月至 8 月中旬，是三峡水库对长江中下游防洪的关键时期，上下游发生洪水的概率较大。洪水资源利用改变三峡水库下泄过程，对下游水位的影响呈逐渐衰减的趋势，持续时间一般较长，难以在水文预报期内消除对下游水位的影响，如果与上下游洪水发生遭遇，将对防洪产生影响。因此，7 月至 8 月中旬采用在保证防洪安全的前提下，上下游都没有发生洪水，且来水较平稳的情况下水位上浮，预报洪水到来前将库水位降至防洪限制水位的方式运行。

(3)8月下旬至9月上旬

8月下旬至9月上旬虽然和7月、8月上中旬一样处于洪水发生频率较高的时期，但由于更靠近蓄水期，洪水资源利用改变径流过程对下游水位的影响在时间上与9月上旬预蓄、9月中旬以后蓄水相重叠，不增加下游的防洪负担。同时8月1日起金沙江中游梯级水库开始蓄水，9月1日起二滩、乌江流域梯级水库等开水蓄水，可以降低8月下旬三峡水库洪水资源利用的防洪风险。

宜昌站8月20日后洪水，一般是以金沙江以上洪水为基础，并遭遇嘉陵江及屏山至寸滩区间洪水造成，或以寸滩以上来水为基础，遭遇寸滩至宜昌区间暴雨洪水造成。考虑到8月下旬至9月上旬，三峡水库入库洪水仍然较大，历史实测最大洪峰和第三大洪峰均出现在9月上旬，8月下旬长江中游沙市、城陵矶段水位没有明显的下降过程，因此8月的洪水资源利用，仍然需要在预报有洪水时，提前将水位降至汛限水位，洪水资源利用方式，采用在洪水调度中后期退水阶段，结合水文预报，在长江上游和中下游下一场洪水到来前，延长水位降至汛限水位的过程。

9月上旬接近三峡水库蓄水期，而且发生汛期百年一遇的洪水概率极小。进入9月以后，宜昌洪水出现大于50000m³/s概率减小，从洪水过程总体形态看，流量过程进入快速下降通道，只有个别年份流量过程出现反复，但洪峰洪量一般都不大。9月上旬洪水资源利用方式，可以结合水文预报，在水位高于汛限水位或汛限水位上浮范围时，停止消落水位，或者不需要防洪调度时，主动拦蓄超过满发流量的洪水资源。如果预测三峡入库洪水有增大的趋势，或者下游水位上涨将有防洪需求时，停止主动拦蓄洪水，以便在有防洪需要时转入防洪调度。

(4)9月中下旬

9月中下旬三峡水库进入蓄水阶段，且该时段三峡水库入库洪水较小，防洪风险不大，水库主要在满足三峡最小下泄流量、电网出力、控制库区回水淹没、9月底控制水位等要求的基础上蓄水，同时进行发电优化调度，以在蓄水过程中充分利用水资源多发电。

2.2 三峡水库洪水资源利用的主要原则

防洪是三峡水库汛期的首要任务，坚持兴利服从防洪、电调服从水调也是三峡水库调度的基本原则。因此，三峡水库利用汛期洪水资源时，也必须在确保防洪安全的前提下，合理利用水资源，充分发挥三峡工程效益。为确保防洪安全，三峡水库洪水资源利用应遵循以下原则：

(1)保证不影响三峡工程防洪作用的发挥

当预报来洪水，三峡水库需拦洪前，水库水位要及时降至防洪限制水位，以保证三峡水库有足够的防洪库容为中下游拦蓄洪水和保证枢纽度汛安全。

(2)尽量不增加中下游防洪负担

目前,长江流域统一确定的防汛特征水位有警戒水位、保证水位。警戒水位是我国防汛部门规定的各江河堤防需要处于防守戒备状态的水位。到达这一水位时,堤身随时可能出现险情甚至重大险情,需昼夜巡查,并增加巡堤查险次数,堤防防汛进入重要时期。保证水位是堤防工程设计防御标准洪水位,相应流量为河道安全泄量,是根据防洪标准设计的堤防设计洪水位,或历史上防御过的最高洪水位。目前,沙市站和城陵矶(莲花塘)站警戒水位分别为 43.0m、32.5m,保证水位分别为 45.0m、34.4m。

为不改变下游防汛态势,利用三峡水库洪水资源时,应控制沙市、城陵矶站防洪安全有充足的余地,以使水库预泄后,沙市、城陵矶等控制站水位仍可保持在安全状态(图 2)。

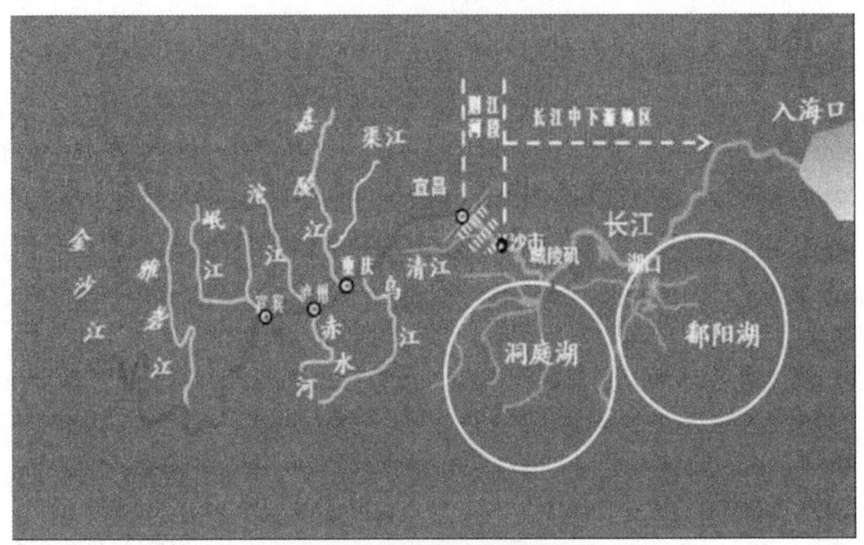

图 2 长江中下游防洪区域图

3 三峡水库分期洪水资源化利用调度方案

3.1 汛初洪水资源利用调度方案

6 月洪水资源利用方式主要为在下游控制站水位较低,且区间无大范围、长时间降雨预报时,适当扩大三峡水库水位浮动运行范围,提高三峡水库发电调节能力,减少汛前集中消落期及 6 月中旬葛洲坝弃水,提高梯级电站发电效益。6 月中上旬具体的调度方案为:

1)预报 5 日内沙市站水位均低于 39m,且城陵矶站水位均低于 29m 时,湖口站水位低于警戒水位 18.5m,且洞庭湖、鄱阳湖地区无大范围、长时间大雨或暴雨预报时,三峡水库水位浮动运行范围为 144.9～150m。6 月 10 日以前三峡水库按葛洲坝满发流量消落水位,当三峡水库水位日变幅大于 0.6m 时,按日消落水位不超过 0.6m 控制,6 月 10 日以后三峡水库按葛洲坝满发流量消落水位，三峡水库蓄水位最高不超过150m。

2）当预报5日内沙市站水位高于39m但低于40.3m，或者城陵矶站水位高于29m时但低于30.4m，或者湖口站水位低于警戒水位18.5m，或者洞庭湖、鄱阳湖地区有大范围、长时间大雨或暴雨预报时，6月10日以前三峡水库按照日消落水位0.6m，最低消落至146.5m控制，6月10日以后按3日内预泄至146.5m控制。

3）当预报5日内沙市站水位高于40.3m，或者城陵矶站水位高于30.4m时，6月10日以前三峡水库按照日消落水位0.6m控制，最低消落至145m控制，6月10日以后按3日内预泄至146.5m，5日内预泄至145m控制。

3.2 主汛期常遇洪水资源利用调度方案

主汛期常遇洪水资源利用方式，主要采取在下游没有防洪需求时，利用水文预报，在预见期内水库来水加水库内高于汛限水位的水量能在预泄安全限量以内下泄时，利用三峡水库对城陵矶防洪调度的防洪库容调蓄超过满发流量的来水，以在流量小于满发流量时通过发电加大泄水量，或者在大流量洪水来临之前，通过加大泄水量，将水库水位消落至145m，以在不影响防洪安全的情况下，合理利用主汛期常遇洪水资源，减少水库弃水，增加发电效益。

（1）启动时机

沙市及城陵矶低于警戒水位，且预见期内三峡水库入库水量加水库内高于汛限水位的水量平均流量小于预泄控制流量（42000m^3/s）时，开始实施主汛期常遇洪水资源利用调度。当预报沙市或城陵矶水位高于警戒水位时，或预见期内三峡水库入库水量加水库内高于汛限水位的水量平均流量大于预泄控制流量时，停止实施洪水资源利用调度，并在控制沙市及城陵矶水位不超警戒水位的情况下加泄水量降低水位。

（2）水位控制条件

根据不同预见期下游防洪情势预报和上游来水量的预报，分别设置不同的控制水位，最高不超过155m。当库水位低于控制水位时，可减小出库流量减少弃水，当库水位高于控制水位时，需择机预泄降低水位，以降低防洪风险。

（3）常遇洪水资源利用蓄水方式

当预见期内三峡水库入库水量加水库内高于汛限水位的水量平均流量小于等于安全泄量时，按满发流量下泄。

（4）预报预泄方式

当预见期内三峡水库入库水量加水库内高于汛限水位的水量平均流量将大于安全泄量时，按预泄控制流量控泄消落水位。为了减小预报误差的影响，宜在安全限量以下预留一定的安全裕量设置预泄控制流量。

3.3 汛末洪水资源利用调度方案

汛期末段洪水资源利用方式，主要为在来水较枯时减小发电流量抬高水位，增加水库发电水头和汛后蓄水量，来水较丰时，充分利用超过三峡水库满发流量的水量蓄水，减少水库弃水并抬高水库水位提前蓄水。为了避免汛期末段提前蓄水占用对城陵矶地区补偿调度的防洪库容，采用逐步抬高水库水位的方式蓄水，并在城陵矶水位高于 32m，可能不具备预泄条件时停止蓄水，在洪水到来之前，实施预报预泄，降低水库水位，减小防洪风险。

(1)利用洪水资源提前蓄水时机

枯水典型 8 月 11 日开始提前蓄水，平水典型 8 月 21 日开始利用洪水资源提前蓄水，丰水典型 9 月 1 日开始利用洪水资源提前蓄水。

(2)利用洪水资源提前蓄水方式

枯水典型和平水典型按水库水位均匀抬升的方式蓄水，当入库流量大于 30000m^3/s 时，按 30000m^3/s 下泄；平水典型在不需要预报预泄时，当入库流量大于等于 30000m^3/s 时，按 30000m^3/s 下泄，当入库流量小于 30000m^3/s 时，按入库流量下泄。

(3)判别条件

调度日至 9 月 10 日三峡水库平均入库流量小于等于 25000m^3/s 或防洪形势预判为偏枯时为枯水典型；调度日至 9 月 10 日三峡水库平均入库流量大于 25000m^3/s 小于等于 30000m^3/s，或防洪形势预判为一般，发生大洪水概率不大时为平水典型；调度日至 9 月 10 日三峡水库平均入库流量大于 30000m^3/s 或防洪形势预判为偏丰，发生大洪水概率较大时为丰水典型。

(4)预报预泄方式

预报 5 日内超过 42000m^3/s 的流量出现 1 天或 2 天时开始预泄，当入库流量小于 30000m^3/s，按 30000m^3/s 控泄；入库流量大于 30000m^3/s 小于35000m^3/s，按35000m^3/s 控泄；入库流量大于 35000m^3/s，按 42000m^3/s 控泄。

(5)控制条件

当预报 5 日内城陵矶水位高于 32m 时，停止蓄水，按防洪调度方式进行调度。

4 气象水文预报水平综合分析与评价[5]

三峡水库的洪水主要来自上千千米以上的嘉陵江、金沙江、岷沱江等上游地区，三峡区间来水所占的比重很小，而上游来水到三峡入库，需要较长的洪水传播时间，对水库入库洪水来说，就存在较长的天然预见期，在不考虑天气预报等因素，预见期一般都有 3～5 天，这为三峡水库的预报预泄提供了得天独厚的条件，三峡水库集水面积达100 万 km^2，城陵矶以上集水面积 129 万 km^2，大洪水和特大洪水的形成通常有稳定的天气系统和大气环流背景，需要持续几天以上的大范围、高强度的暴雨过程形成，随着天气监测手段和预报预测技术的发展，提前 3～5 天，预报形成大洪水和特大洪水的天气系统是较为可靠的，这又为水文气象相结合，提供更长预见期的预报提供了技术保障和前提。若致洪暴雨中心发生在岷江、嘉陵江等流域的中心地带，降雨落地后到三峡入库一般还有1～2 天的汇流时间，结合气象准定量降水预报，利用洪水预报方案，可以制作具有 3～5 天预见期和具有一定精度的洪水预报成果。预报发生大量级的大洪水的预见期可以达到 3～5 天，发生特大洪水的预见期相对可能更长，一定程度上可为三峡水库的预报预泄提供有利的技术保障。

由于水文气象预报存在一定的不确定性，预报制作需要人工校核与滚动发布，及时制作三峡入库流量和长江中下游的 3～5 天的水文气象短期预报和 5～10 天的中期预报成果，为水库调度提供决策支持。洪峰流量在 $55000m^3/s$ 以下的洪水，可靠的预见期在 3 天左右，洪峰流量大于 $55000m^3/s$ 以上洪水利用中期预报，可以提供 5～7 天的前瞻性趋势预报。

5 三峡水库洪水资源利用调度实践

5.1 2011 年 8 月洪水资源化利用调度

2011 年 7、8 月三峡水库来水较为平稳，7、8 月最大入库流量 $37900m^3/s$，下游沙市站最高水位 39.24m，低于设防水位 2.76m，城陵矶站最高水位 29.23m，低于设防水位 1.77m，湖口站最高水位 16.7m，长江中下游干流主要控制站基本没有防洪需求(图 3)。

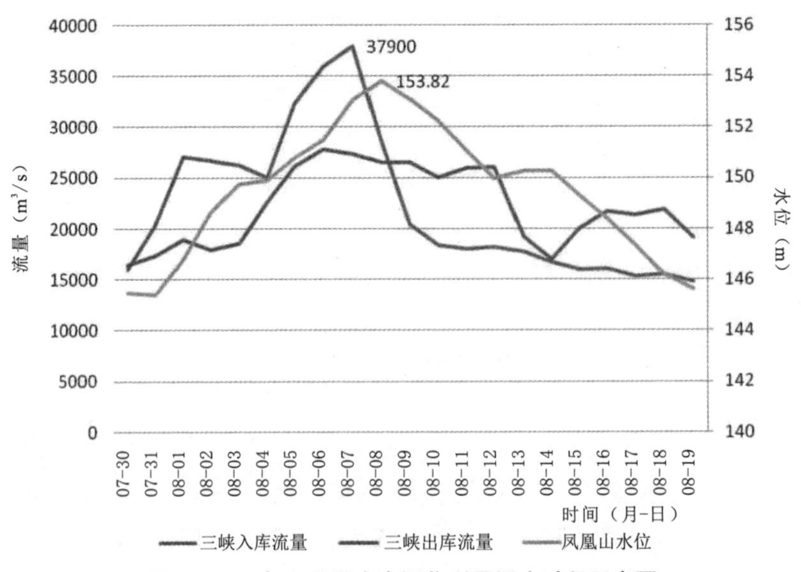

图 3 2011 年 8 月洪水资源化利用调度过程示意图

自8月1日起，三峡水库来水流量从20000m³/s以下逐步增加到20000m³/s以上，至8月7日增加到37900m³/s，分别高于葛洲坝的满发流量和三峡水库的满发流量。三峡水库在下游基本没有防洪需求的情况下，结合上下游水文预报，从7月30日起开始拦蓄水量，控制下泄流量小于30000m³/s，其间水库最高蓄水位153.82m。8月8日以后入库流量逐步减小至30000m³/s以下，三峡水库逐渐增加下泄流量消落水位，至2011年8月19日水库水位消落至146m以下。

从2011年8月中上旬的调度过程可以看出，三峡水库来水大于满发流量时，在三峡水库来水整体较为平稳，没有较大洪峰流量预报，且下游水位较低时，长江中下游在荆江河段和城陵矶地区没有防洪需求时，根据水文预报，在防洪风险可控的前提下，控制三峡水库下泄流量小于三峡水库满发流量，避免了电站弃水，增加了发电效益。通过实施三峡水库对常遇洪水进行拦洪控泄调度，有效降低了沙市站及中游沿线测站水位，减轻了长江中下游堤防防汛面临的压力和负担，发挥了防洪效益，同时也增加了发电效益。

5.2 2015年8—9月洪水资源化利用调度

2015年汛期7、8月三峡来水异常偏枯，进入8月三峡水库入库流量不超过15000m³/s，中长期趋势预测后期来水仍然持续偏枯，为此从8月中旬开始三峡电站减少发电流量压负荷蓄水，水位逐步抬升，8月17日预报后期三峡入库将有一场超过满发流量的小洪水过程，三峡水库按照葛洲坝不弃水控制下泄，主动拦蓄葛洲坝多余弃水量，8月23日最高水位达到152.99m，洪水过后三峡水库维持按照葛洲坝满发流量控泄，9月中旬三峡水库迎来第二场超过满发流量的小洪水过程，三峡水库加大下泄至24000m³/s左右，控制蓄水节奏，库水位逐步抬升(图4)。

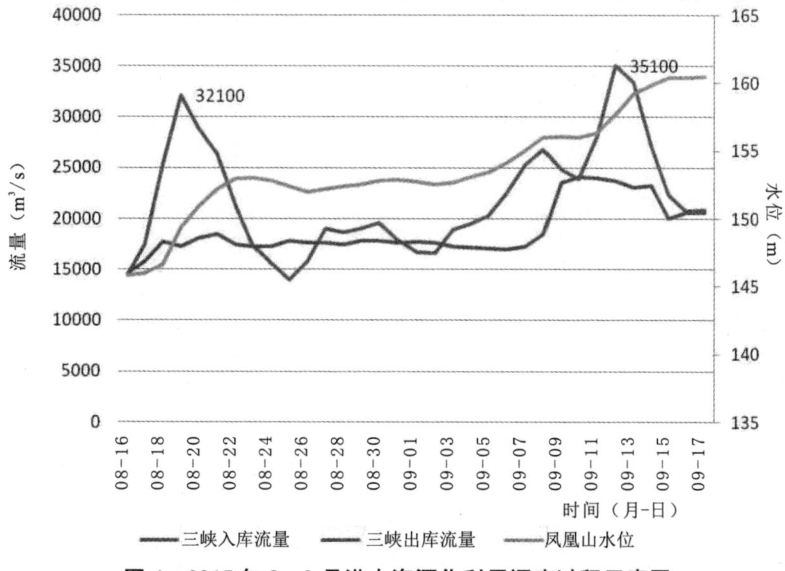

图4 2015年8—9月洪水资源化利用调度过程示意图

从此次调度过程可以看到，在汛末中下游没有防洪要求时，结合水文预报，预报预蓄，根据来水的大小调控三峡水库出库流量，减少了三峡、葛洲坝电站不必要的弃水损失，同时有力的抬升了发电水头，实现了节水增发的洪水资源化利用目标。

6 结论与展望

本文研究提出的汛期洪水资源利用方式是提高三峡水库水资源利用效益的有效手段。但是，目前水文预报的预见期和预报精度仍然是制约三峡水库汛期洪水资源利用的关键因素，为了更进一步提升三峡水库洪水资源利用效益，采用新技术提升预报水平、充分结合气象信息延长预见期、挖掘水文预报规律等是后期亟待突破的课题。同时，三峡上游控制性水库群数量多、调节库容大，研究实施上游水库与三峡水库联合调度，是提高三峡水库及长江中上游地区洪水资源利用效益、降低洪水资源利用风险的有效手段，也是下一阶段三峡水库洪水资源化利用的重要研究方向。

参考文献

[1]董前进，等.洪水资源化多目标决策的风险观控分析[J].水力发电学报，2008，27(2)：6-10.

[2]刘招.水库的洪水资源化理论和方法研究[D].西安：西安理工大学，2008.

[3]长江水利委员会水文局.三峡工程汛期洪水特性专题研究阶段性报告[R].2008.

[4]田杏丽，等.我国水库洪水资源化研究进展[J].中国三峡，2013(5)：36-39.

[5]长江水利委员会水文局.三峡水库水文气象预报应用可靠性与风险性分析及应急调度响应策略研究[R].2014.

三峡水库洪水资源利用分级调度方式与影响研究

胡挺[①] 周曼 肖扬帆 邢龙 张松

(中国长江三峡集团有限公司,宜昌 443133)

摘 要:随着上游来水来沙减少、水库陆续建成运行,以及汛期防洪、发电、航运等方面需求日益提高,三峡初步设计防洪调度方式将不能很好地满足变化环境下的汛期新需求,并造成一定洪水资源浪费。本文在分析三峡特征水位和下泄流量的基础上,对洪水资源提出了一种结合库水位与入库流量大小进行分级调度的方式,并拟定多种方案进行长系列模拟,同时对可能造成的影响进行分析。结果表明:该方式在不降低三峡设计防洪标准的前提下,可更加合理地拦洪减轻下游防洪压力、延长汛期通航时间、高效利用洪水资源,同时有充足措施应对可能的防洪与泥沙风险,充分发挥新形势下三峡水库汛期的综合利用效益。

关键词:洪水资源化;分级利用;影响分析;三峡水库

洪水具有灾害、兴利的双重属性。当前新时期,治水理念逐步由"控制洪水"向"洪水管理"转变,洪水资源化日益成为人们关注与研究的热点。充分利用水、雨、工情等信息,在保障防洪安全的前提下,调整水库汛限水位是实现洪水资源化的重要手段。近几年,在汛期分期[1]、分期设计洪水研究[2]的基础上,许多学者从时间角度开展了单一、分期和动态汛限水位控制研究[3-5],从空间角度开展了单库、梯级及混联水库群的汛限水位联合运用研究[6-8],并进行了可能引起的防洪风险分析[9-10],为水库实现洪水资源化、提高综合效益,同时保证防洪安全提供了技术支撑。

三峡工程是治理和开发长江的关键性骨干工程,自2003年运行近十年来,发挥了防洪、抗旱、供水、发电、航运、生态等巨大的综合利用效益。特别是近几年成功实践的中小洪水调度[11],作为实现汛限水位动态控制的方式之一,为三峡水库汛期优化调度提供了重要启示和借鉴。但该方式由防汛指挥部门根据防洪形势、实际来水以及预测预报情况

---

① 基金项目:国家重点研发计划项目(2016YFC0402306)。

作者简介:胡挺(1988—),男,工程师,主要从事水库群优化调度研究与管理工作,E-mail:hu_ting@ctgpc.com.cn。

进行机动控制，尚缺乏具体的调度规则。鉴于此，本文根据三峡汛期来水来沙、上游建库新变化及下游防洪、航运等新需求，在分析特征水位及下泄流量的基础上，提出了一种结合库水位与入库流量大小进行分级调度的具体方式，并拟定多种方案，采用长系列历史径流资料模拟计算分析。

1 三峡水库新形势分析

1.1 主汛期来水来沙减少

(1)来水方面

初步设计拟定三峡水库汛期为6月中旬至9月底，近几年经优化调度研究与实践，其提前至9月10日开始蓄水，主汛期相应缩短。根据日径流资料统计，1882—2017年三峡6月11日至9月9日多年平均径流量2090亿 m^3，占全年的47.1%；其中2003—2017年运行以来主汛期年均径流量1808亿 m^3，占全年45.2%，较多年均值减少13.5%。图1、图2分别为各年主汛期的径流过程及其差积曲线，从图1、图2中可以看出：①1926年以前来水大于多年均值的年份较多，总体偏丰，可视为一长丰水期；②1926—1968年存在两个较长的相对丰、枯水年组，1944年是转折点；③1968年尤其是2000年以后，来水整体偏少，呈下降趋势。这种变化无疑会减少水库的兴利效益，但对防洪将产生积极作用。

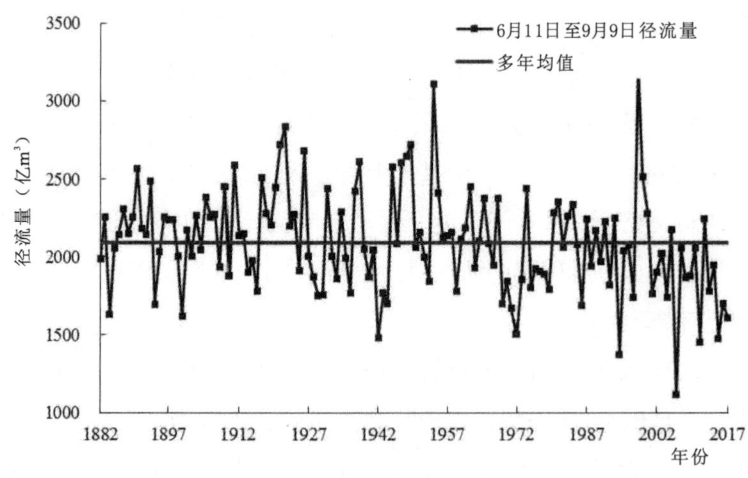

图1 历年主汛期平均径流过程

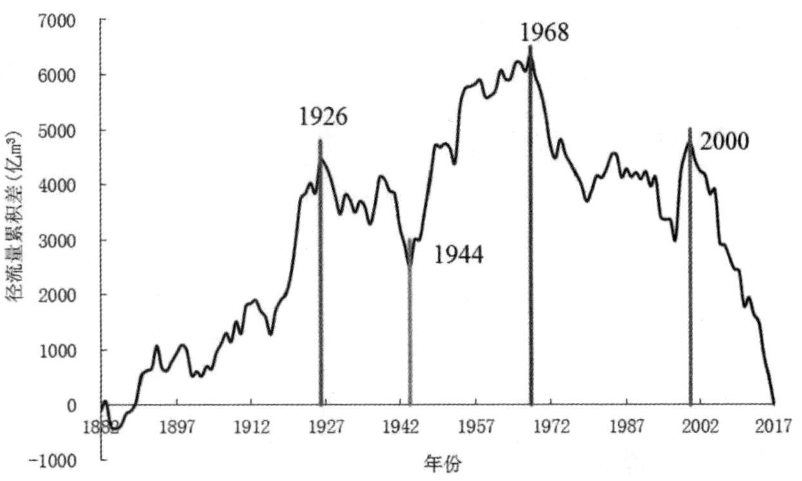

图 2 历年主汛期径流差积曲线

(2)入库泥沙方面

受上游水库拦沙、水土保持、气候变化及河道采砂等影响,20 世纪 90 年代以来,三峡水库来沙量呈明显减小趋势。1991—2000 年以及 2003—2017 年水库投产运行期间,三峡年均入库泥沙量分别为 3.77 亿 t 和 1.46 亿 t,分别为论证阶段冲淤计算所采用的"60 系列"(1961—1970 年)的 74.1%和 28.7%。尤其是 2012 年后金沙江上游向家坝、溪洛渡陆续投运,三峡入库泥沙进一步显著减少,2015—2017 年不到 0.5 亿 t。今后一段时间,随着上游其他水库的相继建成,三峡来沙将进一步减少,这将为三峡优化调度提供有利条件,也为保持水库有效库容、延长水库使用寿命奠定坚实基础。

1.2 上游水库陆续建成

根据国务院批复的《长江流域综合规划(2012—2030 年)》,长江中上游规划有 46 座库容大、调节性能好的控制性水库,总调节库容 1300 余亿 m^3,防洪库容 600 余亿 m^3。目前已建成三峡等 34 座,总调节库容近 700 亿 m^3,防洪库容 400 余亿 m^3,长江中上游正形成以三峡为核心的超大型水电站水库群格局(图 3)。从防洪角度,①对长江流域整体而言,届时将拥有巨大的水量时空调配能力,极大地增强流域整体防洪功能。②对三峡水库而言,有上游众多水库汛期分担洪水,以及配合近年来中下游干支流堤防及河道整治,其汛期调度将更加灵活,中下游的防洪形势将进一步改善。

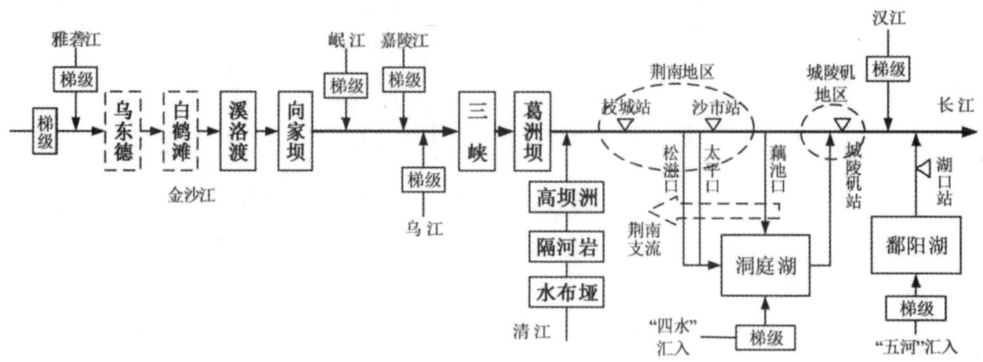

图3　长江流域防洪示意图

1.3　汛期需求不断提高

(1)防洪方面

三峡水库初步设计主要考虑对荆江河段的补偿调度,一般对入库大于 55000m³/s 的洪水进行拦蓄,随着下游沿江经济社会的发展,一些干支流地区对其提出了更高要求。一是当上游来水不大,而城陵矶地区防洪压力较大时,需三峡对其进行一定的削峰拦蓄,兼顾该地区的防洪调度。二是当流量超过 40000m³/s 时,下游荆南地区部分支流可能超警戒,一些堤基差、标准低的河段易发险情,为降低下游防洪抢险态势紧张和减少防汛成本,地方防汛部门建议三峡水库在有条件时,能对 55000m³/s 以下的中小洪水也进行拦蓄。由于荆南支流是连接长江干流和洞庭湖的通道,支流洪水越大意味着城陵矶地区的防洪越紧张,两者在防洪问题上其实具有一定程度的等效性。

(2)发电方面

三峡电站装机容量 2250 万 kW,规模巨大,又处于负荷中心,是电力系统的骨干电源,对支撑电网供电、维护电网系统运行安全举足轻重。汛期来水丰沛,本是电站多发电的大好时机,然而因防汛要求水库需长时期维持在汛限水位左右,电站运行水头低,出力受阻,大量洪水资源被浪费。因此,电网部门希望在保证防洪安全的前提下,库水位能适当上浮,充分利用洪水资源多发电。

(3)航运方面

根据《2008 年三峡—葛洲坝两坝间水域大流量下船舶限制性通航暂行规定》,当三峡—葛洲坝两坝间流量超过 25000m³/s 时,不同功率船舶将根据流量限制性通航,超过 45000m³/s 时基本禁航,汛期常出现大量中小船舶滞留等待过闸的情况。因此,航运部门希望三峡水库间接性地合理降低下泄流量,尽可能多地疏散滞留船舶,保障区域通航安全和社会稳定。

2 特征水位及下泄流量分析

2.1 坝前特征水位

(1)汛限水位

三峡水库未设置死水位,最低水位为汛限水位145m。实时调度中考虑设备启闭时效、水情预报误差和电站日调节需要,可在144.9~146m变动。2009年国务院批准实施的《三峡水库优化调度方案》提出为充分利用洪水资源,在保证防洪安全的前提下可进一步上浮到146.5m。

(2)城陵矶防洪补偿控制水位(枯期消落低水位)

设计阶段未考虑城陵矶防洪问题,仅做了初步研究,后优化调度提出为兼顾该地区防洪安全,明确了三峡155m以下至145m间56.5亿m^3的库容用于其拦洪。考虑上游已投运的向家坝、溪洛渡,以及远期白鹤滩、乌东德等水库,该水位可进一步提高。

(3)防洪高水位

以控制沙市水位不超过44.5m为标准,对于初步设计荆江河段补偿方式,从145m起调遇百年一遇洪水的防洪高水位为167m;对优化调度兼顾城陵矶补偿,则从155m起调,百年一遇调洪高水位抬高至171m。

(4)设计洪水位(也是正常蓄水位)

三峡大坝设计洪水标准为千年一遇,相应设计洪水位175m,应对超百年一遇至千年一遇的特大洪水。

2.2 特征下泄流量

(1)机组满发及航运畅通流量

不同水头下,三峡电站32台机组全部满发流量不同,在26000~32000m^3/s,具体可通过面临时刻水位及入库反算得到。保障两坝间航运畅通的适宜流量也在30000m^3/s以下,两者需求相近。

(2)防洪安全相关流量

长江中下游防洪是否安全,一般以控制站是否超警戒或保证水位分级衡量,然后通过水位流量关系演算出三峡出库应满足的下泄流量。受洪水涨落、荆江三口分流、区间来水、冲淤变动及洞庭湖来水顶托等影响,沙市站、城陵矶站、荆南支流及枝城水位流量与三峡下泄流量关系极为复杂。从防洪偏安全考虑(即假设下游水位已较高,因顶托作用干支流警戒或保证水位对应流量减小,三峡相应下泄偏小),根据多年实际水位流量资料统计[12]:下游荆南支流不超警戒,防洪压力不大时三峡对应最大出库约40000m^3/s,此时下游城陵矶防洪也较安全;沙市警戒水位43m、留有余地的保证水位44.5m以及保证水位 45m 对应的三峡出库分别约为 45000m³/s、55000m³/s 和 61000m³/s。

(3)分洪流量

当遇超百年一遇特大洪水，荆江河段在分蓄洪设施配合运用条件下，沙市水位不超 45m 时枝城允许达到的最大流量为 80000m³/s 左右，按三峡控制上游洪水 95%考虑，三峡下泄对应约为 76000m³/s。

3 汛期分级调度规则建立

3.1 设计及优化调度方式

三峡初步设计拟定的汛期调度方式是水库一般按 145m 运行，当发生大洪水需对下游防洪运用时，主要考虑对荆江河段进行补偿调度。具体为：遇百年一遇以下洪水控制沙市水位不超 44.5m；遇百年至千年一遇洪水，库水位蓄至百年一遇最高调洪水位 167m 后，控制补偿枝城流量不超 80000m³/s，配合分蓄洪措施控制沙市水位不超 45m；当蓄至 175m 后，以保证大坝安全为主蓄泄。优化调度方式较初步设计，主要变化就是前述提到的汛限水位在确认防洪安全后可上浮至 146.5m，以及明确了兼顾对城陵矶地区的防洪补偿方式。

3.2 分级调度规则

由前述分析可知，汛期减轻下游支流防洪压力、利用洪水资源发电及保障两坝间通航等新需求，均要求水库突破初步设计，拦蓄 55000m³/s 以下的洪水，而这也是兼顾城陵矶地区防洪的体现。因此，从充分利用城陵矶防洪库容和分级满足汛期不同需求的角度出发，在三峡优化调度方式及特征水位流量分析的基础上，可根据当前库水位与入库流量大小拟定下泄流量，进一步细化洪水调度规则，具体见表 1。假设城陵矶防洪补偿控制水位为 Z_c，对三峡的库容利用可概括为如下三个层次：

表 1　　分级调度规则表　　(流量：×10⁴ m³/s，水位：m)

库水位		(0,Q_m]	(Q_m,4]	(4,4.5]	(4.5,5.5]	(5.5,6.1]	(6.1,7.6]	(7.6,∞)
一定洪水利用	[145,146.5]	Q_r	Q_m	Q_m	Q_m	Q_m	Q_m	Q_m
	(146.5,Z_c]	Q_m	Q_m	Q_m	Q_m	4	4	4
防大洪水	(Z_c,171]	4	4	4.5	5.5	5.5	5.5	5.5
防特大洪水	(171,175)	6.1	6.1	6.1	6.1	6.1	7.6	7.6
	175	6.1	6.1	6.1	6.1	6.1	7.6	Q_r

注：Q_r、Q_m 分别表示入库和出力满发流量。

(1)145m～Z_c

此为城陵矶防洪库容，主要用于减轻其防洪压力，同时保证下游支流水位不超警戒，

满足利用洪水资源发电及两坝间通航等汛期新需求。其中,146.5m 以下汛限水位变幅内的库容主要用于发电及航运需求。

(2)Z_c~171m

第一部分库容蓄满后,该库容主要用于遇百年一遇大洪水时荆江地区的防洪补偿要求,确保沙市水位不超 44.5m,同时保障不人为造成下游干支流水位超警戒。

(3)171~175m

该库容用于防百年一遇以上至千年一遇的特大洪水,与初步设计一致,只考虑荆江河段在分蓄洪措施配合下安全行洪的问题,控制沙市水位不超 45m。

4 结果及分析

根据以上拟定的调度规则,以 1882—2017 年主汛期 6 月 11 日至 9 月 9 日的日径流资料进行模拟演算,其中城陵矶防洪补偿控制水位以 1m 为间隔计算 155~165m 几种方案。同时,按初步设计方式计算作为对比,初始水位均取 145m。具体计算结果见表 2。

表 2 各调度方式模拟计算结果

计算指标	初设调度方式	分级调度方式各方案										
		155m	156m	157m	158m	159m	160m	161m	162m	163m	164m	165m
最高库水位(m)	157.62	165.67	166.36	167.01	167.83	168.44	169.19	170.12	171.16	171.33	171.13	171.71
最大下泄(m^3/s)	55000	55000	55000	55000	55000	55000	55000	55000	61000	61000	76000	76000
平均发电量(亿 kW·h)	352.9	381.4	382.9	384.7	385.9	387.5	388.6	389.9	390.9	392.1	393.0	393.9
平均弃水(亿 m^3)	182	144	144	145	145	144	143	142	142	141	140	139

4.1 防洪效益分析

对不同流量系列按一定量级统计年均天数(表 3),可以发现入库大于 55000m^3/s 的洪水平均每年仅出现 1.3 天,大部分为中小洪水级别。按初设方式调度,对于 40000~55000m^3/s 会使下游超警戒的洪水基本未实现拦蓄,实测资料 136 年中有 132 年的调洪高水位低于 150m(表 4),说明三峡水库对中小洪水有进一步拦洪的空间。而分级调度方式则不同,可以看出水库库容利用更加充分,中小洪水经调蓄后,出库小于 40000m^3/s 的安全泄量年均天数较初设方式明显增多,同时沙市、城陵矶及荆南地区支流超警戒的天数明显减少,下游防洪压力显著减轻,效益明显。

表3 不同防洪流量级年均持续天数

流量级($\times 10^4 m^3/s$)	入库流量系列	初设方式出库流量系列	分级方式不同方案出库流量系列						
			155	156	157	158	159	160	161
(0,4]	81.4	81.3	86.0	86.2	86.4	86.5	86.6	86.7	86.9
(4,4.5]	4.5	4.4	2.0	1.8	1.8	1.7	1.7	1.7	1.5
(4.5,5.5]	3.9	5.3	3.1	2.9	2.9	2.8	2.7	2.7	2.6
(5.5,∞)	1.3	0.0	0.0	0.0	0.0	0.0	0.0	0.0	0.0

表4 不同调度方式最高调洪水位分布统计

水位范围(m)	[145,150)	[150,155)	[155,160)	[160,165)	[165,175)
初设方式	132	3	1	0	0
161m方案分级方式	17	17	10	86	6

4.2 发电效益分析

经统计，三峡大于满发流量且小于55000m^3/s的洪水平均每年出现多达27.6天，按初步设计调度方式，库水位多数时间将维持低水位，出力受阻，洪水资源不能得到有效利用。由表2可以看出，分级调度方式各方案年均发电量随着城陵矶补偿水位升高逐渐增加，155～161m方案较初设方式增加28.5亿～37.0亿kW·h，增幅8.1%～10.5%，发电效益显著；同时各方案年均弃水量变化不大，可见发电效益的增加主要依赖于水位的抬升降低了耗水率。

4.3 航运效益分析

每隔5000m^3/s统计各流量系列在25000～45000m^3/s不同通航流量级年均持续的天数(表5)。

表5 不同通航流量级年均持续天数

流量系列		不同流量级($\times 10^4 m^3/s$)年均持续天数				
		[2.5,3]	(3,3.5]	(3.5,4]	(4,4.5]	(4.5,∞)
入库流量		17.3	11.7	7.6	4.5	5.1
初设方式出库流量		17.3	11.7	7.5	4.4	5.3
分级方式不同方案出库流量	155	23.5	17.3	5.3	2.0	3.1
	158	27.2	15.8	5.4	1.7	2.8
	161	30.6	14.4	5.3	1.5	2.6

从表5可以发现，初设方式出库在各量级所持续的天数较入库未有明显变化。而“161m方案”的分级调度方式则不同，各方案出库大于45000m^3/s停航的天数明显减少，

在35000～45000m^3/s较大限制通航流量级的天数也减少，增加了该量级船舶通航的时间。同时，因水量调蓄，25000～35000m^3/s小量级持续的天数有所增加，会增加小功率船舶停航的时间，此时可通过昼夜差异化的方式短时间控泄出库小于25000m^3/s，尽量疏散该量级船舶。总体来说，分级调度方式避免了大范围的停航状况发生，增大了通航效益。

5 相关影响分析

5.1 防洪风险分析

汛期实施洪水资源分级调度，相比初步设计调度方式，水库会大概率超汛限水位运行，进而占用部分防洪库容，再遇大洪水时可能面临一定的防洪风险。对此：

1)拦蓄55000m^3/s洪峰以下洪水是为进一步减轻下游地区防洪压力，在不影响荆江防洪安全的前提下，利用兼顾城陵矶地区防洪库容开展此调度，短时抬高汛期水位有其必要与合理性。

2)洪水资源调度是机动性调度，启动有一定前提，会结合预报，确保超蓄水量在3天预见期内预泄至汛限水位后，下游沙市、城陵矶分别不会超警戒水位，不影响下游防洪安全。

3)相关研究表明[13]，水库从155m起调，再遇百年一遇洪水，最高调洪水位不超171m，不会降低水库防洪标准。且当考虑上游溪洛渡—向家坝联合调度后，三峡对城陵矶补偿控制水位可从155m进一步提高到158m，预留库容增大，防洪风险进一步降低。

针对本文100余年实际来水系列计算结果，表2中各方案调洪最高库水位均为1954年，该年实测最大日均流量66100m^3/s，洪峰不大，但15d、30d洪量分别为785m^3和1387亿m^3，接近百年一遇。从表中可知，当城陵矶补偿水位控制在161m以下时，最高调洪水位可不超171m，最大下泄也保障沙市不超44.5m，防洪标准未降低。按初设及分级“161m方案”调度方式，1954年的水位—入库、出库流量过程分别见图4、图5，可以看出，相比初设仅对主洪峰进行拦蓄，分级方式对前期洪水也进行了削峰使出库小于40000m^3/s，降低了基础差的堤防的防洪风险。未来，随着长江流域水情预报的预见期和精度不断提高，通过预报预泄以及与上游水库群的联合调度，三峡水库防御流域性大洪水的能力将进一步增强。

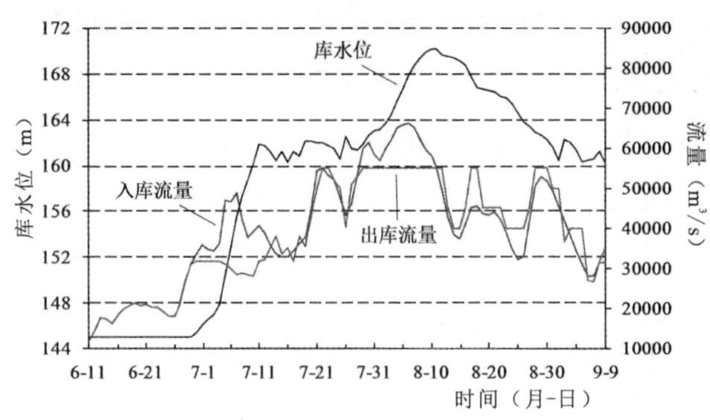

图4　初设方式过程线

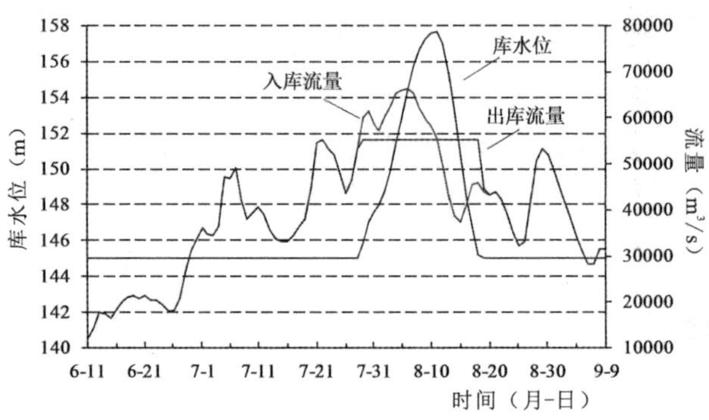

图5　分级方式过程线

5.2　泥沙影响分析

5.2.1　水库泥沙淤积

库区泥沙问题关乎水库寿命，是三峡水库调度管理的重要基础条件[14]。对洪水进行分级调度会延长高水位时间，不利于水库排沙。对此：

1)实际运行以来，由于入库沙量显著减少，水库淤积远好于预期。①不考虑区间来沙及挖沙影响，水库2003—2017年年均淤积1.15亿t，仅为论证预测值的35%，其中2014年以来年均淤积不到0.4亿t。②约7%泥沙(1.19亿m^3)淤积在145m以上，占水库防洪库容0.54%，对防洪库容影响极小。③水库抬高蓄水位后，重庆主城区等库尾河段通航条件明显改善，且2008—2017年累计冲刷约1800万m^3，未出现论证时担忧的泥沙严重淤积碍航的局面。④试验性蓄水以来，常年回水区和变动回水区中下段的部分开阔或弯曲分汊河段，累积性淤积发展较快，近年有所缓慢甚至冲刷，未对通航造成影响。

2)冲沙减淤措施有:①在上游来水及库水位满足条件时，三峡消落期通过加大下泄于2012年、2013年、2015年多次实施库尾减淤调度，其间库尾大渡口至涪陵段累计冲刷880万m^3，减淤效果明显，避免了局部河段碍航。②利用洪峰、沙峰传播时间差异，三峡

通过"涨水削峰、退水加大泄量排沙"的方式,于2012年、2013年、2018年汛期多次实施了沙峰调度,使泥沙更多地向坝前输移并出库,排沙比由同期的15%提高到30%左右,水库排沙效果明显。③对于消落期因水位下降、来流不大而造成的变动回水区部分河段航深不足、航槽移位等碍航问题,目前主要通过疏浚等航道整治工程、加强运营管理和水库调度等进行应对。

5.2.2 下游泥沙冲刷

由于上游来沙减少、水库拦沙、航道整治以及挖沙等影响,三峡坝下游河段泥沙冲刷明显。①2003—2017年,宜昌至湖口河段平滩河槽冲刷21.24亿m^3,年均1.38亿m^3,明显大于蓄水前1966—2002年的0.011亿m^3。其中宜昌至城陵矶河段冲刷占比57%,尚在初步设计预测值范围内。②水库2003年蓄水运用以来,长江中下游河势总体基本稳定,但近年坝下游冲刷逐渐向下游发展,目前全程冲刷已发展至湖口以下。③因三峡出库泥沙减少,估计洞庭湖50年将减淤20亿m^3。以上冲刷减淤变化将是今后长期趋势[9],减淤增加的河段槽蓄量和湖泊容量对长江防洪有一定的正面作用,而冲刷引起的河势变化、河岸崩塌、护岸冲毁、引水高程加大等影响,在顺应冲刷总趋势下则应予以局部的整治维护。

总体而言,三峡水库蓄水运用以来的水库淤积、变动回水区航道和坝下游河道冲刷等泥沙问题尚在初步设计的预计范围之内。尤其随着上游水库的陆续投产,相当长一段时期水库泥沙淤积问题不大,重点需关注坝下游泥沙冲刷问题。

6 结 语

本文针对新时期汛期防洪、发电、航运等对三峡水库的新需求,从充分利用城陵矶防洪库容的角度,提出了在不降低三峡水库防洪标准的前提下,结合库水位与来水大小对洪水资源进行分级调度的规则,经100多年实测资料计算检验,结果表明:当城陵矶防洪补偿控制水位在161m以下时,坝前最高水位可不超171m,最大下泄也不超55000m^3/s,下游防洪安全得到保障;出库流量较入库有较大程度坦化,下游干支流防洪压力大大减轻,可通航天数相对增加;同时,由于拦蓄洪水带来的发电效益也相当可观,增幅超过8%,三峡水库汛期的综合利用效益进一步发挥。同时,可能的防洪与泥沙风险目前有充足措施应对。需要指出的是,本调度方式未考虑预报以及与上游水库联合防洪运用,有待进一步研究。

参考文献

[1]蒋海艳,莫崇勋,韦逗逗,等.水库汛期分期研究综述[J].水利水电科技进展,2012,32(3):75-80.

[2]方彬，郭生练，刘攀，等.分期设计洪水研究进展和评价[J].水力发电，2007，33(7)：71-75.

[3]周建军，林秉南，张仁.三峡水库减淤增容调度方式研究——多汛限水位调度方案[J].水利学报，2002(3)：12-19.

[4]华家鹏，孔令婷.分期汛限水位和设计洪水位的确定方法[J].水电能源科学，2002，20(1)：21-25.

[5]X Li，S L Guo，P Liu，et al.Dynamic control of flood limited water level for reservoir operation by considering inflow uncertainty[J].Journal of Hydrology，2010，391(1-2)：124-132.

[6]李义天，甘富万，邓金运，等.三峡水库汛限水位优化调度初步研究[J].水力发电学报，2008，27(4)：1-6.

[7]Chen J H，Guo S L，Li Y，et al.Joint operation and dynamic control of flood limiting water levels for cascade reservoirs [J].Water Resources Management，2013，27(3)：749-763.

[8]周研来，郭生练，刘德地，等.三峡梯级与清江梯级水库群中小洪水实时动态调度[J].水力发电学报，2013，32(3)：20-26.

[9]冯平，韩松，李健.水库调整汛限水位的风险效益综合分析[J].水利学报，2006，37(4)：451-456.

[10]冯瑞磊，孙丹丹，孙斌.三峡水库汛限水位变幅控制的风险分析[J].东北水利水电，2013(1)：56-59.

[11]陈桂亚，郭生练.水库汛期中小洪水动态调度方法与实践[J].水力发电学报，2012，31(4)：22-27.

[12]长江水利委员会水文局，三峡电站水库出入库代表性流量分析[R].2012.

[13]长江勘测规划设计研究有限责任公司，三峡水库防洪调度补偿方式研究[R].2009.

[14]曹广晶，蔡治国.三峡水利枢纽综合调度管理研究与实践[J].人民长江，2008，39(2)：1-4.